“十四五”国家重点出版物
出版规划项目

中国肥料研究与应用全书
Books of Fertilizer Research and Application in China

肥料生态环境效应

施卫明 主编

Ecological and Environmental Impacts of Fertilizers

化学工业出版社
·北京·

内容简介

本书系统阐述了化肥和有机肥在我国主要农田生态系统中施用的生态环境效应的最新成果，详细介绍了施肥与生态效应、施肥与大气环境效应、施肥与水体环境效应、施肥与土壤环境效应、肥料效应评价方法和防控技术，以及我国典型种植系统，包括粮食作物种植系统、蔬菜种植系统、果树茶园种植系统以及种养结合型种植系统的施肥与环境效应等内容。另外，展望了未来肥料发展与农业生态环境效应。本书兼具土壤肥料与环境科学结合的鲜明特色，前瞻性和专业性较强。

本书对从事土壤肥料和生态环境行业的生产企业、工程公司、高等院校、科研院所的专业技术人员具有较高的学术价值和工程应用参考价值，也可作为高等院校农业和环境相关专业师生的参考资料。

图书在版编目（CIP）数据

肥料生态环境效应 / 施卫明主编. -- 北京 : 化学工业出版社，2025. 5. --（中国肥料研究与应用全书）.
ISBN 978-7-122-47315-8

Ⅰ. X592

中国国家版本馆CIP数据核字第2025BM0648号

责任编辑：刘　军　陈思逸　冉海滢　孙高洁
文字编辑：丁海蓉
责任校对：王　静
装帧设计：王晓宇

出版发行：化学工业出版社
（北京市东城区青年湖南街13号　邮政编码100011）
印　　装：北京建宏印刷有限公司
787mm×1092mm　1/16　印张20　字数461千字
2025年11月北京第1版第1次印刷

购书咨询：010-64518888　　售后服务：010-64518899
网　　址：http://www.cip.com.cn
凡购买本书，如有缺损质量问题，本社销售中心负责调换。

定　　价：168.00元　

《中国肥料研究与应用全书》编辑委员会

本书编写人员名单

主　　编：施卫明

副 主 编：崔振岭　薛利红

编写人员：（按姓名汉语拼音排序）

崔振岭　姜　雯　李奕林　李永涛　刘学军　马　林
闵　炬　施卫明　王　远　许　稳　薛利红　杨林章
赵同科　周建斌

序言

肥料是粮食的“粮食”，是保障国家粮食安全、人类营养健康和生态环境安全的重要的战略物资。肥料产业是关乎“粮食－资源－能源－环境”乃至经济社会绿色可持续发展的巨大产业。

进入新时代，绿色低碳发展成为高质量发展的主旋律。国家在“十二五”至“十四五”期间不断出台政策来优化肥料产业结构，其中2015年工业和信息化部下发了《推进化肥行业转型发展的指导意见》，农业部出台《到2020年化肥使用量零增长行动方案》，从肥料生产端和消费端同时推动肥料产业升级以及产品结构调整，加之不断优化的肥料施用技术以及不断改进的农化服务技术体系实现了我国化肥消费总量在2015年达到峰值后连续10年持续下降。

当前，我国提出了2030年实现“碳达峰”、2060年实现“碳中和”的战略目标，在环境保护的高压态势下，新的肥料产品标准不断出台，肥料行业准入条件和环保标准不断提升，肥料产品质量逐渐提高，推动着肥料产业结构向着绿色低碳转型。因此，系统梳理中国肥料工业进步、分析肥料产业结构演变、了解行业技术现状等情况，对推动行业转型升级、提升国际竞争力、保障国家粮食安全、促进农业绿色发展以及提供国家政策制定依据都具有重要意义。基于此，受化学工业出版社的委托，我们组织了国内肥料领域的一线专家学者，编写了这套《中国肥料研究与应用全书》(以下简称《全书》)。

《全书》由十一个分卷组成，在强调历史性、阶段性、创新性的前提下，全面系统介绍了近年来我国肥料研究与应用领域，包括肥料创制、肥料产业、各大类肥料生产与加工、有机肥料制造、肥料生态环境效应、肥料精准科学施用技术等领域所取得的成果，充分反映了当前国内外肥料创新、生产与精准科学施用技术的最新进展。《全书》还通过成功案例分享和经验总结，结合国际前沿研究，细致分析了国家“十四五”

“十五五”肥料领域的研究现状、趋势和对策，针对农业可持续发展和行业绿色低碳转型的需要，对中国肥料发展方向和产品创新做了深入思考，提出了建议。

《全书》以独特的论述体系、编排方法和新颖丰富的内容，进一步开阔相关专业师生和肥料产业领域研发、管理人员的视野，提高科研工作者的系统思维和创新能力，创新绿色、清洁、可持续发展的肥料生产工艺，有助于高效率地发挥现有肥料品种的特长，提高现有肥料的应用效率，对我国新肥料的创制与科学施用具有重要的参考价值。

《全书》已顺利入选“十四五”国家重点出版物出版规划项目，这是对本书系的最大肯定与鼓励。

《全书》的编写得到了全国农业技术推广服务中心、中国氮肥工业协会、中国磷复肥工业协会、中国无机盐工业协会、中国化肥信息中心、中国农业科学院农业资源与农业区划研究所、中国科学院南京土壤研究所、北京市农林科学院、中国农业大学、南京农业大学、四川大学、西南大学、华东理工大学等单位的鼎力支持，这里表示衷心的感谢。

张福锁

2025 年 1 月

前言

肥料是粮食的“粮食”，是保障国家粮食安全的战略性生产资料，对作物产量的贡献达到50%。经过70多年的发展，我国农业的施肥水平得到了很大的提高，肥料在保障我国粮食安全和食物消费中发挥了不可替代的作用。然而，化肥的过量以及不合理施用，不仅导致化肥利用率低下，而且化肥中的氮、磷通过径流、淋溶、挥发、反硝化等途径损失并进入水环境和大气环境中，带来了较为严重的生态环境问题，如水体富营养化问题、全球气候变暖等。

为有效防治面源污染，农业部（现农业农村部）在2015年印发了《农业部关于打好农业面源污染防治攻坚战的实施意见》《到2020年化肥使用量零增长行动方案》等文件，在全国范围内开展农业面源污染防治的攻坚战。农业面源污染防治攻坚战启动以来，相关工作已经取得明显的进展。2020年，全国化肥使用量降至5250.7万吨，比2015年最高使用量下降12.8%，连续5年实现负增长。化肥利用率由2015年的35.2%逐步提高到40%左右。在化肥减量的同时，针对施肥引起的农田面源污染治理技术的研发与应用也取得了明显的进展，提出了农业面源污染治理的“4R”理论与技术体系，在化肥减量、增效、减排技术等方面有了明显的进步，不仅实现了化肥减量下的粮食安全生产，还减少了肥料养分向大气和水环境的排放量，降低了农业面源污染发生风险。

“十四五”期间，国家对农业生产和生态环境质量提出了更高的要求，农业发展已经从过去“增产、增收”的双目标转变为“稳粮、增收、绿色”的三目标，农业绿色发展已成为时代的主旋律。要实现农业生产的绿色转型，必须充分认识化肥施用对土、水、气环境质量以及生态系统的影响及其作用机制，必须客观全面地评价化肥对农业生产的促进作用及对生态系统的影响，系统总结凝练在化肥农业面源污染防控方面取得的成果及经验，从而使后继者从中获得启发并以此为鉴，激励他们继往开来，开拓创新。为此，我们在《中国肥料研究与应用全书》编委会的统筹指导下，组织全国化肥高效施用与面源污染防控领域的专家共同编写了本书。

本书系统论述了施肥对大气、水体和土壤等生态环境的影响，生态环境效应的评价方法，农业面源污染防控技术以及在我国典型种植系统中的环境效应；阐明了施肥对土、水、气等环境质量和生态系统影响的相关概念、作用途径和评价方法；明确了现阶段施肥水平对我国典型种植系统环境效应的影响程度和贡献；介绍了我国由施肥引起的农业面源污染防控的先进理念和系统技术方案；提出了未来肥料发展的路径和前景。本书对从事土壤肥料、生态环境行业的生产企业、工程公司、高等院校、科研院所的专业技术人员具有较高的学术价值和工程应用参考价值，也可作为高等院校农业和环境相关专业师生的参考用书。

本书由施卫明担任主编，崔振岭、薛利红担任副主编。编写分工如下：第 1 章和第 2 章由中国科学院南京土壤研究所施卫明、闵炬编写；第 3 章由中国农业大学资源与环境学院刘学军、中国科学院南京土壤研究所闵炬和王远编写；第 4 章由江苏省农业科学院杨林章和薛利红、中国科学院南京土壤研究所施卫明和闵炬、北京市农林科学院植物营养与资源研究所赵同科编写；第 5 章由华南农业大学资源环境学院李永涛，中国科学院南京土壤研究所施卫明、闵炬和李奕林，中国农业大学资源与环境学院崔振岭编写；第 6 章由中国农业大学资源与环境学院许稳编写；第 7 章由中国科学院南京土壤研究所施卫明和闵炬、江苏省农业科学院杨林章和薛利红编写；第 8 章由中国农业大学资源与环境学院崔振岭和许稳，西北农林科技大学资源环境学院周建斌，中国科学院南京土壤研究所闵炬、施卫明和李奕林，中国科学院遗传与发育生物学研究所农业资源研究中心马林编写；第 9 章由中国科学院南京土壤研究所施卫明、王远和闵炬，中国农业大学资源与环境学院崔振岭编写。全书最后由施卫明、崔振岭、薛利红总审，由闵炬和姜雯统稿。

本书在编写过程中得到了农业与生态环境相关单位的大力支持和帮助，各章撰稿人和统稿人也付出了大量的辛勤劳动，在此向他们致以衷心的感谢！

由于编者水平有限，书中难免有疏漏之处，敬请广大读者批评指正。

编者
2024 年 6 月 30 日

目 录

中国肥料研究与应用全书

Books of Fertilizer Research and Application in China

FERTILIZER

第1章 绪论

1.1 肥料施用对我国生态环境的影响

肥料是作物的粮食，化肥在现代农业生产中的作用是举世公认的。科学合理地施肥，不仅能增加农产品的产量，改善农产品的品质，提高农产品的商品价值，而且能改良与培肥土壤。然而，若施肥措施（包括种类、数量、方法、时间、地点等）不当，不仅会影响肥料施用的经济效益，降低农产品的品质，而且会对农业生态环境中的多种生态因子产生负面影响，造成农业生态环境的污染，乃至人类及其他生物生存环境的恶化[1-5]。

1.1.1 对土壤环境的负面影响

施肥不当或过量施肥将对土壤环境产生不利的影响，表现在：对土壤中硝酸盐累积的影响；对土壤肥力和性质的影响；对土壤卫生状况的影响。另外，由于生产化肥的原料、矿石中杂质以及生产工艺流程的污染，化肥中常常含有不等量的副成分或杂质，它们是重金属元素、有毒有机化合物以及放射性物质等，施入土壤后会发生一定程度的积累，造成土壤的潜在污染。

1.1.1.1 土壤酸化

在热带地区进行的试验结果显示，长期施用化学氮肥，可使土壤 pH 值下降[6]。我国南方的红壤茶园连续 5 ～ 30 年施用硫酸铵［$(NH_4)_2SO_4$］肥料，土壤 pH 值降低 0.5 ～ 1.5[7]。上海农科院报道：在中壤水稻土上每年以 1200kg/hm^2 的量连续施用氯化铵，1 年后，土壤的 pH 值就由原来的 7.45 下降到 7.40；2 年后，再下降到 7.16；3 年后，又下降到 7.10[8]。Stone D L R 与 Whitney D A 等的试验结果表明，连续 20 年施用氮肥（224kg/hm^2）可使耕作层土壤 pH 值从 6.2 降低到 5.2[9]。

在我国东北地区的黑土上，单施化学氮肥，也会使土壤 pH 值下降[10]。在对榆树市的国家级示范区弓棚镇的土壤调查中发现，1983 ～ 1998 年的 15 年间，每年每公顷施用尿素［$(NH_2)_2CO$］或硝酸铵（NH_4NO_3）150 ～ 260kg（折合纯 N 量）及磷酸二铵［$(NH_4)_2HPO_4$］69 ～ 92kg（折合 P_2O_5 量）的条件下，土壤平均 pH 值从原来的 6.74 下降到 6.23。其中，1998 年调查的 200 多个点中，土壤 pH 值＜ 6.5 的占 63%，＜ 6.0 的占 28%，＜ 5.5（最低的仅为 5.1）的占 8. 0%。

施用化学氮肥不仅使大田土壤出现酸化现象，菜园土壤的情况也是如此。大部分老菜地及多年保护地的 pH 值一般在 6.5 以下，严重的达到 4.0 ～ 5.5，以致所植蔬菜的生长受到抑制[11]。土壤酸化的主要原因有 2 个：①氮肥（主要是铵态氮肥）在土壤中经过硝化作用演化为酸。氮肥对土壤酸化作用的强烈程度，因氮肥品种的不同而有所差异，大体上是硫酸铵＞尿素＞硝酸铵。②作物对化学肥料中阳离子和阴离子吸收的相对速度不同，使土壤 pH 值降低。如氯化钾（KCl）、硫酸铵［$(NH_4)_2SO_4$］、氯化铵（NH_4Cl）、硫酸钾（K_2SO_4）等残留的硫酸根离子（SO_4^{2-}）、氯离子（Cl^-）可使土壤 pH 值下降，其酸化作用的强度顺序为氯化铵＞硫酸铵＞氯化钾＞硫酸钾。

1.1.1.2 重金属污染

从各方面的报道来看，重金属元素是化学肥料中最主要的污染物质；氮、钾肥料中的重金属含量较低（见表1-1），而磷肥不同于氮肥，它的生产原料是磷矿石，成分不像由合成氨制造的氮肥那样单纯，往往含有一定量的重金属。另外，日益兴起的垃圾肥、污泥肥中，也含有一定的重金属。施肥带入的重金属，一方面可污染土壤，并对农作物产生直接伤害；另一方面，重金属可在土壤-植物系统中积累、迁移、转化，进而进入食物链中，对人体健康造成危害。

表1-1 印度某些化肥的重金属含量

肥料	重金属含量 / (mg/kg)					
	Cu	Zn	Mn	Mo	Pb	Cd
尿素	0.36	0.5	0.5	0.2	4	1
氯化钾	3	3	8	0.2	88	14
硫酸铵	0.5	0.5	70	0.1	—	—
磷酸铵	3 ～ 4	80	115 ～ 200	2	—	—

我国各地使用的磷肥或磷矿粉，都不同程度地含有各种重金属。磷肥中的重金属主要为镉（Cd），其次是铬（Cr）、砷（As）、铅（Pb）等。Schneider 和 Bassakass 曾于 1963 年报道，美国的普通过磷酸钙肥料中，除镉（Cd，5 ～ 70mg/kg）外，还含有铬（Cr，66 ～ 243mg/kg）、铜（Cu，4 ～ 79mg/kg）、铅（Pb，7 ～ 92mg/kg）、镍（Ni，7 ～ 32mg/kg）[12]。镉是土壤环境中重要的污染元素，随磷肥进入土壤中的镉一直受到人们的关注。磷肥中的镉主要来自原料磷矿石中，大部分磷矿石属于沉积类型，在形成过程中磷以沉积物的形式从海水中分离出来，而其他化学元素如镉也同时沉积下来，所以磷矿石中含有一定量的镉。由于在磷矿石的形成过程中各时期的海水中镉含量存在着差异，各种磷矿石中镉含量不等（表1-2）。而用磷矿石生产磷肥时，大量的镉依然残留在磷肥中，磷肥中镉含量随磷矿石产地的不同而变化，一般磷肥中镉含量在 5 ～ 50mg/kg 的范围内，高的可达每千克几百毫克。但各国生产磷肥过程中因磷矿石的镉含量及生产工艺的不同，磷肥中镉含量亦不相同（见表1-3）。

表1-2 中国和部分国家磷矿的含镉量

国家	矿石	镉含量范围 / (mg/kg)	平均值 / (mg/kg)
中国	全部矿石	0.1 ～ 571	15.3
	扣除少数矿①	0.1 ～ 4.4	0.98
苏联	Kola	—	0.3
美国	Florida	3 ～ 12	7
	N.C.	—	36

续表

国家	矿石	镉含量范围 / (mg/kg)	平均值 / (mg/kg)
多哥	Togo	38 ～ 60	53
摩洛哥	Khouribga	1 ～ 17	12
	Jooussoufia	—	4
阿尔及利亚	Algier	—	23
突尼斯	Gafsa	55 ～ 57	56

①去除广西等不重要矿。

表1–3　中国和部分国家磷肥含镉量的比较

国家	镉含量范围 / (mg/kg)
中国	0.1 ～ 2.9
美国	7.4 ～ 15.6
加拿大	2.1 ～ 9.3
澳大利亚	18 ～ 91
瑞典	2 ～ 3

矿质肥料中的重金属来自农用矿石中的天然杂质。因此，矿质肥料中重金属的数量依原料及其加工工艺而有所不同。混杂有重金属的最主要的矿质肥料为磷肥以及利用磷酸制成的一些复合肥料（磷铵、磷铵钾、硝磷、硝磷钾等），见表 1-4。

表1–4　原料和肥料中镉的含量

物料	镉含量 / (mg/kg)	产地
磷矿石	＜ 10	波兰
	≤ 100	美国佛罗里达州
	110	大洋洲上岛屿
石灰石	13	挪威
磷肥	18 ～ 91	澳大利亚
过磷酸钙	110	美国
钾盐和钠盐	50 ～ 170	澳大利亚
岩盐	1	波兰

除了磷肥外，其他肥料中也含重金属。在硝酸铵、磷酸铵复合肥中，砷的含量可达 50 ～ 60mg/kg。据测定，加拿大的 5-10-5 复合肥中含铅 70 ～ 90mg/kg，氯化钾中含铅 30.5mg/kg，硝酸铵中含铅 6.0mg/kg[13]。由工业副产品微肥带入的铅也不容忽视。工业副产

品锌肥中，铅的含量可达 50 ～ 52000mg/kg[1]。

1.1.1.3 土壤中硝酸盐的累积

化学氮肥主要品种为铵盐、硝酸盐、尿素、石灰氮及氨水等，它们施入土壤中，非铵盐及非硝酸态氮均要转化为铵态氮和硝态氮才可被植物吸收。氮肥在施用后，一般的利用率不超过 60%，除被植物吸收一部分外，经过还原和淋溶，渗入地下水中。

铵态氮在土壤通气的情况下，经土壤微生物的作用，可转化为亚硝酸盐（NO_2^- -N），进一步氧化形成硝酸盐（NO_3^- -N）。如果氮肥施用过多，不仅可造成作物贪青，甚至倒伏，而且在土壤中转化为硝态氮的含量就会明显增加，作物根部从土壤中就要吸收大量的硝态氮。因此，作物体内的硝酸盐含量迅速增加并在体内积累，人在食用含硝酸盐过多的蔬菜或其他食物时，将硝酸盐一并食入。

土壤中施用的不同形态的氮肥都会随土壤水分淋失，其中硝酸盐最多，亚硝酸盐次之，铵态氮只占很小比例。这是由于 NO_3^- 带负电，不被带负电荷的土粒所吸附，因此，很容易被淋溶到地下水、河流等排水系统中，造成污染。

水和溶解态硝酸根的向下移动，受重力以及土壤水势差和化学势差控制。有两个条件对硝酸盐向根层以下移动极为重要：一是要有硝酸盐存在；二是水向下移动。后一条件取决于水的渗漏，因此淋溶作用只能出现在有过量的水灌进土壤的时候。Olsen 等（1970）观察到，进行过灌溉的砂土上硝态氮的损失与灌溉的水量和施用的肥料氮量呈显著相关关系。向平坦的休闲砂土上施用 NH_4NO_3 后的 5 周期间，30cm 雨水或灌溉水可使大部分硝态氮移至 75 ～ 150cm 的深度。

近年来，城市垃圾和污泥肥在农业中的施用量大增。这些肥料中所含有的重金属（特别是镉、汞、铅），比农用土壤允许的含量高几倍甚至几十倍，若长期施用，势必造成土壤中重金属的累积。

1.1.1.4 化肥对土壤微生物和植物病虫害的影响

土壤微生物既是土壤有机质转化的执行者，又是植物营养元素的活性库。土壤微生物量碳是土壤有机碳的灵敏指示因子，土壤微生物量氮是土壤氮素矿化的重要组成部分，土壤酶活性在一定程度上表征了植物物质在土壤中的分解特征及添加植物物质后土壤有效养分的变化，这些指标在一定程度上反映了土壤微生物的活性及土壤的肥力水平。中国科学院南京土壤研究所的试验表明，施用不同的肥料对土壤微生物的活性有很大的影响。在红壤、水稻土和潮土中，土壤微生物量、土壤酶活性大小顺序均为有机肥配施无机肥处理＞单施有机肥处理＞单施无机肥处理；对脲酶来说，其活性大小顺序为有机肥配施无机肥处理＞单施无机肥处理＞单施有机肥处理。但长期施肥对不同农田生态系统中土壤生物活性的影响不同。

大多数研究者认为肥料氮可加强多种真菌病的发展，然而其危害并不总是不断加重。矿质肥料施用不当，可使土壤农业化学性质变劣，促进产生植物毒素的真菌发育。当前还不能鉴别出对个别肥料品种产生反应的指示性土壤真菌。

氮对病理过程的影响取决于植物种类、品种、年龄、发育阶段、水热条件、土壤含氮水平、氮肥的用量和形态、氮和其他营养元素的配合、土壤熟化程度等。有资料表明，硝酸铵态氮增多可诱发棉花黄萎病的发展，这种病对所有棉花栽培区都是最有害的；施用单一氮肥可削弱初生根和次生根的生长，还可使土壤中病原菌数目增多、生活能力增强；栽培番茄时增大培养液中氮的浓度不仅会促进植物生长，而且会提高植株感染黄萎病的程度；翻耕时施用硫酸铵的处理中由蛇孢腔菌引起的冬小麦根腐病，秋后不断扩展，而在春季施用这种氮肥的处理中则受到明显的抑制，也许这种现象与土壤中含氮化合物的季节性动态变化有关。

1.1.2 对水体环境的负面影响

化肥中营养元素氮、磷流失到水域中，一方面会造成化肥的损失，另一方面也会造成地表水体富营养化和地下水体硝酸盐污染等后果。

1.1.2.1 化肥水环境损失的途径

（1）地表径流　天然降水和不适当灌溉形成的地表径流，将农田氮素转移带入地表水体中，造成氮素的大量损失，包括通过水土流失和农田径流等所带走的养分。由于不利的地形、植被状况及不当的农业生产措施，养分流失量会很大。全国每年流失土壤达 5×10^9t，带走的氮、磷、钾及微量元素等养分约相当于全国一年的化肥使用总量。黄河流域尤为严重，每年平均流经三门峡的泥沙量约 1.6×10^9t，主要来自带内的丘陵沟壑区，其中含有机质 640 万吨，全氮 41.6 万吨，全磷 209.5 万吨，全钾 3376 万吨。平原地区如果农田施肥量较大，水分管理措施不当，氮、磷的损失量也相当可观。天津于桥水库的试验表明施肥与未施肥的农田，其地表径流水中，氮、磷含量有较大差异，施过肥的农田径流水固态氮为 48.79mg/L，溶解态为 14.3mg/L，而未施肥的农田径流水中分别只有 20.96mg/L 和 12.82mg/L，当施氮过量时，径流水中的氮更是明显增加。在南方水网发达地区，化肥的大量使用及相当粗放的施肥方法使农田径流氮的损失相当严重。在苏南，稻田灌水后，即把化肥撒到水里，根本谈不上深施，农田基本水利设施也是多年失修，稻田的田埂漏洞百出，大量的化肥随着农田径流水流到了河里，最后成了太湖水或其附近地表水的富营养化污染源。

（2）渗漏、淋洗

① 氮的淋洗　土壤中的氮以及施入土壤的肥料氮，在降雨和灌溉水的作用下，部分直接以化合物（如尿素）形式淋洗到土壤下层，大部分最终以可溶性的 NO_3^-、NO_2^- 和 NH_4^+ 形式淋洗到土壤下层。

农田氮淋失以 NO_3^- 为主，NO_2^- 次之，NH_4^+ 只占很小比例。由于土壤颗粒吸附 NH_4^+ 而几乎不吸附 NO_2^-，因此 NH_4^+ 基本上滞留在剖面上、中层，而 NO_3^- 在下层大量存在。NO_2^- 作为硝化和反硝化过程的中间产物，存在时间有限，因而淋失也并不重要。

对于较高浓度的含铵态氮溶液，在排水作用下，尽管土壤能够吸附一部分的铵态氮，但大部分铵态氮还是能随水流渗至下部土层和浅层地下水中，对土壤和地下水造成氮污染。

② 磷的淋洗　农田系统中磷流失的一个途径是磷在土壤剖面向下淋洗。磷可以通过土壤剖面或优先通过一些大的孔隙（如土壤裂缝、根通道、蚯蚓孔洞）慢慢向下淋洗。一般认

为大多数土壤磷的淋洗是不重要的，但是磷淋洗的多少与农田管理、土壤特性和气候条件有关。在常规施磷肥条件下，大多数土壤上不会发现磷的明显淋洗。然而，在砂土、高有机质土壤和过量施用有机废弃物的土壤上，可能会导致磷的淋洗。

1.1.2.2 地表水富营养化

水体的富营养化，主要发生在近海水域、湖泊、水库以及一些流速缓慢的河流中，一般是封闭性或半封闭性的水体。河流水体中氮、磷和碳等营养元素的富集，导致某些藻类（主要为蓝藻、绿藻等）异常快速地增殖，以及大量死亡而腐烂分解，因而大量地消耗水中所溶解的氧气；而可产生氧的藻类大量减少，使水中的供氧量也相应减少，导致水体脱氧，从而引起大量鱼、虾、贝等水生动物窒息死亡。水生动植物的大量死亡，可使水体着色并发出恶臭。

引起水体富营养化的主要物质是氮（N）和磷（P）。当水体中无机态总氮含量ρ（N）＞0.2mg/L，磷酸态磷（PO_4^{3-} -P）的浓度ρ（P）≥0.015mg/L时，就可能发生富营养化。

水体中氮、磷等营养物质的来源有多种途径，如城乡生活污水，施肥不当，地面、地下径流，水中沉淀物的溶出等。但以农为主的水域，施肥是引起水体富营养化的重要因素。美国一项报告估计，每年流入河流中的氮、磷中，由农田流入的氮占29.1%～67.5%，磷占25.0%～45.9%[5]。我国不同地域的湖泊水体中，来自农田的氮、磷负荷占总负荷的比例也不相同，如云南洱海的比例分别为9.7%和15.5%，太湖的比例分别为29%和11%[14, 15]。

氮、磷从农田流失到水域中，主要途径有地表径流、农田排水和渗漏、淋洗。降雨和不适当的灌溉方式，可引起水土流失和农田径流，将农田养分转移到地表水体中，造成养分的大量流失。美国因地表径流年损失的农田氮素达45万吨。

1.1.2.3 地下水污染

肥料中，对地下水污染最严重的是氮肥和有机肥。在降雨和灌溉水的溶解作用下，土壤中的氮主要以可溶性硝酸根离子（NO_3^-）、亚硝酸根离子（NO_2^-）形式淋洗到深层土壤中，过量的铵态氮（NH_4^+ -N）溶液也能随水流渗透到下部土层和浅层地下水中，从而对深层土壤和地下水造成氮污染。氮的淋洗损失，受气候、土壤、植物、施肥等多种因素的制约，其中施肥是影响氮素淋洗损失的主要因素之一。在吉林黑土区的试验中发现，硝酸盐淋失量主要集中在6～8月；施氮量为247.5～330.0kg/hm^{2}时，1.2m土层中淋失水的硝态氮含量为11～15mg/L，已超过饮用水标准（10mg/L），造成地下水污染。孙昭荣从北京地区潮褐土上的6年观测资料中发现，全年施氮量超过200kg/hm^2，约占施氮量1/6的肥料氮可被淋失到1.5m深度以下[15]。

有机肥是地下水硝酸盐污染的另一来源。不适当地施用有机肥和农业中有机肥资源管理不当，均可以导致地下水的硝酸盐污染。施入土壤中的有机肥，可经矿化而释放出无机氮，再经硝化作用形成硝酸盐。当农田裸露或无旺盛生长的作物来吸收利用时，土壤中的硝酸盐便有可能随下渗水流进入地下水，从而导致地下水中硝酸盐的累积。早在化肥引入农业以前，我国一部分地区便发现有硝酸盐含量高的浅层地下水（俗称肥水）。据欧洲土壤学家推测，导致地下水污染的硝酸盐，可能并非直接来自农业中的化肥氮，而是来自土壤有机氮的矿化和秋季施用于农田的家畜粪浆。有人通过比较2个试验区0～11cm深度土层的土壤无机氮含量后发现，长期施用厩肥，秋季土壤中积累的无机氮总量高达200kg/hm^2，而长期施用化肥的仅为80kg/hm^2。其中，硝态氮（NO_3^--N）分别约为130kg/hm^{2}和40kg/hm^2。大量粪浆施用于农田，由粪浆矿化的硝态氮如未被作物充分利用，便可随土壤下渗水进入地下水中。田间观测结果表明，相较于春季，秋季施用粪浆可引起更多的硝态氮淋洗。我国农村禽畜养殖每年产生粪便约25亿吨，由于利用率仅有60%，故农村周围水体还要承受约10亿吨未经处理的禽畜粪便的影响。

近几年来，我国蔬菜大棚的面积有较大幅度的增长。据调查，蔬菜大棚平均施氮量1330.5kg/hm^2（最高的达2625.0kg/hm^2），有些大棚土壤已经发生严重的次生盐渍化。随着农业结构的调整，大棚面积的增加，地下水的硝酸盐污染状况将会更加严重。对于这个问题，应该引起足够的重视。

1.1.3 对大气环境的影响

大气中二氧化碳（CO_2）、甲烷（CH_4）和氧化亚氮（N_2O）是重要的温室气体，它们对全球气候变暖的贡献率分别是60%、15%和5%。由于人类活动的影响，大气中CO_2、CH_4和N_2O的浓度已经比工业化革命以前增加了许多，而且还在以每年0.5%、1.1%和0.3%的速度增加。政府间气候变化委员会（IPCC）预测，如果这些温室气体照目前的速度进行下去，到2025年，全球气温将大约升高1℃。到21世纪末，全球气温将比现在高3℃。

大气中这些温室气体的增加主要是人类活动的结果，其中农业生产的贡献占相当重要的比例。据估计，大气中20%的CO_2，70%的CH_4和90%的N_2O来源于农业活动和土地利用方式的转换等过程。中国作为农业大国，农业活动对温室气体排放量有着不可忽视的贡献。

化肥对大气环境的影响主要集中在氮肥上，氨挥发及NO_x的释放等会使大气中氮含量增加，从而带来一系列的影响。硝化及反硝化释放N_2O到大气中造成温室效应，氮肥的使用对其他温室气体CH_4及CO_2的释放也有影响。而且CH_4、CO_2等气体在大气中的浓度增加，不仅能引起温室效应，而且能引起臭氧层的破坏。

1.1.3.1 施肥与甲烷释放

甲烷（CH_4）是重要的温室气体之一。1个甲烷分子的增温效能，相当于30个二氧化碳分子。同时，甲烷也是地球大气对流层中·OH自由基的一个主要汇，它可消耗臭氧O_3，改变对流层中臭氧的浓度及其氧化能力，严重影响人类的生存环境。土壤中甲烷的产生和消耗是微生物活动的结果。在厌氧条件下，甲烷菌分解土壤中的有机质，产生甲烷。由于甲烷是在厌氧条件下产生的，所以产生甲烷的土壤环境主要有各种类型的沼泽、较浅的水体及湿地水稻田。目前认为水稻田是甲烷的主要人为源，它主要受土壤的物理化学性质和农业耕作方式的影响。表1-5列出了甲烷排放的各种影响因素。

表1-5 影响水稻田排放甲烷的因素

环境因素	农业方式	环境因素	农业方式
土壤温度	耕地准备	土壤类型	虫害防治
土壤 pH	育苗和移栽方式	土壤还原电位	淹水量
土壤有机质	施肥量和方法	SO_4^{2-}	水稻品种

我国的水稻种植面积占全世界的26%，甲烷排放量占全世界水田土壤甲烷排放总量的37.6%。因此，要控制并减少稻田甲烷的排放量，关键是要做到科学合理地施用肥料。

（1）有机肥与甲烷释放　施用有机肥会增加甲烷排放量，增（配）施化肥能显著降低甲烷排放量（表 1-6）[16]。

表1-6 有机肥和无机肥的甲烷排放比较

处理	甲烷排放量/（g/m^2）	甲烷排放率/[$mg/(m^2·h)$]	处理	甲烷排放量/（g/m^2）	甲烷排放率/[$mg/(m^2·h)$]
当地常规	14.34	18.67	化肥加倍	10.51	13.69
有机肥加倍	16.40	21.35	常规加倍	13.03	16.97

在氮、磷、钾三要素等量的条件下，全施有机肥处理的排放率、排放量显著高于有机肥与化肥混施的常规处理。全施化学肥料处理的排放率、排放量最低，有时年排放量平均不到有机肥处理的 1/5[16]。这是因为增施有机肥能增加土壤有机质、有机酸含量，促进了甲烷细菌的生长繁殖，从而提高了土壤甲烷发生量。但如果经过处理，增施有机肥也不一定必然增加稻田甲烷的排放量，农村常用的有机肥经沼气发酵或其他形式的多级利用后再施于稻田，就能有效控制稻田甲烷排放量，降低其排放率。如陶战证明，施用腐熟度高的沼渣可使稻田甲烷排放通量控制在与单施化肥同样低的水平上。因此，腐熟度高的沼渣可被推荐为既能控制稻田甲烷排入量，又有利于水稻生产的优质有机肥。据研究，全国的沼渣可供 1/5 的稻田使用，甲烷释放量可减少 24% ～ 62%。

人粪尿、绿肥、秸秆也是农村常用的有机肥料。相较而言，人畜粪的甲烷排放量明显较高，绿肥次之，沼渣肥更次之，稻草的甲烷排放量最低。施用新鲜秸秆类物料后，水稻田的甲烷排放量明显增加。水稻田施用油菜秸秆后，甲烷排放强度比施用化肥的高 5 倍；稻草可明显促进淹水土壤的甲烷排放，而且甲烷排放量与稻草施用量呈直线正相关。在水稻田中，施用腐熟堆肥后的甲烷排放量远不及施用新鲜有机肥的。日本科学家的研究结果表明，施用 6 ～ 10t/hm^2 稻草的水稻田，甲烷排放量比对照（不施稻草）增加 2.0 ～ 3.5 倍；而等量的稻草先经堆制再施用，稻田的甲烷排放量只比对照增加稍许[3]。

（2）化肥与甲烷释放　施用氮肥可以抑制水稻田的甲烷排放。化肥硫酸铵中的硫酸根离子、硝态氮肥中的硝酸根离子和过磷酸钙中的磷酸根离子（PO_4^{3-}）可以延缓土壤氧化还原电位的下降，其还原产物硫化氢（H_2S）、氧化亚氮、氧化氮（NO）还对甲烷菌有毒害作用，从而可对甲烷的生成产生抑制作用，减少水稻田的甲烷释放。国内外的研究结果表明，增施硫酸铵可减少水稻田的甲烷排放量；增施尿素也可减少甲烷排放量，但效果比硫酸铵小得多。在施氮量相同的条件下，施用硫酸铵和硝酸铵的水稻田，甲烷排放总量比施用尿素的减少 12.0% ～ 58.9%。施用包被复合肥也可以显著减少水稻田的甲烷排放总量，与施用尿素相比，可减少 21% ～ 75%[16, 17]。

（3）施肥方法与甲烷释放　化肥深施能明显降低水稻田的甲烷释放。与在水田土层施用时相比较，叶面追施硫酸铵、氯化铵和尿素，甲烷排放量分别减少 45%、60% 和 20%。水稻田施用有机肥时，若同时配施化肥，则可减少甲烷排放量。

（4）施肥量与甲烷释放　在一定的施用量范围内，水稻田的甲烷排放量与农家肥、新鲜稻草或绿肥的施用量呈正相关关系；但施用量达到一定值后，甲烷排放量不再增加。意大利科学家的研究结果表明，当水稻田中稻草施用量达到 12.5t/hm^2 时，甲烷排放量达到最大值，即使施用量继续增加至 60t/hm^2，甲烷的排放量也不再增加。

1.1.3.2　施肥与氧化亚氮排放

尽管氧化亚氮（N_2O）在地球大气中的含量低微，但它仍然是非常重要的温室气体之一。N_2O 是土壤硝化作用和反硝化作用过程中由微生物活动产生的。它与其他温室气体（比如 CO_2、CH_4）相比，具有较强的增温潜势及在大气中较长的滞留时间，1 个氧化亚氮分子的温室效应增温潜力，为 1 个二氧化碳分子的 290 ～ 300 倍，1 个甲烷分子的 4 ～ 21 倍。大气中氧化亚氮增加，可降低地表热量向外层大气逸散的速度。氧化亚氮对臭氧层也有破坏作用。由土壤中释放的氧化亚氮，可逐渐进入同温层，长期滞留在平流层中，并氧化成氧化氮（NO）后再与臭氧发生反应，不断消耗臭氧，致使到达地球表面的紫外线辐射强度增高。大气圈中，80% ～ 90% 的氧化亚氮来源于土壤生物，由农田系统中无机氮肥和有机氮肥的施用及生物固氮作用产生的氧化亚氮，约占年排放总量的 60%。因此，施肥成为影响氧化亚氮释放量的重要因素[18]。

农田施用氮肥，是氧化亚氮增加的基本原因。在施用量较低时，有 0.1% ～ 0.8% 的氮肥转化成氧化亚氮；在施用量较高时，则有 0.5% ～ 2.0% 的氮肥转化成氧化亚氮排放出来。水稻生长期氧化亚氮平均排放量与氮肥施用量之间存在显著的相关性[19]。

不同种类的氮肥，对氧化亚氮排放量的影响也不相同。液态氮肥（氨水）、铵态氮肥、尿素、硝态氮肥转化为氧化亚氮的比例（转化率）分别为 1.63%、0.12%、0.11%、0.03%。

氮肥的施用方式和季节（包括气候季节及作物生长时期）也可影响氧化亚氮的排放量。施用氮肥增效剂也能显著降低氧化亚氮释放。在施氮量相同的条件下（180kg/hm^2），长效碳酸氢铵可比普通碳酸氢铵减少 74% 的氧化亚氮排放量，比尿素减少 78%；缓释尿素比普通尿素减少 62% 的氧化亚氮排放量，比普通碳酸氢铵减少 54%。

1.1.3.3　施肥与二氧化碳排放

CO_2 大部分来源于矿物燃料的燃烧，由土壤排放的 CO_2 量只占少部分，如将我国农田简单分为水田和旱田，并以水稻田和小麦田 CO_2 排放通量作为这两类农田的代表来粗略估算耕地排放 CO_2 的总量。1990 年，$2.5\times10^{11}m^2$ 水田和约 $7.0\times10^{11}m^2$ 旱田平均排放 CO_2 量分别为74Tg和183Tg，总和为257Tg。康德梦曾估算我国CO_2总排放量为3300Tg，农田排放CO_2约占全国CO_2源的8%。

随着农业集约化程度的提高，化肥的大量使用将会促进农田CO_2的排放，如施尿素地CO_2通量大于不施尿素地CO_2排放通量值，在整个观察期，两种田CO_2平均排放量分别是262mg/（m^2·h）和177mg/（m^2·h）。

1.1.3.4　施肥对大气环境的其他影响

（1）氮氧化物（NO_x）与酸雨　施肥除了造成温室效应外，对酸雨（干湿酸沉降）及臭氧层破坏也有重要的影响。氮的气态氧化物（其化学通式为NO_x）包括NO、NO_2、N_2O、N_2O_5和N_2O_4等，其中最主要的是前面三种。它们均有可能由化学氮肥在农田生态系统中通过生物化学作用而产生。与SO_2一样，NO_x也能形成酸雨，从而对水生生态系统和陆地生态系统造成危害。例如，酸沉降危害严重，被称为“空中死神”，酸雨直接降落到植物叶面从而使植被和农作物受害或枯死；使土壤酸化，引起有害金属溶出，伤害植物根部；还可使江河湖泊酸化，导致鱼类和两栖动物丧失繁育能力，使水生生物减少；同时，酸雨腐蚀各种建筑材料和古迹，并直接影响人体健康。

从我国酸沉降和致酸物质排放特征来看，虽然NO_x排放对酸沉降有一定贡献，但现阶段我国酸沉降的重点控制对象应是SO_2，理由如下：

① 国际上酸沉降控制都是从对SO_2排放量的控制入手的。

② 从我国降水化学组分分析结果看，雨水中 SO_4^{2-} / NO_3^- 之比约为6，这说明我国的酸沉降是硫酸型的。

③ 由于我国实行以煤为主的能源政策，伴随煤矿的燃烧和利用过程，SO_2排放量大、地域分布广。而NO_x排放不仅排放量小，而且排放高度低、范围小。从燃煤角度分析，按我国平均煤含硫量1.12%估算，燃烧1t煤约产生SO_2 19kg，NO_x 9kg，SO_2产生量比NO_x高出1倍多。

④ 硫沉降比氮沉降对生态环境的危害大。首先从提供H^+的能力看，硫酸比等摩尔的硝酸大1倍；其次，氮是植物生长的必要营养物质，过量氮输入才会对生态系统造成不利影响，而植物对硫的需求量很小，硫的沉降量又相对大，容易在环境中积累，对水生态、陆地生态和土壤产生不利影响。

⑤ 从我国城市大气污染现状分析，SO_2也应该是主要控制对象，许多SO_2污染较严重的城市都处于降水酸化中心地带，而NO_x污染较重的地区则未明显反映出这个特征。因此，控制SO_2排放不仅可控制酸沉降恶化的趋势，而且有利于改善城市的大气环境质量。

（2）N_2O与臭氧层破坏及其他影响　N_2O对臭氧层的破坏问题令世人瞩目。在农田生态系统中，由于化学氮肥的施用量过多，其中部分氮素在还原条件下通过反硝化作用也产生N_2O。近10年的监测表明，人类的活动正在严重地扰乱臭氧的平衡，除了人工合成的制冷剂氯氟烃化合物对臭氧层的破坏作用以外，N_2O可以长期滞留在平流层中，成为破坏臭氧层的催化剂。

臭氧层能阻止过多的宇宙紫外线辐射到达地球表面，是一道保护性的屏障。这个屏障一旦遭到削弱或破坏，过多的紫外线辐射将使人类和牲畜皮肤癌的患病率增加，还可能扰乱动植物的正常生长，并对气候产生不利的影响。在农田生态系统中，由于微生物和化学机制所引起的反硝化作用，相当大数量的氮素由铵态氮、硝态氮或者亚硝态氮转化为 N_2O、NO 和 N_2。据估算，到 21 世纪初，人类的工农业生产中所产生并逸入大气层中的 N_2O 将有 1500Tg（百万吨），能使臭氧层减少百分之几，到 21 世纪末，臭氧层将会减少 8%，因而可能使宇宙紫外线照射到地面的强度比目前增加 15%。太阳光照射到地面的波谱特征也将随之发生相应的变化，势必对人类的健康构成严重的威胁。

此外，氮的气态氧化物在太阳光的照射作用下将产生光化学烟雾，这种烟雾刺激人类的呼吸系统，并对肺脏组织产生刺激和腐蚀作用。

（3）CH_4 与臭氧层破坏　CH_4 除了作为温室气体，对全球气候变暖的贡献占 20% 外，它的不断增长还将导致对流层中 O_3 浓度及分布的变化，也将影响到极地平流层云的形成，导致极地平流层中 O_3 的消耗。CH_4 是对流层中关键物中 · OH 自由基的一个主要汇，但在其他污染物光化学反应的参与下又可能对对流层中的 O_3 及 · OH 有贡献。总之，CH_4 背景浓度的增加将改变对流层中 · OH 的浓度及其氧化能力，导致对流层的化学变化，并可能威胁到人们的生存环境及人类的健康。

1.2　肥料对我国土壤固碳的贡献

陆地土壤存储的碳最多，并以有机态形式存在，其储量是大气存储量的 2 倍，是陆地上生物存储量的 2.4 倍 [20]。陆地土壤有机碳储量的轻微下降有可能引发大气中温室气体浓度的大幅增加，进而导致全球气候变暖 [21]。相反，大气中的气态碳素被土壤固存，有助于土壤有机碳储量的提高，亦能有效缓解全球气候变暖的趋势 [22]。尽管农业生态系统仅占全球陆地表面的 11%，却极易受到人为干扰，进而导致土壤有机碳储量不同程度的亏损。因此，对于土壤有机碳的固存，农业土壤具有极大的潜力 [23]。

肥料的施用管理是农田中最普遍、维持产量和生产力不可或缺的人为管理措施。集约化的农业生产活动会不断地将农田土壤中的养分带走，为了维持农田土壤的持续生产力需要通过施肥进行营养元素的补充。因此，连续耕作的农田上施用肥料之后，能够提高作物的生物量。另外，施肥也会对土壤的理化性质产生较大的影响，不同的肥料种类如化肥、有机肥和秸秆等的投入对土壤的影响存在差异。1980 年至 2014 年间，中国氮肥消费量几乎增长了两倍，成为世界上第一大化学氮肥消费国。化学氮肥的大量输入对土壤碳循环影响显著，有研究发现伴随着化学氮肥的大量施用，土壤有机碳储量却一直在减少，同时伴随着养分流失，这引起了广泛关注。同时，不合理的施肥是影响土壤温室气体排放的重要因素，对大气环境造成了严重的危害，同时也造成土壤肥力的退化。研究发现，有机物料的施用直接增加了农田土壤碳的投入，从而提高了农田土壤有机碳的固定。为了增加农业生态系统中的碳固存，人们广泛施用有机肥 [24, 25]。然而，一些研究表明，相比施用化肥，施用有机肥后，土壤有机碳没有显著增加甚至减少[26, 27]。一般来说，提高有机农业系统的土壤生产力和生物多样性是非常重要的[28]。之前的长期实验研究发现，长期配合施用化肥与有机肥会增加土壤有机碳含量[29, 30]。化肥通过影响作物残茬、根系和根沉降的增加，间接影响土壤中的碳输入。此外，有机肥能直接影响土壤中的碳输入，因此有机肥与化肥长期协作有利于土壤有机碳的稳定[31]。土壤有机碳的分布和含量可以作为评价土壤肥力、水文和温室气体排放潜力的重要指标。在我国南方农田长期施用有机肥之后，不同土壤有机碳组分中的有机碳含量都得到了提高，其矿物结合有机碳、游离有机碳和物理保护性有机碳分别增加 323 ～ 515kg/(hm^2 · a)、291 ～ 408kg/(hm^2 · a) 和 162 ～ 179kg/(hm^2 · a)[32]。此外，在东北黑土实验点上的研究也发现，连续施用有机肥和化肥 6 年后，微生物部分碳以及轻组分水溶性碳的含量都得到了提升；玉米秸秆还田处理土壤有机碳和轻组分有机碳分别提高了 26% 和 136%；猪粪等有机肥和化学肥料配施后，微生物部分碳和水溶性碳组分分别增加 52% 和 85%[33, 34]。此外，长期稳定施用化肥在一定程度上增加了有机碳和矿质结合有机碳量[35]。刘骅等[36]对灰漠土壤的研究结果表明，长期施用化肥可以增加土壤有机碳组分含量。目前，化学肥料施用对不同土壤有机碳组分的影响程度还没有很明确，尚未得出较为一致的结果。不同的研究认为，施用化肥可以加速、减少或将促进不稳定的有机碳库向稳定性有机碳库的转变。

在缺乏有机肥输入的粮田中，还田作物残体，特别是秸秆，已成为影响土壤有机碳数量和质量变化的决定性因素。作物秸秆还田量及其还田方式的不同对土壤有机碳固存的影响亦不同[37, 38]。通常，随着秸秆还田量的增加，土壤有机碳固存量亦随之增加[39]。在东北平原持续 10 年的秸秆还田试验中，Xu 等[40]发现玉米秸秆全量或半量还田较不还田可显著提高土壤有机碳储量，其增幅分别为 52.5% 和 31.7%。路文涛等[41]在宁南旱区持续 3 年谷子、玉米秸秆还田试验中也发现，土壤有机碳含量在秸秆还田下可显著提高 7.0% ～ 23.0%，而且随着还田量的增加而持续增加。张静等[42]发现，每增加 1000kg/hm^2 的玉米秸秆还田量，土壤有机碳含量可增加 0.0426g/kg，而且在低肥条件下对土壤有机碳固存和土壤地力提升最为合理的还田量为 9000kg/hm^2。蔡太义等[43]在渭北旱原秸秆还田试验中也提出相似结论。然而，有研究也表明秸秆还田对土壤有机碳的固存无显著影响，甚至亦可导致土壤有机碳含量的降低[44]。Buysse 等[45]在长达 50 年的秸秆还田试验中发现，秸秆不还田下土壤有机碳储量较试验前显著降低，其年降幅可达 12g（C）/m^2，而秸秆还田亦对土壤有机碳储量无显著影响。Wang 等[44]在小麦、玉米秸秆全量还田试验中发现，0 ～ 20cm 表层土壤有机碳含量降低了 19.7%。秸秆还田下土壤有机碳储量水平未提高的原因可能是土壤有机碳储量已达到饱和状态。秸秆还田向土壤归还新鲜有机物量的同时也会导致土壤原有有机碳的降解，即发生正激发效应。当土壤有机碳新形成量与降解量接近时，土壤有机碳储量即可达到饱和状态；若低于土壤原有有机碳的降解量，土壤有机碳储量就会有所降低。Liu 等[46]通过荟萃分析（Meta 分析）研究表明，秸秆还田 12 年后土壤有机碳储量基本能达到饱和状态。因此，当土壤有机碳尚未饱和时才能在秸秆还田下有所提高[47]。秸秆还田不同方式如覆盖还田、旋耕还田和深松还田等对土壤有机碳固存的影响不同。研究表明，秸秆覆盖下土壤有机碳的固存效果较其他还田方式更为明显[48-51]。Halvorson 等[50]在持续 12 年的长期定位试验中发现秸秆覆盖还田年均固碳量为 233kg/hm^2，旋耕还田为 25kg/hm^2，而深翻还田却导致土壤有机碳降低 141kg/hm^2。田慎重等 [49] 在长达 12 年的定位试验中亦发现秸秆覆盖还田下 0 ～ 30cm 土层有机碳含量较试验初可提高 38%，深翻还田无显著变化，而旋耕还田却降低 30%，但旋耕还田 6 年后进行深松还田可使 0 ～ 30cm 土层有机碳含量较旋耕还田进一步提高（32% ～ 67%）。

作物秸秆覆盖还田能提高表层土壤孔隙率，对表层土壤起到疏松作用，能够有效提高地表土壤的入渗能力；作物秸秆覆盖还田既能在强降雨时延长水分下渗时间，减缓地表径流，又能在高温炎热期减少地表水分的无效蒸散和损失 [52-55]，从而能够有效提高粮田土壤蓄水保墒能力和作物的水分利用效率。作物秸秆覆盖还田既能在高温炎热期利用秸秆的遮光性能对表层土壤起到降温效果，又能在低温寒冷期利用秸秆对地面逆辐射的阻挡能力使得表层土壤保持相对恒定的温度，从而使地表土壤保持相对适宜的温度，利于作物的生长 [37, 52, 56-58]。同时，作物秸秆覆盖还田下未与土壤直接接触的秸秆只能通过叶片表面微生物来进行降解，其降解速率远低于旋耕还田 [59, 60]。Yadvinder-Singh 等 [51] 在小麦生长季发现水稻秸秆覆盖还田和旋耕还田（与土壤充分混匀）下秸秆降解率分别为 50% 和 20%。因此，作物秸秆覆盖还田通过对土壤物理特性的改善而对作物生长起到促进作用，间接利于土壤有机碳的固存，亦可通过调节还田作物残体降解速率来直接影响土壤有机碳的固存。另外，作物秸秆覆盖还田下土壤有机碳主要在土壤表层富集，而且随着土壤深度的增加而逐渐减少，而旋耕还田或深翻还田下土壤有机碳在土壤剖面的分布相对均匀 [48, 49, 61]。

尽管在长期定位试验中，作物秸秆还田对土壤有机碳数量会有一定影响，然而其总量却不能在短时间内敏感且全面地反映出土壤有机碳内在组成的变化；相反，土壤有机碳活性组分，如高锰酸钾氧化碳能够敏感地反映土壤有机碳有效组分的变化状况，而且已成为评价土壤肥力质量变化的重要指标 [62, 63]。在对土壤活性有机碳的相关研究中，Logninow 等 [64] 采用 3 种不同浓度的过量的高锰酸钾（333mmol/L、167mmol/L 和 33mmol/L）与土壤样品进行反应，根据其氧化有机质中的碳素数量进而将土壤有机碳分为惰性、低活性、中活性和高活性 4 个不同级别。随后，Lefroy 等 [65] 认为土壤有机碳的变化主要发生在易氧化有机碳库中，即土壤活性有机碳组分，并据此提出土壤碳库管理指数的概念。碳库管理指数是指研究对象的土壤有机碳与参考土壤的比值乘以土壤有机碳活度指数。如此能够全面和动态地反映外界条件，如自然条件和农艺措施等因素对土壤有机碳变化的影响 [49, 66-69]。因此，碳库管理指数已成为土壤有机碳变化的系统且敏感的检测指标，进而能够反映田间不同管理措施下土壤质量降低或提高的程度 [49, 70]。碳库管理指数的升高，表明农艺措施对土壤有培肥作用，土壤性能向良好发展；而碳库管理指数的下降，则表示农艺措施可导致土壤肥力的降低，土壤性能向退化的方向发展，进而说明其农艺措施不科学，有待改进。作物秸秆覆盖还田能为耕层土壤微生物提供充足的碳源和能源物质，对土壤微生物的活性具有一定的提高作用，而经土壤微生物降解的作物残体以及微生物分泌物为活性有机碳的主要来源 [71]。然而，Giacomini 等 [72] 认为作物秸秆旋耕还田较覆盖还田更有利于土壤微生物繁殖和土壤活性有机碳含量的提高。田慎重等 [49] 则认为，秸秆还田能够显著提高 0 ～ 30cm 耕层土壤活性有机碳含量，而且将旋耕还田转变为深松还田能够进一步提高土壤活性有机碳含量，可降低其占总有机碳的比例以及碳库管理指数；而深层（＞ 10cm）土壤碳库活度在长期覆盖还田更换为深松还田后有所提高。

参考文献

[1] 符建荣. 土壤中铅的积累及污染的农业防治. 农业环境保护，1993, 12(5):217-222.
[2] 王亚丽，林位夫，陈勇. 氮肥使用中的污染问题及其解决途径. 热带农业科学，2003, 23(1):67-73.
[3] Yagi K, Minami K. Effect of organic matter application on methane emission from Japanese paddy fields.Soil Science and Plant Nutrition, 1990, 36:599-610.
[4] Wadmam W P. Nitate leaching losses from organic manure——the Dutch experience. Aspects of Applied Biology, 1992(3):117-143.
[5] Wang Z P. Methance production from anaerobic soil amended with rice straw and nitrogen fertilizer. Fertilizer Research, 1992(3):115-120.
[6] Schwab A P. Changes in soil chemical properties due to 40 years of fertilization. Soil Science, 1990, 149(1):35-46.
[7] 杨学辉. 土壤污染与防治. 北京：科学出版社，1995:20-33.
[8] 武志杰. 化学肥料与生物圈. 农业环境保护，1994, 13(6):279-282.
[9] Stone D L R，Whitney D A，王学锋. 长期施用氮肥对土壤理化性质的影响. 土壤学进展，1992, 20(5): 56.
[10] 王统正. 蔬菜施肥技术. 北京：农业出版社，1990: 76-77.
[11] Kalpage F S C P. Tropical soil.UK:the Macmillan Press LTD, 1976: 155-156.
[12] Schneider G W, Bassakass C. Composition of superphosphate fertilizers. Journal of Agricultural and Food Chemistry, 1963, 11(6):535-538.
[13] 熊札明. 施肥与植物的重金属吸收. 农业环境保护，1993, 12(5):217-222.
[14] 李庆连. 中国农业可持续发展中的肥料问题. 南昌：江西科学技术出版社，1998: 11-20.
[15] 孙昭荣. 北京降雨和土壤下渗水中氮素的研究. 土壤肥料，1993(2): 8-10.
[16] 谢小立. 施肥对稻田甲烷排放的影响. 农村生态环境，1995, 11(4):10-14.
[17] 陶战. 我国不同地区稻田甲烷排放量及控制措施研究. 农业环境保护，1998, 17(1): 1-8.
[18] 奚振邦. 化学肥料学. 北京：科学出版社，1994:364-365.
[19] Baunwan A F. In soil and green house effect. John Willy and Sons, 1990: 1-128.
[20] Schimel D S. Terrestrial ecosystems and the carbon cycle. Global Change Biology, 1995, 1(1): 77-91.
[21] Smith P, Fang C M. Carbon cycle: A warm response by soils. Nature, 2010, 464: 499-500.
[22] Wiesmeier M, Hübner R, Spörlein P, et al. Carbon sequestration potential of soils in southeast Germany derived from stable soil organic carbon saturation. Global Change Biology, 2014, 20(2): 653-665.
[23] Ghosh S, Wilson B, Ghoshal S, et al. Organic amendments influence soil quality and carbon sequestratio in the Indo——Gangetic plains of India. Agriculture, Ecosystems & Environment, 2012, 156: 134-141.
[24] Gattinger A, Muller A, Haeni M, et al. Enhanced top soil carbon stocks under organic farming. P Natl Acad Sci USA, 2012, 109: 18226-18231.
[25] Maillard E, Angers D A. Animal manure application and soil organic carbon stocks: A meta-analysis. Glob Chang Biol, 2014, 20: 666-679.
[26] Leifeld J, Reiser R, Oberholzer H R. Consequences of conventional versus organic farming on soil carbon: Results from a 27-year field experiment. Agron J, 2009, 101:1204-1218.
[27] Li X H, Han X Z, Li H B, et al. Soil chemical and biological properties affected by 21-year application of composted manure with chemical fertilizers in a Chinese Mollisol. Can J Soil Sci, 2012, 92: 419-428.
[28] Mader P, Fliessbach A, Dubois D, et al. Soil fertility and biodiversity in organic farming. Science, 2002, 296: 1694-1697.
[29] Guo L, Wu G, Li Y, et al. Effects of cattle manure compost combined with chemical fertilizer on topsoil organic matter, bulk density and earthworm activity in a wheat-maize rotation system in Eastern China. Soil & Tillage Research, 2016, 156: 140-147.
[30] Zhang H, Ding W, Yu H, et al. Linking organic carbon accumulation to microbial community dynamics in a sandy loam soil: Result of 20 years compost and inorganic fertilizers repeated application experiment. Biol Fert Soils, 2015, 51:137-150.
[31] Zhao M, Zhou J, Kalbitz K. Carbon chemicalization and properties of water-extractable organic carbon in soils of the south Loess Plateau in China. Eur J Soil Boil, 2008, 44:158-165.
[32] Tong X, Xu M, Wang X, et al. Fertilization effects on organic carbon fractions in a red soil of China. Catena, 2014: 251-259.
[33] 梁尧，韩晓增，宋春，等. 不同有机物料还田对东北黑土活性有机碳的影响. 中国农业科学，2011, 44(17): 3565-3574.
[34] 韩晓日，苏俊峰，谢芳，等. 长期施肥对棕壤有机碳及各组分的影响. 土壤通报，2008, 39(4): 730-734.
[35] 王玲莉，韩晓日，杨劲峰，等. 长期施肥对棕壤有机碳组分的影响. 植物营养与肥料学报，2008, 14(1): 79-83.
[36] 刘骅，佟小刚，徐咏梅，等. 长期施肥下灰漠土有机碳组分含量及其演变特征. 植物营养与肥料学报，2010, 16(4):794-800.
[37] 李新华，郭洪海，朱振林，等. 不同秸秆还田模式对土壤有机碳及其活性组分的影响. 农业工程学报，2016, 32(9): 130-135.
[38] Poeplau C, Kätterer T, Bolinder M A, et al. Low stabilization of aboveground crop residue carbon in sandy soils of Swedish long-term experiments. Geoderma, 2015, 237: 246-255.
[39] Fan J L, Ding W X, Xiang J, et al. Carbon sequestration in an intensively cultivated sandy loam soil in the North China Plain as affected by compost and inorganic fertilizer application. Geoderma, 2014, 230: 22-28.
[40] Xu M G, Lou Y L, Sun X L, et al. Soil organic carbon active fractions as early indicators for total carbon change under straw incorporation. Biology and Fertility of Soils, 2011, 47: 745-752.
[41] 路文涛，贾志宽，张鹏，等. 秸秆还田对宁南旱作农田土壤活性有机碳及酶活性的影响. 农业环境科学学报，2011, 30(3): 522-528.
[42] 张静，温晓霞，廖允成，等. 不同玉米秸秆还田量对土壤肥力及冬小麦产量的影响. 植物营养与肥料学报，2010, 16(3): 612-619.
[43] 蔡太义，黄耀威，黄会娟，等. 不同年限免耕秸秆覆盖对土壤活性有机碳和碳库管理指数的影响. 生态学杂志，2011, 30(9): 1962-1968.
[44] Wang J B, Chen Z H, Chen J, et al. Surface soil phosphorus and phosphatase activities affected by tillage and crop residue input amounts. Plant Soil Environ, 2011, 57(6): 251-257.

[45] Buysse P, Roisin C, Aubinet M. Fifty years of contrasted residue management of an agricultural crop: Impacts on the soil carbon budget and on soil heterotrophic respiration. Agriculture, Ecosystems & Environment, 2013, 167: 52-59.

[46] Liu C, Lu M, Cui J, et al. Effects of straw carbon input on carbon dynamics in agricultural soils: A meta-analysis. Global Change Biology, 2014. 20(5): 1366-1381.

[47] Stewart C E, Paustian K, Conant R T, et al. Soil carbon saturation: concept, evidence and evaluation. Biogeochemistry, 2007, 86(1): 19-31.

[48] 田慎重，宁堂原，王瑜，等. 不同耕作方式和秸秆还田对麦田土壤有机碳含量的影响. 应用生态学报，2010, 21(2): 373-378.

[49] 田慎重，王瑜，宁堂原，等. 转变耕作方式对长期旋免耕农田土壤有机碳库的影响. 农业工程学报，2016, 32(17): 98-105.

[50] Halvorson A D, Wienhold B J, Black A L. Tillage, nitrogen, and cropping system effects on soil carbon sequestration. Soil Science Society of America Journal, 2002, 66(3): 906-912.

[51] Yadvinder-Singh, Gupta R K, Jagmohan Singh, et al. Placement effects on rice residue decomposition and nutrient dynamics on two soil types during wheat cropping in rice-wheat system in northwestern India. Nutrient Cycling in Agroecosystems, 2010, 88(3): 471-480.

[52] 连旭，隋玉柱，武海涛，等. 秸秆还田对黑土农田土壤甲螨群落结构的影响. 农业环境科学学报，2017, 36(1): 134-142.

[53] Li S X, Wang Z H, Li S Q, et al. Effect of plastic sheet mulch, wheat straw mulch, and maize growth on water loss by evaporation in dryland areas of China. Agricultural Water Management, 2013, 116: 39-49.

[54] Zhang S L, Sadras V, Chen X P, et al. Water use efficiency of dryland maize in the Loess Plateau of China in response to crop management. Field Crops Research, 2014, 163: 55-63.

[55] Zribi W, Aragüés R, Medina E, et al. Efficiency of inorganic and organic mulching materials for soil evaporation control. Soil & Tillage Research, 2015, 148: 40-45.

[56] 刘世平，张洪程，戴其根，等. 免耕套种与秸秆还田对农田生态环境及小麦生长的影响. 应用生态学报，2005, 16(2): 393-396.

[57] 杨滨娟，黄国勤，钱海燕. 秸秆还田配施化肥对土壤温度、根际微生物及酶活性的影响. 土壤学报，2014, 51(1): 150-157.

[58] 胡发龙，柴强，甘延太，等. 少免耕及秸秆还田小麦间作玉米的碳排放与水分利用特征. 中国农业科学，2016, 49(1): 120-131.

[59] Potthoff M, Dyckmans J, Flessa H, et al. Dynamics of maize(*Zea mays* L.)leaf straw mineralization as affected by the presence of soil and the availability of nitrogen. Soil Biology & Biochemistry, 2005, 37(7): 1259-1266.

[60] Jin K, Sleutel S, Neve S D, et al. Nitrogen an carbon mineralization of surface-applied and incorporated winter wheat and peanut residues. Biology and Fertility of Soils, 2008, 44(4): 661-665.

[61] Gwenzi W, Gotosa J, Chakanetsa S, et al. Effects of tillage systems on soil organic carbon dynamics, structural stability and crop yields in irrigated wheat(*Triticum aestivum* L.)-cotton(*Gossypium hirsutum* L.)rotation in semi-arid Zimbabwe. Nutrient Cycling in Agroecosystems, 2009, 83(3): 211-221.

[62] 韩宾，孔凡磊，张海林，等. 耕作方式转变对小麦 / 玉米两熟农田土壤固碳能力的影响. 应用生态学报，2010, 21(1): 91-98.

[63] 兰宇，Muhammad Imran Asshraf，韩晓日，等. 长期施肥对棕壤有机碳储量及固碳速率的影响. 环境科学学报，2016, 36(1): 264-270.

[64] Logninow W, Wisniewski W, Gonet S S, et al. Fractionation of organic carbon based on susceptibility to oxidation. Polish Journal of Soil Science, 1987, 20: 47-52.

[65] Lefroy R D B, Blair G, Strong W M. Changes in soil organic matter with cropping as measured by organic carbon fractions and ^{13}C natural isotope abundance. Plant and Soil, 1993, 155-156: 399-402.

[66] 蔡太义，黄会娟，黄耀威，等. 不同量秸秆覆盖还田对土壤活性有机碳及碳库管理指数的影响. 自然资源学报，2012, 27(6): 964-974.

[67] 董珊珊，窦森. 玉米秸秆还田不同组合方式对黑土有机碳组成和结构特征的影响. 农业环境科学学报，2017, 36(2): 322-328.

[68] 王改玲，李立科，郝明德. 长期施肥和秸秆覆盖土壤活性有机质及碳库管理指数变化. 植物营养与肥料学报，2017, 23(1): 20-26.

[69] Liu Y, Dang Z Q, Tian F P, et al. Soil organic carbon and inorganic carbon accumulation along a 30-year Grassland Restoration Chronosequence in Semi-arid Regions(China). Land Degradation & Development, 2017, 28(1): 189-198.

[70] 徐明岗，于荣，孙小凤，等. 长期施肥对我国典型土壤活性有机质及碳库管理指数的影响. 植物营养与肥料学报，2006, 12(4): 459-465.

[71] 王丹丹，周亮，黄胜奇，等. 耕作方式与秸秆还田对表层土壤活性有机碳组分与产量的短期影响. 农业环境科学学报，2013, 32(4): 735-740.

[72] Giacomini S J, Recous S, Mary B, et al. Simulating the effects of N availability, straw particle size and location in soil on C and N mineralization.Plant and Soil, 2007, 301(1/2): 289-301.

中国肥料研究与应用全书

Books of Fertilizer Research and Application in China

FERTILIZER

第2章

施肥与生态效应

2.1 施肥对土壤微生物多样性的影响

土壤生态系统包含了土壤圈层的生物、矿物质、有机质、水和空气等，与地上植物生态系统相互依存、紧密关联，共同维持陆地生态系统的特征、过程、功能和稳定性。土壤微生物是土壤生态系统的主要组成成分，据估算，1g 土壤中大约有 2000 ～ 830 万个细菌物种[1, 2]和上百亿个微生物个体[3]，而仅有 1% 的微生物可以在显微镜下观察到。土壤微生物是生命元素循环的主要驱动者，在生物地球化学循环中起着决定性作用，是联系大气圈、水圈、岩石圈及生物圈物质与能量交换的重要纽带，维系着人类和地球生态系统的可持续发展。土壤微生物是地球上最重要的分解者，具有多重生态与环境功能。土壤微生物多样性在有机物的分解循环方面也有重要的作用，绝大部分土壤处于不稳定的环境条件和生态系统下，土壤微生物的多样性越高，对生态系统的功能越有积极作用。土壤微生物可以调控多种土壤学过程，通过不同途径和形式影响土壤的物理化学和生物学性质，例如土壤细菌、真菌、放线菌及微藻类等主导了土壤有机物质的降解、营养元素循环和其他化学转化过程[4]。

土壤微生物是维系陆地生态系统地上-地下相互作用的纽带。土壤微生物是陆地生态系统植物多样性和生产力的重要驱动者，直接参与了植物获取养分和土壤养分循环两个过程。如共生固氮菌、菌根真菌和根际促生菌能直接增强植物获取养分的能力。并且，土壤微生物往往参与整个土壤的生物物理化学过程，其在土壤团聚体的形成、土壤养分固定与释放和有机污染物的生物转化中均起到了关键的作用[5]。

土壤微生物是全球变化的调节器，通过影响元素的生物地球化学过程来影响温室气体的排放和消纳。土壤微生物可驱动生态系统温室气体的排放，包括甲烷和氮氧化物。二氧化碳释放与土壤微生物活性密切相关，使得土壤作为碳源或碳库在全球碳循环中举足轻重[6]。另外，据估算全球每年氮肥投入量高达上亿吨，绝大部分氮肥以铵态氮的形式进入土壤后，必须在微生物的作用下才能完成氮循环以维系地球生态系统的可持续发展。而这一过程中会产生大量的氧化亚氮和一氧化氮等温室气体并影响气候变化[7]。

因此，土壤微生物生物量、活性及多样性在农业生态系统可持续发展、农业环境开发与保护中发挥了重要的作用，其在区域和全球尺度上均有重要意义。

2.1.1 施用化肥对土壤微生物群落多样性的影响

2.1.1.1 施用化肥对土壤微生物生物量的影响

化肥的施用对农业生态系统的影响在过去几十年中一直是研究的热点领域[8]。从 20 世纪 50 年代起，化学氮肥的施用保证了作物的持续高产；在作物持续高产的同时，也对土壤微生物产生了明显影响。大量的研究结果表明，氮、磷、钾化肥配合施用能提高土壤微生物的生物量。Geisseler 和 Scow[9] 收集了 64 个长期施肥试验的 107 个数据集，通过元分析表明，与不施肥处理相比，施用化学肥料可以使微生物量增加 15.1%，并且土壤的有机质含量和微生物量有显著的正相关关系，土壤有机质的增加是促进微生物量增加的主要原因。Ladha 等 [10] 分析了全球 104 个长期施肥试验后发现，由于化肥的施用，土壤有机质与对照相比平均增加了 8%。无论是在农业生态系统中还是在自然生态系统中，土壤有机质的含量和土壤微生物量均呈良好的相关性 [11, 12]。这也表明了施肥处理能提高土壤微生物量，这主要是由于施肥能提高土壤的有机质含量。但是关于化肥对土壤微生物生物量的影响，不同试验点以及不同学者的研究结果存在较大差异。Geisseler 等 [13] 分析了 54 个草地土壤和 150 个农田土壤的试验点，发现在草地土壤上因化肥的投入土壤微生物量显著降低了 12%，而在农田土壤上，因为化肥的施用土壤微生物量显著增加了 13.6%。Geisseler 等 [13] 指出在作物生态系统中，化肥的施用增加了作物的生产力，从而增加了土壤中植物残留物的投入，进而在长期试验中增加了土壤微生物量。在永久性草地土壤中，短期的氮投入同样也增加了植物初级生产力，但氮投入降低了草地植物的物种丰富度，从而导致了微生物量的降低。部分研究也发现，施用化学氮肥降低了土壤微生物的生物量。Treseder[14] 收集了 82 个农田数据，研究发现，施用氮肥会使微生物量平均降低 15%。Liu 和 Greaver[15] 收集了 57 个试验数据，同样也发现氮添加会使微生物量降低 20%。Lu 等 [16] 也报道在生态系统中添加氮会使微生物量氮降低 5.8%，并且在持续地施用 5 ～ 10 年后这种作用会达到最大。而在长于 10 年的长期施肥研究中，施氮使微生物量的降低作用并不显著 [9]。在 Geisseler 和 Scow[9] 的元分析中，施用氮肥处理随着施用年限的增加，微生物量也呈现增加趋势，在至少 20 年的持续施肥处理下，土壤微生物量显著增加。这和 Treseder[14] 的研究相反，施用氮肥的年限越长，微生物的丰度越低。在没有管理的生态系统和农业生态系统中，土壤微生物群落的敏感性并不相同 [13]。事实上，大多的元分析结果显示在未管理的生态系统中，氮肥的增加会抑制土壤微生物区系 [15, 16]。在农业土壤上，肥料氮的投入要高于大气氮沉降，并且肥料氮往往是在一年中一次性大量施用的。高的氮肥投入率对农业生产系统中土壤 pH 有显著的短期或长期的影响。另外，除杂草外，由于人为管理因素的存在，农作物系统中施肥对植物群落组成的影响较小。施肥所造成的持续的高生产量会增加农业生产系统的有机物质的投入，包括根系分泌物、根系腐烂和地上部的残留，因此，增加了土壤微生物区系的碳源。

2.1.1.2　施用化肥对土壤微生物群落结构的影响

土壤微生物群落对化肥投入和土壤营养条件的改变异常敏感 [17]，但在众多研究中差异很大且没有清晰的趋势。例如：在 Ultuna 和 Broadbalk 的冬小麦试验中，施用化肥与不施肥处理，细菌的群落组成并没有显著的差异 [18-20]。Geisseler 等 [13] 也发现绝大部分研究中土壤主要的微生物群落并没有因为化肥的施用而发生明显的改变。部分研究也发现化学肥料对土壤微生物群落组成影响较小或并没有影响 [18]，但许多研究通过对磷脂脂肪酸组分进行主成分分析，发现化肥的施用对磷脂脂肪酸组分有显著的影响。Allison 和 Martiny[17] 归纳了 38 个不同生态系统上的施肥试验，发现有 84% 的试验证实了土壤微生物群落对氮、磷、钾的投入有敏感性响应。在几个草地土壤的研究中同样发现土壤肥力及土壤氮投入会影响微生物群落组成，如在英国多个地理位置进行的试验表明，土壤真菌细菌比随着土壤肥力和土壤有机质的降低而增加[21]。在作物生态系统中的几个长期试验表明，长期施用化肥导致土壤微生物群落组成发生改变[22-24]。Marschner 等[25]也发现在不同土壤类型和作物进行的温室试验中，施用硝酸铵后对根际土壤细菌的群落结构并没有显著的影响。在加拿大种植大麦的土壤上施用 90kg（N）/hm^2 的尿素，对土壤微生物量和细菌的功能多样性并没有明显的持续性影响，当施用量增加到 120kg（N）/hm^2 后便降低了土壤微生物量和功能多样性[26]。相似的是，在美国加利福尼亚连续三年棉花-谷类轮作的土壤上发现施用尿素量为 20kg（N）/hm^2 和 130kg（N）/hm^2 对微生物磷脂脂肪酸（PLFA）的影响没有明显的差别[27]。Yevdokimov 等[28, 29]在室内培养试验中发现，与不施肥处理相比，添加 100μg（N）/g 和 2000μg（N）/g 的硝酸钾对土壤微生物量并没有显著的影响；在高施用量下，硝酸根降低了微生物物种生长速率，增大了真菌与细菌的 PLFA 比值，降低了革兰氏阳性菌与革兰氏阴性菌的比值[29]。美国田纳西大学的 Martin 农业试验站上，研究发现长期施用硝酸铵肥料导致革兰氏阴性菌的相对比例要低于不施肥处理，而且革兰氏阳性菌的丰度有增加的趋势[30]。在 Langer 等[31]的研究中，施肥处理使革兰氏阳性菌也增加了。

许多研究将磷脂脂肪酸组分 18:2ω6,9 作为腐生真菌的指示性脂肪酸，在一定程度上代表了土壤真菌的生物量。而脂肪酸 16:1ω5 和 18:1ω7 组分占丛枝菌根真菌的绝大部分比例[32]，因此在磷脂脂肪酸分析中，往往将这几种组分含量作为丛枝菌根真菌的生物量。在北美的五个不同草地位点土壤中，高强度的化肥投入对丛枝菌根的影响不尽相同：仅有一个位点显示降低了丛枝菌根真菌的丰度，却提高了另外一个位点土壤中丛枝菌根真菌的丰度，对其他三个位点没有明显的影响。Li 等[33]通过元分析表明，在草地土壤上氮投入对菌根真菌的侵染率并没有影响。Treseder[34]却发现，在温带草原土壤和农业系统土壤上，氮投入均降低了丛枝菌根真菌的丰度。Treseder 和 Cross 研究发现，丛枝菌根真菌在耕地土壤表层 0 ～ 10cm 内的根系侵染率为 1.5km/m^2，而温带草原土壤中根系侵染率可达 9.5 ～ 17.7km/m^2。丛枝菌根真菌在不同的生态系统中对根系的侵染状况并不相同，主要跟根系长度有关，因此，当施用化肥抑制了丛枝菌根真菌的生长时，这种抑制效应在草原土壤中表现得较耕地土壤更为明显。Zheng 等[35]发现连续 19 年的缺施磷肥，使得土壤细菌和真菌菌群生物量均显著低于平衡施肥，而在施用无机磷肥后，土壤微生物的生长得到明显的提升。氨氧化细菌和古菌作为特异性的分解代谢类微生物，在分解代谢过程中需要铵态氮等氮形式作为电子受体，因此，尿素和铵盐的施用会使氨氧化和硝化微生物受益。但是，当施用量过高时，氨会抑制氨氧化细菌和古菌[36]。Koper 等[37]在实验室研究中发现，不高于 1 ～ 2mmol/L 的低浓度铵盐能增大硝化作用率，但高浓度的铵盐会降低硝化反应率，甚至可能降低到最大值的一半。Stange 等[38]通过对 Bad Lauchstädt 土壤每周采集一次样品进行检测发现，施肥处理中平均硝化反应率要高于对照处理。在中国进行的长期试验中发现，施肥处理的硝化潜势高于不施肥处理[39]。Ai 等[39]和 Chu 等[40]均通过长期施肥试验发现，氨氧化古菌的群落受无机肥料的影响较小，而氨氧化细菌的丰度和多样性会因施肥而显著降低。研究表明，在长期试验中，无机氮肥对氨氧化微生物和其他硝化微生物的活性的积极影响要多于消极影响。肥料对氨氧化微生物和硝化微生物的间接影响作用要强于直接影响，如施肥对土壤 pH 的改变。即便是土壤的 pH 没有发生很大的改变，无机肥料对土壤微生物群落组成依然会有明显的影响，只不过当关注细菌、真菌、放线菌等较大的组分时很难获得结果[9]。

2.1.1.3 施用化肥影响土壤微生物群落结构的短期和长期机制

铵根可以作为细菌和真菌的氮，但当尿素和铵态氮肥施用量过高时，它们会对微生物产生抑制并导致氨毒害发生，并使土壤pH、离子强度增高[41]。施用尿素和铵态氮肥会导致土壤局部有过高的含氨形态氮，如NH_3和NH_4^+等，在尿素颗粒附近可以达到3000mg/g，在铵态氮肥附近有500mg/kg[42]，如此高的含量可以强烈地抑制或杀死真菌和细菌。即便如此，部分微生物，如可水解纤维素的真菌、部分细菌也可以忍受这么高浓度的氨[41]。无水氨、氨水和尿素在由氨态转化为铵根时同样可以增加土壤的pH。Singh和Beauchamp[42]报道，在紧邻尿素颗粒的土壤中，pH值可以达到9，但在距离肥料颗粒6cm时，高pH和高氨浓度就不存在了。尽管施用尿素和铵态氮肥对局部土壤中的微生物会产生不利影响，但施用肥料对土壤微生物群落的短期影响是很小的[9]。在实验室条件下施用尿素100kg(N)/hm^2 10天后，土壤微生物群落组成发生了变化，但在91天后氮肥对微生物的影响却并没有持续[43]。总之，施用尿素和铵态氮肥引起的土壤环境的改变短期内会强烈地影响土壤微生物量和群落组成，与之相比，施用硝态氮肥短期内则不会产生明显的影响。长期试验中，土壤微生物由于在尿素和氨态氮肥料的毒害下恢复得很快，并且耐受性好的微生物取代了易受影响的物种，其在群落水平上均没有导致生物量和活性的不同。但是，反复地施用肥料会降低微生物群落的恢复能力，造成群落结构的永久性改变[9]。

长期施用化学肥料对土壤微生物的长期影响机制在于增加了土壤的有机质含量和降低了土壤pH，但区分施肥对土壤微生物的直接养分效应和间接效应异常困难。有试验表明，当施用无水氨时，土壤微生物量明显地降低了[44]，这表明无水氨能直接影响土壤微生物。几个长期的试验表明施肥可以导致土壤微生物群落组成的改变[22-24, 45]，但也有研究发现施肥对土壤微生物群落组成的影响很小甚至是没有[18, 46]。Herold等[47]采集了德国三个不同的气候区27个草地土壤的样品发现，施肥、放牧等土地利用强度显著地影响了土壤碳氮比，但并没有对微生物群落产生显著的影响。一般来说，施用氮肥即便使土壤的pH受到些许影响，也会对土壤真菌起到有益作用[23, 24, 46]。但Kirchmann等[23]却发现在瑞典长期施用肥料的处理中，真菌的生物量很低，他们将原因归结于大量的氮投入造成土壤碳氮比降低，使得细菌的生长优于真菌。

2.1.1.4 施用化肥导致的pH间接性改变对土壤微生物多样性的影响

施用尿素和铵态氮肥会暂时地提高土壤pH，但随之铵态氮首先氧化为亚硝酸根，然后氧化为硝酸根，这个过程会产生质子，导致土壤pH降低。从我国10个长期定位施肥监测站的数据来看，施用N、P、K肥处理的土壤pH值 在8～25年的时间里降低了0.45～2.20[48]。在几个长期的试验中，尿素和铵态氮肥会降低土壤的pH，但相对于不施肥处理，施用硝态氮对土壤pH的影响很小[9, 49]。从瑞典Ultuna地区的一个长期施肥试验中可以看出，施用铵态氮肥和硝态氮肥对土壤pH有不同效应：由试验起始的1956年到1974年，经过19年的长期定位施肥，施用硫酸铵处理的土壤表层pH值已由开始的6.4降到了5.0，经过53年长期施用硫酸铵后，土壤pH值已经降低到了4.2[18]，不同的是，不施肥处理和施用硝酸钙处理的pH并没有发生很大的变化。长期的施肥处理能提高作物产量。但当施用铵态氮肥和尿素时，土壤的pH值降低到5以下，这样就会导致作物产量显著降低，甚至会低于不施肥处理[50, 51]。并且，肥料对土壤微生物量影响的程度大小也取决于土壤pH值。当土壤pH值小于5时施肥会降低微生物量，而在较高的pH值条件下，施肥对土壤微生物量有积极的作用。

大量的研究发现，土壤pH对土壤微生物的群落组成有强烈的影响。Fierer和Jackson[52]分析了从北美和南美收集的98个不同生态系统的土壤样品，发现不同类型生态系统中微生物的多样性和丰富度不尽相同，而不同的pH是存在变异的主要原因，在pH值低于5的土壤中，细菌群落组成的不同更加显著。细菌的多样性在中性土壤中最高，在酸性土壤中最低。Bååth和Anderson[53]收集了53个pH值在3.0～7.2的土壤样品发现，土壤pH和土壤微生物量呈正相关，并且土壤pH对群落组成有强烈的影响。Lauber等[54]收集了南美和北美88个土壤样品，pH值范围为3.6～8.9，细菌群落组成和pH具有良好的相关性。在瑞典Ultuna的几个长期定位试验点上研究了施用铵态氮和硝态氮肥对土壤微生物的影响：施用硝酸钙的处理微生物量普遍上升，而施用了硫酸铵的处理由于土壤pH的降低微生物量明显下降[55, 56]；反复施用硝酸钙肥对细菌[57, 58]和真菌[55-59]的微生物量影响很小，施用硝酸钙和不施肥处理的磷脂脂肪酸组成和基因丰度并没有显著的不同[18, 19]；但施用硫酸铵肥料时，细菌和古菌生物量显著地降低了[19, 50]，而真菌生物量没有受到太大的影响[18, 55]；并且土壤基础呼吸和呼吸强度上，施用硫酸铵处理显著高于对照和硝酸铵处理[59]。这三个处理证明了氮投入本身并不会太大地影响到微生物量，而以铵态氮形式施用氮肥会对土壤微生物群落产生强烈的影响。英国的洛桑试验站研究人员调查了Hoosfield土壤上pH对土壤微生物群落结构的影响，取样地点选择在19世纪施用石灰不均匀引起的不同pH值土壤条带上，土壤pH值从3.7到8.3不等，而且没有施用过任何有机肥料和无机肥料[60, 61]。研究发现，随着土壤pH值的增加土壤微生物量碳也增加，并且当pH值低于5时这种作用更为显著；在pH值低于4.5时，土壤呼吸作用也降低了，但在土壤pH值为4或低于4时，土壤呼吸熵却增加了。土壤细菌的PLFA总量在pH值8.3～5.0之间随土壤pH值的降低而呈现小幅度的降低，但当土壤pH值低于5时，土壤细菌PLFAs总量急剧地降低；土壤真菌的PLFA量在pH 5.5～6.5之间最高[61]。Ramirez等[62]和Fierer等[63]分别在连续施用硝酸铵［0～800kg（N）/（hm^2·a）］27年的草地土壤和连续施用硝酸铵［0～267kg（N）/（hm^2·a）］8年的农耕土壤上，研究了不同因素对土壤微生物的影响：随着氮肥施用量的增加，草地土壤的pH值从7.4降低到6.1不等，在农耕土壤上从6.6降低到5.3。两个试验中，随着肥料投入的增加微生物碳也随之增加；细菌群落组成差异均被认为主要是碳氮有效性的不同造成的，由肥料的投入造成的植物群落或pH的改变也能产生较低程度的影响。另外，氮肥施用量的增加并不会持续地对细菌群落结构和多样性产生影响[62]。

另外，土壤pH的改变也会引起微生物功能多样性的改变。当土壤pH值低于5.5时氨氧化古菌控制了氨氧化过程[36]。He等[64]发现施用氮、磷、钾化肥相对于不施肥对照处理显著地降低了硝化潜势，并且施肥处理的土壤pH明显低于不施肥对照处理。在苏格兰的Craibstone起始于1961年的长期试验田上，施用石灰或硫酸铵肥料导致土壤pH值从4.5到

7.5 不等，古菌的 *amoA* 基因以及转录产物丰度随土壤 pH 的升高而降低，而细菌的 *amoA* 基因丰度出现相反的趋势；从整个 pH 梯度上看，古菌的 *amoA* 基因以及转录产物丰度要高于细菌 [65]。

可见，在农业生态系统中，施用化肥本身并不会导致土壤微生物区系的显著负面变化。当氮肥施用引起土壤 pH 的改变时，土壤微生物量、活性和结构组成就会受到影响。无论是在自然生态系统还是在农业生态系统中，当土壤 pH 值低于 5 时，会对土壤微生物区系产生强烈的影响 [9]。

2.1.2 施用有机肥对土壤微生物群落多样性的影响

2.1.2.1 施用有机肥对土壤微生物群落多样性的影响分析

施用有机肥可以改变土壤溶液中可溶性有机物质的数量和质量。可溶性有机物质（DOM）是土壤微生物体系最基本的有效介质，对微生物的活性至关重要，土壤呼吸和土壤中 DOM 的含量密切相关 [66]。另外，土壤有机碳含量的增加提高了受碳源限制的微生物量，进而改变了微生物群落的组成和结构 [24, 45]。大部分细菌通常利用易分解的有机碳，但土壤真菌一般利用复杂的有机碳 [67]。Zhong 和 Cai[68] 研究表明，土壤微生物性质受土壤有机质的显著影响，土壤氮、磷营养对微生物性质并没有影响，其他研究也证实土壤酶活性、微生物量均和土壤有机质显著相关 [69, 70]。土壤中的有机碳作为微生物区系的能量来源，可以被微生物同化并作为新陈代谢产物排出或参与微生物的呼吸作用。存在于有机物中的氮、磷、硫等大量元素可以被微生物转化为无机形式，它们一方面可以被微生物固定，参与形成新的微生物组织，另一方面被矿化储存于土壤的无机营养库中。细菌对不同施肥方式的响应比真菌更加敏感，可能的原因是细菌的生长繁殖周期更短，可对周围环境的变化迅速地做出反应。因微生物对碳源的需求量是氮源的 20 倍，在微生物分解有机物同化氮的过程中，同化量取决于微生物量的碳氮比。如果在微生物量的需求过程中有较低的易分解有机碳源和较高的有机氮源，那么多余的有机氮就会被矿化为无机氮。与此相反，Corbeels 等 [71] 发现，如果有机物中氮的供应量小于微生物的需求量，土壤的无机氮便会被同化来完成有机物的分解过程。细菌的生长往往受到土壤中可利用碳源的限制，当有限的可利用碳源添加到土壤中时首先被细菌同化利用 [72]，因此在缺乏易分解有机碳的土壤中施用有机肥能明显地促进细菌的生长繁殖。易分解有机碳等底物能促进细菌的生长说明施用有机肥不仅在维持土壤微生物多样性上有重要作用，而且能促进微生物量的增加 [73]。研究发现，施用有机肥对土壤中革兰氏阴性菌有显著的积极性影响 [24]。革兰氏阴性菌是一种能在土壤中快速生长的细菌，在施用有机肥初期其能在土壤中快速增殖，但是随着施肥时间的延长，革兰氏阴性菌会呈降低趋势，而革兰氏阳性菌和真菌等生长缓慢的菌群丰度则增加了 [74]。Yevdokimov 等 [28] 研究发现，随着氮肥添加量的增加，土壤真菌的生物量也显著增高，这可能一方面是由于土壤真菌对氮的响应程度高于土壤碳 [24]，另一方面可能是由于土壤细菌对碳添加的敏感程度要高于土壤真菌。施用有机肥后，土壤易分解有机碳随之增加，土壤细菌增殖的同时可能对土壤真菌生长产生了抑制作用 [67]。

土壤微生物不同物种的丰度和参与营养循环的微生物区系的活性受施用有机肥的质量和数量的共同影响。不同有机肥的碳氮比组成并不相同，可以影响有机物的分解率，并造成微生物群落结构的改变。例如：在有易降解的植物残体存在时，微生物体在营养丰富的环境中的生长速度要高于在营养限制环境中；而当添加植物秸秆时微生物体系更偏向有竞争能力的纤维素分解微生物[75]。在添加易降解有机物时可以观察到土壤中分解代谢产物多样性的增加，同样也预示着微生物群落结构的改变[76]。Leon 等[77]研究发现，施用堆肥（78t/hm^2）后土壤的酶活性及微生物量显著高于施用造纸残渣（22t/hm^2）的土壤。Monaco 等[78]研究发现，连续 11 年重复施用不同有机肥，土壤呼吸强度为堆肥＞牛粪水＞秸秆还田，而土壤呼吸参数可表征土壤微生物活性，他们还指出土壤微生物活性可以指示土壤易分解有机碳的数量，而易分解有机碳取决于有机肥料的种类。在连续施用绿肥 47 年的田间试验中[57]，较不施肥对照处理，施用绿肥处理土壤有更高的细菌和真菌生物量，并且施用绿肥土壤的真菌细菌比明显高于施用粪肥和木屑，可见施用不同有机肥料对土壤微生物的影响也不尽相同。

施用有机肥对土壤微生物丰富度和均匀度的影响因土壤类型和生态系统的不同而有所差异。部分研究发现，施用有机肥促进了土壤微生物丰富度的增加，同时伴随着均匀度的增加[79, 80]，但 Ge 等[81]研究发现施用有机肥增加了土壤微生物的丰富度但降低了其均匀度。最近几年，随着高通量测序技术的广泛应用，越来越多的研究证实施用有机肥均增加了土壤微生物的均匀度，但并没有对土壤微生物的丰富度产生显著影响[82]。Diepeningen 等（2006）研究发现施用有机肥时细菌的均匀度在前几年有增加的趋势，但长期施用有机肥后却降低了其均匀度。因此，评估有机肥对土壤微生物多样性的影响异常复杂，尤其是因研究方法、试验设计及生态系统的不同而有所差异。

2.1.2.2 有机肥相对于化肥对微生物多样性的影响

在农业生产过程中，过量施用化学肥料、深耕及过量灌溉等农业措施均会造成土壤的退化、面源污染，以及加速温室气体效应。施用氮、磷、钾化肥虽然提升了作物的生产力，但土壤的物理化学性质、微生物的群落结构及功能多样性都会发生明显的改变[83]。土壤为非可再生资源，退化过程异常快速，但恢复及形成过程却非常缓慢[84]。土壤微生物群落包括细菌、古细菌和真菌等，在维持土壤生态系统功能和可持续性上发挥了重要的作用。有机质是土壤微生物的主要养分来源，因此施用或不施用有机肥对土壤微生物学性质有重要的影响。在有机农业中，由于降低了化学肥料和杀虫剂的施用量，增加了有机肥料的施用率，以及采用作物轮作制度，促进了土壤微生物的活性[85]。有研究表明，土壤类型和有机底物的数量对土壤微生物群落和功能多样性有强烈的影响。Smit 等[86]通过元分析研究了土壤五个主要菌群和土壤营养状态的相关关系，结果表明土壤有效养分较高的土壤，α-*proteobacteria* 及 β-*proteobacteria* 表现出 R 选择的特征，具有较高的生长速率；而在有效养分较低的土壤中，促进了 *Acidobacterium* 的生长，更适应于 K 选择的细菌群落，虽然此类菌群具有较低的生长速率，但参与底物竞争的能力更强。*Proteobacteria* 和 *Acidobacterium* 在土壤中的比率被认为可以指示土壤的营养状态，此比率在有较高有机质投入的农业土壤上最高，具有较低有机质投入的农业土壤次之，在贫营养土壤中最低。近年来研究表明，土壤有效养分的改变会造成土壤贫营养和富营养微生物的此消彼长，如高有效态的底物会促进富营养微生物的提高，反之在营养缺乏的环境下，慢速生长的贫营养微生物反而会提高[63]。这种贫富营养微生物的生活史策略在很大程度上取决于土壤不同肥料品种和肥料施用率。

与化学肥料相比，联合施用有机无机肥料可以使土壤微生物活性增加 16% ～ 20%[87, 88]。施用有机肥不仅可以增加土壤有机碳和其相关组分含量，而且对土壤微生物生长和活性有明显影响[89]。与施用化学肥料相比，有机肥能显著地促进土壤有机质含量的提高，同时显著提高了微生物量碳和微生物活性[40]。Wu 等[90]研究发现施用化学肥料并没有对细菌群落组成和丰度有显著影响，但联合施用无机有机肥料显著影响了细菌多样性和丰富度。Kallenbach 等[12]对不同土壤类型、不同种植制度以及不同地理位置的 41 个试验田进行了元分析，以此估算了不同有机添加物对土壤微生物量的影响，结果表明，相对于施用化肥，施用不同有机添加物后土壤微生物量均有显著的提高，但微生物量对有机添加物的响应受到气候、土壤性质以及作物和土壤管理方式的约束。另外，在有机肥的投入下，土壤 Firmicutes 菌群会大量增生，大部分的此类菌群在有机物中和或嗜热分解过程中发挥了重要的作用，能分解各种结构复杂的有机物[91]。

2.1.2.3 施用有机肥对土壤微生物多样性的短期效应和持续性效应

施用有机肥增加作物产量的同时，可以刺激土壤微生物学过程，但这往往与长期施用有机肥可以增加土壤有机质含量和提高土壤肥力有关[84]。许多研究表明，即便是在作物生长季，施用有机肥和施用少量有机肥也可以促进作物生长和产量，表明施用有机肥在短期内也对作物生长有促进作用[92]。土壤微生物学和生物化学性质对土壤管理措施能快速地响应[93]，施用有机肥后土壤微生物量和活性在短期内便会增加[87]。施用有机肥可对土壤性质产生深远影响，然而部分研究表明，这种影响在短期内表现得并不明显[84]。Stark 等[43]也没有观察到土壤微生物群落结构在短期内的显著性改变。并且，微生物群落结构的改变并不代表微生物群落功能的改变或土壤养分元素有效性和作物生产力的增加[94]。土壤微生物量的增加提高了微生物对土壤养分的同化量，从而导致土壤有效养分在短期内的减少，以及影响作物吸收[95]。施用有机肥并不能快速提高土壤中有效态养分的含量，使得土壤微生物和生物化学过程并不能在短期内获益[96]。

牛粪的特征受到多种因素的影响，例如动物的品种和年龄，饲料的储藏方式和配给率等[97]，牛粪中营养元素的比例会因来自不同的作物而有所差异。牛粪的施用往往高于作物对营养元素的需求，会引起土壤中氮、磷及盐的累积。然而，区分有机肥对土壤微生物的直接影响和间接影响异常困难。在土壤中添加堆肥或有机物料，甚至和无机 N 肥一起施用，都会刺激土壤土著微生物的活性和生长。几个长期施肥试验表明施用有机肥会显著地促进土壤微生物性质，如微生物量碳、基础呼吸和一些酶活性等，尤其是在表层土壤中表现得更为明显[98-100]。由于有机物在土壤中的分解较为缓慢，相对于无机肥料，施用有机肥能在较长的时间内持续地为微生物群落和植物供给养分[4]。Ginting 等[101]发现，施用堆肥和牛粪 4 年后土壤微生物量 C 仍高于施用无机 N 肥处理 20% ～ 40%。在西班牙半干旱土壤上，一次性施用城市固定废弃有机物 65 ～ 260t/hm^2，17 年后土壤的有机质含量较施用前仍有 70% 的增加量，并且土壤中脲酶、β-葡萄糖苷酶及碱性磷酸酶均显著提高。在瑞典，分别以每年 1t/hm^2 和 3t/hm^2 向土壤中施用污泥 16 年后，发现由于有机物质的添加，土壤的底物诱导呼吸较施用前仍分别增加了 20% 和 22%，并且酸性磷酸酶也分别提高了 11% 和 33%[102]，可见有机肥具有明显的持续性效应，并能提高土壤的生物化学质量。

2.1.2.4 施肥对土壤抗生素抗性基因累积的影响

自 19 世纪 40 年代起，抗生素逐渐在医学领域中广泛使用，逐渐地抗生素的应用不仅仅局限在对感染类疾病的控制和治疗上，也应用在畜牧养殖过程中，以达到预防动物疾病发生和促进生长的目的 [103]。随着世界人口和畜牧数量的增长，抗生素的生产量也随之迅速增加，每年有数百万吨的抗生素生产量，而我国是抗生素生产和消耗的第一大国。如在 20 世纪 90 年代，抗生素在畜牧养殖中的使用量已达 6000t[104]，至 2007 年中国年产抗生素已达 21 万吨，其中有 46.1% 被用于畜牧业生产中，并且这个数量是美国的四倍多 [105]。抗生素可以通过多种多样的人类活动进入环境中，如直接的抗生素废弃物或医学、饲养动物过程中过量的使用。绝大部分抗生素很难被人或动物吸收和新陈代谢，约有 30% ～ 90% 的抗生素通过尿液或粪便在短短数小时内就能被排出体外 [106]。因此，在农业生产过程中，抗生素可以通过动物粪肥的施用到达土壤中。并且，已经有大量研究发现，进入土壤环境中的抗生素可以被作物和水生生物吸收，并因此进入人类的食物链中，从而对人类的公共健康产生潜在的威胁 [107]。进入土壤环境中含有抗生素的物质，如粪肥，往往伴随着大量的抗生素抗性细菌和抗性基因（*ARGs*）。Rizzo 等 [108] 研究发现，经过废弃物处理的植物根系会成为抗生素抗性细菌和 *ARGs* 转运的热点区域，而经过臭氧等氧化或超声波处理后可以有效地控制抗生素抗性细菌和 *ARGs* 在环境中的传播。残留在土壤中的抗生素会使土壤中土著细菌产生耐药性，形成抗性，并在陆地和水生环境中传播。对于土壤环境而言，动物排泄物是基因遗传物质的反应器，可以使抗生素细菌、抗性遗传物质快速地在土壤中传播。当土壤中持续不断地添加动物粪尿作为肥料时，同时也增加了各种基因遗传物质信息，并且这些遗传信息会和土壤土著微生物遗传信息相互竞争交互，土壤便成为一个新的抗生素抗性遗传信息最大的储存所。*ARGs* 可以在环境中通过移动性基因元件的基因漂移从一种细菌传播到另一种细菌，其中包括人类共生微生物或病原体微生物。*ARGs* 的快速传播会逐渐威胁到人类的公共卫生和生态安全，如 2011 年德国暴发了毒黄瓜事件，疫情短期内在欧洲至少 9 个国家蔓延，33 人确认死亡，超过 3000 人受感染，包括至少 470 人出现肾功能衰竭并发症。引起本次疫情的 O104：H4 血清型肠出血性大肠杆菌是一种新型高传染性有毒菌株，该菌株携带氨基糖苷类、大环内酯类、磺胺类等抗生素的耐药基因，导致抗生素治疗无效 [109]。

在农业生态系统中，集约化的动物养殖业极大地促进了抗生素的使用，同时刺激了抗性基因的发展。目前大量的 *ARGs* 检测研究中发现，畜牧养殖周围环境中均有较高的 *ARGs* 丰度，而且在周边的饮用水和循环废水中也检测到了磺胺类或四环素类抗性基因 [110]。朱永官团队 [105] 通过高通量的荧光定量 PCR（聚合酶链式反应）技术对我国 3 个大型养猪场中的猪粪、堆肥和周边土壤环境进行了 *ARGs* 的定量分析，发现相对于没有使用抗生素的对照，使用抗生素样品中 63 个抗性基因丰度普遍高 192 倍到 21600 倍。他们的研究表明，转座子丰度比对照高出 9000 倍，并且和 *ARGs* 丰度呈正相关关系，说明环境中的转座酶是引起 *ARGs* 累积的主要原因之一，并且抗生素的过度使用也是引起 *ARGs* 富集的重要原因，高丰度的残留抗生素和转座酶可能使 *ARGs* 转移到人类的致病菌种中，危害人类健康。在水体环境中，如水产养殖业等，大量抗生素的使用不仅促进了水体中残余抗生素的增加，而且动物粪便在水体中的存在也使得 *ARGs* 大量存在于水体环境中，如磺胺类和四环素类抗生素的抗性基因，而且大量四环素类抗性基因普遍存在于可移动的质粒等传播元件上，使得 *ARGs* 具有较高的自身迁移传播能力，增大了水体到区域的 *ARGs* 传播风险 [109]。这些基因的存在增大了养殖场到周边区域的生态污染风险，构成了对人类健康的潜在危害。

在农业生态系统中，施用动物粪便等有机肥是一种传统的优良的施肥方式，其对维持和提高土壤肥力水平有重要作用。但是，施用动物粪便成了抗生素抗性基因由动物进入土壤最主要的途径。研究发现，在动物肠道和粪便中存在大量的抗生素抗性细菌和 *ARGs*，当动物粪便施用到土壤中后，会显著地促进土壤中抗性基因的丰度 [111]。在施用猪粪的农田土壤中，可以分离并筛选到大量有较强抗生素抗性的菌株，并且可以检测到相当多的抗性基因和移动性质粒 [112]。Heuer 和 Smalla 研究发现，牛粪施用两个月后土壤细菌对抗生素的抗性显著提高；Huang 等发现，在土壤中施用牛粪后发现大量的 *ARGs* 在土壤中扩散，并且 *ARGs* 的丰富度和多样性也随之提高。Hong 等 [113] 也观测到施用猪粪后土壤中的 *tet* 基因丰度显著地提升了，并且 16 个月之后其相对丰度仍显著高于对照。Peng 等 [114] 研究发现，施用了新鲜肥或堆肥的土壤上也检测到了 9 个不同类别的 *tet* 基因。但是，也有研究发现施用含 β-内酰胺类抗生素的牛粪后，土壤中可培养的抗四环素细菌并没有显著地增加 [115]。

2.2　施肥对土壤动物多样性的影响

土壤作为陆地生态系统中物种最丰富的栖息地之一，为生物提供了稳定多样的生存空间，孕育着多种土壤动物。约有 90% 以上的昆虫生活在土壤中，在耕作土壤中约占其中的 24%[116]。土壤动物不只是土壤中的“居民”，它们还是土壤的一部分 [117]，其生存、取食、活动改变土壤结构和土壤理化性质 [118]，影响土壤中物质、能量的迁移转化，促进土壤有机质的形成，对改善农田生态系统土壤生态环境、增强作物对养分的吸收利用有积极的作用 [119, 120]，并在维持和发挥农田生态系统正常功能上起着无可替代的作用。

2.2.1　土壤动物及其生态功能

2.2.1.1　土壤动物

土壤动物有两种定义，一种是“生活史全部都在土壤中度过的动物”，这是狭义的土壤动物；另一种是“凡是能在土壤中或地表找到的，并对土壤产生各种影响的动物叫土壤动物”。目前广泛采用后一种定义。而青木淳一将土壤动物定义为：经常或暂时栖息在包括大型植物残体在内的土壤环境中，并在那里进行某些活动，对土壤有一定影响的动物群[121]。而尹文英[122]将土壤动物定义为生活史中有一段时间定期在土壤中度过，而且对土壤有一定影响的动物。尹文英院士对土壤动物的定义成为中国土壤动物研究中的权威定义。

土壤动物主要包括线虫、线蚓、甲壳类、多足类、软体动物、昆虫及其幼虫、螨类、蜘蛛中的某些类群。它们虽然身体微小，但是数量惊人，在土壤的形成与发展及土壤生态系统的物质循环中起着极其重要的作用。由于土壤动物的迁移能力弱，活动范围小，它们与环境之间有相对稳定的关系，土壤动物的组成、数量、生物量及其分布基本反映了其生存环境的状况，因此，土壤动物能作为一种相对稳定的指示因子，较好地反映土壤环境状况。

土壤动物的分类依据通常为体型大小，但有时也按照其食性分类，还可以将土壤动物按照生态功能进行分类。具体分类情况如下。根据体型大小可以分为三类：①小型土壤动物（microfauna），平均体宽＜0.2mm的原生土壤动物和线虫类土壤动物；②中型土壤动物（mesofauna），平均体宽介于0.2～2mm，生存在土壤和枯落物的充气孔隙中，以螨类、弹尾目、寡毛纲等小型无脊椎动物为主；③大型土壤动物（macrofauna），平均体宽＞2mm，以白蚁、蚯蚓（*Lumbricus terrestris*）和大型节肢动物为主；④巨型土壤动物[123]。根据土壤动物的食性可分为三类：腐食性土壤动物、植食性土壤动物和捕食性土壤动物[124]。根据土壤动物与土壤微生物的关系以及土壤动物排泄物的类型，将土壤动物划分为三种功能类型：第一类称为微食物网组成者（micro food-webs），是联系微生物及其捕食者间食物链的重要组成部分，主要包括食细菌和真菌的土壤动物及其捕食者。第二类称为枯落物分解者（litter transformer），由中型土壤动物和大型节肢动物组成。一般它们直接采食有机物质，对枯落物有机械粉碎作用。第三类称为生态系统工程师（ecosystem engineers），主要包括蚯蚓（*Lumbricus terrestris*）和白蚁。这些大型土壤动物与其肠道内的微生物相互作用，经常摄食有机物混合物和矿物质；其排泄物相对较大且含有更加复杂的矿物质和部分未分解的有机物质；具有较强的挖掘能力，是土壤结构和土壤形成的主要贡献者[125]。

2.2.1.2 土壤动物的生态功能

土壤动物是陆地生态系统重要的组成部分，是生态系统物质循环和能量流动的关键环节。土壤动物数量大、种类多，与土壤微生物和植物根系等构成了地下生物群落，其活动对土壤的物质循环和能量转化有着重要的作用[122]。土壤动物因其自身为生态系统物质和能量循环中的关键环节，可直接或间接地参与物质和能量的循环。

（1）对枯落物的分解功能　土壤动物参与枯落物分解主要是通过两种方式：①通过粉碎、采食枯落物直接参与枯落物分解；②通过改变周围的物理、化学和生物性质间接影响枯落物分解。土壤动物对枯落物的粉碎，促进了物质的淋溶、下渗，还增加了土壤中细菌和真菌活动的接触面积，加速养分的流动[126]；土壤动物通过直接采食细菌或真菌，或通过有机物质的粉碎、微生物繁殖体的传播和有效营养物质的改变等间接方式来影响微生物群落的生物量和活动[127]，进而影响枯落物分解。众多研究表明，从枯落物分解试验中排除土壤动物后，凋落物中氮的损耗效率明显降低；而随着土壤动物的增加，土壤中有效元素如氮的含量明显升高[128]。但在枯落物分解研究中，土壤动物对枯落物分解的影响往往受到忽视，直接针对土壤动物对土壤有机质和枯落物分解作用的研究比较少。Wardle[129]总结出，在土壤动物物种层次上，土壤食物网具有相当丰富的功能，土壤过程主要是由土壤动物中的关键物种起推动作用。土壤动物中被称为“生态系统工程师”的动物类群对土壤有机质的转化作用最重要。因为这些土壤动物类群通过物理活动和生理消化活动改变土壤的生物和非生物特征，控制着其他动物所需资源的有效性。

（2）生态指示功能　土壤动物特别是中小型土壤动物的性质和功能如下：密度大，种类多，分布广，活动范围小，迁移能力弱；对环境变化敏感；群落结构呈规律性季节变化，年度变化却相对稳定；调查方法简单有效；参与多种生物过程等。而且，在食物链上土壤动物较土壤微生物处于更高的营养级，能够综合体现其生长环境特征；土壤动物的世代时间较土壤微生物长，其稳定性更强[130]。Linden等[131]提出将土壤动物作为土壤质量指标，建立了三个类别的等级系统：有机体和种群（种类、形态、数量等）、群落（功能类群、营养类群、生物多样性）、生物过程（生物富集、分解作用、土壤结构的改变）。线虫群落结构作为人类干扰的指示物，广泛应用于水生和陆生生态系统如深海、淡水湖泊、河流、湿地、森林、农田和极地土壤等[132]。线虫数量还可以指示土壤有机质含量，潘凤娟等[133]研究发现，植物线虫的群体分布与土壤类型有一定的关系，有机质丰富型土壤中植物线虫的群体结构相对较丰富，贫瘠型土壤中植物线虫的种类和数量相对较少。常用的指示指标有丰富度、均匀度、优势度、多样性指数等，随着研究的深入又提出了成熟指数、关键种指数、生理生态指标等。高岩等[134]综述了蚯蚓对土壤污染的指示作用及其对重金属的主要耐性机理。Lobry等对蚂蚁的生态指示作用进行了研究。在意大利，一种基于小型土壤节肢动物被称为土壤生物质量（QBS）指标的方法已经用来评价土壤生态质量[135]。

将土壤动物作为指示生物的优越性可概括为：①从生物学特征上，土壤动物种类多，生物量大，密度高，对环境变化敏感，季节变化有规律，年度间变化相对稳定，各种环境条件的土壤均有发生；②从功能上，土壤动物是土壤物质循环、土壤形成和发育的主要驱动者之一，因此与土壤的关系十分密切；③从生态系统上，土壤动物各功能群间、土壤动物与微生物及植物根系间通过物质与能量关系形成营养网络，它们互相依赖、互相牵连组成一个稳定的生态系统，而这一系统会由于外界的干扰而发生变化[136]。

（3）其他功能　土壤动物其他重要的生态功能，主要体现在土壤动物影响土壤结构、土壤理化性质、土壤微生物和土壤酶活性，以及对整个土壤生物体系的功能性的调控作用。土壤中大型动物的挖洞筑穴活动能减小土壤容重，增强土壤的持水能力，提高土壤孔隙率，增大水分渗透率[137]；土壤动物的挖洞筑穴、上下运动和采食活动能混合不同层次的土壤，改变土壤层次，促进土壤整体结构的形成。李德成等[138]对白蚁活动与土壤环境之间的相互作用进行了综述研究。Lee对温带地区的草地和农业生态系统的蚯蚓洞穴密度进行研究，发现洞穴数量达到100～800个/m^2，总长度达142～888m/m^2，体积达到1.3～9L/m^2，蚯蚓洞穴可提高导水率80%，提高入渗率6倍以上。“虫生腐殖质土”（insect mull）已经作为术语被用来描述森林土壤中O层和A层被大型土壤节肢动物混合的现象[130]。土壤无脊椎动物通过采食枯落物或直接以真菌为食，将富含有机质的粪便排出体外，如线虫摄取的食物中90%的氮经过消化处理后又排出体外，增加了土壤有机元素的有效性，影响土壤有机质稳定性和碳、氮平衡[139]。土壤动物通过改变微生境、提高有机物的表面积、直接取食、携带传播微生物等方式影响土壤微生物群落的数量、活性、组成和功能[139]。

2.2.2 土壤动物多样性及其分布

影响土壤动物群落分布及其多样性的因素复杂多样，包括土壤温度、土壤湿度、pH值、有机质、容重、凋落物量、矿质元素、污染物质种类及含量、植被类型、气候状况和地形条件等[140]。它们构成土壤动物群落的环境，对土壤动物群落组成与数量、水平结构和垂直结构等产生重大影响[141]。大量关于农田土壤动物的区系研究表明，我国不同地区的农田生态系统中的土壤动物主要涉及3大类，即蜱螨类、弹尾类和线虫类。事实上，物种差别也很大，但由于分类精度不够，现在的研究中并未表现出来。因而，还需要进一步的工作[142]。

从我国部分农田生态系统中土壤动物群落的数量特征（表2-1）来看，土壤动物群落的个体密度差别很大，具有明显的地域性。但是，群落指数由于土壤类型、作物类型、气候因素等环境条件以及不同强度的人为干扰的影响，其差异不明显。同一地区不同土地利用方式下，土壤动物群落特征差异较明显，菜地较其他类型农田土壤动物数量大、多样性高。

表2-1 我国不同地区农田生态系统中土壤动物群落特征[142]

地区	捕获土壤动物数 / 头	Shannon 多样性指数	Simpson 优势度	Pielou 均匀度	个体密度 /（头 /m^2）	分离方法	资料来源
三江黑土③	2470	1.6510	0.3310	0.5960	47550	TB	邵春华等，2010
吉林玉米地③	1223	1.8400	0.4920	0.5100	—	HT	殷秀琴等，2003
山东菜地①②③④	3284	1.8040	0.2165	0.6127	25656	HTB	董博等，2008
河南玉米地③	471	1.0990	0.4280	0.4590	—	T	朱强根等，2009
河南麦田③	3253	0.8450	0.4850	0.3670	—	HT	朱强根等，2010a
湖南稻田②	1913	1.0591	0.6008	0.3479	—	TB	王广力等，2005
湖南农田③	1989	1.9228	0.2445	0.5570	0.64 头 /cm^3	HTB	韩立亮等，2007
四川茶园土①	1190	1.4700	0.3860	0.3300	4407	HTB	申燕等，2009
成都市郊菜地①	大型：97	1.9300	0.1900	0.7800	129.3	H	杨大星等，2009
	中小型：330	0.7100	0.3200	0.3200	13750	TB	
银川蔬菜地②	951	1.1042	0.5001	0.4305	0.198 头 /cm^3	TB	贾彦霞等，2008
乌鲁木齐市蔬菜地②	1208	1.9538	0.2313	0.6148	3957	HTB	吾玛尔·阿布力孜等，2010

①～④分别为春季、夏季、秋季和冬季采样。

注："H"为手捡法分离的大型土壤动物；"T"为采用Tullgren法分离的中小型土壤动物；"B"为采用"Baermann"法分离的土壤动物。"—"为所引文献中相应统计数据缺失。

2.2.3 施肥对土壤动物群落多样性的影响

施肥是农田生态系统重要的农业生产措施。20 世纪 60 年代以前，我国农田养分投入以有机肥为主；60 年代以后，随着我国化肥工业的迅速发展，施入农田生态系统中的化肥的种类及用量都迅猛增加；现在则以复合肥及其与有机肥的配合使用为主。农田使用化肥在改变土壤理化性质的同时也影响土壤动物群落特征 [143]。研究表明，有机肥与化肥配施能增加土壤动物种类数量，有利于土壤动物群落稳定 [144]。

2.2.3.1 化肥和有机肥施用对土壤动物的影响

施肥对土壤动物群落结构有较大的影响。长期施肥条件下，土壤有机质和全氮与农田主要土壤动物群落组成及数量之间存在显著典型相关关系，肥料的种类与性质影响土壤中昆虫类群的多样性与丰富度，而且其影响具有不均衡性。朱健来（2006）的研究结果表明，大量施用单一氮肥使土壤板结，土壤理化性质下降，明显地抑制或杀死土壤动物，导致土壤动物数量和丰富度下降。增施有机肥则增加土壤动物的个体数量及多样性。Andrén[145] 认为，无机肥料一般增加了中型土壤动物的丰富度，也有学者认为没有影响 [146, 147]。刘树堂等 [148] 发现长期单施有机肥以及配施化肥，能显著增加土壤细菌、真菌和放线菌的数量，明显提高土壤动物蜱螨类、弹尾类、线虫类的数量。朱新玉等 [149] 发现，有机肥的添加有助于线虫、蚯蚓和甲螨的生存与发展，有机-无机肥合理配施对 3 类土壤动物的个体数量有促进作用。有机肥的使用降低了土壤跳虫丰度，而且有机肥对跳虫密度的负面影响在陆地组中比土栖组更严重和持久 [150]。朱强根等 [151] 研究表明，施肥对土壤跳虫数量及组成有明显影响，不同施肥处理下，土壤跳虫的垂直分布也表现出显著的差异，有机肥的施用能显著增加土壤跳虫数量。化肥配施有机肥使土壤甲螨的个体数量显著增高，而且化肥配施有机肥土壤中甲螨表聚特征明显 [152]。通过大量试验证明有机肥与无机肥混用能有效地增加土壤动物数量，影响土壤动物群落。有机肥的使用使土壤中螨总量增多，但对于一些甲螨则出现数量减少的情况，有机肥和化肥处理降低了土壤螨类的丰富度和多样性 [153]。氮肥对螨虫抑制作用的具体因素还不清楚，但螨虫减少，其取食真菌幼体也就减少了，从而真菌得到了发展 [154]。相反，跳虫取食真菌菌丝体却刺激了真菌的生长 [155]。一般，有机肥料的使用对土壤动物起到正面的作用，堆肥和粪肥会促进蚯蚓生长 [156, 157]，但改变了原有的蚯蚓种类。一些研究者认为，土壤有机质含量过高或者过低均不利于土壤动物生存和发展 [147]，林英华等研究表明，施肥引起土壤动物数量发生较大幅的变化，而对物种丰富性影响较小。另外，施肥活动对土壤动物也有影响，如农田在 7 月份是耕作、施肥和锄草等生产活动增加期，土壤跳虫群落的多样性指数最低 [158]。农场基肥对土壤小型节肢动物有强烈的刺激效应 [159, 160]，也有很多研究讨论了绿肥和作物轮作对小型节肢动物种群密度的影响 [161, 162]。

2.2.3.2 施肥对土壤线虫的影响

研究发现，在热带次生林，氮或磷的添加抑制了土壤线虫，而且磷比氮的影响更大 [163]。在草地生态系统中，氮添加对线虫总量无显著影响，但降低了线虫属的丰度，并通过增加食细菌性线虫的丰度，降低食真菌性线虫及杂食 / 捕食性线虫的丰度，进而显著改变线虫群落结构[164]。不同施氮水平下，线虫数量、种群有明显变化。通过研究不同氮肥使用量与线虫群落变化，发现氮肥的使用在显著增加线虫总丰度的同时，线虫属丰度随着施氮量的增加而降低[165]。不同处理对线虫属的影响不同，拟丽突属线虫的数量在玉米成熟期的氮肥与有机肥配施区明显多于单施氮肥区[143]。Hu 等[166]发现施肥方式也对土壤线虫有一定影响，土壤中线虫总量、食细菌性线虫在有机肥地块中明显大于化肥施用地块，化肥施用区大于对照组区。线虫的总丰度在无机肥或有机肥处理区明显高于对照处理区[167]。另外，无机肥与有机肥配施能够增加线虫总数，降低食细菌性线虫的丰度，显著提高杂食 / 捕食性线虫的丰度[168]。氮肥与有机肥的配施能显著增加线虫总丰度[143]。Pan 等[169]发现植食性线虫的丰度在无肥区明显高于单施化肥区，化肥与猪粪配施区，肥料的使用明显影响了植食性线虫、食细菌性线虫和食真菌性线虫的丰度，但对线虫的总量和杂食性线虫并无显著影响。在蔬菜大棚进行施肥试验发现有机肥能增加线虫的总量，增加食细菌性线虫的相对丰度，降低植食性线虫的相对丰度，另外，高氮肥的使用降低了杂食性线虫的相对丰度[170]。Liu 等[171]通过对线虫体长大小的权重分析，研究不用施肥处理对土壤线虫的影响，发现线虫绝大多数在施肥区体长明显增加。通过研究不同猪粪施用量对土壤线虫的影响，发现线虫通道指数（NCR）在高有机肥下较高，低有机肥下较低，说明有机肥的大量使用以细菌分解通道为主，而低含量有机肥则为真菌分解通道[167]。

2.3 施肥对植物多样性的影响

植物多样性是生物多样性的一个分支，它是指以植物为主体，植物与植物、植物与环境之间形成的复合体及与其有关的生态过程的总和，是生物多样性研究和保护的主要内容。植物多样性在区域生态系统功能和稳定中具有重要意义。在植物多样性的相关研究中，作为影响植物物种多样性的重要因素——环境因子，其变化对植物物种多样性的影响是非常明显的。相关环境因子主要包括地形各因子、土壤理化性质、气象因子、土层厚度、社会环境因子和生物因子等[172]。

氮元素作为植物最重要的基本营养元素之一，在植物的生长、进化、发育、繁殖等重要生命过程中起着不可替代的作用。在大尺度上的 N 沉降和小尺度的 N 添加对植物的影响，最终导致对养分吸收能力强的优势物种增加，一些处于弱势的伴生植物种在群落中消失[173-175]，或者 N 输入降低了土壤酸性使 pH 值变小，导致不耐酸物种消失，从而降低物种多样性[176]。研究结果表明，N 沉降在空间层次上促使植物物种丰富度降低[177, 178]。又有人研究表明，N 输入在时间梯度上将导致物种丰富度的减少[179]。有研究表明，N 添加促进植物生长发育，提高生产力，但是会降低物种多样性[180]。同时也有研究表明，N 输入降低物种多样性，但可以提高植物地上生产力[180]。N 元素是植物的主要生长元素，对其生长发育起着重要作用，而且对植物种群群落功能结构有重要影响作用。在森林生态系统中，N 添加对林下物种多样性有显著的影响，由于不同处理水平在不同森林类型下的影响是不同的[181]，因此 N 添加后对物种多样性的影响也不同。在森林生态系统中，N添加改变植物群落所处生境的条件（如土壤养分及光照条件等），从而对植物群落的组成及功能结构产生重要影响。等量的N在不同区域所造成的影响也有所不同，有的降低了物种多样性[182]，有些则对物种多样性没有显著影响效应[183]。

磷作为陆地生态系统中植物生长的主要限制因子之一，是陆地生态系统中除N以外与植物生长、发育、进化、繁殖等生命过程息息相关的限制营养元素[184-187]。任正炜等对青藏高原高寒草甸的研究表明，单独的P添加对植物物种多样性不具有显著影响效应[188]。土壤中P匮乏，土壤有效P含量低，对植物生产力具有重要限制作用[185, 189]。P添加能促进植物的生长发育过程，从而提高植物生产力[189]，因此P的匮乏及P含量的富余都会对植物的生长发育造成显著影响，从而影响植物物种的多样性。

N、P在陆地生态系统中是植物生长发育主要的限制因子，对于植物的生长，其所处生境不同，限制因子也有所不同。元素添加实验是确定该区域生产力，以及养分受哪种营养元素限制及其限制程度的经典方法[190]。目前对N、P添加与植物多样性之间关联性的研究较少。在全球大气N沉降和温室效应等气候变化的背景下，研究N、P添加对植物生长的影响，对了解陆地生态系统的碳循环具有较为重要的意义。现有的研究结果表明，N、P添加显著改变不同功能群的生物量及其在总生物量中所占比例[191]。与单独的N添加或者单独的P添加相比，N、P同时添加对植物物种多样性的影响更显著，是由于N、P之间存在耦合交互作用，研究结果表明N、P添加显著降低了物种的多样性，降低了植物的物种丰富度[188]。

施肥对草地植物多样性的影响一直是草地生态学研究的热点。国内外一些学者认为，草地土壤氮、磷含量与植物群落生产力呈正相关关系，与植物多样性呈负相关关系[192, 193]。Luo等[194]进行了4年的高寒草甸施肥实验发现，与对照相比，施氮、施磷、氮磷配施三种处理措施的物种丰富度均有不同程度下降，其中氮磷配施达到显著性水平。Hodapp等[195]在13个国家的64个草地上调查了本地和外来植物物种的多度，表明资源添加降低了本地物种的多样性和盖度，但会增加外来物种的盖度和丰富度。刘学敏等[196]对高寒草甸氮添加的研究发现，施氮使植物群落均匀度降低，而且草地物种丰富度也随之降低。施肥会增加养分有效性，提高植物群落中主要物种的优势度，但会通过加剧植物对光的竞争导致植物物种缺失[197]。Song等[198]在海北高寒草甸进行的长达11年的氮添加实验结果表明，施氮显著降低了物种丰富度，灭绝的物种主要为豆科植物以及杂类草。Dickson等[199]通过长达23年的施肥实验发现，施氮通过增加高大克隆物种的生物量和相对多度导致了矮小、繁殖能力差的物种的灭绝，从而引起群落物种丰富度下降。在进一步的研究中，他们发现在有无高大克隆物种的草地群落中，施氮都显著降低了矮小植物的物种丰富度，但在有高大克隆物种的群落中，这种下降更为显著，认为这可能是因为高大克隆物种比非克隆物种更均匀，更大限度地使群落透光率下降，从而导致矮小物种灭绝[200]。

此外，Harpole等[201]综合分析了6个大洲45个草地施肥实验发现，在群落地上生物量不受养分限制的条件下，物种丰富度依旧随着养分添加种类的上升而下降，他们认为草地群落多重养分限制能独立于植物光竞争和地上生物量驱动植物群落结构和多样性的变化。Ren等[202]在玛曲高寒草甸的施肥实验结果表明，群落物种丰富度随着养分添加种类增加而显著下降，其中氮元素是影响物种丰富度最主要的限制养分，同时也观察到群落透光率和植物高度基尼系数随着限制养分添加种类增加而显著下降和上升，认为资源添加引起的光竞争加强导致群落物种丰富度下降。在草地群落中，植物占据着相同的资源生态位，共享基本资源并受其限制，土壤营养元素和光是草地植物的主要竞争资源，两者在空间上是分离的，土壤营养元素在地下获得，而光资源在地上获得，这两种非独立的资源竞争机制共同保持着植物生物多样性[201]。施肥对草地植物多样性的影响主要是通过改变植物资源竞争造成的，在这个过程中，多种因素一起作用甚至是相互作用来影响草地群落植物多样性[203]。

施肥影响植物多样性的主要途径（图 2-1）为：①施肥会导致资源的不平衡供应，有利于对限制资源具有较强竞争能力的物种生存，并且施肥会减少限制资源的异质性，同时减少空间共存机会[195]；②施肥会致使地下养分竞争减弱和植被生物量（凋落物）增加，导致地上光竞争加剧，抑制物候期较晚的植物幼苗生长，增大矮小植物的死亡率[204]；③施肥会导致 pH 值的下降，造成土壤酸化，对土壤中的营养平衡造成干扰，同时对植物的营养平衡也造成干扰，导致植物的数量和组织质量发生变化，从而导致部分物种局域灭绝，造成植物群落组成的变化[205]。

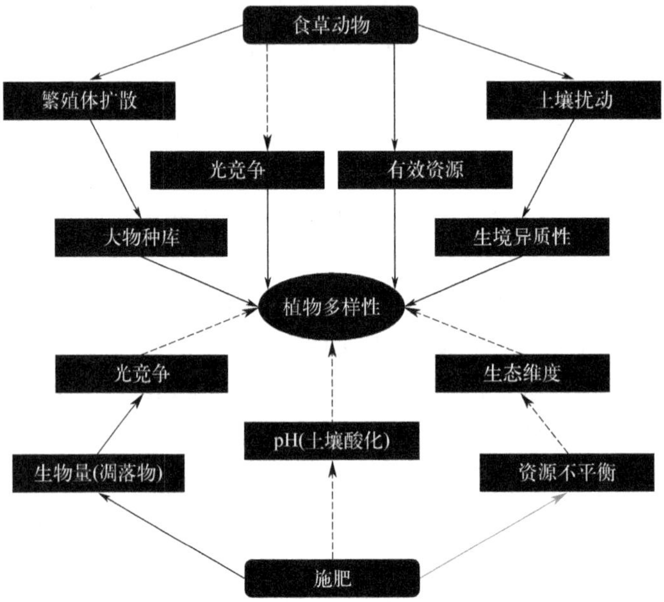

图 2-1　施肥和食草动物对植物多样性的影响机制

参考文献

[1] Gans J, Wolinsky M, Dunbar J. Computational improvements reveal great bacterial diversity and high metal toxicity in soil. Science, 2005, 309: 1387-1390.

[2] Schloss P D, Handelsman J. Toward a census of bacteria in soil. PLoS Comput Biol, 2006, 2: 92.

[3] Rossello-Mora R, Amann R. The species concept for prokaryotes. FEMS Microbiol Rev, 2001, 25:39-67.

[4] Murphy D V, Stockdale E A, Brookes P C, et al. Impact of microorganisms on chemical transformations in soil, Soil Biological Fertility. Springer, 2007: 37-59.

[5] Thiele-Bruhn S, Bloem J, de Vries F T, et al. Linking soil biodiversity and agricultural soil management. Current Opinion in Environmental Sustainability, 2012, 4: 523-528.

[6] Gougoulias C, Clark J M, Shaw L J. The role of soil microbes in the global carbon cycle: Tracking the below - ground microbial processing of plant - derived carbon for manipulating carbon dynamics in agricultural systems. J Sci Food Agric, 2014, 94: 2362-2371.
[7] 张宇亭. 长期施肥对土壤微生物多样性和抗生素抗性基因累积的影响. 重庆：西南大学，2017.
[8] Galloway J N, Townsend A R, Erisman J W, et al. Transformation of the nitrogen cycle: Recent trends, questions, and potential solutions. Science, 2008, 320: 889-892.
[9] Geisseler D, Scow K M. Long-term effects of mineral fertilizers on soil microorganisms-A review. Soil Biol Biochem, 2014, 75: 54-63.
[10] Ladha, J K, Reddy C K, Padre A T, et al. Role of nitrogen fertilization in sustaining organic matter in cultivated soils. Journal of Environmental Quality, 2011, 40: 1756-1766.
[11] Fierer N, Strickland M S, Liptzin D, et al. Global patterns in belowground communities. Ecology Letters, 2009, 12: 1238-1249.
[12] Kallenbach C, Grandy A S. Controls over soil microbial biomass responses to carbon amendments in agricultural systems: A meta-analysis. Agriculture, Ecosystems & Environment, 2011, 144: 241-252.
[13] Geisseler D, Lazicki P A, Scow K M. Mineral nitrogen input decreases microbial biomass in soils under grasslands but not annual crops. Applied Soil Ecology, 2016, 106: 1-10.
[14] Treseder K K. Nitrogen additions and microbial biomass: A meta - analysis of ecosystem studies. Ecology Letters, 2008, 11: 1111-1120.
[15] Liu L, Greaver T L. A global perspective on belowground carbon dynamics under nitrogen enrichment. Ecology Letters, 2010, 13: 819-828.
[16] Lu M, Yang Y, Luo Y, et al. Responses of ecosystem nitrogen cycle to nitrogen addition: A meta - analysis. New Phytologist, 2011, 189: 1040-1050.
[17] Allison S D, Martiny J B. Resistance, resilience, and redundancy in microbial communities. Proceedings of the National Academy of Sciences, 2008, 105: 11512-11519.
[18] Börjesson G, Menichetti L, Kirchmann H, et al. Soil microbial community structure affected by 53 years of nitrogen fertilisation and different organic amendments. Biology and Fertility of Soils, 2012, 48: 245-257.
[19] Hallin S, Jones C M, Schloter M, et al. Relationship between N-cycling communities and ecosystem functioning in a 50-year-old fertilization experiment. The ISME Journal, 2009, 3: 597-605.
[20] Ogilvie L A, Hirsch P R, Johnston A W. Bacterial diversity of the Broadbalk classical winter wheat experiment in relation to long-term fertilizer inputs. Microbial Ecology, 2008, 56: 525-537.
[21] Grayston S, Campbell C, Bardgett R, et al. Assessing shifts in microbial community structure across a range of grasslands of differing management intensity using CLPP, PLFA and community DNA techniques. Applied Soil Ecology, 2004, 25: 63-84.
[22] Hartmann M, Fliessbach A, Oberholzer H-R, et al. Ranking the magnitude of crop and farming system effects on soil microbial biomass and genetic structure of bacterial communities. FEMS Microbiology Ecology, 2006, 57: 378-388.
[23] Kirchmann H, Schön M, Börjesson G, et al. Properties of soils in the Swedish long-term fertility experiments: Ⅶ. Changes in topsoil and upper subsoil at Örja and Fors after 50 years of nitrogen fertilization and manure application. Acta Agriculturae Scandinavica, Section B-Soil & Plant Science, 2013, 63: 25-36.
[24] Zhong W, Gu T, Wang W, et al. The effects of mineral fertilizer and organic manure on soil microbial community and diversity. Plant and Soil, 2010, 326: 511-522.
[25] Marschner P, Yang C-H, Lieberei R, et al. Soil and plant specific effects on bacterial community composition in the rhizosphere. Soil Biology and Biochemistry, 2001, 33: 1437-1445.
[26] Lupwayi N Z, Clayton G W, O' Donovan J T, et al. Soil microbial response to nitrogen rate and placement and barley seeding rate under no till. Agronomy journal, 2011, 103: 1064-1071.
[27] Roberts B A, Fritschi F B, Horwath W R, et al. Comparisons of soil microbial communities influenced by soil texture, nitrogen fertility, and rotations. Soil Science, 2011, 176: 487-494.
[28] Yevdokimov I, Gattinger A, Buegger F, et al. Changes in microbial community structure in soil as a result of different amounts of nitrogen fertilization. Biology and Fertility of Soils, 2008, 44: 1103-1106.
[29] Yevdokimov I, Gattinger A, Buegger F, et al. Changa in the structure and activity of a soil microbial community caused by inorganic nitrogen fertilization. Microbiology, 2012, 81: 743-749.
[30] Peacock A G, Mullen M, Ringelberg D, et al. Soil microbial community responses to dairy manure or ammonium nitrate applications. Soil Biology and Biochemistry, 2001, 33: 1011-1019.
[31] Langer U, Klimanek E-M. Soil microbial diversity of four German long-term field experiments: Diversität von Bodenmikroorganismen in vier deutschen Langzeitversuchen. Archives of Agronomy and Soil Science, 2006, 52: 507-523.
[32] Olsson P A. Signature fatty acids provide tools for determination of the distribution and interactions of mycorrhizal fungi in soil. FEMS Microbiology Ecology, 1999, 29: 303-310.
[33] Li W, Jin C, Guan D, et al. The effects of simulated nitrogen deposition on plant root traits: A meta-analysis. Soil Biology and Biochemistry, 2015, 82: 112-118.
[34] Treseder K K. A meta - analysis of mycorrhizal responses to nitrogen, phosphorus, and atmospheric CO_2 in field studies. New Phytologist, 2004, 164: 347-355.
[35] Zheng S, Hu J, Chen K, et al. Soil microbial activity measured by microcalorimetry in response to long-term fertilization regimes and available phosphorous on heat evolution. Soil Biol Biochem, 2009, 41:2094-2099.
[36] Prosser J I, Nicol G W. Archaeal and bacterial ammonia-oxidisers in soil: The quest for niche specialisation and differentiation. Trends in microbiology, 2012, 20: 523-531.
[37] Koper T E, Stark J M, Habteselassie M Y, et al. Nitrification exhibits Haldane kinetics in an agricultural soil treated with ammonium sulfate or dairy-waste compost. FEMS Microbiology Ecology, 2010, 74: 316-322.
[38] Stange C, Neue H-U. Measuring and modelling seasonal variation of gross nitrification rates in response to long-term fertilisation.

Biogeosciences, 2009, 6: 2181-2192.
[39] Ai C, Liang G, Sun J, et al. Responses of extracellular enzyme activities and microbial community in both the rhizosphere and bulk soil to long-term fertilization practices in a fluvo-aquic soil. Geoderma, 2012, 173: 330-338.
[40] Chu H, Lin X, Fujii T, et al. Soil microbial biomass, dehydrogenase activity, bacterial community structure in response to long-term fertilizer management. Soil Biology and Biochemistry, 2007, 39: 2971-2976.
[41] Omar S, Ismail M. Microbial populations, ammonification and nitrification in soil treated with urea and inorganic salts. Folia microbiologica, 1999, 44: 205-212.
[42] Singh Y, Beauchamp E. Nitrogen transformations near urea in soil with different water potentials. Canadian Journal of Soil Science, 1988, 68: 569-576.
[43] Stark C, Condron L M, Stewart A, et al. Influence of organic and mineral amendments on microbial soil properties and processes. Applied Soil Ecology, 2007, 35: 79-93.
[44] Deng S, Parham J, Hattey J, et al. Animal manure and anhydrous ammonia amendment alter microbial carbon use efficiency, microbial biomass, and activities of dehydrogenase and amidohydrolases in semiarid agroecosystems. Applied Soil Ecology, 2006, 33: 258-268.
[45] Hu J, Lin X, Wang J, et al. Microbial functional diversity, metabolic quotient, and invertase activity of a sandy loam soil as affected by long-term application of organic amendment and mineral fertilizer. Journal of Soils and Sediments, 2011, 11: 271-280.
[46] Esperschütz J, Gattinger A, Mäder P, et al. Response of soil microbial biomas and community structures to conventional and organic farming systems under identical crop rotations. FEMS Microbiology Ecology, 2007, 61: 26-37.
[47] Herold N, Schöning I, Gutknecht J, et al. Soil property and management effects on grassland microbial communities across a latitudinal gradient in Germany. Applied Soil Ecology, 2014, 73: 41-50.
[48] Guo J, Liu X, Zhang Y, et al. Significant acidification in major Chinese croplands. Science, 2010, 327: 1008-1010.
[49] Malhi S, Harapiak J, Nyborg M, et al. Effects of long - term applications of various nitrogen sources on chemical soil properties and composition of bromegrass hay. Journal of Plant Nutrition, 2000, 23: 903-912.
[50] Wessén E, Hallin S, Philippot L. Differential responses of bacterial and archaeal groups at high taxonomical ranks to soil management. Soil Biology and Biochemistry, 2010, 42: 1759-1765.
[51] Schroder J L, Zhang H, Girma K, et al. Soil acidification from long-term use of nitrogen fertilizers on winter wheat. Soil Science Society of America Journal, 2011, 75: 957-964.
[52] Fierer N, Jackson R B. The diversity and biogeography of soil bacterial communities. Proceedings of the National Academy of Sciences of the United States of America, 2006, 103: 626-631.
[53] Bååth E, Anderson T-H. Comparison of soil fungal/bacterial ratios in a pH gradient using physiological and PLFA-based techniques. Soil Biology and Biochemistry, 2003, 35: 955-963.
[54] Lauber C L, Hamady M, Knight R, et al. Pyrosequencing-based assessment of soil pH as a predictor of soil bacterial community structure at the continental scale. Applied and Environmental Microbiology, 2009, 75: 5111-5120.
[55] Marstorp H, Guan X, Gong P. Relationship between dsDNA, chloroform labile C and ergosterol in soils of different organic matter contents and pH. Soil Biology and Biochemistry, 2000, 32: 879-882.
[56] Witter E, Mårtensson A, Garcia, F. Size of the soil microbial biomass in a long-term field experiment as affected by different N-fertilizers and organic manures. Soil Biology and Biochemistry, 1993, 25: 659-669.
[57] Elfstrand S, Hedlund K, Mårtensson A. Soil enzyme activities, microbial community composition and function after 47 years of continuous green manuring. Applied Soil Ecology, 2007, 35: 610-621.
[58] Harris J A, Ritz K, Coucheney E, et al. The thermodynamic efficiency of soil microbial communities subject to long-term stress is lower than those under conventional input regimes. Soil Biology and Biochemistry, 2012, 47: 149-157.
[59] Enwall K, Philippot L, Hallin S. Activit and composition of the denitrifying bacterial community respond differentl to long-term fertilization. Applied and Environmental Microbiology, 2005, 71: 8335-8343.
[60] Rousk J, Bååth E, Brookes P C, et al. Soil bacterial and fungal communities across a pH gradient in an arable soil. The ISME Journal, 2010, 4: 1340-1351.
[61] Rousk J, Brookes P C, Bååth E. Contrasting soil pH effects on fungal and bacterial growth suggest functional redundancy in carbon mineralization. Appl Environ Microbiol, 2009, 75: 1589-1596.
[62] Ramirez K S, Lauber C L, Knight R, et al. Consistent effects of nitrogen fertilization on soil bacterial communities in contrasting systems. Ecology, 2010, 91: 3463-3470.
[63] Fierer N, Lauber C L, Ramirez K S, et al. Comparative metagenomic, phylogenetic and physiological analyses of soil microbial communities across nitrogen gradients. ISME J, 2012, 6: 1007-1017.
[64] He J Z, Shen J P, Zhang L M, et al. Quantitative analyses of the abundance and composition of ammonia - oxidizing bacteria and ammonia - oxidizing archaea of a Chinese upland red soil under long - term fertilization practices. Environmental Microbiology, 2007, 9: 2364-2374.
[65] Nicol G W, Leininger S, Schleper C, et al. The influence of soil pH on the diversity, abundance and transcriptional activity of ammonia oxidizing archaea and bacteria. Environmental Microbiology, 2008, 10: 2966-2978.
[66] Marschner B, Noble A D. Chemical and biological processes leading to the neutralisation of acidity in soil incubated with litter materials. Soil Biology and Biochemistry, 2000, 32: 805-813.
[67] Meidute S, Demoling F, Bååth E. Antagonistic and synergistic effects of fungal and bacterial growth in soil after adding different carbon and nitrogen sources. Soil Biology and Biochemistry, 2008, 40: 2334-2343.
[68] Zhong W, Cai Z. Long-term effects of inorganic fertilizers on microbial biomass and community functional diversity in a paddy soil derived from quaternary red clay. Applied Soil Ecology, 2007, 36: 84-91.

[69] Lagomarsino A, Moscatelli M, Di Tizio A, et al. Soil biochemical indicators as a tool to assess the short-term impact of agricultural management on changes in organic C in a Mediterranean environment. Ecological Indicators, 2009, 9: 518-527.
[70] Shi W, Dell E, Bowman D, et al. Soil enzyme activities and organic matter composition in a turfgrass chronosequence. Plant and Soil, 2006, 288: 285-296.
[71] Corbeels M, Hofman G, Van Cleemput O. Simulation of net N immobilisation and mineralisation in substrate-amended soils by the NCSOIL computer model. Biology and Fertility of Soils, 1999, 28: 422-430.
[72] Kuzyakov Y. Priming effects: Interactions between living and dead organic matter. Soil Biology and Biochemistry, 2010, 42: 1363-1371.
[73] Demoling F, Figueroa D, Bååth E. Comparison of factors limiting bacterial growth in different soils. Soil Biology and Biochemistry, 2007, 39: 2485-2495.
[74] Feng X, Simpson M J. Temperature and substrate controls on microbial phospholipid fatty acid composition during incubation of grassland soils contrasting in organic matter quality. Soil Biology and Biochemistry, 2009, 41: 804-812.
[75] Jensen L E, Nybroe O. Nitrogen availability to Pseudomonas fluorescens DF57 is limited during decomposition of barley straw in bulk soil and in the barley rhizosphere. Applied and Environmental Microbiology, 1999, 65: 4320-4328.
[76] Degens B P, Schipper L A, Sparling G P, et al. Decreases in organic C reserves in soils can reduce the catabolic diversity of soil microbial communities. Soil Biology and Biochemistry, 2000, 32: 189-196.
[77] Leon M C C, Stone A, Dick R P. Organic soil amendments: Impacts on snap bean common root rot(Aphanomyes euteiches)and soil quality. Applied Soil Ecology, 2006, 31: 199-210.
[78] Monaco S, Hatch D J, Sacco D, et al. Changes in chemical and biochemical soil properties induced by 11-y repeated additions of different organic materials in maize-based forage systems. Soil Biology and Biochemistry, 2008, 40: 608-615.
[79] Jangid K, Williams M A, Franzluebbers A J, et al. Relative impacts of land-use, management intensity and fertilization upon soil microbial community structure in agricultural systems. Soil Biology and Biochemistry, 2008, 40: 2843-2853.
[80] Parham J, Deng S, Raun W, et al. Long-term cattle manure application in soil. Biology and Fertility of Soils, 2002, 35: 328-337.
[81] Ge Y, Zhang J-B, Zhang L-M, et al. Long-term fertilization regimes affect bacterial community structure and diversity of an agricultural soil in northern China. Journal of Soils and Sediments, 2008, 8: 43-50.
[82] Sugiyama A, Vivanco J M, Jayanty S S, et al. Pyrosequencing assessment of soil microbial communities in organic and conventional potato farms. Plant Disease, 2010, 94: 1329-1335.
[83] Islam R, Trivedi P, Madhaiyan M, et al. Isolation, enumeration, and characterization of diazotrophic bacteria from paddy soil sample under long-term fertilizer management experiment. Biology and Fertility of Soils, 2010, 46: 261-269.
[84] Diacono M, Montemurro F. Long-term effects of organic amendments on soil fertility: A review. Agronomy for Sustainable Development, 2010, 30: 401-422.
[85] Nautiyal C S, Chauhan P S, Bhatia C R. Changes in soil physico-chemical properties and microbial functional diversity due to 14 years of conversion of grassland to organic agriculture in semi-arid agroecosystem. Soil and Tillage Research, 2010, 109: 55-60.
[86] Smit E, Leeflang P, Gommans S, et al. Diversity and seasonal fluctuations of the dominant members of the bacterial soil community in a wheat field as determined by cultivation and molecular methods. Applied and Environmental Microbiology, 2001, 67: 2284-2291.
[87] Dinesh R, Srinivasan V, Hamza S, et al. Short-term incorporation of organic manures and biofertilizers influences biochemical and microbial characteristics of soils under an annual crop[Turmeric(Curcuma longa L.)]. Bioresource technology, 2010, 101: 4697-4702.
[88] González M, Gomez E, Comese R, et al. Influence of organic amendments on soil quality potential indicators in an urban horticultural system. Bioresource technology, 2010, 101: 8897-8901.
[89] Bastida F, Kandeler E, Moreno J, et al. Application of fresh and composted organic wastes modifies structure, size and activity of soil microbial community under semiarid climate. Applied Soil Ecology, 2008, 40: 318-329.
[90] Wu M, Qin H, Chen Z, et al. Effect of long-term fertilization on bacterial composition in rice paddy soil. Biology and Fertility of Soils, 2011, 47: 397-405.
[91] Ryckeboer J R, Mergaert J, Vaes K, et al. A survey of bacteria and fungi occurring during composting and self-heating processes. Ann of Microbiol, 2003, 53: 349-410.
[92] Arancon N Q, Edwards C A, Bierman P, et al. Effects of vermicomposts produced from cattle manure, food waste and paper waste on the growth and yield of peppers in the field. Pedobiologia, 2005, 49: 297-306.
[93] Gil-Sotres F, Trasar-Cepeda C, Leirós M, et al. Different approaches to evaluating soil quality using biochemical properties. Soil Biology and Biochemistry, 2005, 37: 877-887.
[94] Franco-Otero V G, Soler-Rovira P, Hernández D, et al. Short-term effects of organic municipal wastes on wheat yield, microbial biomass, microbial activity, and chemical properties of soil. Biology and Fertility of Soils, 2012, 48: 205-216.
[95] Geisseler D, Horwath W R, Joergensen R G, et al. Pathways of nitrogen utilization by soil microorganisms-A review. Soil Biology and Biochemistry, 2010, 42: 2058-2067.
[96] Pimentel D, Hepperly P, Hanson J, et al. Environmental, energetic, and economic comparisons of organic and conventional farming systems. Bio Science, 2005, 55: 573-582.
[97] Edmeades D C. The long-term effects of manures and fertilisers on soil productivity and quality: A review. Nutrient Cycling in Agroecosystems, 2003, 66: 165-180.
[98] Ros M, Pascual J, Garcia C, et al. Hydrolase activities, microbial biomass and bacterial community in a soil after long-term amendment with different composts. Soil Biology and Biochemistry, 2006, 38: 3443-3452.
[99] Tejada M, Garcia C, Gonzalez J, et al. Organic amendment based on fresh and composted beet vinasse. Soil Science Society of America Journal, 2006, 70: 900-908.
[100] Tejada M, Hernandez M, Garcia C. Soil restoration using composted plant residues: Effects on soil properties. Soil and Tillage

Research, 2009, 102: 109-117.
[101] Ginting D, Kessavalou A, Eghball B, et al. Greenhouse gas emissions and soil indicators four years after manure and compost applications. J Environ Qual, 2003, 32: 23-32.
[102] Mats J, Lennart T. Impact of organic residues on soil microorganisms, Organic Recovery and Biological Treatment. Proceedings of the International Conference ORBIT, 1999.
[103] Nesme J, Simonet P. The soil resistome: A critical review on antibiotic resistance origins, ecology and dissemination potential in telluric bacteria. Environmental Microbiology, 2015, 17(4): 913-930.
[104] Zhang Q Q, Ying G G, Pan C G, et al. Comprehensive evaluation of antibiotics emission and fate in the river basins of china: Source analysis, multimedia modeling, and linkage to bacterial resistance. Environmental Science and Technology, 2015, 49(11): 6772-6782.
[105] Zhu Y G, Johnson T A, Su J Q, et al. Diverse and abundant antibiotic resistance genes in Chinese swine farms, PNAS, 2013, 110(9): 3435-3440.
[106] Zhang Y L, Lin S S, Dai C M, et al. Sorption-desorption and transport of trimethoprim and sulfonamide antibiotics in agricultural soil: Effect of soil type, dissolved organic matter, and pH. Environmental Science & Pollution Research, 2014, 21: 5827-5835.
[107] Prosser R S, Sibley P K. Human health risk assessment of pharmaceuticals and personal care products in plant tissue due to biosolids and manure amendments, and wastewater irrigation. Environment International, 2015, 75(75C): 223-233.
[108] Rizzo L, Manaia C, Merlin C, et al. Urban wastewater treatment plants as hotspots for antibiotic resistant bacteria and genes spread into the environment: A review. Science of the Total Environment, 2013, 447(9): 345-360.
[109] 苏建强，黄福义，朱永官．环境抗生素抗性基因研究进展．生物多样性，2013, 21(4): 481-487.
[110] Pruden A, Arabi M, Storteboom H N. Correlation between upstream human activities and riverine antibiotic resistance genes. Environmental Science and Technology, 2012, 46(21): 11541.
[111] Heuer H, Solehati Q, Zimmerling U, et al. Accumulation of sulfonamide resistance genes in arable soils due to repeated application of manure containing sulfadiazine. Applied and Environmental Microbiology, 2011, 77(7): 2527.
[112] Knapp C W, Dolfing J, Ehlert P A I, et al. Evidence of increasing antibiotic resistance gene abundances in archived soils since 1940. Environmental Science and Technology, 2010, 44(2): 580-587.
[113] Hong P Y, Yannarell A C, Dai Q, et al. Monitoring the perturbation of soil and groundwater microbial communities due to pig production activities. Applied and Environmental Microbiology, 2013, 79(8): 2620.
[114] Peng S, Wang Y, Zhou B, et al. Long-term application of fresh and composted manure increase tetracycline resistance in the arable soil of eastern china. Science of the Total Environment, 2015, 506-507(4): 279-286.
[115] Ghosh S, Lapara T M. The effects of subtherapeutic antibiotic use in farm animals on the proliferation and persistence of antibiotic resistance among soil bacteria. Isme Journal, 2007, 1(3): 191.
[116] 土壤动物研究方法手册编写组．土壤动物研究方法手册．北京：北京林业出版社，1998.
[117] Hole F D. Effects of animals on soil. Geoderma, 1981, 25: 75-112.
[118] 孙儒泳．动物生态学原理．北京：北京师范大学出版社．1987.
[119] 张友梅，王振中．农田生态系统土壤动物群落初探．湖南师院学报（自然科学版），1984(3): 90-96.
[120] 张友梅，王振中．稻田土壤动物群落初步调查．生态学杂志，1986, 5(5): 22-26.
[121] 殷秀琴，等．东北森林土壤动物研究．长春：东北师范大学出版社，2001: 235-237.
[122] 尹文英，等．中国土壤动物．北京：科学出版社，2000.
[123] 黄玉梅．土壤动物群落多样性研究进展．西部林业科学，2004, 3(33):63-68.
[124] 张雪萍，侯威岭，陈鹏．东北森林土壤动物同功能种团及其生态分布．应用与环境生物学报，2001, 7(4): 370-374.
[125] 武海涛，吕宪国，杨青，等．土壤动物主要生态特征与生态功能研究进展．土壤学报，2006, 2(43): 315-322.
[126] Barajas Guzman G, Alvarez Sanchez J. The relationships between litter fauna and rates of litter decomposition in a tropical rain forest. Applied Soil Ecology, 2003, 24:91-100.
[127] Rohan G C, Richard D B How changes in soil faunal diversity and composition within a trophic group influence decomposition processes. Soil Biology & Biochemistry, 2001, 33:2073-2081.
[128] Xuluc Tolosa F J, Vester H F M, Ramyrez Marcial N, et al. Leaf litter decomposition of tree species in three successional phases of tropical dry secondary forest in Canlpeche, Mexico. Forest Ecology and Management, 2003, 174:401-412.
[129] Wardle D A, Bonner K L, Barker G M, et al. Plant removals in perennial grassland: Vegetation dynamics, decomposers, soil biodiversity, and ecosystem properties. Ecological Monographs, 1999, 69:535-568
[130] Jennifer D K, David C C, Crossley Jr D A, et al. Biological indices of soil quality: An ecosystem case study of their use. Forest Ecology and Management, 2000, 138:357-368.
[131] Linden D R, Hendrix P F, Coleman D C, et al. Faunal indicators of soil quality. Agriculture, Ecosystem & Environment, 1994, 51(1/2): 87-106.
[132] Karin H. Soil nematode fauna of afforested mine sites: Genera distribution, trophic structure and functional guilds. Applied Soil Ecology, 2003, 22:113-126.
[133] 潘凤娟，许艳丽，李春杰，等．大豆不同轮作体系根围土壤线虫空间分布特征．农业系统科学与综合研究，2009, 25(1): 33-38.
[134] 高岩，骆永明．蚯蚓对土壤污染的指示作用及其强化修复的潜力．土壤学报，2005, 42(1): 140-148.
[135] Vittorio P, Cristina M. Mieroarthropod communities as a tool to assess soil quality and biodiversity: A new approach in Italy. Agriculture. Ecosystems and Environment, 2005, 105:323-333.
[136] 柯欣，赵立军，尹文英．三种乔木落叶分解过程中跳虫群落结构的演替．昆虫学报，2001, 44(2): 221-226.
[137] Sarr M, Agbogbaa C, Russell-Smith A, et al. Effects of soil faunal activity and woody shrubs on water infiltration rates in a semi-arid fallow of Senegal. Applied Soil Ecology, 2001, 16:283-290.

[138] 李德成，李忠佩，张桃林，等．白蚁活动与土壤环境之间的相互作用．土壤，2003, 35(2): 98-102.
[139] 胡锋，刘满强，李辉信．土壤动物对土壤质量的影响及研究展望．中国土壤学会，面向农业与环境的土壤科学．北京：科学出版社，2004: 160-173.
[140] 张雪萍．土壤动物与环境质量关系探讨．哈尔滨师范大学学报（自然科学版），1995, 11(4): 95-99.
[141] 朱永恒，赵春雨，王宗英，等．我国土壤动物群落生态学研究综述．生态学杂志，2005, 24(12): 1477-1481.
[142] 宋理洪，武海涛，吴东辉．我国农田生态系统土壤动物生态学研究进展．生态学杂志，2011, 30(12): 2898-2906.
[143] Liang W J, Lou Y L, Li Q, et al. Nematode faunal response to long-term application of nitrogen fertilizer and organic manure in Northeast China. Soil Biology and Biochemistry, 2009, 41(5): 883-890.
[144] 孔云．施肥措施和秸秆还田对潮土农田土壤动物的影响．沈阳：沈阳农业大学，2018.
[145] Andrén O. Soil mesofauna of arable land and its significance for decomposition of organic matter. Pedobiologia, 1983, 25(4): 217-222.
[146] Maraun M, Alphei J, Beste P, et al. Indirect effects of carbon and nutrient amendments on the soil meso- and microfauna of a beechwood. Biol Fertil Soils, 2001, 34: 222-229.
[147] Lindberg N, Persson T. Effects of long-term nutrient fertilization and irrigation on the microarthropod community in a boreal Norway spruce stand. Forest Ecology and Management, 2004, 188(1/3): 125-135.
[148] 刘树堂，刘培利，韩晓日，等．长期定位施肥对无石灰性潮土生物环境影响研究．水土保持通报，2006, 26(1): 26-29.
[149] 朱新玉，朱波．不同施肥方式对紫色土农田土壤动物主要类群的影响．中国农业科学，2015, 48(5): 911-920.
[150] Pommeresche R, Loes A K, Torp T. Effects of animal manure application on springtails（Collembola）in perennial ley. Applied Soil Ecology, 2016, 110: 137-145.
[151] 朱强根，朱安宁，张佳宝，等．华北潮土长期施肥对土壤跳虫群落的影响．土壤学报，2010b, 47(5): 946-952.
[152] 战丽莉，许艳丽，韩晓增，等．施肥方式对土壤甲螨群落结构影响．华北农学报，2013, 28(2): 214-218.
[153] Cao Z P, Han X M, Hu C, et al. Changes in the abundance and structure of a soil mite（Acari）community under long-term organic and chemical fertilizer treatments. Applied Soil Ecology, 2011, 49: 131-138.
[154] Reeleder R D. Alterations of fungal communities in integrated management of plant disease. New York: Marcel Dekker Inc, 1992: 869-884.
[155] Hedlund K, Boddy L, Preston C M. Mycelial responses of the soil fungus, Mortierella isabellina, to grazing by Onychiurus armatus（Collembola）. Soil Biol Biochem, 1991, 23: 361-366.
[156] Pfiffner L, Mäder P. Effects of biodynamic, organic and conventional production systems on earthworm populations. Biology and Fertility of Soils, 1997, 25(3): 292-300.
[157] Werner M R. Soil quality characteristics during conversion to organic orchard management. Applied Soil Ecology, 1997, 5: 151-167.
[158] 吴东辉，张柏，陈鹏．长春市不同土地利用生境土壤弹尾虫群落结构特征．生态学杂志，2006, 25(2): 180-184.
[159] Curry J P, Purvis G.Studies on the influence of weeds and farmyard manure on the arthropod fauna of sugar beet. J Life Sci R Dubl Soc, 1982, 3: 397-408.
[160] Scholte K, Lootsma M. Effect of farmyard manure and green manure crops on populations of mycophagous soil fauna and Rhizoctonia stem canker of potato. Pedobiologia, 1998, 42: 223-231.
[161] Axelsen J A, Kristensen K T. Collembola and mites in plots fertilized with different types of green manure. Pedobiologia, 2000, 44: 556-566.
[162] Frampton G K, van den Brink P J. Influence of cropping on the species composition of epigeic Collembola in arable fields. Pedobiologia, 2002, 46: 328-337.
[163] Zhao J, Wang F M, Li J, et al. Effects of experimental nitrogen and/or phosphorus additions on soil nematode communities in a secondary tropical forest. Soil Biology and Biochemistry, 2014, 75(6): 1-10.
[164] Song M, Li X M, Jing S S, et al. Responses of soil nematodes to water and nitrogen additions in an old-field grassland. Applied Soil Ecology, 2016, 102: 53-60.
[165] Song M, Jing S S, Zhou Y Q, et al. Dynamics of soil nematode communities in wheat fields under different nitrogen management in Northern China Plain. European Journal of Soil Biology, 2015, 71:13-20.
[166] Hu C, Qi Y C. Effect of compost and chemical fertilizer on soil nematode community in a Chinese maize field. European Journal of Soil Biology, 2010, 46(3/4): 230-236.
[167] Jiang C, Sun B, Li H X, et al. Determinants for seasonal change of nematode community composition under long-term application of organic manure in an acid soil in subtropical China. European Journal of Soil Biology, 2013, 55: 91-99.
[168] 刘婷，叶成龙，陈小云，等．不同有机肥源及其与化肥配施对稻田土壤线虫群落结构的影响．应用生态学报，2013, 24(12): 3508-3516.
[169] Pan F J, Mclaughlin N B, Yu Q, et al. Responses of soil nematode community structure to different long-term fertilizer strategies in the soybean phase of a soybean-wheat-corn rotation. European Journal of Soil Biology, 2010, 46(2): 105-111.
[170] Li Q, Jiang Y, Liang W J, et al. Long-term effect of fertility management on the soil nematode community in vegetable production under greenhouse conditions. Applied Soil Ecology, 2010, 46(1): 111-118.
[171] Liu T, Guo R, Ran W, et al. Body size is a sensitive trait-based indicator of soil nematode community response to fertilization in rice and wheat agroecosystems. Soil Biology and Biochemistry, 2015, 88: 275-281.
[172] 张起鹏．地形对高寒草甸植物多样性影响的多层次分析．南京：南京师范大学，2019.
[173] Wedin D, Tilman D. Competition among grasses along a nitrogen gradient: Initial conditions and mechanisms of competition. Ecological Monographs, 1993, 63(2): 199-229.
[174] Wilson D S. Darwin's cathedral: Evolution, religion, and the nature of society. University of Chicago Press, 2010.
[175] 何玉惠，刘新平，谢忠奎．氮素添加对黄土高原荒漠草原草本植物物种多样性和生产力的影响．中国沙漠，2015, 35: 66-71.

[176] Stevens C E. Method and system for transferring an application program from system firmware to a storage device: U.S. Patent 6, 519, 659. 2003-02-11.
[177] Stevens C J, Dise N B, Mountford J O, et al. Impact of nitrogen deposition on the species richness of grasslands. Science, 2004, 303(5665): 1876-1879.
[178] Maskell L C, Smart S M, Bullock J M, et al. Nitrogen deposition causes widespread loss of species richness in British habitats. Global Change Biology, 2010, 16(2): 671-679.
[179] Dupre C, Stevens C J, Ranke T, et al. Changes in species richness and composition in European acidic grasslands over the past 70 years: The contribution of cumulative atmospheric nitrogen deposition. Global Change Biology, 2010, 16(1): 344-357.
[180] Clark C M, Cleland E E, Collins S L, et al. Environmental and plant community determinants of species loss following nitrogen enrichment. Ecology Letters, 2007, 10(7): 596-607.
[181] 胡钧宇，朱剑霄，周璋，等. 氮添加对4种森林类型林下植物多样性的影响. 北京大学学报（自然科学版），2014(5): 904-910.
[182] Bobbink R. Effects of nutrient enrichment in Dutch chalk grassland. Journal of Applied Ecology, 1991, 28(1): 28-41.
[183] Wilson S D, Gerry A K. Strategies for mixed - grass prairie restoration: Herbicide, tilling, and nitrogen manipulation. Restoration Ecology, 1995, 3(4): 290-298.
[184] Vance C P, Uhde - Stone C, Allan D L. Phosphorus acquisition and use: critical adaptations by plants for securing a nonrenewable resource. New Phytologist, 2003, 157(3): 423-447.
[185] Elser J J, Bracken M E S, Cleland E E, et al. Global analysis of nitrogen and phosphorus limitation of primary producers in freshwater, marine and terrestrial ecosystems. Ecology letters, 2007, 10(12): 1135-1142.
[186] Vitousek P M, Porder S, Houlton B Z, et al. Terrestrial phosphorus limitation: Mechanisms, implications, and nitrogen-phosphorus interactions. Ecological applications, 2010, 20(1): 5-15.
[187] Harpole W S, Ngai J T, Cleland E E, et al. Nutrient co - limitation of primary producer communities. Ecology Letters, 2011, 14(9): 852-862.
[188] 任正炜，王刚. 资源添加对青藏高原高寒草甸物种多样性的影响. 兰州：兰州大学，2010.
[189] Vitousek P, Sanford Jr R. Nutrient cycling in moist tropical forest. Annual review of Ecology and Systematics, 1986, 17(1):137-167.
[190] Chapin III F S, Vitousek P M, van Cleve K. The nature of nutrient limitation in plant communities. American naturalist, 1986, 127(1): 48-58.
[191] 杨晓霞，任飞，周华坤，等. 青藏高原高寒草甸植物群落生物量对氮磷添加的响应. 植物生态学报，2014, 38(2): 159-166.
[192] 王守顺，于健龙. 氮磷钾肥对高寒草甸生物量及群落多样性指数的影响. 家畜生态学报，2018, 39(9): 57-61.
[193] Wang D, Zhou H, Yao B, et al. Effects of nutrient addition on degraded alpine grasslands of the Qinghai-Tibetan Plateau: A meta-analysis. Agriculture, Ecosystems & Environment, 2020, 301: 106970.
[194] Luo R, Fan J, Wang W, et al. Nitrogen and phosphorus enrichment accelerates soil organic carbon loss in alpine grassland on the Qinghai-Tibetan Plateau. Science of the Total Environment, 2019, 650: 303-312.
[195] Hodapp D, Borer E T, Harpole W S. et al.Spatial heterogeneity in species composition constrains plant community responses to herbivory and fertilisation. Ecology Letters, 2018, 21(9): 1364-1371.
[196] 刘学敏，罗久富，邓东周，等. 氮添加对不同退化程度高寒草地生态系统的影响. 草业科学，2018, 35(12): 2773-2783.
[197] Giese M, Brueck H, Gao Y Z, et al. N balance and cycling of Inner Mongolia typical steppe: A comprehensive case study of grazing effects. Ecological Monographs, 2013, 83(2): 195-219.
[198] Song M, Chen J, Xu X, et al. Grazing offsets nitrogen enrichment effects on species richness by promoting the random colonization of local species in an alpine grassland. Ecosystems, 2020, 23(2): 278-291.
[199] Dickson T L, Gross K L. Plant community responses to long-term fertilization: Changes in functional group abundance drive changes in species richness. Oecologia, 2013, 173(4): 1513-1520.
[200] Dickson T L, Mittelbach G G, Reynolds H L, et al. Height and clonality traits determine plant community responses to fertilization. Ecology, 2014, 95(9): 2443-2452.
[201] Harpole W, Sullivan L, Lind E, et al. Addition of multiple limiting resources reduces grassland diversity. Nature, 2016: 537.
[202] Ren Z, Li Q, Chu C, et al. Effects of resource additions on species richness and ANPP in an alpine meadow community. Journal of Plant Ecology, 2010, 3: 25-31.
[203] Demalach N, Kadmon R. Light competition explains diversity decline better than niche dimensionality. Functional Ecology, 2017, 31(9): 1834-1838.
[204] Pan Q, Bai Y, Wu J, et al. Hierarchical plant responses and diversity loss after nitrogen addition: Testing three functionally-based hypotheses in the Inner Mongolia grassland. Plos One, 2011, 6(5): e20078.
[205] Fang Y, Xun F, Bai W, et al. Long-term nitrogen addition leads to loss of species richness due to litter accumulation and soil acidification in a temperate steppe. Plos One, 2012, 7: e47369.

中国肥料研究与应用全书

Books of Fertilizer Research and Application in China

FERTILIZER

第3章 施肥与大气环境效应

3.1 施肥与大气活性氮及温室气体排放

自从20世纪初合成氨工业化生产以来，化肥在农业生产中的作用日益重要，但不合理施肥带来的环境问题也越来越突出，已引起人们的广泛关注，尤其是施肥与大气活性氮以及温室气体排放。研究发现，我国土壤NO_x排放量为225.75Gg，是人为源排放的7%，其中氮肥施用是土壤NO_x排放的重要来源之一，我国化肥、有机肥施用带来的NO排放量约占全球排放量的15%[1, 2]。新近研究表明，农业施肥引起的全球氨排放高达28Tg/a，而中国作为氮肥施用大国则是全球农业氨排放最高的国家[3]。如果从整个生命周期评估，中国氮肥行业从生产、运输到施用全过程排放的温室气体总量（以二氧化碳当量计）约占全国总温室气体排放量的7%[4]。可见，农业生产中化肥施用所引起的大气活性氮和温室气体排放已不容忽视。氮肥的不合理施用导致土壤活性氮气体、温室气体过度排放，严重威胁着生态环境和人类健康。这些气态活性氮、甲烷在大气中发生一系列物理化学、光化学反应，产生气溶胶、臭氧（O_3）等衍生物，对大气环境质量造成负面影响，在陆地与大气界面交换，深刻影响着大气化学组成、气候变化以及氮素转化过程。

3.1.1 氮氧化物（NO_x）排放

3.1.1.1 NO_x排放的环境效应

NO_x种类很多，造成大气污染的主要是一氧化氮（NO）和二氧化氮（NO_2），因此环境中的氮氧化物一般指这二者的总称。NO_x会与VOC（挥发性有机物）发生光化学反应生成高浓度臭氧，从而间接产生温室效应；同时，它还会与平流层中臭氧反应，引起平流层臭氧枯竭，造成紫外线过度照射，导致人类疾病；NO_x还与挥发性物质反应引起光化学烟雾，对人体健康造成损害；另外，NO_x还参与大气化学过程促进酸雨的形成，破坏植被，酸化土壤和水域，导致水生态和陆地生态失衡等；NO_2是$PM_{2.5}$的重要前体物，因此NO_x在雾、霾形成中也起到了重要作用[5]。

3.1.1.2 NO_x排放现状

除全球化石燃料燃烧外，土壤对NO_x排放贡献最大，约占全球年均NO_x收支的25%[6]。目前，来自土壤排放的NO_x一般被认为是NO，我国土壤NO的排放通量背景值为6.97μg（N）/（m^2·h），并且在不同的农作物体系中表现出明显的差异，其中，水稻田的NO排放通量背景值为3.37μg（N）/（m^2·h），显著低于旱地作物［8.42μg（N）/（m^2·h）］；对于不同的作物类型，蔬菜对NO排放的贡献最大，排放背景值达到每年0.02Tg（N）[7]。除此之外，NO排放具有明显的季节性，春季NO排放量高于冬季，这是由于春季温度较高，有利于土壤硝化、反硝化作用的进行，而且化学 N 肥施用后养分迅速释放，但并不能被作物吸收利用，导致其排放量较高[8]。

3.1.1.3 NO_x排放机理

土壤 NO_x 排放主要来源于土壤微生物作用下的硝化作用和反硝化作用。NO 是硝化作用的中间产物，同时产生在 NH_2OH 向 NO_2^- 转换和 NO_2^- 减少的过程中。在厌氧条件下，NO 是 NO_3^- 还原为 N_2 过程（反硝化过程）的中间产物（图 3-1[9]）。王兵等[10] 认为硝化作用是土壤 NO 排放的主要来源，只有小部分 N 通过反硝化作用被氧化为 NO，然而，有研究发现反硝化作用产生的 NO 排放量约为硝化作用的两倍，甚至在部分土壤中，NO 排放的唯一来源是反硝化作用。因此，需要根据 NO 排放的相关因素确定其主要来源[11]。另外，NO 排放也可来自化学反硝化作用，这主要发生在酸性且富集亚硝酸盐的土壤条件下。

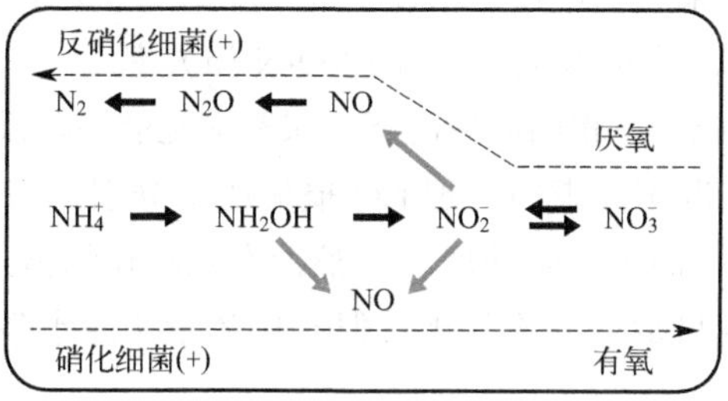

图 3-1 NO 排放机理[9]

3.1.1.4 NO_x减排

N 肥施用是土壤 NO 排放的重要来源之一，NO 排放峰一般在施肥后很快出现，持续时间一般为监测周期的 15%，但峰值期排放量可高达 NO 排放总量的 89%[12]。研究表明，施肥农田土壤每年释放的 NO 量为 1.4Tg[13]，N 肥管理措施（如肥料用量、类型、施肥方式以及施肥时间等）都强烈影响农田土壤 NO 的排放，因此，恰当的 N 肥管理方式有利于 NO 减排。

（1）N 肥用量优化　NO 排放量与 N 肥用量呈显著的线性相关关系[8]，随施 N 量的增加而增加。N 肥施用后，土壤中的有机氮含量提高，促进土壤硝化、反硝化过程，导致 NO 排放。另外，脱氢酶活性与 NO 排放紧密相关，研究发现，施用 N 肥可提高脱氢酶活性，从而促进土壤 NO 排放[14]。Yao 等[15] 发现在蔬菜-谷物作物系统中，减 N 30% ～ 50% 可以在保证作物生产力的同时显著降低 NO 排放量。因此，合理降低 N 肥施用量，可以提高 N 肥利用效率，促进 NO 减排。

（2）N 肥类型优化　目前已有研究中 N 肥导致的 NO 排放因子平均为 0.57%，但是不同的肥料类型之间有显著性差异[7]。化学 N 肥一般有最高的 NO 排放因子，其中，尿素的 NO 排放因子为 0.23% ～ 1.55%[16]。硝化抑制剂是一种 N 肥增效剂，能够抑制土壤中 NH_4^+ -N 向 NO_3^- -N 转化，从而抑制硝化作用，同时抑制反硝化作用的发生，进而减少 NO 排放，与单施化肥相比，配以硝化抑制剂可显著降低土壤 NO 排放高达 81%[11]。缓控释肥已被证实是一种能够提高 N 肥利用效率的肥料，其养分缓慢释放的特性符合作物生长养分需求规律，可提高 N 素利用效率，减少 N 素损失。有研究表明，使用缓控释肥可显著降低 86% 的 NO 排放 [14]。Gao 等 [17] 也在盆栽实验和田间试验中发现了相同的结果，减N30% 同时施用缓控释肥可平均降低 NO 排放及排放因子 19.4% 和 24.8%，同时不会影响作物产量。

施用有机肥，土壤 NO 排放因子＜ 0.01% ～ 0.55%，与尿素相比，有利于降低农田土壤 NO 排放，但不同的有机肥类型效果不同，如植物残体堆肥和牛粪堆肥的减排效果优于家禽粪便处理和污泥处理 [16]。有机无机肥结合是缓解农田土壤 NO 排放的措施之一，Zheng 等 [18] 对小麦体系进行研究，发现有机肥和化肥结合比单施化肥降低 29% 的 NO 排放，同时缓解了 35% 的 N 肥损失比率。

小麦-玉米轮作体系中，小麦秸秆返田同时施用 N 肥有利于降低玉米季 N 素损失，其中 NO 损失率可降低 60.0%[18]。同时，生物炭可作为一种有效降低 NO 排放的田间管理措施。Zheng 等 [18] 的研究结果表明，在蔬菜作物体系中，与单施化肥相比，施用有机碳可降低 18% ～ 19% 的 NO 排放，同时降低 22% 的 NO-N 损失率。

（3）施肥方式优化　施肥量相同的情况下，尿素深施能够降低 NO 损失。刘丽等通过研究表明高施肥和低施肥情况下，表施处理 NO 损失比率分别是深施处理的 2.1 倍和 2.3 倍，高肥处理的 NO 排放量明显高于低肥处理 [19]。然而在水稻作物体系中，在干湿交替条件下，深施肥和表施 N 肥的 NO 排放差异不显著，但其排放量比淹水条件下 NO 排放高出 2.5 倍左右 [20]。

（4）施肥时间优化　施肥时间对农田 NO 排放至关重要，若施肥时间处在作物 N 需求较低时期，土壤中 NH_4^+ -N 为硝化反应提供前体物，有利于促进 NO 的排放，因此，在植物需 N 量较高时期施肥有利于缓解 NO 排放 [18]。

3.1.2 氨（NH_3）排放

3.1.2.1 NH_3排放的环境效应

NH_3 挥发是农业生产中氮肥损失的主要途径之一。NH_3 作为碱性气体进入大气后与其他活性物质发生的一系列生物化学反应，对生态系统的功能有很多负面影响，例如，挥发的 NH_3 会通过大气干、湿沉降回到陆地和水体，增加了水体养分元素的来源，造成水体富营养化 [21, 22]。活性氮在陆地生态系统中的输入增加，一方面会改变植物群落中物种间的竞争格局，喜氮植物的数量增加限制了其他物种的生长和发展，从而降低了系统的物种多样性 [23, 24]，另一方面会造成土壤酸化（氧化 NH_4^+ 转变为 NO_3^- 所造成的）[25]。此外，挥发 NH_3 与大气中的酸性化合物（如 H_2SO_4、HNO_3）反应形成的铵盐是二次无机气溶胶的主要形成方式。Wang 等 [26] 的研究表明，硫酸盐气溶胶的形成与大气 NH_3 的中和作用密切相关。二次气溶胶是大气颗粒物的主要成分，其与雾、霾天气的发生和空气质量息息相关 [27]。Pan 等 [28] 利用同位素模型分析 $PM_{2.5}$ 来源，同样证实了农业源 NH_3 在非霾天对 $PM_{2.5}$ 的贡献占了 84%。

3.1.2.2 NH_3排放现状

农业是 NH_3 挥发的主要来源之一，占全球 NH_3 排放的 80.6%[29]。Pan 等[30]发现，中国 NH_3 排放的热点与集约化农业活动一致。在传统施肥条件下，由于施肥方法和施肥量的差异，农田的 NH_3 排放量在时间和空间上变化很大[31, 32]。在时间尺度上，农业区 NH_3 挥发的季节特征明显[30]，一年中，夏季气温升高促进 NH_3 排放，导致其具有最高的 NH_3 挥发峰值[33]。在空间尺度上，我国北方与南方的氨挥发损失率总体上差异不显著，而典型农业区特别是华北平原 NH_3 挥发浓度高，排放量最大[34, 35]。除此之外，作物类型不同也会引起 NH_3 挥发损失的差异。玉米、小麦、水稻的 NH_3 排放因子平均为 11.13% ～ 13.95%，占中国农田合成 N 肥诱导 NH_3 排放的 70%，三种作物 NH_3 挥发损失率从大到小依次为水稻＞玉米＞小麦，同时蔬菜种植在中国 NH_3 排放中也占重要地位[7, 34]。

3.1.2.3 农田NH_3排放机理

NH_3 挥发是农业生产中氮肥损失的主要途径，发生在土壤-大气界面中。土壤 NH_3 挥发的机理如下：

① 土壤中 NH_4^+ -N 的累积引起 NH_4^+ -N 和 NH_3-N 的动态平衡变化是土壤 NH_3 挥发的根本原因[36]。

② 铵态氮肥（如碳酸氢铵、硫酸铵等）施入土壤后，直接提升土壤 NH_4^+ -N 的累积量，引起土壤中 NH_4^+ -N 和 NH_3-N 的动态平衡变化，导致 NH_3 挥发损失。

③ 酰胺态氮肥（如尿素）施入农田后，在脲酶水解作用下转化为 NH_3 和二氧化碳（CO_2），导致土壤 NH_3 挥发。

3.1.2.4 农田NH_3挥发减排措施

农田 NH_3 排放受气象条件（如风速、温度、降水）、土壤条件（如土壤类型、土壤理化性质、土壤含水量）、施肥因素（如施肥量、肥料类型、施肥方式等）、农作物类型等多种因素的共同影响。其中，农业管理措施尤其是氮肥投入对农业氮肥施用的全球 NH_3 排放贡献最大。目前基于氮肥施用的 NH_3 挥发减排措施如下。

（1）施肥量优化　合成尿素基氮肥的应用是农田 NH_3 挥发的主要来源，占中国农田 NH_3 排放量的 84.4% ～ 92.0%[37]。NH_3 挥发损失量与氮肥施用量呈显著正相关关系。与不施氮肥相比，施用氮肥增加了 162% 的土壤 NH_3 排放[7]。另外，Sha 等[38]将氮肥施用量＞ 300kg（N）/hm^2 作为高施氮量，发现低施氮量条件［N ≤ 100kg（N）/hm^2，100kg（N）/hm^2 ＜ N ≤ 200kg（N）/hm^2 和 200kg（N）/hm^2 ＜ N ≤ 300kg（N）/hm^2］可以分别降低 NH_3 排放 66.5%、50.8% 和 34.3%。

（2）肥料类型优化　夏淑洁等研究了不同氮形态对土壤 NH_3 排放的影响，发现 NH_4^+ -N 为氮源的 NH_3 挥发速率和累积排放量均高于以硝态氮为氮源[39]。我国使用较广泛的氮肥是尿素和碳铵，分别占氮肥总量的 69% 和 26%[40]。其中，碳铵是最容易造成 NH_3 挥发的氮肥，是农田 NH_3 排放的重要来源之一。尿素施入土壤后，需要经过脲酶水解，土壤可以吸附部分产生的 NH_4^+ -N，因此其 NH_3 挥发潜力低于碳铵，但是由于尿素使用量较大，因此其施用

与土壤 NH_3 挥发主要相关。苏芳等对不同形态的氮肥进行对比，实验结果表明，在相同施氮量下，不同氮肥的氨挥发损失差异很大，硝酸铵、硝酸铵钙和硫硝酸铵的氨挥发损失分别比尿素减少 22.5%、3.2% 和 8.3%[41]。

施用增效氮肥是缓解农田 N 损失的有效途径之一。缓控释肥养分释放期较长，在作物的整个生育期都能满足作物的生长需求，不仅能提高氮肥利用效率，还能减少农田 NH_3 排放。包膜缓控释肥施入土壤后，尿素不能与土壤中的脲酶直接接触，水解速率减慢 [42]，同时缓控释肥能降低水田水面中的 NH_4^+ -N 含量，降低施肥导致的 pH 增加，从而降低 NH_3 挥发损失 [43]。脲酶抑制剂通过对土壤脲酶活性的抑制缓解尿素水解速率，降低 NH_3 挥发损失。Hu 等 [44] 发现添加脲酶抑制剂是缓解中国农田 NH_3 挥发最有效的策略之一。研究发现，与施用尿素相比，施用脲酶抑制剂能显著降低 NH_3 挥发损失 64.7%，施用双抑制剂增效氮肥也可显著降低农田 NH_3 排放 30.3%[45]。

有机肥是我国传统农业重要的氮肥来源，它对 NH_3 排放的影响具有争议性。Ma 等 [7] 认为使用有机肥更倾向于增加 NH_3 排放，但有些研究发现，有机肥部分替代化学氮肥可以增强微生物对土壤的固氮作用，提高土壤的保水能力、微生物活性和改善土壤结构，在 NH_3 减排方面具有更好的性能 [46-48]。因此，有机肥的施用对农田 NH_3 排放的影响有待进一步研究。

（3）施肥方式优化　施肥方式主要分为表施和深施（覆土深施 / 以水带氮）。表施易撒施不匀且用量无法准确控制，造成严重的农田 NH_3 挥发损失。覆土深施 NH_4^+ -N 被土壤胶粒吸附，进而减少土壤 NH_3 排放。氮肥表施后灌水可将 N 带入深层土壤，从而使其被吸附以减少农田 NH_3 挥发损失，另外，灌水能立即促进尿素水解，使 NH_4^+ 被植物吸附，从而提高氮肥利用率（NUE），减少 NH_4^+ 向 NH_3 的转化 [47]。研究结果表明，覆土深施和以水带氮方式下 NH_3 的挥发损失率分别是 6.24% 和 3.75%[34]，与氮肥表施相比，这两种氮肥施用方式可分别减少农田 NH_3 排放 68.8% 和 56.2%[45]。

（4）施肥时期优化　除肥料用量、肥料类型和施肥方式外，施肥时期也是关键且容易被忽视的一方面。施肥时期通过影响作物对 N 素的吸收和 N 肥利用效率，从而对 NH_3 挥发产生显著影响。农作物生育期内施肥一般分为基肥期和追肥期，张薇等 [49] 收集了 1980 ～ 2018 年发表的我国北方地区夏玉米生产中 NH_3 挥发的研究文献，对数据进行统计分析，发现基肥期氨挥发总量明显小于追肥期，而且基肥期 NH_3 挥发总量的上下限明显小于追肥期。王秀斌 [50] 认为基于作物阶段氮素吸收，增加追肥比例和施肥次数的优化施氮是较理想的施肥方式，有利于降低 NH_3 挥发损失。

3.1.3　氧化亚氮（N_2O）排放

3.1.3.1　N_2O排放的危害

N_2O 是重要的温室气体之一，它在 7.8μm 的红外线范围（对流层）内具有强吸收带，减少地表通过大气向外太空的热辐射 [51, 52]，因此能够加剧温室效应，其百年增温潜势是 CO_2 的 273 倍 [53]。除此之外，N_2O 可输送到平流层，与 D 电离层的氧原子发生反应生成 NO，并进一步与大气中的 O_3 发生反应，导致臭氧层破坏 [51]，引起臭氧空洞，使人类和其他生物暴露在太阳紫外线的辐射下，对人体皮肤、眼睛、免疫系统造成损害。

3.1.3.2 N_2O排放现状

N_2O的化学性质稳定，在大气中存留时间长，自2011年以来，其在大气中的浓度持续增加，到2019年达到了332μg/kg的年平均水平[53]。人类活动是N_2O排放的主要来源，预计到2050年，人类活动产生的N_2O排放将增加2倍[54]，其中，农业排放占总人为源排放的56%～81%，造成其排放的主要原因是作物N需求和土壤N供应不匹配[54]。中国土壤N_2O排放通量的背景平均值为14.34μg（N）/（$hm^2 \cdot h$），但是不同的作物体系差异较大，旱地N_2O排放通量平均值约为15.98μg（N）/（$hm^2 \cdot h$），高于水稻［12.18μg（N）/（$hm^2 \cdot h$）］。同时，我国农业N_2O排放背景值为0.19Tg（N）/a，其中蔬菜体系具有最大的N_2O年排放背景值［0.05Tg（N）］，水稻的N_2O排放主要来源于人为氮肥施用，因此背景排放值较低[55]。N_2O排放因子在1995～2005年缓慢增长，在2006～2018年出现快速增长的趋势，增长幅度为0.56%～2.29%，然而水稻生产体系的N_2O排放因子在1995～2018年间平稳增长，增幅为0.39%～0.61%[7]。中国不同区域的N_2O排放因子不同，中国南部和东部是N_2O排放的热点区域，高于中国北部和西部，从省（自治区、直辖市）来看，江苏省N_2O排放量最大，湖北省和河南省次之[7]。

3.1.3.3 N_2O排放机理

土壤不仅有产生N_2O的能力，而且有吸收和消纳N_2O的能力，土壤-大气界面监测到的N_2O排放通量实质上是土壤中N_2O产生、截留与消纳综合作用后的净排放量[56]。微生物的硝化作用和反硝化作用是农田土壤N_2O产生的主要来源。硝化作用是指在有氧条件下，土壤中的硝化细菌将NH_4^+氧化为亚硝酸盐，并进一步氧化成硝酸的过程；反硝化作用也称脱氮作用，指在厌氧条件下，微生物将硝酸盐及亚硝酸盐还原为N_2的过程（图3-2）。

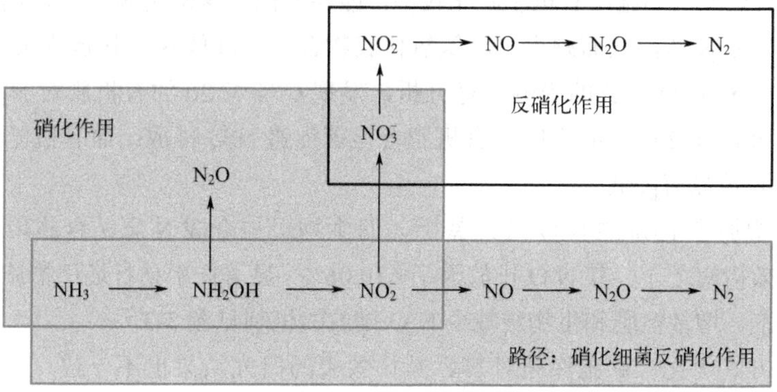

图3-2 N_2O排放机理[57]

3.1.3.4 N_2O减排措施

人类活动加剧气候变化在过去2000年是前所未有的，全球变暖同样是由人类活动排放温室气体驱动的，因此，缓解人为温室气体排放至关重要。N_2O 排放与土壤理化性状、气候因素和农业管理措施等相关，其中，基于氮肥管理的 N_2O 减排措施具体如下。

（1）施肥量优化　施氮量是影响 N_2O 排放的关键因素。与不施肥相比，N 输入量在 52.5 ～ 300kg（N）/hm^2 之间时，N_2O 排放量显著增加 145%[58]。当氮肥用量超过作物需求时，N_2O 排放量随化肥施用量的增加而增加 [59]。研究表明，每增加 1kg（N）/hm^2 的施用量，N_2O 排放增加 0.4%[60]。随后 Lan 等 [61] 发现氮肥施用量降低 30% 的情况下，N_2O 累积量和排放因子分别可以显著降低 26.0% ～ 34.4% 和 18.1% ～ 28.5%。同时，也有研究认为减 N 量超过总施 N 量的 25% 时会显著降低作物产量，建议减少 25% 的 N 输入可以作为氮肥用量，以在保证作物产量的同时减少 N_2O 排放 [62]。

（2）肥料类型优化　由氮肥引起的 N_2O 排放因子为 0.73%，但是肥料类型不同，N_2O 排放差异显著，而化学氮肥具有最高的 N_2O 排放因子。目前，施肥类型对农田土壤 N_2O 排放的影响已有大量研究，但结果存在差异。

增效氮肥包括脲酶抑制剂、硝化抑制剂、双抑制剂和缓控释肥等。与传统氮肥相比，增效氮肥可显著降低 N_2O 排放 25.6%，硝化抑制剂的 N_2O 减排效果是最显著的，可显著降低 N_2O 排放 29.7%，但脲酶抑制剂对 N_2O 减排表现出负效应 [63]。然而，有研究认为，施用脲酶抑制剂能够抑制脲酶活性，降低土壤中 NH_4^+ -N（硝化作用的前体物）的含量，从而减少 N_2O 排放 [45]。施用缓控释肥是降低农田 N_2O 排放的有效措施之一，与传统氮肥施用相比，施用缓控释肥能够显著减少 3.91% ～ 16.7% 的 N_2O 累计排放量，同时降低 N_2O 排放因子 9.23% ～ 20.7%[61]。Feng 等 [63] 也发现施用缓控释肥可显著降低 17.5% 的区域尺度 N_2O 排放，这主要是由于缓控释肥控制 N 养分的缓慢释放，符合作物生长发育规律，提高 N 素利用率，从而降低 N_2O 的排放。

有机肥施用对 N_2O 减排的效果并不统一。Reay 等 [64] 发现与有机无机肥混施相比，单独施用尿素时 N_2O 排放量更低。相似地，有学者认为，有机肥以 NH_4^+ -N 和 NO_3^- -N 的形式向土壤提供了大量无机氮，同时提供活性有机碳促进异养反硝化微生物活性，从而促进 N_2O 排放。然而，有研究认为施用有机肥矿化较慢，能够降低土壤矿质 N 含量，同时增加土壤有机碳含量导致高 C/N 值，从而减少土壤氨氧化底物含量，降低 N_2O 排放损失 [65]。李昕等 [66] 对有机肥 C/N 值对 N_2O 排放的影响进行分析，发现 C/N ≤ 20 的有机肥对 N_2O 排放无显著影响；施用 C/N 值在 20 ～ 30 之间的有机肥会显著促进 N_2O 排放；而有机肥 C/N ≥ 30 时，农田土壤 N_2O 排放显著降低。

秸秆还田增加了 10% 的 N_2O 损失率 [67]，而生物炭与合成 N 肥结合施用被证实是缓解 N_2O 排放的有效措施之一，其 N_2O 排放因子（10.06%）显著低于秸秆还田措施（11.90%）[62]。

通过抑制剂、增效氮肥和生物炭减少 N_2O 排放的机制见图 3-3[68]。

（3）施肥方式优化　氮肥深施对 N_2O 减排效果的研究结果也不一致。有研究认为深施氮肥能显著增加农田 N_2O 排放，如与氮肥撒施相比，氮肥条施或穴施能提高 N_2O 排放量 19.3% ～ 37.2%，这可能是由于土壤深层氧气浓度较低，促进了反硝化反应的进行，同时，深施后耕层肥料较集中，养分含量高，导致 N_2O 排放增加 [69, 70]。相反，彭术等 [71] 和 Liu 等 [72] 认为由于氮肥施用位置较深，可减少相关微生物与 N 素接触，同时将养分保存在施肥点，增加水稻对N素的吸收，从而显著降低稻田的 N_2O 排放。除此之外，氮肥深施能显著降低农田 NH_3 挥发损失，从而间接减少 N_2O 排放，因此，氮肥深施技术可作为综合减排措施之一。

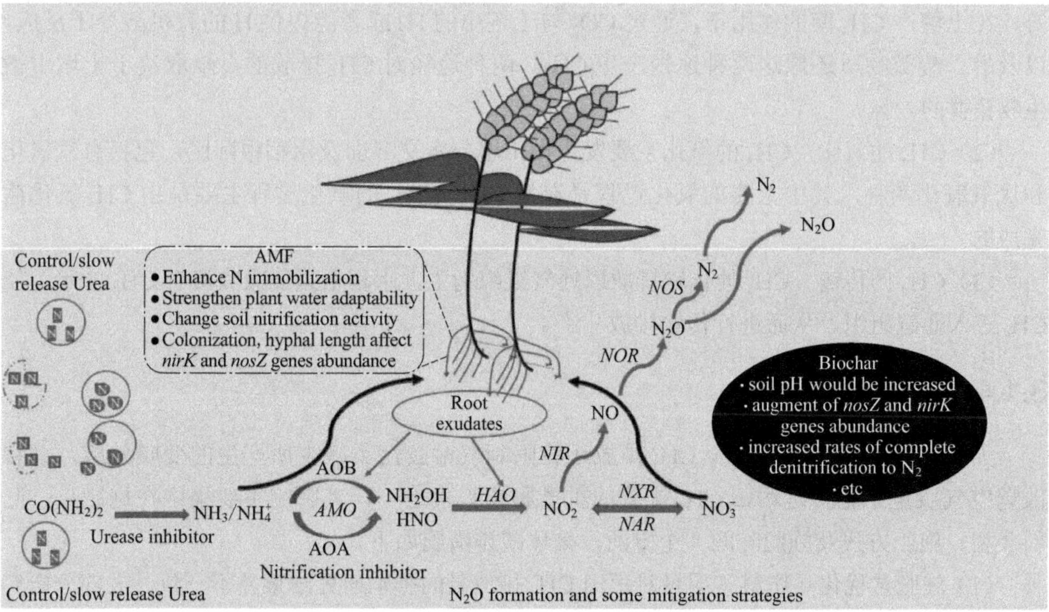

图 3-3　通过抑制剂、增效氮肥和生物炭减少 N_2O 排放的机制

（4）施肥时间优化　施肥时间与作物对养分的需求一致时，可有效提高氮肥利用效率，减少土壤 N_2O 排放量，因此，依据作物不同生长阶段需肥规律，分次施肥，提高作物吸收率，可减少 N_2O 排放[73, 74]。

3.1.4　甲烷（CH_4）排放

3.1.4.1　CH_4排放现状

CH_4 是全球第二大温室气体，在大气中可以存在大约10年，其百年全球增温潜势是 CO_2 的27.9倍，自2011年以来，大气中的浓度持续增加，到2019年达到了1866μg/kg的年平均水平[53]，而且在2020年新型冠状病毒疫情防控期间，大气中 CH_4 的浓度增长幅度高于过去10年的平均年增长速度[75]。根据世界气象组织的数据，约60%的 CH_4 排放来源于人类活动，其中，农业活动是人为 CH_4 排放的重要来源，其中，旱地的 CH_4 排放较低，可忽略不计，而水稻种植体系的贡献率则尤为突出。另外，CH_4 浓度呈现出夏秋季高于冬春季的特征，这主要是与夏秋季水稻种植有关，同时由于夏秋季土壤温度较高，产 CH_4 菌活性高，有利于 CH_4 的排放。稻田 CH_4 排放在时间和空间分布上都较稳定，与水稻相关的 CH_4 排放主要集中于中国东南地区，其中，南部地区主要集中在长江中下游、珠江三角洲及成都平原地区，北方则主要集中在东北和华北平原，与水稻种植区相对应，而且双季稻排放值高于单季稻[76, 77]。

3.1.4.2 稻田CH_4排放机理

稻田 CH_4 排放包括 3 个过程，分别是 CH_4 的产生、氧化及传输。

（1）CH_4 的产生　在厌氧条件下，土壤有机碳在微生物作用下分解为有机酸、醇、CO_2 等，在土壤产 CH_4 菌的作用下，通过 CO_2 与土壤中的 H_2 或者能提供 H 的有机酸分子反应，以及醇、酸类物质还原这两种途径产生 CH_4。两种途径对 CH_4 排放的贡献取决于土壤中微生物菌群的差异。

（2）CH_4 的氧化　CH_4 的氧化主要发生在土壤与水交界面及水稻根际区，包括有氧氧化和厌氧氧化两种，其中主要的氧化过程是有氧氧化。CH_4 的氧化过程主要是由 CH_4 氧化菌完成的。

（3）CH_4 的传输　CH_4 的传输排放以通气组织为主，水稻根系能吸收溶有 CH_4 的水，使 CH_4 进入通气组织，从而进行传输排放[78, 79]。

3.1.4.3 CH_4减排措施

大力、快速和持续地减少 CH_4 排放还将限制气溶胶污染减少所产生的变暖效应，并将改善空气质量。肥料是稻田 CH_4 排放的重要影响因素之一，其影响主要集中在施肥量、肥料类型、施肥方式及施肥时间 4 个方面，具体减排措施如下。

（1）施肥量优化　肥料施用量对稻田 CH_4 排放量的影响研究结果并不一致。大部分研究仍表明随着施 N 量的增加，CH_4 排放呈增加趋势[80, 81]，这可能是由于尿素促进水稻根系发育，增加根分泌物，从而为 CH_4 的产生提供条件，同时土壤排放的 CH_4 主要通过植株排放到大气中，尿素利于作物生长发育，从而提高作物传输 CH_4 的能力[82]。然而，石生伟等[83]对中国稻田 CH_4 排放数据进行整合，发现随着施 N 水平的增加，CH_4 排放通量逐渐降低，当氮肥投入量超过 250kg(N)/hm^2 时，CH_4 排放损失可降低 65%。原因可能是铵态氮肥的施用虽在前期表现为对 CH_4 的抑制作用，但高浓度 CH_4 和 NH_4^+ -N 促进了甲烷氧化菌的生长，随着时间的延长和 NH_4^+ -N 的消失，甲烷氧化菌会氧化更多的 CH_4，从而导致 CH_4 排放量减少[82]。

（2）肥料类型优化　与仅施用尿素相比，硫酸铵替代尿素、磷石膏和尿素结合均可显著降低稻田 CH_4 排放，分别减少 25% ～ 36%、72%[84]。

有机肥对稻田 CH_4 排放的影响也有不同结果。有研究表明，与无机肥料相比，有机肥（堆肥）能够缓解稻田 CH_4 排放[85]。然而，袁婧的研究结果表明施用有机肥后，稻田产 CH_4 菌群落结构发生变化，导致有机肥处理的 CH_4 排放速率和累积排放量均显著高于化肥处理和混施肥处理[86]。

生物炭对缓解农田 CH_4 排放效果显著。与仅施用化肥相比，生物炭与化肥结合显著减少 CH_4 排放 17.1% ～ 22.8%，但相较于生物炭全量替代化肥，两者结合显著增加 CH_4 排放 23.7% ～ 28.5%，生物炭减少了 CH_4 的生成，促进了 CH_4 的氧化，因此能降低 CH_4 排放[87]。Nan 等[88]认为生物炭的 CH_4 减排作用与土壤 NO_3^- -N 有关。另外，小粒径（0.5 ～ 2mm）的生物炭对缓解 CH_4 排放更有效，比大粒径（2 ～ 4mm）的生物炭减少排放约 8.47%[89]。其中，木质生物炭减排潜力最大，生物炭施用量保持在≤ 30t/hm^2 时能有效减排，同时保证作物产量[90]。

（3）施肥方式优化 尿素深施是缓解稻田 CH_4 排放的有效措施之一，研究表明，与尿素表施相比，尿素深施能显著降低稻田 36% ～ 39% 的 CH_4 排放[72]，而与尿素和猪粪结合施用相比，尿素深施能显著降低稻田 CH_4 排放 9%[91]。这一措施需要考虑实际的可行性，稻田基肥期进行深施较容易实现，追肥深施则较困难。

（4）施肥时间优化 水稻生长周期中 CH_4 排放峰处在分蘖期和扬花、灌浆、结实阶段，在两个排放峰期间施用抑制 CH_4 排放的肥料，可显著降低稻田 CH_4 损失；同时，在水稻淹水前施用有机肥，有利于肥料进行充分的好氧分解，达到稻田 CH_4 减排的目的[92]。

活性 N 和温室气体排放不仅会引起大气环境污染，加剧温室效应，而且会严重危害人体健康，因此，明确其排放特征并采取相应的控制措施至关重要。农田生态系统是活性 N 及温室气体的重要来源，尤其是氮肥的不合理施用会加剧大气活性 N 和温室气体的排放。目前已知的减排措施包括氮肥减量、类型优化、施用方式优化及施肥时间优化等。除此之外，活性 N 和温室气体还受土壤条件、灌水及气候等因素的影响，因此，未来对不同作物体系及不同环境条件下的综合减排措施还应进一步研究。

3.2 温室气体测定

气候变暖是全球变化的主要特征之一，导致冰川消融、海洋变暖、海平面上升等异常现象以及极端天气事件频发，如飓风、洪水、干旱及森林火灾等[93, 94]。大气中 CO_2、CH_4、NO_2 等温室气体迅速增加，是导致全球气候变化最重要的因素之一[93, 94]。CO_2 对全球变暖的贡献率为温室气体总效应的 56%；CH_4 的辐射增温效应是 CO_2 的 21 ～ 23 倍，对温室效应的贡献率约为 15%；N_2O 的增温效应是 CO_2 的 296 ～ 310 倍，对全球增温的贡献率为 7%[94]。温室气体排放的主要途径包括生态系统中土壤反硝化、有机质矿化、动植物呼吸等自然过程，以及化石燃料燃烧、废弃物处理、土地利用变化等人为过程[94, 95]，后者被认为是导致气候变化的主因。

工业革命至今，全球大气中温室气体浓度持续上升，CO_2、CH_4 和 N_2O 浓度分别比工业化前增加 41%、160% 和 20%[95, 96]，引发了严重的全球变暖效应。1951 ～ 2010 年间，温室气体导致全球平均地表温度增加 0.5 ～ 1.3℃，温室气体继续排放将导致全球进一步升温，预计 2016 ～ 2035 年的全球平均地表温度将比 1986 ～ 2005 年的升高 0.3 ～ 0.7℃，而 2081 ～ 2100 年将比其升高 0.3 ～ 4.8℃，温室气体浓度增加引起的全球升温已经成为全人类关注的重大环境问题[94, 97]。2018 年 10 月，IPCC 发布了《全球升温 1.5℃特别报告》，提出了为避免气候变化产生的一系列影响，应将全球变暖限制在 1.5℃，意味着 2030 年全球 CO_2 排放水平需要比 2010 年降低约 45%，2050 年左右需要通过去除空气中 CO_2 平衡剩余排放来达到碳中和[96]，这无疑对各国制定减排战略和实施相应的政策提出了较高要求。

土壤是温室气体的重要排放源[98, 99]，土壤温室气体的测定对准确评估大气温室气体源汇至关重要。但土壤吸收和排放温室气体的过程极其复杂，而且不同气体之间相互影响，加大了测量难度[100, 101]。自19世纪20年代至今，国内外许多学者采用不同方法对土壤温室气体进行了测量，常用的测量方法有箱法[102, 103]、微气象学法[104]、土壤浓度廓线法[105]、稳定同位素法[106]等。然而，由于不同观测方法科学着眼点的差异性及精度限制，测量结果有较大的不确定性[107]。因此，有研究对不同方法的检测结果进行了比较分析，例如，Hargreaves等[108]和Smith等[109]对空气动力学法、涡度相关法和箱法的土壤排放CO_2观测结果进行了比较，Mannaki等比较了逆扩散技术、通量梯度法和质量平衡法的CH_4检测结果，此外，还有较多研究比较了箱法和涡度相关法的观测结果[107, 110-112]。但大部分研究只侧重某一种或者两种观测方法，而且由于研究区气候条件、生态系统类型等不同，不同观测方法测量的结果有较大差异。

对各类测量方法进行客观的综合评价，选择和发展合适的方法对土壤温室气体进行准确测量，有助于科学准确地评估土壤温室气体的收支状况，从而为研究温室气体汇源机理、制定排放清单和采取减排措施提供依据[113]。本章系统地介绍了目前土壤温室气体测量常用的方法，对其原理、优缺点、适用性和不确定性等进行了综合分析，并对土壤温室气体测量方法与技术装备的发展进行了展望，以期为研究土壤温室气体排放时选择最佳测量方法，以及温室气体测量仪器的研制和优化提供参考。

箱法是最常用的一种土壤气体采集方法，将一定大小的箱子罩在被测土壤表面，阻止箱内外气体进行自由交换，通过测定箱内气样中温室气体的变化速率，计算得出目标气体的交换通量[101, 114]。箱法根据箱体是否透明可分为明箱法和暗箱法，根据是否密封又可分为密闭式静态箱法、密闭式动态箱法和开放式动态箱法，常见的对箱内气体的检测方法有碱吸收法、气相色谱法、红外气体分析法等。

3.2.1 静态箱法

静态箱法又被称为密闭箱法，用密封的箱子罩住观测土壤表面，箱内气体与外界无任何交换，每隔一段时间从箱内抽出一定量气体样品（图3-4[115]），输送到气体分析仪中进行检测，通过单位时间内各类温室气体浓度的变化得到其排放通量[116]。计算方法[117-119]如下：

$$F=\frac{M}{V_0}\times\frac{p}{p_0}\times\frac{T_0}{T}\times H\times\frac{\mathrm{d}c}{\mathrm{d}t} \tag{3-1}$$

式中，F为气体通量；M为目标气体的摩尔质量；p_0和T_0为理想气体在标准状态下的压强和气温；V_0为目标气体在标准状态下的摩尔体积；p和T为采样时箱内实际气压和气温；H为采样箱内气室高度；$\mathrm{d}c/\mathrm{d}t$为箱内目标气体的浓度变化斜率。

一般情况下，箱口面积越大，越能减少地表不均一性对测量结果的影响，但为了便于操作，箱口面积一般不超过$1m^2$[120, 121]，最小的有$150cm^2$[122]，最大的也有$64m^2$的巨型箱[123]。不同研究因研究目的、研究区生态系统特性以及对数据的要求不同，对箱体的设计各有差异，多数为方形结构，也有圆筒结构，直径或边长一般在20～100cm之间[122, 124, 125]，高度通常在15～100cm之间[126, 127]。王迎红[128]通过长期野外观测土壤温室气体的实验得出，农田生态系统宜使用65cm×65cm×90cm的中大型采样箱，草地生态系统宜采用40cm×40cm×25cm的中型采样箱，而大范围、短时间、临时采样宜使用 20cm×20cm×15cm 的小型采样箱。

箱体内经常会安装一个小风扇，取样前开启使气样混合均匀 [121]。为了避免取样量较大导致箱内气压下降，有研究者会在箱体上安装一个细长的不锈钢或者塑料管，作为通风管来维持箱内外压力平衡 [125, 126]，或者在箱顶内侧接一个压力调节袋 [127]。箱体上会有一个取样口，取样时打开，观测时密封，多数静态箱连接一根不锈钢或 PVC（聚氯乙烯）管到箱体中部来获取中部气样 [129]。此外，箱体一般设有钢框作基脚，埋入地表，精确固定测定点，基脚用水、土壤、PVC 软管或胶垫等与箱面密封吻合 [130]。

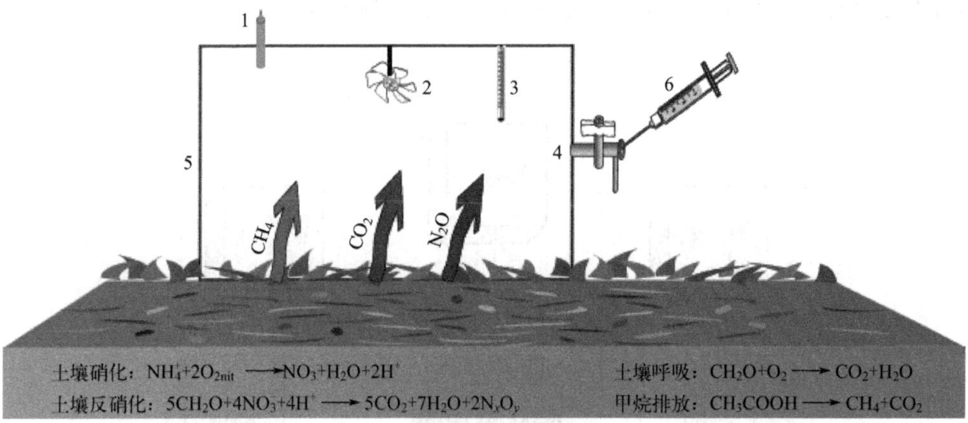

图 3-4 静态箱法示意图 [115]

1—通风管；2—风扇；3—温度计；4—取样口；5—箱体；6—取样器

静态箱法简单、经济、便捷，能同时分析 CO_2、CH_4 和 N_2O 等多种气体成分，精度相对较高 [103, 131]，被广泛应用于土壤温室气体的测定 [132-135]。同时，因为其便于携带、容易操作、有较强的机动性，可以进行多点观测，研究生态系统内部温室气体通量的空间变异性 [136]。但是静态箱法的缺点也很明显：不能连续观测，而且对被测表面形成干扰，导致气箱内温度、气压、湿度、光照强度以及气体的混合程度与箱外的自然状态不同，造成测量值失真 [137-139]。图 3-5 为静态箱法土壤温室气体不确定性因子示意图。

① 不同的天气条件和采样时段会带来箱体内外温差变化，造成测量结果的差异。

② 由透明玻璃制成的明箱受太阳辐射影响形成较大的箱体内外温差，而暗箱因为反射膜的作用，箱内温度变化较小 [137]。

③ 箱体大小影响静态箱气体采集，大箱体接受太阳辐射的面积更大，“温室效应”更强，箱内外温度差也变大 [114]。

④ 箱体和气袋材质影响观测结果。郝志鹏等研究发现复合膜气袋内壁会吸附温室气体，给观测结果带来误差 [140]，特制的 flask 硬质玻璃瓶对气样的储存效果更好 [113]。

⑤ 整个测量过程由人工完成，容易带来一定误差 [141]。例如，操作流程影响准确度，采样时开气泵之前先打开气袋，样品收集完毕关气袋之前先关气泵，避免抽入装置外的大气，对结果不确定性的影响最小 [113]。

⑥ 被测土壤中温室气体通量水平高低对观测结果产生不同影响。Nay 等 [142] 试验发现，

当土壤 CO_2 通量较低时，静态箱法的测量结果高于真实值；反之，当土壤 CO_2 通量较高时，测量结果低于真实值。

⑦ 气样储存环境及储存时间长短导致气体浓度漂移。储存时间超过 20d 就会产生浓度漂移 [140]，气袋内外气体浓度差越大，浓度变化越大 [113]。

⑧ 静态箱内气体浓度变化率的回归方法产生计算误差。线性模型因简单有效，成为最常用的计算土壤温室气体排放通量的方法 [132, 134, 143, 144]，但由于“箱式效应”的影响，线性模型（LR）会低估温室气体排放量 [145-148]。因此，研究者根据箱体内温室气体累积特点，开发了 HM[149]、Quad[122]、指数拟合（ER）[150] 等非线性模型算法，基于模型回归拟合的情况，可选择曲线或直线算法进行计算 [151-155]，并通过 TFU 等技术进行校正。

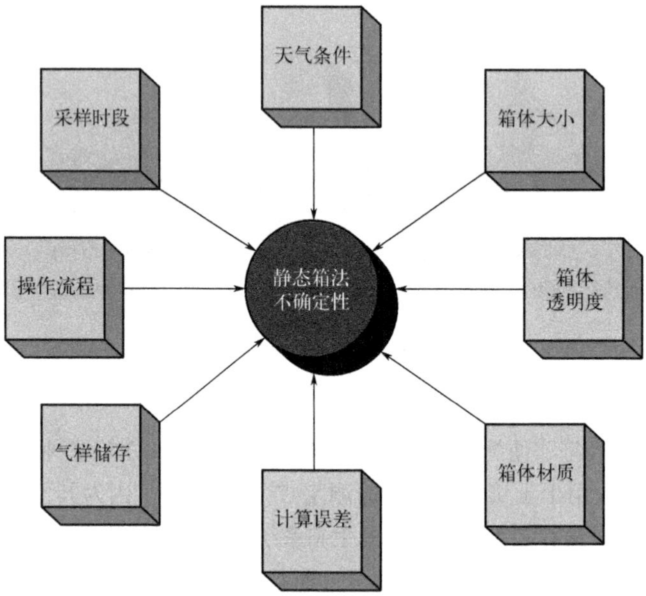

图 3-5 静态箱法土壤温室气体不确定性因子示意图 [115]

3.2.2 动态箱法

动态箱法又名开放箱法，使适当流量的空气平稳地通过箱子，保证箱内不产生明显对流，出口和入口处气体流量相等，根据出口和入口处空气中目标气体浓度差计算被测土壤表面目标气体的交换通量（图 3-6）。根据质量守恒定律，计算方法 [101] 如下：

$$F = Q\rho \frac{c_2 - c_1}{A} \tag{3-2}$$

式中，F 为气体通量；Q 为通过箱体的空气流量；ρ 为被测气体的密度；c_1 和 c_2 分别为入气口和出气口被测气体的浓度；A 为箱口面积。

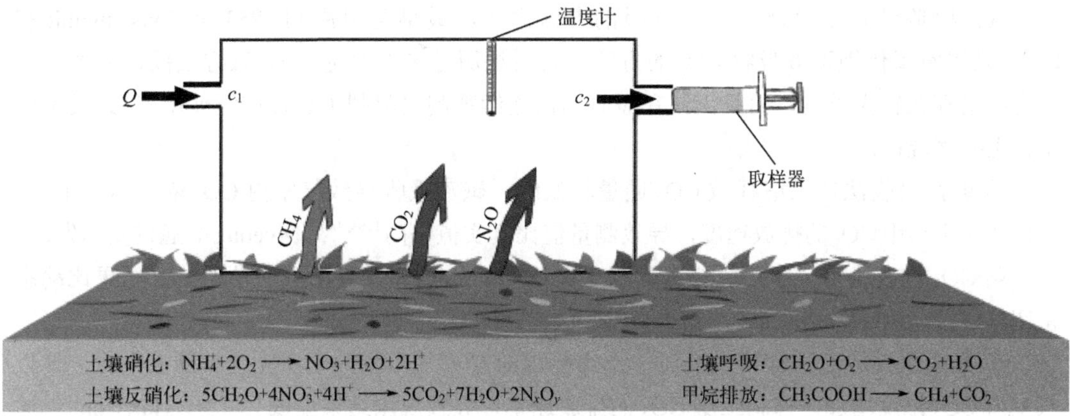

图 3-6 动态箱法示意图[115]

动态箱能保持被测区域的环境状况接近自然状态，对温室气体的测量结果更接近实际值[156]。20 世纪 70 年代，Denmead[157] 开始尝试用动态箱测量土壤温室气体排放，其后被一些学者用来与带氢焰离子检测器和电子捕获检测器的气相色谱仪结合使用，直接测量 CO_2、CH_4 和 N_2O 等温室气体[158, 159]。但由于动态箱法测量土壤温室气体时，需要严格控制箱内外贴地层空气状况的差异，避免气体因气压差从土壤流入或流出箱体而产生“泵效应”，对设计和操作的要求非常严苛，实际应用存在较多困难，目前使用情况相对较少[160]。其与静态箱的比较如表 3-1 所示。

表3-1 静态箱和动态箱的比较[115]

类型	下垫面扰动程度	误差	难度系数	应用
静态箱	较大	较大	较低	较多
动态箱	较小	较小	较高	较少

3.2.3 箱法 / 碱液吸收法

碱液吸收法（AA）是用一定量的碱液吸收一定面积内土壤在某时间段内释放的 CO_2，再通过稀酸中和滴定得出剩余碱量，总碱量与剩余碱量之差即为与 CO_2 反应消耗的碱量，根据消耗碱量可以计算出土壤释放 CO_2 的量。化学反应方程式为[156]：

$$2NaOH + CO_2 \longrightarrow Na_2CO_3 + H_2O \tag{3-3}$$

$$Na_2CO_3 + CO_2 + H_2O \longrightarrow 2NaHCO_3 \tag{3-4}$$

其计算公式[161] 如下：

$$F = \frac{(V_1 - V_2)NE}{TA} \tag{3-5}$$

式中，F 为土壤释放的 CO_2 通量；V_1 为中和对照处理碱液消耗酸的体积；V_2 为实验处理中和剩余碱液消耗酸的体积；N 为酸的浓度；E 为转换系数；T 为 CO_2 吸收的时间；A 为土壤面积。

碱液吸收法是最早测定土壤呼吸的方法之一，最早可追溯到1853年Boussingault和Lewy采用氢氧化钡溶液吸收CO_2的方法。其后经历过多次改进[162]。该方法操作简便，但测定结果存在较大误差，而且无法在短时间内连续观测也限制了它被广泛使用[163]。其不确定性主要表现在：

① 碱液吸收法在土壤释放CO_2通量较低时，碱液吸收导致气室内CO_2浓度迅速下降，进而加快土壤中CO_2的排放速度，导致测量值比真实值偏高[163, 164]。Myeong等通过实验发现，当土壤CO_2排放速率（以CO_2-C计）< 1.96g/（m^2·d）时，碱液吸收法的测量结果比动态密闭气室法（IRGA）高26%。

② 当土壤排放CO_2速率较高时，土壤释放的CO_2短时间内无法完全被碱液吸收，导致气室内CO_2浓度增加，抑制土壤CO_2的排放速率，导致观测结果偏低[165, 166]。Harrison[165]通过试验得出，当土壤CO_2排放速率> 5g/（m^2·d）时，碱液吸收法的观测值比真实值平均偏低40%。

③ 碱溶液吸收CO_2的过程中，表层饱和后CO_2向下层未饱和的溶液扩散的速度缓慢，导致随着时间的增加碱液对CO_2的吸收速率降低[167]。

3.2.4 箱法/气相色谱法

气相色谱法（GC）又被称为气相层析法，通过物理色散分离技术将各气体组分分离。分离原理是物质的相对运动使不同气体在固定相和流动相之间有不同的分配函数，气体样品通过分离柱时在两相间进行多次分配，分配系数相近的气体被分离出来。气相色谱法的测量流程主要分3步：分离柱根据不同气体的分离特征将气样中各气体成分分开，通过各成分在色谱柱中的保留时间来对其进行识别，最后用检测器检测各气体的浓度。常用的检测器有3种：热导检测器（TCD），可检测CO_2；火焰离子检测器（FID），用于检测CH_4；电子捕获检测器（ECD），用于检测N_2O。气体组分分离是气相色谱法的一个优势，使其更适合用于检测复杂的混合气体，具有较好的选择性以及较高的精度和灵敏度，在土壤温室气体的测量中被广泛使用[168-170]。

静态箱与气相色谱法结合使用，通过气相色谱仪定时分析静态箱采集的气样，根据气样中温室气体浓度随时间的变化计算土壤的温室气体排放速率，是最常用的土壤温室气体测量手段[169]。20世纪70年代末，电子捕获气相色谱仪（GC/ECD）出现，提高了温室气体的观测精度，但气体样品中温室气体浓度过低会导致气相色谱仪灵敏度低[168]。20世纪80年代，人们采用5A分子筛吸附或液氮浓缩N_2O等温室气体的方法，但人为误差很大[170]。90年代初，色谱技术得到改进，气相色谱仪的检测水平提高，其后多数土壤温室气体的测量都是通过静态箱采样，用实验用气相色谱仪进行测量。由于土壤温室气体排放随时间发生动态变化，不同取样时间和取样密度，以及气样的储存和运输等都会对结果产生影响[171, 172]。1994年，王跃思等发明了一套静态箱法和气相色谱法结合的温室气体连续自动检测系统[168]，由静态气体采集箱、电路、气路和色谱配置组成，可自动抽取田间静态箱中的空气样品，输送到改装的Varian 3400型气相色谱分析仪中，该色谱仪配置了氢火焰离子检测器（FID）和63Ni电子捕获检测器（ECD），可分别同步检测气样中的CH_4和N_2O，并在农田生态系统中投入使用[170]，其后又有很多学者对静态箱/气相色谱法做了改进。1997年，王跃思等[170]针对气相色谱仪运行过程中产生图谱基线漂移的难题，通过使用十通阀反吹、四通阀切换技术，在进样系统中安装水汽和CO_2吸收过滤器，色谱系统中使用两根Porapak Q填充柱，对Varian 3400型气相色谱仪进行了改进，消除了样品中残余水蒸气、O_2、CO_2及氯氟烃等对N_2O信号的干扰，解决了N_2O连续观测中图谱基线漂移的障碍。随后又基于改进的气相色谱仪，在此套系统的气路中配置了冷阱和Narfion Drier去除气样中的水蒸气，是排除其他气体干扰的前处理技术的较大改进，自动观测的N_2O结果与手动采样观测的相对误差为±3.0%[170]。2003年，Wang等[173]通过改进Agilent 4890D型气相色谱仪气路和阀驱动系统，实现了一台气相色谱仪同时测定土壤CO_2、CH_4和N_2O排放，提高了观测效率，经过测试响应因子和变异系数，结果显示改进后的色谱仪有较高的灵敏度和稳定性[174]。2011年，Wang等[175]用安捷伦micro GC 3000微型气相色谱仪改进一套基于氦气置换的静态箱/气相色谱仪法土壤温室气体观测系统[176]，改进后的系统比以前的气体置换时间更短，测量效率更高，可同时测定CO_2、N_2O和CH_4三种气体，易于携带且测量精度相对较高[177]。随着一系列的改进和发展，静态箱/气相色谱法在各类生态系统土壤温室气体测量中得到广泛使用[178-182]。

3.2.5 箱法/吸收光谱法

吸收光谱法是利用各类气体对光谱的不同吸收特征对温室气体浓度进行测量，主要有傅里叶变换红外光谱法（FTIR）、可调谐二极管激光吸收光谱技术（TDLAS）、非分散红外技术（NDIR）、差分光学吸收光谱技术（DOAS）、差分吸收激光雷达技术（DIAL）等。

（1）傅里叶变换红外光谱法　傅里叶变换红外光谱法（FTIR）的原理是绝大部分分子都会吸收红外线，每类分子只在特定频率吸收红外线，所以每个气体成分都具有独特的红外吸收光谱，样品中某一类气体浓度越大，对其特定频率上的红外线吸收越多。该方法通过干涉图谱傅里叶变换的方法获得被测气体红外吸收光谱，测量一般分两步：首先根据光谱的谱形和位置对不同成分的气体进行区分；然后根据光谱的强度分布计算各气体成分的浓度。傅里叶变换红外光谱法（FTIR）具有高的灵敏度、选择性和准确度，可以进行自动化实时测量，常与其他通量测量技术结合使用进行土壤温室气体的测量[183]。

（2）可调谐二极管激光吸收光谱技术　可调谐二极管激光吸收光谱技术（TDLAS）起源于20世纪60年代，原理是通过二极管激光器对波长进行扫描，得到被测温室气体的光谱吸收特性，进而对其进行定量分析[184, 185]。具有灵敏度高、选择性高、测量速度快等特点，通常要与长光程吸收池配套使用来对温室气体进行检测[186, 187]。刘瑾等根据CH_4的近红外光谱吸收特征，研制了一种光谱吸收型光纤甲烷气体传感器[188, 189]，通过调制分布反馈式半导体激光器（SFB LD）的光源实现对CH_4的二次谐波检测[190, 191]，具有很高的灵敏度，较强的防光路和电磁干扰的能力[192, 193]。TDLAS技术根据调制频率可分为波长调制技术（WMS）和频率调制技术（FMS）两种调制技术，WMS调制频率远小于气体的吸收频率，FMS的吸收频率大于或等于气体的吸收频率，虽然FMS测量气体的灵敏度高于WMS，但FSM对硬件有较高要求，价格较贵，WMS相对经济，可以提高检测频率，减少低频噪声，从而提高温室气体测量的灵敏度[194]，较多应用于土壤温室气体的测量中[195, 196]。

由于土壤中温室气体浓度很低，想要精准测量，就对测量仪器的精度和灵敏度等都提出了很高的要求。近年来，量子级联激光器（QCL）因其调谐范围宽、输出功率高、能在室温下工作等特点，日益成为理想的中红外光源[197, 198]，连续量子级联合激光器（CW-QCL）与 TDLAS 和 WMS 结合可以更有效地检测温室气体[199-201]。2006 年，Gagliardi 等[202]首次用 CW-QCL 结合 WMS 技术得到 CH_4 和 N_2O 同位素谐波谱线，对 N_2O 的检测限约为 $20×10^{-6}$，表现出了对温室气体高灵敏度检测的潜力。2011 年，Wang 等[203]通过 QCL 分别与直接吸收测量法和 WMS 技术结合，对 CO_2 的检测限分别为 $6×10^{-6}$ 和 $2×10^{-6}$，WMS 具有更高的灵敏度。2014 年，Ren 等[204]通过 CW-QCL 结合 WMS 实现了对 CH_4 和 N_2O 的同步测量，两种气体的检测限分别为 $5.9×10^{-9}$ 和 $2.6×10^{-9}$。同年，Tao 等[205]利用 2 个 CW-QCL 结合 3 个开放吸收池实现了对 CO_2、CO、CH_4、N_2O 和 NH_3 的同步测量，并结合 WMS 提高测量的灵敏度和精度。国内基于 CW-QCL 与 TDLAS 和 WMS 技术结合的方法测量温室气体的研究起步较晚且相对较少，其中较为突出的是魏敏等使用中心波长在 $1274cm^{-1}$ 附近波段的 CW-QCL，结合 TDLAS 技术和 WMS 技术建立了一个开放光路的温室气体探测系统，可以对 CH_4 和 N_2O 进行同步在线的高灵敏度观测[206]。

（3）动态密闭气室法　动态密闭气室法（IRGA）采用红外气体分析仪，根据不同浓度被测气体对红外波长的吸收特性来对温室气体浓度进行测定，常用的气体分析仪有非色散红外仪（NDIR）、傅里叶红外线光谱仪（FTIR）、可调谐半导体激光吸收光谱仪（TDLAS）等[207]。红外气体分析仪根据原理不同分为开路红外气体分析仪和闭路红外气体分析仪，前者通过单位时间气室内外温室气体浓度差来计算其排放速率，后者通过单位时间气室内温室气体浓度变化量来计算其排放速率[208, 209]。动态密闭气室法（IRGA）在测定土壤 CO_2 排放速率时，会受“气室效应”影响造成误差，主要表现为气泵抽走气室内温室气体时其释放会加速，而测量过程中气室内温室气体浓度增加会抑制其释放[210]。但动态密闭气室法（IRGA）弥补了静态箱 / 气相色谱分析法观测连续性和快速性的欠缺，更适合测定瞬时和固定时间的温室气体排放速率，随着红外气体分析法的迅速发展，其红外传感器精度越来越高[211]，逐渐成为主流的土壤温室气体观测方法[212]。代表性动态密闭气室法的产品有：1995 年，美国 LI-COR 公司研发了 LI-6400 开路式土壤呼吸测量系统，又于 2004 年在 LI-6400 气室的基础上研制了 LI-8100[213]，二者具有受土壤、天气等自然条件影响小，以及简单、便携、快速、精确等优点[214, 215]，但同时也存在成本高、对人工依赖度大、电池续航时间短等缺点[216]。

土壤碳、氮循环过程中释放的 CO_2、CH_4、氮氧化合物等气体的精确测量，对全球气候变化、土壤生态学、农田生态系统、土壤与植物营养等方面的研究具有极重要的理论与现实意义。本章系统地介绍了目前常用的土壤温室气体测量方法原理及特点，几乎每种方法都有其优势和局限性。箱法操作简单，目前有较为广泛的应用。但密闭静态箱对观测有一定的扰动，而且多种因素都会影响气体交换通量的测量，而所有涉及的微气象法对观测下垫面均有极严格的要求。从测量原理角度进行分析，土壤浓度廓线法可以获得真实的气体交换通量，但测量土壤剖面 CO_2 浓度时，都必须先破坏土壤基质，采样过程中也同样会存在压差问题。同位素法主要的局限性在于价格昂贵，难以广泛采用。由此可见，我们在选择测量方法的时候需要综合比较各方法的适用性、精度、灵敏度、可操作性和经济性等方面，结合研究目的、实验条件和对数据的要求等选择合适的方法。目前传统测量方法存在实验过程复杂、研究成本高、精度低、不可原位、参数有限等问题。从仪器的发展来看，未来土壤温室气体测量的仪器更注重与新技术的结合使用，例如连续量子级联合激光器（CW-QCL）与可调谐二极管激光吸收光谱技术（TDLAS）及波长调制技术（WMS）的结合，向着原位无损、长时间、全参数、高精度、便携式、一体化、自动化和远程操控等方向发展。系统实现对土壤碳、氮循环过程中释放的多种温室气体（CO_2、CH_4、N_xO 等）排放速率的实时测定，克服传统手段利用同位素、抑制剂等方法对土壤微环境造成的危害和误差，在不破坏土壤结构的前提下进行可重复、大时长的原位测定，并系统地增加了相关过程速率测量的准确性。同时，该设备采用一体化和便携式设计，具有易操作、过程简单、结果可靠、降低设备实验成本、实验过程易重复、便于批量获取数据等优点。

3.3 氨挥发排放

3.3.1 氨挥发机理

施用肥料后的直接排放是作物生产和农田土壤中 NH_3 排放的最主要来源。氨挥发排放发生在土壤表层（旱地）或水气界面（水田），其挥发速率取决于固、液、气三相之间 NH_4^+ 和 NH_3 的平衡状态，平衡如下：

$$NH_4^+\text{（代换性）} \rightleftharpoons NH_4^+\text{（液相）} \rightleftharpoons NH_3\text{（液相）} \rightleftharpoons NH_3\text{（气相）} \rightleftharpoons NH_3\text{（大气）}$$

旱地土壤中液相指土壤溶液，气相指土壤空气，氨挥发直接通过土面进行；水田中液相指田面水，气相指紧接田面水表面的空气。凡是能使上述平衡向右进行的因素（如风速、pH 和温度升高），都将促进氨挥发，反之则抑制氨挥发。

3.3.2 氨挥发的影响因素

农田氨挥发是一个受土壤性质、气象因素、农业管理措施等多重因素影响的过程，而且这些因素之间通常还存在着相互影响。

3.3.2.1 土壤性质

影响氨挥发的土壤性质主要有土壤 NH_4^+-N 含量、土壤 pH、$CaCO_3$ 含量、阳离子交换量（CEC）、土壤黏粒含量、土壤含水量等。

土壤中 NH_4^+ 作为氨挥发的物质来源，其浓度与氨挥发速率密切相关，尤其是土壤表层 NH_4^+-N 是农田氨挥发的直接来源。而且高 NH_4^+-N 浓度对硝化细菌有抑制作用，抑制硝化过程，从而抑制硝化作用与氨挥发竞争利用土壤溶液中的 NH_4^+，促进氨挥发。

随着土壤 pH 值升高，液相中 NH_3 在 NH_3 和 NH_4^+ 总量中所占的比例升高，增加氨挥发潜势。当 pH 值小于 7 时，NH_3 只占液相中 NH_3 和 NH_4^+ 总量的 1% 以下，氨挥发较少；当 pH 值大于 7 时，NH_3 的比例明显增加，氨挥发量也随之增加。土壤中 $CaCO_3$ 或其他缓冲物质可消耗氨挥发产生的H^+，使土壤pH保持稳定，使氨挥发持续进行，研究表明氨挥发随$CaCO_3$含量的增加而增加，但当$CaCO_3$含量超过10%时，氨挥发不再受其含量变化影响。

有研究表明，氨挥发随土壤阳离子交换量的增加而降低，其相关性大于土壤pH，CEC＞32cmol/kg的土壤氨挥发损失比CEC＜32cmol/kg的土壤低40%。土壤CEC对氨挥发的影响主要是由于高CEC的土壤对阳离子的吸附力较强，吸附态NH_4^+含量较高，降低土壤溶液中的NH_3浓度，从而抑制氨挥发。

土壤黏粒含量对氨挥发也有较大影响，其主要通过影响肥料入渗率和土壤CEC影响氨挥发，但目前研究显示这种影响仍存在较大的不确定性。如一项研究发现硫铵撒施于黏质土壤上氨挥发损失为35%，而粉砂壤土上氨挥发损失仅为4%；而另一项研究发现施肥于壤土的氨挥发比施肥于砂土的氨挥发小。造成这种不确定性的主要原因是土壤质地对肥料入渗率和土壤CEC的影响作用相反：土壤质地越黏重，肥料入渗率越低，增加肥料与空气接触从而促进氨挥发，同时土壤CEC也越高，增加NH_4^+的吸附固定而抑制氨挥发，反之亦然。但这是基于肥料施于土壤表面得出的结论，由于黏重的土壤CEC较高，可预测肥料深施或混施时黏粒含量高的土壤其氨挥发必然大幅降低，但鲜有相关研究报道。

土壤含水量也是影响氨挥发的一个重要因素。很多研究表明，施肥前土壤含水量高可促进氨挥发。研究发现施肥于湿土后氨挥发损失至少比施肥于干土高10%，这主要是由于高含水量降低了肥料向土壤的入渗量，更多的肥料暴露于空气中，降低了氨气从气土界面扩散的阻力，而且初始含水量较高可促进肥料溶解。有研究表明，强降雨后立即施肥的氨挥发高于施肥于干燥土壤。而施肥后降雨或灌水促进肥料向土壤下层入渗，同时水充满土壤孔隙，抑制氨气由土壤向大气扩散，会抑制氨挥发。但这一抑制作用只是暂时的，随着含水量降低，氨挥发会逐渐升高，这是由于高蒸发率促进溶解性铵随水流向土壤表层。

3.3.2.2 气象因素

研究表明，氨挥发主要受风速、气温、地温、光照、相对湿度、降雨等气象因素的影响，其中风速、气温、地温与光照是与氨挥发最直接相关的气象因素，也是最常被考虑的因素。

风速促进氨挥发是通过促进NH_3扩散，风把土壤表面挥发的NH_3吹走，降低了气土界面的NH_3分压，进而促进氨挥发。另外，风速也促进了水分蒸发，使下层土壤溶液中的NH_4^+随水分向上迁移，从而为氨挥发提供底物。风洞法监测草地施肥后氨挥发与风速显著相关，尤其是在施肥后前两天氨挥发速率最高时。但氨挥发速率与风速的这种关系同时也受其他因素的影响，如基于微气象法的研究发现肥料表施后第一天氨挥发与风速显著相关，但之后几天风速对氨挥发的影响降低；风速小于2.5m/s时氨挥发与风速显著相关，但风速由2.5m/s增加到4.0m/s时氨挥发没有显著增加。这主要是由于氨挥发底物的供应能力成为主要限制因素，当NH_4^+-N供应充足时，风速升高可促进氨挥发；当NH_4^+-N供应量成为限制因子时，风速升高对氨挥发的促进作用会大大降低。

温度升高可减少土壤胶体对NH_4^+的吸附，增加液相中NH_3/NH_4^+比值，降低NH_3的可溶性，从而增加NH_3的扩散。同一pH条件下在5～35℃范围内，温度每升高10℃，氨的比例约增加1倍。在玉米-小麦和水稻-小麦轮作体系中，玉米和水稻季氨挥发损失显著高于小麦季，这与玉米和水稻季平均气温比小麦季高 10 ～ 20℃ 有关。随温度升高，土壤深层的 NH_4^+ 易随土壤水分运动上升到表层土壤，从而增加氨挥发。有研究表明，土壤温度对氨挥发的影响高于气温对氨挥发的影响，是因为土壤温度可直接影响土壤中与氨挥发有关的生物化学过程。温度升高使脲酶活性提高，施入土壤中的尿素迅速水解，耕层土壤 NH_4^+ 含量迅速增加，为氨挥发过程提供了充足的底物条件。

光照对氨挥发的影响主要有以下三方面：其一，光照可促进水分蒸发，促进深层土壤溶液中的 NH_4^+ 随水分向上迁移，提高表层土壤的 NH_4^+ 含量，促进氨挥发；其二，光照可促进大气湍流，从而促进氨气扩散；其三，光照可提高土气或水气界面气温，间接促进氨挥发。相关研究显示，强光照下水稻田氨挥发损失率为40%，而多云条件下氨挥发损失率仅为9%。

研究表明，降雨可促进肥料向土壤下层迁移，增加 NH_4^+ 与土壤阳离子交换位点接触从而被固定的机会，降低土壤溶液 NH_4^+ 浓度、水分蒸散率、土壤温度，从而降低氨挥发损失，而且水充满土壤空隙可抑制氨气由土壤向大气扩散。也有研究指出，降雨时的低温影响也是抑制氨挥发的主要原因之一。同时，也需要注意降雨对氨挥发的影响与降雨时间有关，施肥前降雨会增加氨挥发损失，因为施肥前降雨提高了土壤含水量，会降低肥料向土壤的入渗，增加肥料与大气接触的机会，从而促进氨挥发。空气相对湿度也影响氨挥发，相对湿度增加可提高干土（8% 田间持水量）施肥后的氨挥发，但对湿土（50% ～ 100% 田间持水量）的氨挥发影响很小，这主要是由于空气湿度增加促进了干土尿素水解，而湿土上由于尿素水解不受限制，故相对湿度对其影响较小。

3.3.2.3 农业管理措施

影响农田氨挥发的农业管理措施主要有氮肥类型、施肥量、施肥方法、施肥时期、灌水量等。施肥量直接影响土壤中 NH_4^+ 的浓度，一般情况下施肥后的氨挥发都随施氮量增加而增加。不同氮肥类型的氨挥发损失差异明显，研究发现对冬小麦施氮 80 ～ 100kg/hm^2 时，尿素、磷酸二铵、硫酸铵和硝酸铵钙氨挥发损失分别为 25%、14%、＜ 5% 和＜ 2%。尿素的氨挥发损失较高主要是因为其水解为 NH_4^+ 的过程消耗 H^+，故尿素微域环境 pH 值升高，有研究指出尿素的水解可使肥料颗粒周围的 pH 值增加至 9.2。

施肥方式对氨挥发有显著影响，与表施相比，深施显著降低氨挥发，撒施后翻耕和沟施后覆土也可有效抑制氨挥发。随施肥深度增加，氨挥发损失量显著降低。黄土高原区域的研究结果显示，碳酸氢铵表施、深施 5cm 和深施 10cm 时氨挥发损失率分别为 79.5%、15.7% 和 5.8%。在旱地赤红壤上，尿素表施、深施 3cm 和深施 6cm 时氨挥发损失率分别为 12.27%、9.52% 和 0.18%。相比表施，深施显著降低氨挥发，这是由于肥料深施促进了 NH_4^+ 被土壤固定和作物吸收，同时降低了风速、光照等因素对氨挥发的促进作用。也有研究显示，尿素施用深度过低（5cm）时，无法有效抑制氨挥发排放，这可能是受土壤类型的影响。因此，有学者提出尿素至少深施至 7.5 ～ 10cm 才能显著降低氨挥发。

在作物养分需求量最大时施氮肥是降低氮肥损失、提高作物氮肥利用率的有效方法。研究表明、氮肥减量后移（即作物生长期内施氮总量降低，同时将大部分氮肥施于作物需肥旺盛时期）既提高作物产量，又大幅度降低氨挥发损失。这是因为作物生长旺盛时氮肥需求量大，吸收氮素的速度较快，使土壤中铵态氮含量迅速降低，从而减少了氨挥发损失。同样是尿素撒施，在水稻孕穗期施肥后的氨挥发低于分蘖期，这主要是因为水稻在孕穗期生长旺盛，养分吸收速度更快；同时，孕穗期的水稻植株更大，更有利于降低地面的风速、气温以及光照，从而降低氨挥发。选择不利于氨挥发的时刻（如一天中最冷的时刻，或即将降雨时）施肥也可降低氨挥发，但应避免在可造成大量径流的降雨前施肥。

灌水对氨挥发影响较大，这与降雨对氨挥发的影响原理一致，灌水降低氨挥发的效果与灌水量有关。研究表明，施用尿素后需灌水或降雨＞ 5mm 才能降低氨挥发，＞ 10mm 可以显著降低氨挥发，＞ 20 ～ 25mm 后氨挥发基本停止。但灌水量或降雨量过大时也会导致肥料随水淋失（渗漏 / 径流）并造成面源污染，只有适量的灌水或降雨才能在降低氨挥发损失的同时也不促进其他损失途径。与单施化肥相比，秸秆混施于土壤可显著降低氨挥发，是因为秸秆混施于土壤可降低土壤容重，增加土壤孔隙率，促进氮肥向土壤入渗，减少表层土壤中的铵氮。但也有研究提出免耕条件下的秸秆还田会促进氨挥发，这是因为免耕作业下秸秆覆盖在土壤表层，会阻碍氮肥向土壤下层运移。

需要特别指出的是农田氨挥发是一个受土壤性质、气象因素、农业管理措施等多重因素共同影响的过程，各因素对氨挥发的影响可能相互促进，也可能相互制约。不同施肥方式下气象因素对氨挥发的影响有一定差异，风速提高可促进肥料表施、混施的氨挥发，但对肥料深施时的氨挥发没有显著影响。作物的存在也可降低氨挥发，研究显示：玉米植株高度增加可显著降低氨挥发；草地施肥时草越高氨挥发量越低，但草的高度由 8cm 降为 4cm 对氨挥发的促进作用可被风速降低 2.5m/s 抵消。

3.3.3 氨挥发排放量与环境效应

我国 2005 ～ 2010 年间，由施肥引起的氨挥发排放达 3.55 ～ 5.05Tg（N）/a。同时，施肥引起的氨挥发有很大的空间变异性，集中于我国东部地区，尤其是华北平原和太湖地区，对应这些地区农业发达、施肥量大，其中山东、江苏、河南和河北的农田氨挥发分别占全国的 8.85%、8.55%、8.03% 和 7.61%；受农田播种、施肥及气温的影响，我国农田氨挥发的时间变异性也较大，82% 的氨挥发集中于温暖季节（4 ～ 9 月）。氨气是大气中含量仅次于 N_2 和 N_2O 的含氮化合物，也是最丰富的碱性气体，对生态系统与空气质量有很大的影响。NH_3 进入大气中易与 NO_3^-、SO_4^{2-} 反应生成 NH_4NO_3、$(NH_4)_2SO_4$、NH_4HSO_4，这是大气颗粒物（$PM_{2.5}$）和二次气溶胶的主要成分。大部分挥发的氨气会以 NH_3、NH_4^+ 的形态经干、湿沉降返回陆地或水体，据估计这部分氮沉降占到氨挥发总量的 76%。这种增加的氮沉降导致了全球生态系统的富营养化、酸化和生物多样性的丧失等问题。

3.3.4 稻田氨挥发

3.3.4.1 稻田生态系统氨挥发现状

水稻是世界上最重要的粮食作物之一，我国 60% 以上的人口以稻米为主食。氮素作为作物增产中最有效的养分，每施用 1kg N 可以生产 68kg 水稻，大大高于小麦（44kg）和玉米（49kg）。据调查，我国消耗的氮肥约有 25% 用于水稻生产，稻田单季氮肥用量平均为 180kg/hm^2，比世界平均用量高出约 75%。目前，我国部分高产稻田的氮肥用量为 270 ～ 300kg/hm^2，有的甚至达 350 ～ 450kg/hm^2。氮肥施用量与氨挥发量呈显著正相关，施氮量越大，氨挥发速率和氨挥发量就越高。

稻田生态系统氮肥损失中，氨挥发损失的氮量可占施氮量的 9% ～ 40%，是稻田氮素损失的主要途径之一。文献调研结果显示，我国各区域间稻田平均氨挥发损失量为 35.2kg（N）/hm^2，占氮肥施用量的 17.2%。稻田氨挥发损失量约为小麦和玉米的 2 倍，这主要是因为水稻种植与施肥的时间恰好是一年中温度较高的季节；同时，稻田土壤处于水分饱和状态，不利于肥料向土壤的下渗，增加水气界面或土气界面损失。由于氨挥发受温度影响较大，在我国不同稻区间氨挥发损失也存在显著差异，长江流域单季稻平均施氮量最大［219kg（N）/hm^2］，但氨挥发损失量［33.7kg（N）/hm^2］和损失率（15.1%）均比华南地区早稻（22.7%）和晚稻（35.2%）低。

稻田氨挥发主要发生在施肥后一周左右的时间内，施肥后田面水 NH_4^+-N 浓度急剧升高，在 1 ～ 3 天内达到峰值，这与氨挥发速率的峰值一致。研究显示，稻季氨挥发损失量与氮肥施用量呈幂指数关系上升。水稻生育期内氮肥施用次数一般为 3 次，即基肥、分蘖肥和穗肥。大部分研究显示：分蘖肥期间的氨挥发无论从总量上还是从比例上都最大，三次施肥的氨挥发损失量和损失率基本呈现基肥＞分蘖肥＞穗肥的规律或者分蘖肥＞基肥。这主要是由于在作物苗期植株弱小，吸氮能力弱，氨挥发损失较作物生长旺盛期大；在作物生长旺盛期，由于作物吸收肥料氮量大以及植株冠层的郁闭作用减少空气流动等因素，氨挥发损失较基肥期低。

3.3.4.2 减少稻田氨挥发损失的途径

氨挥发是稻田氮肥损失的一个主要途径，但同时稻田氮素还有其他损失途径。因此，为减少氨挥发损失而采取某种措施时，应当同时考虑到它是否可能促进另一种途径的损失。一般大田措施主要从以下几个方面进行。

（1）改进施肥技术　其原则是降低施肥后残留在田面水中的氮肥量。其中粒肥深施对减少氮肥损失，提高氮肥增产效果的作用已经得到了广泛的证明。相对氮肥表施，氮肥根施和根施下配施有机肥显著降低 74.8% ～ 92.9% 的 NH_3 挥发损失，其 NH_3 排放因子仅为 0.2% ～ 1.0%，显著低于表施处理的 7% ～ 12%。深施的主要作用在于，当铵态氮从土壤下层向表层扩散时，能被土壤阳离子交换复合体所吸附，使田面水 NH_4^+-N 含量和 pH 值在整个水稻生育期始终处于一个较低的水平，因此显著降低了 NH_3 挥发。在田面无水层存在时撒施氮肥，随即耙混，然后再灌水（即无水层混施），能将较多的氮肥混入土中，降低施肥后田面水中氨的浓度，因而有利于减少化肥氮的氨挥发。尿素作追肥时，也可采取“以水带氮”的深施技术，即在水稻移栽后的适当时期，使田面自然落干到水分不饱和状态，然后撒施尿素于土表，并随即浅灌薄水以使尿素进入土壤中。

（2）改进肥料的剂型　目前使用的有包膜肥料、控释肥料、缓释肥料等，它们主要是通过控制氮素释放速度，使土壤或田面水保持较低的氮素水平并长期供给作物吸收利用，从而减少氨损失和提高氮素利用率。目前控制尿素氨挥发的研究主要取得了以下进展：a. 采用包膜尿素降低尿素的溶解速率；b. 肥料中添加脲酶抑制剂等抑制尿素水解；c. 使用一些酸化剂降低土壤 pH。很多有机化合物和无机化合物也被证明能抑制脲酶活性以及控制氨挥发。但是由于昂贵的费用，这些研究很难转化成农业、商业上的应用。后来，流行的研究主要集中在通过使用一些低廉的添加剂来延缓氨挥发损失，这些添加剂通常是一些比较容易获得的自然矿物、工业副产品或农民用来作肥料的化学产品。

（3）添加脲酶抑制剂　尿素表施后经脲酶水解成碳酸氢铵后，极易产生氨挥发，因此脲酶活性是影响尿素氨挥发的一个重要因素。利用脲酶抑制剂可抑制脲酶活性，延长尿素的水解过程，增加尿素随水分运动渗入深层土壤的机会，从而减少氨挥发损失，同时由于省工，也不改变施肥方法，因此便于大面积推广使用。脲酶抑制剂大体上可分为天然和人工合成两大类，目前使用较多的属人工合成的有机化合物，如氢醌（HQ）、苄基磷二酰胺（PPD）、丁基硫代磷三酰胺（NBPT）、环己基磷酰三胺（CHPT）、硼酸和甲醛等。二胺、三胺类化合物的化学结构与尿素相似，可竞争性地抑制脲酶活性。氢醌可将脲酶中的巯基氧化成二硫桥，降低脲酶的活性。研究显示，NBPT 可以延缓尿素水解长达 10 ～ 20 天，比不加 NBPT 对照区的氨挥发损失要减少 42.5% ～ 55.1%。也有报道称 CHPT 作为脲酶抑制剂的效果比 NBPT 更好，可维持田面水中的 NH_4^+ -N 浓度在 $2g/m^3$ 以下达 11 天，比不加脲酶抑制剂的对照减少氨挥发损失高达 90%。

（4）添加表面分子膜　稻田喷洒的表面分子膜是一种特制的液体乳剂，多由高碳醇乳化后配制而成。研究表明，稻田喷施表面分子膜能显著抑制水面氨挥发，而且可逐渐自然降解，其降解成分还能为土壤微生物提供有机碳源，不会带来二次污染，是一种低成本且环境友好的减少氨挥发的方法。稻田表面分子膜减少氨挥发排放的原因是喷洒后在水面迅速扩散并形成一层紧密稳定的液态分子膜。一方面通过物理阻隔作用，形成物理屏障，减少氨挥发排放。另一方面通过抑制田间藻类等微生物的生长，降低了田间 pH。在聚乳酸（PLA）、卵磷脂和稻糠等界面阻隔材料的对比研究中，PLA 抑制氨挥发排放的效果最好，相比不使用表面分子膜的对照处理，可减少氨挥发排放 20%。表面分子膜主要作用于施肥后 1 ～ 5 天内和水稻生长后期阶段，而且对氨挥发的排放有一个延缓过程。研究显示，表面分子膜抑制氨挥发排放的效果在水稻生育中后期更佳，这一方面是因为在中后期植株遮挡了直射田面水的阳光，使界面阻隔材料的分解速率变慢，停留时间变长；另一方面水稻生长后期植株茂盛，对氮素的吸收同化能力强。

（5）稻田养萍　紫萍（浮萍科紫萍属）和红萍（满江红科满江红属）作为绿肥或生物肥具有替代部分化学氮肥的潜力，并且紫萍和红萍可与水稻同时生长于稻田，所以不需要额外的耕地进行增殖。紫萍具有很强的 NH_4^+ 吸收能力，红萍具有显著的固氮能力。研究显示，尿素表施结合稻田养萍可有效抑制稻季氨挥发，与当地常规尿素撒施处理相比，放养紫萍可减少 36% ～ 52% 的氨挥发损失。紫萍铺满田面水后形成的物理隔膜可阻止田面水里的 NH_3 向大气中挥发，加上紫萍生长迅速且能吸收田面水里的部分 NH_4^+，从而有效抑制了氨挥发损失。紫萍可耐受田面水里的高铵环境，前期生长过程中从田面水里吸收的氮，在中后期因凋落死亡而逐渐释放出来为作物所利用，从而起到氮素循环利用的作用，紫萍作为绿肥在不增加氮肥投入量的条件下，可实现水稻的氮素利用率和产量的增加。

（6）改进农业管理措施　除了上述几种减缓稻田氨挥发的方法以外，诸如平衡施肥、实时实地氮肥管理、筛选氮高效吸收品种、添加杀藻剂等方法也可有效地降低农田氨挥发损失。这些措施或通过改变稻田环境，使其向不利于氨挥发的方向偏移，或通过提高作物的氮素吸收能力，间接减少氨挥发损失。

需要指出的是，氨挥发损失是土壤性质、气象因素和农业管理措施等多因素共同作用的结果，即便同一块稻田，在不同年际间的氨挥发损失也存在一定差异。这些降低农田氨挥发损失的方法在实际应用时的效果也会受这些因素的共同影响，因此，在实际应用时，也需要综合考虑当地的土壤、气候和管理措施情况。

3.3.5 旱地氨挥发

3.3.5.1 旱地种植体系的氨挥发现状

旱地农业种植体系是我国的主要作物种植体系，第二次全国农业普查数据显示，我国旱地面积和水浇地（指有灌溉水源保证的耕地，无持水层，本书将水浇地归为旱地农业种植体系）面积分别为55.1%和18.9%，有持水层的水田仅占26%。我国旱地农业种植过程中产生的氨挥发量占农田氨挥发总量的70%以上。旱地种植体系中种植面积最大的作物种类有小麦、玉米、蔬菜等。在小麦和玉米种植体系中，使用的大部分肥料为化肥，蔬菜中有机肥的比例占到20%～30%左右，多年生的果树有机肥比例占到50%左右。

文献调研结果显示，我国麦田平均氨挥发损失量为12kg（N）/hm^2，占氮肥施用量的12.5%。南方冬小麦氨挥发损失量为13.1kg（N）/hm^2，比北方冬小麦高出11%，氨挥发损失率为9.2%，比北方冬小麦高23%。虽然南方冬小麦氨挥发损失量较高，但施氮量却比北方冬小麦低12%，这也是因为南方冬小麦生育期温度较高。玉米田平均氨挥发损失量为14.6kg（N）/hm^2，占氮肥施用量的8.2%，其中华北地区夏玉米田（8.5%）的氨挥发损失率显著高于东北春玉米（5.1%）。

不同区域玉米农田土壤氨挥发的排放强度也是不同的，但各个区域的氨挥发损失量与施氮量都存在线性相关关系。南方地区玉米田平均氨挥发损失量最高［28.22kg（N）/hm^2］，平均损失率为14.9%；华北地区平均氨挥发损失量为26.18kg（N）/hm^2，平均相对损失率为11.2%，而西北地区平均氨挥发损失量最低［16.47kg（N）/hm^2］，平均相对损失率也最低（6.46%）。

由于蔬菜种类繁多、肥料需求不同、种植制度和方式也差别较大，因此蔬菜田的氨挥发排放有一定的复杂性。研究结果显示：在露地大白菜地上，施用化肥氮的氨挥发损失占施氮量的0.97%～17.1%；上海青撒施基肥和撒施追肥的氨挥发损失率为23.6%和21.3%；生菜穴施基肥和撒施追肥的氨挥发损失率分别为17.6%和24.0%；设施黄瓜生长季土壤氨挥发损失量为16.7～26.6kg（N）/hm^2；韭菜田氨挥发损失量占施氮量的32%；设施番茄和芹菜轮作，常规施肥下番茄季和芹菜季氨挥发损失量分别为23.4kg（N）/hm^{2}和7.2kg（N）/hm^2。

旱地氨挥发的持续时间一般较水田更长，冬小麦施肥后的氨挥发持续时间一般为10～15天，夏玉米一般为10～12天，氨挥发峰值一般出现在施肥后第2～4天，之后逐渐降低。虽然旱地氨挥发持续时间长，但氨挥发损失率一般比水田低，一方面是因为旱地土壤可以吸附尿素水解产生的部分NH_4^+，这在一定程度上抑制了NH_4^+向NH_3的转化；另一方面，旱地土壤通气性好，硝化作用更强烈，能促进NH_4^+向NO_3^-转化，降低NH_4^+浓度的同时还释放H^+，最终导致旱地土壤氨挥发损失率小于水田。

3.3.5.2 减少旱地种植体系氨挥发损失的途径

（1）采用缓控释肥　速效性氮肥是目前农业生产中施用量最大的氮肥品种，因肥料本身存在易分解、易挥发的特性，故氮肥损失较大，而且不能很好地根据作物养分需求规律提供氮素营养。缓控释肥料是通过包膜、添加化学物质和结合缓释材料延长肥料的养分释放时间，使之与作物养分需求规律更好地匹配的一类新型肥料品种。试验显示，小麦基肥施用缓控释尿素处理的氨挥发损失量、损失率及时段氨挥发通量均显著低于普通尿素处理，而且随氮素施用量的减少而降低，与普通尿素处理相比，常量控释尿素处理可减少氨挥发损失50.27%，控释尿素配合减量10%～30%可减少氨挥发损失52.25%～57.35%。在菜地氨挥发控制的研究中，硫包衣尿素相比普通尿素可削减氨挥发达60%以上。

（2）有机无机配施　有机肥与无机肥配施，既能使作物高产，又能培肥地力，降低农田氮素损失。研究表明，在施氮量180kg/hm^{2}的条件下，冬小麦田的氨挥发损失量可达13.09～52.84kg/hm^2，最高约为施氮量的30%。而有机肥、无机肥配施能有效降低氨挥发损失，损失量较全部施用尿素降低13.02kg/hm^2。设施芹菜和番茄采用有机无机配施和氮肥减量措施可显著降低土壤氨挥发损失量，芹菜季和番茄季土壤氨挥发损失量较习惯施肥处理分别降低50%和47.9%。在包菜和小青菜上，将氮肥用量的25%替换为有机肥可降低23.4%和41.6%的氨挥发量。有机肥中的氮素以有机氮的形式存在，有机氮转化为NH_4^+-N的矿化过程要比尿素水解过程慢得多，因此采用有机无机配施措施可降低土壤中的NH_4^+-N含量。同时，有机肥中的有机质在分解过程中释放大量有机酸，在一定程度上抑制了尿素水解过程中土壤酸碱度的升高，从而降低了土壤氨挥发。

（3）肥料深施　化肥深施被认为是增加产量、减少氨挥发的有效途径。既可以减轻化肥损失对环境的污染，又可以减缓土壤退化过程，有利于农业的可持续发展战略。研究显示：旱地尿素表施的氨挥发损失率高于5cm深施，10cm深施的氨挥发损失率远远低于表施和5cm深施，20cm深施几乎检测不到氨挥发损失。酸性粉砂壤土上的研究结果表明：尿素条状表施时氨挥发损失率为50%，每深施1cm可在此基础上减少7%的氨挥发损失率，当施肥深度大于7.5cm时氨挥发损失可忽略不计。氮肥深施后既增加了土壤颗粒对NH_4^+-N的吸附，又可阻碍NH_3（液相和气相）向上扩散，从而减少氨挥发损失。

（4）以水带氮和水肥一体化　灌溉对农田氨挥发的影响通常是与氮肥结合实现的，合理的水肥管理对减小NH_3排放非常重要。通常认为施肥后立刻灌溉会抑制氨挥发，因为较多的灌溉水会将表层尿素带入深层土壤，增加了土壤胶体对NH_4^+的吸附能力，但过量灌溉可能会增加氮素淋溶风险。因此，要结合区域实际情况，选择合适的灌溉量和灌溉时间，减少氨挥发的同时避免氮素淋溶损失。同时，也需要注意的是，土壤含水量的高低会影响土壤中尿素的水解作用，当含水量很低时，尿素的水解作用进行得很慢甚至不发生水解，因此氨挥发速率也会很低；当土壤含水量较高或者空气湿度较大时，会促进尿素在土壤中水解生成氨气，从而使氨挥发速率增加，因此，在旱地施肥后进行极少量的灌溉，也有可能会增加土壤氨挥发量。研究显示，受土壤性质的影响，能够有效降低氨挥发的灌水量一般在 5 ～ 75mm 范围内。

水肥一体化技术是一种将灌溉和施肥融为一体的技术，一般是将可溶性固体或液体肥料与灌溉水均匀混合后，采用滴灌的形式进行灌溉。滴灌能较为精准地将肥水施入作物根区，有效降低土壤水分和养分的深层渗漏，相比常规的肥料撒施可显著降低水、肥用量，提高水、肥利用效率。西北较为干旱的地区采用水肥一体化方式种植大田作物，氨挥发损失率仅为 0.20% ～ 3.52%。在长江下游地区设施菜地采用的水肥一体化技术，相同氮肥用量条件下，滴灌施肥比常规肥料撒施提高了 71% 的氮肥利用率，全生育期氨挥发累积量减少了 91.76%。

水肥一体化方式下，肥料直接随水进入土体并下渗，而且肥料溶液施用完毕后一般会继续用清水滴灌半小时冲洗管道。因此，水肥一体化滴灌时，要适当控制灌溉量，采用少量多次的灌溉方式，尽可能减少淋溶损失。

3.4　氨挥发测定

农田氨挥发的测定方法可分为直接法和间接法。直接法就是基于某一特定理论，结合氨气采集和相应的测定技术直接测定氨挥发量。间接法主要指土壤平衡法，该方法基于质量守恒定律，由施肥量与作物吸收量、土壤残留量、淋失量、反硝化损失量的差值估算氨挥发量；间接法需要测定的项目多，误差较大，也很少有研究采用这种方法。

目前，对农田氨挥发进行直接测定的方法主要有 3 类：气室法、风洞法和微气象学法。

气室法原理简单，成本低，移动性好，在田间可多点同时测定，是大田试验中最常用的方法。但气室法也有明显的缺点：遮蔽环境改变了农田的自然状态，测定的氨挥发不是田间实际氨挥发；农田氨挥发空间变异性较大，而气室的取样面积小，通常需要较多的重复同时测定以使测定值有代表性。根据氨挥发测定期间装置内外是否有气体交换，可将气室法分为通气和不通气两种类型：不通气类型的装置完全密封，依靠氨气的浓度差进行扩散运动，因此测定的氨挥发量显著低于其他方法，在研究中已很少采用；通气类型是对装置内空气进行交换，对交换空气中的氨进行测定。进行空气交换时，又分为主动交换和被动交换两种，分别对应密闭室间歇抽气法和通气式海绵吸收法。

风洞法是在通气室法基础上发展起来的，但风洞法更复杂，其装置包括测定箱、采样系统和控制系统，测定箱（也称风洞）包括顺序连接的进气箱、试验箱、采样箱、出气口。风洞法可以调节风洞内风速，能使箱体内气象条件、土壤条件及生物状况类似于外界条件，因此测量结果更有代表性，而且风洞能实现24h连续监测，其测定结果已得到国内外的广泛认可。但是风洞法也有其不足之处：比如，风洞法不能模拟静风条件和降水条件，当风速低于0.3m/s时，误差较大，同时，其使用和维护需要较高的技术和成本，不便做多处理的对比试验，限制了其广泛使用。

微气象学法是国际公认的监测大面积农田氨排放的标准方法，主要用于定量监测大面积区域的氨挥发。该方法可测定农田生态系统冠层以上向大气的实际氨排放量，它克服了气室法和风洞法的一些缺点：微气象学法在农田上方空气中直接采样，不改变自然环境，因此不干涉挥发过程；一般有较大的测定面积，因此比气室法更有空间代表性。但微气象学法一般需要较大且地势平坦的试验区，在试验区中心处至少放置5个高度的迎风采样器，迎风采样器的安装须对风向变动敏感，试验开始前须反复调试其支撑点位置，使其对风向的变动反应灵敏，因此，其对试验区和采样设备的要求较高，难以应用于多处理的对比试验，限制了微气象法的应用。目前测定农田氨挥发的微气象方法主要有质量平衡法、梯度扩散法、涡度相关法等，其中质量平衡法是最成熟，也是最常应用的方法。

传统的氨样品采集都是采用酸溶液等吸收农田挥发出来的氨，然后在实验室中提取，采用常规化学分析方法如分光光度法等，测试氨浓度并计算氨挥发量，这是一个复杂且耗时的过程。随着现代光谱技术的发展，逐渐出现了可直接对气体浓度进行连续监测的方法，如大气中氨的监测方法主要有气相色谱法、激光诱导荧光法、化学离子化质谱法等。可调谐二极管激光吸收光谱技术是利用二极管激光窄线宽及快速频率调谐特性的一种具有高灵敏度、高分辨率、快速响应特点的痕量气体监测方法，通过监测吸收分子的一条孤立振转吸收线，得到被测气体的吸收信息，由测量获得的线形、线宽和强度计算出气体分子的吸收截面，进而反演气体的浓度。通过与长光程技术相结合，能够实现10^{-9}级的气体监测灵敏度。特别在开放光路气体测量时，由于不存在池壁吸收或损耗等问题，因此特别适宜于痕量气体瞬时波动的连续在线监测，也是近年来氨气在线连续监测技术的研究热点。

下面对农田氨挥发直接测定法中的常用方法进行详细介绍。

3.4.1 密闭室间歇抽气法

3.4.1.1 原理与适用范围

通过箱体将待测区域与外界隔离，利用空气置换密闭区域内的氨，挥发出来的氨随抽气气流进入吸收瓶，被瓶中氨吸收液吸收，通过酸碱滴定或分光光度法测定溶液中氨浓度，估算密闭室内挥发的氨量。该方法适用于观测区面积较小的农田或田间小区试验的氨挥发测定。

3.4.1.2 测定方法

① 装置结构　整套装置包含换气杆（PVC管，地面以上部分长度2.5m，内径20mm）、波纹管（聚乙烯，内径20mm）、空气交换室（有机玻璃，直径20cm，高20cm，底部开放，顶部有2个通气孔）、吸收瓶（玻璃，容量250mL，瓶塞中包含一长一短两个L型通气管）、微型真空泵（抽气速度为60～240L/min）、流量计（测量范围0～240L/min）、缓冲瓶（玻

璃，容量 5L）、调节阀及连接各部件的橡胶软管（内径 6mm，长度根据各部件摆放位置尽量缩短）。换气杆通过波纹管与空气交换室顶部通气孔连接，空气交换室顶部另一个通气孔通过橡胶软管与吸收瓶中较长的 L 型通气管连接，吸收瓶中较短的 L 型通气管通过橡胶软管与调节阀连接，调节阀、流量计、缓冲瓶和微型真空泵通过橡胶软管串联，见图 3-7。

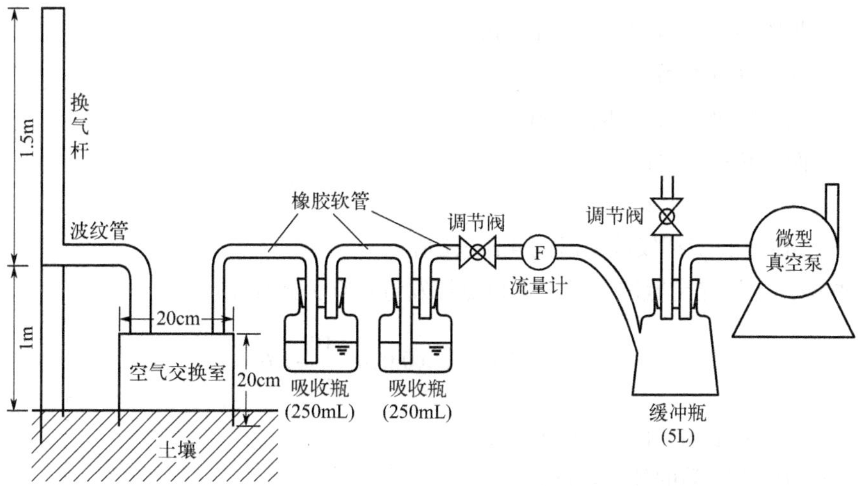

图 3-7 密闭室间歇抽气法氨气采样装置

② 装置工作原理 外界空气从换气杆顶部进入，通过波纹管到达空气交换室，带动交换室内挥发的氨进入洗气瓶，通过洗气瓶中的吸收液将氨吸收，进而通过测定吸收液中氨的总量计算田间氨挥发量。通过该装置采集样品时，将各部件依次连接，把空气交换室放置于待测区域，空气交换室底部插入土壤 2cm，将氨吸收液注入洗气瓶，使液面没过洗气瓶中较长的通气管口 1cm，开启微型真空泵，控制调节阀保持空气交换室内空气交换速率为 15 ～ 20 次 /min，抽气结束后测定吸收液中氨的总量。

③ 样品采集与测定 采用分光光度法测定氨吸收液时，每次采样前将 60mL 0.05mol/L 的稀硫酸溶液加入吸收瓶，采样结束后测定吸收液中的氨浓度。测定方法参照 GB/T 18204.2 中的靛酚蓝分光光度法或 HJ 666 中流动注射-水杨酸分光光度法执行；采用酸碱滴定法测定氨吸收液时，每次采样前将 80mL 2% 硼酸 + 甲基红-溴甲酚绿混合指示剂溶液加入吸收瓶，采样结束后使用 0.01mol/L 硫酸标准溶液滴定吸收液中的氨含量。采样时间为每日的 7：00 ～ 9：00 和 15：00 ～ 17：00，共 4h。

④ 回收率测定 在 4 套蒸发皿中分别加入已知氨量的硫酸铵溶液作为氨挥发源，放入氨挥发采样装置内，并迅速加入 0.1mol/L 的 NaOH 溶液将 pH 值调至 9 以上；参照前述测定步骤对氨挥发进行采样测定；通气结束时，迅速在蒸发皿中加入 0.2mol/L 的 H_2SO_4 溶液将 pH 值调至 4 以下，并测定蒸发皿中残留的氨量。通过已知硫酸铵溶液中的氨量减去蒸发皿中残留氨量计算理论氨挥发量，与测得的氨挥发量进行比对计算回收率，评价测试方法的重复性和准确度。

3.4.1.3 通量计算

采用分光光度法测定氨浓度时，每日氨挥发量计算公式如下：

$$F = C \times 10^{-6} \times 60 \times \frac{10^4}{\pi r^2} \times 6$$

式中 F——氨挥发通量，kg/（$hm^2 \cdot d$）；

C——吸收液铵态氮的浓度，mg/mL；

10^{-6}——质量转换系数；

60——稀硫酸吸收液的体积，mL；

10^4——面积转换系数；

r——气室的半径，m；

6——24h 与日氨挥发收集时间 4h 的比值。

采用酸碱滴定法测定氨浓度时，每日氨挥发量计算公式如下：

$$F = V \times 10^{-3} \times C \times 0.014 \times \frac{10^4}{\pi r^2} \times 6$$

式中 F——氨挥发通量，kg/（$hm^2 \cdot d$）；

V——滴定用硫酸的体积，mL；

10^{-3}——体积转换系数；

C——滴定用硫酸的标定浓度，mol/L；

0.014——氮原子的摩尔质量，kg/mol；

10^4——面积转换系数；

r——气室的半径，m；

6——24h 与日氨挥发收集时间 4h 的比值。

3.4.2 通气式海绵吸收法

3.4.2.1 原理与适用范围

用通气式氨气捕获装置将土壤罩住，利用装置内放置的可吸收氨气的海绵吸收土壤挥发出的氨气，通过对海绵内氨含量进行测定，估算土壤的氨挥发量。该方法的适用范围与密闭室间歇抽气法相同，并可用于无电力供给的地区。

3.4.2.2 测定方法

① 装置结构 整套装置包含圆柱形气室（高 20cm，内径 15cm，材质可为聚氯乙烯或聚甲基丙烯酸甲酯）；圆片形海绵（2 块，直径略大于桶内径，厚度 2cm），测定前将海绵灌注磷酸甘油混合液；圆柱形支柱（4 根，长 15cm，直径 0.5cm，材质可为竹木纤维或不锈钢，黏附在气室外壁上，顶部延伸出 5cm）；吸盘（4 个，底部与圆柱形支柱连接，吸盘吸附在

遮雨板底面)；圆盘形遮雨板（直径 30cm，边缘下挂 3cm，材质可为聚氯乙烯或聚甲基丙烯酸甲酯）。其装置示意图见图 3-8。

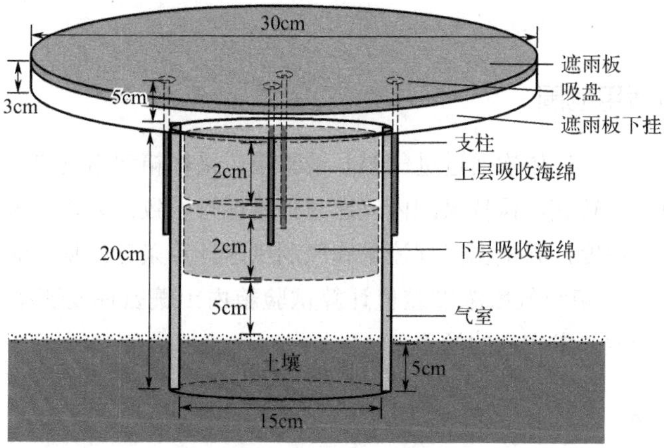

图 3-8 通气式氨气捕获装置示意图

② 装置工作原理 利用经酸液浸润的海绵吸收土壤挥发的氨，用 KCl 溶液洗脱海绵吸收到的氨，以分光光度法测定洗脱液中的氨浓度，计算田间氨挥发量。

③ 样品采集与测定 在田间捕获挥发的氨时，将圆柱形气室垂直插入土壤，插入深度为 5cm。分别将两块厚度均为 2cm、直径为 15.5 ～ 16.0cm 的海绵均匀浸以 15mL 磷酸甘油溶液（50mL 磷酸加 40mL 丙三醇，定容至 1000mL），置于气室中。下层的海绵距管底大于 5cm，用于捕获土壤挥发的氨；上层的海绵与管顶部相平，用于消除外界空气中的氨对下层吸收海绵的干扰。采样时，将气室下层的海绵取出，迅速装入密实袋中密封，同时换上另一块刚浸过磷酸甘油溶液的海绵；将换下的海绵带回实验室，分别放入 500mL 塑料瓶中，加 1mol/L 的 KCl 溶液 300mL，使海绵完全浸入其中，振荡 1h，测定浸提液中的铵态氮含量。浸提液中氨浓度的测定参照 GB/T 18204.2 中靛酚蓝分光光度法或 HJ 666 中流动注射-水杨酸分光光度法。

④ 回收率测定 同密闭室间歇抽气法。

3.4.2.3 通量计算

氨挥发量计算公式如下：

$$F = \frac{CV \times 10^{-6} \times 10^{4}}{\pi r^{2} D_{i}}$$

式中 F——氨挥发通量，kg/（hm^2·d）；

C——洗脱液中铵态氮的浓度，mg/mL；

V——洗脱液总体积，mL；

10^{-6}——质量转换系数；

10^{4}——面积转换系数；

r——气室的半径，m；

D_i——第 i 次取样时装置实际累积吸收氨的时间，d。

3.4.3 风洞法

3.4.3.1 原理与适用范围

在风扇的驱动下，气流依次通过进气箱、试验箱、采样箱和出气口。基于测定的箱内外风速，控制出气口风扇转速，保持风洞内风速与外界保持一致。采样系统分别从进气箱、采样箱抽气测定空气氨浓度，并根据采样流量和风洞风速计算采气体积占流过风洞气体体积的比例，以采样箱、进气箱空气氨浓度差值计算试验箱内土壤氨挥发速率。该方法投入成本高，适用于对监测精度要求较高的场景。

3.4.3.2 测定方法

① 装置结构　整套采样装置由进气口、试验区、混合区、出气口组成。进气口入口处叠放直径 3cm、长 20cm 的 PVC 管，进气口内装有风速仪，用来测定风洞内流速。在进气箱两侧各有 2 个采样孔，4 个采样孔用三通连接到一条直径为 2mm 的聚四氟乙烯管上，通向室内洗气瓶收集氨。试验区由透明有机玻璃制成，并带有可开启的盖子。流经试验区的气流经过混合区后被充分混匀收集。出气口装有可调速风扇，用于调节风洞内的风速，使之在固定风速下工作或与外界风速相一致（图 3-9）。

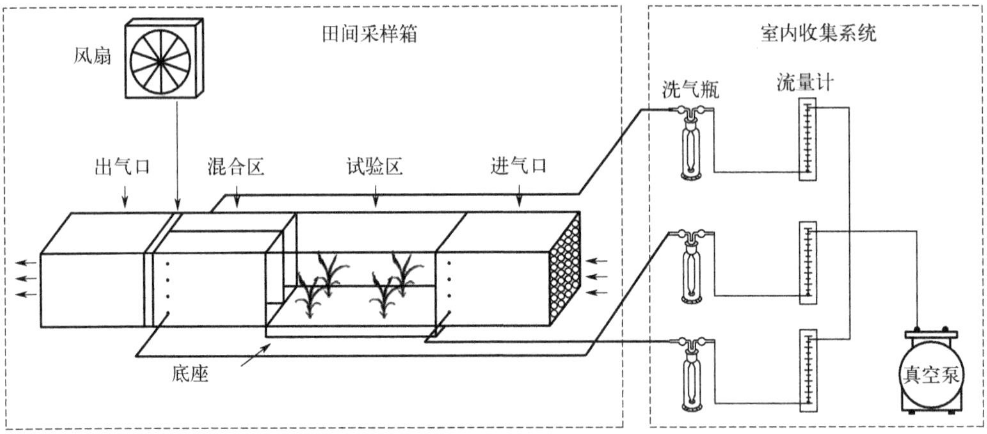

图 3-9　风洞法氨气采样装置

② 装置工作原理　整套装置通过出气口的风扇调节气流速度，使风洞内外风速保持一致。气流通过进气口密布的 PVC 管时，气流中的大涡旋被分割为小涡旋，同时将气流引直，保证了风洞的进气口处气流平稳、均匀。对进气口和混合区样品进行测试，以采样箱、进气箱空气氨浓度差值计算试验区内土壤氨挥发速率。

③ 样品采集与测定　调试采样装置，使风洞内外风速保持一致。每天在固定时间更换并采集气体收集瓶中的稀硫酸（150mL 0.025mol/L 稀硫酸溶液），并对吸收液中的氨浓度进行测定。测定方法参照 GB/T 18204.2 中的靛酚蓝分光光度法或 HJ 666 中流动注射-水杨酸分光光度法执行。

④ 回收率测定　同密闭室间歇抽气法。

3.4.3.3　通量计算

流经风洞、进出气口氨的总质量计算式为：

$$M = CVN$$

$$N = vta/(ft)$$

式中　M——流经风洞进、出气口氨的总质量，mg；

C——某一时间段进、出气口采集到的吸收液中氨氮浓度，mg/L；

V——吸收液的体积，L；

N——流经风洞气体体积除以抽气体积所得的倍数；

v——风洞内风速，m/s；

t——测定时间，s；

a——风洞进气口截面积，m^2；

f——抽气总流量，m^3/s。

若 C 为 24h 内采集到的吸收液的氨氮浓度，则日氨挥发速率计算式为：

$$F = \frac{(M_i - M_0) \times 10^{-2}}{S}$$

式中　F——氨挥发通量，kg/（$hm^2 \cdot d$）；

M_0——进气口氨的总质量，mg；

M_i——出气口氨的总质量，mg；

S——风洞试验区面积，m^2；

10^{-2}——单位换算系数。

3.4.4　微气象法

3.4.4.1　原理与适用范围

农田中土壤或作物地上部分排放的气态氨向上扩散并随风向下风口移动，氨的水平通量密度与垂直通量密度成正比，通过测定待测农田中圆形区域内一定高度的空气氨浓度和周围背景氨浓度，计算得出氨的垂直通量密度，即氨挥发量。该方法适用于空旷、平坦、肥力水平均衡的农田，背景区面积不小于 $1km^2$ 且 1 周内未施用过氮肥，观测区应为半径不小于 25m 的圆形田块，圆周筑埂，埂高 0.15m，若设置多个观测区，观测区间相隔应不小于 80m，见图 3-10。

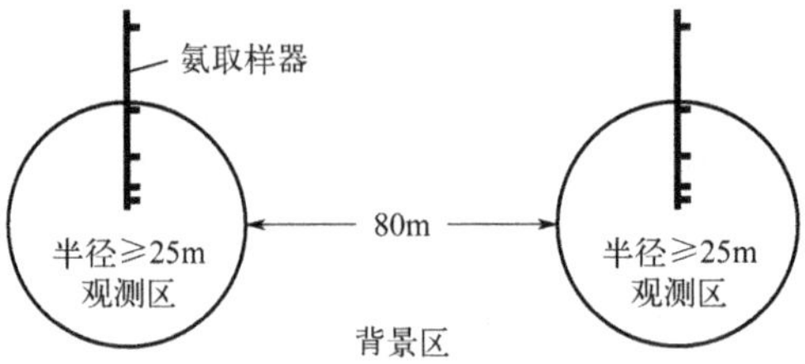

图 3-10　监测点布置示意图

3.4.4.2　测定方法

① 装置结构　采样器包含头小尾大的 PVC 管（长 28cm，内径 6.3cm）、安装于 PVC 管尾部的两个鳍片（材质为聚氯乙烯或聚甲基丙烯酸甲酯）、安装于 PVC 管中部的枢轴（PVC 管可在垂直枢轴方向自由转动）、位于 PVC 管中心位置的封口不锈钢管、环绕不锈钢管的薄型不锈钢鳍片以及固定鳍片的定位条（材质为不锈钢），见图 3-11。

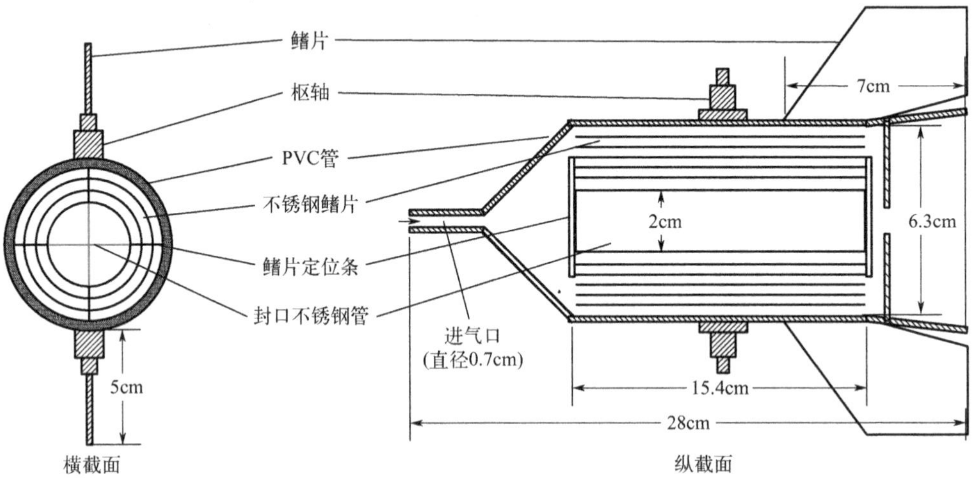

图 3-11　微气象学法氨气采样器

圆形观测区的圆心位置竖立一根高 3m 的管柱，管柱上离地面 0.2m、0.4m、0.8m、1.6m 及 2.6m 处各装有收集挥发氨的采样器支架与采样器。

② 装置工作原理　根据微气象学原理在不同高度设置氨采样器，氨采样器尾部装有随风转动的风标，螺旋状不锈钢鳍片内层的表面浸润 2% 草酸吸收液，吸附田间气流中所含的氨，洗脱后以靛酚蓝分光光度法测定洗脱液中的铵浓度，并折算为氨挥发量。

③ 样品采集与测定　采样时间为每日的 00:00 ～ 24:00，每 6h 采样 1 次。换取下氨取样器，用塞子封闭取样器尾部文丘里管的开孔，从取样器进气口加入 40mL 蒸馏水，用塞子封闭进气口，沿取样器工作时的气流方向用力晃动 20s，倒出洗脱液，测定。浸提液中氨浓度的测定参照 GB/T 18204.2 中的靛酚蓝分光光度法或按照 HJ 666 的流动注射-水杨酸分光光度

法执行。

3.4.4.3　通量计算

氨挥发量计算公式如下：

$$F=\frac{1}{r}\times 10^4\times\sum_{i=1}^{4}\left(\int_0^z\frac{40C_i\times 10^{-9}}{2.42\times 10^{-5}}\mathrm{d}z\right)$$

式中　F——氨挥发通量，kg/（$hm^2·d$）；

r——圆形区半径值，m；

10^4——面积转换系数；

i——表示当天第 i 次取样；

4——每天的取样次数；

z——试验区监测点的高度，m；

40——洗脱液总体积，mL；

C_i——第 i 次取样洗脱液中的氨浓度，μg/mL；

10^{-9}——质量转换系数；

2.42×10^{-5}——取样器的有效横截面积，m^2。

3.4.5　可调谐二极管激光吸收光谱-反向拉格朗日随机扩散模型法（TDLAS-BLS）

3.4.5.1　可调谐二极管激光吸收光谱技术的基本原理

可调谐二极管激光吸收光谱技术（tunable diode laser absorption spectroscopy，TDLAS）是利用可调谐半导体激光器窄线宽和波长可调谐特性来扫描通过分子的一条独立的吸收线，获得被测气体的特征吸收光谱范围内的吸收光谱，实现对气体浓度的定量分析。一般情况下气体分子处于基态，当气体分子吸收光能受到激发后，就要从原来能量较低的能级（基态）跃迁到能量较高的能级（激发态），从而产生吸收光谱。气体分子吸收的光能不是连续的而是具有量子化的特征，即气体分子只能吸收能量正好等于它的某两个能级之差的光子。不同的气体因为不同的分子结构所决定的能级差不同而吸收不同频率的光子，所以不同的气体会在不同的波段上出现吸收峰，就形成了不同物质各自的特征吸收光谱。特征吸收光谱的频率（或波长）反映了被测物质的结构特征，可进行定性分析；而特征吸收谱带强度则可以表征被测组分浓度，进行定量分析。

与其他氨气浓度直接测定技术相比，TDLAS 技术有以下优点：①二极管激光有很高的光谱分辨率和可调谐性，通过检测吸收分子的一条孤立振转吸收线而反演吸收气体的浓度，避免其他气体吸收的干扰，选择性很强；②探测灵敏度高，可达 10^{-9} 级，可满足大气中痕量气体监测的要求。TDLAS 技术实现了氨气浓度的实时、快速测定，为氨挥发监测技术的发展提供了契机。目前体积小、便于操作、价格低廉的 TDLAS 气体在线分析仪已投入市场。开放光程 TDLAS 技术是国际上新近发展的一项气体浓度监测技术，将 TDLAS 技术与开放光程结合的开放光程 TDLAS 气体分析仪是空气氨浓度测定技术的重大突破，其无需气体采样，即可实现长距离（几十至几百米）空气中氨浓度的实时在线监测，适用于农田开放环境中氨气浓度的实时监测。

3.4.5.2 反向拉格朗日随机扩散模型的基本原理

反向拉格朗日随机扩散模型（backward Lagrangian stochastic model，BLS）是通过反向模拟气体运动轨迹估算挥发源气体挥发速率的方法，因其是通过已知浓度推测挥发源挥发速率，而不是普遍采用的通过已知的挥发速率推测气体浓度，所以通常被称为反向扩散模型。BLS 模型的原理是以测定的风速、风向、气温计算摩擦风速 u_*、大气稳定度 L、表面粗糙度 z_0 和风向 β，基于模拟大气湍流状态的 MOST 理论（Monin-Obukhov similarity theory，MOST）模拟气体粒子从气体浓度监测点向挥发源逆向扩散的轨迹，从而估算监测点净气体浓度与挥发率的比值（c/F）$_{\text{sim}}$。挥发源气体挥发速率 F 可由下式估算：

$$F = \frac{c - c_{\text{b}}}{(c/F)_{\text{sim}}}$$

式中，c、c_{b} 分别为挥发源下风向、上风向气体浓度。

由于 BLS 涉及复杂的模型参数计算，气体挥发速率 F 的估算通过软件 Wind Trax2.0 完成。

反向拉格朗日随机扩散模型是一个有很大应用潜力的气体挥发率测定技术。与其他微气象法相比，BLS 模型使用方便，实地监测简单，仅需测定一个高度的气体浓度和气象数据；对挥发源大小和形状没有限制，挥发源既可为面源也可为点源，既可监测农田气体挥发，也可监测环境复杂的牧场、畜舍的气体挥发，但需明确挥发源大小和形状；气体浓度测量位置灵活多变，可在一定范围内任意高度测量，既可在挥发源内也可在挥发源外，既可用点浓度测定技术也可用线浓度测定技术，但需明确气体浓度测定点与挥发源的相对位置。BLS 模型的不足之处是在低摩擦风速或极端大气稳定度条件下模拟准确性较低，但这几乎是所有微气象技术的缺点，很多研究通过回收率试验已表明采用一定数据剔除标准可大大降低模拟误差。

3.5 施肥的大气环境效应

无机肥和有机肥都是人类可持续发展不可或缺的资源，而过度使用将对环境和生态造成严重负面影响。农业土壤活性氮气体排放及其大气再沉降过程是全球氮循环的重要组成部分，也是影响大气环境的重要活性物质。随着中国农业氮肥大量施用，活性氮排放已成为土壤氮素损失的重要途径。施肥对大气环境的威胁主要来自温室效应、酸沉降和雾、霾现象。

3.5.1 温室效应

农业在确保粮食安全方面发挥着至关重要的作用，但是向大气中释放了大量的温室气体（GHGs）。据统计，农业是氧化亚氮（N_2O）和甲烷（CH_4）的主要排放源，全球范围内，农业源（种植业和养殖业）释放的 N_2O 占总排放量的 25% ～ 30%，CH_4 占总排放量的 40% ～ 50%[217]。作为世界上最大的发展中国家之一，我国以世界 9% 的耕地养育了世界 22% 的人口，种植业是保障粮食安全的重要保证。因此，我国的粮食生产对全球农业资源消耗、粮食安全以及气候变化都有至关重要的影响。比如，我国每年用于农作物生产的化学氮肥用量约占世界氮肥总量的 30% 以上，我国水稻、小麦以及玉米的年总产量分别约占世界总产量的 30%、18% 和 21%[218]。在全球尺度温室气体排放中，二氧化碳（CO_2）的占比最高，大概占 80% 的比例；CH_4 占比位列第二，大概占 16% ～ 17% 的比例；N_2O 占比第三；然后就是其他 4 种含氟气体。不同种类的温室气体对增温的贡献潜力不同。据统计，在一百年尺度下，单位质量 CH_4 的全球增温潜势是 CO_2 的 28 倍，N_2O 的全球增温潜势是 CO_2 的 265 倍。所以尽管 CH_4 和 N_2O 在温室气体排放中的占比远远低于二氧化碳，但两者对增温的影响同样举足轻重，尤其是近期来看对气温影响更大的 CH_4。据政府间气候变化委员会（IPCC）的报告，目前全球温度升高，其中 30% ～ 50%（大概为 0.5℃）归因于 CH_4。普遍认为，减少 CH_4 排放是近阶段最直接、最有效的应对气候变化的措施之一。

近年来，我国农业发展不断迈上新台阶，粮食连年丰收，但高投入、高消耗的农业生产模式也造成农业资源的过度开发和生态环境的破坏。化肥是重要的农业生产资料，在农业生产中起着不可替代的作用。但是，由于农业现代化程度不高，目前农业生产中化肥包括氮肥的过量施用、盲目施用等问题也日益加重，直接导致农田生态系统 N_2O 和 CH_4 排放量的增加，加剧全球气候变暖[219, 220]。研究发现，过量施用氮肥不会进一步提升农作物产量，但会增加土壤 GHGs 排放[221]。因此，在确保粮食安全的前提下，制定合理的农田管理措施来有效减少我国农田土壤温室气体 CH_4 和 N_2O 排放，对缓解全球气候变暖、实现我国的减排目标具有重要意义。

3.5.1.1　施肥与农田CH_4排放

农田 CH_4 排放是指土壤中产生的 CH_4 经过氧化以及传输后的净效应。所有农作物中，相比旱地作物，水稻长期生长于淹水环境中，土壤氧化还原电位较低，容易诱导 CH_4 大量排放，因此稻田是土壤 CH_4 的重要排放源。研究发现，我国稻田 CH_4 总排放量约为 7.7Tg/a，约占世界稻田总排放量的 30%，约占我国农业活动温室气体总排放量的 20%[222]。对于稻田生产，田间水分管理措施是影响稻田 CH_4 排放的首要因素。土壤水分状况直接影响土壤好氧或厌氧环境的形成，进而影响稻田 CH_4 的产生、转化和传输过程[223]。节水灌溉的土壤通透性得以提高，通过中期烤田，土壤处于有氧状态和无氧状态的交替中，既促进 CH_4 氧化又部分抑制 CH_4 产生，降低稻田 CH_4 排放。研究发现，与常规灌溉相比，节水 30% 可以降低 30% ～ 53% 的 CH_4 排放，节水 70% 可以降低 51% ～ 77% 的 CH_4 排放[224]。此外，采用合理的施肥模式，在保障水稻产量的同时，能够减缓稻田温室气体排放，实现丰产增效和环境友好。张枝盛等[225]研究发现，在所有施肥模式中，氮肥一次性施用模式的 CH_4 排放量最低，同时能够维持水稻产量并减少追肥次数，是一种低碳丰产的施肥技术。新型氮肥的推广应用同样具有较好的 CH_4 减排效应，相比普通尿素，控释尿素和添加硝化抑制剂的稳定性氮肥可分别降低稻田 CH_4 排放 20% 和 40%，同时分别增产 18% 和 16%[226]。

有机类肥料的合理施用是稻田 CH_4 减排的另一个关键措施。重视有机肥的施用，提升农业废弃物的利用效率，推广有机无机肥配施技术是提升我国土壤肥力和粮食生产能力的必然趋势。但是，有机肥在培肥土壤和提升农作物生产力的同时，往往会增加稻田 CH_4 排放。未腐熟有机物料在淹水条件下快速分解会加速土壤氧化还原电位降低，为产甲烷菌生长提供充足的厌氧环境，进而促进 CH_4 产生 [227]。基于 meta 分析，Zhang 等 [228] 研究发现有机肥替代部分氮肥促进我国稻田 CH_4 排放 48% ～ 82%。此外，秸秆还田是实现农业废弃物资源化利用的重要举措，但秸秆还田显著促进了稻田 CH_4 排放，较对照提升了 78%[229]。因此，为了降低有机肥对稻田 CH_4 排放的促进效应，应注意秸秆直接还田方式，动物有机肥也应优先选择充分腐熟发酵的有机肥，因为发酵后的有机肥不易被产甲烷菌利用，从而对 CH_4 排放的促进效应降低。比如，与未腐熟发酵的有机物料相比，发酵的动物有机肥和水稻秸秆均能大幅度降低其对 CH_4 排放的促进效应 [230, 231]。此外，有机物料在厌氧或者无氧条件下进行高温热分解后形成的生物炭同样会影响稻田 CH_4 排放。目前，生物炭对稻田 CH_4 排放的调控作用还存在争议，可能是由于不同研究所选择的生物炭原材料、制备温度和保温时间、供试的土壤类型等不同。通过数据整合，一项 meta 分析研究发现，生物炭能平均减少我国稻田 CH_4 排放 7%，减少单位水稻产量 CH_4 排放强度 12%[232]。

3.5.1.2 施肥与农田 N_2O 排放

氧化亚氮（N_2O）是重要的温室气体，农田土壤是其排放的重要来源。农田 N_2O 排放主要来源于微生物对土壤氮素的硝化和反硝化作用 [233]。硝化作用是指在有氧的条件下，好氧微生物将铵态氮氧化为硝酸盐或者亚硝酸盐的过程，可分为自养硝化和异养硝化。土壤反硝化作用是指厌氧条件下异养反硝化微生物将硝酸盐逐步还原为 N_2 的过程，其中 N_2O 是反硝化过程的中间产物。据估算，与农田 CH_4 排放不同，我国农田 N_2O 排放主要来源于旱地土壤，大约占农田总排放量的 88%[234]。近年来，氮肥施用量的逐年增加是导致大气中 N_2O 浓度增长的最主要因素。此外，氮肥的不合理施用导致我国氮肥利用效率明显低于世界平均水平，这无疑大大增加了氮素向大气和水体生态环境的损失，其中 N_2O 是主要的氮素损失途径。因此，推广氮肥优化管理措施、提高氮肥利用率、降低氮肥用量，是减少旱地和稻田土壤 N_2O 排放以及其他氮损失的关键 [235]。

氮肥的过量施用是诱导农田 N_2O 排放的首要因素。研究发现，农田氮肥施用量与农田 N_2O 排放呈现显著的相关关系 [236]。因此，通过科学手段确定合理施氮量，是降低农田 N_2O 排放首个要解决的问题。测土配方施肥技术可根据土壤供氮能力与作物氮素需求量确定适宜的氮肥用量，是我国目前非常重要的科学施肥手段。基于大量研究结果的数据整合分析发现，与传统施肥量相比，测土配方施肥方法确定的氮肥用量能显著提高我国主粮作物产量和氮肥利用率，降低了 31% 的农田土壤 N_2O 排放，同时抑制了氨挥发、氮淋溶、氮径流等损失，还能显著提高农民净收益 [237]。此外，氮肥的施用时间和方法也是影响农田 N_2O 排放的重要因素。比如，增加氮肥施用次数能分别提高我国主粮作物产量和氮肥利用效率 6% 和 30%，降低 N_2O 损失 5%；而氮肥深施能分别提高我国主粮作物产量和氮肥利用效率 7% 和

29%，显著降低土壤 N_2O 排放 15%[237]。

新型高效氮肥的应用同样是降低农田 N_2O 排放的重要手段，其中添加硝化抑制剂的稳定性氮肥具有公认的良好减排效果。目前我国应用最广泛的氮肥是尿素，尿素施入土壤后会快速地被脲酶转化为铵态氮，这部分铵态氮作为底物，通过硝化和反硝化作用产生 N_2O 排放。硝化抑制剂的减排机制主要是其可以抑制硝化细菌活性，从而抑制土壤的硝化过程，进而减少 N_2O 排放。硝化抑制剂对农田 N_2O 排放的良好减排效果已被多项田间试验和整合分析结果报道[238-240]。但是，由于硝化抑制剂可以抑制硝化过程，增加了 NH_4^+ 在土壤中的滞留时间，往往会增加农田 NH_3 挥发。研究发现，硝化抑制剂的施用可以增加 36% 的 NH_3 挥发[241]。因此，在重点关注农田 N_2O 等温室气体排放的基础上，应对氮素其他损失途径之间的此消彼长关系进行综合评估，才能实现氮肥经济效益和环境效益的最大化。脲酶抑制剂和硝化抑制剂双控的措施可兼顾 NH_3 挥发和 N_2O 排放的减排效果，具有较好的推广价值[242]。除此之外，控释氮肥能够延缓氮素释放，并协调作物氮素需求和土壤氮素供应关系，也具有良好的 N_2O 减排效果[237]。

生物炭还田是具有可持续发展共同效益的温室气体减排技术之一，生物炭对农田 N_2O 的减排效应也逐渐被科研工作者重视。一项基于数据整合分析的研究发现，生物炭合理还田可以减少 32% 的土壤 N_2O 排放[243]。尽管多数研究已经证实了生物炭对 N_2O 的良好减排效果，与其对 CH_4 排放的影响相似，生物炭对农田 N_2O 排放的调控作用依然存在争议，在室内培养和田间试验条件下均有生物炭促进农田 N_2O 排放的报道[244]，这可能与生物炭的原材料和制备条件不同有关。因此，未来应加强生物炭理化性质与不同生境下农田温室气体的定量化关系的研究，探寻关键调控因子，并在此基础上优化生物炭制备工艺，并有针对性地对生物炭进行改性处理，制备有利于长期抑制温室气体排放的生物炭及相关衍生物。

3.5.2 酸沉降

大气沉降是将气体和颗粒从大气中去除的重要过程。由于对自然生态系统的酸化和富营养化，对有毒物质和重金属的生物积累，对生物多样性的影响，与人类健康和全球气候变化的关切，大气沉降成为各地区乃至全球的重要环境问题。大气沉降空间分布和量级的理解，对识别易受影响的地区、人口、农田和生态系统是至关重要的，从而有利于控制过度的污染物负荷。

酸沉降是指由人为活动或自然过程排放出的二氧化硫（SO_2）、氮氧化物（NO_x）和氨气（NH_3）等致酸气体及其在大气中形成的气态或颗粒态物质通过干沉降，或经由降水过程沉降到地表（湿沉降，一般将 pH 值小于 5.6 时的降水称为酸雨）所产生的环境问题。继欧洲和北美之后，东南亚被称为世界上第三大酸雨区[245]。从 20 世纪 80 年代初开始，我国开展了一系列有关酸沉降的分布特征、形成机理、生态环境影响和控制对策的研究，至今已有近 40 年。

我国酸雨发展主要分为 4 个主要阶段：快速发展阶段、污染缓和阶段、再次恶化阶段和持续改善阶段。在 2006 年之前，以煤炭为主的能源结构和快速增长的能源消耗量导致我国 SO_2 和 NO_x 的大量排放。在 2006 年之后，国家开始实施 SO_2 总量控制。2011 年后，实行了

SO_2 和 NO_x 的总量控制，有效减少了酸性气体的排放，此时我国降水 pH 值持续上升，酸雨区面积缩小。但是 SO_2 和 NO_x 排放及酸雨的空间分布并没有完全一致，华北平原是我国酸性气体排放的主要地区，但是酸雨最严重的区域集中在我国南方。这是因为酸雨形成还与大气中氨和颗粒物中盐基离子的缓冲有关。氨气（NH_3）是大气环境中重要的碱性痕量气体，也是活性氮的重要形式之一。NH_3 一方面可以中和降水酸度，另一方面沉降到生态系统中会产生严重的酸化效应，因此也是酸沉降的重要前体物。

农业源是氨的主要排放源，其他排放源包括生物质燃烧、人体粪便、化工生产、废物处理、交通排放、煤炭燃烧等。氮肥施用和畜禽养殖是氨排放的重要来源，这两者占全球排放量的 57% 以上，占我国总排放量的 80% 以上[246-248]。早在 1990 年，全球氨排放量就预测为 54Tg（N）/a；从 1970 年至 2005 年，在人为活动的影响下，氨排放量增长了 85%[249]。我国氨排放量一直维持在较高水平且年际变化不大，氨排放量从 2000 年的 10.30×10^6t 增至 2005 年的 10.96×10^6t（峰值），此后有小幅波动，2012 年降至 9.67×10^6t，2018 年小幅回升至 9.90×10^6t[250]。各类氮肥施用的贡献率为 30% ～ 40%，其中尿素为田间系统氨挥发最大的来源。华北平原和川渝东部是氮肥氨排放率最高的地区，这与其高度集中的农作物耕作和施重肥的农业习惯密不可分[251]。从时间分布来看，受夏季高温影响，氨在夏季的排放量约是冬季排放量的两倍。

地球生物群中只有极少部分微生物能将 N_2 转化为活性氮，因此活性氮往往是大多数自然生态系统中的限制性营养物质，对农业系统来说尤其如此。因此，环境中活性氮的过量增加对生态系统产生了各种有害的、不可逆的影响。这些影响包括植物物种组成的改变、物种多样性的减少、栖息地的退化、水体的富营养化、水透明度的降低、底栖和附生藻类生物量的增加，以及陆地生态系统和沿海水域的食物网过程的变动等。

土壤酸化和地表水酸化是大气酸沉降的间接影响。土壤酸化是指氮素降低土壤 pH 值的过程。Bowman 等[252] 指出，在许多工业发达国家，氮沉降速率高于临界负荷。世界上许多地区的土壤对大气氮沉降特别敏感，一般来说，酸化过程中，土壤中碳酸盐和碱性阳离子（Ca^{2+}、Mg^{2+}、K^+）的释放可以减轻土壤 pH 值的变化。一旦这些被耗尽，土壤中的黏土矿物将会分解，导致非碱性阳离子（Al^{3+} 和 Mn^{2+}）进入土壤，对作物产生毒害作用[252, 253]。氮沉降影响土壤酸化的机制有多种，包括：a. 刺激硝化作用产生氢离子；b. 根系吸收 NH_4^+ 释放氢离子；c. NO_3^- 与盐基离子结合后被淋洗，降低土壤缓冲能力。Peñuelas 等[254] 研究发现 2000 年到 2010 年期间全球土壤已经接受了超过 50kg（N）/hm^2 的累积沉降，全球土壤 pH 值平均显著降低了 0.26 个单位。土壤酸化通常会导致植物种类的减少，因为很少有植物适合生长在酸性土壤中；当沉降量增加到阈值水平以上时，森林和草地的生产力将会显著下降，农田土壤板结，作物根系伸展困难，导致吸收能力降低，根际有害微生物在酸性条件下大量繁殖。过量的氮沉降不仅对森林自身造成伤害，而且会使森林变成一个“氮源”，达到氮饱和后，土壤中的硝态氮会通过淋洗或径流进入水体，进而会造成湖泊酸化、藻类水华、富营养化等负面效应[255]。

随着大气硫和氮的大量排放，在我国许多地区出现了地表水酸化的趋势。20 世纪 90 年代，长江上游支流地表水中的硫酸盐（SO_4^{2-}）浓度迅速增加，平均在 8 年内增加 1 倍，pH

值同步降低[256]。根据环保部（现生态环境部）地表水监测，全国73个大型水体中有31个站点（主要位于海河、太湖、长江）pH值呈显著下降趋势[257]。除了大型水体外，重庆铁山坪森林小溪流地表水pH值同样明显减小[258]。随着SO_2排放的稳定，地表水pH值的下降趋势被遏制。然而由于氮沉降的增加，地表水中NO_3^-浓度有所上升，在一定程度上延迟了酸化地表水的恢复。目前我国大气氮沉降开始呈现出下降趋势，结合硫沉降的快速下降，预计未来地表水酸化问题将得到一定的恢复。

减少由施肥带来的酸沉降，可从肥料种类、施肥方式、田间管理等各方面入手。例如基于测土配方，使用配制肥和复合肥，并且用硝态氮肥代替铵态氮提供N元素；另外，避免过度施肥和深施以减少NH_3的挥发。相比尿素，非尿素肥施用的NH_3排放因子更低，或者加入脲酶抑制剂同样能够降低NH_3排放量[259]。脲酶抑制剂的使用可以抑制土壤脲酶活性以及减缓尿素水解，使表面施用的尿素有时间进入土壤，缓慢释放矿质氮以满足作物生长需要，从而最大限度地减少NH_3挥发，提高氮素利用率[260]。与当地农田传统尿素肥料施用相比，在小麦和玉米田中施用Limus®脲酶抑制剂可分别减少50%和60%的NH_3排放，同时增加4%和11%产量[261]。另外，有研究表明有机肥和无机化肥混合使用可降低NH_3排放[262]。与有机肥相比，枯草杆菌生物肥料的掺入可使NH_3挥发有效减少44%[263]。然而，这些措施的实施需要适当的农场规模，以使其切实可行并降低成本[264]。目前中国农场规模仅为0.5hm^2，若其增加到3.3hm^2，化肥施用量可下降26%，肥料损失减少47%，同时农作物产量不会大幅下降（1.4%），从而帮助中国在未来实现可持续的农业发展[265]。

综上所述，在酸沉降方面，未来更应关注氮沉降的影响，特别是还原态氮沉降，即氨沉降的酸化效应。针对酸沉降的污染防治，从当初以SO_2为主，过渡到现在SO_2和NO_x同步控制，未来更应关注SO_2、NO_x、NH_3的综合控制。2015年由国家农业部下发《到2020年化肥使用量零增长行动方案》，旨在限制我国化肥（包括氮肥）大量使用、氮肥利用率低（仅为30%左右[266]）的现状，同时也能减少化肥使用中对生态环境带来的NH_3污染。2020年"十四五"规划中，明确提出推进种植业、养殖业氨减排。由此可见，我国已逐步关注由农业带来的氨挥发问题，未来还应结合我国氨排放现状和各项减排技术潜力，提出更明确的氨减排目标，为打赢蓝天保卫战提供科学理论和技术支撑。

3.5.3 雾、霾

随着城市化和工业化迅速发展以及农业集约化程度不断提高，大气污染已成为世界各国面临的最大环境挑战之一。雾、霾是我国面临的严峻大气污染问题，复杂的大气复合污染和细颗粒物是雾、霾形成的主要原因[267]。细颗粒物即$PM_{2.5}$，为粒径小于或等于2.5μm的大气气溶胶。$PM_{2.5}$污染因其广泛而深远的环境、气候变化和人体健康影响受到广泛关注[268, 269]。

针对大气污染问题，我国政府加大了大气污染治理力度，出台修订了一系列相关的污染控制政策及标准，如《大气污染防治行动计划》《打赢蓝天保卫战三年行动计划》等，我国大气污染防治取得了显著成效。但值得注意的是，在2020年，全国仍然约有43%的人居住在年均浓度超过国家二级标准限值的地方，$PM_{2.5}$污染态势依然严峻[270]，离世界卫生组织（WHO）基于健康给出的推荐值还有相当的差距。特别是2021年9月WHO推出最新的空气质量准则，收严了 $PM_{2.5}$、PM_{10} 的年均值和 24 小时均值，我国的大气污染防治任务依然任重而道远。雾、霾污染的前期研究表明，造成我国高浓度细颗粒物污染的关键污染物包括 SO_2、NO_x、NH_3、VOCs、黑炭等，当前 SO_2 和黑炭的排放已经得到初步控制，霾污染下一阶段的主要控制对象是 NO_x、NH_3、VOCs[271, 272]。大气污染物来源主要包括化石燃料燃烧、工业排放、交通源以及农业排放[273, 274]，当前化石燃料燃烧以及工业排放通过采取一系列的措施已经取得一定程度的控制[275]，由农业活动排放出的污染物对大气环境的影响逐渐不可忽视。

在欧洲，农业活动引起了 55% 的人为空气污染，在中国东部以及美国的东西部同样贡献了将近一半。然而，对于农业活动排放如不能科学、客观地进行评价并落实污染控制措施，将对环境造成严重影响。农业活动是活性氮排放的重要来源[276]。氮肥过量施用诱发的活性氮排放主要包括 NH_3 挥发、N_2O 和 NO 的排放[277]。在我国，为满足庞大的资源需求，实现农业高产，化肥投入逐年增加，当前消耗量占据全球化肥消耗的 30%[278, 279]。由于农田单位面积施氮量高且施肥管理粗放，NH_3 挥发损失率较高，农田氮肥施用成为 NH_3 排放的主要来源之一。快速的农业发展驱使着 NH_3 排放急剧增加，我国已成为全球最大的 NH_3 排放国家，其排放量超过欧盟与美国之和[280]。根据前人清单研究，在 2015 年我国 NH_3 排放量已达到 8.7 ～ 15.6Tg，农业生产（如种植业和畜牧业等）是 NH_3 排放的主要来源（占据 80% 以上），其中作物生产体系 NH_3 排放在 2.9 ～ 6.2Tg（2015 年），占总排放的 30% ～ 57%[281-283]。

NH_3 是主要的碱性痕量气体，一直以来被认为是大气环境中活性氮的重要组分，可以与大气中硝酸和硫酸快速反应形成具有较长大气寿命的二次无机气溶胶{SNA，如硝酸铵（NH_4NO_3）、硫酸铵［$(NH_4)_2SO_4$］}，是大气重霾污染过程中二次颗粒物形成的重要因素[284, 285]。在中国的城市中，SNA 能占 $PM_{2.5}$ 的 20% ～ 57%[286, 287]。其中 NH_3 最高能影响颗粒物的 50%[288]，在低温高湿情况下高 NH_3 浓度将显著增加 $PM_{2.5}$ 的生成[289]。NH_3 可以有效地提升大气细颗粒物的 pH，促进 SO_2 的液相氧化过程，从而快速形成 SO_4^{2-} 气溶胶[290]，反应形成的铵盐颗粒物在吸收水分之后，其直径可以膨胀到接近可见光的波段，具有明显的消光作用，其消光效果是一般颗粒物的 5 ～ 10 倍，当浓度达到一定程度的时候，就会产生霾污染[291]。研究发现，NH_4^+ 的存在将会缓解 NO_3^- 和 SO_4^{2-} 之间的互斥反应，从而聚集形成新粒子。另外，NH_3 可以使 SO_2、NO_x 的氧化反应增加 1 ～ 2 倍，从而使粒子成核速率增加 2 ～ 4 倍[292]。大气中的 NH_3 对雾、霾颗粒物的形成和增加有重要的推动作用，可以说，NH_3 是雾、霾生成的促进剂。

然而，我国 NH_3 排放总量在 1980 ～ 2000 年间却呈指数型上升[293]，而且目前仍没有全国性 NH_3 减排目标。随着全球大部分地区对大气 SO_2 和 NO_x 排放的有效控制以及对 NH_3 排放管控的忽视，当前正在面临着“碱性空气”的挑战[294]。在未来几年中，NH_3 在 $PM_{2.5}$ 形成机制中将发挥更大的作用[295]。当前大多数研究集中在交通源和工业源，研究对象仅限于城区或城市群，对农业区的关注不足。众所周知，农业源是重要的污染物排放源，尤其是 NH_3。利用同位素模型分析结果显示农业源 NH_3 在非霾天对 $PM_{2.5}$ 的贡献占据了 84%[296]。与城市地区不同，农区大气污染的影响因素较为单一，而且受明显的规律性农业活动影响，如农田施肥、秸秆燃烧等。清楚了解我国农区大气细颗粒物污染特性，有助于理解污染物的区域传输，乃至对全国尺度上的空气质量改善有重要意义。鉴于施肥对空气质量的影响较大，是形成雾、霾天的因素之一，亟待采取有效的管控措施遏制其向环境中的排放[297]。

随着国家系列调控政策如“测土配方施肥”和“化肥零增长”等的推行，我国氮肥施用量逐步下降，有利于减少 NH_3 排放。在《打赢蓝天保卫战三年行动计划》中，我国首次提出通过控制肥料施用等方式来改善农业资源利用效率，推进农业 NH_3 减排行动计划。进一步加强治理导致雾、霾的农业污染源，特别是农牧业生产中的氨排放治理。这是我国未来大气污染综合防治工作的新要求和新方向，也是践行我国农业绿色发展的重要一步。

若不科学地追求作物高产，过量施用化肥，将使氮肥利用效率降低，同时也对环境造成了各种危害。农业施肥增加了土壤环境中大气温室气体的排放量，从而产生温室效应；施肥过程中排放了大量的氨，一方面以酸沉降的形式回到地表造成土壤酸化和水体酸化，另一方面和酸性前体物反应形成二次无机气溶胶，是 $PM_{2.5}$ 的重要成分。这一系列环境问题意味着，推广使用化肥减施增效技术，促进农业可持续发展，对我国农业绿色发展具有重要意义。

参考文献

[1] 谢旻，江飞，杨修群. NO_x 和 VOC 自然源排放及其对中国地区对流层光化学特性影响的数值模拟研究. 环境科学，2007, 28: 32-40.

[2] Ma R, Zou J, Han Z, et al. Global soil-derived ammonia emissions from agricultural nitrogen fertilizer application: A refinement based on regional and crop-specific emission factors. Glob Chang Biol, 2021, 27: 855-867.

[3] Liu L, Xu W, Lu X, et al. Exploring global changes in agricultural ammonia emissions and their contribution to nitrogen deposition since 1980. Proc Natl Acad Sci U S A, 2022, 119: e2121998119.

[4] Zhang W F, Dou Z X, He P, et al. New technologies reduce greenhouse gas emissions from nitrogenous fertilizer in China. Proc Natl Acad Sci U S A, 2013, 110: 8375-8380.

[5] 赵晨旭，廖雅君，栾胜基. 气态活性氮排放的环境影响研究进展. 环境污染与防治，2017, 39: 569-573.

[6] Miller D J, Chai J, Guo F, et al. Isotopic composition of in situ soil NO_x emissions in manure‐fertilized cropland. Geophysical Research Letters, 2018: 45.

[7] Ma R, Yu K, Xiao S, et al. Data-driven estimates of fertilizer-induced soil NH_3, NO and N_2O emissions from croplands in China and their climate change impacts. Glob Chang Biol, 2022, 28: 1008-1022.

[8] Rolland M N, Gabrielle B, Laville P, et al. High-resolution inventory of NO emissions from agricultural soils over the Ile-de-France region. Environ Pollut, 2010, 158: 711-722.

[9] Liu S, Lin F, Wu S, et al. A meta-analysis of fertilizer-induced soil NO and combined NO+N_2O emissions. Glob Chang Biol, 2017, 23: 2520-2532.

[10] 王兵，程红光，程建中，等. 土壤 NO_x 气体释放研究进展. 土壤通报，2011, 42: 1522-1529.

[11] 曹彦圣，尹斌，朱兆良. 农业土壤 NO 排放研究进展. 土壤，2013, 45: 791-799.

[12] Mei B, Zheng X, Xie B, et al. Nitric oxide emissions from conventional vegetable fields in southeastern China. Atmospheric Environment, 2009, 43: 2762-2769.

[13] 蔡延江，丁项剑. 农田土壤 N_2O 和 NO 排放的影响因素及其作用机制. 土壤，2012, 44: 881-887.

[14] Chu H, Hosen Y, Yagi K. Nitrogen oxide emissions and soil microbial activities in a Japanese andisol as affected by N-fertilizer management. Soil Science and Plant Nutrition, 2004, 50: 287-292.

[15] Yao Z, Yan G, Zheng X, et al. Reducing N_2O and NO emissions while sustaining crop productivity in a Chinese vegetable-cereal double cropping system. Environ Pollut, 2017, 231: 929-941.

[16] Hiroko Akiyama, Iain P Mctaggart, Bruce C Ball, et al. N_2O, NO, and NH_3 emissions from soil agter the application of organic fertilizers, urea and water. Water, Air, and Soil Pollution, 2004, 156: 113-129.

[17] Gao X, Deng O, Ling J, et al. Effects of controlled-release fertilizer on nitrous oxide and nitric oxide emissions during wheat-growing season: Field and pot experiments. Paddy and Water Environment, 2018, 16: 99-108.

[18] Zheng X, Wang M, Wang Y, et al. Mitigation options for methane, nitrous oxide and nitric oxide emissions from agricultural ecosystems. Advances in Atmospheric Sciences, 2000, 17: 83-92.

[19] 刘丽，尹斌，韩成卫. 不同基肥施用方式及用量对冬小麦田 NO 排放通量的影响. 安徽农业科学，2006, 34: 3762-3763.

[20] Gaihre Y K, Bible W D, Singh U, et al. Quantifying nitric oxide emissions under rice-wheat cropping systems. Environ Pollut, 2019, 250: 856-862.

[21] Liu X, Zhang Y, Han W, et al. Enhanced nitrogen deposition over China. Nature, 2013, 494: 459-462.

[22] Osburn C L, Handsel L T, Peierls B L, et al. Predicting sources of dissolved organic nitrogen to an estuary from an agro-urban coastal

watershed. Environ Sci Technol, 2016, 50: 8473-8484.
[23] Clark C M, Tilman D. Loss of plant species after chronic low-level nitrogen deposition to prairie grasslands. Nature, 2008, 451: 712-715.
[24] Hao T, Song L, Goulding K, et al. Cumulative and partially recoverable impacts of nitrogen addition on a temperate steppe. Ecological Applications, 2018, 28: 237-248.
[25] Zhu Q, De Vries W, Liu X, et al. The contribution of atmospheric deposition and forest harvesting to forest soil acidification in China since 1980. Atmospheric Environment, 2016, 146: 215-222.
[26] Wang G, Zhang R, Gomez M E, et al. Persistent sulfate formation from London Fog to Chinese haze. Proc Natl Acad Sci U S A, 2016, 113: 13630-13635.
[27] Monks P S, Granier C, Fuzzi S, et al. Atmospheric composition change-global and regional air quality. Atmospheric Environment, 2009, 43: 5268-5350.
[28] Pan Y, Tian S, Liu D, et al. Fossil fuel combustion-related emissions dominate atmospheric ammonia sources during severe haze episodes: Evidence from 15N-stable isotope in size-resolved aerosol ammonium. Environmental Science & Technology, 2016, 50: 8049.
[29] Behera S N, Sharma M, Aneja V P, et al. Ammonia in the atmosphere: A review on emission sources, atmospheric chemistry and deposition on terrestrial bodies. Environ Sci Pollut Res Int, 2013, 20: 8092-8131.
[30] Pan Y, Tian S, Zhao Y, et al. Identifying ammonia hotspots in China using a national observation network. Environ Sci Technol, 2018, 52: 3926-3934.
[31] Ouyang W, Lian Z, Hao X, et al. Increased ammonia emissions from synthetic fertilizers and land degradation associated with reduction in arable land area in China. Land Degradation & Development, 2018, 29: 3928-3939.
[32] Zhang L, Chen Y, Zhao Y, et al. Agricultural ammonia emissions in China: Reconciling bottom-up and top-down estimates. Atmospheric Chemistry and Physics, 2018, 18: 339-355.
[33] Xu R, Tian H, Pan S, et al. Global ammonia emissions from synthetic nitrogen fertilizer applications in agricultural systems: Empirical and process-based estimates and uncertainty. Glob Chang Biol, 2019, 25: 314-326.
[34] 刘伯顺，黄金鑫，黄广志，等．我国农田氨挥发研究进展与减排对策．中国生态农业学报（中英文），2022, 30(6): 875-888.
[35] Han X, Zhu L, Liu M, et al. Numerical analysis of agricultural emissions impacts on $PM_{2.5}$ in China using a high-resolution ammonia emission inventory. Atmospheric Chemistry and Physics, 2020, 20: 9979-9996.
[36] 沙志鹏，颜晓元，夏永秋，等．农田 NH_3 减排潜力及稳定性氮肥保氮控失效应研究．环境科学，2023, 4(9): 4987-4997.
[37] Zeng W, Li J. Spatio-temporal distribution of ammonia(NH_3)emissions in agricultural fields across North China. Environ Sci Pollut Res Int, 2020, 27: 8129-8141.
[38] Sha Z, Liu H, Wang J, et al. Improved soil-crop system management aids in NH_3 emission mitigation in China. Environmental Pollution, 2021: 289.
[39] 夏淑洁，袁晓良，李俊雅，等．不同氮钾水平及氮形态差异对氨挥发和氧化亚氮排放的影响．农业环境科学学报，2020, 39: 1122-1129.
[40] 王文林，韩睿明，王烨，等．农业源氨排放影响因素研究进展．生态与农村环境学报，2016, 32: 870-878.
[41] 苏芳，丁新泉，高志岭，等．不同氮肥形态的氨挥发损失比较．土壤，2006, 38: 682-686.
[42] 卢丽丽．农田氨排放影响因素研究进展．中国农业大学学报，2019, 24: 149-162.
[43] 黄思怡，谢桂先，欧震，等．控释尿素减少双季稻田氨挥发的主要机理和适宜用量．植物营养与肥料学报，2019, 25: 2102-2112.
[44] Hu Y, Schmidhalter U. Urease inhibitors: Opportunities for meeting EU national obligations to reduce ammonia emission ceilings by 2030 in EU countries. Environmental Research Letters, 2021: 16.
[45] Sha Z, Ma X, Loick N, et al. Nitrogen stabilizers mitigate reactive N and greenhouse gas emissions from an arable soil in North China Plain: Field and laboratory investigation. Journal of Cleaner Production, 2020: 258.
[46] Guo S, Pan J, Zhai L, et al. The reactive nitrogen loss and GHG emissions from a maize system after a long-term livestock manure incorporation in the North China Plain. Sci Total Environ, 2020, 720: 137558.
[47] Liu L, Zhang X, Xu W, et al. Challenges for global sustainable nitrogen management in agricultural systems. J Agric Food Chem, 2020a, 68: 3354-3361.
[48] Zhang X, Fang Q, Zhang T, et al. Benefits and trade-offs of replacing synthetic fertilizers by animal manures in crop production in China: A meta-analysis. Glob Chang Biol, 2020, 26: 888-900.
[49] 张薇，许秀春，杨轩，等．氮肥使用对北方夏玉米季氨挥发的影响．环境科学，2020, 41: 5176-5184.
[50] 王秀斌．优化施氮下冬小麦 / 夏玉米轮作农田氮素循环与平衡研究．中国农业科学院，2009.
[51] 胡慧娴，曾佳瑞，姚金志，等．植物排放 N_2O 研究进展．中国生态农业学报 (中英文)，2021, 29: 345-354.
[52] Tamaki M. N_2O 对全球变暖和臭氧层破坏的影响．世界环境，1990: 12-16.
[53] Masson-Delmotte V, Zhai P, Pirani A. The physical science basis. Cambridge University Press, 2021.
[54] Eric A, Davidson D K. Inventories and scenarios of nitrous oxide emissions. Environmental Research Letters, 2014, 9: 10512(12pp).
[55] Chen J, Cao W, Li Y, et al. Estimating nitrous oxide emission flux from arable lands in China using improved background emission and fertilizer-induced emission factors. Atmospheric Pollution Research, 2015, 6: 343-350.
[56] 秦红灵，盛荣，张文钊，等．稻田生态系统氧化亚氮 (N_2O) 排放微生物调控机制研究进展及展望．农业现代化研究，2018, 39: 922-929.
[57] Wrage N, Velthof G L, Beusichem M L, et al. Role of nitrier denitrication in the production of nitrous oxide. Soil Biology & Biochemistry, 2001, 33: 1723-1732.
[58] Sun B F, Zhao H, Lv Y Z, et al. The effects of nitrogen fertilizer application on methane and nitrous oxide emission/uptake in Chinese croplands. Journal of Integrative Agriculture, 2016, 15(2): 440-450.

[59] Shcherbak I, Millar N, Robertson G P. Global metaanalysis of the nonlinear response of soil nitrous oxide(N_2O)emissions to fertilizer nitrogen. Proc Natl Acad Sci U S A, 2014, 111: 9199-9204.
[60] Maaz T M, Sapkota T B, Eagle A J, et al. Meta-analysis of yield and nitrous oxide outcomes for nitrogen management in agriculture. Glob Chang Biol, 2021, 27: 2343-2360.
[61] Lan T, Li M, Han Y, et al. How are annual CH_4, N_2O, and NO emissions from rice-wheat system affected by nitrogen fertilizer rate and type？ Applied Soil Ecology, 2020. 150: 103469.
[62] Wu X, Bai H, Gu J, et al. A meta-analysis of management practices for simultaneously mitigating N_2O and NO emissions from agricultural soils. Soil and Tillage Research, 2021: 213.
[63] Feng J, Li F, Deng A, et al. Integrated assessment of the impact of enhanced-efficiency nitrogen fertilizer on N_2O emission and crop yield. Agriculture, Ecosystems & Environment, 2016, 231: 218-228.
[64] Reay D S, Davidson E A, Smith K A, et al. Global agriculture and nitrous oxide emissions. Nature Climate Change, 2012, 2: 410-416.
[65] Xia L, Lam S K, Yan X, et al. How does recycling of livestock manure in agroecosystems affect crop productivity, reactive nitrogen losses, and soil carbon balance？ Environ Sci Technol, 2017, 51: 7450-7457.
[66] 李昕，黄耀，于凌飞．中国小麦和玉米农田 N_2O 减排措施及潜力．气候变化研究进展，2017, 13: 273-283.
[67] Zhang Y, Liu J, Mu Y, et al. Emissions of nitrous oxide, nitrogen oxides and ammonia from a maize field in the North China Plain. Atmospheric Environment, 2011, 45: 2956-2961.
[68] Zhang Y, Wang W, Yao H. Urea-based nitrogen fertilization in agriculture: A key source of N_2O emissions and recent development in mitigating strategies. Archives of Agronomy and Soil Science, 2022: 1-16.
[69] 张岳芳，王子臣，陈留根，等．氮肥施用方式对油菜生长季氧化亚氮排放的影响．农业环境科学学报，2013, 32: 1690-1696.
[70] Engel R, Liang D L, Wallander R, et al. Influence of urea fertilizer placement on nitrous oxide production from a silt loam soil. J Environ Qual, 2010, 39: 115-125.
[71] 彭术，侯海军，王华，等．氮肥减量深施对双季稻产量和氧化亚氮排放的影响．生态学杂志，2019, 38: 153-160.
[72] Liu T Q, Li S H, Guo L G, et al. Advantages of nitrogen fertilizer deep placement in greenhouse gas emissions and net ecosystem economic benefits from no-tillage paddy fields. Journal of Cleaner Production, 2020: 121322.
[73] 尹释玉．农田 N_2O 排放研究进展．绿色科技，2016, 12: 152-153.
[74] 朱永官，杨小茹，徐会娟，等．农田土壤 N_2O 产生的关键微生物过程及减排措施．环境科学，2014, 35: 792-800.
[75] 张博，仲冰，高俊莲．中国甲烷控排面临的形势、问题与对策．中国矿业，2022: 31.
[76] 杜鸣溪．中国区域人为源甲烷排放清单构建与特征分析．咸阳：西北农林科技大学，2018.
[77] 黄满堂．中国地区大气甲烷排放估计与数值模拟研究．南京：南京大学，2019.
[78] 江长胜，郑循华，王明星．稻田甲烷排放影响因素及其研究进展．土壤通报，2004, 35: 663-669.
[79] 尉海东．稻田甲烷排放研究进展．中国农学通报，2013, 29: 6-10.
[80] 兰雅萍，李丽容．施氮量对稻田 CH_4 排放的影响．福建热作科学，2014, 39: 8-12.
[81] 易琼，杨少海，卢钰升，等．施肥对稻田甲烷与氧化亚氮排放的影响．生态环境学报，2013, 22: 1432-1437.
[82] 马静，蔡祖聪．施肥对稻田甲烷排放的影响．土壤，2010, 42: 153-163.
[83] 石生伟，刘运通，万运帆，等．中国稻田 CH_4 和 N_2O 排放及减排整合分析．中国农业科学，2010, 42: 2923-2936.
[84] Guo J, Zhou C. Greenhouse gas emissions and mitigation measures in Chinese agroecosystems. Agricultural and Forest Meteorology, 2007, 142: 270-277.
[85] Soebandiono S, Muhibuddin A, Purwanto E, et al. The effect of indigenous organic fertilizer on paddy field methane emissions. Organic Agriculture, 2021, 11: 393-407.
[86] 袁婧．有机肥对稻田甲烷排放的影响及其机理研究．上海：上海交通大学，2018.
[87] Sriphirom P, Chidthaisong A, Yagi K, et al. Effects of biochar on methane emission, grain yield, and soil in rice cultivation in Thailand. Carbon Management, 2021, 12: 109-121.
[88] Nan Q, Fang C, Cheng L, et al. Elevation of NO_3(-)-N from biochar amendment facilitates mitigating paddy CH_4 emission stably over seven years. Environ Pollut, 2022, 295: 118707.
[89] Sriphirom A C P, Yagi K, Boonapatcharoen N, et al. Evaluating the effect of different biochar application sizes on methane emission reduction from rice cultivation. IOP Conference Series: Earth and Environmental Science, 2019, 463: 012170.
[90] Shakoor A, Arif M S, Shahzad S M, et al. Does biochar accelerate the mitigation of greenhouse gaseous emissions from agricultural soil？ -A global meta-analysis. Environ Res, 2021, 202: 111789.
[91] Islam S M M, Gaihre Y K, Islam M R, et al. Mitigating greenhouse gas emissions from irrigated rice cultivation through improved fertilizer and water management. J Environ Manage, 2022, 307: 114520.
[92] Zhang Y, Wang H, Maucieri C, et al. Annual nitric and nitrous oxide emissions response to biochar amendment from an intensive greenhouse vegetable system in southeast China. Scientia Horticulturae, 2019, 246: 879-886.
[93] Landman W. Climate change 2007: The physical science basis. South Afr Geogr J Being Rec Proc South Afr GeogrSoc, 2007, 92(1): 86-87.
[94] Working Group I of the IPCC. Climate change 2013: The physical science basis. Contr Work, 2013, 43(22): 866-871.
[95] IPCC. Special report on global warming of 1.5℃ . UK: Cambridge University Press, 2018
[96] 秦大河 , Stocker Thomas. IPCC 第五次评估报告第一工作组报告的亮点结论．气候变化研究进展，2014, 10(1): 1-6.
[97] Richard H M, Jae A E, Kathy A H, et al. The next generation of scenarios for climate change research and assessment. Nature, 2010, 463(7282): 747.
[98] 李海防，夏汉平，熊燕梅，等．土壤温室气体产生与排放影响因素研究进展．生态环境，2007, 16(6): 1781-1788.
[99] 方精云．全球生态学：气候变化与生态响应．北京：高等教育出版社，2000.
[100] 王明星．大气化学．2 版．北京：气象出版社，1999.

[101] 王庚辰．陆地生态系统温室气体排放（吸收）测量方法简评．气候与环境研究，1997, 2(3): 251-263.
[102] Blackmer A M, Bremner J M. Gas Chromatographic analysis of soil atmospheres1. Soil Sci Soc Am J, 1977, 41(5): 908-912.
[103] Jukka P, Pasi K, Hannu I, et al. Comparison of different chamber techniques for measuring soil CO_2 efflux. Agric For Meteorol, 2004, 123(3): 159-176.
[104] Papale D, Reichstein M, Aubinet M, et al. Towards a standardized processing of net ecosystem exchange measured with eddy covariance technique: Algorithms and uncertainty estimation. Biogeosciences, 2006, 3(4): 571-583.
[105] 贾俊香，熊正琴．典型菜地土壤剖面 N_2O、CH_4 与 CO_2 分布特征研究．中国生态农业学报，2015, 23(12): 1536-1543.
[106] 王微．温室气体及其稳定同位素排放通量测量技术和方法研究．合肥：中国科学技术大学，2013.
[107] 郑泽梅，于贵瑞，孙晓敏，等．涡度相关法和静态箱/气相色谱法在生态系统呼吸观测中的比较．应用生态学报，2008, 19(2): 290-298.
[108] Hargreaves K, Wienhold F, Klemedtsson L, et al. Measurement of nitrous oxide emission from agricultural land using micrometeorological methods. Atm Environ, 1996, 30(10): 1563-1571.
[109] Smith K A, Clayton H, Arab J R M, et al. Micrometeorological and chamber methods for measurement of nitrous oxide fluxes between soils and the atmosphere: Overview and conclusions. J Geophys Res Atm, 1994, 99(8): 16541.
[110] Lavigne M B, Ryan M G, Anderson D E, et al. Comparing nocturnal eddy covariance measurements to estimates of ecosystem respiration made by scaling chamber measurements at six coniferous boreal sites. J Geoph Res, 1997, 102(24): 28977-28985.
[111] Law B E, Ryan M G, Anthoni P M. Seasonal and annual respiration of a ponderosa pine ecosystem. Global Change Biol, 2010, 5(2): 169-182.
[112] Steduto P, Çetinkökü Ö, Albrizio R, et al. Automated closedsystem canopy-chamber for continuous field-crop monitoring of CO_2 and H_2O fluxes. Agric For Meteorol, 2002, 111(3): 171-186.
[113] 顾帅，周凌晞，刘立新，等．静态箱-气相色谱法 CO_2 和 CH_4 通量观测的质控方法研究．气象，2010, 36(8): 87-91.
[114] 杜睿，王庚辰，吕达仁，等．箱法在草地温室气体通量野外实验观测中的应用研究．大气科学，2001, 25(1): 61-70.
[115] 张振超，王金牛，孙建，等．土壤温室气体测定方法研究进展．应用与环境生物学报，2019, 25(5): 1228-1243.
[116] Davidson E A, Savage K, Verchot L V, et al. Minimizing artifacts and biases in chamber-based measurements of soil respiration. Agric For Meteorol, 2002, 113(1): 21-37.
[117] 王跃思，刘广仁，王迎红，等．一台气相色谱仪同时测定陆地生态系统 CO_2、CH_4 和 N_2O 排放．环境污染治理技术与设备，2003, 4(10): 86-92.
[118] Denmead O T. Approaches to measuring fluxes of methane and nitrousoxide between landscapes and the atmosphere. Plant Soil, 2008, 309(1): 5-24.
[119] Flesch T K, Wilson J D, Harper L A, et al. Estimating gas emissions from a farm with an inverse-dispersion technique. Atm Environ, 2005, 39(27): 4863-4874.
[120] Schiller C L, Hastie D R. Nitrous oxide and methane f luxes from perturbed and unperturbed boreal forest sites in northern Ontario. J Geophys Res Atm, 1996, 101(17): 22767-22774.
[121] 石飞飞，王维汉．静态箱研究进展及设施菜地气体采集静态箱研制构想．安徽农业科学，2016, 44(24): 226-227.
[122] Veldkamp E, Keller M. Nitrogen oxide emissions from a banana plantation in the humid tropics. J Geophys Res Atm, 1997, 102(13):15889.
[123] Smith K A, Scott A, Galle B, et al. Use of a long-path infrared gas monitor for measurement of nitrous oxide flux from soil. J Geoph Res Atm, 1994, 99(8): 16585-16592.
[124] Flessa H, Dörsch P, Beese F. Seasonal variation of N_2O and CH_4 fluxes in differently managed arable soils in southern Germany. J Geophys Res Atm, 1995, 100(11): 23115-23124.
[125] Mosier A R, Morgan J A, King J Y, et al. Soilatmosphere exchange of CH_4, CO_2, NO_x, and N_2O in the Colorado shortgrass steppe under elevated CO_2. Plant Soil, 2002, 240(2): 201-211.
[126] Meyer M, Galbally I E, Wang Y, et al. Two automatic chamber techniques for measuring soil-atmosphere exchanges of trace gases and results of their use in the oasis field experiment. Aspendale: CSIRO Atmospheric Research, 2001.
[127] Cai Z, Xing G, Yan X, et al. Methane and nitrous oxide emissions from rice paddy fields as affected by nitrogen fertilisers and water management. Plant Soil, 1997, 196(1): 7-14.
[128] 王迎红．陆地生态系统温室气体排放观测方法研究、应用及结果比对分析．北京：中国科学院大气物理研究所，2005.
[129] 李志安，邹碧，曹裕松，等．地面氧化亚氮排放静态箱测定技术．生态环境学报，2002, 4(4): 413-416.
[130] Levine J S, Winstead E L, Parsons D A B, et al. Biogenic soil emissions of nitric oxide（NO）and nitrous oxide（N_2O）from savannas in south Africa: The impact of wetting and burning. J Geoph Res Atm, 1996, 101(19): 23689-23697.
[131] Rolston D E, Duxbury J M, Harper L A. Processes for production and consumption of gaseous nitrogen oxides in soil. Agric Ecos Eff Trace Gas Global Clim Change, 1993.
[132] Ma Y C, Li Y, Ma Y C, et al. Mitigation of nitrous oxide emissions from paddy soil under conventional and no-till practices using nitrification inhibitors during the winter: Wheat-growing season. Biol Fert Soils, 2013, 49(6):627-635.
[133] Yan X, Akimoto H, Ohara T. Estimation of nitrous oxide, nitric oxide and ammonia emissions from croplands in east, southeast and south Asia. Global Change Biol, 2010, 9(7): 1080-1096.
[134] Zhang C, Liu J, Zhou Y, et al. Nitrous oxide emissions from maize-wheat field during four successive years in the north China plain. Biogeosci Disc, 2013, 10(10): 18337-18358.
[135] Yao Z S, Zheng X H, Xie B H, et al. Comparison of manual and automated chambers for field measurements of N_2O, CH_4, CO_2 fluxes from cultivated land. Atm Environ, 2009, 43(11): 1888-1896.
[136] Law B E, Williams M, Anthoni P M, et al. Measuring and modelling seasonal variation of carbon dioxide and water vapour exchange

of a Pinus ponderosa forest subject to soil water deficit. Globle Change Biol, 2010, 6(6): 613-630.
[137] 杜睿，王庚辰，吕达仁，等．静态箱法原位观测草原 CO_2 通量的探讨．生态学报，2002, 22(12): 2167-2174.
[138] Liang N S, Nakadai T, Hirano T, et al. In situ comparison of four approaches to estimating soil CO_2 efflux in a northern larch（*Larix kaempferi* Sarg.）forest. Agric For Meteorol, 2004, 123(1): 97-117.
[139] 王明星．中国稻田甲烷排放．北京：科学出版社，2001.
[140] 郝志鹏，董红敏，陶秀萍，等．铝箔复合膜气袋对温室气体吸附性的试验研究．农业工程学报，2005, 21(11): 130-132.
[141] 林茂．土壤温室气体通量测定方法的比较和评价．湖南农业科学，2012, 12(9): 44-46.
[142] Nay S M, Mattson K G, Bormann B T. Biases of chamber methods for measuring soil CO_2 efflux demonstrated with a laboratory apparatus. Ecology, 1994, 75(8): 2460-2463.
[143] Louise B, Ralf K, David G, et al. Nitrous oxide emissions from a cropped soil in a semi-arid climate. Global Change Biol, 2010, 14(1): 177-192.
[144] 高志岭，陈新平，张福锁．农田土壤 N_2O 排放的连续自动测定方法．植物营养与肥料学报，2005, 11(1): 68-74.
[145] Kroon P S, Hensen A, Bulk W C M V D, et al. The importance of reducing the systematic error due to non-linearity in N_2O flux measurements by static chambers. Nutr Cycl Agric, 2008, 82(2): 175-186.
[146] Pedersen A R, Petersen S O, Vinther F P. Stochastic diffusion model for estimating trace gas emissions with static chambers. Soil Sci Soc AmJ, 2001, 65(1): 49-58.
[147] Gao F, Yates S R. Simulation of enclosure-based methods for measuring gas emissions from soil to the atmosphere. J Geoph Res Atm, 1999, 103(20): 26127-26136.
[148] 石书静，高志岭．不同通量计算方法对静态箱法测定农田 N_2O 排放通量的影响．农业环境科学学报，2012, 11(10): 2060-2065.
[149] Hutchinson G L, Mosier A R. Improved soil cover method for field measurement of nitrous oxide fluxes. Soil Sci Soc Am J, 1981, 45: 311-316.
[150] 姚玉刚．两种方法测定华北平原农田生态系统净碳交换量的研究．合肥：安徽农业大学，2007.
[151] Yin M H, Tong Y A, Gao P C, et al. Coupled effects of straw and nitrogen management on N_2O and CH_4 emissions of rained agriculture in northwest China. Atm Environ, 2017, 157: 156-166.
[152] Hu X K, Su F, Ju X T, et al. Greenhouse gas emissions from a wheat-maize double cropping system with different nitrogen fertilization regimes. Environ Poll, 2013, 176(5): 198-207.
[153] Gao B, Ju X, Su F, et al. Nitrous oxide and methane emissions from optimized and alternative cereal cropping systems on the north China plain: A two-year field study. Sci Tot Environ, 2014, 472: 112-124.
[154] 刘敏，张翀，巨晓棠，等．箱体结构及计算方法对夏玉米农田 N_2O 排放测定结果的影响．农业环境科学学报，2018, 37(6): 1284-1290.
[155] Venterea R T. Simplified method for quantifying theoretical underestimation of chamber-based trace gas fluxes. J Environ Qual, 2010, 39(1): 126-135.
[156] Bekku Y, Koizumi H, Oikawa T, et al. Examination of four methods for measuring soil respiration. Appl Soil Ecol, 1997, 5(3): 247-254.
[157] Denmead O T. Chamber systems for measuring nitrous oxide emission from soils in the field. Soil Sci Soc Am J, 1979, 42(2): 606.
[158] Fang C, Moncrieff J B. An improved dynamic chamber technique for measuring CO_2 efflux from the surface of soil. Funct Ecol, 1996, 10(2): 297-305.
[159] Matthias A D, Blackmer A M, Bremner J M. A simple chamber technique for field measurement of emissions of nitrous oxide from soils. J Envion Qual, 1980, 9(2): 251-256.
[160] 潘冬荣，孙斌．温室气体及常用研究方法．甘肃科技，2017, 33(7): 54-56.
[161] Witkamp M. Rates of carbon dioxide evolution from the forest floor. Ecology, 1966, 47(3): 492-494.
[162] Page A L, Miller R H, Keeney D R. Methods of soil analysis. Part 2. Chemical and microbiological properties. Madison: Soil Science Society of America, Inc, 1982.
[163] 杨晶，黄建辉，李鑫，等．农牧交错区不同植物群落土壤呼吸的日动态观测与测定方法比较．植物生态学报，2004, 28(3): 318-325.
[164] 李玉强，赵哈林，李玉霖，等．沙地土壤呼吸观测与测定方法比较．干旱区地理，2008, 31(5): 680-686.
[165] Harrison R. Measuring soil respiration in the field: An automated closed chamber system compared with portable irga and alkali absorption methods. Comm Soil Sci Plant Anal, 2002, 33(3): 403-423.
[166] 朱强根，张焕朝，单奇华．苏北不同杨树人工林经营模式下土壤呼吸日变化观测与测定方法比较．安徽农业科学，2007, 35(30): 9518-9521.
[167] Freijer J I, Bouten W. A Comparison of field methods for measuring soil carbon dioxide evolution: Experiments and simulation. Plant Soil, 1991, 135(1): 133-142.
[168] 王跃思，郑循华，王明星，等．气相色谱法检测大气中 N_2O 浓度．分析测试技术与仪器，1994(2): 19-24.
[169] Tang X, Liu S, Zhou G, et al. Soil-atmospheric exchange of CO_2, CH_4, and N_2O in three subtropical forest ecosystems in southern China. Global Change Biol, 2010, 12(3): 546-560.
[170] 王跃思，王明星．农田甲烷和氧化亚氮排放自动采样观测系统．中国科学院大学学报，1997(1): 17-22.
[171] Kiese R, Papen H, Butterbachbahl K, et al. N_2O-emission from tropical rain forest soils of the wet tropics. Queensland, Australia, 2002.
[172] Harrison R M, Yamulki S, Goulding K W T, et al. Effect of fertilizer application on NO and N_2O fluxes from agricultural Fields. JGeoph Res Atm, 1995, 100(12): 25923.
[173] Wang E, So S, Xie F, et al. Compact quantum cascade laser based atmospheric CO_2 sensor//Cleo: 2011-Laser Science to Photonic Applications. [S.l.]: [s.n.]. 2011: 1-2.
[174] 王跃思，郑循华，王明星，等．静态箱法气相色谱法自动检测农田 N_2O 排放．分析测试技术与仪器，1997(1): 10-15.

[175] Wang Y, Hu Y, Ji B, et al. An investigation on the relationship between emission/uptake of greenhouse gases and environmental factors in serniarid grassland. Adv Atm Sci, 2003, 20(1): 119-127.

[176] Butterbach-bahl K, Willibald G, Papen H. Soil core method for direct simultaneous determination of N_2 and N_2O emissions from forest soils. Plant Soil, 2002, 240(1): 105-116.

[177] 冯琪，王睿，郑循华，等. 厌氧条件下土壤反硝化气体（N_2、N_2O、NO）和 CO_2 排放-氦环境培养-气体同步直接测定法的应用初探. 气候与环境研究，2013, 18(3): 297-310.

[178] Bolpagni R, Pierobon E, Longhi D, et al. Diurnal exchanges of CO_2 and CH_4 across the water-atmosphere interface in a water chestnut meadow（*Trapa natans* L.）. Aquat Bot, 2007, 87(1): 43-48.

[179] Baggs E M, Blum H. CH_4 oxidation and emissions of CH_4 and N_2O from lolium perenne swards under elevated atmospheric CO_2. Soil Biol Biochem, 2004, 36(4): 713-723.

[180] 宋长春. 沼泽湿地生态系统土壤 CO_2 和 CH_4 排放动态及影响因素. 环境科学，2004, 25(4): 1-6.

[181] 王毅勇，宋长春，郑循华，等. 三江平原小叶章湿草甸 CH_4 地-气交换特征. 生态与农村环境学报，2004, 20(3):1-5.

[182] Xiao D M, Wang M, Wang Y S, et al. Fluxes of soil carbon dioxide, nitrous oxide and firedamp in broad-leaved/Korean pine Forest. J For Res, 2004, 15(2): 107-112.

[183] Denmead O T, Bct M, Bryant G, et al. Emissions of methane and nitrous oxide from Australian sugarcane soils. Agric For Meteorol, 2010, 150(6): 748-756.

[184] 阚瑞峰，刘文清，张玉钧，等. 可调谐二极管激光吸收光谱法监测环境空气中甲烷的浓度变化. 中国激光，2005, 32(9): 1217-1220.

[185] 阚瑞峰，刘文清，张玉钧，等. 可调谐二极管激光吸收光谱法测量环境空气中的甲烷含量. 物理学报，2005, 54(4): 471-474.

[186] Yin W, Ma W, Wang L, et al. Research on the distributed optical remote sensing of methane employing single laser source. Chin Opt Lett, 2004, 2(2): 86-88.

[187] 李小银，林兆祥，刘煜炎，等. 激光大气等离子体光谱特性实验研究. 光学学报，2004, 24(8): 1051-1056.

[188] 王玉田，刘瑾，张景超，等. 基于谐波检测技术的光纤甲烷气体传感器的研究. 测控技术，2003, 22(11): 19-21.

[189] 王书涛，刘瑾，车仁生，等. 一种基于谐波检测技术的光纤甲烷气体传感器. 应用光学，2004, 25(2): 44-47.

[190] Weldon V, Phelan P, Hegarty J. Methane and carbon dioxide sensing using a DFB laser diode operating at 1. 64μm. Electr Lett, 2002, 29(6): 560-561.

[191] Shimose Y, Okamoto T, Maruyama A, et al. Remote sensing of methane gas by differential absorption measurement using a wavelength tunable DFB Ld. Photon Technol Lett IEEE, 1991, 3(1):86-87.

[192] Yamamoto K, Tai H, Uchida M, et al. Long-distance simultaneous detection of methane and acetylene by using diode lasers in combination with optical fibers//Optical Fiber Sensors Conference, 1992[S. l.]: [s. n.]. 2002: 333-336.

[193] Uehara K, Tai H. Remote detection of methane with a 1. 66-microm diode laser. Appl Opt, 1992, 31(6): 809-814.

[194] Schilt S, Thévenaz L, Robert P. Wavelength modulation spectroscopy: Combined frequency and intensity laser modulation. Appl Opt, 2003, 42(33): 6728.

[195] 黄渐强，翟冰，叶玮琳，等. 基于波长调制技术的近红外甲烷检测仪. 光电子・激光，2014(5): 947-953.

[196] 魏敏. 基于 CW-QCL 的长光程温度气体高灵敏检测方法研究. 合肥：中国科学技术大学，2017.

[197] 汤媛媛，刘文清，何亚柏，等. 室温脉冲 QCL 光谱特性实验研究. 物理学报，2012, 61(24): 272-280.

[198] 崔小娟，董凤忠，陈卫东，等. 基于室温连续量子级联激光器的 HONO 气体检测. 光学学报，2013, 33(4): 276-282.

[199] Kosterev A, Wysocki G, Bakhirkin Y, et al. Application of quantum cascade lasers to trace gas analysis. Appl Phys B, 2008, 90(2): 165-176.

[200] Cmachl C, Capasso F, Sivco D. Recent progress in quantum cascade lasers and applications. Rep Progr Phys, 2001, 64(11): 1533.

[201] Khan A. Simultaneous detection of atmospheric nitrous oxide and carbon monoxide using a quantum cascade laser. Proc Spi Int Soc Opt Eng, 2011, 8029(7): 34.

[202] Gagliardi G, Borri S, Tamassia F, et al. A frequency-modulated quantum-cascade laser for spectroscopy of CH_4 and N_2O isotopomers. Isot Environ Health Stud, 2006, 41(4): 313-321.

[203] Wang R, Willibald G, Feng Q, et al. Measurement of N_2, N_2O, NO, and CO_2 emissions from soil with the gas-flow-soil-core technique. Environ Sci Technol, 2011, 45(14):6066-6072.

[204] Ren W, Jiang W, Tittel F K. QCL based absorption sensor for simultaneous trace-gas detection of CH_4 and N_2O. Appl Phys B, 2014, 117(1): 245-251.

[205] Tao L, Sun K, Miller D J, et al. Low-power, open-path mobile sensing platform for high-resolution measurements of greenhouse gases and air pollutants. Appl Phys B, 2015, 119(1): 153-164.

[206] 魏敏，刘建国，阚瑞峰，等. 基于量子级联激光器的温室气体测量方法研究. 光学学报，2014, 34(12): 333-339.

[207] Liang N, Inoue G, Fujinuma Y. A multichannel automated chamber system for continuous measurement of forest soil CO_2 efflux. Tree Phys, 2003, 23(12): 825-832.

[208] Rochette P, Desjardins R L, Pattey E. Spatial and temporal variability of soil respiration in agricultural fields. Can J Soil Sci, 1991, 71(2):189-196.

[209] Rochette P, Gregorich E G, Desjardins R L. Comparisons of static and dynamic closed chambers for measurement of soil respiration under field conditions. Can J Soil Sci, 1993, 72(4): 605-609.

[210] Fang C, Moncrieff J B. An open-top chamber for measuring soil respiration and the influence of pressure difference on CO_2 efflux measurement. Funct Ecol, 2010, 12(2): 319-325.

[211] 陈书涛，邹建文，胡正华. 陆地生态系统土壤呼吸的观测与模拟. 生态环境学报，2017, 26(11): 1985-1996.

[212] Bondlamberty B, Thomson A. A global database of soil respiration data. Biogeosciences, 2010, 7(6): 1915-1926.

[213] 赵广东，王兵，杨晶，等. LI-8100 开路式土壤碳通量测量系统及其应用. 气象科技，2005, 33(4): 363-366.

[214] 耿绍波，饶良懿，鲁绍伟，等. 国内应用 LI-8100 开路式土壤碳通量测量系统测量土壤呼吸研究进展. 内蒙古农业大学学报

（自然科学版），2010, 31(3): 309-316.
[215] Wang H M, Zu Y G, Wang W J, et al. Notes on the forest soil respiration measurement by a Li-6400 system. J For Res, 2005, 16(2):132-136.
[216] 张宇鹏．基于 SCF-S2002 和 LI-8100 的三种典型人工林土壤呼吸特征及经营影响研究．杭州：浙江农林大学，2016.
[217] Tian H Q, Lu C Q, Ciais P, et al. The terrestrial biosphere as a net source of greenhouse gases to the atmosphere. Nature, 2016, 531: 225-228.
[218] Ray D K, Ramankutty N, Mueller N D, et al. Recent patterns of crop yield growth and stagnation. Nature Communications, 2012, 3: 1293.
[219] Zhang J T, Tian H Q, Shi H, et al. Increased greenhouse gas emissions intensity of major croplands in China: Implications for food security and climate change mitigation. Global Change Biology, 2020a, 26: 6116-6133.
[220] 夏龙龙，颜晓元，蔡祖聪．我国农田土壤温室气体减排和有机碳固定的研究进展及展望．农业环境科学学报，2020, 39(4):834-841.
[221] Cui Z L, Zhang H Y, Chen X P, et al. Pursuing sustainable productivity with millions of smallholder farmers. Nature, 2018, 555: 363-366.
[222] Yan X Y, Akiyama H, Yagi K, et al. Global estimations of the inventory and mitigation potential of methane emissions from rice cultivation conducted using the 2006 Intergovernmental Panel on Climate Change Guidelines. Global Biogeochemical Cycles, 2009, 23: GB2002.
[223] 周胜，张鲜鲜，王从，等．水分和秸秆管理减排稻田温室气体研究与展望．农业环境科学学报，2020, 39(4):852-862.
[224] Sun H F, Zhou S, Song X F, et al. CH_4 emission in response to water-saving and drought-resistance rice（WDR）and common rice varieties under different irrigation managements. Water Air and Soil Pollution, 2016, 227: 47.
[225] 张枝盛，汪本福，李阳，等．氮肥模式对稻田温室气体排放和产量的影响．农业环境科学学报，2020, 39(6):1400-1408.
[226] Guo C, Ren T, Li P F, et al. Producing more grain yield of rice with less ammonia volatilization and greenhouse gases emission using slow/controlled-release urea. Environmental Science and Pollution Research, 2019, 26: 2569-2579.
[227] Wang J Y, Zhang X L, Xiong Z Q, et al. Methane emissions from a rice agroecosystem in South China: Effects of water regime, straw incorporation and nitrogen fertilizer. Nutrient Cycling in Agroecosystems, 2012, 93: 103-112.
[228] Zhang X Y, Fang Q C, Zhang T, et al. Benefits and trade-offs of replacing synthetic fertilizers by animal manures in crop production in China: A meta-analysis. Global Change Biology, 2020b, 26: 888-900.
[229] Liu C, Lu M, Cui J, et al. Effects of straw carbon input on carbon dynamics in agricultural soils: A meta-analysis. Global Change Biology, 2014, 20: 1366-1381.
[230] Xia L L, Lam S K, Yan X Y, et al. How does recycling of livestock manure in agroecosystems affect crop productivity, reactive nitrogen losses, and soil carbon balance？ Environmental Science & Technology, 2017b, 51: 7450-7457.
[231] Khosa M K, Sidhu B S, Benbi D K. Effect of organic materials and rice cultivars on methane emission from rice field. Journal of Environmental Biology, 2010, 31: 281-285.
[232] Zhao X, Pu C, Ma S T, et al. Management-induced greenhouse gases emission mitigation in global rice production. Science of the Total Environment, 2019, 649: 1299-1306.
[233] Kudeyarov V N. Nitrous oxide emission from fertilized soils: An analytical review. Eurasian Soil Science, 2020, 53: 1396-1407.
[234] 张强，巨晓棠，张福锁．应用修正的 IPCC2006 方法对中国农田 N_2O 排放量重新估算．中国生态农业学报，2010, 18(1):7-13.
[235] 夏龙龙，颜晓元．中国粮食作物生命周期生产过程温室气体排放的研究进展及展望．农业环境科学学报，2020, 39(4):665-672.
[236] Cui Z L, Wang G L, Yue S C, et al. Closing the N-use efficiency gap to achieve food and environmental security. Environmental Science & Technology, 2014, 48: 5780-5787.
[237] Xia L L, Lam S K, Chen D L, et al. Can knowledge-based N management produce more staple grain with lower greenhouse gas emission and reactive nitrogen pollution？ -A meta-analysis. Global Change Biology, 2017, 23: 1917-1925.
[238] Aliyu G, Luo J F, Di H J, et al. Yield-scaled nitrous oxide emissions from nitrogen-fertilized croplands in China: A meta-analysis of contrasting mitigation scenarios. Pedosphere, 2021, 31: 231-242.
[239] Qiao C L, Liu L L, Hu S J, et al. How inhibiting nitrification affects nitrogen cycle and reduces environmental impacts of anthropogenic nitrogen input. Global Change Biology, 2015, 21: 1249-1257.
[240] Wang H T, Ma S T, Shao G D, et al. Use of urease and nitrification inhibitors to decrease yield-scaled N_2O emissions from winter wheat and oilseed rape fields: A two-year field experiment. Agriculture Ecosystems & Environment, 2021, 319: 107552.
[241] Wu D, Zhang Y X, Dong G, et al. The importance of ammonia volatilization in estimating the efficacy of nitrification inhibitors to reduce N_2O emissions: A global meta-analysis. Environmental Pollution, 2021, 271: 116365.
[242] Sha Z P, Ma X, Wang J X, et al. Effect of N stabilizers on fertilizer-N fate in the soil-crop system: A meta-analysis. Agriculture Ecosystems & Environment, 2020, 290: 106763.
[243] Liu Q, Zhang Y H, Liu B J, et al. How does biochar influence soil N cycle？ -A meta-analysis. Plant and Soil, 2018, 426: 211-225.
[244] Lin Y X, Ding W X, Liu D Y, et al. Wheat straw-derived biochar amendment stimulated N_2O emissions from rice paddy soils by regulating the *amoA* genes of ammonia-oxidizing bacteria. Soil Biology & Biochemistry, 2017, 113: 89-98.
[245] 余倩，段雷，郝吉明．中国酸沉降：来源，影响与控制．环境科学学报，2021, 41: 731-745.
[246] Bouwman A F, Lee D S, Asman W A H, et al. A global high-resolution emission inventory for ammonia. Global Biogeochemical Cycles, 1997, 11: 561-587.
[247] Li B, Chen L, Shen W, et al. Improved gridded ammonia emission inventory in China. Atmospheric Chemistry and Physics, 2021, 21: 15883-15900.
[248] Streets D G, Bond T C, Carmichael G R, et al. An inventory of gaseous and primary aerosol emissions in Asia in the year 2000. Journal of Geophysical Research: Atmospheres, 2003: 108.
[249] Behera S N, Sharma M, Aneja V P, et al. Ammonia in the atmosphere: A review on emission sources, atmospheric chemistry and

deposition on terrestrial bodies. Environmental Science and Pollution Research, 2013, 20: 8092-8131.

[250] 刘学军，沙志鹏，宋宇，等. 我国大气氨的排放特征、减排技术与政策建议. 环境科学研究，2021, 34: 149-157.

[251] Deng Z L, Zhang Q Q, Zhang X Y. Satellite-based analysis of spatial-temporal distributions of NH_3 and factors of influence in north China. Frontiers in Environmental Science, 2021: 476.

[252] Bowman W D, Cleveland C C, Halada Ĺ, et al. Negative impact of nitrogen deposition on soil buffering capacity. Nature Geoscience, 2008, 1: 767-770.

[253] Tian D, Niu S. A global analysis of soil acidification caused by nitrogen addition. Environmental Research Letters, 2015, 10: 024019.

[254] Peñuelas J, Poulter B, Sardans J, et al. Human-induced nitrogen-phosphorus imbalances alter natural and managed ecosystems across the globe. Nature Communications, 2013, 4: 2934.

[255] Aber J D, Nadelhoffer K J, Steudler P, et al. Nitrogen saturation in northern forest ecosystems. Bio Science, 1989, 39: 286-378.

[256] Duan L, Ma X, Larssen T, et al. Response of surface water acidification in upper Yangtze River to SO_2 emissions abatement in China. Environmental Science & Technology, 2011, 45: 3275-3281.

[257] Qiao Y, Feng J, Liu X, et al. Surface water pH variations and trends in China from 2004 to 2014. Environmental Monitoring and Assessment, 2016, 188: 443.

[258] Yu Q, Zhang T, Ma X, et al. Monitoring effect of SO_2 emission abatement on recovery of acidified soil and streamwater in southwest China. Environmental Science & Technology, 2017, 51: 9498-9506.

[259] Mazzetto A M, Styles D, Gibbons J, et al. Region-specific emission factors for Brazil increase the estimate of nitrous oxide emissions from nitrogen fertiliser application by 21%. Atmospheric Environment, 2020, 230: 117506.

[260] Li Q, Yang A, Wang Z, et al. Effect of a new urease inhibitor on ammonia volatilization and nitrogen utilization in wheat in north and northwest China. Field Crops Research, 2015, 175: 96-105.

[261] Liu X, Xu W, Sha Z, et al. A green eco-environment for sustainable development: Framework and action. Frontiers of Agricultural Science and Engineering, 2020, 7(1): 67-74.

[262] Yang Q, Liu P, Dong S, et al. Combined application of organic and inorganic fertilizers mitigates ammonia and nitrous oxide emissions in a maize field. Nutrient Cycling in Agroecosystems, 2020, 117: 13-27.

[263] Sun B, Bai Z, Bao L, et al. Bacillus subtilis biofertilizer mitigating agricultural ammonia emission and shifting soil nitrogen cycling microbiomes. Environment International, 2020, 144: 105989.

[264] Fan L, Yuan Y, Ying Z, et al. Decreasing farm number benefits the mitigation of agricultural non-point source pollution in China. Environmental Science and Pollution Research, 2019, 26: 464-472.

[265] Wu S P, Dai L H, Wei Y, et al. Atmospheric ammonia measurements along the coastal lines of Southeastern China: Implications for inorganic nitrogen deposition to coastal waters. Atmospheric Environment, 2018, 177: 1-11.

[266] Gu B, Lam S K, Reis S, et al. Toward a generic analytical framework for sustainable nitrogen management: Application for China. Environmental Science & Technology, 2019, 53: 1109-1118.

[267] Quan J, Zhang Q, He H, et al. Analysis of the formation of fog and haze in North China Plain（NCP）. Atmospheric Chemistry and Physics, 2011, 11: 8205-8214.

[268] Lin J T, Pan D, Davis S J, et al. China's international trade and air pollution in the United States. Proceedings of the National Academy of Sciences of the United States of America, 2014, 111(5): 1736-1741.

[269] Li Y, Schichtel B A, Walker J T, et al. Increasing importance of deposition of reduced nitrogen in the United States. Proceedings of the National Academy of Sciences of the United States of America, 2016, 113(21): 5874-5879.

[270] 中国碳中和与清洁空气协同路径年度报告工作组（2021）. 中国碳中和与清洁空气协同路径 2021. 中国清洁空气政策伙伴关系，北京，中国.

[271] An Z, Huang R, Zhang R, et al. Severe haze in northern China: A synergy of anthropogenic emissions and atmospheric processes. Proceedings of the National Academy of Sciences of the United States of America, 2019, 116(18): 8657-8666.

[272] Zhang C, Zeng G, Huang D, et al. Biochar for environmental management: Mitigating greenhouse gas emissions, contaminant treatment, and potential negative impacts. Chemical Engineering Journal, 2019, 373: 902-922.

[273] Huang R J, Zhang Y L, Bozzetti C, et al. High secondary aerosol contribution to particulate pollution during haze events in China. Nature, 2014, 514(7521): 218-222.

[274] Van Damme M, Clarisse L, Whitburn S, et al. Industrial and agricultural ammonia point sources exposed. Nature, 2018, 564: 99-103.

[275] Zhang Q, Zheng Y, Tong D, et al. Drivers of improved $PM_{2.5}$ air quality in China from 2013 to 2017. Proceedings of the National Academy of Sciences of the United States of America, 2019, 116(49): 24463-24469.

[276] Hayashi K, Yan X. Airborne nitrogen load in Japanese and Chinese agroecosystems. Soil Science and Plant Nutrition, 2010, 56: 2-18.

[277] Chen X, Cui Z, Fan M, et al. Producing more grain with lower environmental costs. Nature, 2014, 514: 486-489.

[278] Ma L, Wang F, Zhang W, et al. Environmental assessment of management options for nutrient flows in the food chain in China. Environmental Science & Technology, 2013, 47(13): 7260-7268.

[279] Zhang X, Davidson E A, Mauzerall D L, et al. Managing nitrogen for sustainable development. Nature, 2015, 528: 51-59.

[280] Liu M X, Huang X, Song Y, et al. Ammonia emission control in China would mitigate haze pollution and nitrogen deposition, but worsen acid rain. Proceedings of the National Academy of Sciences of the United States of America, 2019, 116(16): 7760-7765.

[281] Kang Y, Liu M, Song Y, et al. High-resolution ammonia emissions inventories in China from 1980 to 2012. Atmospheric Chemistry and Physics, 2016, 16(4): 2043-2058.

[282] Fu H, Luo Z, Hu S. A temporal-spatial analysis and future trends of ammonia emissions in China. Science of the Total Environment, 2020, 731: 138897.

[283] Zhang X, Wu Y, Liu X, et al. Ammonia emissions may be substantially underestimated in China. Environmental Science & Technology,

2017, 51(21): 12089-12096.
[284] Backes A M, Aulinger A, Bieser J, et al. Ammonia emissions in Europe, part Ⅱ : How ammonia emission abatement strategies affect secondary aerosols. Atmospheric Environment, 2016, 126: 153-161.
[285] Wu C, Wang G, Li J, et al. Non-agricultural sources dominate the atmospheric NH_3 in Xi'an, a megacity in the semi-arid region of China. Science of the Total Environment, 2020, 722: 137756.
[286] He K, Yang F, Ma Y, et al. The characteristics of $PM_{2.5}$ in Beijing, China. Atmospheric Environment, 2001, 35: 4959-4970.
[287] Liu Z, Gao W, Yu Y, et al. Characteristics of $PM_{2.5}$ mass concentrations and chemical species in urban and background areas of China: Emerging results from the CARE-China network. Atmospheric Chemistry and Physics, 2018, 18: 8849-8871.
[288] Behera S N, Sharma M, Aneja V P, et al. Ammonia in the atmosphere: A review on emission sources, atmospheric chemistry and deposition on terrestrial bodies. Environmental Science and Pollution Research, 2013, 20: 8092-8131.
[289] Viatte C, Wang T, Van Damme M, et al. Atmospheric ammonia variability and link with particulate matter formation: A case study over the Paris area. Atmospheric Chemistry and Physics, 2020, 20: 577-596.
[290] Jiang B, Xia D. Ammonia control represents the key for $PM_{2.5}$ elimination: insights for global air pollution control interconnected from $PM_{2.5}$ events in China. Clean Technologies and Environmental Policy, 2020, 23: 829-841.
[291] 王跃思．我国大气灰霾污染现状、治理对策建议与未来展望-王跃思研究员访谈．中国科学院院刊，2017, 32(3): 219-227.
[292] Jiang B, Xia D. Role identification of NH_3 in atmospheric secondary new particle formation in haze occurrence of China. Atmospheric Environment, 2017, 163: 107-117.
[293] Liu X J, Zhang Y, Han W X, et al. Enhanced nitrogen deposition over China. Nature, 2013, 494(7438): 459-462.
[294] Sutton M A, Van Dijk N, Levy P E, et al. Changing perspectives on nitrogen and air pollution in an ammonia-rich world. Philosophical Transactions of the Royal Society A Mathematical Physical and Engineering Sciences, 2020, 378: 20190315.
[295] Guo Y, Chen Y, Searchinger T D, et al. Air quality, nitrogen use efficiency and food security in China are improved by cost-effective agricultural nitrogen management. Nature Food, 2020, 1(10): 648-658.
[296] Pan Y, Tian S, Zhao Y, et al. Identifying ammonia hotspots in China using a national observation network. Environmental Science & Technology, 2018, 52(7): 3926-3934.
[297] Liu X, Vitousek P, Chang Y, et al. Evidence for a historic change occurring in China. Environmental Science & Technology, 2016, 50(2): 505-506.

中国肥料研究与应用全书

Books of Fertilizer Research and Application in China

FERTILIZER

第 4 章

施肥与水体环境效应

4.1 面源污染

4.1.1 化肥损失与面源污染

据第二次全国污染源普查公报统计，2017 年农业源总氮、总磷排放量分别为 141.49 万吨与 21.20 万吨，占排放总量的 46.5% 和 67.2%。其中种植业总氮排放量为 71.95 万吨，总磷排放量为 7.62 万吨，已经成为水体富营养化的主要因素之一。而种植业造成的面源污染主要是因为化肥施用过量以及施肥方式、施肥时间与施肥结构的不合理而造成的。施入土壤里不能被作物及时吸收利用的氮、磷等会通过径流和淋溶等排放到地表水及地下水环境中，对水体造成了一定程度的污染风险。此外，氮素还会通过氨挥发损失到大气中，部分又通过大气干湿沉降回到地面，对地表水造成污染。

4.1.1.1 径流

国家标准《土壤质量 农田地表径流监测方法》（GB/T 41222—2021）中对农田地表径流进行了定义，即降水或灌溉水进入农田土壤后，除了植物截留、蒸发、下渗以及田埂蓄留外，其余流经农田排水口或漫过田埂排出农田外的径流。可见农田地表径流包括降雨所导致的农田产流以及农田特殊管理时刻的主动排水或者退水。此外，受农田土壤物理特性、层次及厚度等的影响，地表径流除了地面径流外，还包括壤中流。壤中流即在土壤表层或分层土层内的界面上侧向流动的水流，又称表层流。其主要发生在不同层次土壤或有机质的不连续界面上，界面以下土层是透水性较差的相对不透水层。下渗水流在不连续界面上受阻积蓄，形成暂时饱和带，从而发生壤中流。

径流是农田氮、磷等污染物排放进入地表水环境的主要路径，主要受降水事件驱动。通过对长江中下游地区太湖流域 60 年的降水量数据进行分析，并结合实际径流监测结果，太湖流域水稻和小麦的径流易发期分别是水稻移栽至分蘖期（即 6 月初至 7 月中下旬的基肥期和蘖肥期）和小麦播种至返青拔节期（12 月、2 月和 3 月），此期如施肥后遭遇降雨，径流样中氮浓度最高可达 40 ～ 60mg/L。

降雨量的大小决定了径流是否发生，而农田氮、磷径流损失的大小则受施肥量的显著影响。研究发现，长江中下游地区稻麦轮作农田径流氮损失与施氮量呈显著指数正相关。有研究分析发现，与不施肥相比，由于施肥增加的氮损失稻田在 3.31 ～ 10.03kg/hm^2，旱地在 3.00 ～ 11.24kg/hm^2 之间，稻田氮损失与肥料类型和氮用量显著相关，旱地氮损失主要受施氮量和降雨量影响；不同肥料类型之间，缓控释肥造成的氮径流损失最低，其次是有机肥，化肥处理最高。不同磷水平处理下的田间试验研究发现，稻田径流水中磷素浓度和磷的径流损失量均随着施磷量的增加而显著增加。同样，研究也发现，总磷（TP）径流损失量与施磷量、降雨量显著正相关。

由于降雨存在广泛的时空变异性，因此农田径流损失也存在较大的年际变异。根据 2009 ～ 2012 年连续 3 年的监测结果，太湖流域稻麦轮作农田的径流损失主要受降雨事件驱动，年际间变异较大，稻季 1.84 ～ 8.75kg/hm^2，以铵态氮为主；麦季 1.75 ～ 27.50kg/hm^2，以硝态氮为主；径流氮总损失量为 3.95 ～ 36.25kg /hm^2，占施氮量的 0.8% ～ 7.2%，平均 3.1%。而 Tian 等在太湖流域常熟地区连续 2 年的监测结果和 Zhao 等在宜兴连续 3 年的监测结果显示，麦季氮素径流损失平均为 18.4kg（N）/hm^2 和 44.97kg（N）/hm^2，均远高于稻季的 6.72kg（N）/hm^2 和 14.55kg（N）/hm^2，这主要是因为麦季需要开沟排涝，径流系数远高于稻季。正常降雨年份稻季氮径流损失高于麦季，麦季雨水较多条件下氮素径流损失可达周年流失总氮量的 50% 以上。

地表径流损失是农田磷素流失的主要途径，约占农田磷素总损失量的 76%，颗粒态磷是主要形态。太湖流域稻麦轮作农田多年定位监测数据显示，稻季的磷素损失量为0.69～2.66kg（P_2O_5）/hm^2，占施磷量的 1.1% ～ 4.4%；麦季为 0.55 ～ 1.26kg（P_2O_5）/hm^2，占施磷量的 0.9% ～ 2.1%；周年径流磷损失平均为 2.58kg（P_2O_5）/hm^2，占总施磷量的 2.1%。华北平原小麦-玉米轮作磷素径流损失为 0.2kg（P）/hm^2。

4.1.1.2 淋溶

淋溶又称渗漏，淋溶作用指土壤中较细的土粒、化学元素随土壤水分由土壤表层向下层（或底层）移动的作用。当降雨量和灌溉量超过田间饱和持水量时，农田土壤中的氮、磷等将随水向下淋失。氮、磷在土壤中的残留和累积是其淋溶的前提和物质基础，进入农田的水分运移是土壤中氮、磷向不同方向迁移的驱动力，最终将其带出农田或根区从而导致氮、磷淋溶。因此，凡是能够改变土壤氮、磷累积和水分运移的因素都会影响氮、磷淋溶的发生。影响农田土壤氮、磷淋溶的因素众多，包括土壤类型、种植模式、施肥、灌溉、降雨等。农田固有的特点如土壤类型等影响氮素的本底流失。土壤类型不同导致土壤质地不同，而土壤质地决定了水分的渗透性，土壤质地越粗、孔隙越多，淋溶损失越严重；卵石和砂砾土中氮素的流失量较大，而黏质和粉砂质土壤质地细、孔隙较少、反硝化作用较强，因而淋溶量较小。同一种植模式下，总氮淋溶强度为黑土区 ＜ 褐土区 ＜ 潮土区。春玉米种植模式下，褐土区的总氮和总磷淋溶强度［35.9kg（N）/hm^2 和 0.11kg（P）/hm^2］是黑土区的 11.3 倍和 1.8 倍。露地蔬菜种植模式下，潮土区的总氮淋溶强度高达 81.9kg（N）/hm^2，而褐土区和黑土区的总氮淋溶强度仅为潮土区的 52.1% 和 37.2%；潮土区露地蔬菜总磷的淋溶强度达 0.15kg（P）/hm^2，褐土区和黑土区的总磷淋溶强度仅为潮土区的 60.0% 和 46.7%。保护地种植模式下，黑土区的总氮和总磷淋溶强度分别为 30.5kg（N）/hm^2 和 0.5kg（P）/hm^2，褐土区和潮土区的总氮淋溶强度分别是黑土区的 3.7 倍和 7.5 倍，褐土区和潮土区的总磷淋溶强度分别是黑土区的 1.3 倍和 2.1 倍。

施肥是氮、磷淋溶的物质基础，而水分输入（降雨 + 灌溉）是氮、磷淋溶的驱动力。通常情况下，淋溶主要发生在降雨或灌溉集中的季节。氮肥施用量及种类等与氮淋溶密切相关，施氮量、灌溉量和降雨量与氮淋溶量之间存在显著正相关关系。褐土区春玉米的长期监测结果表明，农田总氮淋溶量平均为 35.9kg（N）/hm^2，其中枯水年（降雨量约 130mm）无淋溶事件发生，而丰水年（降雨量约 400mm）的总氮淋溶量达 63.6kg(N)/hm^2，显著高于多年平均值。

种植模式不同，水肥管理特征不同，其氮、磷淋溶规律及量也有所不同。稻田由于犁底层和稻季水层的存在，淋溶氮损失相对稳定且相对较小，稻季占施氮量的 1.7% ～ 3.2%，平均为 2.6%，渗漏氮浓度在 2.28 ～ 5.03mg/L 之间，其中有机氮占 60% 以上；麦季旱作导致渗漏氮损失受降雨量影响极大，损失总量变化在 1.44 ～ 19.0kg/hm^2，平均占施氮量的比例为 4.2% 左右，其中硝态氮占比 60% 以上（俞映倞等，2011）。而旱作体系中，硝酸盐的淋洗作用要强烈得多。华北平原小麦-玉米体系通过硝酸盐淋失的化肥氮素损失占氮肥施用量的25%。华北露地菜地农户常规处理［黄瓜季和白菜季各施550kg（N）/hm^2］氮淋溶损失高达55kg/hm^2，占施氮量的10%；减氮20%配合脲酶抑制剂和硝化抑制剂、施用生物炭和添加秸秆还田分别使全年总氮淋溶量比常规水肥处理降低40.7%、43.0%和34.3%。王洪媛等系统分析了中国北方主要农区285个监测点年的4种主要种植模式的淋溶规律，发现我国北方保护地蔬菜、露地蔬菜、冬小麦-夏玉米轮作和春玉米的平均氮淋溶强度分别为117.5kg（N）/hm^2、51.7kg（N）/hm^2、49.9kg（N）/hm^2和30.7kg（N）/hm^2。与粮田相比，蔬菜田的高水肥投入决定了其较高的氮、磷淋溶量。受土壤质地以及区域间水肥管理差异的影响，农田氮、磷淋溶年际间变化主要受降雨强度的影响，总氮淋溶量与降雨强度呈正线性相关关系，尤其在前一年无淋溶事件发生背景下，下一年的淋溶量会急剧增加。

磷易被土壤中的黏土矿物、铁铝氧化物和碳酸盐吸附，不易发生淋失，故总磷淋溶强度较小。我国北方保护地蔬菜、露地蔬菜、冬小麦-夏玉米轮作和春玉米的平均磷淋溶强度分别为0.74kg（P）/hm^2、0.10kg（P）/hm^2、0.07kg（P）/hm^2和0.09kg（P）/hm^2。太湖流域稻麦轮作农田周年磷的平均淋溶损失量为0.80kg（P_2O_5）/hm^2，占总施磷量的0.7%。当土壤磷饱和度较低时，土壤磷流失并未随土壤磷累积而显著增加。但当土壤磷饱和度超过磷流失阈值时，土壤颗粒态磷和水溶态磷的流失则会显著增加。

4.1.1.3 氨挥发

氨挥发，是指氨自土壤表面（旱地）、田面水表面（水田）或植物表面逸散至大气中的过程。它是农田氮素损失的重要途径。当土表、田面水表面或植物外体空间的氨分压大于其上方空气中的氨分压时，这一过程即可发生。氨挥发的影响因素主要包括土壤性质、环境因素、肥料种类以及管理措施等，挥发量随温度以及土壤溶液或田面水pH值的升高而加剧，随土壤阳离子交换量的增加而降低。在田间，氨挥发量随风速和光照强度的增大而增多。施肥对氨挥发的影响主要与施肥量、氮肥种类、施肥方法和施肥时期有关。施肥量直接影响土壤或田面水铵态氮含量，与氨挥发呈显著正相关，施肥量越高，氨挥发损失越大。康飞等对1980年至2018年的华北平原冬小麦氨挥发文献进行研究总结，发现冬小麦氨挥发累积量随着化肥施氮量的增加呈指数函数增加趋势，净氨挥发量呈幂函数增加特征，基肥期是冬小麦氨挥发的损失关键时期，占比一半以上。就氮肥种类来讲，施碳酸氢铵和尿素可使水稻田面水pH值上升，从而促进氨挥发，而硫酸铵不会，因此碳酸氢铵的氨挥发损失要大于尿素，大于硫酸铵；而新型缓控释肥由于其氮素的缓慢释放特性，因此，对氨挥发的减排效果十分明显。不同施肥方式间，表施＞混施＞深施。研究发现，与肥料常规撒施技术相比，基于不同基肥施用比例下的侧深施肥技术在实现增产稳产的同时，可显著降低稻田氨挥发23.1%～60.6%；在设施蔬菜田环境下，与常规表面撒施技术相比缓释肥施用和水肥一体化技术可分别显著降低菜田氨挥发24.2%和42.4%。

不同作物体系的氨挥发损失量及其排放规律也有所不同。华北平原小麦-玉米体系化肥氮素氨挥发损失量占氮肥施用量的22%。长江中下游稻麦轮作体系下氨挥发损失占氮肥施用量的6%～20%。据文献荟萃分析和模型估算，2010年中国北方农田NH_3挥发量为43kg（N）/hm^2（约21%），四川盆地为41kg（N）/hm^2（约20%），东北地区为25kg（N）/hm^2（约26%）。

谢梓豪等通过文献荟萃分析研究发现，不同区域、作物和管理措施下的氨挥发排放因子（氨挥发量占施氮量的比例）有显著差异，整体上，由于南方地区年均温和年降雨量均高于北方，故排放因子南方高于北方，而碱性土壤高于中性和酸性土壤；与单施化肥相比，多数情况下施用有机肥、缓控释肥或抑制剂可显著降低氨挥发因子；以单施化肥为例，水稻种植的氨挥发因子为 9.9% ～ 37.0%，高于蔬菜（2.2% ～ 13.0%）和其他作物（3.3% ～ 8.0%）。

4.1.1.4　氮沉降

氮沉降是指大气中的氮元素以 NH_x 和 NO_x 的形式降落到陆地和水体的过程。根据氮元素降落方式不同可分为大气氮干沉降和大气氮湿沉降。大气氮干沉降即通过降尘的方式，而大气氮湿沉降即通过降雨的方式使氮返回到陆地和水体。已有研究表明，农田施肥不合理、养殖场畜禽粪便管理不佳、燃煤、汽车尾气排放等，都会增加人为活性氮向大气的排放，从而导致氮沉降增加。其中铵态氮沉降是氮素沉降的主体，占总沉降量的 2/3 左右，主要来自农业源氨排放；硝态氮沉降约占总沉降量的 1/3，主要来自非农业源（燃煤和汽车尾气等化石能源燃烧）氮氧化物排放。从大气沉降到水生态系统中的活性氮，也是地表水富营养化的一个重要营养源。

太湖流域氮沉降研究表明，每年仅由湿沉降直接进入太湖水体的总氮占入湖河道年输入量的 13.6%，对太湖水体蓝藻暴发和富营养化有潜在的促进作用。中国科学院南京土壤研究所颜晓元团队研究发现，太湖地区大气氮沉降对该地区水体氮污染的贡献仅次于农田氮肥流失，该地区大气氮干沉降占氮沉降总量的 54.5%，在考虑氮干沉降的基础上，总氮沉降对太湖水体氮负荷的贡献为 33.3%。滇池流域的研究表明，氮沉降占滇池流域总输出负荷的年均比例为 15.7% ～ 16.6%，比此前估计的 7.6% 高出两倍。大量氮直接沉降到水体中，是造成太湖和滇池水体富营养化的一个重要原因。

大气氮湿沉降与施肥量和降雨量有关，太湖流域稻季由湿沉降带入土壤或地表水中的氮为 7.5kg/hm^2，其中氨氮的平均比例为 55.5%；稻季总氨挥发量与湿沉降中的铵态氮浓度和总沉降量显著正相关。据报道，太湖流域宜兴地区湿沉降（雨水）的铵中 70% 左右来源于农田氨挥发，干沉降中有 40% 来源于农田氨挥发。具体氮沉降中有多少来自农田施肥引起的氨挥发，还有待进一步研究。

4.1.2　面源污染负荷

4.1.2.1　面源氮

对我国主要稻区地表径流氮磷流失现状特征、降雨、种植模式、栽培技术、施肥管理、水分管理方式及其他影响因素进行了总结，发现六大稻区全氮（TN）、全磷（TP）径流损失量范围分别为 5.09 ～ 21.32kg/hm^2 和 0.70 ～ 3.22kg/hm^2，其中降雨是稻田径流氮、磷流失的主要驱动因素。

太湖流域稻麦轮作农田连续 6 年的氮素损失通量监测结果表明，径流是稻麦轮作农田氮素排放进入水环境的主要途径，总损失量为 36.9 ～ 70.5kg/hm^2，占施氮量的 9% ～ 18%，平均 11.5%。其中稻季 6.28 ～ 57.6kg/hm^2，以铵态氮为主；麦季 6.6 ～ 64.3kg/hm^2，以硝态氮为主。农田径流损失主要受降雨事件驱动，正常降雨年份稻季氮径流损失高于麦季，麦季雨水较多条件下氮素径流损失可达周年流失总氮量的50%以上。水稻移栽至分蘖期和小麦播种至返青拔节期是径流损失高风险期，此期如施肥后遭遇降雨，径流样中氮浓度最高可达40～60mg/L。稻季犁底层的存在使渗漏氮损失相对稳定，氮浓度在2.28～5.03mg/L之间，渗漏损失氮为4.97～9.76kg/hm^2，占施氮量的1.7%～3.2%，平均为2.6%。麦季旱作导致渗漏氮损失受降雨量的影响极大，氮浓度变化在10.4～20.7mg/L，主要为硝态氮，损失总量为1.44～19.0kg/hm^2，占施氮量的0.7%～9.5%，平均为4.2%。周年氮的渗漏损失量约占施肥量的3%。水稻生长季氨挥发损失为60.6～97.1kg/hm^2，平均为76.4kg/hm^2，占施氮量的20.2%～32.3%。小麦生长季氨挥发损失10.9～50.8kg/hm^2，平均27.3kg/hm^2，占施肥量的5.45%～25.4%。稻季氨挥发损失主要受田面水中氨浓度和pH的影响，麦季则主要受土壤氮含量因素包括施肥量、施肥时间、施肥方法和温度等的影响。

4.1.2.2 面源磷

相对于氮素而言，农田磷素损失途径相对比较简单，主要通过地表径流和渗漏两种途径对地表水或地下水环境造成影响。稻麦轮作农田系统中，地表径流损失是磷素流失的主要途径，约占农田磷素总损失量的76%，颗粒态磷是主要形态。多年定位监测数据显示，太湖流域稻麦轮作农田稻季的磷素损失量为0.69～2.66kg（P_2O_5）/hm^2，占施磷量的1.1%～4.4%；麦季为0.55～1.26kg（P_2O_5）/hm^2，占施磷量的0.9%～2.1%；周年径流磷损失平均为2.58kg（P_2O_5）/hm^2，占总施磷量的2.1%。磷的渗漏损失较少，周年平均损失量为0.80kg（P_2O_5）/hm^2，占总施磷量的0.7%。巢湖流域稻麦轮作农田2010年的监测结果表明，总磷流失量为0.302～0.612kg/hm^2，89%以上是在稻季流失的；常规施肥条件下稻麦轮作农田氮肥流失率在6%左右，磷肥流失率在0.45%左右。而洱海流域稻田不同施肥管理模式下的监测发现，稻田径流总磷和可溶磷浓度较为稳定，稻田径流总磷浓度在0.03～0.91mg/L之间，平均浓度为0.30mg/L。不同施肥模式下稻田径流总磷流失量为0.66～1.43kg/hm^2，有机肥配施处理的稻田径流总磷流失量高于纯化肥处理，磷素的流失以可溶态为主，可溶磷流失量占总磷流失量的83.6%～98.8%。太湖流域集约化露天菜地总磷（TP）径流损失浓度随施磷量的减少而降低，并以可溶性磷（DP）流失形态为主，DP/TP为50.1%～63.1%。磷径流损失负荷呈现出明显的季节性特征，夏秋季磷素流失量为1.93～3.26kg/hm^2（以P计），占全年磷素流失通量的59.2%～63.2%。磷环境阈值为78.9mg/kg，所有处理土壤表层有效磷（Olsen-P）含量均超过环境阈值。模拟降雨试验表明，旱地总磷（TP）流失浓度随降雨强度的增大而降低，流失过程相对平缓，磷的流失形态以颗粒态磷（PP）为主；10mm/h、15mm/h、25mm/h降雨强度下TP流失量分别为0.061kg/hm^2、0.050kg/hm^2、0.030kg/hm^2。

4.1.2.3 化学需氧量

化学需氧量（COD）是表征水环境有机物污染参数且能快速测定的一个重要指标，是用化学方法测量水样中被氧化的还原性物质所需的氧当量。测定方法有重铬酸盐法和高锰酸钾法。盆栽试验监测发现，秸秆还田显著提升了田面水中 COD 浓度，是秸秆未还田的 2 ～ 4 倍（图 4-1）。COD 浓度在秸秆还田后 40 天内一直保持较高水平，变化在 92 ～ 237mg/L 之间，平均为 164mg/L；46 天后逐渐下降至 60mg/L 以下，但仍高于秸秆未还田处理（表 4-1）。氮肥施用可以降低秸秆还田处理前期田面水 COD 浓度，还田 46 天内平均浓度为 133mg/L，降幅 20% 左右；增大了后期田面水的 COD 浓度，总体平均浓度为 38.6mg/L，低于地表水Ⅴ类水的标准（40mg/L）。因此，COD 排放风险主要存在于水稻生育前期即移栽后 40 天内。

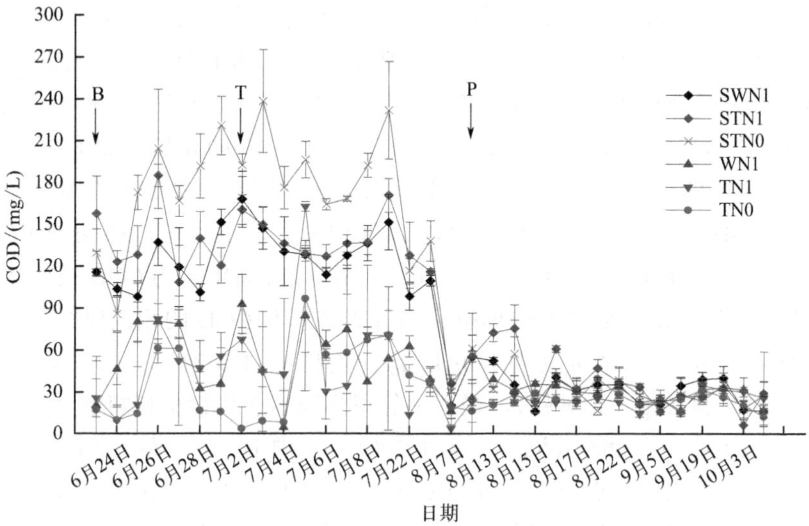

图 4-1　不同处理下稻田田面水 COD 浓度动态变化

秸秆未还田正常施肥处理在生育前期平均田面水 COD 浓度为 48.5mg/L，也存在着一定风险（表 4-1）。苏州长期定位试验（稻-休耕）2019 年度径流监测数据显示，秸秆未还田下径流 COD 浓度在移栽后 40 天内的变化在 31 ～ 110mg/L，大部分时间高于地表水Ⅴ类水的标准（40mg/L）。

表4-1　不同处理下不同阶段稻田田面水COD平均浓度　　单位：mg/L

处理		还田 46 天内平均值	还田 46 天后平均值
SWN1	秸秆还田 + 尾水灌溉 + 氮肥	120.04	32.74
STN1	秸秆还田 + 自来水灌溉 + 氮肥	133.06	38.58
STN0	秸秆还田 + 自来水灌溉 + 不施氮肥	164.67	30.84
WN1	尾水灌溉 + 氮肥	53.02	29.32
TN1	自来水灌溉 + 氮肥	48.57	24.47
TN0	自来水灌溉 + 不施氮肥	37.1	24.5

刘世平在网室水泥池（无渗漏）中的模拟试验发现，稻麦轮作系统中稻田翻耕不还田、翻耕还田、免耕高茬、免耕覆盖还田处理的COD浓度在还田10d时分别为19.61mg/L、58.82mg/L、169.61mg/L和217.65mg/L，30d时相应为7.84mg/L、24.51mg/L、93.14mg/L和138.24mg/L。张赟和杨志敏等的研究也发现，麦秸还田覆盖处理的田面水中COD浓度远大于翻埋处理，同一秸秆处理方式中，还田量越大，COD浓度越高。室内模拟试验发现，秸秆还田后田面水中COD浓度高峰期出现在7～15d之间，最高浓度可达624mg/L，而秸秆未还田处理COD最大值也只有177mg/L。而油菜秸秆在水中（约1∶100）的模拟腐解试验发现，水体中的COD含量在第3天达到最大值25mg/L，然后迅速下降，此后保持在15mg/L左右。稻油轮作田间小区试验实际监测结果表明，秸秆还田+常规施肥处理（SF）的COD浓度最高，其次是无秸秆还田+常规施肥处理（F）和秸秆还田+无施肥处理（S），无秸秆还田+无施肥处理（CK）最低。2017年，较CK处理，S处理COD浓度在油菜季和水稻季分别平均增加了约8.4%和14.2%，综合周年平均COD浓度增加了约11.2%；2018年，较CK处理，S处理COD浓度在油菜季和水稻季分别平均增加了约10.4%和15.5%，综合周年平均COD质量浓度增加了约12.8%。2017年，较F处理，SF处理COD浓度在油菜季和水稻季平均分别增加了约20.2%和22.2%，综合周年平均COD质量浓度增加了约22.8%。廖小红和李汉平通过室内模拟我国各类秸秆和COD的相关研究表明：单位秸秆干重所对应的COD负荷值分别为1.301kg/kg（麦秸）、1.247kg/kg（稻草）、1.311kg/kg（玉米秸秆）和1.415kg/kg（高粱秆），最后估算得到我国农作物秸秆随意弃置可能形成的面源COD总量极大值约为488×10^4t/a，相当于2004年我国工业生产和生活排放COD总量的36.4%。段华平开展的农业非点源污染物（COD、TN、TP）的定量化核算表明，江苏省的农业非点源污染主要是由农业生产过程所产生的。从主要污染物角度来看，COD、TN、TP等标排放量占总等标排放量的比例分别为6.81%、56.50%、36.69%，江苏省农业非点源主要污染物为TN和TP。陆尤尤等推导江苏省农业面源污染化学需氧量（COD）、全氮（TN）、全磷（TP）绝对实物年排放量分别为155.23万吨、62.34万吨、9.05万吨，相应的绝对等标排放量分别为7.76万吨、62.34万吨、45.23万吨。农业面源污染造成的COD、TN、TP的平均排放浓度分别为6.25mg/L、2.53mg/L、0.36mg/L，排放浓度地区差异显示苏北＞苏中＞苏南。

4.2 种植业氮、磷流失监测

种植业氮、磷流失的监测主体是农田，径流和淋溶是农田养分流失的两大途径。因此，种植业氮、磷流失的监测可分为径流中氮、磷的监测和淋溶中氮、磷的监测。其中，径流中氮、磷的监测方法有流量计法、堰测法、人工模拟降雨法和导流管-径流桶法等；淋溶中氮、磷的监测方法有淋溶盘法、淋溶集水槽法、渗漏池法、抽滤管法和土柱实验法等。在《全国种植业污染源普查排污系数测算实施方案》中，统一了径流和地下淋溶监测方法。

监测中主要采集径流水、淋溶水、土壤、植株、籽粒、泥沙、灌溉水和降水（雪）样品，实验室分析总氮、可溶氮、铵态氮、硝态氮、总磷、可溶磷，以及1～2种毒性高、用量大、难降解、未禁用的农药（如毒死蜱、阿特拉津、氟虫腈、吡虫啉、克百威、2,4-D-丁酯、涕灭威、丁草胺、乙草胺等）、多环芳烃（苯并［*a*］芘）等指标，详见表4-2[1]。

表4-2　样品检测项目及检测标准[1]

项目	径流水	淋溶水	灌溉水、降水（雪）	新鲜土壤	风干土壤	植株（籽粒）	检测标准编号
pH值	√	√			√		GB 6920—1986、NY/T 1377—2007
总氮	√	√	√				HJ 636—2012
可溶氮	√	√					HJ 636—2012
总磷	√		√				HJ 670—2013、GB/T 11893—1989
可溶磷	√						HJ 670—2013、GB/T 11893—1989
硝态氮	√	√		√			HJ 84—2016
铵态氮	√	√		√			HJ 101—2019、HJ 535—2009、DB22/T 2270—2018
含水率		√		√		√	GB/T 36055—2018
有机质					√		NY/T 1121.6—2006
全氮					√	√	NY/T 1121.24—2012、NY/T 2419—2013
全磷					√	√	HJ 632—2011、NY/T 88—1988、NY/T 2421—2013
全钾					√	√	NY/T 87—1988、HJ 766—2015
有效磷					√		NY/T 1121.7—2014、NY/T 1121.25—2012
有效钾					√		NY/T 889—2004
化学需氧量	□	□	□				GB/T 34500.2—2017
重金属	□				√	□	GB 5009.268—2016、GB 15618—2018等
农药	□			√	□	□	GB 23200.8—2016、GB/T 20769—2008、HJ 835—2017
多环芳烃					□		HJ 834—2017、HJ 784—2016 HJ 805—2016

注：√为必须检测项目，□为视样品来源选择性检测项目。

4.2.1　径流取样方法

水体环境污染已经成为我国最主要的环境问题之一。河流、湖泊等地表水体富营养化是我国水环境污染的主要表现形式。不同途径排放的氮、磷等面源污染物已经取代点源污染成为水环境污染物的最重要来源。其中农业面源污染氮、磷排放是导致水体富营养化的主要原因之一。据国家统计局数据，2013年我国化肥施用总量达到5912万吨，其中氮肥约为2394万吨，磷肥约为831万吨[2]。然而已有研究报道表明，我国氮肥与磷肥利用率仅为 30% ～ 35% 和 10% ～ 20%，远低于发达国家[3, 4]。其余未经作物吸收利用的养分可能通过地表径流或渗漏等途径流失到地表或地下水中，最终输入河流与湖泊中，威胁水体环境[5]。一般认为，地表径流是造成河流与湖泊等地表水体富营养化的最重要原因[6]。如：王桂苓[7]研究表明巢湖流域稻麦轮作系统氮肥流失率约 6.0%，磷肥流失率约 0.4%。对洞庭湖区的氮素径流损失的监测结果显示，该地区双季稻田施用尿素总氮径流损失量为 7.5kg/hm^2，占施氮量的 2.5%[8]。在太湖地区观测到稻田氮径流损失量为 1.0 ～ 17.9kg/hm^2，占稻季施氮量的 0.3% ～ 5.8%[9]，同地区春夏季蔬菜地土壤氮和磷的径流输出总量分别为 3.0kg/hm^2 和 0.7kg/hm^2[10]。因此，科学系统地开展农业面源氮、磷径流损失的监测，有助于提高对土壤氮、磷随径流迁移机制及其定量描述的认识，对减轻农业面源污染及保护水体环境具有重要的理论意义和实用价值。如何监测氮、磷地表径流是研究其流失特征和流失负荷的重要手段，科学的监测方法对抓住农业面源污染的产生规律，进而提出针对性的治理策略至关重要。本节就氮、磷地表径流损失研究中采用的主要监测方法及应用作一阐述，以期为今后农业氮、磷面源污染研究及控制提供合适的技术支持和科学依据。

4.2.1.1 污染物的地表径流过程

农田中未被作物吸收的盈余氮、磷溶解于径流水中，是以无机态或有机态形式吸附于泥沙颗粒表面随着水流而迁移流失的，农田水流方向可以分为沿地表横向流和向地下纵向流两种情况。在第一次全国污染源普查农业源普查公报中，统一将通过地表横向水流途径损失的氮、磷量定义为地表径流流失量，通过地下纵向水流途径流失的氮、磷量定义为地下淋溶流失量。本节主要讨论前者，即氮、磷地表径流流失。

地表径流的能量主要依靠降雨，当降雨强度超过土壤下渗速度时产生径流并汇集，形成地表径流和土壤侵蚀。随地表径流流失的氮，可分为溶解态和颗粒态两部分，一般认为溶解态氮为主要形态。磷肥施入土壤后生物有效性不高，绝大部分为土壤所吸持，不易为作物吸收利用，径流流失的磷素中颗粒态磷比重较大。颗粒态磷包括含磷矿物、含磷有机质和被吸持在土壤颗粒上的磷；溶解态磷主要来自土壤、作物和肥料的释放，主要以正磷酸盐的形式存在，可为藻类直接吸收利用，因而会直接影响地表水的环境质量。

4.2.1.2 地表径流常用监测方法

农业面源污染具有隐蔽性、动态性、随机性与监测难等特点，并且农田氮、磷的地表径流损失受多种因素的影响，所采取的监测方法因土壤类型与植被覆盖、土地耕作方式、降雨灌溉、施肥方式等不同而不同，而且不同研究的试验目的不同，迄今尚无统一的监测方法。氮、磷地表径流监测方法可分为间接计算法和直接监测法，前者基于土壤氮、磷投入量与各途径去向损失量的质量平衡计算，由于不同去向之间均有一定误差，不易定量，应用较少。后者以水分质量平衡为基础测定径流产生量以及径流液中氮、磷养分的浓度，易于定量，较多应用于实际研究中[11]，主要方法有模拟降雨-径流盘监测法、野外径流小区监测法、流域尺度模型预测法及其他方法等。

（1）模拟降雨-径流盘监测法　该方法是利用可以同时控制降雨强度和降雨时间的人工模拟

降雨器模拟天然降雨，模拟降雨达到一定程度后，在填装有土壤的模拟试验径流盘内形成径流，然后通过径流盘下端的V型量水堰或者自动采样器收集径流液。在测定径流水量后，取部分样品进行氮、磷等组分的浓度测定，从而计算氮、磷径流污染物损失量[12-14]。模拟降雨-径流盘法监测装置主要包括4部分：供水系统、人工模拟降雨机、径流试验土壤小区和自动采样器[15,16]。

根据径流盘内土壤填充方式，目前实际研究中采取的具体方法可分为模拟降雨-填装土径流盘法和模拟降雨-原状土径流盘法[17,18]。Eghball等采用模拟降雨-填装土径流盘系统针对长期有机肥与化肥施用对土壤氮、磷径流损失的影响开展研究，结果表明长期有机肥施用显著影响总磷径流损失负荷，氮肥施用显著增加氮素损失，而且氮、磷损失主要发生于径流产生的前45min。李恒鹏等（2008）采用模拟降雨-原状土径流盘监测法探讨了太湖流域平原河网地带暴雨径流过程中地表径流氮素流失特征，结果表明径流水相总氮平均浓度为12.41mg/L，地表径流氮素中悬浮颗粒态氮与溶解态氮之比为2.65∶1。

模拟降雨-径流盘监测法的试验条件可以人为控制，易于突出主要影响因素，能重复不同土壤和管理措施等条件，而且模拟降雨器可以同时控制降雨强度和降雨时间等，因此得到了广泛的应用[13,18]。此外，模拟降雨-径流盘监测法兼具取样简单、人工耗费少等优点。但是因为土壤、降雨条件等诸多因素与自然状况差异较大，而且产流面积偏小，在模拟条件下所得的试验结果不可避免地会与实际生态系统的研究结果产生一些偏差，限制了其研究成果的推广应用。该方法更多地应用于农田生态系统氮、磷流失规律与机制的室内模拟研究，不能直接用于实际污染负荷的计算。

（2）野外径流小区监测法　首先在研究区域内选择一块能代表研究区域特征的典型田块，设置人工控制的单灌单排的径流小区（或天然形成的汇水区域），小区内设置不同试验处理。当径流事件发生时，计量径流体积并采集排水口径流水样，对径流样中不同形态的氮、磷浓度进行分析，从而对降雨径流氮、磷流失进行定量研究。还可以通过小区单位面积氮、磷流失量乘以区域面积来估算选定小流域的氮、磷流失总负荷。试验过程中，小区之间需筑高田埂并用塑料膜包被，以尽量避免小区之间养分的串流及侧渗等，长期试验可通过筑造一定深度的砖混水泥墙或深埋PVC板进行小区隔离。同时，试验小区外围需要设立适宜面积的保护区。小区进水管口高度与土壤水平面齐平，根据土地利用方式及试验目的设置排水管口。通过径流液收集桶或者收集池采集径流液，可以同时监测径流液体积和径流液中不同形态的氮、磷含量，从而计算氮、磷流失负荷。还可以在径流小区出口处建立形状规则的分流池，径流事件结束后根据分流池中径流的体积折算各小区的实际径流量[19-23]。也可以在研究区域总出水口设置适宜口径的电磁流量计或规则直角三角堰-水位自动检测仪等计量系统进行连续计量[24-27]，取其平均值作为各试验小区径流量，该法适用于各小区种植及管理模式一致的试验条件。

根据降雨产流方式的不同，实际研究过程中采取的检测方法有模拟降雨-径流小区监测法[28-30]和天然降雨-径流小区监测法[31-33]。前者整个模拟降雨系统与室内相似，但产流试验于田间小区开展，小区面积可达几十平方米，甚至可以达到公顷面积水平[24,25,34]。模拟降雨-径流小区监测法适用于研究农田地表径流氮、磷污染输出规律及影响机理。Heathwaite等[28]采用此法（降雨强度22mm/h，持续时间35min，小区面积30m×5m）测得草地径流总氮与总磷浓度高达46mg/L和15mg/L，并研究了缓冲带对径流氮、磷损失的减控效果。程文娟等[30]对滇池流域沿湖15个乡镇进行实地调查，并结合田间模拟试验研究表明，农田地表氮、磷污染年均流失量差异大，分别为 5.07 ～ 113.16kg/hm^2 和 0.15 ～ 10.14kg/hm^2，化肥施用、土地利用方式、水分管理模式及种植制度等均影响农田氮、磷输出量。天然降雨-径流小区监测法可以研究实际径流事件过程中氮、磷流失规律与负荷。梁新强等[33]利用单排单灌的试验小区（4m×5m）研究了天然降雨条件下水稻田氮、磷径流流失特征，测得几次降雨径流样中总 N 浓度最高为 22.15mg/L，总磷为 4.84mg/L，累积总氮与总磷流失负荷分别为 0.23 ～ 0.80kg/hm^2 和 0.07 ～ 0.15kg/hm^2。李国栋等[10]采用此方法研究了太湖地区蔬菜种植区地表径流氮、磷输出负荷。测得菜地土壤氮、磷径流损失总量分别为 3.01kg/hm^2 和 0.70kg/hm^2，均以颗粒态为主，分别占 64% 和 75%。可溶态氮中，NH_4^+ -N 占 50%，可溶磷中 $H_2PO_4^-$ 占 87%。桑蒙蒙等[35]测得长江中下游地区夏玉米 NH_4^+ -N 与 NO_3^- -N 累积径流量分别为（7.30±0.57）kg/hm^2 和（7.94±3.01）kg/hm^2，总无机氮素径流损失率为当季施氮量的 5.1%。此外，Sun 等[36]设计并评价了一种便携式原位径流监测装置，该装置可应用于面积为 100m^2 的小区，可观测 0.025mm 降雨条件下的径流事件，最大可承受雨强为 82mm/h。

野外径流小区监测法的研究尺度介于模拟降雨-径流盘监测法和流域尺度模型预测法之间，可重复考察多种因素的影响，避免了试验设计可能对水文径流过程和土壤结构产生的影响，更接近实际情况。现有种植业面源污染氮、磷地表径流检测多采用此法。但是由于氮、磷流失时空差异大，仅仅以小区域研究结果代替大区域，会导致氮、磷流失负荷计算的精度不高。

（3）流域尺度模型预测法　目前预测面源污染物运移的模型主要包括 20 世纪 90 年代美国提出的 ANSWERS 模型、CREAMS 模型和 AGNPS 模型等[37, 38]。在这些模型基础上进行参数的优化改进，可以实现种植业氮、磷径流损失的监测[39-41]。以 AGNPS 为例，该模型以网格为基本运作单元，认为面源污染物从某一污染源运移到流域出口的过程中，其路线相对稳定且通过若干网格。因此，研究者只需要对各个网格进行监测和研究即可了解全流域的面源污染状况。该模型主要考虑 3 部分：水文部分、侵蚀部分，以及沉淀物输移与化学物质输移部分[42]。此外，耿润哲等[43]以北运河下游农业灌区（约 2000km^2）为研究对象，采用美国通用流失方程（USLE）、降雨径流模型（SCS-CN）与综合径流系数法等，测得该区域面源污染总氮与总磷年负荷为 2865.04t 和 101.22t，而且主要源自不透水地面所产生的总氮与总磷。Vadas 等[34]采用 APLE 模型测得奶牛场总磷径流损失负荷为 1.0kg/hm^2。杨旺鑫等[44]采用多元逐步回归方法，构建了单位面积水田与旱地的总磷径流损失量估算模型，结果表明两种土地利用方式下总磷径流损失量范围分别为 0.585 ～ 3.015kg/hm^2 和 0.045 ～ 0.473kg/hm^2，并估算出 2011 年全国总磷径流损失总量平均值为 6.364 万吨。

流域尺度模型预测法能充分考虑并控制空间变异对水分、泥沙及养分迁移和输出的影响。建立模型并对其相关参数进行优化后，可以实现对该区域氮、磷径流流失负荷的预测，避免了建模后繁重的现场监测工作。缺点是前期实际观测和定量分析工作量大，耗资多，模型需要不断进行修正优化。面源污染负荷的定量研究仅依靠模型模拟还不够，最有效的方法是将实地监测与模型模拟相结合，建立基于实际监测的污染负荷核算技术方法，进而获得面源污染产生、迁移转化和汇入水体等不同环节的负荷量[45]。

（4）地表径流检测的其他方法

① 平均浓度法　即以多年平均及不同频率代表年的年负荷量为基础，根据有限的资料估算非点源污染负荷量。此方法可以简便有效地根据有限的监测资料估算流域面源污染负荷量[46]。

但是此方法预测平水年的结果比较合理，枯水年与丰水年的结果会有一定偏差。

② 同位素示踪法 该法是利用放射性核素作为示踪剂对研究对象进行标记的微量分析方法。通过环境同位素示踪水循环与水化学分析方法相结合，可以推测水体中污染物的来源，掌握污染物质随时间的迁移规律和转化途径。通过河水中同位素研究可以较好地示踪水中氮与磷的来源，以弥补传统方法的不足，从而提供一种直接识别污染源的手段[47-49]。但是该方法成本较高，只能在理想条件下进行，适用于微区试验，难以应用于大田实际情况。

③ 差减法 即用断面实测总负荷减去点源负荷的方法。该方法原理简单，操作容易。但是如果点源估算准确度不高，会导致在应用时最终结果有所偏差。在平原河网区，汇流关系错综复杂，难以确定明确的汇水区域，该方法的应用受到很大限制[11]。

④ 土柱 / 渗漏池法 土柱或渗漏池系统是指采用 PVC 有机材料或混凝土结构隔离或者固定一定深度及体积的土壤，研究土壤-植物系统水分、肥料等循环的装置。土柱或渗漏池系统主要包含原状土柱系统和回填土柱系统。

鲁艳红等[50]采用此方法进行研究，结果表明稻田因径流损失的总氮量为 6.84 ～ 8.56kg/hm^2，占总施氮量的 2.28% ～ 2.85%，并证实降雨量和降雨时期对总氮径流损失起重要的作用。此方法可以同时监测农业土壤氮、磷成分的其他去向，如 NH_3 挥发、淋溶损失、作物吸收与土壤残留等。但同样存在产流面积小、与实际情况差别大的缺点。

此外，还可以基于 GIS（地理信息系统）遥感技术开展农业面源氮、磷负荷研究[51, 52]，即在大量实地观测资料及区域地理与农业环境数据基础上，开发并建立农业面源动态监测信息系统及数学模型，与 GIS 技术相结合，研究试验区域面源污染的负荷及分布规律。中国环境规划院编写的《全国水环境容量核定技术指南》提出了估算农田径流污染的标准农田源强系数法[53]。但由于国内南北方气候、种植结构及耕作条件的差异，输出系数法仅能用于粗略地估算农田径流污染的负荷。

4.2.2 淋溶取样方法

面源污染是当今世界上普遍存在的一个严重的环境问题，农业面源污染是最重要且分布最广泛的面源污染，也是导致水环境恶化的主要原因。第一次全国污染源普查公报指出，农业源总氮、总磷排放占全国污染源总氮、总磷排放的 57% 和 67%，其中种植业总氮、总磷排放占农业源排放的 59% 和 38%。研究报道表明，施入农田的氮肥当季作物利用率仅为 30% ～ 40%，其余的通过淋溶、径流、氨挥发、硝化-反硝化等多种途径损失[54]。种植业总氮地下淋溶流失量为 20.74 万吨，占其总氮流失量的 13%（第一次全国污染源普查公报）。对我国北方 69 个地下水水质的调查结果表明，硝态氮超标率达 50% 以上[55]。陕北地区和关中地区 167 个饮用井水中，硝态氮超标率分别为 21.5% 和 29.7%[56]。太湖流域种植年限长的大棚菜地周围 56 口井的水样分析结果表明，其硝态氮超标率达 32%[57]。一般认为，地下淋溶是造成地下水和地表水污染的重要原因，监测氮、磷地下淋溶是研究其流失特征和流失负荷的重要手段。

4.2.2.1 污染物的地下淋溶过程

地下淋溶过程是指在降雨或灌溉后，当土壤饱吸了水分，水势降至 0.1atm（1atm=1.01×10^{5}Pa）

之后，除地面流失（地面径流）外，多余的水通过土壤的大孔隙向下渗漏到地下水层中的过程。种植业面源污染物质主要为氮、磷和农药。在第一次全国污染普查农业源普查中，统一将沿地下纵向水流途径流失的氮、磷和农药量定义为地下淋溶流失量。

土壤中的氮，在降雨和灌溉水的作用下，大部分以可溶性的硝态氮、亚硝态氮和铵态氮形式，小部分以化合物形式（如尿素），淋溶到土壤下层。种植业氮淋溶排放以硝态氮为主，亚硝态氮次之，铵态氮占很小比例。磷肥施入土壤后的生物有效性较低，传统观点认为施入土壤中的磷绝大多数为土壤所吸持，不易为植物利用，只有很少部分进入土壤溶液中淋溶排放。土壤溶液中的磷主要以磷酸盐的形式存在，除了无机磷离子外，还有不同浓度的可溶性有机磷。农药施用后，在土壤上发生可逆或不可逆吸附，在达到吸附平衡之前，随时间的延长，吸附量逐渐增大。一般在降雨量大、强度大、历时长、施药时间与降雨时间的间隔短时，农药的淋溶量较大。

4.2.2.2 污染物淋溶的监测方法

由于污染物的地下淋溶受多种因素的影响，包括土壤性质、植被、耕作、土地利用方式、降水和灌溉等，迄今尚无统一的研究方法。目前采用的方法有大型排水采集器法、小型排水采集器法、多孔管法、同位素示踪法等。

（1）排水采集器法（lysimeter） 该方法的原理是基于水分质量平衡来研究土壤水分迁移和污染物淋失。可分为大型和小型排水采集器法。

大型排水采集器法又名渗漏池或测坑。根据土壤填埋方式分为原状土渗漏池[58-62]和回填土（按土壤发生层次回填）渗漏池[63, 64]。一般设计为大型、有底、混凝土结构的框体型渗漏池。此方法的优点是能直接在田间原位安装条件下，定量测定淋溶水量和淋溶液污染物含量，其缺点是安装时对原始土壤的扰动较大，难以模拟剖面土壤的基质势[65]，并有可能因此产生边际优先流[66, 67]，安装相对复杂，施工量大、成本高。

小型排水采集器法根据淋溶液收集装置的形状一般分为淋溶盘[68-74]和集水管[75-78]。设计原理是用一种小型采集装置收集土壤层间流、土壤亚表层径流、土壤淋溶液。此方法的优点是在实现原位监测的条件下，定量测定淋溶水量和淋溶液污染物含量，安装简便，施工量小、成本低。其缺点是淋溶液收集面积较小，一个收集装置只能收集单一深度的淋溶液。

（2）多孔管法（porous pipes） 又名多孔杯法，该方法的原理是以土壤水分平衡法、达西（Darcy）定律和水分零通量理论为依据。一般采用 PVC 管制作而成，也可用陶土制作，所以又名多孔陶土杯法（ceramic sampler）[79]。设计原理是用一种小型采集装置收集土壤层间流、土壤淋溶液，通常在管的一端管壁钻开多个进水小孔，用相应口径土钻钻孔埋入多孔管至待观测土壤深度，管口高出土层，使用自吸泵抽出多孔管中的淋溶液。通过获取相关气象数据或测量土壤渗漏速率来计算水分淋溶量，结合土壤污染物浓度评价污染物淋失量。此方法的优点是可实现田间原位监测，对土壤扰动小，安装简单，施工量小、成本低。其缺点是只能监测淋溶液中污染物浓度，不能直接获得淋溶水量。

（3）其他方法 除上述方法外，监测地下淋溶的方法还有：同位素示踪法[80, 81]，通过使用标记物质观测其在土壤剖面中的分布来估算污染物的淋失量，操作简便、可定量、安全、有效，但成本高，只能在理想条件下进行，以面积较小的微区为基础，不符合实际大田情况；

土柱模拟法[82-84]，此方法为实验室模拟，研究结果与田间实际状况有较大的差异；土钻取样法[85, 86]，取土样观测土壤剖面中的污染物分布，间接估算其淋失量，结果的准确性较差；张力计结合土壤溶液提取器法[87]，基于将达西定律和土壤淋溶液污染物浓度相结合的方法定量估算污染物淋失量，需在土壤内安装张力计、土壤溶液提取器、中子管，土壤扰动小，但操作和计算较复杂；暗管排水法[88]，铺设暗管或利用过去潜育性稻田改良埋设的管道，通过设计试验处理来分析污染物淋溶损失，但受条件限制，呈现以暗管为中心的渗透强度不均匀的土壤水分运动；计算机模拟和数学模型法[89]，在应用达西定律计算饱和土壤导水率的基础上求得污染物淋溶量，该方法是基于理想的土壤剖面结构，很容易地计算出实验室土柱中各种形态氮的浓度的时间变化，但仅局限于实验室范畴，不能描述氮转化与肥料投入的有关过程。

4.2.2.3 典型地下淋溶监测方法介绍

（1）大型排水采集器法——渗漏池法[59, 63]　渗漏池建于浙江省农业科学院农场稻田中，基本结构见图 4-2[59]。渗漏池表面积为 2m×2m，总高度 1.45m，其中上部土框 1.0m，下部基座 0.45m（包括渗滤层 0.23m，由砾石、粗砂、细砂及透水混凝土组成）。淋溶液采集管道在浇铸前预先埋入，土柱中共埋设采样塑料管（外径 5cm 和 6cm，长度 32cm 和 57cm）15 根，排成 3 列（间距 50cm）、5 层（间距 20cm）；滤层与基座底部之间预埋入 U 形多孔排水塑料管（每个池埋设 2 根内径为 15mm 的 PVC 管）。

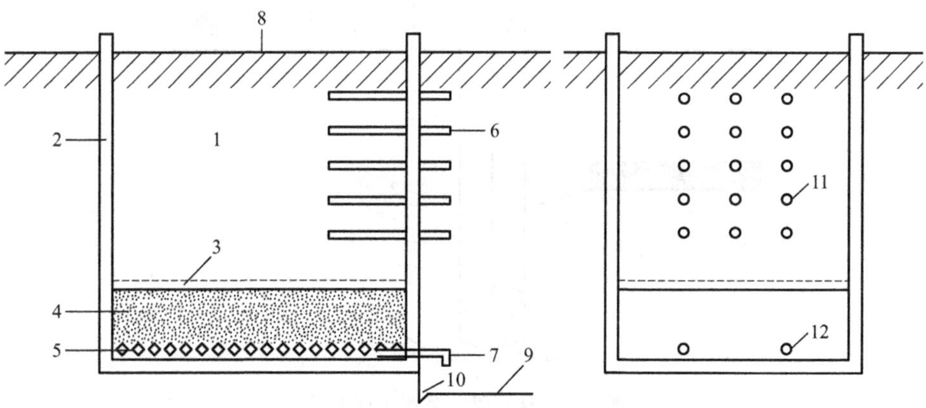

(a) 侧面剖视图　(b) 正面剖视图

图 4-2　渗漏池的基本结构示意图[59]

1—原状土柱；2—混凝土框体；3—透水混凝土；4—粗砂、细砂层；5—砾石；6—采液管；7—排水管；8—作物生长区；9—坑道；10—排水沟；11—采液孔；12—排水孔

采水系统包括真空泵、采水多孔陶土头（外径 22mm，高 60mm，孔径 14μm）和淋溶液收集瓶（300mL 容量）。真空泵的一端与张力计相接，以检测其工作压力，另一端通过缓冲瓶利用三通分别与各采样瓶相连接。多孔陶土头用附加的外径 22mm、长 750mm 的 PVC 管导入土柱内，陶土头入土深度为 10cm 和 35cm，淋溶液通过该 PVC 管导入采样瓶内，由真空泵抽取土壤淋溶液。为在较短时间内采集到足够数量的渗漏液样，真空泵的工作负压应

在 0.02 ～ 0.04MPa。

土柱处于干燥情况下时，在土柱与混凝土框壁之间形成垂直裂隙。为此，采取泥浆灌注和犁底层镇压作业，将土柱的渗漏速率调整到接近田间状况。

采样从施肥后 1 天开始，最迟到作物收获后，间隔 2 ～ 4 天或更长。同时，在作物生长季节定期测量计算渗漏池的每季总渗漏水量。污染物淋失量可通过淋溶液污染物浓度和淋溶液体积相乘而获得。

（2）小型排水采集器法——淋溶盘法 [90-92] 此方法使用的装置主要由淋溶盘、出水管和采样瓶组成，见图 4-3[91]。淋溶盘为一规则的长方体，盘内有效容积为 40cm×50cm×5cm（盘底长 × 盘底 宽 × 盘高），盘壁 PVC 板厚 6mm，盘底 PVC 板厚 10mm ；淋溶盘出水口位于盘底一长边的中间位置，出水口直径为 12mm ；出水口带有内螺纹，用于连接“L”形或“一”形的 PVC 螺口水嘴，其两端均带有螺口；PVC 螺口水嘴外径 12mm，它的双层防松螺帽内径 12mm ；该螺口水嘴的另一端连接配套的防松螺帽；出水管通过该防松螺帽与淋溶盘相连，出水管的外径与防松螺帽内径配套，拧紧螺帽后可确保出水管与淋溶盘连接紧密，出水管外径 12mm，内径 10mm。集液管通过出水管与淋溶盘相连。集液管容积以当地单次淋溶液的最大量为最小限。淋溶盘出水口高于采样瓶进水口，之间的高度不低于 10cm。各接口均用 PVC 胶水或其他防水胶密封固定，以防漏水、漏气。

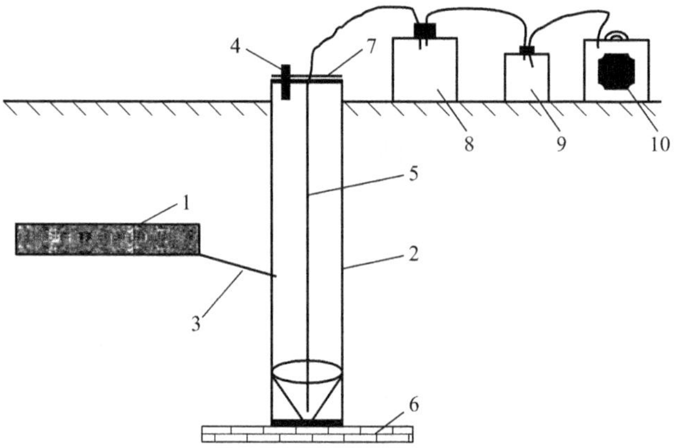

图 4-3　淋溶盘法装置示意图 [91]

1—淋溶盘；2—集液管；3—出水管；4—通气管；5—抽液管；6—方砖底座；7—活动封口；8—采样瓶；9—缓冲瓶；10—真空泵

在试验小区挖掘一个长 150cm、宽 100cm、深 120cm 的土壤剖面，在此剖面距地表 95cm 深处（确保淋溶盘上表面在地面下 90cm 深处）朝被监测土壤的水平方向挖深 55cm、宽 55cm、高 5.5cm 左右的长方体洞，并尽量保证洞的上表面平整。将淋溶盘出水口和出水管连接紧密，淋溶盘底覆盖两层 100 目尼龙纱网，向盘内装满用清水洗净的粗砂，装粗砂量以距淋溶盘盘口 2 ～ 3mm 为宜，然后覆盖一层 100 目尼龙纱网，并将取自 90cm 深处的土壤调制的粗泥浆铺在纱网上，将 PVC 盘放入挖好的水平方洞中，其外侧边距洞口 15 ～ 20cm。安装过程中应使泥浆尽量与洞的上平面紧密接触，以模拟原土壤基质势，最后将洞口回填压实。砌防水水泥墙体，使出水管穿过墙体与集液管相连。剖面底部安装集液管处下垫一层方砖，水泥浇筑，以保障集液管的稳固性，然后分层回填土壤。

采样在每次灌水或降雨后进行，每次取的淋溶水样进行水质分析并记录淋溶水体积。污染物淋失量可通过淋溶液污染物浓度和淋溶液体积相乘而获得。

（3）小型排水采集器法——集水管法[92]　集水管法的主要结构为收集桶，见图 4-4。用一个三通 PVC ①管将两个直径 15cm、长 30cm 的 PVC ②管连接起来，两头封盖用胶密封，在②管上长为 25cm 的半球面上均匀钻满直径约 1cm 的小孔，其收集面为总计 50cm 长的半球面。此外，分别在②管中安有上底 14cm、下底 9cm 的梯形阳光板作为导流板，使渗漏溶液能完全流入③管。将直径 11cm、长 21cm 的 PVC ③管接在①管第三个接口上，底端盖头密封。在①管与收集面平齐的面上钻一直径 5cm 的孔，插入一直径 5cm、长 110cm 的 PVC 管，其下端有豁口以便溶液流通，结合面密封，此管可根据试验所要填埋的深度来规定其长度。

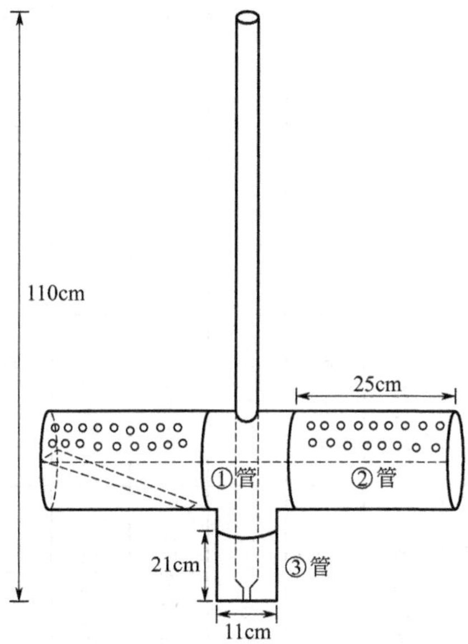

图 4-4　收集桶示意图

在待研究地块上挖一深 100cm、长 100cm、宽 25cm 的土穴，将收集桶的收集面包裹三层 100 目尼龙网纱，其上覆盖石英砂。将采集桶置入穴内，按土壤发生层次回填。使用真空泵或自吸泵抽出收集桶中的淋溶液。需进行 1 ～ 2 年的预备试验后开始监测。采样时间和污染物淋失量计算同淋溶盘法。

（4）地下淋溶监测方法应用实例　运用多孔管法和集水管法成功监测了太湖地区稻麦轮作体系和设施蔬菜体系的氮淋洗特征和淋洗负荷量。试验位于中国科学院南京土壤研究所面源污染研发中心宜兴基地。

在稻麦轮作体系下，分别在 20 ～ 40cm、40 ～ 60cm、60 ～ 80cm、80 ～ 100cm 处土壤中埋设多孔管收集淋溶液，开展了连续 3 年的氮淋洗田间定位试验，见表 4-3[84]。研究结果表明，氮淋洗主要发生在水稻生长前期的基肥和第一次追肥期间；淋洗液中总氮浓度随土

表4-3　2007～2010年稻麦轮作体系不同土层淋溶液中总氮平均浓度[84]

种植季	土壤深度 /cm	淋洗液中总氮平均浓度 /[mg(N)/L]			生长期 /d	淋洗水量 /(m^3/hm^2)	淋洗负荷 /[kg(N)/hm^2]		
		硝态氮(NO_3^-)	铵态氮(NH_4^+)	总氮(TN)			硝态氮(NO_3^-)	铵态氮(NH_4^+)	总氮(TN)
2007 水稻	20～40	1.27±0.21	2.44±1.34	4.28±1.54					
	40～60	0.94±0.31	1.65±0.60	3.08±1.05					
	60～80	0.52±0.32	0.77±0.53	1.71±1.06					
	80～100	0.41±0.25	0.84±0.74	1.80±1.28	144	1920	0.79±0.47	1.61±1.43	3.46±2.46
2008 水稻	20～40	3.15±0.25	1.51±0.87	5.03±0.83					
	40～60	2.65±0.92	1.28±0.80	4.53±0.55					
	60～80	2.34±0.92	1.83±1.72	4.56±1.79					
	80～100	0.78±0.35	1.63±1.10	3.00±1.86	129	1940	1.51±0.68	3.15±2.14	5.82±3.60
2009 水稻	20～40	0.29±0.06	0.93±0.52	2.28±0.60					
	40～60	0.38±0.18	0.28±0.10	1.13±0.33					
	60～80	0.34±0.23	0.35±0.21	1.15±0.26					
	80～100	0.37±0.14	0.77±0.25	2.20±0.14	141	2180	0.81±0.55	1.68±0.55	4.79±0.30

续表

种植季	土壤深度/cm	淋洗液中总氮平均浓度/[mg（N）/L]			生长期/d	淋洗水量/（m^3/hm^2）	淋洗负荷/[kg（N）/hm^2]		
		硝态氮（NO_3^-）	铵态氮（NH_4^+）	总氮（TN）			硝态氮（NO_3^-）	铵态氮（NH_4^+）	总氮（TN）
2007/2008 小麦	20～40	7.77±0.49	0.14±0.03	10.4±1.93					
	40～60	5.29±1.89	0.25±0.09	5.69±2.08					
	60～80	8.52±3.61	0.26±0.10	8.97±3.57					
	80～100	1.71±1.37	0.11±0.03	3.81±2.91	192	138	0.24±0.19	0.02±0.00	0.53±0.40
2008/2009 小麦	20～40	15.7±11.0	0.28±0.12	20.7±16.0					
	40～60	12.6±3.48	0.29±0.10	15.6±4.97					
	60～80	7.47±3.29	0.20±0.02	8.37±3.25					
	80～100	14.9±8.63	0.31±0.32	17.5±9.50	186	230	3.42±1.98	0.07±0.07	4.02±2.18
2009/2010 小麦	20～40	13.7±3.83	0.40±0.21	16.1±5.03					
	40～60	11.3±4.12	0.52±0.40	14.1±5.77					
	60～80	8.52±1.03	0.56±0.59	10.0±2.25					
	80～100	7.40±1.02	0.34±0.26	8.83±0.73	210	1180	8.73±1.20	0.40±0.31	10.4±0.87

层加深而降低；淋洗液中总氮浓度在 0 ～ 40cm 土层远远大于 40cm 以下土层，0 ～ 40cm 土层的氮素易随淋溶流失；在年施氮量 500kg（N）/hm^2 下，100cm 土层处总氮平均淋洗量为 3.46 ～ 5.82kg（N）/hm^2；水稻季淋溶液中氮形态以铵态氮为主，小麦季以硝态氮为主。

在设施蔬菜体系下，于 50cm 土层埋设积水管收集淋溶液，开展了连续 4 年的氮淋洗田间地位试验[75, 78]。研究结果表明，设施菜地氮淋洗高峰期发生在 7 ～ 9 月的夏季揭棚期；在每年施氮量 1104kg（N）/hm^2 下，总氮淋洗量为 181.6 ～ 276.9kg（N）/hm^2；淋溶液中氮形态以硝态氮为主（图 4-5）；淋洗液量和淋洗液浓度分别为 205.1 ～ 288.4mm/a 和 36.6 ～ 171.1mg（N）/L（表 4-4、表 4-5）；每年减少 40% 的施氮量可减少 39.6% 的总氮淋洗量而不影响产量（图 4-5）。

表4-4　2007 ~ 2011年设施菜地农户施氮量下淋洗液中总氮浓度　　单位：mg（N）/L

项目	2007 ~ 2008 年	2008 ~ 2009 年	2009 ~ 2010 年	2010 ~ 2011 年
盖棚	71.7±29.6	72.5±22.5	53.0±17.8	36.6±12.4
揭棚	73.3±27.4	114.4±21.2	171.1±52.7	113.5±18.0

表4-5　2007 ~ 2011年设施菜地农户施氮量下淋洗液量　　单位：mm

项目	2007 ~ 2008 年	2008 ~ 2009 年	2009 ~ 2010 年	2010 ~ 2011 年
揭棚	145.4±13.9	86.4±6.0	139.2±9.8	136.9±12.9
总计	268.7±23.5	202.6±14.3	234.7±26.4	305.1±15.2

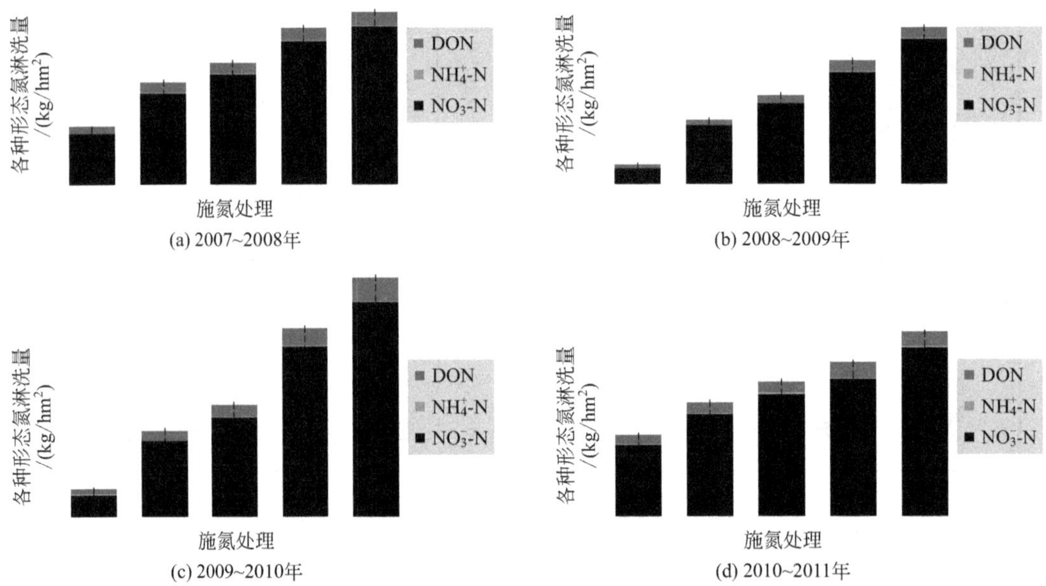

图 4-5　2007 ~ 2011 年氨态氮（NH$_4^+$-N）、硝态氮（NO$_3^-$-N）、可溶性有机氮（DON）淋洗量

目前在旱地地下淋溶监测中，淋溶盘法已被研究者广泛采用。结合我们多年来的研究工作，在旱地安装淋溶盘可安装在原状土下；若要防止淋溶盘与底土剖面产生空隙，也可将土壤分层回填埋设淋溶盘，进行预备试验后开始监测。此方法可以同时观测到淋溶液浓度和水量，而且装置制作简单、安装简便、施工量小、成本低，是较好的一种地下淋溶监测方法，值得在旱地上推广使用。在淹水栽培条件下，推荐使用多孔管法。此方法可实现田间原位监测获得淋溶液污染物浓度，可通过快速反应渗漏计[84]监测试验地渗漏速率来估算淋溶水量，而且此方法装置制作简单、安装简便、对土壤扰动小、施工量小、成本低。

研究种植业面源污染的氮、磷淋溶流失特征和流失负荷，野外实地监测是必不可少的研究手段。然而，农田氮、磷流失的发生具有间歇性、突发性等许多不确定性，使得实地监测劳动强度大，监测周期长。因此，地下淋溶监测方法的研发要逐步向自动化、智能化、机械化方向迈进。如研发适用于地下淋溶监测的自动取样装置和水质快速测定装置或方法等。

4.2.3　面源污染相关样品的实验室检测技术

在农业面源污染的监测和防治中，实验室检测是必不可少且尤为重要的一环。实验室检测数据不仅能为监测方案的调整提供数据支撑，还能为污染源判断和污染物在生态系统中的流转富集提供依据，有助于制定更有效的防范措施。

4.2.3.1　pH值检测

径流水、淋溶水、灌溉水、降水（雪）、生活污水等样品统称为水样。在面源污染监测中，大部分水样和土壤样品都需要进行 pH 值检测，pH 值能直接反映水体和土壤的酸碱度。如果水体 pH 值发生变化，pH ＜ 6.5 或 pH ＞ 8.5 时，水中微生物生长会受到抑制，从而导致水体自净能力受阻，如长期受到影响，会对生态平衡产生不利影响。土壤 pH 值变化，会不同限度地降低土壤养分的有效性，破坏良好的土壤结构，严重抑制土壤微生物活动，从而影响各种作物生长发育。因此，土壤酸碱度不仅能用于评价环境污染程度，而且也对种植业和林业发展起着关键作用。pH 值的测定采用玻璃电极法，使用 pH 酸度计进行测量。水质 pH 值检测最好在现场完成，不需要经过处理即可进行检测。风干的土壤样品带回实验室后需先进行处理后方能检测。土壤 pH 值检测样品的制备：称取（10.0±0.1）g 试样，放置于 50mL 高型烧杯中，加入 25mL 水（或氯化钾溶液或氯化钙溶液）。将容器密封后，用振荡机或搅拌器剧烈振荡或搅拌 5min，然后静置 1 ～ 3h。测量前搅拌均匀（或使用带有搅拌器的 pH 值测定仪搅拌）。

4.2.3.2　总氮、可溶氮、硝态氮和铵态氮的检测

水样的检测常常涉及总氮、可溶氮、硝态氮和铵态氮的检测，这与地球生态水体中氮循环的转化过程有关。对于土壤地下水中整个氮的生物地球化学转化，王润泽[93]在《皂河-渭河交汇区交互带三氮的迁移转化规律研究》一文中作了详细的总结和阐述，主要包括硝化作用[94, 95]、反硝化作用[96]、异化硝酸盐还原成铵（DNRA 过程）[97]、硝酸盐同化[98]、厌氧氨氧化作用[99]、矿化作用[100]和离子交换[101]等。地下水中氮的化学转化过程如图 4-6 所示[1]。

实验室检测氮的不同化学形态的量，为面源污染监测提供数据。

$$
\begin{aligned}
&NH_4^+ + \frac{3}{2}O_2 \longrightarrow NO_2^- + H_2O + 2H^+ \\
&\downarrow \\
&2NO_2^- + O_2 \rightleftharpoons 2NO_3^- \\
&\downarrow \\
&2NO^- \longrightarrow 2NO \longrightarrow N_2O \longrightarrow N_2 \\
&NH_4^+ + NO_2^- \longrightarrow N_2 + 2H_2O
\end{aligned}
$$

图 4-6　地下水中氮的化学转化过程 [1]

参照《水质 总氮的测定 碱性过硫酸钾消解紫外分光光度法》（HJ 636—2012），总氮、可溶氮的检测采用碱性过硫酸钾消解紫外分光光度法，采用标准曲线法定量，所用仪器包括紫外可见分光光度计、高压灭菌器等。注意事项如下：检测可溶氮时，需将水样通过 0.45μm 的水系滤膜；标准溶液要现用现配；高压温度保持在 120 ～ 124℃ ；若比色管在消解过程中破裂，应重新取样分析。

参照《水质 无机阴离子（F^-、Cl^-、NO_2^-、Br^-、NO_3^-、PO_4^{3-}、SO_3^{2-}、SO_4^{2-}）的测定 离子色谱法》（HJ 84—2016），硝态氮的检测采用离子色谱法，采用标准曲线法定量，所用仪器包括离子色谱仪（色谱柱为阴离子分析柱）。注意事项如下：需将水样通过 0.45μm 水系滤膜后进样；标准溶液的配制要符合检测水样要求，即检测水源水时标准溶液最高浓度控制在 10mg/L，检测径流水、淋溶水等其他水样时最高浓度控制在 20mg/L。

铵态氮的检测方法有 3 种。一是采用《氨氮水质在线自动监测仪技术要求及检测方法》（HJ 101—2019）中的检测方法。所用仪器为氨氮水质在线自动监测仪，应注意的是仪器每次使用前要校准，要排除电压、pH 值、环境温度的影响。二是纳氏试剂分光光度法。参照《水质 氨氮的测定 纳氏试剂分光光度法》（HJ 535—2009），采用标准曲线法定量，仪器采用可见分光光度计。注意事项：试剂氯化汞及碘化汞有剧毒，需注意使用安全；溶液配制使用无氨水；纳氏试剂配制时勿使碘化钾过剩；储存已久的纳氏试剂使用前先用已知量的氨氮标准溶液显色，核比吸光度，加入试剂 2h 内不得出现浑浊现象，否则应重新配制。三是采用《农田土壤中铵态氮、硝态氮的测定 流动注射分析法》（DB22/T 2270—2018）中的检测方法。采用标准曲线法定量。该方法适用于水和土壤样品的检测，检测原理同纳氏试剂分光光度法，所耗费试剂量少，检出限较低。

4.2.3.3　总磷、可溶磷的检测

水样的磷素检测一般分为总磷和可溶磷的检测。总磷包括溶解磷、颗粒磷、有机磷和无机磷。总磷和可溶磷的检测方法有 2 种，这 2 种方法原理一致，均采用标准曲线法定量。一是钼酸铵分光光度法。参照《水质 总磷的测定 钼酸铵分光光度法》（GB/T 11893—1989），所用仪器有可见分光光度计、高压灭菌器等。注意事项：如果样品浊度、色度偏大，需要进行浊度、色度补偿；检测可溶磷时，需将水样通过 0.45μm 的水系滤膜。二是采用《水质 磷酸盐和总磷的测定 连续流动-钼酸铵分光光度法》（HJ 670—2013），所用仪器为连续流动分析仪。

4.2.3.4　含水率的检测

在土壤（新鲜）和植株（籽粒）的实验室检测中，含水率的检测不仅能评估土壤持水量情况 [102, 103]，反映植物组织生理状况，而且能为全氮的检测提供数据。含水率的检测参照《林业生物质原料分析方法 含水率的测定》（GB/T 36055—2018）中的干燥恒重称量法，所用仪器为电热鼓风干燥箱、电子天平等。需要注意的是，在规定的时间间隔内，连续 2 次称

量的差值不大于烘干前试样质量的 0.1%，即为恒重。

4.2.3.5　有机质的检测

有机质是评价土壤结构、土壤肥力的重要指标，对土壤治理、环境保护以及农林业可持续发展等具有重要意义[104, 105]。有机质的检测参照《土壤检测 第 6 部分：土壤有机质的测定》（NY/T 1121.6—2006），采用氧化还原滴定法，所用仪器有电子天平、油浴锅、自动调零滴定管等。需要注意的是，如果滴定所耗硫酸亚铁的量不到空白试验所耗量的 1/3，则应减少土壤称样量，重测。

4.2.3.6　全氮、全磷、全钾、有效磷、有效钾的检测

① 土壤和植株（籽粒）的全氮检测　采用自动定氮仪法检测土壤和植株（籽粒）的全氮，所用仪器包括自动定氮仪、鼓风干燥箱、消煮炉、电子天平等。样品前处理方法均属于湿法消化，使用的氧化试剂及催化剂略有不同。

② 土壤和植株（籽粒）的全磷检测　采用钼锑抗分光光度法检测土壤和植株（籽粒）的全磷，采用标准曲线法定量，所用仪器包括可见分光光度计、马弗炉、电子天平等。样品前处理方法不同，土壤采用碱熔法，植株（籽粒）采用湿法消化。

③ 土壤和植株（籽粒）的全钾检测　采用原子吸收光谱法和电感耦合等离子体质谱仪法测定土壤和植株（籽粒）的全钾，采用标准曲线法定量。土壤和植株样品的前处理方法均为湿法消化，氧化剂及操作过程不同。

④ 土壤有效磷的检测　土壤有效磷的检测方法同样中总磷和可溶磷的检测方法。参考标准为《土壤检测　第 7 部分：土壤有效磷的测定》（NY/T 1121.7—2014）、《土壤检测　第 25 部分：土壤有效磷的测定连续流动分析仪法》（NY/T 1121.25—2012）。土壤样品的前处理方法为：称取 5g 样品（过 2mm 筛，精确到 0.0001g）置于 200mL 塑料瓶中，加入（25±1）℃的氟化铵-盐酸浸提剂 50mL，在（25±1）℃恒温条件下振荡 30min，振荡频率为（180±20）r/min，立即用无磷滤纸干过滤。

⑤ 土壤有效钾的检测　参照《土壤速效钾和缓效钾含量的测定》（NY/T 889—2004），土壤有效钾的检测采用原子吸收分光光谱法，采用标准曲线法定量。土壤速效钾和缓效钾测定中样品前处理方法不同：a. 土壤速效钾检测中样品前处理方法。称取 5g 样品（过 1mm 筛，精确到 0.01g）置于 200mL 塑料瓶中，加入 50mL 1.0mol/L 乙酸铵溶液（土液比 1∶10），盖紧瓶盖，在 20 ～ 25℃条件下振荡 30min（振荡频率 150 ～ 180r/min）后，干过滤，待测。b. 土壤缓效钾检测中样品前处理方法。称取 2.5g 样品（过 1mm 筛，精确到 0.01g）于消煮管中，加 25mL 硝酸溶液（1mol/L），轻轻摇匀，管口加回流装置，再经 130 ～ 140℃油浴，于 120 ～ 130℃条件下煮沸，趁热干过滤至 100mL 容量瓶中，用硝酸溶液（0.1mol/L）洗涤消煮管 4 次，每次 15mL，冷却后定容，待测。

4.2.3.7　化学需氧量的检测

化学需氧量是评价水体有机物含量的指标，用于衡量水体是否受有机物污染。化学需

氧量的实验室检测有重铬酸钾滴定法和高锰酸钾滴定法。一般废水中化学需氧量的检测选用重铬酸钾滴定法，水源水、生活饮用水等较清洁的水样使用高锰酸钾滴定法进行检测。试验参照《稀土废渣、废水化学分析方法 第 2 部分：化学需氧量（COD）的测定》（GB/T 34500.2—2017），使用酸式滴定管滴定，要求做空白试验。随着技术的发展，化学需氧量的速测仪[106]也渐渐走进人们的视野，现场监测变得更加快捷。

4.2.3.8 重金属、农药残留和多环芳烃（苯并［*a*］芘）的检测

面源污染中的重金属、农药残留和多环芳烃的检测具有针对性和区域性，用于评价区域内污染现状，如高镉地区的重金属监测、种植业地区的农药残留监测、发生秸秆焚烧地区的苯并［*a*］芘的监测等。土壤检测项目依照《土壤环境质量 农用地土壤污染风险管控标准（试行）》（GB 15618—2018）的规定开展，农用地土壤风险筛选值的基本项目：必测项目包括铜、锌、镍、铬、镉、铅、砷、汞，选测项目包括六六六总量、滴滴涕总量和苯并［*a*］芘。水样和植株（籽粒）等植物体的检测项目可根据《全国种植业污染源普查排污系数测算实施方案》有针对性地开展，如毒死蜱、阿特拉津、氟虫腈、吡虫啉、克百威、2,4-D-丁酯、涕灭威、丁草胺、乙草胺等未禁用的农药。

① 重金属检测 面源污染涉及的重金属检测常用分析方法见表 4-6[1]，样品前处理方法大都为湿法消化，根据消解途径可分为加热板消解法、压力罐消解法和微波消解法等，实验室可以根据建设情况选择合适的检测方法。

表4-6 重金属检测项目及常用分析方法

项目	样品名称	标准编号	分析方法	样品前处理方法
铜、锌、镍、铬、铅、镉	土壤	HJ 491—2019	土壤和沉积物 铜、锌、铅、镍、铬的测定 火焰原子吸收分光光度法	电热湿法消解（盐酸、硝酸、氢氟酸、高氯酸）、微波消解法（盐酸、硝酸、氢氟酸）
		GB/T 17141—1997	土壤质量 铅、镉的测定 石墨炉原子吸收分光光度法	电热消解法（硝酸、氢氟酸、高氯酸）
		HJ 803—2016	土壤和沉积物 12 种金属元素的测定 王水提取 电感耦合等离子体质谱法	电热消解法（王水）、微波消解法（硝酸）
	植株（籽粒）	GB 5009.268—2016	食品安全国家标准 食品中多元素的测定 电感耦合等离子体质谱法	微波消解法（硝酸）、压力罐消解法（硝酸）
		GB 5009.123—2023	食品安全国家标准 食品中铬的测定石墨炉原子吸收光谱法	微波消解法（硝酸）、压力罐消解法（硝酸）、电热湿法消解（硝酸、高氯酸）、干灰化法

续表

项目	样品名称	标准编号	分析方法	样品前处理方法
砷、汞	土壤	GB/T 22105.1—2018 GB/T 22105.2—2018	土壤质量 总汞、总砷、总铅的测定 原子荧光法（第1、2部分总汞、总砷的检测）	王水提取法
	植株（籽粒）	GB 5009.268—2016	食品安全国家标准 食品中多元素的测定 电感耦合等离子体质谱法	微波消解法（硝酸）、压力罐消解法（硝酸）
		GB 5009.17—2021	食品安全国家标准 食品中总汞及有机汞的测定 原子荧光光谱分析法	
		GB 5009.11—2024	食品安全国家标准 食品中总砷及无机砷的测定 氢化物发生原子荧光光谱法	电热湿法消解（硝酸、高氯酸、硫酸）、干灰化法

② 农药残留和多环芳烃（苯并［*a*］芘）的检测 面源污染涉及的农药残留检测、多环芳烃（苯并［*a*］芘）常用分析方法见表4-7，有机物检测一般使用色谱分析方法，实验室可以根据建设情况选择合适的检测方法。

表4-7 农药残留及多环芳烃（苯并［*a*］芘）的常用分析方法

项目	样品名称	标准编号	分析方法	样品前处理方法
六六六总量、滴滴涕总量、其他农残、多环芳烃（苯并［*a*］芘）	土壤	HJ 835—2017	土壤和沉积物 有机氯农药的测定 气相色谱-质谱法	提取→净化→浓缩、加内标
		HJ 921—2017	土壤和沉积物 有机氯农药的测定 气相色谱法	
		GB/T 14550—2003	土壤中六六六和滴滴涕测定 气相色谱法	提取→浓缩→净化→浓缩、加内标
		HJ 805—2016	土壤和沉积物 多环芳烃的测定 气相色谱-质谱法	提取→浓缩→脱硫→净化→浓缩、加内标
		HJ 784—2016	土壤和沉积物 多环芳烃的测定 高效液相色谱法	提取→过滤和脱水→浓缩→净化
		HJ 834—2017	土壤和沉积物 半挥发性有机物的测定 气相色谱-质谱法	提取→浓缩→净化→浓缩、加内标
	水样、植株（籽粒）	GB/T 5750.8—2023	生活饮用水标准检验方法 第8部分：有机物指标高效液相色谱法	萃取→洗脱→浓缩

续表

项目	样品名称	标准编号	分析方法	样品前处理方法
六六六总量、滴滴涕总量、其他农残、多环芳烃（苯并［*a*］芘）	水样、植株（籽粒）	GB 23200.8—2016	食品安全国家标准 水果和蔬菜中 500 种农药及相关化学品残留量的测定 气相色谱-质谱法	提取→净化
		GB/T 20769—2008	水果和蔬菜中 450 种农药及相关化学品残留量的测定 液相色谱-串联质谱法	

4.3 地表水富营养化

水体富营养化（eutrophication）指在人类活动的影响下，生物所需的氮、磷等营养物质大量进入湖泊、河湖、海湾等缓流水体，引起藻类及其他浮游生物迅速繁殖，水体溶解氧量下降，水质恶化，鱼类及其他生物大量死亡的现象。在自然条件下，湖泊也会从贫营养状态过渡到富营养状态，不过这种自然过程非常缓慢。而人为排放含营养物质的工业废水、生活污水以及农业尾水等所引起的水体富营养化则可以在短时间内出现。水体出现富营养化现象时，浮游藻类大量繁殖，形成水华（淡水水体中藻类大量繁殖的一种自然生态现象）。富营养化会影响水体的水质，会导致水的透明度降低，使得阳光难以穿透水层，从而影响水中植物的光合作用，可能造成溶解氧的过饱和状态。溶解氧的过饱和以及水中溶解氧少，都对水生动物有害，导致鱼类大量死亡。同时，因为水体富营养化，水体表面生长着以蓝藻、绿藻为优势种的大量水藻，形成一层“绿色浮渣”，致使底层堆积的有机物质在厌氧条件下分解产生的有害气体和一些浮游生物产生的生物毒素也会伤害鱼类。因富营养化水中含有硝酸盐和亚硝酸盐，人畜长期饮用这些物质含量超过一定标准的水，也会中毒致病。在形成“绿色浮渣”后，水下的藻类会因得不到阳光照射而呼吸水内氧气，不能进行光合作用。水中氧气会逐渐减少，水中生物也会因氧气不足而死亡。死去的藻类和生物又会在水中进行氧化作用，这时水体也会变得很臭，水资源也会被污染，不可再用。

水体中过量的氮、磷等营养物质主要来自未经处理或处理不完全的工业废水和生活污水、有机垃圾和家畜家禽粪便以及农施化肥，其中最大的来源是农田上施用的大量化肥。农田径流挟带的大量氨氮和硝酸盐氮进入水体后，改变了其中原有的氮平衡，促进某些适应新条件的藻类种属迅速增殖，覆盖了大面积水面。例如我国南方水网地区一些湖汊河道中从农田流入的大量的氮促进了水花生、水葫芦、水浮莲、鸭草等浮水植物的大量繁殖，致使有些河段影响航运。这些水生植物死亡后，细菌将其分解，从而使其所在水体中有机物增多，耗氧量进一步增大，大批鱼类死亡。水体中的过量磷主要来源于肥料、农业废弃物和城市污水。

水体富营养化是全国性的，也是全球性的重大环境问题之一。2016 年《中国环境状况公报》显示，全国 1940 个国考断面，劣Ⅴ类 166 个，占比 8.6%；七大流域、浙闽片河流、西北诸河和西南诸河的 1617 个国考断面，劣Ⅴ类的 102 个，占 6.3%，主要污染物是化学需氧量、氨氮和五日生化需氧量，断面超标率分别为 17.6%、15.1% 和 14.2%，其中黄河、松花江、淮河和辽河流域为轻度污染，海河流域为重度污染（图 4-7）。开展营养化状态监测的 108 个重要湖泊（水库）中，轻度富营养化的占 18.5%，中度富营养化的占 4.6%，其中太湖和巢湖均属于轻度富营养化状态，滇池则属于中度富营养化状态，主要污染指标为总磷（图 4-8）。

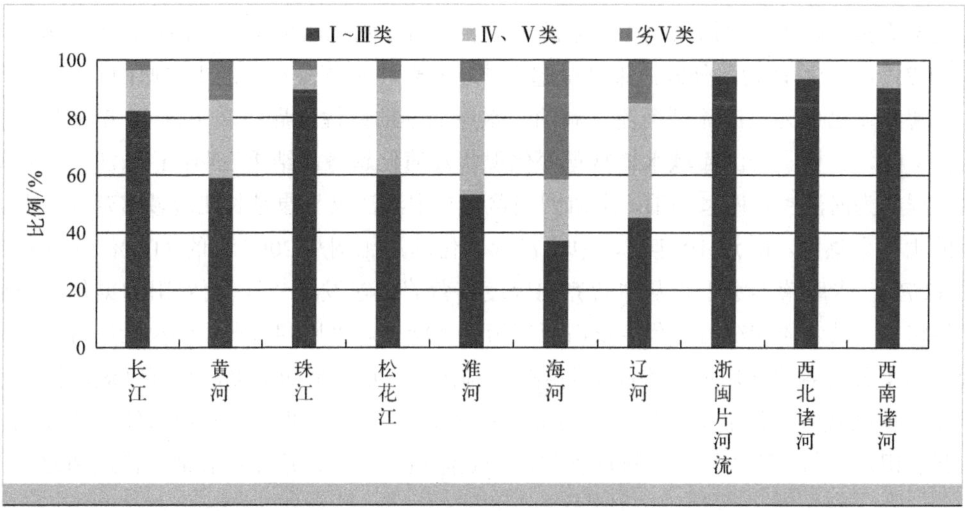

图 4-7　2016 年七大流域和浙闽片河流、西北诸河、西南诸河水质状况

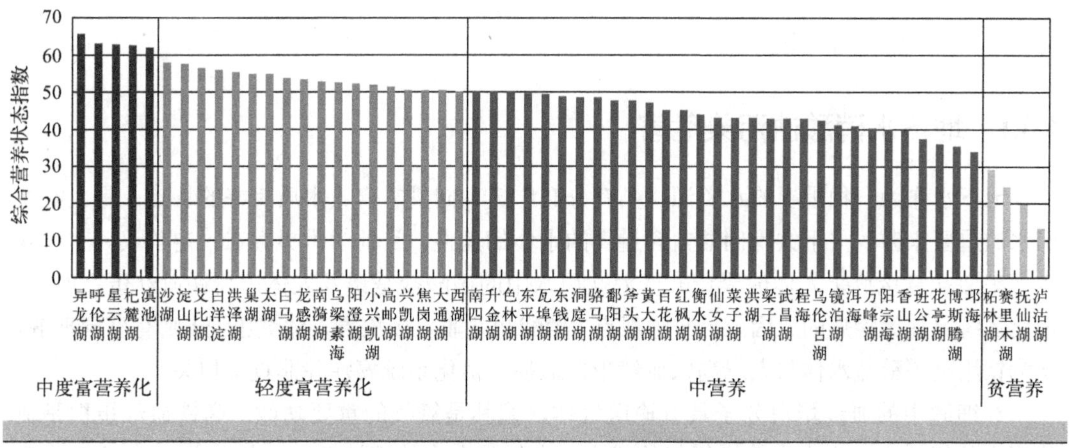

图 4-8　2016 年重要湖泊营养状态比较

1960 年以来，长江流域水体养分负荷已经增加了约 8 倍，据统计，从 2006 年以来，累计发生了 400 次以上藻华事件 [107]。而氮和磷是造成水体富营养化的 2 个主要养分。其中氮在长江流域内的输入量低值达到 142 ～ 350kg/km，而高值可以达到 1066 ～ 3889kg/km[108]。相对于氮，目前来自农田系统的磷已经成了长江的首要污染物，截至 2015 年，年度农田磷输出量对长江流域河流总磷输出量的贡献率超过了 54%，2018 年上半年的长江经济带国控断面测定中发现总磷指标超标的断面占全部超标断面的 56%[109]。

《2020 中国生态环境状况公报》显示，2020 年全国地表水 1937 个国控断面中，劣Ⅴ类断面比例为 0.6%，化学需氧量、总磷和高锰酸盐指数是主要污染指标。开展营养化状态监测的 110 个重要湖泊（水库）中，轻度富营养化的占 23.6%，中度富营养化的占 4.5%，重度富营养化的占 0.9%。其中太湖、巢湖和白洋淀均属于轻度富营养化状态，滇池则属于中度富营养化状态，主要污染指标为磷和化学需氧量。以安徽巢湖为例，1986 ～ 1995 年间，在流入巢湖的氮、磷营养性污染物中，来源于地表径流、水土流失等外源污染的氮占 69.54%，磷占 51.71%。一般认为，外源污染是引起水体富营养化和蓝藻水华的主要原因。

富营养化已成为长江流域河流、湖泊与水库面临的共性问题，基于近 10 年来数据及相关历史文献，分析了长江流域水体富营养化现状及演化趋势，结果表明：a. 长江流域水体富营养化程度为河流＜水库＜湖泊，上游四川盆地与中游江汉平原是长江流域富营养化湖泊与水库的主要聚集区。b. 近 10 年来，中度富营养化湖泊比例从 2009 年的 31.3% 增加至 2018 年的 42.7%，水库营养水平正从中营养向轻度富营养快速发展 [110]。而农田沟渠是农田退水的必经路径，其水质状况可以代表农田面源污染现状。对平原湖区典型沟渠污染现状的研究发现，沟渠各营养盐平均浓度均高于洞庭湖主湖区近 20 年平均浓度，洞庭湖湖区沟渠达到了中度、重度富营养化水平，外河达到富营养化水平 [111]。因此，为防控水体富营养化，需要加强农田退水与水产养殖废水排放管理，开展流域水、沙、营养物质耦合输送调控。

4.4 地下水硝酸盐污染

4.4.1 地下水硝酸盐污染危害

地下水作为一种重要的水资源，具有分布广泛、储量丰富、水质良好的特点，是人类饮用水的重要来源。关于饮用硝酸盐含量高的水体的危害，目前学术界存在一定争议。主流观点（硝酸盐直接危害人体健康论）认为饮用水中的硝酸盐是诱发人体患高铁血红蛋白血症、消化系统癌症等疾病的原因；另一种观点（硝酸盐并非直接危害人体健康论）则有不同理解，认为饮用高硝酸盐水体与人患高铁血红蛋白血症、消化系统癌症并非直接相关。

红细胞中的血红蛋白分子具有输送气体，尤其是氧气的重要功能。高铁血红蛋白是血红蛋白的氧化态，失去了输送氧气的能力。血红蛋白中的铁被氧化，从 Fe^{2+} 转变成 Fe^{3+} 形态。在红细胞中血红蛋白不断地被氧化成高铁血红蛋白。而强大的酶系统，如高铁血红蛋白-还原酶或NADH-细胞色素b5还原酶把高铁血红蛋白还原为血红蛋白。一般来说血液中只有少量的血红蛋白以高铁血红蛋白的形态存在，高铁血红蛋白在0.5%～2%的范围内是正常的。如果高铁血红蛋白含量非常高，就是高铁血红蛋白血症。当高铁血红蛋白含量低于10%时，临床症状仍不明显；当其含量在10%～20%时，出现苍白病（皮肤和黏膜的微蓝色的脱色现象，也称“蓝婴综合征”）；当其含量大于30%时，临床症状很严重，致命值约为60%～80%。有一些治疗方法可以迅速逆转高铁血红蛋白血症，而且康复后没有后遗症，死亡率极低。我们提到的婴儿高铁血红蛋白血症的案例是由亚硝酸盐引起的，硝酸盐本身不具备将血红蛋白转化成高铁血红蛋白的能力。据报道，亚硝酸盐与氧血红蛋白的氧化作用（血红蛋白与氧结合）遵循Kosaka的方程［式（4-1）］，而且中间反应产物的催化作用能使氧化作用迅速完成。

$$4HbO_2 + 4NO_2^- + 4H^+ \longrightarrow 4Hb^+ + 4NO_2^- + 3O_2 + 2H_2O \tag{4-1}$$

胺类（R^1R^2NH）和酰胺类（$R^1CO\text{-}N\text{-}R^2$）物质既出现在食物中，也作为身体的代谢产物存在于身体排泄物中。当这些化合物与亚硝酸盐反应时，生成致癌物质*N*-亚硝基化合物（NOCs）。亚硝酸盐与有机物之间的反应称为亚硝基化反应。基于亚硝基化反应所提出的顺序，硝酸盐、亚硝酸盐、亚硝胺与癌症之间可能的联系一直被争论。亚硝胺需要经过新陈代谢活化作用，变成不稳定和能够进行反应的形态，这种不稳定的反应形态破坏DNA（脱氧核糖核酸），引起突变并可导致癌症。

“硝酸盐直接危害人体健康论”的观点普遍认为，硝酸盐本身对人体无直接危害，但被还原为亚硝酸盐后可诱发高铁血红蛋白血症、消化系统癌症等疾病进而威胁人体健康。存有这类观点的研究表明，饮用被硝酸盐污染的地下水会对人体造成危害，婴儿摄入过量硝酸盐会引起致命的高铁血红蛋白血症，俗称“蓝婴症”，孕妇摄入大量硝酸盐后会引起胎儿先天畸形。如美国早在1954年就发现了饮用水中高浓度的硝酸盐引起婴儿高铁血红蛋白血症的病例。瑞典的Super等对克里斯蒂塔地区35例癌症患者致病原因的分析研究表明，其中一半以上的病例是由饮用高硝酸盐含量的地下水所致。也有医学研究表明，饮用水中硝酸盐含量超过90mg/L时，将会危及人类的健康。因此，世界上许多国家和机构都出台了地下水中硝酸盐质量浓度的标准，世界卫生组织（WHO）将饮用水中硝酸盐含量的最大允许含量限定为50mg/L（折合为NO_3^--N 11.3mg/L），美国的饮用水中NO_3^--N含量的最大允许值为10mg/L，我国规定地下水源饮用水中NO_3^--N含量的限值不超过20mg/L。

“硝酸盐并非直接危害人体健康论”的观点认为，没有足够的证据表明硝酸盐被还原为亚硝酸盐后与高铁血红蛋白血症、消化系统癌症等疾病的发生存在直接联系。由亚硝酸盐引发初生婴儿高铁血红蛋白血症有两种类型，应加以区分：外部亚硝酸盐诱导型高铁血红蛋白血症或食物诱导型高铁血红蛋白血症和肠炎诱导型高铁血红蛋白血症。通过一系列的调查取证，持这类观点者认为：由于婴儿和成年人的肠道环境不适合微生物把饮食中的硝酸盐转化为亚硝酸盐，高铁血红蛋白血症与水中硝酸盐含量间的相关性很差，尽管美国和欧洲还有许多硝酸盐含量高的水井仍在使用，但20世纪60年代后婴儿高铁血红蛋白血症的病例几乎完全消失，过去出现的病例与水井位置或建造不符合卫生标准有关，因此，关于饮用水中的硝酸盐在婴儿肠道内被细菌转化成亚硝酸盐从而引起“蓝婴症”的假设是不正确的，真正的诱因一定是其他因素，这些因素也是非常肮脏的水井的特征，微生物是主要怀疑对象，或通过引起腹泻起作用[3]。美国国家研究委员会亚硝酸盐和硝酸盐附属委员会认为，美国饮用水中硝酸盐的浓度不可能对人类构成癌症的威胁。欧洲食品科学委员会大量有关硝酸盐流行病学的研究没有阐明硝酸盐与人类癌症危险有关系。胃中亚硝基化反应是否产生足够高的NOCs，从而显著威胁人类健康仍是一个有争议的问题。

尽管学术界存在上述疑问，但是，人体摄入过量硝酸盐危害健康已经形成广泛共识。

4.4.2 地下水硝酸盐含量与风险现状

目前在全球可供人类使用的淡水资源中，68% 来自地下水。地下水作为一种重要的水资源，具有分布广泛、储量丰富、水质良好的特点，为人类饮用水的重要来源，同时也是工农业及经济发展必不可少的资源。随着农业生产的迅猛发展，地下水资源越来越紧缺，而且受到的污染越来越严重，由硝态氮（NO_3^- -N）引起的地下水污染已成为全世界关注的水环境问题。

我国对地下水硝酸盐污染的研究始于 20 世纪 80 年代，但早在 60 年代，我国北方一些地区就有“地下肥水”问题的报道。80 年代初期，我国地下水硝酸盐污染调查结果表明，西安、长春、成都等城市的地下水硝态氮含量存在超标的现象。1978 年以来对我国 50 个城市地下水水质监测的结果表明，已有 21 个城市的地下水受到不同程度的硝酸盐污染，尤其是北方以地下水为主要供水水源的大城市。1992 年对 32 座全国重点环境考核城市的地下水污染进行研究的结果表明，硝酸盐、亚硝酸盐污染非常普遍，其中 53.1% 的城市硝酸盐超标，46.9% 的城市亚硝酸盐超标。张维理等通过对我国北方 14 个县市的水质进行监测发现，北方一些地区的农村和小城镇的地下水、饮用水的硝酸盐污染问题已十分严重，调查的 69 个地点中有半数以上超过饮用水中硝酸盐的最大允许量，有的甚至高达 300mg/L。

总体来说，我国地下水硝酸盐污染已经比较严重，尤其是北方地区。由于近年来农业集约化程度逐年提高，氮肥投入带来的地下水硝酸盐污染问题日趋严重。我国地下水与其他国家具有相类似的硝酸盐污染问题，集约化农区地下水硝酸盐含量普遍偏高。集约化农田对地下水硝酸盐的影响已成为地下水污染研究的热点。

4.4.3 地下水硝酸盐来源

当硝酸盐氮的浓度大于 3mg/L 时，说明受到人为因素的影响，即受到了污染。地下水中硝酸盐是一种分布广泛且日益增加的污染物质，由硝酸盐引起的地下水污染问题主要是由人类活动造成的。关于地下水硝酸盐污染的大量研究表明，地下水硝酸盐污染的来源分为两种：点源污染和面源污染。点源污染主要包括：生活污水、工业废水、固体废弃物的淋滤下渗等。面源污染主要包括：农业污水灌溉、氮肥过量施用（将在下一节论述）造成的氮素淋失、畜禽养殖废物的无序排放和大气沉降等。一个区域地下水中 NO_3^- -N 含量的变化往往受多种因子的共同作用，因此，在地下水 NO_3^- -N 污染研究中，应综合考虑自然和人为两大因素。

（1）生活污水、工业废水 大量的生活污水通过渗井渗入地下，一些处理未达标的工业废水直接排入江、河、湖、海等自然水体或通过渗透作用进入地下水。这类污水中含有大量的氨氮和有机氮化合物，经过微生物等的分解或转化，很容易形成硝酸盐污染地下水。生活污水和工业废水的大量排放致使全国78%的河湖水体和85%的城市附近水域遭受不同程度的污染。有研究表明污水排放可使地下水硝酸盐污染加剧。在西苕溪流域开展的地表水、地下水体的NO_3^--N污染状况调查并结合水化学与NO_3^--N同位素对其来源的解析表明，调查区内地下水受人畜粪便和生活污水的影响可能更为强烈，另外地下水中存在的反硝化作用也是地下水$\delta^{15}N$增高的原因。

（2）固体废弃物 固体废弃物数量很大，尤其生活垃圾含氮量很高，通过降水对固体废弃物的淋滤渗漏使污染物随雨水渗入地下含水层，导致地下水污染。城市生活垃圾含氮量很高，据对某垃圾堆放场附近水源井的监测表明，堆放垃圾的淋滤下渗对地下水有明显污染，井群周围地下水NO_3^--N浓度平均每年以2.6mg/L的速度升高。有实验分析证明，河北省石家庄市台头垃圾场上游的地下水中NO_3^--N浓度为11.0mg/L，因受到垃圾场的污染，下游包气带中的地下水NO_3^--N为84.0mg/L。毕二平等分析指出，粪便、垃圾渗滤液和土壤有机氮矿化分别是所考察的石家庄市地下水中NO_3^--N的主要来源，此外NO_3^--N浓度与地下水的硬度有一定的相关性。

（3）污水灌溉 为了缓解水资源日益紧张、缺水地区或旱季灌溉水源不足的现象，污水灌溉在农业中得到了应用。但是污水中含有大量有机氮化物，提高土壤肥力的同时也污染了农田生态环境，对土壤和农作物造成直接危害，而且导致地下水污染。土壤供水数量由降水和灌溉的强度与数量决定，土壤供水量的多寡是土壤中水分下渗量和下渗深度的主要控制因素，进而能影响土壤中NO_3^--N的累积深度。Haruvy等的研究结果表明，用污水灌溉不仅对土壤和农作物造成危害，而且可导致地下水中硝酸盐含量的升高。据统计，我国污水灌溉面积从1963年的4.2万公顷发展到1998年的361.8万公顷，占全国灌溉总面积的7.3%。污水灌溉成为我国农作区水环境污染加剧的主要原因之一，严重危害污灌区的饮水与食物安全。

（4）畜禽养殖 由于畜牧业、养殖业的发展，畜牧养殖区动物粪便大量堆积，导致区域性地表水、地下水水质污染越来越严重。Della等的研究表明，动物粪便可以导致地下水硝酸盐污染。美国学者认为美国国内地下水中硝酸盐氮的21%来自动物粪便，农场每年由于畜禽粪便的堆积而进入环境中的氮约有650万吨。我国1988年畜禽粪便排放量18.84亿吨，相当于工业固体废弃物年产生量的3.4倍。1kg粪便会使NO_3^--N升高0.16mg/L，所以养殖场或农场周围的地下水中硝酸盐明显超标，是潜在危险较大的污染源。李鹏等对2006～2017年北京市平谷区粮田、菜地和果园种植区所采集的475个地下水样进行监测表明，2006～2015年地下水硝酸盐氮年平均浓度与对应年份畜禽产品统计数据之间存在显著正相关关系，说明该地区畜禽养殖业对地下水硝态氮的影响不容忽视。

（5）大气沉降 煤炭、石油、天然气、植物等燃烧时会产生大量的氮氧化合物，通过化学作用形成硝酸盐类沉降下来，或随雨水降落到地面、河流和湖泊，使地下水受到硝酸盐污染。有资料表明，美国每年通过大气沉降进入地下水的氮约有320万吨，1981年北京降水中的硝酸盐曾达到9mg/L和16mg/L。刘静等对山东省集约化农区多年采集的雨季前后地下水样的分析表明，雨季后地下水硝酸盐氮含量中位数显著高于雨季前。李鹏等对北京市平谷区集约化农区的地下水硝酸盐的监测表明，随着年度累计降水量的高低变化，该区地下水硝酸盐含量样本间的差异也基本呈现随之增减的变化。

（6）水文地质的影响　此外，水文地质环境条件影响着地下水中“三氮”的迁移转化。地下水径流排泄能力不同，污染物滞留于水中的时间也不同，从而导致地下水中污染物的种类、浓度存在差异。受地势影响，在焦作地区污染物进入含水层后沿地下水径流方向向外扩展，最终在地势低洼区汇集，形成“三氮”污染区。包气带中的土体对NH_4^+具有吸附作用，对NO_3^-和NO_2^-的吸附作用微弱，而且包气带土壤颗粒越细，对NH_4^+的吸附作用越强；包气带厚度越大，对NH_4^+的吸附作用越大。此外，土壤的透水性由土壤质地所决定，土壤的氮淋溶量与农田土壤黏粒含量一般呈负相关的对数关系。对美国中西部玉米与黄豆种植区浅层地下水硝酸盐的研究表明，6% 的样品中硝酸盐浓度超过了 45mg/L，并且疏松含水层的浓度高于基岩含水层浓度。

4.4.4 施肥与地下水硝酸盐污染

在农业上使用的大量含氮化肥如果未被农作物吸收利用，则会渗入土壤当中，进而在灌溉或降水入渗条件下进入地下水，同时，为了农业种植而进行的土地开垦会加剧土壤有机氮的矿化作用，增加了地下水污染的风险。许多学者的研究结果表明，农业污染源是地下水中硝酸盐的主要来源。Strebel 等和 Fried 等在对欧洲地下水硝酸盐污染的研究中指出，农业用地地下水硝酸盐含量很高，其中作物种植的密集区以及牧场地下水硝酸盐浓度超过了 50mg/L，地下水中硝酸盐的主要来源为化学肥料和粪肥。在美国，农业活动尤其是化学肥料的使用是地下水中硝酸盐的主要来源，并且浅层（深度＜ 30m）地下水更容易受到污染。美国每年施用到农田里的氮肥和粪肥大约有 1050 万吨和 590 万吨，但是 60% 的肥料未被农作物吸收利用。这些含氮肥料在好氧条件下被转化为可溶性的硝酸盐，然后渗透到地下水中，导致地下水中硝酸盐含量的升高。在我国，滇池流域地下水硝酸盐污染与氮肥施用量有明显的正相关关系，太湖流域长兴县地下水“三氮”污染最严重的地区主要集中在农业区，而且硝酸盐氮浓度与氮肥使用量具有明显正相关关系。

研究表明，国内外氮肥的利用率一般都不高，我国农业生产中氮肥利用率在 30% ～ 35% 之间，未被作物吸收的氮素经各种途径进入生态环境中，尤其是地表径流和淋溶损失致使地表水和地下水中硝酸盐浓度逐渐升高。Bedessem 的研究表明，农业生产中大量施用氮肥可以导致地下水硝酸盐污染加重。Belgiorno 等的研究结果表明，世界各国由于农业中氮肥施用量的不断增加，地下水中NO_3^{2-}-N 含量不断升高，而且地下水硝酸盐污染程度与氮肥投入量呈线性关系。20 世纪 80 年代以来，我国化学氮肥施用量不断增长，在北方高产地区化学氮肥每公顷年施用量达 500kg 已属常见，氮素利用率不断下降，对地下水污染的威胁日益加大。对我国黄淮海平原集约农区的调查表明，随施氮肥时间的推移和施用量的增加，地下水中硝态氮有明显累积趋势，其中河南省温县和山东省桓台县地下水硝酸盐含量与氮肥施用量呈明显正相关关系。对我国北方 14 个县市的调查结果显示，农村和小城镇由于大量施用农用氮肥，地下水、饮用水中硝酸盐污染问题十分严重。

农业生产中的土壤条件对地下水硝酸盐污染同样具有重要影响作用。土壤质地决定土壤的透水性，土壤的氮淋溶量与农田土壤黏粒含量一般呈负相关的对数关系。崔俊芳对莱西地区地下水系统硝酸盐污染过程的研究表明，土壤的吸附作用阻止了肥料中NH_4^+-N向下迁移，NH_4^+-N在适宜条件下经硝化作用转化为容易迁移的NO_3^--N，NO_3^--N在灌溉和降雨的条件下通过包气带入渗到地下水中。对NO_3^--N的淋失起主要作用的是土壤中积累的硝态氮含量、灌溉量以及土壤性质，土壤中硝态氮积累量尤其是下层土壤中硝态氮积累量越大，灌溉量和降水量的增加越会促进NO_3^--N的淋失；土壤中粉粒、黏粒有机质越多，NO_3^--N就越不容易淋失。不同区域土地利用类型导致地下水污染程度不同。氮的来源决定着氮污染发生的位置，在高度集约化的农田区域，由于化学肥料和农药的大面积使用，地下水氮污染呈现面源污染的特征。并且对于不同的农作物种植类型，其种植区呈现不同的氮素分布。对长三角地区不同种植类型农田地下水的研究发现，施肥后氮肥在水田中的淋失速度高于露天菜地。杜连凤等采集不同类型的农田土壤、蔬菜和地下水样品，对3种典型农田系统（粮田、菜田和果园）土壤氮素累积、蔬菜和地下水硝酸盐污染状况进行了分析，结果表明，菜田0～30cm土层土壤硝态氮含量平均为46.2mg/kg，为粮田的3.8倍，果园0～30cm土层土壤硝态氮含量为粮田的1.2倍；菜田地下水硝酸盐氮含量平均为13.8mg/L，是粮田地下水的2.8倍，果园地下水硝酸盐氮含量平均为9.3mg/L，是粮田地下水的1.9倍；土壤、植株和地下水中硝酸盐含量与氮肥施用量直接相关，菜田和果园施肥量大，其土壤硝酸盐累积明显，地下水中硝酸盐超标率高，蔬菜中硝酸盐含量超标严重。林海涛等对山东省地下水中硝酸盐含量的调查显示，不同利用类型的农田，施肥量差异很大，设施蔬菜种植区地下水中硝酸盐平均含量最高，氮肥用量大、利用率低可能是重要原因。

系列研究证明：过量施用氮肥与造成地下水硝酸盐污染存在着显著的直接联系。然而世界各国的化肥施用量仍呈上升趋势，我国近年来化肥施用量也在逐年增加，增速高达5.1%。

参考文献

[1] 杨金娟．农业面源污染监测与污染物实验室检测．现代农业科技，2021(24): 130-135, 149.

[2] 中华人民共和国国家统计局．中国统计年鉴2014. 北京：中国统计出版社，2014.

[3] 巨晓棠，张福锁．关于氮肥利用率的思考．生态环境，2003, 12(2): 192-197.

[4] 朱兆良，张绍林，尹斌，等．太湖地区单季晚稻产量-氮肥施用量反应曲线的历史比较．植物营养与肥料学报，2010, 16(1): 1-5.

[5] 吴永红，胡正义，杨林章．农业面源污染控制工程的“减源-拦截-修复”(3R)理论与实践．农业工程学报，2011, 27(5): 1-6.

[6] Zhao X, Zhou Y, Min J, et al. Nitrogen runoff dominates water nitrogen pollution from rice-wheat rotation in the Taihu Lake region of China. Agriculture, Ecosystem and Environment, 2012, 156(1): 1-11.

[7] 王桂苓．巢湖流域麦稻轮作农田养分径流流失特征初步研究．合肥：安徽农业大学，2009: 4.

[8] 纪雄辉，郑圣先，鲁艳红，等．施用尿素和控释氮肥的双季稻表层水氮素动态及其径流损失研究．中国农业科学，2006, 39(12): 2521-2530.

[9] 田玉华，尹斌，贺发云，等．太湖地区稻季的氮素径流损失研究．土壤学报，2007, 44(6): 1070-1075.

[10] 李国栋，胡正义，杨林章，等．太湖典型菜地土壤氮磷向水体径流输出与生态草带拦截控制．生态学杂志，2006, 25(8): 905-910.

[11] 李卉，苏保林．平原河网地区农业非点源污染负荷估算方法综述．北京师范大学学报（自然科学版），2009, 45(5): 662-666.

[12] Eghball B, Gilley J E, Baltensperger D D, et al. Long term manure and fertilizer application effects on phosphorus and nitrogen in runoff. Transactions of the ASAE, 2002, 45(3): 687-694.

[13] 李恒鹏，金洋，李燕．模拟降雨条件下农田地表径流与壤中流氮素流失比较．水土保持学报，2008, 22(2): 6-9, 46.

[14] Yang L X, Li S C, Sun H L, et al. Polyacrylamide molecular formulation effects on erosion control of disturbed soil on steep rocky slopes. Canadian Journal of Soil Science, 2010, 91(6): 917-924.

[15] 王晓燕，高焕文，李洪文，等．保护性耕作对农田地表径流与土壤水蚀影响的试验研究．农业工程学报，2000, 16(3): 66-69.

[16] 黄满湘，章申，唐以剑，等．模拟降雨条件下农田径流中氮的流失过程．土壤与环境，2001, 10(1): 6-10.

[17] Emilsson T, Berndtsson J C, Mattsson J E, et al. Effect of using conventional and controlled release fertiliser on nutrient runoff from various vegetated roof systems. Ecological Engineering, 2007, 29(3): 260-271.

[18] Chen Z, Yang L X, Jiang Z Q, et al. Runoff-driven nitrogen and phosphorus dynamics of substrate material for rocky slope eco-engineering. Ecological Engineering, 2013, 51(1): 123-132.
[19] Turtola E, Kemppainen E. Nitrogen and phosphorus losses in surface runoff and drainage water after application of slurry and mineral fertilizer to perennial grass ley. Agricultural and Food Science in Finland, 2008, 7(5/6): 569-581.
[20] 高超，朱继业，朱建国，等. 不同土地利用方式下的地表径流磷输出及其季节性分布特征. 环境科学学报，2005, 25(11): 1543-1549.
[21] Tian Y H, Yin B, Yang L Z, et al. Nitrogen runoff and leaching losses during rice-wheat rotations in Taihu Lake region, China. Pedosphere, 2007, 17(4): 445-456.
[22] 戎静，庄舜尧，杨浩. 太湖源地区雷竹林氮磷径流输出与拦截控制. 水土保持通报，2011, 31(4): 168-171.
[23] 马东，杜志勇，吴娟，等. 强降雨下农田径流中溶解态氮磷的输出特征-以崂山水库流域为例. 中国环境科学，2012, 32(7): 1228-1233.
[24] Nyakatawa E Z, Mays D A, Tolbert V R, et al. Runoff, sediment, nitrogen, and phosphorus losses from agricultural land converted to sweetgum and switchgrass bioenergy feedstock. Biomass and Bioenergy, 2006, 30(7): 655-664.
[25] Udawatta R P, Motavalli P P, Garrett H E, et al. Nitrogen losses in runoff from three adjacent agricultural watersheds with claypan soils. Agriculture, Ecosystem and Environment, 2006, 117(1): 39-48.
[26] Han J G, Li Z B, Li P, et al. Nitrogen and phosphorus concentrations in runoff from a purple soil in an agricultural watershed. Agricultural Water Management, 2010, 97(5): 757-762.
[27] 刘红江，郭智，郑建初，等. 不同栽培技术对水稻产量及径流 NPK 流失的影响. 农业环境科学学报，2015, 54(9): 1790-1796.
[28] Heathwaite A L, Griffiths P, Parkinson R J. Nitrogen and phosphorus in runoff from grassland with buffer strips following application of fertilizers and manures. Soil Use and Management, 1998, 14(3): 142-148.
[29] 段永惠，张乃明，张玉娟. 农田径流氮磷污染负荷的田间施肥控制效应. 水土保持学报，2004, 18(3): 130-132.
[30] 程文娟，史静，夏运生，等. 滇池流域农田土壤氮磷流失分析研究. 水土保持学报，2008, 22(5): 52-55.
[31] Ng Kee Kwong K F, Bholah A, Volcy L, et al. Nitrogen and phosphorus transport by surface runoff from a silty clay loam soil under sugarcane in the humid tropical environmental tropical environment of Mauritius. Agriculture, Ecosystem and Environment, 2002, 91(1):147-157.
[32] Barton A P, Fullen M A, Mitchell D J, et al. Effects of soil conservation measures on erosion rates and crop productivity on subtropical Ultisols in Yunnan Province, China. Agriculture, Ecosystem and Environment, 2004, 104(2): 343-357.
[33] 梁新强，田光明，李华，等. 天然降雨条件下水稻田氮磷径流流失特征研究. 水土保持学报，2005, 19(1): 59-63.
[34] Vadas P A, Busch D L, Powell J M, et al. Monitoring runoff from cattle-grazed pastures for a phosphorus loss quantification tool. Agriculture, Ecosystems and Environment, 2015, 199: 124-131.
[35] 桑蒙蒙，范会，姜姗姗，等. 常规施肥条件下农田不同途径氮素损失的原位研究：以长江中下游地区夏玉米季为例. 环境科学，2015, 36(9): 3358-3364.
[36] Sun T, Cruse R M, Chen Qiang, et al. Design and initial evaluation of a portable in situ runoff and sediment monitoring device. Journal of Hydrology, 2014, 519: 1141-1148.
[37] Bouraoui B F, Dillaha T A. ANSWERS-2000: Runoff and sediment transport model. Journal of Environmental Engineering, 1996, 122(6): 493-502.
[38] 纪雄辉. 洞庭湖区典型稻田土壤养分流失规律及流域模拟研究. 长沙：湖南农业大学，2007: 14-17.
[39] Laloy E, Bielders C L. Plot scale continuous modeling of runoff in a maize cropping system with dynamic soil surface properties. Journal of Hydrology, 2008, 349(3/4): 455-469.
[40] López-Vicente M, Navas A. A new distributed rainfall-runoff(DR2)model based on soil saturation and runoff cumulative processes. Agricultural Water Management, 2012, 104(1): 128-141.
[41] Liu Y, Ahiablame L W, Bralts V F, et al. Enhancing a rainfall-runoff model to assess the impacts of BMPs and LID practices on storm runoff. Journal of Environmental Management, 2015, 147: 12-23.
[42] Young R A, Onstad C A, Bosch D D, et al. AGNPS: A nonpoint-source pollution model for evaluating agricultural watersheds. Journal of Soil and Water Conservation, 1989, 44(2): 168-173.
[43] 耿润哲，王晓燕，吴在兴，等. 北运河下游不同土地利用非点源污染负荷估算. 农业环境科学学报，2012, 31(7): 1412-1420.
[44] 杨旺鑫，夏永秋，姜小三，等. 我国农田总磷径流损失影响因素及损失量初步估算. 农业环境科学学报，2015, 34(2): 319-325.
[45] 田平，陈英旭，田光明，等. 杭嘉湖地区淹水稻田氮素径流流失负荷估算. 应用生态学报，2006, 17(10): 1911-1917.
[46] 李怀恩. 估算非点源污染负荷的平均浓度法及其应用. 环境科学学报，2000, 20(4): 397-400.
[47] Bedard-Haughn A, Tate K W, van Kessel C. Using nitrogen-15 to quantify vegetative buffer effectiveness for sequestering nitrogen in runoff. Journal of Environmental Quality, 2004, 33(6): 2252-2262.
[48] 唐强，鲍玉海，贺秀斌，等. 土壤侵蚀监测新方法和新技术. 中国水土保持科学，2011, 9(2): 11-18.
[49] 胡钰. 流域种植业面源氮污染监测及负荷估算——以阿什河流域为例. 北京：中国环境科学研究院，2012: 9-10.
[50] 鲁艳红，纪雄辉，郑圣先，等. 施用控释氮肥对减少氮素径流损失和提高水稻氮素利用率的影响. 植物营养与肥料学报，2008, 14(3): 490-495.
[51] 史志华，蔡崇法，丁树文，等. 基于 GIS 的汉江中下游农业面源氮磷负荷研究. 环境科学学报，2002, 22(4): 473-477.
[52] Milewski A, Sultan M, Yan E, et al. A remote sensing solution for estimating runoff and recharge in arid environments. Journal of Hydrology, 2009, 373(1): 1-14.
[53] 中国环境规划院. 全国水环境容量核定技术指南. 北京：中国环境规划院，2003: 37-38.
[54] 朱兆良，文启孝. 中国土壤氮素. 南京：江苏科技出版社，1992: 32-58.
[55] 张维理，田哲旭，张宁，等. 我国北方农用氮肥造成地下水硝酸盐污染的调查. 植物营养与肥料学报，1995, 1(2): 80-87.
[56] 吕殿青，同延安，孙本华，等. 氮肥施用对环境污染影响的研究. 植物营养与肥料学报，1998, 4(1): 8-15.

[57] Shi W M, Yao J, Yan F. Vegetable cultivation under greenhouse conditions leads to rapid accumulation of nutrients, acidification and salinity of soils and groundwater contamination in South-Eastern China. Nutrient Cycling in Agroecosystems, 2009, 83: 73-84.
[58] 赵其国，方建安. 英国土壤学研究近况. 土壤，1985, 3: 158-164.
[59] 王家玉，王胜佳，陈义，等. 稻田土壤中 N 的渗漏损失研究. 应用生态学报，1995, 6(增刊): 62-66.
[60] 刘宏斌，李志宏，张维理，等. 露地栽培条件下大白菜氮肥利用率与硝态氮淋溶损失研究. 植物营养与肥料学报，2004, 10(3): 286-291.
[61] 邱卫国，唐浩，王超. 上海郊区水稻田氮素渗漏流失特性及控制对策. 中国环境科学，2005, 25(5): 558-562.
[62] 姜萍，袁永坤，朱日恒，等. 节水灌溉条件下稻田氮素径流与渗漏流失特征研究. 农业环境科学学报，2013, 32(8): 1592-1596.
[63] 王德建，林静慧，夏立忠. 太湖地区稻麦轮作农田氮素淋洗特点. 中国生态农业学报，2001, 9(1):16-18.
[64] 高忠霞，杨学云，周建斌，等. 小麦-玉米轮作期间不同施肥处理氮素的淋失形态及数量. 农业环境科学学报，2010, 29(8): 1624-1632.
[65] Jinno Y, Honna T. Nitrate leaching and nitrogen balance in turf grass field by lysimeters. Journal of soil and fertilizer institute in Japan, 1999, 70(3): 297-305.
[66] Cameron K C, Harrison D F, Smith N P. A method to prevent edge flow in undisturbed soil cores and lysimeters. Aus J Soil Res, 1990, 28:879-886.
[67] Young M H, Wierenga P J, Mancino C F. Large weighing lysimeters for water use and deep percolation studies. Soil Sci, 1996, 161: 491-501.
[68] 马茂桐. 钾氮配施对土壤氮钾渗漏损失的影响. 土壤，1999, 3: 136-168.
[69] 徐泰平，朱波，汪涛，等. 秸秆还田对紫色土坡耕地养分流失的影响. 水土保持学报，2006, 20(1): 30-36.
[70] 尹晓芳，同延安，张树兰，等. 关中地区小麦 / 玉米轮作农田硝态氮淋溶特点. 应用生态学报，2010, 21(3): 640-646.
[71] 高伟，朱静华，李明悦，等. 有机无机肥料配合施用对设施条件下芹菜产量、品质及硝酸盐淋溶的影响. 植物营养与肥料学报，2011, 17(3): 657-664.
[72] 赵营，张学军，罗健航，等. 施肥对设施番茄-黄瓜养分利用与土壤氮素淋失的影响. 植物营养与肥料学报，2011, 17(2): 374-383.
[73] 郝小雨，高伟，王玉军，等. 有机无机肥料配合施用对设施番茄产量、品质及土壤硝态氮淋失的影响. 农业环境科学学报，2012, 31(3): 538-547.
[74] 张浏，施超，丁芳芳，等. 巢湖流域农田氮磷污染物径流流失及淋溶特性. 环境工程，2013, 31(增刊): 251-280.
[75] 闵炬，施卫明，王俊儒，等. 介绍一种采集大棚土壤渗漏水的装置. 土壤，2007, 39(6): 1013.
[76] 宋科，徐爱国，张维理，等. 太湖水网地区不同种植类型农田氮素渗漏流失研究. 南京农业大学学报，2009, 32(3): 88-92.
[77] 陆扣萍，闵炬，李蒙，等. 施氮量对太湖地区设施菜地年氮素淋失的影响. 农业环境科学学报，2012, 31(4): 706-712.
[78] Min J, Shi W M, Zhang H L. Optimizing nitrogen input to reduce nitrate leaching loss in greenhouse vegetable production. Agricultural Water Management, 2012, 111: 53-59.
[79] Addiscott T M, Whitmore A P, Powlson D S. Farming, fertilizers and the nitrate problem. CAB International, Wallingford, 1991: 55-72.
[80] 马立珊. 苏南太湖水系农业非点源氮污染及其控制对策研究. 应用生态学报，1992, 3(4): 346-354.
[81] Cookson W R, Rowarth J S, Cameron K C. The effect of autumn applied ^{15}N-labelled fertilizer on nitrate leaching in a cultivated soil during winter. Nutrient Cycling in Agroecosystems, 2000, 56: 99-107.
[82] 杨林章，徐琪，熊毅. 水分状况对红壤母质中物质移动及稻麦生物量的影响. 土壤学报，1987, 24(3): 199-209.
[83] Antil R S, Gangwar M S, Kumar V. Transformation and movement of urea in soil as influenced by water application rate, moisture management regime, and intial moisture content. Arid Soil Research and Rehabilitation, 1992, 6: 319-325.
[84] Zhao X, Xie Y X, Xiong Z Q, et al. Nitrogen fate and environmental consequence in paddy soil under rice-wheat rotation in the Taihu lake region, China. Plant and Soil, 2009, 319: 225-234.
[85] 李俊良，朱建华，张晓晟，等. 保护地番茄养分利用及土壤氮素淋失. 应用与环境生物学报，2001, 7(2): 126-129.
[86] 范凤翠，李志宏，张立峰，等. 日光温室番茄灌水量与根层硝态氮淋溶特征及渗漏关系研究. 植物营养与肥料学报，2010, 16(5): 1161-1169.
[87] 陈淑峰，吴文良，胡克林，等. 华北平原高产粮区不同水氮管理下农田氮素的淋失特征. 农业工程学报，2011, 27(2) : 65-73.
[88] 张瑜芳，张蔚榛，沈荣开，等. 淹灌稻田的暗管排水中氮素流失的试验研究. 灌溉排水，1999, 18(3): 12-18.
[89] 王激清，马文奇，江荣风，等. 中国农田生态系统氮素平衡模型的建立及其应用. 农业工程学报，2007, 23(8) : 210- 215.
[90] 邹国元，刘宝存，刘宏斌，等. 土壤淋溶原位检测方法. 200810102675.1.
[91] 刘宝存，邹国元，刘宏斌，等. 自然状态下的土壤淋溶液收集方法. 200810102676.6.
[92] 闵炬，施卫明. 旱地土壤淋溶液收集装置. 20120674328.2.
[93] 王润泽. 皂河-渭河交汇区交互带三氮的迁移转化规律研究. 西安：长安大学，2019.
[94] Alvarez L, Bricio C, Blesa A, et al.Transferable denitrification capability of Thermus thermophilus.Applied and Environmental Microbiology, 2014, 80(1): 19-28.
[95] 李卫芬，郑佳佳，张小平，等. 反硝化酶及其环境影响因子的研究进展. 水生生物学报，2014, 38(1): 166-170.
[96] Liu Y Y, Liu C X, Nelson W C, et al. Effect of water chemistry and hydrodynamics on nitrogen transformation activity and microbial community functional potential in hyporheic zone sediment columns.Environmental Science & Technology, 2017, 51(9): 4877-4886.
[97] 殷士学，陆驹飞. 硝酸异化还原成铵的微生物学过程. 微生物学通报，1997(3): 170-173.
[98] 李耘. 固氮施氏假单胞菌 RpoN 蛋白调控硝酸盐同化的作用机制. 北京：中国农业科学院，2016.
[99] Van Niftrik L, Geerts W J C, Van Donselaar E G, et al. Linking ultrastructure and function in four genera of anaerobic ammonium-oxidizing bacteria：Cell plan, glycogen storage, and localization of cytochrome C proteins.Journal of Bacteriology, 2008, 190(2): 708-717.
[100] Reddy C A, Beveridge T J, Breznak J A, et al. Methods for general and molecular microbiology.Washington：ASM Press, 2007.
[101] Bohlke J K, Smith R L, Miller D N. Ammonium transport and reaction in contaminated groundwater：Application of isotope tracers and isotope fractionation studies.Water Resources Research, 2006, 42(5): 1-19.

[102] 陈银萍，曹雯婕，余沛东，等．土壤含水率对风沙流结构及风蚀量的影响．中国沙漠，2021, 41(2): 173-180.
[103] 吴龙国，张瑶．浅层土壤水分特征曲线模拟与运移机理研究．农机化研究，2021, 43(11): 165-170.
[104] 简尊吉，倪妍妍，徐瑾，等．中国马尾松林土壤肥力特征．生态学报，2021, 41(13): 5279-5288.
[105] 童灵，张雪，张思文，等．有机质和粒径对中国 4 类典型土壤镁吸附量的影响．中国农业大学学报，2021, 26(6): 150-158.
[106] 王晶晶，李梁梁，高旭，等．COD 速测仪法与重铬酸盐法的对比分析．天津科技，2020, 47(9): 20-22.
[107] 国家海洋局．2016.
[108] Chen X, Strokal M, Kroeze C, et al. Seasonality in river export of nitrogen：A modelling approach for the Yangtze River. Scince Total Environment, 2019, 671: 1282-1292.
[109] Liu X, Beusen A H W, van Beek L P H, et al. Exploring spatiotemporal changes of the Yangtze River（Changjiang）nitrogen and phosphorus sources, retntion and export to the East China Sea and Yellow Sea. Water Research, 2018, 142: 246-255.
[110] 汤显强．长江流域水体富营养化演化驱动机制及防控对策．人民长江，2020, 51(1):80-87.
[111] 李晟，刘逸萱，李佳欣，等．洞庭湖典型垸内沟渠水体富营养化评价．环境保护与循环经济，2017, 37(11):39-41, 58.

中国肥料研究与应用全书

Books of Fertilizer Research and Application in China

FERTILIZER

第5章

施肥与土壤环境效应

5.1 土壤肥力质量

土壤肥力是衡量土壤在植株生长发育和产量形成过程中供应养分能力大小的指标。土壤肥力的高低与气候因素、土壤类型等自然条件有关，并且耕作、施肥和灌溉等人为活动也对土壤肥力的高低有着很大的影响。李梅和张学雷的研究表明，不同自然条件下的田块之间土壤肥力存在着明显差异，即使是处于相同自然条件下的田块，土壤肥力也会因受到耕作方式、水分和肥料管理方法的影响而有所不同。合适的作物管理方式比如免耕或少耕、秸秆还田或者水旱轮作都能够提高土壤肥力，然而不恰当的农事操作比如化肥过量施用以及污水灌溉会造成土壤退化，影响农业生态系统的可持续发展。土壤肥力高低直接影响作物的生长、产量、农产品品质以及农业可持续发展等。

5.1.1 土壤酸化

世界酸性土壤面积占地球无冰盖陆地总面积的 30% 以上[1]，我国酸性土壤面积约占全国陆地总面积的 22.7%[2]。土壤酸化是指土壤盐基离子的移出或酸性成分增加导致土壤酸中和容量（ANC）下降的过程[3]。自然状态下，岩石风化过程中释放的盐基离子中的一部分，伴随着 HCO_3^-、SO_4^{2-} 和 Cl^- 等阴离子，在元素地球化学大循环的作用下最终流向海洋或内陆湖泊，在土壤中留下由 CO_2 水解等化学过程和生物化学过程产生的质子（H^+），从而导致土壤 pH 值降低。没有人为干扰的土壤酸化过程非常缓慢，一般在千年的时间尺度上才发生明显变化。工业革命以来，在人为活动的持续影响下，土壤酸化速率越来越快[4]。

在各种人为因素中，化肥的大量使用显著地提高了粮食产量，对全球粮食安全功不可没，但不合理的化肥施用严重影响了土壤质量和环境质量，特别是会导致土壤酸化[5, 6]。同时，工业生产和农耕活动产生的酸性气体随降雨进入土壤，即酸沉降，也会导致土壤酸化[7]。另外，酸性矿区废水排放、土地利用方式的改变、树木的不合理种植等因素也会导致土壤酸化[7]。1980～2000 年，20 年间，我国各地区不同生态系统 pH 都有不同程度的变化（表 5-1）。其中以草原生态系统的酸化程度最大，农田系统次之，森林系统酸化程度最小。草原生态系统主要集中在我国西北地区，长久以来，该地区土壤普遍被认为以中性至碱性状态存在，大量碳酸盐的存在被认为是缓冲土壤酸化的重要屏障[8]。自 20 世纪 80 年代至 21 世纪初，各种形式的氮、硫沉降对草原生态系统的碳酸盐缓冲体系造成了巨大的损耗，草地的平均碳流失率为每年 26.8g/m^2[9]。最近研究显示，土壤初始 pH 和有效阳离子交换量是草原土壤酸缓冲能力的重要解释变量，内蒙古半干旱草原土壤的酸缓冲体系已经从碳酸盐系统过渡到盐基离子系统[10]，这导致土壤的酸缓冲能力降低。氮、硫沉降是草原生态系统酸化的主要影响因素，草原生态系统土壤酸缓冲能力降低，导致其土壤 pH 快速地降低。土壤酸化对草原碳分配、植物和微生物的影响[11, 12]可能会扰动正常的草原生态系统，破坏生态平衡。

表5-1 中国各分区生态系统pH变化

森林系统		农田系统		草原系统	
地理分区	ΔpH	地理分区	ΔpH	草原类型	ΔpH
西南	−0.63	南部 & 西南	−0.26	高寒草原	−0.48
东北	−0.55	南部 & 东北	−0.24	高寒草甸	−0.61
中南	−0.50	西南	−0.78	荒漠草原	−0.55
北部	−0.44	东北 & 北部	−0.51	典型草原	−0.67
东部	−0.25	华北	−0.72	草甸草原	−0.80
西北	0.14	西北	0.01		
平均	−0.37	平均	−0.42	平均	−0.62

资料来源：数据引自张玲玉等[4]。

20 世纪 80 年代到 21 世纪初，中国农田土壤发生大面积酸化，表层土壤 pH 值平均下降约 0.5 个单位，其主要原因被认为是农业氮肥施用量过高[13]。1970 年到 2010 年，中国粮食单产增加了 2.4 倍，氮肥消费量增加了 37 倍。2010 年，我国生产一吨粮食需要纯氮（化肥）投入量为 82kg，是欧美国家的 3 倍[14]。中国以大量氮肥投入为代价，用世界 9% 的耕地养活了世界 22% 的人口[15, 16]。在解决粮食安全的同时，过量氮肥投入使氮肥利用率持续降低、氮肥盈余不断增加，严重扰动了农田生态系统氮循环，带来了诸多负面影响，如温室气体排放、大气污染（酸沉降、灰霾）、地下水养分富集以及土壤酸化等[17-19]。土壤酸化会活化元素有效性，增加重金属毒害以及养分的淋洗风险，再加上氢离子直接作用，植物根系延伸受到显著抑制，进而影响作物生长[20, 21]，从而影响地上部生长。活化的重金属通过作物吸收富集在农产品中，再经过食物链进入人体，增加健康风险[22]。

许多定位试验表明，不论是铵态氮还是尿素态氮的施用，都会引起显著的土壤酸化，尤其在中国集约化农田上[23]。土壤 pH 的下降程度与氮肥施用量和施用年限密切相关[24]。通过对长期施用不同化肥氮菜地土壤的 pH 和总氮含量的测定（图 5-1）发现，随着化肥氮投入量的不断增加，土壤 pH 值逐渐降低，其中不施化肥氮处理（CK）土壤 pH 值为 7.43，接近中性，60% N 处理土壤的 pH 值为 6.59，常规施氮量处理（100% N）土壤的 pH 值为 5.16，相比推荐施氮量处理显著下降了 21.7%。长期不同化肥氮用量处理下，土壤总氮含量随着化肥氮投入量的增加而增加，与 CK 处理土壤总氮含量（1.44g/kg）相比，60% N 处理下土壤总氮含量增加到 2.13g/kg，常规施氮量处理（100% N）总氮含量增加了 95.71%，达到 2.82g/kg。土壤铵态氮和硝态氮含量随化肥氮施用量的变化与总氮一致，随着化肥氮施用量的增加，土壤中铵态氮和硝态氮含量显著增加。100% N 处理铵态氮含量是 40% N、60% N 和 80% N 处理铵态氮含量的 5.3 倍、5.7 倍以及 1.7 倍，100% N 处理硝态氮含量与 40% N、60% N 和 80% N 处理相比分别增加 185.56%、60.87% 以及 12.03%。

在中国，大气氮沉降也是一个不可忽视的氮输入源。2010 年至 2014 年间，中国农区的年氮素总沉降量为 44.3kg（N）/（hm^2 · a）(56.5% NH_x-N 和 43.5% NO_x-N)，约占双季作物优化施氮量的 15%[25, 26]。在过去数十年，除了普遍的过量施肥外，中国氮肥市场的肥料种类也不断变化[27]。1980 ～ 1997 年，碳铵主导着氮肥生产；1997 年以后，尿素逐渐替代碳铵并成为主要氮肥种类。同时，磷酸一铵和磷酸二铵占磷肥生产的比重由 2000 年前的不足 20%升到 2015 年的 80% 以上。不同氮素形态的转化过程存在差异，其中，铵态氮对土壤酸化的作用要强于等量的酰胺态氮（尿素）[28]。大量氮素投入造成土壤酸化，主要包括直接的酸性物质投入（如氢离子和铵根离子）以及生物化学过程的产酸，如硝化作用（产生的硝酸根以淋洗方式损失）[29]、被氮素促进的作物对盐基阳离子的吸收[30]。在没有盐基阳离子的投入时，土壤中不断产生、累积的氢离子加快了土壤盐基阳离子消耗，阻碍根系伸长和地下部生物量增加[20, 21]并降低作物产量[31]，尤其在土壤阳离子交换量和盐基饱和度较低的酸性土壤中[32, 33]。为了满足人口增长和饮食结构改变对粮食作物生产的需求，中国农业集约化将会不断深入，也就意味着氮肥消耗量会持续增长[33, 34]，再加上化肥种类的变化，如何调控肥料管理在满足中国农田长期充足的农作物产品下，有效避免土壤酸化，其意义重大。

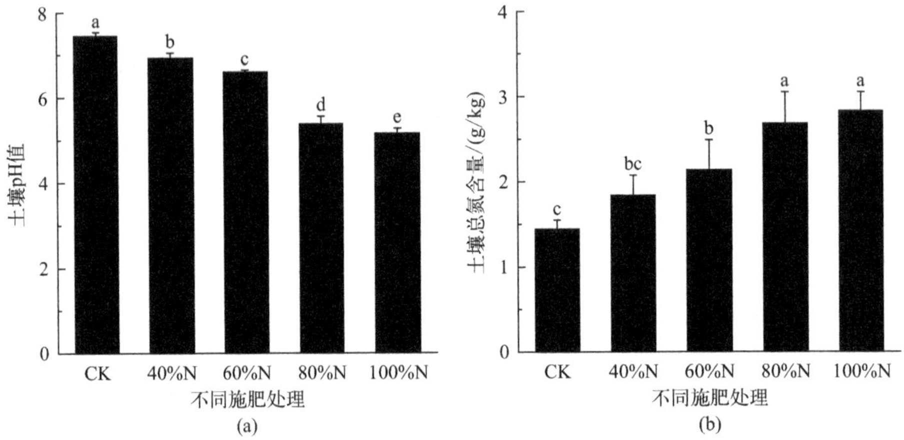

图 5-1 不同化肥氮施用量下土壤 pH 值（a）和总氮含量（b）

5.1.2 土壤次生盐渍化

由于种植结构的调整和经济利益的驱动，我国经济类作物种植面积增加得很快，尤其是蔬菜生产的发展更为迅速，已成为继粮食作物后的第二大类农作物。20 世纪 80 年代以来，我国设施蔬菜面积增加得很快，从 1980 年的不足 $0.7\times10^4hm^2$，到 2008 年设施蔬菜种植面积的 $334.7\times10^4hm^2$，增长近 500 倍，其面积占全国蔬菜种植面积的 18.7%，产量则占全国蔬菜总产量的 25%，产值占蔬菜总产值的 51%，设施蔬菜已经成为我国蔬菜生产的主导产业。在设施栽培过程中，其种植环境与大田耕作环境存在显著差异，蔬菜作物生长周期短，复种茬数多，需肥量多，在实际生产中，农户为获得高产、高收益，往往大量施用无机化肥和有机粪肥，致使土壤中养分的储存量快速上升。Huang 等[35]对北京、天津、河北和山东 4 个省（直辖市）10 个区（市、县）的肥料使用情况的调查结果表明，设施蔬菜的总施肥量是粮食作物的5.2倍。贾继文等[36]对山东省蔬菜大棚土壤养分状况与设施现状的调查结果表明，每年投入化肥3000～4500kg/hm^{2}的现象非常普遍，有的甚至更多。Zhou等[37]对陕西杨凌和西安日光温室的调查显示，当地氮肥平均施用量为600～750kg/hm^2。山东寿光、苍山、泰安等地日光温室平均每公顷施用有机肥1.3×10^{4}kg，化肥5597kg[38]。我国是世界上氮肥使用量最多的国家之一，而氮肥的利用率仅为30%～35%，其损失率平均达45%。据调查，单位面积大棚内土壤肥料的投入量为大田的4～10倍，为蔬菜吸收量的2～10倍[39]。在施用的肥料中无机肥占了相当大的比例，而且施用比例严重不当，其中，速效氮肥的施用量最大。

土壤盐分随水而动，所以土壤盐分有向底层迁移和向表层积聚两种方式。艾天成等人的研究表明，0～10cm的土壤盐分显著高于露地，而0～5cm又显著高于5～10cm（有的高达5倍），10cm以下含量与露地土壤相差不大，说明盐分有明显的表聚现象。任鑫等对安徽蚌埠的设施土壤盐分累积特性的研究表明，大棚内土壤表层的盐分总量是露地土壤相同层次的2.4～5.7倍，盐分主要聚积在0～15cm土层中，尤其是0～5cm土层，而且随着种植年限的增长，盐分总量增加。余海英等对山东寿光的设施土壤的调查表明，大棚内耕层土壤的平均盐分是露天土壤的4.41倍，与露天土壤相比，设施土壤剖面盐分存在着明显的表聚特征，同时有一定程度的向下迁移的现象。由于设施大棚处于高温、无自然雨水淋洗的特殊状态，蒸发强烈，土壤水分向上运动剧烈，在此过程中，盐分随着土壤水分向表层积聚，次生盐渍化土壤呈显著的表聚特征。Xue等和Li等研究发现，硝态氮是温室土壤中盐分的主要组成成分之一。Zhou等研究发现，在种植年限长的温室中，土壤硝态氮、有效磷和有效钾与电导率有显著的正相关性。随着种植年限的不同，土壤盐分和养分含量也随之变化。

设施土壤盐分含量因设施类型的不同而有所差异。玻璃温室和连栋大棚是全年性覆盖设施，由于缺乏雨水淋洗作用，加之土壤水分经常性地向上运动并不断地从地表蒸发，土壤终年处于积盐过程中，因而盐害发生早且重，通常种植2～3年即出现盐害。据测定，此类设施种植3年以上的耕层土壤含盐量可超过2.08g/kg，14年和36年的表土层（0～5cm）含盐量可达3.14g/kg和7.11g/kg，是露地的4～10倍。而普通塑料大棚（包括日光温室）由于受季节性揭棚和雨水的淋洗作用，盐分含量在1年中会出现明显的季节性消积变化现象，即冬、春覆棚时表土盐分积累，夏季揭棚后，表土含盐量明显下降。但随着使用年限的增长，整个土体内盐分仍呈逐年累积趋势，所以土壤积盐的潜在威胁较大，若不注意防治，一般使用5年左右便会出现明显的盐害。在对山东、辽宁、江苏、四川的实地调查中发现，温室、大棚栽培条件下，土壤表面均有大面积白色盐霜出现，有的甚至出现块状紫红色胶状物（紫球藻），土壤盐化板结，作物长势差甚至绝产，其中以山东、江苏两省设施土壤的盐渍化程度最为严重。

设施菜地土壤盐分离子由K^+、Ca^{2+}、Na^+、Mg^{2+}四种阳离子和SO_4^{2-}、NO_3^-、Cl^-、HCO_3^-四种阴离子组成。李刚等[40]对大棚土壤的研究表明，棚龄为3年的大棚土壤的阳离子以Ca^{2+}为主，阴离子以SO_4^{2-}和NO_3^-为主；汪羞德等[41]的研究也表明，Ca^{2+}和NO_3^-与连栋大棚的盐渍化程度具有显著的相关性，连栋大棚的盐渍化程度是以Ca^{2+}和NO_3^-一对阴阳离子的增加为特征。主要盐分离子的累积对作物生长和土壤生态均产生了一定影响。有研究表明[42]，Ca^{2+}的大量存在抑制Fe^{2+}、Mg^{2+}等进入植物体内，NO_3^-、SO_4^{2-}、Cl^-的拮抗作用影响了作物对磷素的吸收，从而影响作物体内的离子平衡，阻碍作物对养分的吸收从而影响生长，降低产量；高浓度盐分抑制土壤微生物的活动，降低土壤中硝化细菌、磷细菌和酸酶的活性，从而使氮的氨化和硝化作用受抑，影响土壤养分的有效化过程，从而间接影响土壤对作物的养分供应；土壤中 NO_3^- 含量高，进一步影响到作物中硝酸盐和亚硝酸盐的含量，降低产品品质；部分硝态氮渗入深耕作层或流到地下水位，造成水污染，危害人类自身的健康。由于设施农业的使用年限、种植模式、管理方法的不同，设施土壤中的各盐分离子含量变化不同，但随着使用年限的延长，盐分含量始终在积累。因此，随着我国设施农业的快速发展和面积的逐年增加，设施土壤次生盐渍化问题已严重威胁到设施农业的可持续发展，成为设施农业生产中不容忽视和亟待解决的问题之一。

次生盐渍化的土壤干燥时其表面会出现白色盐霜，土壤发生板结，破碎后呈灰白色粉末状；土壤湿润时，颜色发暗。当土壤含盐量超过 10g/kg 时，土面会有块状紫红色胶状物（紫球藻）出现 [43]。土壤中的盐分也会抑制土壤微生物的活动，影响土壤养分的有效化过程，从而间接影响土壤对作物的养分供应。例如氯化物盐类能显著地抑制氨化作用，当土壤中 NaCl 达到 2.0g/kg 时，氨化作用大为降低，达到 10g/kg 时氨化作用几乎完全被抑制 [44]。当然土壤盐渍化最直观的危害体现在造成作物的生理干旱，土壤中可溶性盐类过多，渗透势增高而使土壤水势降低，导致植物根细胞吸收土壤水分困难或者是脱水 [45]。同时，作物过量吸收盐分离子会导致品质变劣，甚至危害人类健康。例如过量吸收 NO_3^-，使作物体内硝酸盐积累，人体摄入的硝酸盐在细菌作用下可还原成亚硝酸盐，亚硝酸盐可与人和动物摄取的胺类物质在胃腔中形成强力致癌物亚硝胺，从而诱发消化系统癌变 [46]。

5.1.3 土壤板结

土壤的气相和液相一般是此消彼长的关系，但在人为不合理耕种或外力作用下这种平衡会被打破，土壤原本疏松的结构被破坏、土料分散，当土壤表层水分蒸发后，土壤会变得质地坚硬。当土壤受到外部承重载荷（如农用机的碾压）时，土壤被夯实，原有的疏松土壤团粒结构被破坏，由于土壤中的固相和液相是相对不可压缩的，因此主要被压缩的是气相即土壤孔隙，使土壤的容重和密度增大，作物根系向下生长遇到巨大阻力。当土壤比较干燥时，土壤受到承重载荷时主要是受垂直方向的正应力（压力），这种垂直方向上的压力使土壤孔径缩小，使土壤变得紧实。当土壤含水量较高时，土壤受到承重荷载时除了受到垂直方向上的正应力外还要受到切应力（剪切力）作用，在这两种力的作用下，土壤颗粒排布变得紧密，毛细管增多，使土壤的毛细管作用强烈，保水通气能力急剧下降，在土壤表层形成紧密的外壳和龟裂。当田面遭受漫灌或者强降水时，土地表层的水分不能及时排出，对田面造成强烈冲刷，形成淤积。过量的水分使田间持水量达到饱和，剩余水分从田面流走，使细小的土壤黏粒沉积在地表，随着水分蒸发，细小的土壤颗粒由于水的表面张力、范德瓦耳斯力、H 键的综合作用黏结在一起，在土壤颗粒-水-静电力体系下斥力和引力达到平衡，形成牢固的土壤黏聚力。根据土壤颗粒的大小可将土壤划分为黏土、壤土、砂土。土壤颗粒越小，土壤的黏聚力越大，而且黏土中所含的有机质少，土壤的通气透水性能较差，难以锁住水分，漫灌之后土壤中的孔隙被水分代替，随着水分蒸发由于黏聚力和胶结作用，土粒黏结在一起，土壤孔隙急剧减少，剧增的毛细管将土壤中的水分牵引至土壤表层，加剧水分的蒸发，致使田面结成紧密、坚硬的泥壳。当表层板结硬化之后，水分就难以下渗，灌溉效果会大大减弱，若不配合深耕与有机质的追加，土壤肥力难以恢复。

土壤板结直接影响到土壤容重，容重是单位体积烘干土的质量，因此一般来说土壤板结会使土壤容重增加。土壤的最佳容重要依土壤质地等性状来决定。一般说来，容重超过了一定的范围，就会阻止作物根系的生长。而耕作则是调控土壤容重的重要途径之一。同耕作土壤相比，非耕种土壤容重一般较高，然而由于非耕种、非耕作土壤有机质含量较高且生物活性较强，非耕种、非耕作土壤的结构往往比耕作土壤更适合作物根系生长。在同一土壤上，容重增加必然导致孔隙率降低。首先，粗大的团聚体内部大孔隙减少，小孔隙相应增加。如果土壤容重继续增大，团聚体乃至较小团聚体内部孔隙也会受到影响，结果使土壤总孔隙率明显下降，孔隙分布趋于均匀，小孔隙相对增加，孔隙连通性降低[47, 48]。与此同时，土壤耕作机械阻力增加，渗透性和导水性降低，最终影响土壤-植物关系并使物理化学过程改变[48]。研究表明，大部分植物根系适宜生长在有10%以上孔隙充满空气的土壤上。值得注意的是，已经板结了的土壤再次被耕作时更易发生板结。

板结减少了土壤中可利用的氮素数量[49]，降低了氮素的利用效率[50]，进而导致肥料的投入量增加。有研究表明，土壤板结最终会增加土壤水分含量，强化反硝化过程，很可能使氮氧化物的排放量减少，但是会增加氨的挥发[51]。通常土壤板结会影响植物根系生长，不利于植物对养分元素的吸收，但会使植物根系与土壤颗粒的接触更加紧密，使二者之间的离子交换更加迅速。同通过质流进行养分吸收的方式相比，通过扩散进行的养分吸收受土壤板结的影响更大[52]。Dolan等研究证明土壤板结会降低玉米对钾素和磷素的吸收（19%），而Shierlaw和Alston[53]的研究则表明，板结能提高黑麦草和玉米对磷素的吸收，这可能是由于土壤性质及板结类型不同。

在湿润气候区，土壤板结能增加反硝化损失和降低氮素矿化数量。有研究表明，在湿润气候区的砂壤土中，氮素矿化数量可降低33%，而反硝化速率则增加了20%。土壤板结对作物磷素吸收的影响较大，这是因为磷素在土壤中的移动性很小。为此，根系要吸收充足的磷素必须不断地延展自身的长度。土壤板结抑制了植物根系的生长，必然会对磷的吸收产生阻碍。而钾素的吸收受到的影响则相对较小。

向土壤中施用肥料，特别是化学肥料，能改变土壤溶液中离子组成，提高离子强度，进而改变土壤pH值[54]。土壤中带有负电荷的土壤黏粒及有机质官能团通过带正电荷的多价阳离子联结从而将颗粒胶结在一起是土壤团聚体形成的主要机制之一；在一定浓度范围内，多价阳离子含量越高，其以键桥形式将土壤颗粒连接成的大土壤团聚体的数量就越多，形成的团聚体也越稳定。例如，土壤中的阳离子以二价的钙离子、镁离子为主，向土壤中过量施入磷肥时，磷肥中的磷酸根离子与土壤中钙离子、镁离子等阳离子结合形成难溶性磷酸盐，结果使土壤溶液中的钙离子、镁离子减少，使土壤团粒结构的稳定性下降；向土壤中过量施入钾肥时，钾肥中的钾离子置换能力上升，能将土壤团粒结构中的多价阳离子置换出来，而一价的钾离子不具有键桥作用，结果土壤团粒结构就会遭到破坏。Hati等[55]的研究结果表明施肥处理使酸性淋溶土中土壤团聚体的稳定性下降，土壤易发生板结现象。

有机质的种类和数量影响土壤的硬度，以及土壤的板结性状，这是由于有机物质对土壤颗粒及其结构体具有胶结作用[56]。有研究结果表明，中度腐解的有机质比高度腐解的有机质具有更高的结合力。有机质含量越高，则土壤团聚体越大、越稳定。有机质含量较低的土壤对板结作用比较敏感，易发生土壤板结[57]。土壤保持足够的有机质含量能够稳定结构、提高抵抗退化的能力[58, 59]，能够降低土壤容重和硬度[60, 61]。有机质影响土壤结构和土壤板结的机理主要有以下几点：黏结土壤矿物颗粒[62]；有助于保持土壤水分，进而能够降低土壤板结发生的风险[63]；影响团聚体的机械硬度，该机械硬度是表征颗粒内部凝聚力的指标[64]。然而，有的研究结果表明有机质含量同土壤板结性状间并没有表现出正相关关系[65]，一些研究则报道了不同类型有机物质对土壤板结性状的影响作用不同[66]，还有一些研究认为相同类型的有机物质在不同土壤上的表现也是不一样的[67]。这些研究的不同结果可能是有机物质类型、碳氮比、腐解程度、土壤类型和环境条件的差异等造成的。同总有机质含量相比，易氧化有机质含量与土壤的机械性质具有更密切的相关性[68]。另外，有机质的腐殖化程度越低，提高团聚体孔隙率的作用越大，因此越能降低团聚体的拉伸强度[62]。有机质能降低土壤容重，增加土壤孔隙[69]，因此，向土壤中混合有机质、提高土壤有机质含量会改善土壤容重和孔隙率等性状[62]。

5.1.4 土壤有机质

有机质能改良土壤结构，保持其稳定性，对土壤的物理化学性质、生物学特性、保水保肥作用等产生重要影响，与作物的产量密切相关。另外，土壤有机质富含各种养分，在满足植物生长需要的同时，还能为微生物的活动提供能量来源，故土壤有机质能调节土壤的质量及功能[70]。土壤有机质具有胶体特性，它能吸附较多的阳离子，从而使土壤具有保水保肥能力和缓冲性能[71]。土壤有机质在土壤物理、化学以及生物学中发挥着至关重要的作用，是评价土壤肥力的重要指标[72]。

土壤有机质含量虽少，却是土壤中各种营养元素的重要来源，在土壤肥力上发挥着重要作用。随着生物的进化以及成土过程的发展，动植物成为土壤有机质的基本来源。在通常的自然植被条件下，土壤中的有机物质绝大部分直接来源于植物残体和根系分泌物[73]。在耕作土壤中，表层有机质的含量通常在5%以下，有机质的含量与气候、植被、地形、土壤类型、耕作措施等因素密切相关[74]。森林植被下每年进入土壤的有机物质数量为4～5t/hm^2，农田植被为3～4t/hm^2[75]。因此，施肥和耕作等是影响土壤有机质的重要因素。

土壤有机质按照化学方法可分为水溶性有机质（溶解性有机质）、易氧化物质、腐殖物质。水溶性有机质是用水或稀盐溶液提取的可以通过0.45μm滤膜的土壤有机碳，其组分中只有小部分低分子量的物质（有机酸、糖类、氨基酸等）可以用化学方法鉴别[76]，大部分水溶性有机质是具有高分子量的络合物质（溶解性的腐殖质）[77]。根据土壤有机质被氧化的数量和程度，又可将其分为活性有机质（即易氧化有机质）和非活性有机质，常用的氧化剂为$KMnO_4$。腐殖质是土壤有机质的主要组成成分，占土壤有机质的60%～90%。土壤腐殖质是除未分解和半分解动植物残体及微生物以外的有机物质的总称[78]。土壤腐殖质一般多集中在细粒黏土矿物组分中，常与土壤的矿物质部分呈不同紧密程度的团聚状态，形成各种稳定的有机-矿质化合物或复合胶体。根据腐殖质类物质在酸、碱溶液中的不同溶解度，可将其分为胡敏酸（HA）、富里酸（FA）、胡敏素（HU）。进一步根据提取剂的不同将其分作松结态、稳结态和紧结合态腐殖质类物质；根据褐色胡敏酸的光学性质将胡敏酸分为A、B、Rp型胡敏酸[79]。作为土壤碳库中的稳定碳库，腐殖质的组成和数量对土壤碳储量的贡献及其稳定机制已经成为全球农业生态系统碳循环研究中的重要内容[80]。

肥料施入土壤后不仅会改变土壤有机质的数量，而且将改变土壤有机质各组分的分配状况。有关长期施肥下有机质含量变化的研究表明，单施化肥能显著增加轻组分有机碳及其在土壤总有机碳中的比例，而且增加幅度的高低表现为N-P-K≈N-P ＞ P-K ＞ N-K，K肥对轻组分有机碳的增加作用并不显著[81]。在有机质含量较低的土壤上，施用足量的化肥对提高有机质含量有明显作用。在英国洛桑试验站Broadbalk的小麦连作长期试验中，施用N、P、K肥144年后，土壤有机碳含量比对照提高了15%[82]。但在有机质含量较高的土壤上，化肥的施用反而会降低土壤有机质的含量。在美国密苏里州的Sanborn field小麦连作长期试验中，施用N、P、K肥99年后，土壤有机碳含量比对照降低了4%[83]。

国内有关长期单施化肥对土壤有机质含量的影响也有较多的报道。张爱君等[84]对淮北黄潮土19年定位试验的结果表明，单施N肥可略微提高土壤有机质的含量，N肥与P、K肥配施，作物根茬残留量相应增多，土壤有机质含量均略高于N肥处理，表明施用化肥基本可以维持土壤有机质含量的稳定。陈修斌等[85]在河西走廊旱塬灌漠土上进行11年肥料定位试验，结果表明，施用N、P、N-P的处理比CK（对照）处理有机质含量分别增加了15.1%、12.1%、16.1%。赵广帅等[86]在黄淮海平原典型的轻度盐化潮土上，通过对20年不同施肥处理的研究表明，长期的N、P肥配施或N、P、K均衡施肥，可显著增加土壤有机碳储量，并且后者明显高于前者。单施化肥处理没有外源有机物进入土壤，土壤有机碳的来源主要包括作物根茬还田，单施化肥虽不能直接提高土壤中有机物质含量，但能增加作物生物学产量，促进农作物根系的生长，增加了土壤有机物的投入，从而提高根际土壤有机质含量[87]。同时，作物向土壤输入有机碳主要是通过根系分泌物进行的。Kuzyakov等[88]的研究发现，小麦同化产物的20%～30%分配进入地下。因此，化肥对土壤有机质含量的影响与化肥对作物生长的作用密切相关。詹其厚等[89]对淮北变性土进行的8年定位施肥试验结果表明，P-K处理有机质含量降低幅度最大，为11.4%，N-K降低了4.3%，N、N-P、N-P-K处理有机质含量基本保持不变。李新爱等[90]通过对湖南新化、宁乡、株洲、桃江、武冈五个国家级稻田肥力长期定位试验点进行18年田间定位试验，各试验点的研究结果都是CK和化肥处理有机质含量都有不同程度的降低，降低幅度分别为5.1%～24.3%、3.0%～14.3%，表明单施化肥和不施肥只会促进土壤有机质的消耗。施肥土壤和不施用任何肥料相比有机质含量降低的原因可能是施用化肥影响了微生物的数量和活性，进而影响了有机质的降解过程，也和不同研究区土壤、气候、作物种类、农事管理及大气养分沉降差异有关。

有些研究表明，单施化肥时土壤有机质无明显增加趋势，但基本可以维持土壤有机质平衡，主要是由于连续施用增量N、P、K化肥，土壤养分供应充足，同时作物的根茬残留量较多，土壤有机质能大体保持平衡。不同的研究结果可能与当地的气候条件、土壤状况、耕作制度及施肥量有一定关系。张璐等[91]对16年长期施肥条件下吉林黑土、祁阳红壤以及新疆灰漠土三种典型耕作土壤有机碳库的研究表明，N肥单施和N、P配施后，三种土壤的有机碳含量与对照相比基本保持不变，而N、P、K配施后，黑土有机碳含量基本保持不变，红壤有机碳含量显著增加，而灰漠土有机碳含量明显下降。N、P、K及其施用量差异也对土壤有机碳的累积产生不同的影响。三种土壤有如此区别主要是由于土壤自然地力间存在差别。张春霞等[92]在黄土高原旱塬地黏质淋溶黑垆土上进行18年的长期肥料试验表明，耕作和长期单施化肥可以维持土壤有机质水平，化肥种类和不同施用量对其影响结果也有所不同。乔云发等[93]通过15年定位试验研究表明，N和P对黑土有机碳含量的影响较大，而K对其影响较小。

有机肥促进土壤有机质积累的效果与有机肥料的种类有关，其中秸秆的培肥效果较好，绿肥稍差，厩肥和堆肥的肥效介于两者之间。长期进行秸秆还田的同时配施化肥，有利于改善土壤的紧实度及通气状况。有机肥的施用是土壤养分的重要来源，如动物的粪便中就含有50%的无机态磷，土壤有机质中大量的有机态氮是土壤氮素的重要来源。有机氮含量的增加不仅需要施入无机氮肥，还需要增加有机碳，故单施氮肥时土壤有机质中无机氮肥积累较少，说明化肥的培肥效果不及有机肥，只能满足作物的生长需求。有机肥中含有丰富的氮，这些氮释放缓慢，损失较少，加上有机肥能促进氮的生物固定，故有机肥施用明显有利于土壤全氮含量的提高。如连续施用有机肥20年，土壤的全氮量每年都在增加，而且变化明显，但氮磷肥施用的效果就不及有机肥，与不施肥的差异不明显。土壤中磷含量的增加与施肥方式也密切相关，长期施用磷肥及有机肥均能提高土壤含磷量，有机肥中的磷转化速度快，作用较为明显，如玉米秸秆还田就能明显促进土壤速效磷的增加。施肥对土壤磷含量的影响主要体现在耕层，对下层土壤的影响不明显。单施磷肥能提高土壤剖面各层的有效磷含量，但作用不及磷肥配施氮肥或有机肥。钾素包括速效钾、缓效钾和无效钾三种形态，三种形态对作物的有效性不同，而且土壤中钾素的固定与释放对三种形态的动态平衡产生重要影响。土壤钾素受施肥及耕作措施的影响，施入肥料中不同形态的钾素影响土壤中钾素各形态含量的增幅。玉米和小麦轮作16年后，氮磷肥处理的速效钾含量大约稳定在32mg/kg，氮磷钾配施可保持土壤钾库的稳定，氮磷钾肥及有机肥配施可提高土壤钾的供钾能力。大量试验证明，在富钾土壤如潮土上施用钾肥的效果不明显，而在缺钾土壤上，只有第一年施用钾肥有明显的效果。有机肥和化肥长期施用因作物的种植方式、肥料的种类及土壤类型不同而对土壤有机质产生不同的效应，有机肥料和化肥配施能明显增加土壤的有机质，配施氮磷肥或氮钾肥对增加土壤有机质的作用不明显，而长期不施肥或单施化肥会导致土壤有机质含量下降，隋跃宇等在黑土、孙天聪等在褐土上也得到了相同的试验结果。魏朝富等的试验表明，有机肥和无机肥配施对提高土壤有机质含量的作用比单施化肥大。由于化肥能促进植物快速生长，残留的枝叶、根茬多，故也能增加土壤的有机质含量。

5.2 土壤环境质量

5.2.1 重金属

5.2.1.1 施肥与土壤

（1）土壤中的重金属　重金属是指相对密度≥ 5.0g/cm^3 的金属元素，土壤中重金属元素主要有自然来源和人为干扰输入两种途径。在自然因素中，成土母质和成土过程对土壤重金属含量的影响很大。在各种人为因素中，将重金属带入土壤中的来源主要包括工业、农业、交通、生活等。农业污染来源主要包括农药、化肥、畜禽排泄物等。

不同重金属在土壤中的毒性差别很大，所以在环境科学中人们通常关注汞、镉、铬、铅、铜、锌、镍、砷等。很多肥料含有重金属元素，长期使用化肥会导致土壤重金属含量变化，使植物积累重金属。

重金属会影响土壤的生态结构和功能稳定性。在土壤被重金属污染的条件下，土壤有机氮的矿化、磷的吸附、钾的形态都会受到一定程度的影响，这些都会影响到土壤中氮、磷、钾的保持与供应。

（2）肥料的作用

① 土壤肥力水平的基础。肥料是农业增产和粮食安全的基本物质保障，施肥是提高作物产量的重要手段[94, 95]。

② 有效改善农作物品质。施肥与作物品质密切相关，养分是作物品质形成的重要物质基础，优质的肥料与科学施肥技术结合能够高效供应作物所需养分，进而产出优质的农作物产品[95]。

③ 协调土壤的养分比例。目前农业生产中许多农民认识到了施肥的重要性，但是对合理施肥仍不够了解。农作物生产过程中对所需的各类养分含量有一定的比例要求，特别是氮、磷、钾这 3 种元素，如果不能做到合理施肥，不仅会造成肥料的浪费，还会对农作物的生长起到负面影响。连续多年合理施肥，有利于土壤有效养分含量的提升，促进作物单产不断提高，增加土壤肥力，为作物高产创造了良好条件[95-99]。

④ 美化环境，提高植被覆盖率。肥料的施用能很好地保持或增加植被覆盖率，美化环境。合理施肥的直接作用是增加作物产量或生长量，有效提高了植被覆盖率，净化了空气[98]。

（3）施肥对土壤的影响机制

① 施肥影响土壤肥力。施肥是农作物种植过程中的重要举措之一。长期施肥会对土壤有机质产生较大的影响，首先会改变土壤中有机质的含量，例如，在施肥时长期施加氮磷钾肥料和有机肥可以提升土壤中有机质的含量，但是若施加磷肥、钾肥、氮肥，土壤中所含有机质的数量会出现一定程度的下降；若长期不施加肥料，土壤中所含有机质的数量将会出现一定程度的下降，但是在经过一定时间之后土壤中所含有机质的数量将趋于平衡。长期施肥除了会对土壤中有机质的数量产生影响之外，还会直接影响到有机质在土壤中的分布情况[100-103]。

② 施肥影响土壤 pH。在土壤中撒施肥料可以调节土壤酸碱度，比如有机肥通常为碱性，其施用可直接中和土壤表层部分质子，提高 pH 值：随着畜禽粪便等有机肥的施用，大量盐基离子被带入土壤中，释放溶解后极大地增强了土壤溶液的离子强度和阳离子交换量，使土壤碱化。施肥影响土壤 pH 值，从而改变土壤的理化性质，进而影响到植物根系和地上部分的生理代谢过程[104-106]。

③ 施肥影响植物根系和地上部分的生理代谢过程。例如长期向土壤中施加适量氮肥将直接提升土壤中氮元素的含量，而随着土壤中氮元素含量的增加，植物根系、根茬的生长力增强。长期施加氮肥是确保农作物高产的基础[99, 100]。

④ 施肥影响土壤微生物。施肥并没有直接给微生物提供 C 源和能源物质，其增加土壤微生物数量的原因在于，施用化肥促进植物生长，使根系发达，根系分泌大量低分子量有机

物，这些分泌的有机物为根际土壤中微生物提供易于吸收利用的C源、N源、无机盐等营养物质，从而促进土壤微生物生长和繁殖，使土壤微生物活性及数量增加[105]。而微生物活性的提高反过来又促进土壤中腐殖质和难分解有机物的矿化，这个过程中释放出的相关物质可以改良土壤结构，促进土壤中矿物质风化，增加土壤中速效养分，为微生物的生长和繁殖提供适宜的条件；同时，有机肥本身也含有大量微生物，因而施入有机肥后土壤微生物数量明显高于化肥处理和不施肥对照。同时，化肥为微生物生长提供了N、P、K等化学元素，它们是微生物细胞的物质基础，对微生物的代谢有重要的意义。施肥导致某些土壤微生物类群数量减少，可能与养分限制因素有关。由于土壤微生物的生命活动不仅需要能源，也需要生命元素[106]，土壤养分限制因子及其水平都会影响到微生物的生命活动。施肥制度在长期定位条件下，由于养分供应的种类和数量相对固定，有些养分因长期得不到补充而成为限制因子。长期不同施肥制度形成养分限制因子、养分丰缺程度以及物理环境不同的土壤，综合起来影响土壤微生物的数量、种群结构和代谢。

⑤ 施肥影响土壤酶活性。通常施用化肥、有机肥及有机肥与化肥配施均能增加土壤酶活性。施用适量N、P、K肥对酶有一定的激活效应，增强土壤酶活性，但各肥料间的交互作用在施肥量达到一定水平时会对特定的土壤酶产生抑制作用，而且N、P、K矿质肥料对土壤酶活性的影响因土壤、肥料和酶的种类等不同而异，同一元素对某些酶来说是激活剂，而对另一些酶来说则为抑制剂，同一元素的施用量不同，可以起激活作用，也可以起抑制作用。因此，施用适量N、P、K肥及其他化学肥料对酶有一定的激活效应，能增强土壤酶活性。

5.2.1.2 施用化肥对土壤重金属的影响

（1）N肥　氮素是农作物生长发育必需的营养元素，它是植物体内蛋白质的基本组成物质，所以氮素供应不足不仅影响作物的产量，而且会使其品质下降，但氮肥的施用不是越多越好。农作物植株体内碳水化合物与所施氮素之间应该有一定的比例，一般称之为碳氮比。施氮不足，碳氮比过大，植株体内蛋白质合成减少，使许多谷类作物籽粒的品质下降；氮素供应过多，植株体内碳氮比过小，蔗糖、葡萄糖等碳水化合物的含量就会降低，许多瓜果类作物的果实就不甜。另外，过量施用氮肥对农作物品质最明显的影响是增加了植株体内的硝态氮和亚硝态氮含量[107, 108]。

氮肥的施用影响土壤重金属的形态和有效性。目前，多数研究认为施用铵态氮肥会提高重金属有效性，硝态氮肥则相反。大量研究表明，几种氮肥相比，铵态氮对镉的溶出有较大的促进作用，铵态氮比硝态氮更有利于Cd的移动性，NH_4^+还能与镉形成配合物从而降低土壤对Cd的吸附。铵态氮对铅的溶出有抑制作用，这可能是因为铵态氮肥能降低根际土壤的pH，提高根际土壤中的重金属活性，促进植物对重金属的吸收。作物吸收NH_4^+时，根系会分泌H^+，使根际周围酸化，土壤pH降低，从而导致作物吸镉量增加。

除氮肥种类外，氮肥的不同施用量也会显著影响土壤中重金属的有效性。实验表明，土壤施氮肥量的增加会导致小麦吸收Cd的增加，以尿素形式施入N 0mg/kg、50mg/kg、100mg/kg、200mg/kg、400mg/kg、800mg/kg，土壤溶液中Cd的浓度和土壤中DTPA（二乙烯三胺五乙酸）可提取态Cd的含量都随N量的增加而显著增加。付婷婷等在四川铅污染的水稻土中施入不同水平的 $NaNO_3$ 和（$(NH_4)_2SO_4$），结果表明，施用适量的氮肥可促进日本毛连菜的生长以及提高累积铅的能力，而施用过量氮肥则对日本毛连菜的生长和铅累积均有一定抑制作用；与硝态氮肥处理相比，铵态氮肥更有利于铅向日本毛连菜叶部转移。甲卡拉铁等在四川潴育型水稻土上的研究发现，施 NH_4Cl 可显著增加水稻对镉的吸收，并促进镉由秸秆向籽粒的转移；适量尿素能显著降低水稻籽粒镉含量，而不施尿素和高量尿素处理都显著提高了水稻籽粒中的镉含量。

（2）P 肥　磷是构成植物细胞核和原生质的原料。磷肥供应充足，能促进种子发芽，增强茎和根系的发育，促分蘖、分枝，以及缩短生育期，提早开花结果。在缺磷情况下，细胞的分裂与增殖受到强烈抑制，生长迟缓，影响生殖器官的形成和花芽分化，降低花卉对病虫害的抵抗力。观花、观果的花卉，在整个生长发育期均需磷肥，特别是进入生殖阶段后，对磷肥的需求量更多。磷肥对球根花卉的开花及球根的充实尤为重要。但磷肥施用过多，常造成植株早衰[109]。

磷肥是植物生长所必需的第二种大量营养元素，但是对植物修复 Cd 污染土壤也体现出不同的效果。磷肥本身常含有较多的重金属如 Cd 等，但是实验表明土壤中施入磷肥可以降低重金属污染土壤中金属元素的可利用性，减少植物的吸收和累积。在用磷进行重金属污染土壤的修复过程中，针对不同污染物本身及不同含磷化合物性质，其修复效果相差较大。在污染土壤上，尤其是重度污染的酸性土壤上，施用磷肥，对缓解重金属对植物的毒性有显著作用。在利用磷肥修复土壤重金属污染时，应特别注意其他条件，如污染程度、土壤类型、养分条件、作物种类等，针对不同的修复目的，采用不同的施用方法[109-111]。

（3）K 肥　钾与氮、磷等营养元素不同，它不参与植物体内有机物的组成，在植物体内常以离子状态存在，移动性很大。钾有活化酶的作用，能促进光合作用的进行，有利于糖类、淀粉及蛋白质的合成，对球根花卉的发育有极好的作用。钾还能提高植物体内纤维素的含量，因而钾肥可使根系发达，茎枝粗壮，花色鲜艳，抗病虫害能力、抗寒性增强。缺钾时，花卉茎秆细弱，生长受到抑制。严重缺钾时，叶尖、叶缘枯焦，叶片皱曲，下部叶片常出现病斑，老叶叶缘卷曲，呈褐色，下部叶片和老叶易脱落。钾肥过量，能影响植物对其他营养元素如钙、镁的吸收利用。钾素能提高植物细胞液的渗透压，保持细胞壁弹性水平，防止水分过多散失，同时还能调节植物气孔开闭。若拥有充足的钾素，植物细胞壁厚度将增加，水分蒸发减慢，可有效抵抗寄生菌，减少病害的发生。钾素能提升农作物的抗逆、抗病、抗寒能力。因此，充足的钾肥有利于农作物的生长发育。在氮肥施用过多、病害程度严重的土地中合理施用钾肥，能有效降低病虫害的发生率。

K 肥作为一种大量营养元素，是影响土壤阳离子交换量的重要因素，K 可能会影响重金属在植物-土壤系统中的迁移。不少研究者对钾肥的作用有较相对统一的结论，普遍认为 KCl 促进了植物对镉的吸收；K_2SO_4 在旱地上促进镉的吸收，在水田则相反，这可能与硫酸根在水田中易被还原有关；KNO_3 的效果相对较弱，可能是由于氯离子和硫酸根离子易与 Cd 离子结合，从而增加了其可利用性。因此，钾肥对土壤重金属有效性的影响是其影响作物吸收的重要原因，作物体内的重金属含量与土壤中有效重金属含量密切相关。并且钾肥对植物吸收重金属离子的影响因不同作物种类、不同生育时期、肥料的不同用量及不同环境条件等而有很大差异[112, 113]。

（4）其他微量元素肥　对于作物来讲，微量元素需求量极少，比大量营养元素在数量级上要低一个或者多个数量级，但是微量元素依然是作物生长必不可少的。常见的微量元素肥有铁肥、锰肥、铜肥、锌肥、硼肥、钼肥等，适量施用有利于补充土壤和作物的微量元素。作物生长不仅需要N、P、K等大量营养元素，化学肥料中所含的微量元素如Ca、Mg、Fe、Mn、S等也会进入土壤溶液，影响土壤理化性质，从而对植物吸收重金属产生影响[114-116]。

5.2.1.3　施用有机肥对土壤重金属的影响

有机肥广义的概念是指所有动物包括人的排泄物，以及植物的枝叶所充当的农家肥，包括植物的落叶、秸杆，还有沤肥、沼气肥等产生的有机肥料。狭义上的有机肥是指经过物理、化学等一系列后期处理的动物粪便、植物残体等，经过处理后将动物粪便、植物残体中对农作物有害的物质除去，达到国家标准后的肥料。相比于化肥，有机肥含有更多植物所需要的元素，而且在改良土壤、保护环境、促进植物吸收等方面都有很好的效果。实验证明，施用有机肥料，可以增加水稻的有效穗，减少水稻的空壳[117]。

施有机肥会影响土壤pH。长期研究表明，加入有机肥提高了土壤的pH值，由于pH值的升高，交换态铜、锌含量降低，二者向残渣态方向转化。对黄棕壤，加入有机肥后，土壤pH值比未加降低0.55～0.75个单位，达到显著水平，这也是重金属有效性增加的原因；配合施入不同改良剂对pH影响很大，加石灰的处理pH值明显升高，最高增加约1.5个单位，与不施石灰的处理都达到显著水平；加海泡石的处理与不加改良剂的土壤pH无显著差异，即海泡石对提高土壤pH值作用不大；三种改良剂提高土壤pH的作用为石灰＞有机肥＞海泡石，所有处理均为根际pH值大于非根际，各处理间差异显著，这可能是由根际呼吸作用释放CO_2、根系分泌有机酸和外界加入的肥料形态等共同作用所致。有机肥对土壤pH的改变没有石灰那样速效，在短期内，对土壤pH的影响不太明显，但从长期看，其作用非常显著且稳定。在实际应用时，应考虑各种改良剂的长期和短期的效应，综合考虑。石灰配合有机肥，既能在短期内改变土壤pH，从而抑制重金属的有效性，又能长期维持保持后效，还能为作物提供养分，改良土壤质量，而且经济方便，是南方酸性土壤上比较好的修复技术方式[116, 118]。

有研究表明，有机肥施用量的增加，将会导致土壤有机质的逐渐增加，腐植酸活化性能增强，而有机物的分解使有机结合态重金属逐渐释放，重金属的生物有效性明显增强，如长期施用畜禽粪便等有机肥，极易造成土壤重金属的积累[119, 120]。

在土壤中施用有机肥，可降低土壤中的Cd生物有效性系数，施用量越大，活化作用越低，即降低了土壤中有效Cd的活性。积累重金属较强的作物荞麦、白菜种植后降低Cd生物活性的效果更好。施用有机肥增加了土壤中Pb的活性，黄瓜、豆角吸收有效Pb较少，因此土壤有效Pb含量较高，与有机肥活化Pb的效果叠加，土壤中Pb生物有效性系数相对较高。种植低积累蔬菜豆角、黄瓜并增施有机肥能明显增加Pb生物活性。

畜禽粪便是有机肥中最常用的种类，其中含有丰富的有机质和大量氮、磷、钾等营养成分，是提高土壤生产力非常高效的有机肥料资源，同时还能改善作物的品质。然而，畜禽粪便已经成为农田土壤中重金属负荷的重要来源。据不完全统计，土壤中 2/3 的铜和锌，以及约 20% 的镉和铅污染源自畜禽粪便。粪便中重金属污染主要来自饲料的添加，据不完全统计，中国每年作为添加剂的重金属元素高达 1.5×10^9 ～ 1.8×10^{10}t。随着高剂量铜、锌、砷等饲料添加剂的广泛应用，这些不能被动物吸收利用的大量重金属随粪便排出，此类粪便作为有机肥施用于土壤后必然对土壤-植物系统造成潜在的威胁[118, 121]。

随着社会和经济的发展，商品有机肥已成为一种重要的有机肥种类，但是施用商品有机肥也有同样的重金属污染风险，不同种类的粪肥中重金属含量差别较大。对我国主要商品有机肥的测定结果显示，牛粪加少量鸡粪生产的有机肥重金属含量最低，均在商品有机肥无害化指标以下；鸡粪有机肥铜、锌含量是牛粪有机肥的 1.9 倍和 1.4 倍，汞含量高的达到 4.6mg/kg，接近限定指标；猪粪堆制的有机肥样品间含量差异较大，砷含量超过或接近限定指标，含量高的超过 9.8mg/kg，铜和锌含量高的达到 1454mg/kg 和 1763mg/kg，铜含量分别是牛粪有机肥、鸡粪有机肥的 20 倍和 11 倍，锌含量分别是牛粪有机肥和鸡粪有机肥的 6.7 倍和 4.4 倍[120, 122]。

5.2.1.4 施用生物肥（微生物肥）对土壤重金属的影响

（1）生物肥的概念和分类　生物肥料又称微生物肥料，它是通过人工培养对植物有益的微生物而制成的微生物制品。按生物肥料的功能，可将其分为以下几类：具有固氮能力的生物肥料、分解有机物质的生物肥料、分解难溶矿物的生物肥料、抗病以及刺激作物生长的生物肥料。

（2）生物肥的作用

① 培肥改良土壤营养结构、提高土壤肥力。这是生物肥料的主要功能之一。可以增加土壤中的氮素来源，将土壤中难溶的磷、钾分解出来，转变为作物能吸收利用的磷、钾化合物，使作物生产环境中的营养元素供应量增加。一些具有加速作物秸秆腐熟以及促进有机废物发酵等作用的微生物的应用还增加了土壤中的有机质含量，提高了土壤的肥力[116, 123, 124]。

② 创造和协助作物吸收养分。通过生物肥料中所含微生物的生命活动，增加了植物营养元素的供应量，从而改善植物营养状况，使作物增产。其代表品种是根瘤菌肥料，肥料中的根瘤菌可以侵染豆科植物根部，在根上形成根瘤，同化空气中的氮素，供给豆科植物主要的氮素营养。另外，许多生物肥料中所含微生物种类还能产生大量的各类植物生长刺激素、有机酸、氨基酸等，能刺激和调节作物生长，使其生长健壮，营养状况改善[99, 123]。

③ 增强植物抗病虫和抗旱能力。有些微生物具有拮抗某些病原微生物而产生的抑制病害作用，如近些年研究发现植物根圈促生细菌群体能分泌植物促生物质，对许多土传病害有减轻和降低其发生的作用，对植物病原线虫有生物控制作用。有些微生物如菌根真菌，由于在作物根部大量生长，菌丝除了吸收有益于作物的营养外，还能增强土壤对水分吸收和保持的能力，改善作物抗旱能力。

④ 提高化肥养分的有效利用率。随着化肥大量及长期不合理使用，肥料中的氮、磷、钾等主要营养元素被作物直接吸收利用的量减少，主要是被土壤固定和淋失，导致化肥的利用率不断下降。各国科学家一直在努力探索提高化肥利用率达到平衡施肥、合理施肥以克服

其弊端的途径。生物肥料在解决这一问题上有独到之处，如生物肥料中所含有的多种溶磷、解钾的微生物能活化被土壤固定的磷、钾等矿物营养，使之能被植物吸收利用，使用根瘤菌肥后由于固氮的增加可相应减少化肥的施用量。根据我国作物种类和土壤条件，将生物肥料与化肥配合施用，既能保证增产，又减少了化肥使用量，降低成本，同时还能改善土壤条件及农产品品质。

⑤ 改善和提升农产品品质。随着人民生活水平的不断提高，国内外都在积极发展绿色农业（生态有机农业），生产安全、无公害的绿色食品。生产绿色食品过程中要求不用或尽量少用（或限量使用）化学肥料、化学农药和其他化学物质。它要求肥料必须首先保护和促进施用对象生长以及提高品质；其次，不会使施用对象产生和积累有害物质；最后，对生态环境无不良影响。微生物肥料基本符合以上三个原则，使用生物肥料对提高农产品品质，如提高蛋白质、糖分、维生素等的含量等有一定作用，有的可以减少硝酸盐的积累，在环保中可充分发挥作用。

⑥ 提高经济效益。利用微生物的特定功能分解发酵城市生活垃圾及农牧业废弃物从而制成微生物肥料是一条经济可行的途径。目前主要采用两种方法：一是将大量的城市生活垃圾作为原料经处理由工厂直接加工成微生物有机复合肥料；二是工厂生产特制微生物肥料（菌种剂）供应于堆肥厂（场），再对各种农牧业物料进行堆制，以加快其发酵过程，缩短堆肥的周期，同时提高堆肥质量及成熟度。另外，还可将微生物肥料作为土壤净化剂使用[112, 123, 124]。

（3）生物肥施用量对土壤重金属的影响　研究表明，施用生物有机肥影响了土壤中铬（Cr）、铅（Pb）、铜（Cu）、镉（Cd）、汞（Hg）的含量，随着施肥量的增加，土壤中铜（Cu）、铅（Pb）的含量显著降低，而铬（Cr）和汞（Hg）的含量显著降低后增加，镉（Cd）含量的降低程度也较为明显，说明生物有机肥可有效降解土壤重金属，而这种降解作用与施肥量有关，施用生物肥后土壤金属铜（Cu）与铅（Pb）、铬（Cr）呈极显著的正相关关系，汞（Hg）与铅（Pb）呈显著负相关关系，说明施用生物有机肥影响了土壤中金属离子之间的相互作用，而产生这种作用的原因和原理需进一步研究[116]。

（4）微生物修复土壤重金属污染的机制　主动转运或外排系统是金属耐受机制中最大的一类。微生物可以利用其主动运输机制将细胞质中毒性金属排至胞外，使细胞可以在高浓度重金属环境下生长，比如砷的主动外排。砷酸盐的结构与磷酸盐类似，它可以通过磷酸盐转运系统进入胞内，替代三磷酸腺苷（ATP）中的磷酸盐，影响细胞核苷酸合成和能量稳态。迄今为止，在不同的砷耐受细菌中发现了 5 种类型的砷转运体，每一种都对不同类型的砷化合物具有耐受性[123, 125]。

胞内隔离是使金属在细胞质内积累，以防止其暴露于细胞内组分中。通常隔离的金属有 Cd（Ⅰ）、Cu（Ⅱ）和 Zn（Ⅱ）。如聚球菌中的 smtA 编码与 Cd（Ⅰ）和 Zn（Ⅱ）结合的金属硫蛋白。该基因可被高水平的 Cd（Ⅰ）、Cu（Ⅱ）和 Zn（Ⅱ）诱导。金属硫蛋白中的半胱氨酸残基可作为活性位点，使过量的有毒金属阳离子沉淀[125-127]。

微生物还可以通过向胞外分泌谷胱甘肽、胞外聚合物（EPS）等隔离细胞与重金属，以降低其对细胞的毒害作用。细菌分泌的 EPS 主要由多糖、蛋白质和核酸组成，其基质中的羧基、羟基等官能团带负电荷。因此，整体带负电荷的细菌 EPS 可以螯合重金属阳离子，在防止细胞与有毒金属直接接触方面起重要作用。

所以，有机胶体和带负电荷的芽孢杆菌吸附及螯合有毒的重金属铜、铅，消除土壤重金属污染[126, 127]。

5.2.2 酞酸酯

5.2.2.1 酞酸酯的概述及污染

邻苯二甲酸酯，又称酞酸酯（phthalate esters，PAEs），通常条件下为无色透明、质地黏稠的油状液体，不易溶于水，但易溶于乙醇、乙醚等有机试剂。酞酸酯无色无味、挥发性低而稳定性强、耐低温且防水性好、软化及黏着性优良，尤其是成本低廉，自 20 世纪以来，被作为添加剂广泛应用于医疗用品、塑料制品、化妆品、纺织品、杀虫剂、润滑剂、颜料、玩具等化工品的生产工艺中。特别是在改善聚氯乙烯、合成橡胶等高分子材料透明度、柔韧性、可塑性、耐用性等方面的强大优势，使得酞酸酯成为国内外重要的塑料制品添加剂。其中，邻苯二甲酸二正丁酯（dibuthyl phthalate，DBP）、邻苯二甲酸二（2-乙基）己酯［bis（2-ethylhexyl）phthalate，DEHP］、邻苯二甲酸二异壬酯（dinonyl phthalate，DNP）、邻苯二甲酸丁基苄基酯（benzyl butyl phthalate，BBP）、邻苯二甲酸二正辛酯（di-n-octyl phthalate，DNOP）是最常用的增塑剂，是一类用途广泛的添加剂，主要作为增塑剂应用于塑料制品中，用以改善塑料制品的柔韧性。由于酞酸酯与塑料制品的高分子基体以范德瓦耳斯力或氢键结合，键能较低，因此很容易被释放到环境中。凭借其易挥发、易累积、难降解的性质，酞酸酯稳定且普遍地存在于各种环境介质，包括空气、水、沉积物、土壤和生物体内，并造成了一定的健康风险[128-134]。我国不同地区的农田土壤中均能检测到酞酸酯，其残留水平通常达到 mg/kg 的量级，主要污染物为 DEHP、DBP、邻苯二甲酸二异丁酯（DiBP）[135]。从农业土壤类型来看，设施菜地因大量使用农膜成为酞酸酯污染的重点区域[131, 132, 135]。在多种常用材料的农膜使用的初期，农膜释放酞酸酯的污染程度均超过美国环保署推荐的安全阈值。虽然大部分农膜释放的酞酸酯在四周后可以降至安全值以下，但对于最常用的聚氯乙烯和茂金属聚乙烯农膜，其释放的酞酸酯可持续 90 天以上超过安全值[136]。这个污染时间几乎覆盖了常见的叶菜类农产品的整个生产周期。散失到设施菜地土壤和空气中的酞酸酯可以被植物吸收和积累[137]，并通过食物链最终进入人体[138, 139]。流行病学和毒理学研究发现，一些酞酸酯，如 DEHP、DBP、BBP 和邻苯二甲酸二乙酯（DEP），具有内分泌干扰作用[140]，对人类生殖和代谢系统有不良影响，甚至可能致癌[141-144]。

5.2.2.2 肥料中酞酸酯的来源

酞酸酯是肥料的常用溶剂，也可能从这些农用化工品的包装中浸出[145, 146]，因此，化肥、有机肥和农药的使用，都会导致土壤酞酸酯不同程度的提高。Mo 等对 21 种常用肥料进行研究发现，施用含酞酸酯的肥料时，酞酸酯化合物大部分直接进入土壤中，这使得在同类肥料中酞酸酯是检出率最高的有机污染物，施用肥料最多的土壤也表现出酞酸酯含量最高的现象[147]。其他如工业废水污染、生活污水灌溉、城市污泥施用、工业废气的大气沉降等，也都是土壤酞酸酯累积的重要成因[148-150]。特别是城市污泥和生活污水含有丰富养分，农用可表现出可观的水肥效应，但也含有较高的酞酸酯污染物[151]，我国城市污泥农用发展尚不健全，缺乏有效监管，使得大量未经完全处理的污水和污泥作为肥料投入农业生产，也导致土壤和农作物中酞酸酯的累积[152]。如北京再生水农业灌区表层土壤中 6 种优控酞酸酯含量范围为 1.8 ～ 12.2mg/kg，已经处于较高水平，DMP（二甲基苯酚）和 DBP 含量均超美国控制标准[153]。此外，任超等在对比天津典型废物回收园区和周边农田土壤酞酸酯含量时发现，规范化厂区（0.889 ～ 2.22mg/kg）与农田（0.385 ～ 2.54mg/kg）土壤污染水平相近，而室外回收区域土壤酞酸酯污染最严重（1.81 ～ 15.9mg/kg），这说明塑料废品及垃圾的露天堆放，也会导致农田土壤的酞酸酯污染[154]。

5.2.2.3 不同施肥对土壤中酞酸酯残留的影响

酞酸酯主要存在于有机肥中，施用有机肥是现代农业中重要的农技措施，不同碳氮比（C/N 比）的有机肥的施用对酞酸酯微生物降解有关土壤有机质（碳素）、氮素以及微生物多样性的影响是显著的。

① 施肥对土壤碳素的影响。包括施用有机肥，或有机肥与无机肥混施都会使土壤的有机质含量提升，丰富土壤的营养物质[155]。不同 C/N 比的有机肥施用，均能显著提升土壤微生物碳含量，实验中 C/N 比最大的有机肥提升效果最为明显[156, 157]。

② 施肥对土壤氮素的影响。在六年的长期定位实验中，不同施肥方式均会导致土壤全氮、铵态氮和硝态氮含量不同程度地提高，反硝化功能基因的丰度均上升[158]，该基因与 DBP 的浓度是相关的。而施用化肥、粪肥及化肥与有机肥混施均可显著提高土壤潜在硝化速率[159]，而硝化过程受到 DBP 的抑制[160]，正确施用肥料有可能解除这种抑制，从而加强 DBP 的降解。有机肥施用对氮素的提升取决于合适的 C/N 比，同时 C/N 比对微生物的发酵有重要的影响，尤其是氮限制会进一步影响土壤微生物的群落结构及其主导的有机碳分解[161]。在缺氧条件下，土壤 DEHP 的降解由于缺乏电子受体而被抑制[162]。有机氮的输入使微生物代谢氮的循环过程增强，可以缓解电子受体缺乏导致酞酸酯降解的抑制。

③ 施肥对土壤微生物的影响。施肥有利于微生物的数量和多样性，并可能促进酞酸酯的共代谢途径[163]。有机肥中的氮素可以增加微生物的生物量及微生物多样性，土壤微生物的质量因此得到提升，土壤微生物的多样性增加，一定程度上会促进酞酸酯的降解[164]。较高的 C/N 比有机肥的施用在一定程度上会产生微生物氮限制（the microbial N limitation），改变微生物的群落结构[161]，进而可能影响酞酸酯的代谢。

5.2.2.4 不同施肥对土壤中酞酸酯代谢产物残留的影响

邻苯二甲酸单酯（PME）是酯键水解的常见降解产物。值得注意的是，某些长链的转酯化产物和脱酯化生成的 PME 依然存在着较大的毒性，甚至可能超过本体，例如 DEHP 的降解产物邻苯二甲酸单-2-乙基己基酯（MEHP），该物质可以抑制胎盘细胞增殖，干扰孕酮的分泌，进而导致内分泌异常、不孕不育或者肿瘤；MEHP 与 DEHP 相比更易于转移，对土壤微生物的毒害作用也更大[165]。然而，目前国内外仍以酞酸酯母体的含量作为考量酞酸酯类污染程度的指标，缺乏对酞酸酯降解中间产物的监测和研究。这对酞酸酯污染程度和健康危害的评估以及有效治理都是不利的。

酞酸酯作为一种来源极其广泛、污染普遍、对动植物和微生物影响较大的有机污染物，在农田土壤，尤其是设施土壤中几乎是不可避免的。施肥对土壤中的酞酸酯存在着多方面的影响。一方面，作为酞酸酯污染的来源，尤其是有机肥与污泥来源的肥料，通过施用对农田土壤造成污染。另一方面，施肥也可以通过改变土壤养分条件进而改变土壤中的微生物多样性与功能，参与酞酸酯的降解与生物利用过程。因此，综合考量，施肥的种类与方式对控制土壤酞酸酯污染有重要的意义，目前添加降解酞酸酯的功能微生物的生物有机肥已经应用于设施土壤酞酸酯污染的消减中，并取得了较好的效果。酞酸酯的生物降解是其最重要的降解途径之一，其中涉及了土壤养分、土壤微生物结构以及土壤-植物系统等多方面的综合影响。而施肥恰恰对上述的系统产生重要的作用。今后的研究中，应该重点考量以下几个方面：①针对酞酸酯降解途径与施肥种类、施肥方式及施用量之间的关系，找到酞酸酯降解途径的主控环境因子；②开发高效的酞酸酯降解功能微生物，并应用于生物有机肥中，利用施肥降低酞酸酯的污染风险；③关注酞酸酯降解产物的污染及其环境风险，虽然施肥有效降低了酞酸酯本体的浓度，但是却积累了一定量的降解产物，可能具有更高的风险，目前甚少研究，亟待开展。

5.2.3 抗生素

5.2.3.1 抗生素的概述及污染

抗生素是由微生物（包括细菌、真菌、放线菌属）或高等植物产生的具有抗病原体或其他活性的一类次级代谢产物，是能干扰其他生活细胞发育功能的化学物质[166]。抗生素作为20世纪最重要的发明之一，因其具有预防疾病感染、促进机体快速生长和提高饲料转化率的作用，在促进畜禽养殖业快速发展方面扮演重要且不可替代的角色[167, 168]。美国食品药品监测管理局（FDA）公布了美国市场上销售的抗生素80%用于畜禽养殖，总量达1.46万吨[169]。我国是世界上生产和使用抗生素最多的国家，据统计，我国2013年到2018年的抗生素原料生产量有近一半用于养殖业[170-172]。兽用抗生素大部分具有水溶性，被动物摄入后有17%～90%以母体或代谢物的形式通过粪便和尿液排出体外，并通过地表径流或粪肥还田等形式进入农田，导致农田土壤中的抗生素及其代谢活性产物浓度逐渐提高[173, 174]。兽用抗生素主要包括四环素类、磺胺类、喹诺酮类、β-内酰胺类、氨基糖苷类、大环内酯类、氯霉素类和林可霉素类等8类。在我国不同地区的农田土壤中均检测到抗生素污染，其残留水平为μg/kg～mg/kg级不等，而且有机蔬菜基地的抗生素浓度高于常规农田[175-178]。土壤中残留的抗生素可抑制土壤中微生物的生长和活性，降低微生物多样性，改变微生物群落组成，进而影响土壤中碳、氮等养分循环[179, 180]。研究表明，含有抗生素残留的有机肥料施用于农田中，约有30%的抗生素会通过土壤被作物富集，进而对作物的生长产生毒性作用，导致作物的品质和产值降低，作物吸收富集的抗生素会通过食物链影响人体健康[181]。农用抗生素还可诱导产生耐药菌和抗性基因，通过基因的水平扩散，对人类健康构成巨大威胁[182, 183]。

5.2.3.2 不同施肥对土壤中抗生素残留的影响

2021年的中央一号文件明确表示，2021年要持续推动化肥农药负增长，扩大有机肥替代化肥应用范围，要提高农产品质量和竞争力，坚持并确保农业绿色发展。土壤中各类抗生素的检出率及残留含量与施肥方式密切相关。Dong等[184]以猪粪和污水污泥为典型有机肥，在相同的总氮施用量下进行了田间试验，结果表明有机肥施加与单独施加化肥相比会显著增加土壤中四环素类、喹诺酮类和磺胺类抗生素含量，而且抗生素残留与pH、土壤有机碳和土壤黏粒含量等土壤理化指标息息相关。鲍陈燕等[185]发现，施用畜禽粪、商品有机肥、沼渣的蔬菜地及单施化肥的蔬菜地土壤中抗生素的总检出率分别为100%、90.91%、81.82%和54.55%；施用畜禽粪的蔬菜地土壤中8种抗生素的总含量均值为362.61μg/kg，分别约为施用商品有机肥、沼渣的蔬菜地及单施化肥的蔬菜地土壤的14倍、32倍和63倍。施用过畜禽粪的蔬菜地土壤中抗生素检出率及残留浓度明显高于其他蔬菜地。这一结果表明，畜禽粪是蔬菜地土壤中抗生素的主要来源，而且商用有机肥对抗生素的去除不彻底。但有研究表明，有机肥的添加会加速土壤中固有抗生素的降解[186]。研究表明土壤中的抗生素降解与土壤pH、有机质含量、微生物活性等因素有关[187]。施加有机肥可增加土壤有机质含量，增强土壤微生物活性，从而影响土壤中抗生素降解与生物有效性[188, 189]。Wu等[190]发现添加粪肥可提高土壤中磺胺甲噁唑和甲氧苄啶抗生素的消散速率。Chen等[191]研究表明，添加粪便显著提高了土壤电导率、酶活性、微生物生物量碳和氮，从而促进了土壤中土霉素的降解。徐秋桐等[192]通过土培试验发现施用有机肥可显著促进培养前期土壤中抗生素的降解，其降解率随有机肥用量增加而增大；而且施用有机肥可减少蔬菜对土壤抗生素的吸收，从而缓解抗生素污染对蔬菜生长的不良影响。

5.2.3.3 土壤中抗生素的肥料来源以及去除对策

有机肥是畜禽粪便资源化利用和提供作物养分的重要途径之一，对实现有机肥替代化肥、发展绿色可持续农业具有重要意义[193]。但畜禽粪便也是土壤抗生素污染的重要来源，好氧堆肥被认为是能够降低粪污和污泥中抗生素含量、绿色、环保的资源化生物处理技术，也是我国目前粪污资源化利用的主要方式[194-196]。微生物的降解、堆肥温度、pH、含水率、光线、容重及抗生素自降解等均会影响抗生素的降解，虽然堆肥对大部分抗生素具有好的降解效果，但依旧有研究结果表明某些物料堆肥过程中抗生素的去除很缓慢[170, 197]。Selvam等[198]发现堆肥能有效去除牛粪中金霉素和磺胺，但环丙沙星在堆肥后仍有17%～31%的残留。商品有机肥中仍能检出多种抗生素，说明堆肥化处理并未完全降解抗生素[199]。总之，通过堆肥预处理减少源头是控制环境释放和抗生素污染的有效方法，但应充分开发相关技术以提高其效率[200]。

蚯蚓被誉为“生态系统工程”，能够通过自身的酶系统（蛋白酶、脂肪酶、纤维酶、淀粉酶等）和微生物共同促进有机物转化和养分循环。笔者通过土壤培养实验，研究了威廉环毛蚓对恩诺沙星的降解作用以及对微生物群落结构的影响。结果发现，蚓触圈中的溶解性有机碳（DOC）和溶解性有机氮（DON）含量显著高于非蚓触圈；威廉环毛蚓的添加能显著降低土壤中恩诺沙星的含量，促进恩诺沙星的消减；蚯蚓可能通过影响土壤理化性质从而影响微生物活性，促进抗生素的降解。

蚯蚓堆肥技术是利用其肠道酶系统和微生物的联合作用以生物降解的方式将有机废弃物分解转化成蚯蚓粪有机肥的生物过程[201]。蚯蚓堆肥过程能更好地消减畜禽粪中的抗生素和抗性基因，而且蚯蚓粪疏松多孔、C/N低、持水量大以及富含腐殖酸、益生菌和矿质养分[202]，能很好地改善土壤结构；提高土壤肥力[203,204]。因此，利用蚯蚓进行废弃物资源化处理不仅能实现更好的无害化效果，而且能产生高品质有机肥，可制备高蛋白饲料、培育高经济价值的蚯蚓，大大提高畜禽粪污的资源化利用率，有效防控畜禽粪污资源化还田利用导致的土壤抗生素污染。

有机肥是我国农业生产中重要的肥料品种。我国有机肥替代化肥、主要农作物化肥、农药减施增效等项目的推进，有机肥需求量的迅速增加及生产的低门槛，导致有机肥市场鱼龙混杂。我国有机肥标准虽已于2021年6月进行修订［《有机肥料》（NY/T 525—2021）］，但仍未对有机肥的抗生素含量作限量规定，因此亟须加强我国有机肥抗生素含量限量标准研究，建立相关标准。建议将常用抗生素的含量限量标准逐渐纳入有机肥标准中，加大对有机肥生产企业产品的监管力度，建立有机肥料分类管理目录，要求企业在有机肥料产品登记时，提供畜禽粪便生产有机肥料时生产原料配比、原料及有机肥产品抗生素含量第三方检测报告。加强对畜禽粪便生产有机肥料的监督抽查，引导有机肥生产企业建立原料进厂检测和产品出厂检测制度，优化工艺参数，有效控制有机肥料中抗生素含量。加强有机肥抗生素检测仪器和检测技术研发，开发简便易行、价格低廉的抗生素检测方法，有效降低抗生素检测费用，降低检测门槛，提高检测覆盖率，有效保障有机肥品质[205-207]。

5.3 土壤健康质量

5.3.1 连作障碍

连作障碍（continuous cropping obstacle）指同一地块上连续种植同种作物或近缘作物，即使采取常规的栽培管理措施，仍会发生作物生长发育受阻，产量品质下降的现象，其症状一般为作物生长受阻、产量减少、品质恶化，严重时，局部死苗、不发苗等造成作物绝收。连作障碍现象在世界范围内普遍存在，西方国家称之为再植病害，日本称之为忌地现象或连作障碍，我国常称重茬病。我国存在较大面积的连作区，连作障碍是农业上常见的现象，同时在不同科属作物之间障碍程度存在显著差异。大豆、花生等油料作物，药用作物，牧草作物，瓜果蔬菜类，烤烟及人工林等易发生连作障碍，而粮食作物连作障碍相对不明显。前人研究表明，连作障碍的形成主要是由于土壤养分非均衡性消耗、土壤理化性质恶化、化感自毒效果积累和土壤微生物群落失衡。同时，作物因对不同营养元素的喜好而选择性吸收营养元素，导致土壤中某些养分匮乏或富集，养分失衡，最终导致土壤质量退化，造成作物生长发育不良而减产或品质下降。

5.3.1.1 营养元素失衡

连作常常也会造成土壤中微量元素匮乏。梁文旭等研究 0 ～ 23 年连作烟田发现，中、微量元素有效铁、锰、铜、锌、硼、钼、氯、交换性钙、镁在连作约 10 年后呈下降趋势。在正常管理下，土壤的有效养分随连作年限的增加出现不同程度的积累，其增加顺序为磷、硫＞钾、镁＞钙、氮，土壤磷、硫含量明显增加；而土壤养分的比例也发生变化，其中氮磷比、钾磷比、钾硫比、钙镁比均呈明显下降的趋势，导致土壤养分比例失调[208]。徐文成的研究结果表明，植物根系会选择性地吸收不同的肥料和养分，特别是对某些中、微量元素有着特殊的生理需求。在同一块土地上长时间连续种植同一种作物必然会导致土壤中的肥料具有相对固定性，从而更容易引起土壤养分不均衡，进而导致作物体内的养分比例失衡，从而出现生理障碍以及功能性问题。

5.3.1.2 土壤理化性质改变

在长期连作胁迫下，农民为追求高产，大量施用化肥，易造成土壤盐渍化、酸化、板结等，导致土壤通透性、疏水性以及酶活性下降，影响作物根系生长发育。沈宝云等研究发现，化肥特别是生理酸性肥料的长期大量喷施会严重破坏土壤的离子平衡能力和缓冲能力，导致土壤中的酸根离子大量聚集，土壤酸化以及 pH 值下降等问题随之而来。农户为了获得高产，经常施加远超过植物可利用量的化学肥料。此外，在设施栽培中，普遍存在着高蒸发的问题，再加之缺少雨水的淋洗，大部分土壤养分都堆积在土壤表面，从而导致土壤的次生盐渍化。土壤酸化主要是过量施用氮肥尤其是铵态氮肥导致土壤硝酸盐积累所致，硝酸盐的累积是导致设施土壤盐渍化的直接原因。植物在生长过程中对土壤盐基离子进行选择性吸收，此外设施土壤的硝化作用强，能引起氢离子的增加，也是导致土壤酸化的原因。董琼娥等的实验结果表明，土壤中不断聚集的盐分会溶解在土壤溶液里，导致土壤溶液浓度升高，土壤渗透势增加，土壤本身具有的化学特性和其内部微生物群落的分布都会随之受到影响，这会进一步加重植物生理病害，导致切花玫瑰生长发育停滞，其品质和产量降低。

5.3.1.3 微生物群落改变

土壤微生物多样性高被认为是土壤健康的一个标志。通常情况下，土壤微生物多样性在连作后下降，比如单作田中的真菌多样性比轮作的低，主要是因为根系分泌物和根系对营养物质的偏好性吸收。单一蔬菜连作，造成土壤生物菌群发生变化，病原菌微生物富集严重，真菌种类和数量增加，细菌与放线菌等有益菌显著减少，使根际土壤微生物区系由高肥力的“细菌型”向低肥力的“真菌型”转化。

连作栽培中普遍存在的问题包括种植方法和管理制度的重复，土壤及其内部微生物的繁殖和生长也会随之受到影响。王廷峰实验发现，长期连作草莓的土壤中微生物的总量和种群多样性显著降低，其中细菌的数量明显减少，真菌的数量有所上升，这一改变会抑制土壤中硝化细菌、氨化细菌等有益微生物的生长。大部分土传病害的病原微生物均为真菌，有害微生物种群的增多会导致作物更易感染真菌病害，而且植物对外界的抵抗力会随着微生物群落多样性的降低而下降。园艺作物的连作使植物根系的微生物群落结构趋于单一化，导致病原菌积累，根系病原菌的寄生和繁殖能力增强。此外，农药、化肥的过量使用，一方面会导致土壤中能抑制病原菌生长的拮抗菌数量减少；另一方面也会使病原菌对农药的抗药性增强。这就使土传病害的防治变得更困难，严重的病理性重茬病虫害也与农业生态环境的恶化密切相关。

长期连作背景之下，植物根系分泌物可特异性召集大量病原微生物，形成一个以病原菌为主导的微生物群落，导致植物根际微生态失衡，破坏了植物-土壤-微生物三者之间的平衡，进而导致土壤环境恶化、植株生长不良以及病原微生物大量增殖，极易暴发土传病害。土传病原菌富集也被认为是引起连作障碍的主要原因。不同作物的根际微生物具有不同的种群结构，在数量和种类上都有其独特的特点。正常情况下，土壤中有益微生物的数量和种类远大于病原微生物，但在长期连作条件下，作物与微生物之间的相互选择使根际土壤中一些寄生能力较强的种群具有优势地位，限制了有益微生物的生存和繁殖，某些病原菌、真菌、线虫和其他微生物因拮抗菌数量的减少而激增，使植物根际原有的微生态环境不断恶化，微生物区系严重失衡，土壤微生物群落多样性也随之降低。最近的研究也证实，农业连作制度可能导致土壤微生物群落组成和结构的破坏。土壤微生物群落结构组成的改变主要表现为细菌、真菌和放线菌三大菌群构成比例的变化，例如随着马铃薯连作年限的增加，危害根际环境的土壤真菌会增加，而有益于植物根系的细菌和放线菌则显著减少。吴凤芝等对黄瓜和番茄连作土壤的研究也表明，随着种植年限的增加，土壤中真菌的种类和数量减少，但有害真菌的种类和数量增加，细菌的种类和数量则随着连作年限的增加而减少。Ma 等的研究同样表明土壤微生物区系随着连作年限增加由细菌型逐渐向真菌型转变。土壤真菌不仅是有机质的分解者，而且还是许多蔬菜病害的病原菌。因此，土壤微生物群落结构从抑病型向导病型的方向转变，这也是绝大多数真菌型土传病害的产生原因。对土壤微生物群落结构组成及其变化的研究是克服连作障碍的关键所在。

土壤中的微生物参与土壤中营养元素的循环以及转化，维持土壤环境的平衡，调控许多关键土壤活动。微生物群落不仅能参与物质转换循环，而且其数量变化还关系到植株病虫害的发生，土壤微生物在有机分解过程中起着关键作用。作物秸秆是一种丰富的碳源，秸秆中的有机碳源需要被土壤微生物进一步分解与转化。秸秆还田后，增加了土壤中的营养元素，有利于微生物繁殖。将秸秆施用到土壤中后，微生物先对秸秆进行分解，形成丰富的有机物质，同时，在分解过程中，秸秆不仅为微生物的生存提供了舒适的物理和化学环境，而且为微生物提供了丰富的碳源和氮源，它们的作用是相互的。顾美英等发现，秸秆还田方式对土壤微生物数量有显著的影响，施用秸秆的各处理中土壤放线菌和细菌的数量都明显增加。但施入过量的秸秆时，营养元素会变成难以被利用的状态，被禁锢在土壤中，造成土壤碳氮比的失衡，抑制作物的生长发育，以及降低微生物的活性。比如沙涛等研究发现，施入适量的秸秆可以使土壤微生物增加，但过量秸秆的施入会使微生物数量随着秸秆量的增加而减少。

5.3.1.4　植物自毒作用

在各类作物的种植过程中，地上部分长期经受雨水溶淋，地下部分的根系也会分泌一些代谢产物或有害废物。这些产物会经由不同的方式释放到土壤中去，就会对同期或后期继续种植的作物的生长产生抑制作用，这种自然现象就叫作自毒作用。自毒作用包括有机残体腐解物的毒害作用、植株浸液的自毒作用和植株根系分泌物的化感作用等。李彦斌实验发现，自毒物质主要包括有机酸、醌类等植物根系次生代谢产物，还有根系自身分解产物生物碱类和类萜等。这些物质通过影响植物的光合作用、养分代谢和酶活性等多种途径直接导致作物生长受阻，品质下降。设施蔬菜在生长过程中通过挥发、叶面浸出、根系分泌及植物组织腐解等方式向环境中释放次生代谢产物，其中的根系分泌物和植物残株腐解物是土壤中自毒物质的主要来源。研究还发现，这些导致自毒作用的次生代谢产物会随种植年限的增长在连作土壤中逐渐积累，自毒物质在土壤中积累达到特定浓度后就会对设施蔬菜的正常生长产生自毒作用，影响种子发芽、幼苗生长以及根系对养分的吸收等过程。

5.3.2 生物多样性

5.3.2.1 土壤微生物多样性

土壤具备了各种微生物生长发育所需要的养分、水分、空气、酸碱度、渗透压和温度等条件，为微生物的生长提供了良好的环境。所以，土壤中微生物分布广、数量大、种类多，是土壤中最活跃的生物活体，它们是土壤生命活体的主要组成部分，几乎参与土壤中的一切生物和生物化学反应。一般说来，土壤越肥沃，微生物种类和数量越多。施用无机肥对土壤微生物群落组成有直接的影响，有机肥或有机肥与无机肥配施，有利于微生物数量的增加和活性的提高。Dayeyamiye 和 Cote 对一酸性粉砂壤的研究结果表明，施用有机肥或有机肥与无机肥配施可提高土壤细菌、真菌和放线菌数量，也能显著增加氨化细菌、自身固氮菌数量。Nanda 等对印度奥里萨邦赤红壤地区水稻土的研究也表明，有机肥和无机肥配施增加了细菌数量，减少了真菌数量。李秀英等研究潮褐土发现长期单施无机肥与长期不施肥比较，土壤中微生物数量有一定程度的增加，氨化细菌、硝化细菌这些生理菌群数量增加幅度比较大；长期氮、磷、钾肥均衡施用，比非均衡施肥的 N、N-P、N-K、P-K 处理的农田，土壤细菌、真菌和放线菌三大菌群的数量明显增加，某些生理功能微生物如氨化细菌、硝化细菌、纤维素分解菌的数量有一定程度的增加。单施氮肥能促进土壤中真菌的繁殖，反复大量施用氮肥，也能促进放线菌的快速生长，但强烈抑制自生固氮菌的生长，有机肥与氮磷肥配施可增加土壤中细菌的数量，而单施氮磷肥则降低土壤中细菌的数量，磷钾肥主要增加土壤中细菌的数量，单施磷肥也能增加土壤中真菌的数量，但不如氮肥效果显著。无机肥与有机肥或作物秸秆长期配合施用，可显著增加土壤中微生物的数量，土壤中微生物数量不仅高于单施无机肥，也高于长期撂荒土壤。Toyota 等人通过在日本名古屋大学农场进行十年的长期定位试验，也发现了施有机肥的土壤中细菌的数量是施无机肥土壤的 6 倍。樊军根据黄土高原旱作农耕地上的长期田间试验，对施肥、作物、种植方式等对土壤细菌、真菌与放线菌含量的影响进行分析。结果显示：施肥，特别是施有机肥明显提高土壤中微生物的数量。轮作系统中不同施肥处理下真菌与放线菌数量高于休闲地。

无机氮、磷、钾肥的施入不但可以保持和提高作物的产量，而且可以直接或间接地改进土壤的物理性质、化学性质、生物性质。无机肥的施用对土壤微生物量的影响较为复杂。一般来说，长期施用磷肥促进土壤微生物量的增长，而长期施用硫酸铵则降低土壤微生物量。这是因为磷肥能促进植物根系生长、发育，可以为微生物提供充足的养分，从而提高土壤中微生物量，而施入硫酸铵后，将引起土壤生理酸化造成环境胁迫，影响了微生物量。磷肥无论是高量还是低量均能增加微生物量N的含量，但随着施用量的增加对微生物量N的正效应减小。氮、磷配合施用可增加土壤微生物量N，由此可见，无论是单施氮肥还是单施磷肥，过量施用对微生物量N的增加都是不利的，氮、磷配合施用是增加土壤微生物量N的有效途径。有研究表明，黑土经过长期氮、磷、钾肥处理，土壤微生物量P含量高于不施肥处理，而土壤微生物量C、N含量与不施肥处理的差异很小。Mc Gill等对法国布里多尼地区淋溶土的研究结果表明，连续50年氮、磷、钾肥配施，土壤的微生物量N与不施肥处理之间没有显著差异。不同学者的研究结果差异可能与土壤类型和土壤供肥水平等的不同有关。

通过施用有机肥和秸秆还田来增加土壤微生物量的效果极为显著，并以施绿肥和禾本作物秸秆的作用效果最佳。Tessier等对加拿大渥太华一个中心实验农场的酸性黏土的研究发现，绿肥的施用增加了土壤微生物量的空间变异。不论是从采样深度还是从采样点之间的距离来看，与不施绿肥土壤相比，施绿肥后土壤的微生物量的变异强度都有增大。沈宏等采用室内恒温培养研究了施肥对不同农田土壤微生物活性的影响，结果表明在红壤、水稻土、潮红壤中微生物量大小顺序为：有机肥与无机肥配施处理＞单施有机肥处理＞单施无机肥处理。有研究表明，稻草、玉米秸秆和未堆肥的马粪这三种有机肥料施入后，两种土壤的微生物量C均在45天左右达到峰值，而后迅速下降，在75天左右达到最低点，然后又开始上升，并在第90天形成第2个微生物量C的高峰。并且发现稻草和玉米秸秆对土壤微生物量C的影响相差不大，与这两种绿肥相比马粪的作用效果不同。李东坡等以东北典型黑土区长期施用有机肥土壤、无机肥土壤和不施肥土壤为研究对象，对玉米生长季微生物量C进行动态研究，发现施用有机肥的土壤，其微生物量C显著高于施用无机肥和不施肥的土壤。王岩等用黏壤做盆栽试验时发现，在没有大量的有机肥施入时，土壤微生物量C、N相对稳定，二者能较好地反映特定土壤氮素肥力的状况。但是如果给土壤施以较多的有机物质或前茬留有较多的植物残体在土壤中，则在当季作物生长季内土壤微生物量会明显增加。

土壤微生物多样性又称微生物群落结构，是指生命体在遗传、种类和生态系统层次的变化。它代表着微生物群落的稳定性，也反映土壤生态机制和土壤胁迫对群落的影响。

首先，无机肥对土壤微生物有影响。很多研究报道指出，土壤微生物群体变化与土壤类型和无机肥用量有关。在施无机肥对土壤微生物多样性及活性的影响上，目前的研究结果尚有争议。Yang等研究江苏高春县粉砂壤土（silt loam）的结果显示，施用碳酸氢铵可在DNA水平影响土壤微生物群落的多样性，在施用过碳酸氢铵的土壤中微生物量C含量较高，表明施碳酸氢铵可导致土壤生物量的增加，但是DNA多样性减少（Shannon指数衡量）。另外，Sarathandra等研究新西兰汉密尔顿的两个砂壤土试验区施肥对土壤微生物的影响，结果显示无机氮肥和磷肥对土壤微生物群落无明显的影响。由此看来，施用不同种类的无机肥对土壤微生物多样性及活性的影响是复杂的，可能与无机肥的种类、施用方式及土壤类型等因素有关。研究表明，物种多样性有利于生态系统稳定。多数科学家认为在研究生物多样性时应同时考虑地上植物多样性和地下土壤微生物多样性。土壤微生物因其丰富的多样性，而在生态系统中具有决定性作用。土壤微生物与地表植物之间存在着相互依存的制约关系。一方面，植物的种类和数量制约着土壤微生物群落的生态特征；另一方面，土壤微生物通过相互竞争、协调、驱动养分循环等作用影响着植物多样性，如菌根、真菌的多样性与植被种类密切相关。土壤微生物多样性比植物多样性更能反映环境的变化。

其次，有机肥对土壤微生物也有影响，富含有机质的土壤其微生物多样性也较为丰富。土壤有机质的类型和含量对提供维持土壤各种功能所必需的能量、底物和生物多样性至关重要，土壤有机质含量和组成是影响微生物生物量、群落组成、生物活性的关键因素。不同的原始环境必然有不同的特定微生物群落，热带原始森林和寒带原始森林的微生物群落明显不同。原始森林遭到破坏后，土壤放线菌的种类按次生林、荒地、旱地的顺序减少。许多种明显集中在植物的根际，根际土壤中的土壤杆菌比非根际土壤高1000倍。而且土壤细菌的代谢活性和代谢多样性随着植物数量的对数和植物功能组的数量呈直线上升。从不同土壤及覆盖其上的植被与土壤微生物群落结构和多样性的关系来看，植被使土壤中的微生物种类更丰富，群落多样性更高，表层土壤微生物没有明显的优势种群，种间竞争作用较弱。还有研究认为微生物数量与土壤有机质含量呈正相关。朱海平等发现BIOLOG生态盘测试揭示了培肥管理措施能明显影响土壤微生物的群落结构。其中，厩肥处理土壤中的微生物对各类碳源的利用能力均最高，而秸秆处理的土壤微生物的平均颜色变化率（AWCD）值则相对较低。蔡燕飞等研究还发现施用生态有机肥后，番茄青枯病发病率降低至49.86%，而且土壤微生物多样性明显增加，说明施生态有机肥可从生态水平上控制土壤病原菌的数量。总之，施有机肥能调控土壤微生物的群落结构，促进有益微生物的生长，增强土壤生态系统的稳定性、抗病性与缓冲性，从而提高土壤质量。

试验证明菌丝可吸收低浓度的磷酸盐，在磷酸盐浓度低时，菌丝比宿主根对土壤溶液中的磷有更大的亲和力。在介质有效磷含量较低的情况下，菌根效应更明显，而有效磷含量过高时，菌根植株的生长反而不如非菌根植株。研究表明，在灭菌土中施用50mg/kg可溶性磷时，接种VA菌根使柑橘幼苗对可溶性磷的吸收量明显增加；施用100mg/kg可溶性磷时，接种VA菌根对植株发育几乎没有促进作用；施用200mg/kg可溶性磷时，菌根植株的生长反而显著比非菌根植株差。VA菌根还可促进植物对难溶性磷和有机磷的吸收。

5.3.2.2 土壤动物多样性

土壤动物有两种定义，一种是“生活史全部都在土壤中度过的动物”，这是狭义的土壤动物；另一种是“凡是能在土壤中或地表找到的，并能给土壤各种影响的动物叫土壤动物”。目前广泛采用后一种定义。尹文英院士对土壤动物的定义是中国土壤动物研究中的权威定义，他将土壤动物定义为“生活史中有一段时间定期在土壤中度过，而且对土壤有一定影响的动物”。土壤动物虽然身体微小，但是数量惊人，在土壤的形成与发展及土壤生态系统的物质循环中起着极其重要的作用。

土壤动物的分类依据通常为体型大小，但有时也按照其食性分类，还可以将土壤动物按照生态功能进行分类。具体分类情况如下。根据体型大小可以分为4类：①小型土壤动物（microfauna），即平均体宽 ＜ 0.2mm 的原生土壤动物和线虫类土壤动物；②中型土壤动物（mesofauna），即平均体宽介于 0.2 ～ 2mm，生存在土壤和枯落物的充气孔隙中，以螨类、弹尾目、寡毛纲等小型无脊椎动物为主；③大型土壤动物（macrofauna），即平均体宽＞ 2mm，以白蚁、蚯蚓（*Lumbricus terrestris*）和大型节肢动物为主；④巨型土壤动物。根据土壤动物的食性可将其分为三类：腐食性土壤动物、植食性土壤动物和捕食性土壤动物。根据土壤动物与土壤微生物的关系以及土壤动物排泄物的类型，将土壤动物划分为三种功能类型：微食物网组成者（micro food-webs）、枯落物分解者（litter transformer）和生态系统工程师（ecosystem engineers），这三类土壤动物的功能已在前文阐述，在此不再赘述。

由于土壤动物的迁移能力弱，活动范围小，它们与环境之间具有相对稳定的关系，土壤动物的组成、数量、生物量及其分布基本反映了其生存环境的状况，因此，土壤动物能作为一种相对稳定的指示因子，较好地反映土壤环境状况。

施肥是农业生产中促进作物产量提高的重要措施之一，施肥对土壤生物有显著的影响，如施肥可以显著影响土壤微生物，长期施肥特别是施有机肥不仅可明显提高土壤微生物数量，而且可提高土壤微生物量碳含量、土壤酶活性和土壤微生物群落功能多样性，然而也有研究认为，施肥虽能不同限度地提高微生物整体活性和丰富度，但施有机肥使微生物群落均匀度有所降低。而不同肥料的施用对土壤动物的影响也不相同，但施肥主要影响土壤动物的数量且达到显著水平，而对土壤动物丰富度的影响不显著。农田土壤动物的密度与土壤中的有机质含量有一定关系，而人们则通过施肥来改变土壤中有机质含量进而控制作物的生长发育，有研究结果表明不同施肥条件下，土壤动物群落的组成具有很高的异质性，相似性系数一般较低。通过主成分分析方法得到的结果表明，各种施肥处理对土壤动物个体总数的综合影响最明显，不同施肥处理对土壤生态系统内部环境产生影响，进而对土壤动物群落产生影响。

朱健来的研究结果表明，大量施用单一氮肥使土壤板结，土壤理化性质下降，明显地抑制或杀死土壤动物，导致土壤动物数量和丰富度下降。而施用有机肥可改善土壤理化性质，使土壤动物数量增加、丰富度增大。张庆宇的研究结果表明，秸秆还田处理会增加土壤动物数量。综合以上研究结果，秸秆还田及施用有机肥可以改善土壤理化性质，增加土壤动物数量及丰富度，进而提高作物产量。在农业生产中，土壤有机质和 N、P、K 含量是土壤肥力的重要标志，所以改善土壤理化性质的施肥措施可增加农田生态系统中土壤动物的数量及丰富度，提高作物产量。施肥可以通过改变土壤理化性质来影响土壤动物。土壤动物的垂直分布具有明显的表聚性，但在施用化肥的处理中，土壤动物表聚性消失，主要是因为化学肥料的释放影响土壤动物的分布。不同处理间生物多样性不具有明显差异，但不同时期之间生物多样性具有明显差异。

5.4 土壤质量评价方法

土壤质量（soil quality）通常被定义为“特定类型土壤在自然或农业生态系统边界内保持动植物生产力，保持或改善大气和水的质量以及支持人类健康和居住的能力”[209]，或者被简单地定义为“土壤实现各种功能的能力”[210]。一些重要的土壤功能（或生态系统服务）包括：生产功能，即土壤是植物生长的介质；环境功能，即土壤是物质过滤、缓冲和转换的反应器，使环境、地下水和食物链免遭污染，土壤又是环境中有害化合物的形成、减毒和降解的缓冲剂，调节和分配环境中水的流动；土壤是很多植物、动物和微生物免遭灭绝的栖息地和遗传库。人类对土地的利用和管理不断地对土壤产生影响，所以土壤质量是一个动态的概念，不合理的土地管理措施将导致土壤功能的恶化，所以需要一定的工具和方法监测土壤质量[211]。土壤健康（soil health）是一个与土壤质量类似的概念，多数研究者认为两者可以通用，但农民更倾向于使用土壤健康，用定性的指标来描述土壤状况，而科学家倾向于使用土壤质量，用土壤分析的量化指标来描述土壤特征。

5.4.1 多变量指标克里金法

该方法是美国农业部和华盛顿州立大学的研究者提出的，该方法可以将无数量限制的单个土壤质量指标综合成一个总体的土壤质量指数。这一过程称为多变量指标转换（MVIT），是根据特定的标准将测定的值转换为土壤质量指数。各个指标的标准代表土壤质量最优的范围或阈值，是在地区的基础上建立和评价的。运用非参数型地统计学方法，指标克里金法（IK，indicator kringing），通过 MVIT 的转换数据估计未采样地区的数值，然后测定不同地区土壤质量达到优良的概率，最后利用 GIS 技术绘出建立在景观基础上的土壤质量达标概率图。

5.4.2 土壤质量动力学方法

该法是在全过程测定土壤质量指标，确定一个管理系统的实际行为，并据此评估其可持续性，步骤如下：确定一个管理系统的期望产出；评价系统的设计，确定其是否能生产期望的产出；确定土壤质量的重要参数并建立质量标准；建立评价一个管理系统的初始状况；评价系统的产出，确定它是源于系统设计，还是源于系统的执行过程，或者是两者的总和；稳定失控的系统过程；借助于合适的试验设计技术，改善一个稳定管理系统的持续性。

5.4.3 土壤质量综合评分方法

Karlen 等[212]提出了一个评价土壤质量的框架体系，该评价体系建立在系统工程理论的多目标分析原则基础上，首先针对特殊的问题、过程、管理措施或政策，确定评价的关键功能；然后对每一项功能进行次一级功能划分，如支持作物生长的能力划分为扎根深度、与水分有关的能力、与养分有关的能力以及化学障碍，这样划分直到每一项功能都可以用一系列直接测定的土壤指标来表达；最后各个参数和功能都被赋予一个权重，通过加乘运算计算土壤的质量系数。

Andrews 等 [213] 采用计算机编程的方法，建立了评价土壤质量的土壤管理框架，该框架将土壤质量评价分成三步：首先选择对关键的土壤功能敏感的评价指标（indicator）组成最小数据集（minimum data set，MDS）；然后解释这些指标（interpretation），采用适当的模型（如线性或非线性、最优、越多越好和越少越好）对各个指标进行赋值，获得无量纲的数值；最后对各指标的得分进行综合（integration），采用一定的数学模型对各指标的值进行综合，获得一个被认为可以综合反映土壤质量的系数值（index value）。该方法可以针对不同的土壤类型、土地利用类型和土地管理实践，在不同的研究区域选择不同的土壤指标对不同的土壤功能进行质量评价。Cambardella 等 [214] 在 Iowa 西南部的黄土山地，应用该方法在地块、景观和小流域尺度范围内评价了耕作对土壤质量退化的影响，以及不同地形部位土壤质量的特征。Andrews 等 [215] 认为，在选择土壤评价指标时，主成分分析法（principal component analysis，PCA）和专家法（expert opinion，EO）都可以选择有代表性的土壤指标组成最小数据集（MDS），主成分分析法需要大量的数据，而专家法可能带来学科的偏见；在指标评分方法中，非线性方程比线性方程的效果更好；在综合指标的评分方法中，累加法（additive index）、权重累加法（weighted additive index）或决策支持系统法（decision support system）均获得相同的结果。

孙波等 [216] 采用模糊隶属度函数和标准评分方程评价了东南丘陵山区的土壤肥力，蔡崇法等 [217] 用该法评价了红壤地区乡镇土壤肥力；张华等 [218] 和赵玉国等 [219] 在农场尺度对海南土壤质量现状进行系统评价，提出了将土壤质量划分为水分有效性、养分有效性和根系适应性三项功能，建立标准评分方程，在 GIS 支持下，采用系统评价模型对该区的土壤质量进行综合评价。

5.4.4　土壤相对质量评价法

通过引入土壤相对质量指数来评价土壤质量的变化，这种方法首先假设研究区有一种理想土壤，其各项评价指标均能完全满足植物生长需要，以这种土壤的质量指数为标准，将其他土壤的质量指数与之相比，得出土壤的相对质量指数（RSQI），从而定量地表示所评价土壤的质量与理想土壤质量之间的差距。王效举等 [220] 采用加权平均方法评价了红壤小区土壤质量变化，将各项评价指标均能满足植物生长需要的土壤质量指数作为评价标准，定量地评价了千烟洲实验站不同土地利用类型土壤质量的变化特征。Fu 等 [221, 222] 和刘士梁等 [223] 采用主成分分析方法，以上坡位的土壤质量为基准，评价了四川卧龙山区不同土坡位的土壤质量；以所测量的土壤性质中最高值与最低值之差值作为标准，比较了该区天然林地、草地、灌木林地、次生林地、耕地和人工林地的土壤质量。郑昭佩等 [224] 认为，在这些方法中，土壤相对质量评价法更方便、合理，它评价的是土壤的相对质量，而且可以根据不同地区的不同土壤建立理想土壤，选择代表性的土壤质量评价指标做出量化的评价结果。

参考文献

[1] von Uexkull H R, Mutert E. Global extent, development and economic impact of acid soils. Plant and Soil, 1995, 171: 1-15.
[2] 沈仁芳. 铝在土壤-植物中的行为及植物的适应机制. 北京：科学出版社，2008.
[3] van Breemen N, Driscoll C T, Mulder J. Acidic deposition and internal proton sources in acidification of soils and waters. Nature,

1984, 307: 599-604.
[4] 张玲玉，赵学强，沈仁芳．土壤酸化及其生态效应．生态学杂志，2019, 38(6):1900-1908.
[5] 张北赢，陈天林，王兵．长期施用化肥对土壤质量的影响．中国农学通报，2010, 26(11) : 182-187.
[6] Liang L Z, Zhao X Q, Yi X Y, et al. Excessive application of nitrogen and phosphorus fertilizers induces soil acidification and phosphorus enrichment during vegetable production in Yangtze River Delta, China. Soil Use and Management, 2013, 29: 161-168.
[7] 许中坚，刘广深，刘维屏．人为因素诱导下的红壤酸化机制及其防治．农业环境保护，2002, 21(2) : 175-178.
[8] Brady N C, Weil R R. The nature and properties of soils. New York: Prentice-Hall Press, 2008.
[9] Yang Y, Ji C, Ma W, et al. Significant soil acidification across northern China's grasslands during 1980s ～ 2000s. Global Change Biology, 2012, 18: 2292-2300.
[10] Cai J P, Luo W T, Liu H Y, et al. Precipitation-mediated responses of soil acid buffering capacity to long-term nitrogen addition in a semi-arid grassland. Atmospheric Environment, 2017, 170: 312-318.
[11] Chen D M, Lan Z C, Hu S J, et al. Effects of nitrogen enrichment on belowground communities in grassland: Relative role of soil nitrogen availability *vs*. soil acidification. Soil Biology and Biochemistry, 2015, 89: 99-108.
[12] Chen W Q, Xu R, Hu T M, et al. Soil-mediated effects of acidification as the major driver of species loss following N enrichment in a semi-arid grassland. Plant and Soil, 2017, 419: 541-556.
[13] Guo J H, Liu X J, Zhang Y, et al. Significant acidification in major Chinese croplands. Science, 2010, 327: 1008-1010.
[14] Jiao X, Lu Y, Wu X, et al. Grain production versus resource and environment costs: Towards increasing sustainability of nutrient use in China. Journal of Environmental Botany, 2016, 67(17):4935-4949.
[15] Zhang F, Chen X, Vitousek P. Chinese agriculture: An experiment for the world. Nature, 2013, 497(7447):33.
[16] Zhang F, Cui Z, Chen X, et al. Integrated nutrient management for food security and environmental quality in China. In Advances in agronomy, Elsevier, 2012, 116: 1-40.
[17] Liu X, Zhang Y, Han W, et al. Enhanced nitrogen deposition over China. Nature, 2013, 494(7438): 459-462.
[18] 宿敏敏．四川盆地不同轮作方式和氮素管理对农田温室气体排放及净温室效应的影响．北京：中国农业大学，2016.
[19] 朱齐超．区域尺度中国土壤酸化定量研究及模型分析．北京：中国农业大学，2017.
[20] Wang B, Shen J, Zhang W, et al. Citrate exudation from white lupin induced by phosphorus deficiency differs from that induced by aluminum. New Phytologist, 2007, 176(3): 581-589.
[21] Tian D, Niu S. A global analysis of soil acidification caused by nitrogen addition. Environmental Research Letters, 2015, 10(2): 024019.
[22] MoK J S, Yoo H D, Kim P H, et al. Bioaccumulation of heavy metals in oysters from the southern coast of Korea: Assessment of potential risk to human health. Bulletin of environmental contamination and toxicology, 2015, 94(6): 749-755.
[23] Meng H Q, Xu M G, Lu J L, et al. Soil pH dynamics and nitrogen transformations under long-term chemical fertilization in four typical Chinese croplands. Journal of Integrative Agriculture, 2013, 12(11):2092-2102.
[24] Schroder J L, Zhang H, Girma K, et al. Soil acidification from long-term use of nitrogen fertilizers on winter wheat. Soil Science Society of America Journal, 2011, 75(3): 957-964.
[25] Chen X, Cui Z, Fan M, et al. Producing more grain with lower environmental costs. Nature, 2014, 514(7523): 486-489.
[26] Xu W, Luo X, Pan Y, et al. Quantifying atmospheric nitrogen deposition through a nationwide monitoring network across China. Atmospheric Chemistry and Physics, 2015, 15(21): 12345-12360.
[27] 张卫峰，易俊杰，张福锁．中国肥料发展研究报告．北京：中国农业大学出版社，2016.
[28] Malhi S, Nyborg M, Harapiak J, et al. Acidification of soil in Alberta by nitrogen fertilizers applied to biomegress. In Plant-Soil Interactions at Low pH, Springer, 1991: 547-553.
[29] De Vries W, Breeuwsma A. The relation between soil acidification and element cycling. Water, Air, and Soil Pollution, 1987, 35(3): 293-310.
[30] Tang C, Rengel Z. Role of plant cation/anion uptake ratio in soil acidification. Handbook of soil acidity. Marcel Dekker, New York, 2003: 57-81.
[31] Zhao B, Li X, Li X, et al. Long-term fertilizer experiment network in China: Crop yields and soil nutrient trends. Agronomy Journal, 2010, 102(1): 216-230.
[32] De Vries W, Breeuwsma A. Relative importance of natural and anthropogenic proton sources in soils in the Netherlands. Water, Air, and Soil Pollution, 1986, 28(1/2): 173-184.
[33] Ma L, Wang F, Zhang W, et al. Environmental assessment of management options for nutrient flows in the food chain in China. Environmental Science&Technology, 2013, 47(13): 7260-7268.
[34] Gu B, Ju X, Chang J, et al. Integrated reactive nitrogen budgets and future trends in China. Proceedings of the National Academy of Sciences, 2015a, 112(28): 8792-8797.
[35] Huang S W, Jin J Y, Bai Y L, et al. Evaluation of nutrient balance in soil-vegetable system using nutrient permissible surplus or deficit rate. Comm Soil Sci Plant Anal, 2007, 38: 959-974.
[36] 贾继文，李文庆，陈宝成．山东省蔬菜大棚土壤养分状况与设施现状的调查研究．中国植物营养与肥料学会．菜园土壤肥力与蔬菜合理施肥．南京：河海大学出版社，1995: 73-75.
[37] Zhou J B, Chen Z J, Liu X J, et al. Nitrate accumulation in soil profiles under seasonally open 'sunlight greenhouses' in northwest China and potential for leaching loss during summer fallow. Soil Use and Management, 2010, 26: 332-339.
[38] 王学军．日光温室土壤次生盐渍化分析．北方园艺，1998(4): 12-13.
[39] 周鑫鑫．设施农业肥料高投入对土壤环境次生盐渍化的影响研究．上海：东华大学，2013.
[40] 李刚，张乃明，毛昆明，等．大棚土壤盐分累积特征与调控措施研究．农业工程学报，2004, 20(3):17-44.
[41] 汪羞德，乔红霞，朱爱凤，等．连栋大棚土壤次生盐渍化特点及防治．农业工程学报，2003(11)，19(增刊):119-122.
[42] 姜伟．温室土壤次生盐渍化及其主要盐分对辣椒幼苗胁迫的研究．呼和浩特：内蒙古农业大学，2010.

[43] 余海英，李廷轩，周健民．设施土壤次生盐渍化及其对土壤性质的影响．土壤，2005, 37(6):581-586.
[44] 张金锦，段增强．设施菜地土壤盐渍化的成因、危害及其分类与分级标准的研究进展．土壤，2011, 43(3):361-366.
[45] 张士功，刘国栋，刘更另．渗透胁迫和缺磷对小麦幼苗生长的影响．植物生理学通讯，2001, 37(2):103-105.
[46] 李海云，王秀峰，邢禹贤．设施土壤盐分积累及防治措施研究进展．山东农业大学学报，2001, 32(4): 535-538.
[47] Marsili A, Servadio P, Pagliai M, et al. Changes of some physical properties of a clay soil following passage of rubber- and metal-tracked tractors. Soil and Tillage Research, 1998, 49(3): 185-199.
[48] Horn R, Domzzal H, Slowinska-Jurkiewicz A, et al. Soil compaction processes and their effects on the structure of arable soils and the environment. Soil and Tillage Research, 1995, 35(1/2):23-36.
[49] Tan X, Chang S X, Kabzems R. Soil compaction and forest floor removal reduced microbial biomass and enzyme activities in a boreal aspen forest soil. Biology and Fertility of Soils, 2008, 44(3):471-479.
[50] Douglas J T, Crawford C E. Wheel-induced soil compaction effects on ryegrass production and nitrogen uptake. Grass and Forage Science, 1991, 46(4): 405-416.
[51] Soane B D, van Ouwerkerk C. Implications of soil compaction in crop production for the quality of the environment. Soil and Tillage Research, 1995, 35(1/2):5-22.
[52] Arvidsson J. Nutrient uptake and growth of barley as affected by soil compaction. Plant and Soil, 1999, 208(1): 9-19.
[53] Shierlaw J, Alston A M. Effect of soil compaction on root growth and uptake of phosphorus. Plant and Soil, 1984, 77(1): 15-28.
[54] Chaplain V, Defossez P, Delarue G, et al. Impact of lime and mineral fertilizers on mechanical strength for various soil pHs. Geoderma, 2011, 167-168(8):360-368.
[55] Hati K M, Swarup A, Mishra B, et al. Impact of long-term application of fertilizer, manure and lime under intensive cropping on physical properties and organic carbon content of an Alfisol. Geoderma, 2008, 148(2): 173-179.
[56] Brady N C, Weil R R. The nature and properties of soils. 13th ed. Prentice Hall. Upper Saddle River, NJ, 2002.
[57] Daum D R. Soil compaction and conservation tillage. Conservation tillage series No. 3.Penn State Cooperative Extension, 1996.
[58] Cochrane H R, Aylmore L A G. The effects of plant roots on soil structure. In: Proceedings of 3rd Triennial Conference "Soils 94", 1994: 207-212.
[59] Thomas G W, Haszler G R, Blevins R I. The effect of organic matter and tillage on maximum compatibility of soils using the proctor test. Aust J Soil Res, 1996, 29: 729-743.
[60] Sparovek G, Lambais M R, Silva A P, et al. Earthworm(Pontoscolex corethrurus)and organic matter effects on the reclamation of an eroded Oxisol. Pedobiologia, 1999, 43: 698-704.
[61] Carter M R. Soil quality for sustainable land management organic matter and aggregation interactions that maintain soil functions. Agronomy J, 2002, 94: 38-47.
[62] Zhang H. Organic matter incorporation affects mechanical properties of soil aggregates. Soil and Tillage Research, 1994, 31(2): 263-275.
[63] Zhang H, Hartge K H. Effect of differently humified organic matter on the aggregate stability by reducing aggregate wettability. Z Pflanzenernahr Bodenkd, 1992, 155: 143-149.
[64] Quirk J, Panbokke C. Incipient failure of soil aggregates. Journal of Soil Science, 1962, 13(1): 60-70.
[65] Dexter A R, Krosbergen B, Kuipers H. Some mechanical properties of aggregates of topsoil from the Ijsselmeer polders. Ⅰ. Undisturbed soil aggregates. Netherlands Journal of Agricultural Science, 1984, 32:205-214.
[66] Ekwue E I. Organic-matter effects on soil strength properties. Soil and Tillage Research, 1990, 16(3):289-297.
[67] Soane B D. The role of is matter in soil compactibility: A review of some practical aspects. Soil and Tillage Research, 1990, 16(1-2):179-201.
[68] Ball B C, Campbell D J, Hunter E A. Soil compatibility in relation to physical and organic properties at 156 sites in UK. Soil and Tillage Research, 2000, 57(1/2): 83-91.
[69] Martin P J, Stephens W. The potential for biomass production on restored landfill caps. Aspects of Applied Biology, 2001, 65: 337-344.
[70] 杨景成，韩兴国，黄建辉．土壤有机质对农田管理措施的动态响应．生态学报，2003, 23(4): 787-796.
[71] Carter M R. Analysis of soil organic matter storage in agroecosys-tems//Carter M R, Stewart B A. Structure and Organic Matter Storage in Agricultural Soils. Boca Raton, FL: Lewis Publ. CRC Press, 1996.
[72] 程艳丽，邹德乙．长期定位施肥残留养分对作物产量及土壤化学性质的影响．土壤通报，2007, 38(1):64-67.
[73] 窦森．土壤有机质．北京：科学出版社，2010．
[74] 黄昌勇．土壤学．北京：中国农业出版社，2000．
[75] 关连珠，李慧卓，窦森．普通土壤学．北京：中国农业大学出版社，2007．
[76] Herbert B E, Bertsch P M. Characterization of dissolved and colloidal organic matter in soil solution: A review. In Carbon forms and functions in forest soils. SSSA, Madison, WI, 1995: 63-88.
[77] Kalbitz K, Solinger S, Park J H, et al. Controls on the dynamics of dissolved organic matter in soils: A review. Soil Science, 2000(165): 277-304.
[78] 武天云，Schoenau J J，李凤民，等．土壤有机质概念和分组技术研究进展．应用生态学报，2004, 15(4): 717-722.
[79] 李云峰．土壤腐殖质的研究．杭州：浙江大学，1996．
[80] Lutzow M V, Kogel-Knabner I, Ekschmitt K, et al. Stabilization of organic matter in temperate soils: mechanisms and their relevance under different soil conditions: A review. European Journal of Soil Science, 2006(57): 426-445.
[81] 王阳，赵兰坡，朱孟龙，等．长期单施化肥对土壤有机质的影响．吉林农业科学，2015, 40(1): 45-50.
[82] 吴金水．土壤有机质及其周转动力学．北京：科学出版社，1994．
[83] Mitchell C C, Weaterman R L, Brown J R. Overview of long-term agronomic research. Agronomy Journal, 1991(83): 24-29.
[84] 张爱君，张明普．黄潮土长期轮作施肥土壤有机质消长规律的研究．安徽农业大学学报，2002, 29(1): 60-63.

[85] 陈修斌，邹志荣. 河西走廊旱塬长期定位施肥对土壤理化性质及春小麦增产效果的研究. 土壤通报，2005, 36(6): 888-890.
[86] 赵广帅，李发东，李运生，等. 长期施肥对土壤有机质积累的影响. 生态环境，2012, 21(5): 840-847.
[87] 潘根兴，周萍，张旭辉，等 . 不同施肥对水稻土作物碳同化与土壤碳固定的影响——以太湖地区黄泥土肥料长期试验为例. 生态学报，2006, 26(11): 3704-3710.
[88] Kuzyakov Y, Friedel J K, Stahr K. Review of mechanisms and quantification of priming effects. Soil Biology and Biochemistry, 2000，(32): 1485-1498.
[89] 詹其厚，陈杰. 基于长期定位试验的变性土养分持续供给能力和作物响应研究. 土壤学报，2006, 43(1): 124-132.
[90] 李新爱，童成立，蒋平，等. 长期不同施肥对稻田土壤有机质和全氮的影响. 土壤，2006, 38(3): 298-303.
[91] 张璐，张文菊，徐明岗，等. 长期施肥对中国 3 种典型农田土壤活性有机碳库变化的影响. 中国农业科学，2009, 42(5): 1646-1655.
[92] 张春霞，郝明德，谢佰承. 不同化肥施用量对土壤碳库的影响. 土壤通报，2006(10): 862-864.
[93] 乔云发，苗淑杰，韩晓增. 长期施肥条件下黑土有机碳和氮的动态变化. 土壤通报，2008, 39(3): 545-548.
[94] 王静，江地. 浅述常见肥料种类和特点. 新农业，2019(14):31.
[95] 张树清. 生物肥料种类、作用及其未来发展方向 [J]. 中国农业信息，2005(3):4-6.
[96] 孙永秀，高凤友. 对肥料和施肥的探讨. 农业与技术，2014, 34(10):94.
[97] 张生来. 土壤肥料在农业持续发展中的作用研究. 河南农业，2019(5):60-61.
[98] 宝牡丹. 土壤肥料在农业可持续发展中的地位和作用探析. 现代农业，2021(2):90-91.
[99] 李树军. 浅析氮肥在农业生产中的作用及当前存在的问题. 黑龙江农业科学，2010(1): 41-44.
[100] 氮肥有什么作用. 中国农业信息，2007(6): 38.
[101] 朱再生，储亚萍，徐珮珺. 潜山市主要农作物肥料配方制订与推广模式分析. 现代农业科技，2020(5): 38-41.
[102] 柴如山，徐悦，程启鹏，等. 安徽省主要作物秸秆养分资源量及还田利用潜力 . 中国农业科学，2021, 54(1): 95-109.
[103] 侯云鹏，刘志全，尹彩侠，等. 长期秸秆还田下基于东北水稻高产和钾素平衡的钾肥用量研究. 植物营养与肥料学报，2020, 26(11): 2020-2031.
[104] 李小庆. 农作物生产中钾肥的作用及施用技术要点. 南方农业，2021, 15(6): 236-237.
[105] 蔡泽江. 长期施肥下红壤酸化特征及影响因素. 中国农业科学院，2010.
[106] 光强，蒋瑀霁，孙波. 长期施用猪粪对红壤酸度的改良效应. 土壤，2012, 44(5): 727-734.
[107] 乔纯红. 长期施肥对土壤肥力的影响研究. 中国农业信息，2016(19):75-76.
[108] 龚伟，颜晓元，王景燕. 长期施肥对土壤肥力的影响. 土壤，2011, 43(3): 336-342.
[109] 赵晓齐，鲁如坤. 有机肥对土壤磷素吸附的影响. 土壤学报，1991(1):7-13.
[110] 程艳丽，邹德乙. 长期定位施肥残留养分对作物产量及土壤化学性质的影响. 土壤通报，2007(1):64-67.
[111] 詹其厚，陈杰. 基于长期定位试验的变性土养分持续供给能力和作物响应研究. 土壤学报，2006(1):124-132.
[112] 李秀英，赵秉强，李絮花，等. 不同施肥制度对土壤微生物的影响及其与土壤肥力的关系. 中国农业学，2005(8):1591-1599.
[113] 王冬梅，王春枝，韩晓日，等. 长期施肥对棕壤主要酶活性的影响. 土壤通报，2006(2):2263-2267.
[114] 张玉兰，陈振华，马星竹，等. 潮棕壤稻田不同氮磷肥配施对土壤酶活性及生产力的影响. 土壤通报，2008(3):518-523.
[115] 关松荫. 土壤酶及其研究方法. 北京：农业出版社，1986: 1-6.
[116] 邵学新，吴明，蒋科毅. 土壤重金属污染来源及其解析研究进展. 广东微量元素科学，2007, 14(4):6-11.
[117] 张志云. 有机肥的长期使用对水稻生长发育的影响分析. 黑龙江科学，2016, 7(3):150-151.
[118] Uchimiya M, Bannon D. Solubility of lead and copper in biocharamended small arms range soils；influence of soil organic carbon and pH. Journal of Agricultural and Food Chemistry, 2013, 61(32):7679-7688.
[119] 王开峰，彭娜，王凯荣，等. 长期施用有机肥对稻田土壤重金属含量及其有效性的影响. 水土保持学报，2008(1):105-108.
[120] 王颖，韩晓日，孙杉杉，等. 长期定位施肥对棕壤重金属的影响及其环境质量评价 . 沈阳农业大学学报，2008(4):442-446.
[121] 潘伟彬，李延，庄卫民，等. 施肥对红壤性水稻土锌、铜形态及有效性的影响. 福建农业学报，2000(2):45-49.
[122] 何友翔，王小平. 有机肥施用对耕地重金属的活化作用. 甘肃农业科技，2021, 52(7): 41-44.
[123] Meng Y L, Liu Z J, Rosen B P. As（Ⅰ）and Sb（Ⅱ）uptake by GlpF and efflux by ArsB in Escherichia coli. Journal of Biological Chemistry, 2004, 279(18):18334-18341.
[124] Silver S, Walderhaug M.Gene regulation of plasmid-and chromosome-determined inorganic ion transport inbacteria. Microbiological Reviews, 1992, 56(1):195-228.
[125] 覃佳名，姜必广，南小龙，等. 重金属污染土壤微生物修复研究进展. 环境科学与技术，2021, 44（S2):132-143.
[126] 陈楠. 不同施肥处理对土壤重金属的影响. 农业与技术，2018, 38(21):14-16.
[127] 罗海信. 复合生物肥在桑树上的应用. 四川蚕业，2015, 43(1):32-33.
[128] Li Y, Yan H, Li X, et al. Presence, distribution and risk assessment of phthalic acid esters（PAEs）in suburban plastic film pepper-growing greenhouses with different service life. Ecotoxicol Environ Saf, 2020, 196:110551.
[129] Wang J, Luo Y, Teng Y, et al. Soil contamination by phthalate esters in Chinese intensive vegetable production systems with different modes of use of plastic film. Environ Pollut, 2013, 180:265-273.
[130] Wang L, Liu M, Tao W, et al. Pollution characteristics and health risk assessment of phthalate esters in urban soil in the typical semi-arid city of Xi' an, Northwest China. Chemosphere, 2018, 191:467-476.
[131] Wei L, Li Z, Sun J, et al. Pollution characteristics and health risk assessment of phthalate esters in agricultural soil and vegetables in the Yangtze River Delta of China. Sci Total Environ, 2020, 726:137978.
[132] Zhou B, Zhao L, Sun Y, et al. Contamination and human health risks of phthalate esters in vegetable and crop soils from the Huang-Huai-Hai region of China. Sci Total Environ, 2021, 778:146281.
[133] Zhu Q Q, Xu L Y, Wang W Y, et al. Occurrence, spatial distribution and ecological risk assessment of phthalate esters in water, soil and sediment from Yangtze River Delta, China. Sci Total Environ, 2022: 806.

[134] Nas B, Ateş H, Dolu T, et al. Evaluation of occurrence, fate and removal of priority phthalate esters（PAEs）in wastewater and sewage sludge by advanced biological treatment, waste stabilization pond and constructed wetland. Chemosphere, 2022, 295:133864.
[135] Sun J, Pan L, Li Z, et al. Comparison of greenhouse and open field cultivations across China: Soil characteristics, contamination and microbial diversity. Environ Pollut, 2018, 243:1509-1516.
[136] Wang Y, Wang F, Xiang L L, et al. Risk assessment of agricultural plastic films based on release kinetics of phthalate acid esters. Environ Sci Technol, 2021, 55(6):3676-3685.
[137] Kong X, Jin D, Jin S, et al. Responses of bacterial community to dibutyl phthalate pollution in a soil-vegetable ecosystem. J Hazard Mater, 2018, 353:142-150.
[138] Benjamin S, Pradeep S, Sarath Josh M, et al. A monograph on the remediation of hazardous phthalates. J Hazard Mater, 2015, 298:58-72.
[139] Dickson-Spillmann M, Siegrist M, Keller C, et al. Phthalate exposure through food and consumers’ s risk perception of chemicals in food. Risk Anal, 2010, 29(8):1170-1181.
[140] Caldwell J C. DEHP: Genotoxicity and potential carcinogenic mechanisms-a review. Mutat Res, 2012, 751(2):82-157.
[141] Sayyad G, Price G W, Sharifi M, et al. Fate and transport modeling of phthalate esters from biosolid amended soil under corn cultivation. J Hazard Mater, 2017, 323:264-273.
[142] Long S E, Kahn L G, Trasande L, et al. Urinary phthalate metabolites and alternatives and serum sex steroid hormones among pre- and postmenopausal women from NHANES, 2013—2016. Sci Total Environ, 2021, 769:144560.
[143] Mu D, Gao F, Fan Z, et al. Levels of phthalate metabolites in urine of pregnant women and risk of clinical pregnancy loss. Environ Sci Technol, 2015, 49(17):10651-10657.
[144] Du Y, Fang Y, Wang Y, et al. Follicular fluid and urinary concentrations of phthalate metabolites among infertile women and associations with in vitro fertilization parameters. Reprod Toxicol, 2016, 61:142-150.
[145] Wang J, Lv S, Zhang M, et al. Effects of plastic film residues on occurrence of phthalates and microbial activity in soils. Chemosphere, 2016, 151:171-177.
[146] Gao D, Li Z, Wen Z, et al. Occurrence and fate of phthalate esters in full-scale domestic wastewater treatment plants and their impact on receiving waters along the Songhua River in China. Chemosphere, 2014, 95:24-32.
[147] Mo C H, Cai Q Y, Li Y H, et al. Occurrence of priority organic pollutants in the fertilizers, China. J Hazard Mater, 2008, 152(3):1208-1213.
[148] Magdouli S, Daghrir R, Brar S K, et al. Di 2-ethylhexylphtalate in the aquatic and terrestrial environment: A critical review. J Environ Manage, 2013, 127:36-49.
[149] Tran B C, Teil M J, Blanchard M, et al. Fate of phthalates and BPA in agricultural and non-agricultural soils of the Paris area（France）. Environ Sci Pollut R, 2015, 22(14):11118-11126.
[150] Wang J, Chen G, Christie P, et al. Occurrence and risk assessment of phthalate esters（PAEs）in vegetables and soils of suburban plastic film greenhouses. Sci Total Environ, 2015, 523:129-137.
[151] Ma D, Chen L, Qu H, et al. Impacts of plastic film mulching on crop yields, soil water, nitrate, and organic carbon in Northwestern China: A meta-analysis. Agr Water Manage, 2018, 202:166-173.
[152] Sun J, Pan L, Tsang D C W, et al. Organic contamination and remediation in the agricultural soils of China: A critical review. Sci Total Environ, 2018, 615:724-740.
[153] 李艳，刘洪禄，顾华，等. 北京市东南郊灌区土壤和农产品酞酸酯污染风险评估. 农业工程学报，2017, 33(18):203-212.
[154] 任超，赵祯，柳金明，等. 典型废物回收园区土壤中邻苯二甲酸酯分布与风险评价. 环境化学，2018, 37(8):1691-1698.
[155] 张玉军，黄绍敏，李斌，等. 长期施肥对潮土不同层次活性有机质及碳库管理指数的影响. 水土保持学报，2019, 33(3):160-165.
[156] Wang H, Xu J, Liu X, et al. Effects of long-term application of organic fertilizer on improving organic matter content and retarding acidity in red soil from China. Soil Till Res, 2019, 195:104382.
[157] 魏元茂. 不同碳氮比有机肥对有机农业土壤微生物生物量的影响. 农业与技术，2016, 36(21):23-24, 70.
[158] 邹湘，易博，张奇春，等. 长期施肥对稻田土壤微生物群落结构及氮循环功能微生物数量的影响. 植物营养与肥料学报，2020, 26(12):2158-2167.
[159] Li X, Han S, Wan W, et al. Manure fertilizes alter the nitrite oxidizer and comammox community composition and increase nitrification rates. Soil Till Res, 2020, 204:104701.
[160] Kong X, Jin D, Tai X, et al.Bioremediation of dibutyl phthalate in a simulated agricultural ecosystem by Gordonia sp. strain QH-11 and the microbial ecological effects in soil. Sci Total Environ, 2019, 667:691-700.
[161] Cui J, Zhu R, Wang X, et al. Effect of high soil C/N ratio and nitrogen limitation caused by the long-term combined organic-inorganic fertilization on the soil microbial community structure and its dominated SOC decomposition. J Environ Manage, 2022, 303:114155.
[162] Bai N, Li S, Zhang J, et al. Efficient biodegradation of DEHP by CM9 consortium and shifts in the bacterial community structure during bioremediation of contaminated soil. Environ Pollut, 2020, 266:115112.
[163] Gong W, Yan X, Wang J, et al. Long-term manure and fertilizer effects on soil organic matter fractions and microbes under a wheat-maize cropping system in northern China. Geoderma, 2009, 149(3):318-324.
[164] Zhou B, Zhao L, Wang Y, et al. Spatial distribution of phthalate esters and the associated response of enzyme activities and microbial community composition in typical plastic-shed vegetable soils in China. Ecotoxicol Environ Saf, 2020, 195:110495.
[165] Zhu F, Zhu C, Zhou D, et al. Fate of di（2-ethylhexyl）phthalate and its impact on soil bacterial community under aerobic and anaerobic conditions. Chemosphere, 2019, 216:84-93.
[166] Jain G A P. Antibiotic production by rhizospheric soil microflora-A review. International Journal Of Pharmaceutical Sciences And Research, 2016, 7(11):4304-4316.
[167] 欧阳纬莹，吴楠. 抗生素耐药性的来源与控制对策. 中国科学院院刊，2015, 30(4): 509-516.

[168] 仇焕广，廖绍攀，井月，等，我国畜禽粪便污染的区域差异与发展趋势分析．环境科学，2013, 34(7): 2766-2774.
[169] Lozano I. Antibiotic Use in Animals. New York: Inteck, 2018.
[170] Zhang Q Q. Comprehensive evaluation of antibiotics emission and fate in the river basins of China: Source analysis, multimedia modeling, and linkage to bacterial resistance. Environmental Science & Technology, 2015, 49(11): 6772-6782.
[171] 李杉辉，杨小毛，梅立永．等，畜禽养殖业粪污处理及资源化利用．中国资源综合利用，2018, 36(2).
[172] Zhao F. Bioaccumulation of antibiotics in crops under long-term manure application: Occurrence, biomass response and human exposure. Chemosphere, 2019, 219: 882-895.
[173] Zhu Y G. Diverse and abundant antibiotic resistance genes in Chinese swine farms. Proc Natl Acad Sci USA, 2013, 110(9): 3435-3440.
[174] West B M. Antibiotic resistance, gene transfer, and water quality patterns observed in waterways near CAFO farms and wastewater treatment facilities. Water, Air，& Soil Pollution, 2010, 217(1/4): 473-489.
[175] Hu X G, Zhou Q X, Luo Y. Occurrence and source analysis of typical veterinary antibiotics in manure, soil, vegetables and groundwater from organic vegetable bases, northern China. Environmental Pollution, 2010, 158(9): 2992-2998.
[176] Li X W. Investigation of residual fluoroquinolones in a soil-vegetable system in an intensive vegetable cultivation area in Northern China. Science of the Total Environment, 2014, 468: 258-264.
[177] An J. Antibiotic contamination in animal manure, soil, and sewage sludge in Shenyang, northeast China. Environmental Earth Sciences, 2015, 74(6): 5077-5086.
[178] Huang X. Occurrence and distribution of veterinary antibiotics and tetracycline resistance genes in farmland soils around swine feedlots in Fujian Province, China. Environ Sci Pollut Res Int, 2013, 20(12): 9066-9074.
[179] Zhang M. Non-target effects of repeated chlorothalonil application on soil nitrogen cycling: The key functional gene study. Sci Total Environ, 2016, 543（Pt A): 636-643.
[180] Wang M. The bacterial microbiota in florfenicol contaminated soils: The antibiotic resistome and the nitrogen cycle. Environ Pollut, 2020, 259: 113901.
[181] Xu L. Enrofloxacin perturbs nitrogen transformation and assimilation in rice seedlings（*Oryza sativa* L.）. Sci Total Environ, 2022, 802: 149900.
[182] Wang F H, Qiao M, Chen I, et al. Antibiotic resistance genes in manure-amended soil and vegetables at harvest. J Hazard Mater, 2015, 299: 215-221.
[183] Karkman A, Parnanen K, Larsson D G J. Fecal pollution can explain antibiotic resistance gene abundances in anthropogenically impacted environments. Nat Commun, 2019, 10(1): 80.
[184] Dong B, Li W, Xu W. Effects of partial organic substitution for chemical fertilizer on antibiotic residues in peri-urban agricultural soil in China. Antibiotics（Basel），2021, 10(10).
[185] 鲍陈燕，顾国平，徐秋桐，等．施肥方式对蔬菜地土壤中 8 种抗生素残留的影响．农业资源与环境学报，2014, 31(4): 313-318.
[186] Liu L, Mi J, Wang Y, et al. Different methods of incorporating ciprofloxacin in soil affect microbiome and degradation of ciprofloxacin residue. Science of the Total Environment, 2018, 619: 1673-1681.
[187] Wu C, Spongberg A L, Witter J D. Sorption and biodegradation of selected antibiotics in biosolids. J Environ Sci Health A Tox Hazard Subst Environ Eng, 2009, 44(5): 454-461.
[188] Raghavan D S S, Qiu G, Ting Y-P. Fate and removal of selected antibiotics in an osmotic membrane bioreactor. Chemical Engineering Journal, 2018, 334: 198-205.
[189] Jiao S, Kong D. Degradation of tetracycline in soil matrix with the effect of soil organic matter and microbial diversity. Fresenius Environmental Bulletin, 2012: 21.
[190] Wu Y. Dissipation of sulfamethoxazole and trimethoprim antibiotics from manure-amended soils. J Environ Sci Health B, 2012, 47(4): 240-249.
[191] Chen G X, He W W, Wang Y, et al. Effect of different oxytetracycline addition methods on its degradation behavior in soil. Sci Total Environ, 2014, 479-480: 241-246.
[192] 徐秋桐，顾国平，章明奎．有机肥对土壤中抗生素降解的促进作用．浙江农业学报，2015, 27(3): 417-422.
[193] 李季．我国有机肥原料及商品有机肥环素类抗生素的检出率及含量．植物营养与肥料学报，2021, 27(9): 1487-1495.
[194] Wang C, Lu H, Dong D, et al. Insight into the effects of biochar on manure composting: Evidence supporting the relationship between N_2O emission and denitrifying community. Environ Sci Technol, 2013, 47(13): 7341-7349.
[195] Awasthi M K, Wang Q, Awasthi S K, et al. Influence of medical stone amendment on gaseous emissions, microbial biomass and abundance of ammonia oxidizing bacteria genes during biosolids composting. Bioresour Technol, 2018, 247: 970-979.
[196] Hu Z, Liu Y, Cheng G, et al. Characterization of organic matter degradation during composting of manure-straw mixtures spiked with tetracyclines. Bioresour Technol, 2011, 102(15): 7329-7334.
[197] 朱为静，朱凤香，王卫平，等．4 种粪便堆肥过程中抗生素的降解特性．环境科学，2020, 41(2): 1005-1012.
[198] Selvam A, Zhao Z, Wong J W. Composting of swine manure spiked with sulfadiazine, chlortetracycline and ciprofloxacin. Bioresour Technol, 2012, 126: 412-417.
[199] 赵文，潘运舟，兰天，等．海南商品有机肥中重金属和抗生素含量状况与分析．环境化学，2017, 36(2): 408-419.
[200] Du L, Liu W. Occurrence, fate, and ecotoxicity of antibiotics in agro-ecosystems. A review. Agronomy for Sustainable Development, 2012, 32(2): 309-327.
[201] Zhang H M, Chen J Y, Li Y B, et al. A review on vermicomposting of organic wastes. Environmental Progress & Sustainable Energy, 2015, 34(4): 1050-1062.
[202] Lim S L, Wu T Y, Lim P N, et al. The use of vermicompost in organic farming: overview, effects on soil and economics. Journal of the

Science of Food and Agriculture, 2015, 95(6): 1143-1156.
[203] Zhu F, Hou J T, Xue S G, et al. Vermicompost and gypsum amendments improve aggregate formation in bauxite residue. Land Degradation & Development, 2017, 28(7): 2109-2120.
[204] Zhao H T, Li T P, Zhang Y, et al. Effects of vermicompost amendment as a basal fertilizer on soil properties and cucumber yield and quality under continuous cropping conditions in a greenhouse. Journal of Soils and Sediments, 2017, 17(12): 2718-2730.
[205] 吴凤芝，赵凤艳．根系分泌物与连作障碍．东北农业大学学报，2003, 34(1): 114-118.
[206] Wang F, Li S G, Xu F H, et al. The research progress on mechanism of continuous cropping obstacle. Soil and Fertilizer Sciences in China, 2013(5): 6-13.
[207] 彭有才，刘挺，赵俊杰，等．连作对土壤性状影响的研究进展．江西农业学报，2009, 21(9): 100-103.
[208] 刘方，卜通达．连作烤烟土壤养分变化分析．贵州农学院学报，1997, 16(2): 1-4.
[209] Doran J W, Parkin T B .Defining and assessing soil quality .In: Dorman J W, et al. ed .Defining Soil Quality for a Sustainable Environment .Soil Science Socie ty of American Publication No 35.Inc, Madison, Wisconsin, USA, 1994: 3-21 .
[210] Karlen D L, Scott D E .A framework for evaluating physical and chemical indicators of soil quality.In :Dorman J W, et al .ed .Defining Soil Quality for a Sustainable Environment.Soil Science Society of American Publication No35.Inc, Madison, Wisconsin, USA, 1994: 53-72.
[211] Andrews S S, Karlen D L, Cambardella C A .The soil management assessment framework: A quantitative soil quality evaluation method. Soil Sci Soc Am J, 2004, 68:1945-1962.
[212] Karlen D L, Mausbach M J, Do ran J W, et al. Soil quality :A concept, definition, and frame for evaluation. Soil Sci Soc Am J, 1997, 61: 4-10.
[213] Andrews S S, Karlen D L, Cambardella C A.The soil management assessment framework: A quantitative soil quality evaluation method. Soil Sci Soc Am J, 2004, 68 :1945 -1962 .
[214] Cambardella C A, Moorman T B, Andrews S S, et al .Water shed-scale assessment of soil quality in the loess hills of south west Iowa. Soil & Tillage Research, 2004, 78 :237 -247.
[215] Andrews S S, Karlen D L, Mitchell J P. A comparison of soil quality of indexing methods for vegetable production systems in northern California .Agriculture, Ecosystems and Environment, 2002, 90 :25-45 .
[216] 孙波，赵其国，张桃林．我国东南丘陵山区土壤肥力的综合评价．土壤学报，1995, 32(4):362 -369 .
[217] 蔡崇法，丁树文，史志华，等．GIS 支持下乡镇域土壤肥力评价和分析．土壤与环境，2000, 9(2):99 -102.
[218] 张华，张甘霖，漆志平，等．热带地区农场尺度土壤质量现状的系统评价．土壤学报，2003, 40(2):186-193.
[219] 赵玉国，张甘霖，张华，等．海南岛土壤质量系统评价与区域特征探析．中国农业生态学报，2004, 12(3):13 -15.
[220] 王效举，龚子同．红壤丘陵小区域水平上不同时段土壤质量变化的评价和分析．地理科学，1997, 17(2):141-142.
[221] Fu B J, Liu S L, Lv Y H, et al. Comparing the soil quality changes of different land uses determined by two quantitative methods. Environmental Sciences, 2003, 15(2):167-172.
[222] Fu B J, Liu S L, Chen L D, et al .Soil quality regime in relation to land cover and slope position across a highly modified slope landscape .Ecology Research, 2004, 19:111 -118.
[223] 刘士梁，傅伯杰，吕一河，等．坡面土地利用方式与景观位置对土壤质量的影响．生态学报，2003, 23(3): 414-420 .
[224] 郑昭佩，刘作新．土壤质量及其评价．应用生态学报，2003, 14(1):131 -134.

中国肥料研究与应用全书

Books of Fertilizer Research and Application in China

FERTILIZER

第 6 章

肥料效应评价方法

6.1 氮足迹

自 19 世纪科学家将大气中惰性氮（N_2）转化为氨态氮肥以来，农业氮肥的大量施用带入全球生态系统中的活性氮逐年增加，并由此诱发了一系列严重的环境问题，如水体富营养化[1,2]、地下水硝酸盐超标[3,4]、臭氧层破坏[5]、土壤酸化[6,7]以及雾、霾[8]等。为了定量评价人类生产、生活方式对活性氮排放的影响，21 世纪初，氮足迹（nitrogen footprint）作为生态足迹概念的衍生和构成，其定义以及相关研究逐渐得到全球学者的关注[9]。

氮足迹可以简单定义为生产单位产品过程（生产、运输、贮存和消费）中直接或者间接排放的活性氮总和[10]。据此，农田系统中活性氮的排放可以分为生产上游（农资产品投入）排放和田间生长过程排放（图 6-1）。这些活性氮主要包括硝酸根离子（NO_3^--N）和铵根离子（NH_4^+-N）的淋洗、氨（NH_3）挥发、氧化亚氮（N_2O）和氮氧化物（NO_x）排放[9]。因此，所有影响农田系统活性氮排放系数（即单个过程中活性氮排放量占总输入氮量的比例）的因素都会对氮足迹造成影响。例如，上游工业氮效率和排污（氮）系数以及农田作物类型、品种、管理措施等。下面主要综述国内外关于小麦、玉米和水稻的氮足迹研究结果，以及影响这三大粮食作物氮足迹的主要因子。

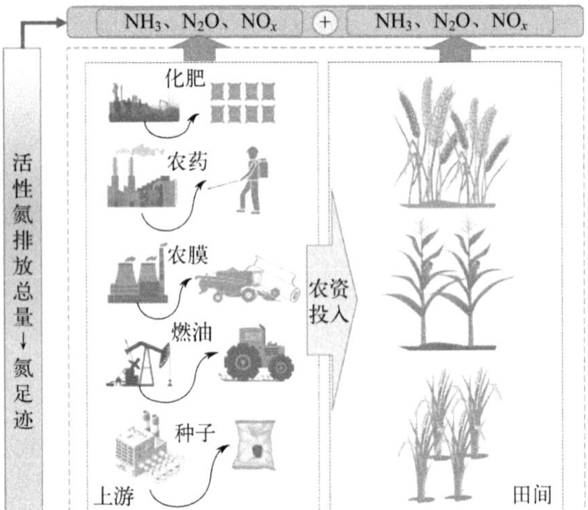

图 6-1　农田氮足迹研究系统边界

6.1.1 计算方法

不同作物体系中氮足迹的计算在整个生命周期中主要包括三部分，分别为氮肥施用过程中的活性氮排放量、氮肥生产和运输过程中的活性氮排放量以及其他来源的活性氮排放量。各部分的计算公式如下。

① 氮肥使用过程中的活性氮排放量（$Nr_{N\ fertilizer}$）：

$$Nr_{N\ fertilizer} = N_2O_{direct} + NH_{3direct} + NO_{3direct}^-$$

式中，N_2O_{direct}、$NH_{3direct}$、$NO_{3direct}^-$分别代表作物体系中氮肥使用过程中直接产生的N_2O排放、NH_3挥发和NO_3^--N淋洗量。

② 氮肥生产和运输过程中的活性氮排放量（$Nr_{N\ fert.\ pro.}$）：

$$Nr_{N\ fer.pro.} = N_{input} \times EF_N$$

式中，N_{input}为不同作物体系的氮肥投入量，kg（N）/hm^2；EF_N为每生产和运输1kg N所造成的活性氮排放量。

③ 其他来源的活性氮排放量（Nr_{others}），包括磷肥、钾肥及农药等在生产和运输过程中的活性氮排放，田间耕作过程中的机械燃油消耗导致的活性氮排放，以及灌溉消耗的能源所造成的活性氮排放：

$$Nr_{others} = P_2O_{5input} \times EP_P + K_2O_{input} \times EP_K + Pest._{input} \times EP_{Pest.} + Fuel_{input} \times EP_{Fuel} + 9.2 \times Irri. \times EF_{Elec.}$$

式中，P_2O_{5input}为不同作物体系的磷肥投入量，kg（P_2O_5）/hm^2；EP_P为每生产和运输1kg P_2O_5所造成的活性氮排放量；K_2O_{input}为不同作物体系中钾肥的投入量，kg（K_2O）/hm^2；EP_K为每生产和运输1kg K_2O所造成的活性氮排放量；$Pest._{input}$为除草剂、杀虫剂等农药有效成分的用量，kg/hm^2；$EP_{Pest.}$为每生产和运输1kg农药所造成的活性氮排放量；$Fuel_{input}$为田间耕作过程中机械燃油量，kg/hm^2；EP_{Fuel}为每生产和燃烧1kg柴油所造成的活性氮排放量；Irri.为灌溉水量，mm；9.2为每公顷耕地灌溉1mm水量的耗电量；$EF_{Elec.}$为生产1kW·h电力所造成的活性氮排放量。

④ 作物体系单位面积活性氮排放总量（Nr），单位为kg（N）/hm^2：

$$Nr = Nr_{N\ fertilizer} + Nr_{N\ fer.\ pro.} + Nr_{others}$$

⑤ 作物体系单位产量活性氮排放量（NrY），单位为kg（N）/t（Leach等，2012；Wang等，2020b）：

$$NrY = \frac{Nr}{Y}$$

式中，Y为作物产量，t/hm^2。

氮足迹的计算首先要明确系统边界，在一定的研究系统内，应用生命周期评价的方法，“从摇篮到坟墓”对整个生命周期内的所有环节对环境的影响进行评价。另外，所用到的参数尽量做到本地化，以加强氮足迹估算的准确性。

6.1.2 粮食作物体系

氮足迹相关研究起步较晚，以“氮足迹”为关键词在中国知网（CNKI）数据库中共检索出28篇学术期刊论文、12篇学位论文，以及1篇会议论文（截至2022年3月），其中与作物生产相关的有14篇，与三大粮食作物相关的仅有9篇，其余检索出的论文多为食物消费氮足迹、区（流）域氮足迹和综述类研究论文。以“Nitrogen Footprint”和“Rice”、“Nitrogen Footprint”和“Wheat”以及“Nitrogen Footprint”和“Maize”在Web of Science

数据库中分别检索出学术期刊论文 105 篇、190 篇和 143 篇（截至 2022 年 3 月），通过进一步精确筛选，与水稻、小麦和玉米相关的碳足迹 SCI 论文也仅分别为 12 篇、17 篇和 8 篇。

整合这些研究的结果表明，上游生产资料产生的间接氮足迹占比较小，由氮肥施用导致的田间活性氮排放是氮足迹的主要组成[11]，而且不同的施氮水平会影响氮足迹的构成。以河北冬小麦-夏玉米轮作体系为例[12]，不施氮处理冬小麦和夏玉米氮足迹的主要构成为NO_3^-淋洗；施肥处理中，冬小麦单位面积氮足迹以田间NH_3挥发占比较高（可达 73%），夏玉米氮足迹则以田间NO_3^-淋洗占比最高（可达 61%），而且夏玉米氮足迹中NO_3^-淋洗的占比随着施氮量的增加而增加；上游氮肥生产运输、机械作业燃油、灌溉用电以及种子和农药等产生的氮足迹占总氮足迹的比例不足 5%。因此，翁玲云[12]认为，减少冬小麦NH_3挥发和夏玉米NO_3^-淋洗是降低春小麦-夏玉米轮作体系氮足迹的重点。除此之外，受区域经济和水利设施条件的影响，同一作物的氮足迹在不同区域之间也存在差异。如张海霞等[13]研究表明，冬小麦的氮足迹主要来源于田间NH_3挥发（占 75%）和柴油燃烧（占 9%），其他过程如种子、NO_3^-淋洗、N_2O排放、电力灌溉、农药和NH_4^+淋洗等依次分别占 5%、3%、3%、1%、0.4% 和 0.1%。

对于小麦-玉米轮作体系而言，采用掺混尿素（普通尿素∶控释氮肥 =1∶1）施肥技术可以有效减少 16% ～ 19% 的NH_3挥发，降低氮足迹 14% ～ 25%[14]；免耕结合覆膜的田间管理措施也可有效降低氮足迹 24% ～ 26%[15]。改变传统的轮作模式，将华北传统的冬小麦-夏玉米一年两熟制改为一年一熟制或三年两熟制，将有助于进一步降低氮足迹[16]，但是全年籽粒产量可能会损失 20% ～ 37%。而一项对地中海气候的小麦和玉米的研究表明，施用生物炭可以有效降低 63% 的活性氮损失[17]，这可能为区域活性氮减排提供了更好的策略。

以双季稻为例，NH_3挥发损失是水稻氮足迹的主要构成部分（＞ 85%），其次为NH_4^+和NO_3^-淋洗，而N_2O排放对其氮足迹贡献较小；化肥（约占 50%）和农机操作（占 20%）是上游氮足迹的主要构成，其次为种子（3% ～ 5%）和农膜（1% ～ 11%），农药的贡献最少（不足 1%）[18, 19]。长江中游（江苏、安徽）稻麦轮作区的研究结果同样表明了NH_3排放是稻麦轮作体系氮足迹的主要组成（占 95%），其中水稻季NH_3排放贡献 61%，小麦季NH_3排放贡献 34%；NH_4^+和NO_3^-淋洗以及N_2O排放所带来的活性氮损失量最低，贡献率不足 4%[20]。研究还发现，扩大农户规模有助于降低氮足迹，并且氮足迹随着产量的增加而显著增加，这从侧面强调了农业规模化和土地流转的重要性，同时也反映出粮食作物的肥料增产率在不断降低。秸秆旋耕还田有助于降低水稻氮足迹，但会增加碳足迹[20]。Xu 等研究表明，与常规淹水栽培模式相比，水稻覆膜栽培也有助于降低 37% ～ 40% 的氮足迹；与常规尿素相比，有机肥替代措施可降低 11% ～ 37% 的氮足迹；“覆膜栽培 + 氮肥 50% 有机替代”综合措施可以降低氮足迹约 61%[21]。

综上，如图 6-2 所示，对于全国粮食作物而言，不仅需要优化施肥[11]、品种升级改良[22]、改善根系表型、提高根层氮效率[23]，而且提高农机运行效率、调整粮食种植区域配置[11, 18]也有利于降低中国主要粮食作物活性氮的排放和氮足迹。

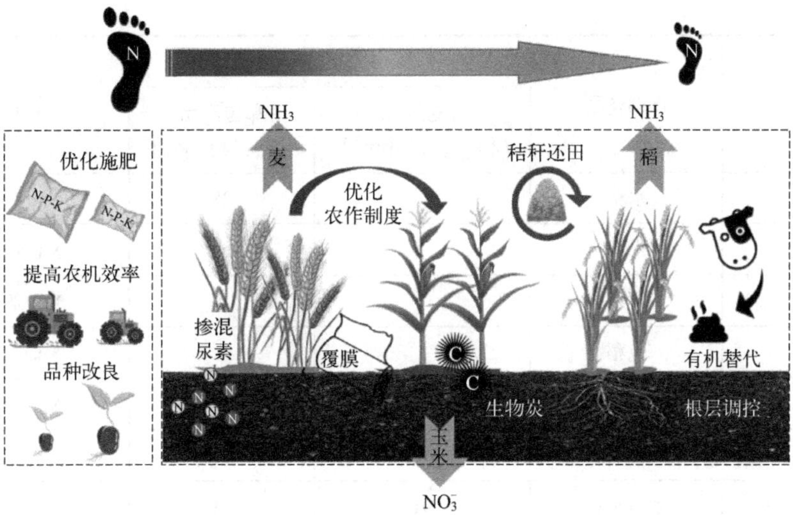

图 6-2 粮食作物氮足迹的主要影响因子及减小氮足迹的策略

灰色图片（化肥、农机）和箭头＋红色字体表示主要的影响因子；
蓝色箭头以及蓝色和白色字体表示减小氮足迹的策略

即便是同一作物，氮足迹大小也可能因系统边界（即数据收集的时空界限）和计算方法不同而异（表 6-1）。秦树平等[9]认为，系统边界过小可能忽略关键过程，系统边界过大则增加了数据收集的工作量和难度。因此，笔者认为前者降低了活性氮计算结果的准确度，后者降低了活性氮计算结果的精确度。目前，计算氮足迹的主流方法有两种：一种是依据美国弗吉尼亚州立大学的 Galloway 和 Alley Leach 开发的计算方法（如 N-PRINT 模型），将以上各种活性氮折算成纯氮（N）后加和[23, 24]。该方法只考虑了活性氮总量，并没有考虑不同活性氮对环境影响的权重。另一种是根据荷兰莱顿大学环境科学研究所（CML）提出的计算方法，将各活性氮统一换算成水体富营养化潜势（WEP）后加和[25]。对于后者，笔者认为，虽然 CML 提出的方法看似考虑了不同形态活性氮对环境造成的影响，但是统一换算成 WEP 却仅考虑了对水体环境的影响，并未充分考虑对其他生境的扰动，譬如 NH_3 挥发对大气雾、霾的影响，以及 N_2O 对大气臭氧层和温室效应的影响。采用不同的计算方法是影响氮足迹数值大小的人为因素，可能会影响同类研究的平行比较，但是这种异同仅体现在数据的绝对大小上，并不会改变氮足迹的构成及其科学规律。值得注意的是，近期发表的一些研究[26]将物质流和生命周期分析（LCA）、氮平衡和氮足迹计算混淆，这也从侧面反映了准确定义氮足迹的概念以及确定氮足迹的计算方法的必要性和迫切性。

表6-1 不同产地主要粮食作物氮足迹

产地	作物体系	氮足迹		数据来源
		单位面积 / [kg（N）/hm^2]	单位产品 / [g（N）/ kg]	
奥地利	谷物		22	Pierer 等，2014
墨西哥	谷物		3	Xue 和 Landis，2010

续表

产地	作物体系	氮足迹		数据来源
		单位面积 / [kg (N) /hm^2]	单位产品 / [g (N) / kg]	
伊朗	水稻		28	Soltani 等，2021
中国湖北	水稻		1 ～ 6	Xu 等，2020b
中国	早稻		10	Xue 等，2016
中国	晚稻		11	Xue 等，2016
中国	双季稻		11	Xue 等，2016
中国	双季稻	142	12	Chen 等，2020
中国东北地区	寒地水稻	91	21	朱凤婷，2020
中国长江中游	稻麦轮作（稻）	103	13	陈中督等，2019
中国长江中游	稻麦轮作（麦）	81	15	陈中督等，2019
中国	稻麦轮作体系	151	13	Chen 等，2020
伊朗	小麦		29	Soltani 等，2021
中国甘肃	春小麦		60 ～ 85	Wang 等，2021
中国河北邯郸	冬小麦	59 ～ 76	9 ～ 13	张海霞等，2021
中国河北保定	冬小麦	36 ～ 117	5 ～ 18	翁玲云，2019
中国华北平原	冬小麦	10 ～ 117	6 ～ 15	Zhang 等，2021
中国	麦玉轮作体系	175	15	Chen 等，2020
中国华北平原	麦玉轮作体系		3 ～ 17	Xu 等，2020a
中国河北保定	夏玉米	29 ～ 123	3 ～ 13	翁玲云，2019
伊朗	玉米		32	Soltani 等，2021
中国辽河平原	春玉米	248 ～ 338		邰继承等，2021

6.1.3 经济作物体系

（1）果树　果树是重要的经济作物，目前，全球果园的种植面积约占农业用地面积的5%。并且果园农资投入量较高，造成的环境代价高，氮的投入和使用是环境排放的主要贡献因子。我国果园氮肥投入约占全国农业总氮肥消耗量的15%。本小节总结了果园氮足迹及其影响因子，为果园生产的肥料管理及环境评估提供一定的理论支撑。

① 果园活性氮损失系数。通过对全球和中国多个研究地点的氧化亚氮（N_2O）排放、氨（NH_3）挥发和硝酸盐（NO_3^--N）淋洗的测定数据进行整合分析，发现果园氮肥投入与活性氮损失之间的关系均为线性相关关系。全球的果园 N_2O 排放、NH_3 挥发和 NO_3^--N 淋洗的线

性回归系数分别为 0.0162、0.0522 和 0.2301，我国 N_2O 排放、NH_3 挥发和 NO_3^- -N 淋洗的线性回归系数分别为 0.013、0.049 和 0.2164，我国果园系统的活性氮损失系数与全球尺度的果园系统活性氮损失系数相比并没有较大的差异。然而，背景排放具有一定的差异，我国果园系统的 N_2O 排放、NH_3 挥发背景值分别高于全球尺度的 199% 和 31.6%，而 NO_3^- -N 淋洗的背景值低于全球尺度的 14.7%。总而言之，我国果园系统活性氮的背景排放较高。

② 果园活性氮损失的影响因素。果园活性氮损失受多种因素影响，包括环境条件、果树类型、管理方式等。土壤 pH 值对果园 N_2O 排放具有显著影响，酸性土壤 N_2O 排放量显著高于碱性土壤约 129%，这可能是由酸性土壤中剧烈的反硝化作用导致的；不同类型果园之间的 NH_3 挥发具有显著差异，落叶型果园 NH_3 挥发量显著高于常绿型果园约 96.8%，主要原因在于两种果园所处的纬度不同，而且落叶型果园会产生大量的落叶，降解过程中会造成一定量的 NH_3 挥发；除此之外，不同的栽培管理方式对果园活性氮损失的影响尤为关键，尤其是肥料管理，包括施肥方式和施肥量等，不同的施肥方式对果园 NH_3 挥发具有显著影响，撒施肥料方式的 NH_3 挥发量显著高于地下施肥方式约 206%，同时，过量施肥显著增加了活性氮损失。因此，影响果园活性氮损失的主要因素是对果园的种植管理。

（2）蔬菜　蔬菜是人们日常生活中不可或缺且不能替代的重要食物来源，我国是世界第一大蔬菜生产国，我国用了全世界 41.3% 的蔬菜种植面积生产了 50.5% 的蔬菜，从 1997 年到 2017 年，我国蔬菜种植面积和总产量分别增加了 99.0% 和 164.0%。然而，为盲目追求蔬菜高产，集约化蔬菜生产肥料用量普遍过量，施肥不合理，导致农田系统活性氮损失量高、环境代价高等问题突出。

① N_2O 排放及影响因素。我国蔬菜系统氧化亚氮排放量大，平均排放量为 3.91kg（N_2O-N）/hm^2，高于已报道的其他作物系统氧化亚氮排放的 1.24 ～ 4.16 倍。如此高的氧化亚氮排放的主要原因包括：首先，高的氮肥投入量导致高的氧化亚氮排放。我国蔬菜系统的氮肥投入量高于其他作物系统氮肥投入量。其次，我国蔬菜系统氧化亚氮背景排放量高于其他作物体系背景排放量。蔬菜系统的高背景排放可能与持续多年高的氮肥投入导致的土壤残留氮含量高有关。高的土壤残留氮含量通过提供土壤硝化和反硝化作用底物，增加了氧化亚氮背景排放量。氮肥用量是导致氧化亚氮排放的最主要因素。基于数据整合分析发现，对于整个蔬菜系统、露地蔬菜系统和设施蔬菜系统，N_2O 排放总量随着氮肥用量的增加而显著增加，二者存在显著的线性关系。同时，整个蔬菜系统、露地蔬菜系统和设施蔬菜系统的排放系数（斜率值）分别为 0.73%、0.73% 和 0.67%。

② NO_3^- 淋洗及其影响因素。硝酸盐淋洗是作物系统活性氮损失的最主要的途径。当前我国蔬菜生产系统的硝酸盐淋洗损失量高达 79.1kg（N）/hm^2，显著高于我国或世界小麦和玉米平均硝酸盐淋洗损失量［中国小麦和玉米：20.1kg（N）/hm^2 和 47.1kg（N）/hm^2；世界小麦和玉米：29.0kg（N）/hm^2 和 57.4kg（N）/hm^2］。我国蔬菜生产系统高的肥料引起的硝酸盐损失量和背景淋洗损失量是导致我国蔬菜生产系统如此高的淋洗损失量的主要原因。其中，设施蔬菜系统硝酸盐淋洗损失量显著高于露地蔬菜硝酸盐淋洗损失量（表 6-2），而导致这些差异的主要原因为：首先，设施蔬菜系统的氮肥用量两倍高于露地蔬菜系统；其次，设施蔬菜系统的土壤硝酸盐累积量显著高于露地蔬菜系统。我国蔬菜系统平均硝酸盐淋洗因

子为 14.6%，设施蔬菜系统淋洗因子低于露地蔬菜淋洗因子。

氮肥用量、氮肥类型和水分投入是硝酸盐淋洗损失的主要影响因素。氮肥用量是硝酸盐淋洗损失的主要来源，研究表明我国蔬菜系统硝酸盐淋洗损失量随着氮肥用量的增加而呈线性增加，导致其线性增加的原因为蔬菜系统高水分投入量、高土壤残留硝酸盐含量、相对频繁的氮肥追肥。水分投入也是导致硝酸盐淋洗损失的重要影响因素。研究表明，蔬菜系统硝酸盐淋洗损失随着水分投入量的增加而增加。在整个蔬菜系统、露地蔬菜系统和设施蔬菜系统中，水分投入量＞ 900mm 区组硝酸盐淋洗总量分别 121%、138% 和 186%，高于水分投入量＜ 900mm 区组硝酸盐淋洗总量。由于蔬菜根系浅，为满足蔬菜生长需求，频繁地投入水分，我国蔬菜系统普遍存在在氮肥施用时或施肥之后过量投入水分的现象，导致硝酸盐淋洗损失增加。同时，土壤中 NO_3^- 不易被土壤吸附，故比较容易随水分移动。因此，更多的水分投入增加了硝酸盐淋洗损失的风险，尤其在土壤水分含量超高土壤水分固持能力和高的土壤硝酸盐累积量条件下。氮肥肥料类型能显著影响硝酸盐淋洗损失，在设施蔬菜系统而非露地蔬菜系统和整个蔬菜系统中，单施有机肥和有机肥与无机肥配施处理的硝酸盐淋洗损失明显低于单施化肥处理。

表6-2　整个蔬菜系统、露地蔬菜系统和设施蔬菜系统硝酸盐淋洗损失量、背景硝酸盐淋洗损失量、施肥引起的硝酸盐淋洗损失量和氮肥用量

指标	整个蔬菜系统			露地蔬菜系统			设施蔬菜系统		
	样本量	平均值	置信区间	样本量	平均值	置信区间	样本量	平均值	置信区间
硝酸盐淋洗损失量 / [kg（N）/hm^2]	174 个	79.1	63.3 ～ 96.8	86 个	59.8[b]	42.2 ～ 80.9	88 个	98.0[a]	71.8 ～ 127
背景硝酸盐淋洗损失量 / [kg（N）/hm^2]	47 个	19.2	11.4 ～ 29.2	27 个	9.30[c]	5.61 ～ 13.9	20 个	32.6[a]	16.3 ～ 52.9
施肥引起的硝酸盐淋洗损失量 / [kg（N）/hm^2]	174 个	57.0	43.8 ～ 71.7	86 个	50.5[a]	34.5 ～ 69.8	88 个	63.2[a]	43.7 ～ 85.9
氮肥用量 / [kg（N）/hm^2]	174 个	423	322 ～ 458	86 个	282[b]	217 ～ 359	88 个	560[a]	481 ～ 644

注：值是表示观测值的平均值和 95% 置信区间（CI）；在 $p < 0.05$ 时，不同字母代表显著不同。

（3）NH_3 挥发及影响因素　氨挥发损失也是我国蔬菜系统活性氮损失的来源之一。先前的研究表明，基于数据整合分析，露地系统中由肥料引起的 NH_3 挥发量平均为 31.1kg（NH_3-N）/hm^2，明显高于温室系统［平均值 5.52kg（NH_3-N）/hm^2］。露地平均季节性总 NH_3 挥发量为 39.5kg（NH_3-N）/hm^2，显著高于 9.57kg（NH_3-N）/hm^2。露地系统和温室系统的平均氨挥发率分别为 8.01% 和 0.94%，低于联合国政府间气候变化专门委员会（IPCC）估计的默认值（10%）。露地系统较高的 VF（挥发性因子）可归因于气候条件（尤其是温度和光照）、土壤特性和农艺管理。与露地系统相比，温室系统具有明显的优势，其能通过抑

制室内外空气的交换，为寒冷季节的蔬菜种植提供温暖而特殊的环境。2018 年中国菜地年氨挥发量约为 689Gg（NH_3-N），其中露地系统和温室系统分别为 683Gg（NH_3-N）和 5.82Gg（NH_3-N）。中国各省蔬菜田氨挥发总量贡献较高的省（自治区、直辖市）主要集中在南方地区，如四川、广西、福建、云南等地的氨挥发量年均在 39Gg（NH_3-N）以上。

（4）活性氮损失与氮足迹　由于高的氮肥投入，我国蔬菜系统活性损失量大。由图 6-3 可知，中国设施蔬菜系统的活性氮损失量为 111kg（N）/hm^2，无论是露地蔬菜系统还是设施蔬菜系统，其活性氮损失的主要途径是 NO_3^- 淋洗损失，其次是 NH_3 挥发损失。由图 6-4 可知，我国蔬菜系统总的氮足迹为 1.6kg（N）/t，露地蔬菜系统总的氮足迹高于设施蔬菜系统总的氮足迹，这可能是由于设施蔬菜系统的蔬菜产量比露地蔬菜系统高，从而导致其活性氮损失值与蔬菜产量的比值低于露地蔬菜系统，进而造成设施蔬菜系统的氮足迹低于露地蔬菜系统。

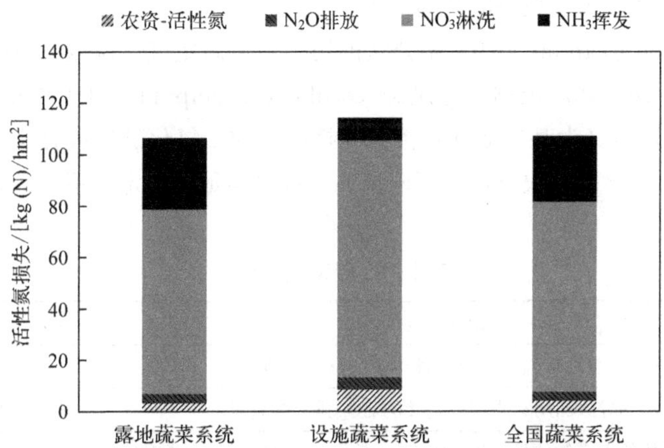

图 6-3　露地蔬菜系统、设施蔬菜系统和全国蔬菜系统的活性氮损失

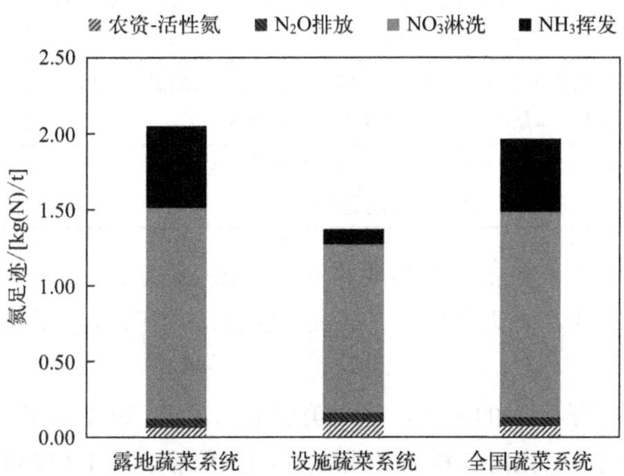

图 6-4　露地蔬菜系统、设施蔬菜系统和全国蔬菜系统的氮足迹

6.2 碳足迹

近年来，由温室效应诱发的极端自然现象骤增，温室气体排放（greenhouse gas emission，GHGe）逐渐成为限制和约束国际合作与国民生产的重要议题。根据世界气象组织[27]的测算，温室气体排放已经使全球地表平均温度比工业化前高出1.1℃。即使是在新型冠状病毒疫情防控期间，二氧化碳（CO_2）、甲烷（CH_4）和氧化亚氮（N_2O）的浓度依然持续增加。

农业生产是最重要的温室气体排放源之一，占人类活动温室气体排放总量的23%～30%[28,29]。农业也是全球人为CH_4和N_2O排放最重要的部门之一。据估计，2007～2016年全球40%～47%和60%～82%以上的人为CH_4和N_2O排放均源自农业，预计2070年将比2010年分别增加47%和50%[29]。2021年我国首部农业绿色发展专项规划中强调了低碳农业的重要性，2022年中央一号文件也进一步明确要求推进农业农村的绿色发展，因此，农业温室气体减排是产业发展和国家战略的共同需求。

碳足迹（carbon footprint，CF）是公认的用于衡量温室气体排放总量的指标，一般以二氧化碳当量（CO_2 eq）计。根据生态足迹（ecological footprint，EF）的概念[30]，Wiedmann和Minx[31]将碳足迹定义为某项活动直接或间接引起的二氧化碳排放总量，或指产品在其生命周期内累积的二氧化碳排放总量。不同研究领域对碳足迹的定义不同（表6-3）。

表6-3 碳足迹的定义

定义	参考文献
建设、交通运输及废物处理排放的温室气体	Patel，2006
商业活动导致的所有直接或间接的CO_2排放的总量	Energetics，2007
人类活动过程中所排放的温室气体量（以CO_2统一表示），可以衡量人类对地球环境的影响	ETAP，2007
一项活动或者一种产品，从开始到结束整个过程中排放的CO_2的总量。活动包括个人、公司、某个部门或政府；产品包括商品和服务；排放包括直接排放和间接排放	Wiedmann，2008
用于最终消费的商品、服务在生产及消费过程中排放的CO_2、CH_4、N_2O及氟化物等温室气体的量	Hertwich，2009
某一地理边界内消费的商品和服务在生产、消费整个生命周期中排放的温室气体量，而不管这些气体是产生在地理边界内还是边界外	Larsen，2010
碳足迹是一定的时间和空间边界内，生产和消费过程中的碳排放或固定，是一个评价人类影响气候变化的功能单位	Peters，2010

碳足迹的核算方法主要包括生命周期评价法（life cycle assessment，LCA法）、投入产出法（IOA法）和混合生命周期评价法（hybird LCA）。不同的评价方法有各自的优缺点以及应用范围。

投入产出法是经济学上用的方法，是由美国的Wassily W. Leontief教授于1936年创立的。就是把一系列部门在一定时期投入（或购买）的来源与产出（或销售）的去向排成一张横纵交叉的投入产出表格，根据此表来建立数学模型，计算消耗系数，并据此进行经济分析和预测的方法。它的优点是边界明确即整个经济系统，但是它的缺点是只考虑总量却忽视了多种类的分类核算下所体现的排放差异，适用于中观和宏观的碳足迹核算。

生命周期评价法（LCA）是国际标准化组织认可的碳足迹核算方法（ISO/TS 14067），其将产品碳足迹定义为，基于生命周期评价方法来计算产品生产系统内温室气体排放与消纳之和，并以 CO_2 当量的形式来评价对气候变化的影响。它考虑了较多的细节，其分析结果具有针对性，适合用于计算微观碳足迹。目前农业领域的碳足迹核算已有许多用生命周期评价方法进行的研究[32-34]。

目前碳足迹的核算研究中农学和生态学专家侧重于用 LCA 法评价农田土壤排放环节的微观碳排放，而不重视核算投入品上游的碳排放，或者排放参数与本国实情差异较大，有待继续发展和完善；而经济学家侧重于用 IOA 法全面核算投入品上游生产的碳排放，而农田的排放往往用平均数计算，但是无法体现不同地区、不同生产方式的差异带来的碳排放差异。就农业碳足迹而言，农业生产中能源消耗所导致的直接、间接碳排放以及农业能源需求分析预测这种宏观碳排放的问题适合用投入产出的思想，而农业生产中土壤 N_2O 的排放、水稻种植 CH_4 的排放这种微观碳排放问题适合用生命周期循环的思想。将两种方法合并的混合生命周期评价法应运而生，但是由于工作量大，两个系统的对接仍然需要进一步发展。

事实上，种植系统既是碳源也是碳汇[35, 36]。如图 6-5 所示，上游农业生产资料（包括肥料、农药、农膜、电和燃油等）生产加工，田间秸秆焚烧、硝化反硝化以及甲烷细菌等，直接或者间接产生的 CO_2、N_2O 和 CH_4 排放是碳排放源[37]。农田碳汇功能主要指施肥、秸秆还田、免耕等方式引起的土壤固碳[38-41]。目前的研究普遍认为，在量化作物系统碳足迹时，需要考虑碳源和碳汇的综合效果，即排放量与固定量的差值[42-44]。

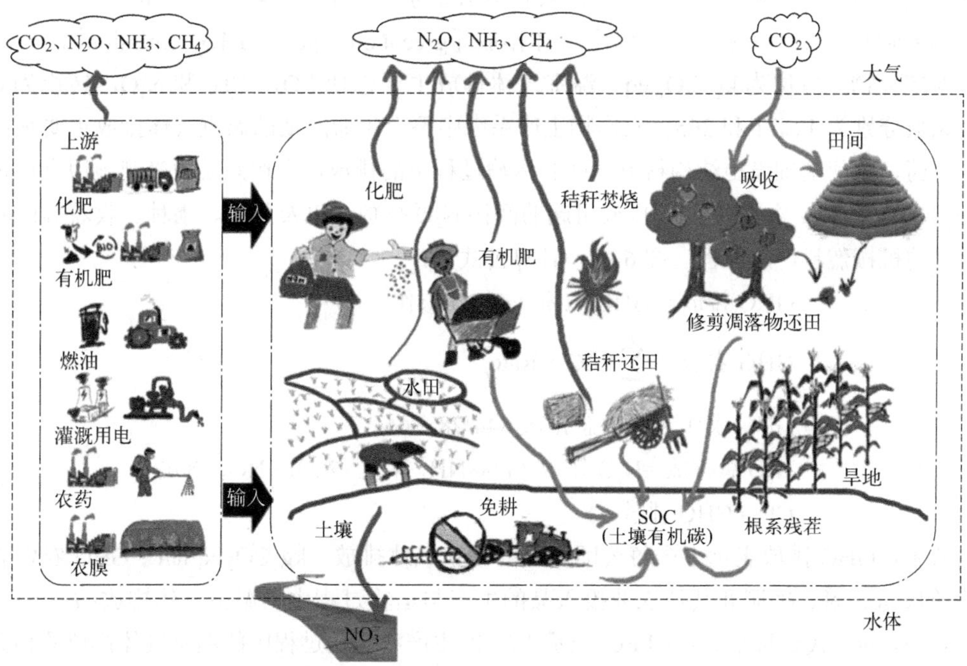

图 6-5　农田碳足迹研究系统边界

模型边界、温室气体种类、数据获取途径、量化单位等几方面不一致，这是目前农作物碳足迹研究面临的主要问题。目前绝大多数关于粮食作物碳足迹核算的研究没有用真正的“从摇篮到坟墓”的LCA思想，要么只核算上游投入品生产的排放，如Chen等[45]根据农资投入量的国家统计数据，计算粮食生产碳足迹，但并未考虑肥料施用、秸秆还田、耕作和灌溉方式等农田生产环节产生的碳排放与碳固定，要么仅核算了农作物生产环节的排放，如Linquist等和Cole仅核算了由肥料施用产生的土壤N_2O及稻田甲烷（CH_4）的排放，而未考虑农资投入品上游生产所产生的碳排放及农机作业、灌溉消耗的化石能源产生的碳排放；要么包含上游和农田排放，但未包括完整的排放环节，如Chen等[33]在计算碳足迹时虽包括了化肥生产及氮肥施用产生的排放，但有机肥、农药、农膜等农资生产及施用的排放却未被包含，这些排放虽低于氮肥施用及农机作业等环节，但不可忽略。另外，田间焚烧秸秆在以往的研究中几乎未被考虑，然而秸秆焚烧的碳排放量非常大。农田生态系统既能进行碳排放，又能进行碳固定，已有研究大都考虑了排放，但忽略了固定。大部分的研究都集中在区域尺度的核算上，如Chen等[33]研究了我国华北平原轮作体系的碳足迹，Dong等研究了浙江省农业生产碳足迹，仅有少部分学者研究了国家尺度的碳排放，但这些研究主要是通过国家统计数据计算的[34]。但统计数据仅有投入量，没有生产方式如翻耕、免耕、水稻间歇灌溉和长期淹灌等信息，而它们是评价生产技术先进程度、碳足迹大小的关键因素。

6.2.1 计算方法

生命周期评价（life cycle assessment，LCA）已成为评价作物系统温室气体排放最常用的方法。生命周期评价定义为对产品整个生命周期（“从摇篮到坟墓”）内输入、输出以及潜在的环境影响的汇编和评价（中华人民共和国国家标准，GB/T 24044—2008）。LCA系统边界及输入输出项如图6-6所示。温室气体排放［greenhouse gas（GHG）emission］，一般以CO_2为参照物，单位为kg CO_2 eq。温室气体排放主要包括CO_2、CH_4和N_2O，转换为CO_2当量系数分别为1、21和265。农作物生产系统中整个生命周期的温室气体排放主要来自肥料、农药、田间基础设施结构材料生产和运输过程中的排放，农作系统中氮肥施用直接带来的N_2O排放，NO_3^-淋洗和NH_3排放引起的间接N_2O排放，以及整地、播种、收获等田间过程消耗的机械燃料燃烧过程（图6-6）。计算公式为：

$$\text{GHG 排放} = \text{GHG 农资} + \text{GHG 农作}$$

$$\text{GHG 农资} = \sum_{i}^{m} \text{PEC}_i \times \text{Rate}_i$$

$$\text{GHG 农作} = N_2O\ \text{总排放} \times 44/28 \times 265$$

$$N_2O\ \text{总排放} = N_2O\ \text{排放} + 1\% \times NH_3\ \text{挥发} + 2.5\% \times NO_3^-\ \text{淋洗}$$

$$\text{CF} = \text{GHG 排放} / Y_t$$

式中，GHG排放表示生产每公顷作物的温室气体排放，kg CO_2 eq/hm^2；GHG农资表示农资阶段氮、磷、钾肥和其他农业投入品的生产与运输过程中的温室气体排放；i（i=1，2，3，4，…，m）代表每个类别；PEC_i表示“i”的生产和运输过程中的温室气体排放的相关排放系数（见表6-4）；$Rate_i$代表“i”的用量；GHG农作表示农作阶段氮、磷、钾肥和其他农业投入品施用过程中的温室气体排放；N_2O 总排放表示氮肥施用过程直接引起的土壤 N_2O 排放，以及由 NH_3 挥发和 NO_3^- 淋洗途径产生的总 N_2O 排放；N_2O 排放、NH_3 挥发和 NO_3^- 淋洗表示氮肥施用过程的 N_2O 排放、NH_3 挥发和 NO_3^- 淋洗损失，由氮肥用量乘以相应的排放因子或由经验模型计算得出（见 6.1 氮足迹）；1.0% 和 2.5% 分别为与 NH_3 挥发和 NO_3^- 淋洗相关的 N_2O 间接排放系数；CO_2 和 N_2O 的全球增温潜势分别为 1 和 265；44/28 是将 N_2O-N 转化成 N_2O 的系数；CF 即碳足迹，指生产每吨作物的温室气体排放量，kg（CO_2 eq）/t；Y_t 代表作物总产量。

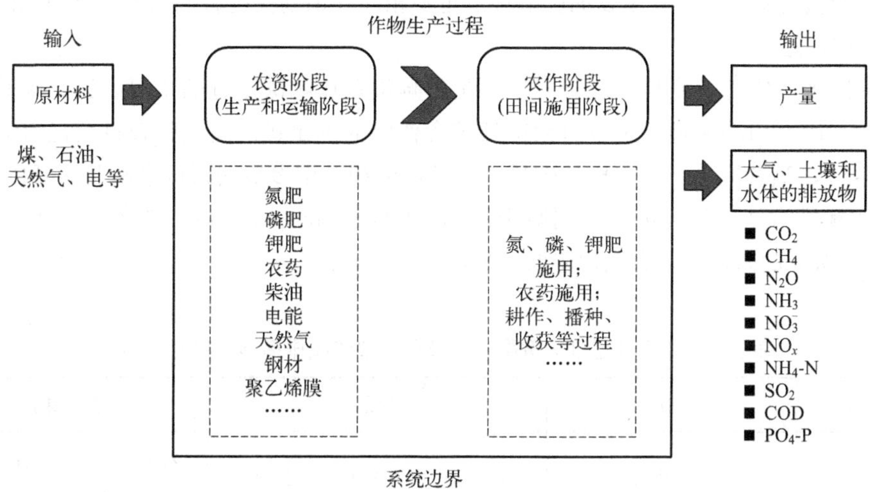

图 6-6　研究农作物生产系统的系统边界及相关的输入和输出项

表6-4　各投入环节在农资阶段的温室气体排放因子

投入	单位	排放因子 / [kg（CO_2 eq）/unit]	参考文献
氮肥生产和运输	kg（N）	8.30	Zhang 等，2013
磷肥生产和运输	kg（P_2O_5）	0.79	Zhang 等，2013
钾肥生产和运输	kg（K_2O）	0.55	Zhang 等，2013
钢材	kg	2.27	Chen 等，2014；Tian 等，2013；Wang 和 Zhang，2012
柴油	L	3.75	Cui 等，2013；Liu 等，2010
农药生产和运输	kg	19.1	Clark 等，2016；Cui
聚乙烯	kg	0.10	He 等，2016
劳动力	kg/ 人	0.86	Chen 等，2020

6.2.2 粮食作物体系

由于研究区域、系统边界、对碳足迹概念认知的不同，即便是同一作物，碳足迹的计算结果也不尽相同。

最新的全国尺度作物碳足迹研究结果表明[45]，小麦、玉米和水稻三种作物的碳排放分别占种植业总碳排放的 10.1%、9.8% 和 21.0%，三种作物的碳固定分别占种植业总碳固定的 10%、15.0% 和 11.3%，其净碳排放分别占种植业总净碳排放的 10.3%、10.7% 和 32.1%。影响小麦、玉米和水稻碳排放的主要环节是氮过程（包括氮肥生产、运输和田间损失，在旱地中约占 54.5%，在稻田中约占 18.7%）、灌溉用电（约占 16.9%）和稻田甲烷排放（占 61.8%）；秸秆还田固碳（约占 80.8%）是碳固定的主要贡献环节[45]。Zhang 等[37]的研究表明，不同区域的粮食碳足迹及其主要的影响环节也不相同，识别关键影响因素并采取相应对策可显著降低碳足迹。

不难发现，化肥（尤其是氮肥）投入是影响粮食作物碳足迹的主要因素。因此，减少氮肥投入，削减田间氮损失可以有效降低粮食作物的碳足迹。通过整合目前已有的研究结果（表 6-5），笔者汇总了影响作物碳足迹关键环节和关键参数的减排措施及其减排的潜力。通过整合减排措施，我们可以分别减少水稻（11% ～ 44%）、小麦（26% ～ 51%）和玉米（25% ～ 49%）的碳排放，有效地降低碳足迹[45]。

表6-5　作物碳足迹关键影响环节和参数的减排措施及其减排潜力

关注点	措施	效果	文献来源
氮肥用量	养分优化管理	减少氮肥用量 16.0% ～ 21.0%	Zhang 等[46]；Chen 等[45]；Zhang 等[47]
N_2O 排放	生物炭、氮肥深施、硝化抑制剂	稻田：N_2O 排放因子可降低至 0.22% ～ 0.3%（IPCC 为 0.4%）	Cai 等[48]；Liu 等[49]；Hu 等[50]；Recio 等[51]
		旱地：N_2O 排放因子可降低至 0.04% ～ 0.6%（IPCC 为 1%）	
NH_3 挥发	生物炭、浮萍技术、脲酶抑制剂、控释氮肥	化肥 NH_3 排放因子可降低至 1.6% ～ 6%（IPCC 为 11%）	Lin 等[52]；Sun 等[53]；Recio 等[51]
	施用干厩肥并与表土混合或深埋	有机肥 NH_3 排放因子可降低至 2% ～ 7%（IPCC 为 21%）	Sommer 和 Hutchings[54]；Nyord 等[55]；Ti 等[56]
N 淋洗	覆盖作物种植、硝化抑制剂、控释氮肥	将硝酸盐浸出系数降低至 6% ～ 12%（IPCC 为 24%）	Constantin 等[57]；Cui 等[58]；Chen 和 Wei[59]；Abdalla 等[60]
稻田 CH_4 排放	间歇灌溉、生物炭、控释氮肥	减少 CH_4 排放量 6.4% ～ 49.5%	Linquist 等[32]；Guo 等[61]；Nan 等[62]
有机堆肥	堆肥中添加秸秆或生物炭	将温室气体排放量降低至 0.01 ～ 0.04t CO_2 eq/t	Chowdhury 等[63]
灌溉	水分平衡策略	减少灌溉水量（相当于电力）13.0% ～ 53.0%	De Pascale 等[64]；Wang 等[65]；Waraich 等[66]；Stroosnijder 等[67]；Farooq 等[68]

6.2.3 经济作物体系

（1）果树　碳足迹是农业生产中评估作物（一个生命周期）生产过程中的农业活动所造成的温室气体排放总量对人类活动造成的环境影响的一种例行方法。果树是一类多年生的木本经济作物，与粮食、蔬菜等一年生作物具有明显的特征差异。果园碳足迹主要包括两部分（图 6-7），即田块上游环节的投入品的碳排放以及田块环节中的碳排放和碳固定。投入品的碳排放主要包括化肥、有机肥（农家肥）、农药、农膜、纸袋、农用柴油和灌溉用电等生产、运输和堆放等环节中的碳排放；田块环节的碳排放主要包括作物-土壤系统中肥料投入直接引起的温室气体排放；碳固定包括有机肥的使用造成的土壤有机碳的增加以及果树根系、枝干生长的碳固定。

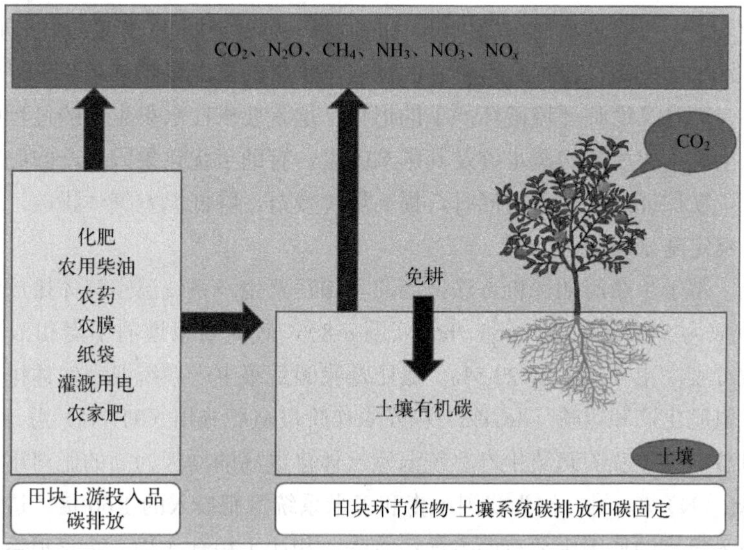

图 6-7　果树生产碳足迹模式图

根据陈晓辉等对我国果园生产的碳足迹排放的评估，发现自 2001 年以来，温室气体排放量呈先增长后降低的趋势，2012 年单位面积碳排放量相较于 2001 年约增长了 2.19 倍，原因一方面归咎于投入品量的增加，尤其是肥料和农药的使用量增加，这大大增加了碳的排放；另一方面可能是我国种植结构的变化引起的，随着经济的发展，经济作物种植面积在我国迅速增加，其中包括果园的种植面积。另外，2018 年单位面积碳排放量相较于 2012 年下降了约 30.9%。同时，果园的肥料投入量也整体呈现先增长后降低的趋势，氮肥投入 2015 年较 2011 年约增长 58.9%，2018 年较 2015 年约下降 25.1%；磷肥投入量 2015 年较 2001 年约增长 49.8%，2018 年较 2015 年约下降 24.9%；钾肥投入量 2012 年较 2001 年约增长 1.22 倍，2018 年较 2012 年约下降 39.1%；有机肥（干农家肥）投入量 2015 年较 2001 年约增长 1.72 倍，2018 年较 2012 年约下降 46.0%。2001 ～ 2018 年，果园碳固存量也是呈现先增长后降低的趋势，果园的碳固存主要来源于果树根系和枝干的生长，果树的树龄越大，吸收固定的 CO_2 量越高，另外，有机肥用量越来越多，这也加速了土壤有机碳固存[43, 59]。农药、柴油、农膜和电力的投入呈现相同的趋势，2012 年投入量较 2001 年相比分别增长了约 22.2%、774%、693% 和 206%，2018 年较 2012 年分别降低了约 41.9%、31.5%、43.9% 和 1.18%。

不同的农资投入品所造成的碳排放具有明显的差异。随着时间的推移，各种投入品对果园碳排放的贡献率有明显的变化，2001 年氮肥在果园里的直接排放最多，约占果园所有碳排放的 26.8%，其次是有机肥的使用所造成的碳排放，约占总排放的 24%；2015 年有机肥的使用所造成的碳排放在总排放中所占的比率最高，约为 29.3%，其次是氮肥在果园中的直接排放，约为 24.3%；2018 年电力投入所造成的碳排放在总排放中的比率最高，约为 31.7%，其次是氮肥在农田中的直接排放和有机肥投入造成的排放，分别为 22.8% 和 21.9%。然而，氮肥的生产和运输所造成的碳排放在总碳排放中也占一定的比率，因此氮肥的生产和使用是造成果园中碳排放最高的因素。氮肥的合理使用能够为果园生产带来很大的产量提升，过量的投入也会造成较高的环境代价，目前我国的果园生产依旧存在这样的问题。

随着生活水平的提高，根据合理膳食的标准，水果的需求量越来越高，果园的种植面积仍在快速增长，而且又面临环境破坏严重的形势，这就要求在水果生产的过程中必须重视对环境的影响，明确水果生产的碳足迹及其影响因素，有助于优化果园生产的肥料管理，合理支配农资投入，在保证经济效益的同时，提高环境效益，降低温室气体排放，为实现“碳达峰、碳中和”奠定基础。

（2）蔬菜　基于生命周期评价方法，当前我国蔬菜生产系统温室气体排放量高，单位面积温室气体排放为 5435kg（CO_2 eq）/hm^2（图 6-8），较先前报道的小麦和玉米生产系统的温室气体排放分别高出 46.6% 和 22.5%。氮肥是我国蔬菜生产系统温室气体排放的主要贡献者，农资阶段氮肥生产和运输（46.4%）以及农作阶段氮肥施用（31.7%）总计贡献了 78.1% 的温室气体排放。导致我国蔬菜生产系统温室气体排放高的原因为高的肥料用量，尤其是氮肥用量［343kg（N）/hm^2］，约为我国小麦和玉米系统氮肥投入的 1.60 倍。造成我国蔬菜生产系统氮肥投入量高的原因主要有两方面：首先，相比于粮食作物，蔬菜根系较浅，养分吸收能力较弱，需要更多的氮肥来满足其氮需求；其次，我国的蔬菜生产者，特别是小农户

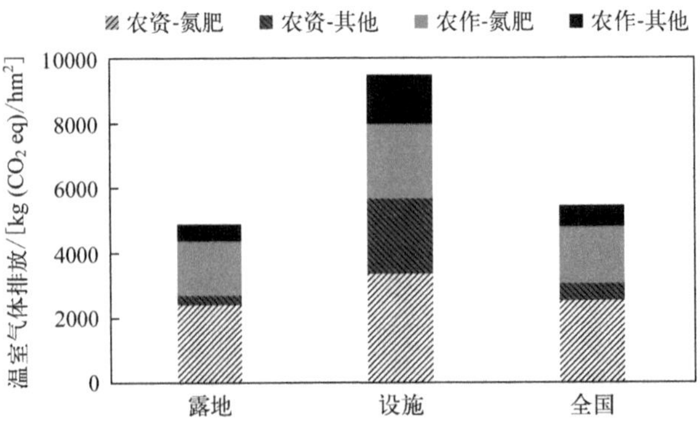

图 6-8　2018 年我国蔬菜生产单位面积温室气体排放

农资阶段包括氮肥和其他投入（磷肥、钾肥、农药、农膜和钢材）生产及运输过程产生的温室气体排放；农作阶段包括氮肥施用和其他投入（柴油、劳动力）产生的温室气体排放（下同）

们，倾向于过量施用氮肥，因为他们错误地认为这样做可以防止潜在的产量损失。前人的研究表明，基于蔬菜需求优化氮肥用量不仅不会降低蔬菜产量，而且能显著提高氮肥利用率，减少温室气体排放。He 等研究表明，基于根层养分调控管理优化氮肥用量能够在番茄种植过程中降低 69% 的氮肥用量，并在维持产量的同时减少 51% 的 N_2O 排放量。因此，为了减缓我国蔬菜生产过程中的温室气体排放，必须优化氮肥施用量。

我国露地和设施蔬菜生产中温室气体排放差异大。我国设施蔬菜生产中温室气体排放为 9500kg（CO_2 eq）/hm^2，较露地蔬菜生产高 94.4%。这主要是由于相比于露地蔬菜，设施蔬菜以生育期较长、需肥较多的茄果类蔬菜（番茄、黄瓜和茄子等）为主，因此需要较多的养分和劳动力投入。设施蔬菜生产中，农资阶段氮肥生产和运输以及农作阶段氮肥施用总计引起的温室气体排放较露地蔬菜高 40.0%。设施蔬菜养分投入较高，氮肥、磷肥和钾肥总用量分别为 481kg（N）/hm^2、333kg（P_2O_5）/hm^2 和 326kg（K_2O）/hm^2，分别比露地蔬菜系统高 48.1%、61.1% 和 65.1%；另外，设施蔬菜需要更多的材料（钢材和农膜）投入。例如，设施蔬菜生产中，农资阶段其他材料投入对温室气体排放的贡献率比露地蔬菜高 18.2%（图 6-8）。因此，需要更多地关注设施蔬菜生产中的温室气体排放。我国蔬菜生产系统温室气体总排放量为 108Mt CO_2 eq，占我国整个农业系统温室气体排放总量的 15.6%。由于露地蔬菜种植面积较大，其对温室气体总排放量贡献较大，贡献了 81%。

我国蔬菜生产碳足迹为 97.0kg（CO_2 eq）/t（图 6-9），高于世界蔬菜生产平均碳足迹［60.0kg（CO_2 eq）/t］，这主要是由于我国蔬菜生产氮肥投入较高；但是低于我国小麦［671kg（CO_2 eq）/t］和玉米［621kg（CO_2 eq）/t］生产的碳足迹，这主要是因为蔬菜产量（55.3t/hm^2）远高于小麦（5.7t/hm^2）和玉米（7.6t/hm^2）。另外，我国露地蔬菜和设施蔬菜碳足迹差异大。我国露地蔬菜和设施蔬菜的碳足迹分别为 94.6kg（CO_2 eq）/t 和 115kg（CO_2 eq）/t，我国设施蔬菜碳足迹较露地蔬菜高 21.7%。这主要是由于碳足迹由温室气体排放和产量决定，虽然设施蔬菜产量高于露地蔬菜，但是其温室气体排放更高。

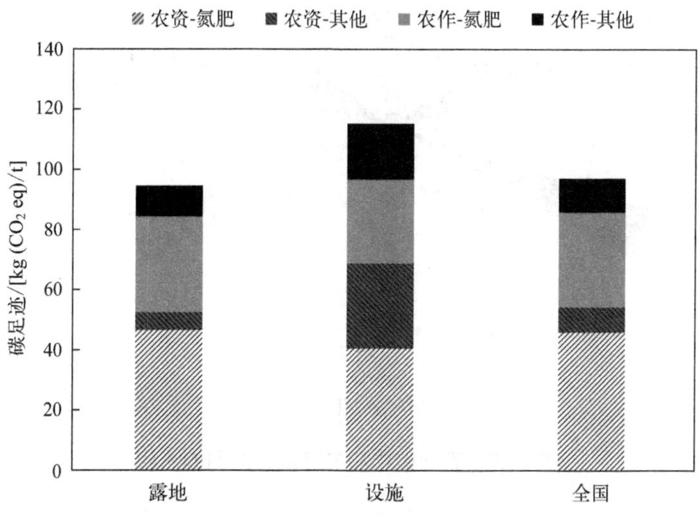

图 6-9　2018 年我国蔬菜生产碳足迹

6.2.4 碳中和

气候变化是人类面临的全球性问题，已对地球生态系统构成严重威胁。我国是世界上最大的碳排放国，年排放量占全球的27%。为有效应对全球气候变化，体现大国担当，推动构建公平公正与合作共赢的全球气候治理体系，我国提出2030年前碳达峰、2060年前碳中和的目标。与欧美发达国家普遍将碳达峰至碳中和的窗口期预设为45年至70年相比，我国窗口期仅预留了30年。我国碳排放通量大、碳中和窗口期短，碳中和目标任务艰巨。

然而碳中和的讨论大多围绕能源及工业领域展开，特别是在如何取代电能及煤炭能源方面，而对农业的探索往往被忽视。实际上，农业碳中和对全面实现碳中和具有重大的意义。首先，农业系统是主要的碳排放源之一，农业-食物系统总排放可达14亿吨二氧化碳当量，占全国排放总量的11%左右。其次，农业土壤还是重要的土壤碳汇。Lu等研究表明，通过农田秸秆管理我国能够实现每年平均增加34.4Tg（C）的固碳潜力。因此，准确定量农业碳排放及碳固定，评估优化田间管理技术减排固碳潜力，指导制定合理的田间管理技术组合，对于国家制定农业战略，全面实现碳中和至关重要。然而对于我国而言，目前农业碳中和面临的关键问题与挑战主要包括以下三点。

① 我国农业碳中和需以保障国家粮食安全为前提　我国人多地少、资源紧缺，粮食安全一直是重中之重。2020年我国产粮6.7亿吨，达到历史新高，但粮食安全的紧张局势依然没有在根本上扭转，2019年粮食进口量仍高达1.4亿吨。在实现粮食持续稳定增产、保障国家粮食安全的前提下实现农业固碳减排是我国农业农村当前及今后相当长时期的重大任务，对我国农业碳达峰、碳中和提出了更高的要求与挑战（图6-10）。这种挑战是西方发达国家所没有的，必须依靠国内的自主科技创新实现。

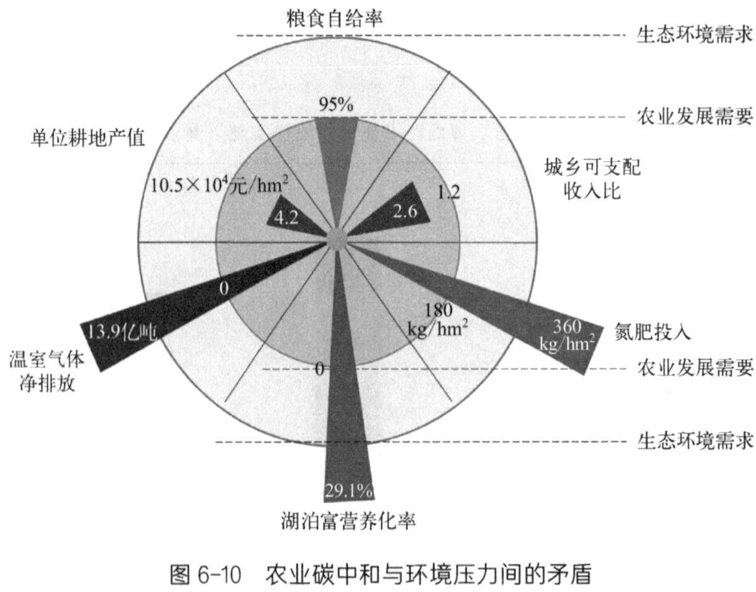

图6-10　农业碳中和与环境压力间的矛盾

② 农业系统固碳潜力大，碳排放出口多，碳中和路径不清　农业是一个复杂的系统

工程，涉及种植、养殖等多个系统，覆盖播种、灌溉、施肥、收获等多个环节，不同系统单元内以及环节之间都存在复杂的互作效应，均涉及资源的利用与碳排放（图6-11）。比如稻米是我国重要的主食之一，但稻田种植排放的大量甲烷气体占农业温室气体排放的20%～23%。如动物粪便管理温室气体排放占了农业温室气体排放总量的17%。据测算，在确保粮食产量不减的前提下，农业约有35%的碳减排能力。目前传统的单项研究过于强调单个因子或单一过程，忽视了农业全产业链的交叉与耦合，无法统筹协调农业碳减排的各个环节和多个目标，也无法找到全链条关键"卡脖子"的过程，更难以发挥系统界面的互作效应和协同增效作用。目前，农业各环节减排和增汇的潜力尚不清楚，亟须厘清实现农业碳中和路径。

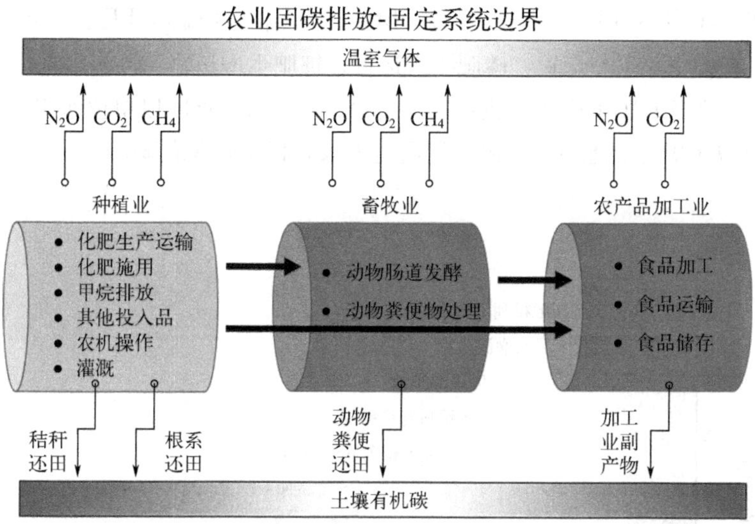

图6-11 农业碳中和系统边界

③ 农业碳中和迫切需要核心技术支撑及系统解决方案　农业固碳减排是实现碳中和的核心，但目前固碳减排技术的创新研究和应用还不够充分，技术潜力尚未得到有效发挥（图6-12）。a. 现有农业管理技术条件下土壤固碳效率低。我国耕地有机碳普遍贫乏，其平均含量低于世界平均值30%以上，低于欧洲50%以上。增碳保碳技术亟须创新。b. 农业生产碳排放量高。例如，我国农业氧化亚氮排放占农业温室气体排放的36%，其增加速率是同期美国和印度的28倍和5倍，单位农产品的氧化亚氮排放量分别是美国和印度的4.6倍和2.1倍，需要创新绿色投入品。因此，亟须以农业绿色低碳技术为核心，以减排固碳重大行动为抓手，创新绿色低碳科技，最大化农业碳达峰、碳中和潜力。

农业碳平衡即农业生产相关直接和间接碳排放与土壤碳固定的差值，即：

$$C_{balance}=GHG_f+GHG_{us}-C_{Seq}$$

农田系统碳排放包括农业生产资料投入上游碳排放和田间碳排放两部分。其中，农业生产资料投入上游碳排放是指农业生产资料生产及运输过程中因煤、石油、天然气及电能等的投入而产生的碳排放；田间碳排放是指由于生产资料的投入与土壤作用及土壤自身作用产生的直接或间接的温室效应，包括 N_2O 排放、甲烷排放及直接的 CO_2 排放。计算公式如下：

$$GHG_f = N_2O_{emission} \times 298 \times + CH_4 \times 25 + GHG_{SB} + CO_{2mac}$$

式中，GHG_f 为田间碳排放；$N_2O_{emission}$ 为氧化亚氮排放；CH_4 为甲烷排放；GHG_{SB} 为秸秆燃烧温室气体排放；CO_{2mac} 为农机直接的二氧化碳排放；298 和 25 为 N_2O 和 CH_4 对 CO_2 的转化系数。

$$GHG_{us} = N_{input} \times EF_N + N_{manure} \times EF_{N\text{-}M} + P_{input} \times EF_P + K_{input} \times EF_K + \text{Irr.-elec.} \times EF_{elec.} + CH_4 \times EF_{CH_4} + \text{Pest}_{input} \times EF_{pest.} + \text{Fuel}_{input} \times EF_{fue.} + \text{Film}_{input} \times EF_{film}$$

式中，GHG_{us} 表示农业生产资料投入上游碳排放；N_{input}、N_{manure}、P_{input}、K_{input}、Irr.-elec.、CH_4、Pest_{input}、Fuel_{input}、Film_{input} 分别为生产端化肥氮投入、有机肥氮投入、磷肥投入、钾肥投入、灌溉用电投入、甲烷产生量、农药（杀虫剂和除草剂）投入、能量（柴油、汽油）投入、农膜投入；EF_N、$EF_{N\text{-}M}$、EF_P、EF_K、$EF_{elec.}$、EF_{CH_4}、$EF_{pest.}$、$EF_{fue.}$、EF_{film} 分别为化肥氮生产运输、有机肥氮生产运输、磷肥生产运输、钾肥生产运输、灌溉用电、甲烷排放、农药生产、能源生产及农膜生产碳排放系数。其中，氮、磷、钾肥以单位面积投入纯氮、P_2O_5 和 K_2O 计；灌溉考虑深层地下水灌溉、浅层地下水灌溉及河水灌溉。

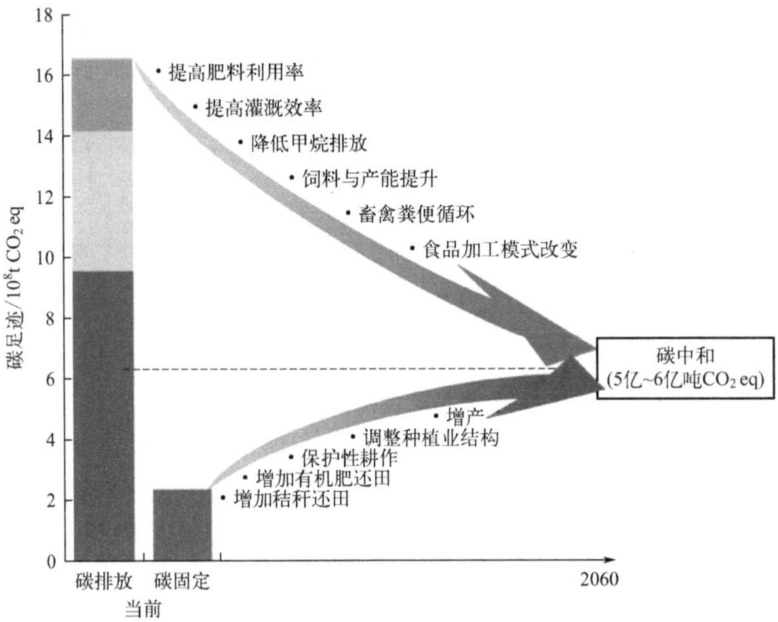

图 6-12　农业碳中和技术潜力

农田系统碳固定主要包括秸秆还田碳固定、有机肥还田碳固定、根系残留碳固定、免耕碳固定等。

$$C_{Seq} = C_{straw} + C_{root} + C_{manure} + C_{notill}$$

式中，C_{Seq} 为土壤固碳量；C_{straw}、C_{root}、C_{manure}、C_{notill} 分别为秸秆、根系、有机肥和免耕的土壤固碳量。

6.3 LCA评价

6.3.1 影响因子

6.3.1.1 种植业

生命周期评价方法自建立以来，在国内外发展迅速。从研究领域来看，大部分研究集中在工业生产领域。相比之下，农业领域生命周期评价的研究和应用都起步较晚。20 世纪 90 年代，第一届农业生命周期评价的学术研讨会召开，标志着生命周期评价方法开始进入农业领域，并在随后的数年间得到了一定程度的发展。与工业领域相比，农业 LCA 存在以下特点：相较于工业产品，农业产品受产地的影响更大，因此必须考虑区域化的生命周期清单和评价模型；农业系统边界定义更为模糊，如农业种植对土壤质量的影响是否包含在系统边界内，肥料使用带来的多年的效应如何界定，这些都需要设定假设；农业系统在不同产品影响分配上更为模糊，特别是对间作作物水和肥的分配问题；农业生产大量占用土地，对土地占用带来的环境影响需要重点考虑。目前，研究者对农业 LCA 方法的运用并不一致，但研究越来越完善和规范，欧洲等发达国家和地区处于农业 LCA 方法论研究的领先地位。

（1）分区域生命周期评价　从研究区域来看，欧美地区是农业 LCA 研究的热点区域，也是开展农业LCA研究最多的区域。其中最早对农业LCA进行研究的国家或地区包括美国、加拿大、西欧和北欧等，意大利、西班牙、澳大利亚、巴西、日本等国随后对农业 LCA 开展了大量的研究，而后中国、伊朗、南非、葡萄牙等国家和地区对农业 LCA 开展了大量的研究。

在国际上，荷兰等一些欧洲国家的研究机构如农业环境中心、农业经济研究所等早在 1996 年就已经开始了 LCA 在农业生产领域的研究工作，丹麦、瑞典等北欧国家也于 21 世纪初对农业 LCA 进行了大量的探索，如农产品种植、食物消费等。日本是较早开展农业 LCA 研究的国家之一。1998 年，日本政府在国际上率先组织农林水产省所属的有关研究机构、农业企业及大学开始了面向可持续农业 LCA 的系统研究，研究成果代表当时国家研究机构的较高水平，目前已经较为成熟地将农业 LCA 方法应用到种植方式、耕作制度等的环境影响评估或对比研究中。Brentmp 等借鉴工业领域 LCA 的研究，建立了农作物生产的生命周期评价框架，并以冬小麦为例进行实证研究，探讨不同氮肥投入在小麦生命周期内对环境的影响。Ingwersen 等对哥斯达黎加凤梨从种植到销售的全生命周期过程进行了评价，结果表明，一吨凤梨从生产到销售的全过程所引发的能源消耗、碳排放都高于苹果、橙子等常见水果。

与国外农业领域生命周期评价研究相比，国内研究从近些年才初步展开，而且研究较为缓慢。Wang 等采用农业 LCA 研究了我国华北平原冬小麦-夏玉米生产系统的环境影响，将生产 1t 粮食作为功能单位，系统边界界定为原料获取与运输、农化生产与运输、农业耕作 3 个环节，终点环境影响包括能源消耗、气候变化、酸化、水体富营养化、人类毒性、水体和陆地生态毒性，较为系统地识别了冬小麦-夏玉米生产系统的主要环境问题，并运用农业 LCA 的研究方法在水稻、红薯、甜高粱种植及后续利用方面进行了系列研究。我国也有相关学者开展了小麦-玉米轮作系统生命周期评价研究。另外，还有学者研究了我国橡胶种植、有机与常规大豆种植、有机与常规苹果种植的生命周期影响。此外，Yu 和 Tao 对中国生物乙醇生产全生命周期的能量效率进行了分析，发现东北玉米源生物乙醇的能效分别高于中部小麦源和西南部木薯源乙醇。梁龙等同样应用生命周期评价方法分析了该地区小麦生产过程，结果表明我国小麦生产能耗较高，水土资源的压力较大，富营养化、水体毒性、环境酸化和土壤毒素是主要的潜在环境影响。刘黎娜等对北方户用型沼气系统开展了生命周期评价，结果表明沼气系统通过替代燃煤可减排污染物总量约 20%。朱金陵等评价了玉米秸秆成型燃料生产全生命周期能耗和环境排放，结果表明，压缩成型过程能耗最大，秸秆固定的二氧化碳量占生命周期二氧化碳总排放量的 96.6%，有较大程度的温室气体减排作用。

（2）分边界和分对象生命周期评价　分边界和分对象分属 LCA 研究的两个维度，属于正交关系。从研究系统边界上来看，农业 LCA 研究可分为对农产品生产、农产品加工、农产品消费及废弃处置等的研究，其中对农产品生产的研究是目前研究的重点。从研究对象上来看，农业 LCA 的研究重点为粮食、蔬菜、水果等农产品。

对农产品生产的评价，包括如小麦、水稻、玉米等粮食作物，大麦、番茄、苹果等经济作物。对农产品生产的评价，一个研究重点为探讨有机种植和普通种植之间环境影响的区别。通常来讲，如果以单位种植面积作为功能单位，有机种植的环境影响更小；如果以单位农产品产量作为功能单位，普通种植的环境影响更小。对土豆种植的案例研究表明，有机种植和普通种植在能源投入上影响类似，普通种植的能源投入更多地体现在农药、化肥的生产上，而有机种植的能源投入更多地体现在机械生产和机械使用上，同时有机种植需要更多的耕地。对小麦种植的 LCA 案例研究表明，经济效益和环境效益的共赢并不矛盾，氮素的少量或过量使用是导致资源效率低下的主要原因，氮素少量使用使得土地利用的量增多，而氮素的过量使用导致富营养化影响的增大。但目前的评价方式不能全面反映真实的环境影响，造成这种差别的主要原因为环境影响种类不全面，不能完全反映环境影响；造成环境影响最关键的因素为氮排放的计算，氮排放数据往往来自基于普通种植方式的模型计算，不能准确地反映有机种植方式实际的氮排放，而氮排放对酸化、富营养化等环境影响种类的影响更大。

除此之外，有关农产品生产的评价还体现在密集化种植、农药化肥施用、新技术使用、食物全产业链评估等方面。对密集化种植、一般化种植及有机种植的环境影响分析表明，无论功能单位定义为单位产品还是单位种植面积，密集化种植的环境影响都要高于一般化种植及有机种植。有关代表性蔬菜番茄种植的环境影响的评价在不同区域广泛开展，种植方式、作物种类、种植地点等都影响最终的环境影响评价结果。研究还对比了不同害虫控制方式的影响，结果表明农药的种类和施药期是环境影响的重要影响因素。

农产品加工，如制作面包、番茄酱、啤酒等，其评价类似于工业产品的评价，通常将生产一定质量的产品作为功能单位，进行定量化评价并鉴别最主要的环境影响种类和影响因素。该类产品融合了农业种植和工业加工，不同环境影响种类的最主要的影响因素可能来自农业种植阶段或工业加工阶段，研究发现工厂规模化生产的环境影响远小于家庭作坊生产的环境影响。

通过分析来自不同国别的研究文献，可以看出各个国家都已认识到农业LCA方法论体系在建立可靠的农产品环境标准方面的应用前景以及对国际农产品贸易的重要性。我国关于农业LCA的研究起步较晚，研究相对较少，而且集中于对农产品生产本身的评价。面对我国农业系统存在的突出环境问题，以及提升我国农产品在国际贸易中地位的迫切需求，基于生命周期评价的农业系统环境效应研究框架以及评价体系的建立显得尤为重要，亟须建立并完善基于我国农业特征的LCA方法论体系。从研究系统边界来看，研究边界从“摇篮到大门”向“摇篮到坟墓”扩展，从全产业链的角度考察农业产品的全生命周期环境影响对可持续食物消费具有重要意义。

6.3.1.2 养殖业

随着人们对肉、蛋、奶等产品的需求量不断提高，养殖业迅速发展，逐步转化为规模化、集约化的商品养殖场，给人们生活带来便利的同时，却给生态环境带来沉重的负担。因此，养殖场废弃物无害化处理及资源化利用是生态环境保护与畜牧业可持续发展的需要。2000年，Ogink等在美国Iowa首府得梅因（Des Moines）召开的第一次国际猪舍建设研讨会上提出了一种创新的养猪生产系统。这种系统包括利用本地生产的有机废物作为动物饲料原料，在动物生产过程中重点关注动物健康和动物福利，以及直接利用尿液和粪便生产有机肥料的整个生产链。在论文中他们首次提出采用LCA方法对猪舍建筑材料、矿质元素、气体排放以及能量和水的输入等进行系统可持续性分析。日本在农业LCA的研究方面也是启动较早的国家，几乎在同一时间，日本农林水产省启动了“面向21世纪的农村生态系统的建立技术开发”研究课题，其中专门设立了使用LCA方法对畜牧业生产进行环境负荷评价的子课题。从此以后，世界各国的研究者开始了LCA在畜牧生产系统中应用的探索和研究。

在LCA分析中，参数使用、模型的采用和场景的设定都会引入不确定性。Basset-Mens等在德国养猪生产系统的LCA分析案例中通过对系统内变异进行简单量化获得了比较可靠的LCA结果——1%。系统内不确定性的量化主要考虑技术性能（作物产量、饲料效率）、释放因子（NH_3、N_2O和NO）和功能单元（FU）三个方面的变异性。系统间的变异性要区分不同的生产模式，研究证明改进分析模型（尤其是污染排放数据转化为地区影响的模型）和主要参数的估计方法可以降低不确定性。由于环境条件的变化和野外NO释放的知识缺乏，释放因子的估计成为最主要的不确定性来源，而另一个来源是地区影响模型的使用。应当采用适当的确定性模拟模型预测给定系统的污染排放，并引入概率分布使得随机模型能够得以应用。对富营养化的模拟证明在影响评估模型中应当综合污染物最终命运且突出显示对现有影响评估模型改进的重要作用。

（1）不同畜种的生命周期评价

① 牛奶生产系统 A.Hospido等选择了牛奶产量占西班牙总牛奶产量26.38%，而且在西班牙具有代表性的奶牛生产地区——加利西亚，用生命周期评价方法研究了加利西亚地区牛奶生产过程中的污染物排放情况。M.A.Thomassen等用生命周期评价方法对荷兰奶牛场进行了评价，主要对生命周期评价的各个阶段的细节进行了详细阐述。荷兰以常规的奶牛养殖场为主，占荷兰奶牛场总利润的75%，文章在奶牛生产中化肥和杀虫剂使用、能量消耗、农作物种植、动物生产、粪便处理五个阶段以及在这五个阶段中各自所涉及的生产和运输两

个方面进行了分析，选用 1kg FPCM（脂肪-蛋白质校正奶）作为功能单位。然后对污染物的影响包括土地占用（land use）、能源消耗（energy use）、气候变化（climatic change）、富营养化、环境酸化进行了清单分析。又对这五个方面的影响进行 PLS 分析和最小二乘法计算，将影响的数据和经济效益进行挂钩，对每公顷牛奶产量、农场规模和每 100 千克全价料使用之间的环境和经济的关系进行了分析。最后得出，提高一个农场的经济效益和环境效益，首先应当提高每头牛的产奶量，其次应当提高农场工人的劳动效率。虽然提高奶牛饲养密度也有利于降低单位牛奶的环境污染，提高农场经济收入，但是不利于保障动物福利。

M.G.Hayo 等对法国西部奶牛生产的资源利用和环境影响进行了生命周期评价。文中提出了一种基于 LCA 方法进而改进的环境评价方法——EDEN-E 法，这种方法的特点是不需要对整个奶牛生产进行生命周期评价，只需要截取出其中需要分析评价的阶段进行讨论，不但仅仅需要少量的数据，而且不需要进行复杂的计算就能够得出相应的结果。

é.GCastanheira 等对一个典型的葡萄牙奶牛场牛奶生产的环境影响进行了生命周期评价，研究的主要对象为：奶牛场，玉米青贮，黑麦草青贮，秸秆，浓缩饲料，柴油和电力。结果表明：在牛奶生产的整个生命周期中，浓缩饲料的生产是空气和水污染的主要来源，此外还有燃料燃烧产生的氮氧化物、氨、甲烷（粪便管理和肠道发酵）等污染物的产生。除此以外，粪便管理、肠道发酵和柴油燃烧对全球变暖做出的贡献也很大。每生产 1t 牛奶，引起的富营养化潜力为 7.1kg（PO_4^{3-} eq）；全球变暖潜力为 1021.3kg（CO_2 eq）；酸化潜力为 20.4kg（SO_2 eq）；光化学臭氧合成潜力为 0.2kg（C_2H_2 eq）。为减小牛奶生产带来的环境影响，提出：在玉米和黑麦草的生产中，粪便作为有机肥施入土壤之前要进行粪便回收处理；提高肥料养分的利用效率；喂养饲料作物应多样化。

秦凤贤在 2006 年针对畜产品——牛奶生产对环境造成的影响进行生命周期评价，这是国内最早的和畜牧相关的生命周期评价。牛奶生产的生命周期评价被分为生产和包装两个子系统进行研究，按照通常的生命周期评价中的四个基本步骤（目标与范围的定义、生命周期清单分析、生命周期影响评价及改善评价）来进行，结果表明：牛奶生产对环境潜在的影响最大的环境影响类型是富营养化，最小的是环境酸化。依据结果提出进行技术改造和合理配备设备的建议，并建议企业实现工厂人性化设计理念，尽量减少噪声污染对环境的影响。

马宗虎等在 2010 年采用 LCA 针对规模化肉牛育肥场温室气体排放情况列出了详细的排放清单。评价的系统边界不但包括肉牛生产系统、粪便管理系统，还包括与之相关的作物种植系统、肥料生产系统、灌排系统等，功能单位定义为育肥期间每千克活重的增长。结果表明，存栏 1000 头的规模化肉牛育肥场温室气体总排放为 3810.24t（CO_2 eq）。可细分为 N_2O 887.67t（CO_2 eq），CO_2 1186.79t（CO_2 eq），CH_4 1735.78t（CO_2 eq），相当于育肥期间每千克活增重的排放强度为 10.16kg（CO_2 eq）。若用有机肥代替化肥，可以减少约 33% 化肥生产引起的温室气体排放。

孙亚男等在 2010 年以河北省一规模化奶牛场为例，利用 IPCC 排放系数法及相关文献，量化了此奶牛场运转过程中排放出的温室气体的量。研究表明：如果使用规模化的运行管理方式和粪便处理系统，则存栏 2300 头的奶牛场温室气体的年排放量是 11333.2t（CO_2 eq），即一头存栏奶牛的温室气体年排放量是 4.9t（CO_2 eq），同时提出了如何减少温室气体的排放量：减少动物肠道发酵甲烷排放；减少土地利用过程中的氧化亚氮排放；减少粪便贮存甲烷排放。

张颖等在2010年采用LCA针对某规模化养牛场对畜禽粪便两种不同处理方式（厌氧发酵和好氧堆肥）进行污染物的排放清单分析，并进行了整个粪便处理方式生命周期的环境影响评价，通过环境影响的结果比较两种粪便处理方式的优劣。此研究以处理1t牛粪作为评价的功能单位。研究表明，全球变暖是畜禽粪便处理过程中对环境影响最大的环境影响类型，环境酸化和富营养化次之。其中，厌氧发酵处理方式的环境酸化和富营养化潜力小于好氧堆肥处理方式，而在全球变暖潜力方面，好氧堆肥工艺小于厌氧发酵工艺。综合对比，厌氧发酵工艺比好氧堆肥工艺的环境影响小，厌氧发酵最终的环境影响指数是0.0112，好氧堆肥最终的环境影响指数是0.0243，所以处理畜禽粪便该养殖场优先考虑厌氧发酵工艺。

② 肉鸡生产系统　2008年，N.Pelletier运用了符合ISO标准的生命周期评估方法研究了美国肉鸡供应链的物质与能量的输入和排放物输出导致的环境影响。通过研究发现，在整个肉鸡生产供应链中，饲料供应阶段占整个阶段能源消耗的80%，饲料供应分别占温室气体排放量、臭氧消耗物质排放量、酸化物质排放量、富营养化物质排放量的82%、98%、96%和97%。鸡场的能源输入和排放与供暖和通风有关，但它只占总影响的9%。所以，为了使美国家禽业的可持续发展得到进一步改善，一定要加强供应链每一部分的环境管理。

③ 生猪养殖系统　白林等在2010年将情景分析法和生命周期方法相结合，对四川丘区3种典型的养猪生产情景进行了生命周期污染物排放和资源消耗分析。本研究中功能单元（FU）定义为“1kg猪胴体”，分析了猪肉生产过程（原料生产、运输和养猪生产过程）中主要阶段的环境影响。结果表明：散养模式（情景A）的气候变暖潜势最大［4.8128kg（CO_2 eqv）/FU］，适度规模养猪（情景B）土地占用量最多（12.13m^2/FU），不可更新能源消耗最大（18.2MJ/FU），富营养化［1.81695kg（O_2 eqv）/FU］和酸化效应［0.0643665kg（SO_2 eqv）/FU］最严重，而集约化养猪（情景C）水资源消耗（1942.69kg/FU）最大。

（2）饲料生产、运输及粪污处理的生命周期评价

① 饲料生产和运输　Werf等分析了法国布列塔尼猪浓缩饲料生产的环境影响，得出了以小麦、玉米和副产物等不同作物类饲料原料为基础的饲料生产中富营养化潜势［3.8～9.3g（PO_4^{3-} eq)］、全球变暖潜势［472～792g（CO_2 eq)］、土壤酸化潜势［3.0～6.3g（SO_2 eq)］、陆地生态毒性潜势［0.4～8.7g（1,4-二氯苯eq)］、能量消耗（3.3～6.1MJ）和土地占用（1.44～2.07m^2/a）等方面的影响范围和差异。这些环境影响主要是在饲料原料生产这一阶段产生的。对于全球变暖、环境酸化和能量消耗，运输阶段产生的影响是很大的。最后提出一些建议，降低饲料生产和运输中的环境影响的方法主要有：使作物饲料原料生产过程的施肥成分得到优化；尽可能用更多当地生产的饲料原料，减少运输过程产生的污染量；降低饲料中Cu与Zn的浓度；能量饲料尽量用小麦，而不是用玉米。Kaku等（2005）对日本两种浓缩饲料生产的环境影响的比较也得出了相似的结论，发现从美国进口饲料玉米是饲料生产生命周期中对环境影响最大的环节，原因是运输过程消耗大量化石燃料并显著增加了温室气体排放。研究者提出利用日本27.8万公顷的休耕地种植大麦以供应浓缩饲料生产的系统减少了玉米进口，从而降低了环境负荷：在富营养化潜势方面减少了54t（PO_4^{3-} eq），全球变暖潜势方面减少了78462t（CO_2 eq），土壤酸化潜势方面减少了347t（SO_2 eq），能量消耗为84.2公顷×10^4GJ，低于2000年水平。

Simon Lehuger 等用 LCA 评估了法国牛奶生产体系中的奶牛饲料生产和运输过程产生的环境影响，比较当地生产的菜籽粕和进口的豆饼的环境影响大小。第一种饲料为本地生产的菜籽粕，第二种饲料为巴西生产的豆粕。影响类别分为九种，包括全球变暖、环境酸化、生态毒性、土地利用和富营养化等。和运输过程相比，作物生产过程对全球变暖、生态毒性、环境酸化、富营养化和土地利用的贡献更大，豆粕的运输只产生很小的影响，菜籽粕在上述五种影响类别上比豆粕产生的环境影响大。综合起来比较，豆粕比菜籽粕更有利于环境友好。

② 粪污处理阶段　目前，粪便处理技术多样。M. Ten Hoeve 等利用生命周期评价的方法评估了猪粪室内深坑存储、室外存储和还田过程的环境影响，并且考虑了酸化处理对系统环境影响的改变。该研究者也讨论了室内深坑存储技术、室外分离技术和还田过程，同时考虑了不同分离技术对环境的影响。L.Hamelin 等研究的系统边界主要包含猪粪深坑存储技术、分离技术、厌氧发酵技术、热电联产技术及还田过程，并且在此基础上比较了三种分离技术对结果的影响。C.Shaoqing 等利用生命周期评价的方法重点评估了厌氧发酵技术的环境影响。其研究的系统边界包含发酵原料供给过程、厌氧发酵过程及生物能源利用过程，但并没有考虑粪便的室内存储过程。J.W.De Vries 等在系统边界确定的过程中考虑了猪粪室内分离技术、室外存储技术、运输和粪便施用技术。M.Ten Hoeve 等的研究包含了室内深坑存储技术、室外分离技术和还田过程，同时考虑了不同分离技术对环境的影响。T.Prapaspongsa 等设置了 12 种猪粪处理情景（其中包含 4 种施肥技术），利用生命周期评价的方法评估了不同施肥技术对猪粪处理系统的环境影响。

综上所述，LCA 在畜牧业中的应用虽然起步很晚，在方法学上也还没有完全成熟，然而利用 LCA 方法的全生命周期概念，进行定量或半定量的畜牧业生产系统环境影响评估，可以得出很多有价值的结论：例如不同的生产系统的比较和不同的饲料生产方式的比较都可以达到使生产过程的环境影响透明化的目的，也可以为生产过程的污染排放关键环节的确定（如 HACCP 实施）提供依据。

6.3.2　计算方法

生命周期评价是一种评价产品、工艺过程或活动从原材料的采集和加工到生产、运输、销售、使用、回收、养护、循环利用和最终处理整个生命周期系统有关的环境负荷的过程，被誉为 21 世纪最有效的环境管理工具之一。生命周期评价（LCA）作为一种环境管理工具，不仅能对当前的环境冲突进行有效的定量分析和评价，而且能对产品及其“从摇篮到坟墓”的全过程所涉及的环境问题进行评价，因而是面向产品环境管理的重要支持工具。ISO 14040 对 LCA 的定义是：汇总和评价一个产品、过程或服务体系在其整个生命周期的所有产出及对环境造成的和潜在的影响方法。LCA 的思想萌芽最早出现于 20 世纪 60 年代末到 70 年代初。经过 30 多年的发展，目前已纳入 ISO 14000 环境管理系列标准，成为国际上环境管理和产品设计的一个重要支持工具。国际环境毒理学与化学学会（SETAC）提出的 LCA 方法论框架，将生命周期评价的基本结构归纳为四个有机联系部分：定义目标与确定范围；清单分析；影响评价；改善评价。ISO 14040 将生命周期评价分为互相联系的、不断重复进行的四个步骤：目的与范围确定、清单分析、影响评价和结果解释。ISO 组织对 SETAC 框架的一个重要改进就是去掉了改善分析阶段。同时，增加了生命周期解释环节，对前三个互相联系的步骤进行解释。而这种解释是双向的，需要不断调整。另外，整体框架如图 6-13 所示。ISO 14040 框架更细化了 LCA 的步骤，更有利于开展生命周期评价的研究与应用。

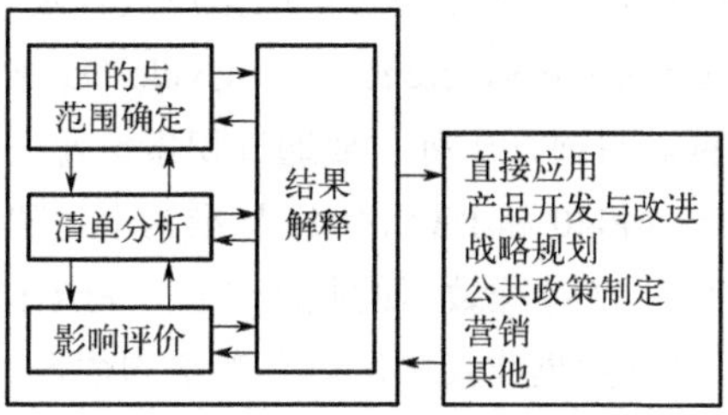

图 6-13 ISO 14040 生命周期评价框架

（1）目的与范围确定 生命周期评价的第一步是确定研究目的与界定研究范围。研究目的应包括一个明确的关于 LCA 的原因说明及未来后果的应用。目的应清楚表明，根据研究结果将做出什么决定、需要哪些信息、研究的详细程度及动机。研究范围定义了所研究的产品系统、边界、数据要求、假设及限制条件等。为了保证研究的广度和深度满足预定目标，范围应该被详细定义。由于 LCA 是一个反复的过程，在数据和信息的收集过程中，可能修正预先界定的范围来满足研究的目标。在某些情况下，也可能修正研究目标本身。

目的和范围的确定具体来说，应先确定产品系统和系统边界，包括了解产品的生产工艺，确定所要研究的系统边界。针对生产工艺各个部分收集所要研究的数据，其中收集的数据要有代表性、准确性、完整性。在确定研究范围时，要同时确定产品的功能单位，在清单分析中将收集的所有数据都要换算成功能单位，以便对产品系统的输入和输出进行标准化。

（2）清单分析 清单分析是 LCA 基本数据的一种表达，是进行生命周期影响评价的基础。清单分析是对产品、工艺或活动在其整个生命周期阶段的资源、能源消耗和向环境的排放（包括废气、废水、固体废物及其他环境释放物）进行数据量化分析。清单分析的核心是建立以产品功能单位表达的产品系统的输入和输出（即建立清单）。通常系统输入的是原材料和能源，输出的是产品和向空气、水体以及土壤等排放的废弃物（如废气、废水、废渣、噪声等）。清单分析的步骤包括数据收集的准备、数据收集、计算程序、清单分析中的分配方法以及清单分析结果等。

清单分析可以对所研究产品系统的每一个过程单元的输入和输出进行详细清查，为诊断工艺流程物流、能流和废物流提供详细的数据支持。同时，清单分析也是影响评价阶段的基础。在获得初始的数据之后就需要进行敏感性分析，从而确定系统边界是否合适。清单分析的方法论已在世界范围内进行了大量的研究和讨论。美国环保署（EPA）制定了详细的有关操作指南，因此相对于其他组成来说，清单分析是目前 LCA 组成部分中发展最完善的一部分。因此，生命周期评价中的清单分析与应用都十分依赖于数据库的支持，在第一、第二届中国生命周期管理会议的调查中，“数据库缺失”被认为是阻碍中国广泛开展 LCA 研究与应用的首要问题。

LCA 数据库主要由各种生产过程的清单数据和相应产品的生命周期清单数据构成。生产过程清单数据是在一个生产过程中单位数量产品所消耗的资源、原材料和能源等投入及造成的环境排放数据。通过追溯这些原材料的上游生产过程直至资源开采阶段，可以得到这个产品从资源开采到产品出厂相应的生命周期清单数据。例如，目前在国际上广泛使用的瑞士 Ecoinvent 数据库，该数据库同时提供了单位产品生产过程及其对应的生命周期清单数据；欧盟生命周期参考数据库（European Reference Life Cycle Database，ELCD）中同样提供了产品生产的生命周期清单数据。目前，国外主要通过积累单元生产过程和生命周期清单数据的方式建立 LCA 数据库。ISO 14040 和 ISO 14044 标准为上述建模和计算工作规定了各项原则与要求，也简要描述了单元生产过程数据的收集情况。Frischknecht 等人较详细地介绍了 Ecoinvent 数据库在单元生产过程数据收集中用以获得平均数据而采用的市场份额加权方法、在生命周期建模计算中采用的分配方法以及数据质量分析等方法。

中国 LCA 数据库当前仍处于起步阶段，还有一些更基本的方法问题需要解决。例如，与 LCA 数据库在中国的应用目标相关，如何选择数据库所针对的环境影响类型？数据库的建立需要很多研究者分工合作完成，需要从哪些方面保证数据库的一致性？面对成千上万的产品和生产过程，应该从哪里开始收集数据并逐步扩展？目前国内的数据库研究中对此类问题的讨论相对较少。四川大学王洪涛团队参考 LCA 数据库制定标准及国外数据库制定工作，并在考虑中国实际情况的基础上，总结提出建立中国 LCA 数据库的基本方法，并开展实际的数据收集、建模和计算工作，初步建立了包含基础工业系统的中国生命周期参考数据库（CLCD），以便为未来扩展为更完善的 CLCD 数据库以及综合生命周期评价提供方法和模型基础。

产品的生命周期是由若干上下游单元过程连接而成的。因此，单元过程是进行 LCA 数据收集的基本单元，也是构成 LCA 数据库的基本单元。以工业生产过程为例，单元过程清单数据的收集与审核可以划分为以下步骤。

① 单元过程定义　首先，选取单元过程的功能单位，对于生产过程而言，通常选取此单元过程的单位数量的产品；其次，从技术范围、系统边界、区域和时间等方面明确清单数据的代表性，即此单元过程及其清单数据应包含的工艺技术种类、工艺流程的起点与终点、样本数据代表的区域以及参考年份等；最后，在上述数据库清单物质名录范围内，根据典型工艺流程及技术资料，列出完整的资源、原材料、排放物质列表，以备下一步的数据收集，在列表中还可以记录各物质在工艺流程中产生的原因，以方便后续的数据审核与更新。

② 清单数据收集　对于国家 LCA 数据库而言，数据来源首选统计年鉴和行业报告等权威的出版物；其次，资源与原材料消耗数据可参考工艺技术资料（如配料表），环境排放数据可以采用物料平衡原理或排污系数进行计算，如果某些企业的工艺技术具有较好的代表性或较大的市场份额，也可采用个别企业的实测数据。此外，文献报告也是数据来源之一。为反映全国的平均水平，通常需要按照典型工艺类型和装置规模划分多个类别，分别收集清单数据后按照市场份额求得全国平均值。

③ 清单数据记录　为帮助数据库用户判断并选择合适的数据，必须准确、透明地描述清单数据收集的过程与结果。ISO 为此制定了数据文档格式 ISO 14048，常见的数据文档格

式还有 Ecospold 和 ILCD 格式。对于数据收集者而言，还需要完整记录原始数据及数据来源、计算过程、假设与近似等信息，以便后续的数据审核与更新。

④ 清单数据审核　清单数据收集结束后应进行内部或外部的独立审核，通常包括完整性检查（是否有数据遗漏）、准确性检查（例如采用不同数据来源或物质平衡验算等方式进行对比）、一致性检查（与整个数据库在统计口径、分配方法等方面是否一致）、数据文档检查（文档描述是否准确、透明）等。

（3）影响评价　影响评价阶段实质上是对清单分析阶段的数据进行定性或定量排序的一个过程。影响评价目前还处于概念化阶段，还没有一个达成共识的方法。ISO、SETAC 和英国 EPA（Environmental Protection Agency）都倾向于把影响评价定为一个“三步走”的模型，即影响分类（classify）、特征化（characterization）和量化（valuation）。分类是将从清单分析中得来的数据归到不同的环境影响类型中。影响类型通常包括资源耗竭、生态影响和人类健康三大类。特征化即按照影响类型建立清单数据模型。特征化是分析与定量中的一步。量化即加权，是确定不同环境影响类型的相对贡献大小或权重，以期得到总的环境影响水平的过程。

根据 SETAC 和 ISO 关于 LCA 的影响评价阶段的概念框架，中国科学院生态环境研究中心建立了一个影响评价模型框架。该框架的基本思想是，通过评估每一具体环境交换对已确定的环境影响类型的贡献强度来解释清单数据。模型包括以下步骤：计算环境交换的潜在影响值，数据标准化，环境影响加权，计算环境影响负荷和资源耗竭系数。

生命周期影响评价（LCIA）是 LCA 中难度最大、争议最多的部分。相关的国际标准 ISO 14042 尚处于制定阶段。影响评价是在清单分析的基础上，对各项消耗和排放造成的资源能源消耗、生态破坏、人体健康损害等的影响程度进行定量分析。目前尚不存在统一的标准在清单数据和具体的潜在环境影响之间建立一致、准确的联系。影响评价一般包括如下步骤：分类化（classification）、特征化（characterization）、标准化（normalization）、加权（weighting）。目前国际上采用的评价方法，基本上可以分为环境问题法和目标距离法两类。前者着眼于环境影响因子和影响机理，对各种环境干扰因素采用当量因子转换从而进行数据标准化和对比分析，如瑞典的 EPS 方法，荷兰的 CML 和 Eco indicator 方法，以及丹麦的 EDIP 方法等。后者则着眼于影响后果，用某种环境效应的当前水平与目标水平（标准或容量）之间的距离来表征某种环境效应的严重性，其代表方法是瑞士的临界体积法。目前国际上比较有代表性的方法有 25 种，但是这些方法所基于的环境影响效应不完全符合我国的环境状况。国内有学者建立了本地化的影响评价方法和相关指标因子，如杨建新等以 EDIP 模型方法为基础，通过对环境影响类型的分析和模型评价参数的确定，建立了中国环境影响和资源消耗评价的方法体系；Liu Yu 等建立了中国土地利用改变引起的净初级生产力（NPP）变化所造成的环境损害的生命周期环境影响评价模型，采用中国 NPP 的经验系数计算了土地占用和土地转化的特征化系数；侯萍等基于 CML 方法中的非生物资源消耗因子，通过引入中国的资源自给率修正，计算得出了中国非生物资源消耗（CADP）因子及其指标；侯萍等还提出了适用于组织和产品碳足迹的中国电力温室气体排放因子。

（4）结果解释　结果解释的目的是根据 LCA 前几个阶段的研究或清单分析的发现，以透明的方式来分析结果、形成结论、解释局限性、提出建议并报告生命周期解释的结果，尽可能提供对生命周期评价研究结果的易于理解的、完整的和一致的说明。根据ISO 14043的要求，生命周期解释主要包括三个要素，即识别、评估和报告。识别主要是基于清单分析和影响评价阶段的结果识别重大问题；评估是对整个生命周期评价过程中的完整性、敏感性和一致性进行检查；报告主要是得出结论，提出建议。目前清单分析的理论和方法相对比较成熟，影响评价的理论和方法正处于研究探索阶段，而改善评价的理论和方法目前研究较少。

参考文献

[1] Galloway J N, Townsend A R, Erisman J W, et al. Transformation of the nitrogen cycle: Recent trends, questions, and potential solutions. Science, 2008, 320: 889-892.

[2] 赵永宏，邓祥征，战金艳，等. 我国湖泊富营养化防治与控制策略研究进展. 环境科学与技术，2010, 33(3): 92-98.

[3] 巨晓棠，张福锁. 中国北方土壤硝态氮的累积及其对环境的影响. 生态环境，2003, 12: 24-28.

[4] Ju X T, Kou C L, Zhang F S, et al. Nitrogen balance and groundwater nitrate contamination: Comparison among three intensive cropping systems on the North China Plain. Environmental Pollution, 2006, 143: 117-125.

[5] Hofmann D J, Oltmans S J, Komhyr W D, et al. Ozone loss in the lower stratosphere over the United States in 1992 ~ 1993: Evidence for heterogeneous chemistry on the Pinatubo aerosol. Geophysical Research Letters, 1994, 21: 65-68.

[6] Guo J H, Liu X J, Zhang Y, et al. Significant acidification in major Chinese croplands. Science, 2010, 327: 1008-1010.

[7] Chen X H, Yu W H, Cai Y Y, et al. How to identify and adopt the cleaner strategies to improve the continuous acidification in orchard soils? Journal of Cleaner Production, 2022, 330: 129826.

[8] Liu X J, Zhang Y, Han W X, et al. Enhanced nitrogen deposition over China. Nature, 2013, 494: 459-462.

[9] 秦树平，胡春胜，张玉铭，等. 氮足迹研究进展. 中国生态农业学报，2011, 19: 462-467.

[10] Galloway J N, Winiwarter W, Leip A, et al.Nitrogen footprints: Past, Present and future. Environmental Research Letters, 2014, 9: 115003.

[11] Chen Z D, Xu C C, Li L, et al. Effects of multi-cropping system on temporal and spatial distribution of carbon and nitrogen footprint of major crops in China. Global Ecology and Conservation, 2020, 22: e00895.

[12] 翁玲云. 氮肥用量及管理模式对冬小麦-夏玉米体系碳氮足迹的影响. 保定：河北农业大学，2019.

[13] 张海霞，武晓琪，蔡昂祖，等. 近十年邯郸市冬小麦生产氮足迹时空变化特征分析. 麦类作物学报，2021: 41.

[14] Zhang L, Liang Z Y, Hu Y C, et al. Integrated assessment of agronomic, environmental and ecosystem economic benefits of blending use of controlled-release and common urea in wheat production. Journal of Cleaner Production, 2021, 287: 125575.

[15] Wang L L, Li L L, Xie J H, et al. Managing the trade-offs among yield, economic benefits and carbon and nitrogen footprints of wheat cropping in a semi-arid region of China. Science of the Total Environment, 2021, 768: 145280.

[16] Xu Q, Hu K L, Liang H, et al. Incorporating the EHCNS model to assess water and nitrogen footprint of alternative cropping systems for grain production in the North China Plain. Journal of Cleaner Production, 2020, 263: 121548.

[17] González-Cencerrado A, Ranz J P, Jiménez M T L, et al. Assessing the environmental benefit of a new fertilizer based on activated biochar applied to cereal crops. Science of the Total Environment, 2020, 711: 134668.

[18] Xue J F, Pu C, Liu S L, et al. Carbon and nitrogen footprint of double rice production in Southern China. Ecological Indicators, 2016, 64: 249-257.

[19] 薛建福. 耕作措施对南方双季稻田碳、氮效应的影响. 北京：中国农业大学，2015.

[20] 陈中督，徐春春，纪龙，等. 长江中游地区稻麦生产系统碳足迹及氮足迹综合评价. 植物营养与肥料学报，2019, 25: 1125-1133.

[21] Xu Q, Hu K L, Yao Z S, et al. Evaluation of carbon, nitrogen footprint and primary energy demand under different rice production systems. Ecological Indicators, 2020, 117: 106634.

[22] Ying H, Yin Y L, Zheng H F, et al. Newer and select maize, wheat, and rice varieties can help mitigate N footprint while producing more grain[J]. Global Change Biology, 2019, 25: 4273-4281.

[23] Garnett T, Conn V, Kaiser B N. Root based approaches to improving nitrogen use efficiency in plants. Plants, Cell and Environment, 2009, 32: 1272-1283.

[24] Leach A M, Galloway J N, Bleeker A, et al. A nitrogen footprint model to help consumers understand their role in nitrogen losses to the environment. Environmental Development, 2012, 1: 40-66.

[25] Gu B J, Leach A M, Ma L, et al. Nitrogen footprint in China: Food, energy, and nonfood goods. Environmental Science and Technology, 2013, 47: 9217-9224.

[26] 郜继承，李锐，杨恒山，等. 浅埋滴灌条件下优化施氮对西辽河平原春玉米田碳、氮足迹的影响. 水土保持学报，2021, 35: 278-292.

[27] WMO(World Meteorological Organization)，2019. Statement on the State of the Global Climate in 2019.

[28] Tubiello, F N, Salvatore M, Rossi S, et al. The FAOSTAT database of greenhouse gas emissions from agriculture. Environmental Research Letters, 2013, 8: 015009.

[29] IPCC. Climate Change and Land: an IPCC special report on climate change, desertification, land degradation, sustainable land management, food security, and greenhouse gas fluxes in terrestrial ecosystems. New York: Cambridge University Press, 2019.

[30] Wackernagel M, Schulz N B, Deumling D, et al. Tracking the ecological overshoot of the human economy. Proceedings of the National Academy of Sciences, 2002, 99: 9266-9271.

[31] Wiedmann T, Minx J. A Definition of "Carbon Footprint" . //Pertsova C C. Ecological Economics Research Trends: Chapter 1. New York: Nova Science Publishers, 2008.

[32] Linquist B, Van Groenigen K J, Adviento-Borbe M A et al. An agronomic assessment of greenhouse gas emissions from major cereal crops. Glob Change Biol, 2012, 18: 194-209.

[33] Chen X P, Cui Z L, Fan M S, et al.Producing more grain with lower environmental costs. Nature, 2014, 514: 486-489.

[34] Cheng K, Yan M, Nayak D, et al. Carbon footprint of crop production in China: An analysis of national statistics data. The Journal of Agricultural Science, 2015, 153(3): 422-431.

[35] Flessa H, Ruser R, Dorsch P, et al. Integrated evaluation of greenhouse gas emissions(CO_2, CH_4, N_2O)from two farming systems in southern Germany. Agriculture, Ecosystems and Environment, 2002, 91: 175-189.

[36] Henry M, Tittonell P, Manlay R J, et al. Biodiversity, carbon stocks and sequestration potential in aboveground biomass in smallholder farming systems of western Kenya. Agriculture, Ecosystems and Environment, 2009, 129: 238-252.

[37] Zhang D, Shen J B, Zhang F S, et al. Carbon footprint of grain production in China. Scientific Report, 2017, 7: 1-11.

[38] Freibauer A, Rounsevell M D A, Smith, P, et al. Carbon sequestration in the agricultural soils of Europe. Geoderma, 2014, 122: 1-23.

[39] Lu F, Wang X K, Han B, et al. Soil carbon sequestrations by nitrogen fertilizer application, straw return and no-tillage in China' s cropland. Global Change Biology, 2009, 15: 281-305.

[40] Islam R, Reeder R. No-till and conservation agriculture in the United States: An example from the David Brandt farm, Carroll, Ohio. International Soil and Water Conservation Research, 2014, 2: 97-107.

[41] Wang Y D, Hu N, Xu M G, et al. 23-year manure and fertilizer application increases soil organic carbon sequestration of a rice-barley cropping system. Biology and Fertility of Soils, 2015, 51: 583-591.

[42] Bosco S, Di Bene C, Galli M, et al. Soil organic matter accounting in the carbon footprint analysis of the wine chain. The International Journal of Life Cycle Assessment, 2013, 18: 973-987.

[43] Chen X H, Xu X Z, Lu Z Y, et al. Carbon footprint of a typical pomelo production region in China based on farm survey data. Journal of Cleaner Production, 2020, 277: 124041.

[44] Sevenster M, Luo Z K, Eady S, et al. Including long-term soil organic carbon changes in life cycle assessment of agricultural products. The International Journal of Life Cycle Assessment, 2020, 25: 1231-1241.

[45] Chen X H, Ma C C, Zhou H M, et al. Identifying the main crops and key factors determining the carbon footprint of crop production in China, 2001-2018. Resources Conservation and Recycling, 2021, 172: 105661.

[46] Zhang A F, Liu Y M, Pan G X, et al. Effect of biochar amendment on maize yield and greenhouse gas emissions from a soil organic carbon poor calcareous loamy soil from Central China Plain. Plant Soil, 2012, 351: 263-275.

[47] Zhang Q S, Chu Y Y, Xue Y F, et al. Outlook of China' s agriculture transforming from smallholder operation to sustainable production. Glob Food Secur, 2020, 26: 100444.

[48] Cai G X, Chen D L, Ding H, et al. Nitrogen losses from fertilizers applied to maize, wheat and rice in the North China Plain. Nutr Cycl Agroecosyst, 2002, 63: 187-195.

[49] Liu X Y, Qu J J, Li L Q, et al. Can biochar amendment be an ecological engineering technology to depress N_2O emission in rice paddies? -A cross site field experiment from South China. Ecol Eng, 2012, 42: 168-173.

[50] Hu X K, Su F, Ju X T, et al.Greenhouse gas emissions from a wheat-maize double cropping system with different nitrogen fertilization regimes. Environ. Pollut, 2013, 176: 198-207.

[51] Recio J, Montoya M, Ginés C, et al. Jointmitigation of NH_3 and N_2O emissions by using two synthetic inhibitors in an irrigated cropping soil. Geoderma, 2020, 373: 114423.

[52] Lin J Y, Hu Y C, Cui S H, et al. Carbon footprints of food production in China(1979-2009). J Clean Prod, 2015, 90: 97-103.

[53] Sun H J, Zhang H L, Min J, et al. Controlled-release fertilizer, floating duckweed, and biochar affect ammonia volatilization and nitrous oxide emission from rice paddy fields irrigated with nitrogen-rich wastewater. Paddy Water Environ, 2016, 14: 105-111.

[54] Sommer S G, Hutchings N J. Ammonia emission from field applied manure and its reduction. Eur J Agron, 2001, 15: 1-15.

[55] Nyord T, Søgaard H T, Hansen M N, et al. Injection methods to reduce ammonia emission from volatile liquid fertilisers applied to growing crops. Biosyst Eng, 2008, 100: 235-244.

[56] Ti C P, Xia L L, Chang S X, et al. Potential for mitigating global agricultural ammonia emission: A meta-analysis. Environ Pollut, 2019, 245: 141-148.

[57] Constantin J, Mary B, Laurent F, et al. Effects of catch crops, no till and reduced nitrogen fertilization on nitrogen leaching and balance in three long-term experiments. Agric Ecosyst Environ, 2010, 135: 268-278.

[58] Cui M, Sun X C, Hu C X, et al. Effective mitigation of nitrate leaching and nitrous oxide emissions in intensive vegetable production systems using a nitrification inhibitor, dicyandiamide. J Sci Sedimment, 2011, 11: 722-730.

[59] Chen J J, Wei X Y. Controlled-release fertilizers as a means to reduce nitrogen leaching and runoff in container-grown plant production(Chapter 3). Intech Open, Janeza Trdine, 2018, 9: 51000.

[60] Abdalla M, Hastings A, Cheng K, et al. A critical review of the impacts of cover crops on nitrogen leaching, net greenhouse gas balance and crop productivity. Glob Change Biol, 2019, 25: 2530-2543.

[61] Guo J, Song Z F, Zhu Y J, et al. The characteristics of yield-scaled methane emission from paddy field in recent 35-year in China: A metaanalysis. J Clean Prod, 2017, 161: 1044-1050.

[62] Nan Q, Wang C, Wang H, et al.Mitigating methane emission via annual biochar amendment pyrolyzed with rice straw from the same paddy field. Sci Total Environ, 2020, 746: 141351.

[63] Chowdhury M A, de Neergaard A, Jensen L S. Potential of aeration flow rate and bio-char addition to reduce greenhouse gas and ammonia emissions during manure composting. Chemosphere, 2014, 97: 16-25.

[64] De Pascale S, Dalla Costa L, Vallone S, et al. Increasing water use efficiency in vegetable crop production: from plant to irrigation systems efficiency. Horttechnology, 2011, 21: 301-308.
[65] Wang H X, Zhang L, Dawes W R, et al. Improving water use efficiency of irrigated crops in the North China Plain-measurements and modelling. Agric Water Manage, 2001, 48: 151-167.
[66] Waraich E A, Ahmad R, Ashraf M Y, et al. Improving agricultural water use efficiency by nutrient management in crop plants. Acta Agric Scand Sect B-Soil Plant Sci, 2011, 61: 291-304.
[67] Stroosnijder L, Moore D, Alharbi A, et al.Improving water use efficiency in drylands. Curr Opin Environ Sustain, 2012, 4: 497-506.
[68] Farooq M, Hussain M, Ul-Allah S, et al. Physiological and agronomic approaches for improving water-use efficiency in crop plants. Agric Water Manage, 2019, 219: 95-108.

中国肥料研究与应用全书

Books of Fertilizer Research and Application in China

FERTILIZER

第 7 章

农业面源污染防控技术

7.1 源头防控技术

我国农业面源污染对水环境污染的贡献率年趋增大，污染源普查公报显示，农业面源污染成为我国水环境污染大户，其中的总氮（TN）、总磷（TP）排放量已分别占其排放总量的 47% 和 67%。据调查，我国氮肥利用率为 30% ～ 35%，磷肥利用率仅为 10% ～ 20%，每年农田氮肥的损失率在 33.3% ～ 73.6% 之间，平均总损失率约 60%。农业面源污染因其污染源的高度分散性以及污染排放的时空不确定性，使得管理者很难确定具体的责任主体和责任分担。鉴于过程监控的难度，末端治理的滞后效应及高成本等，从源头控制污染物产生以及进入环境是防治农业面源污染的最佳对策。本章总结了近年来开展的一系列种植业面源污染源头防控技术研究成果，为从事种植业面源污染治理的相关人员提供借鉴参考。

7.1.1 优化施肥技术

优化施肥技术以保证作物产量为核心，以作物养分需求为指导，并考虑土壤的养分供应能力进行施肥，使得施入的肥料尽量能被作物完全吸收利用，从而提高肥料利用率，达到减少化肥投入、降低面源污染的目的。

（1）基于目标产量和肥料效应函数的氮肥优化技术　农民为了确保高产往往施入过量的氮肥，王海等[1]报道施肥量达到 360 ～ 450kg/hm^2（过量施肥）和超过 450kg/hm^2（极端过量施肥）的耕地分别占 26.6% 和 13.3%。在太湖流域宜兴大浦多年的长期定位试验结果发现，作物产量与氮肥用量之间并不是简单的线性关系，而是二次曲线函数关系，氮素损失与氮肥用量却存在着一个线性关系（图 7-1），表明过多的氮肥投入不仅产量有所下降，而且环境污染也比较严重[2, 3]。因此，适当减少施氮量，不仅能提高产量，还能减少面源污染。大量研究也表明，太湖流域稻田的最佳施氮量在 210 ～ 270kg/hm^2[2-6]，当前农户氮肥用量可以减少 20% ～ 30%，能在增产的同时减少氮素损失[7-10]。对于集约化设施菜地，采用基于目标产量和肥料效应函数的肥料优化技术，氮肥施用量比对照减少 10% ～ 30%，面源污染排放显著降低而产量不减[11-13]。在太湖地区连续 4 年的田间定位试验结果表明，在农户习惯施氮

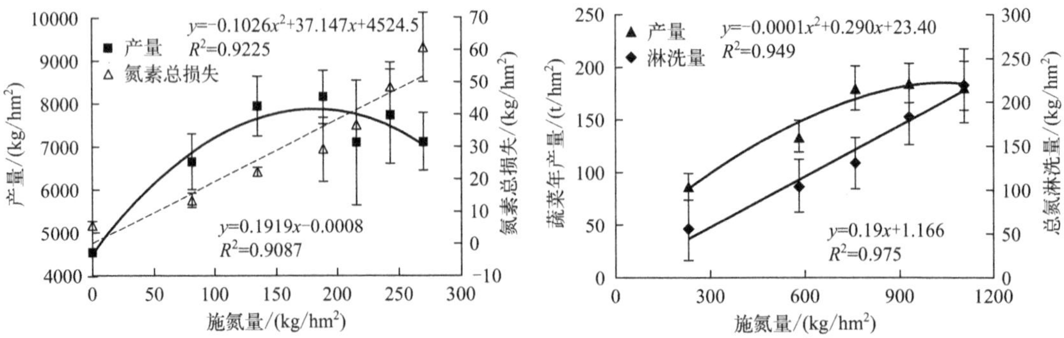

(a) 水稻　　(b) 蔬菜

图 7-1　不同施氮量下作物产量和氮肥流失的变化

量的基础上减少氮肥用量 20% ～ 30%，可有效提高氮肥农学效率，降低土壤硝态氮残留量，减少全年氮淋洗量 24% ～ 56%，产量还有所提高[14, 15]。

（2）基于作物冠层光谱或叶色的按需施氮技术 在目标产量和肥料效应函数法的基础上，考虑到作物长势和土壤养分存在的时空变异性，做到因地因作物施肥，发展了基于作物实时长势的追肥调控技术。该类技术以作物的叶色或冠层反射光谱为诊断工具，借助于叶绿素仪（SPAD 仪）、便携式光谱仪或光谱传感器等可实现作物生长的无损快速诊断，并对追肥氮用量进行决策，从而避免过度施肥带来的面源污染问题或施肥不足带来的减产问题。薛利红等详细比较了国内外基于冠层反射光谱的追肥优化算法，结果表明减少基肥用量或不施基肥，根据作物长势实时反映出来的冠层反射光谱调整追肥用量，可以保证高产，提高氮肥利用率并减少环境风险。在此基础上组建了基于目标产量的光谱施肥模型，并在江西双季稻区进行了检验和示范，表明基于冠层 NDVI 的诊断施肥与传统氮肥报酬曲线计算出的最佳施肥量和最高产量相差无几，氮肥用量比农户习惯施肥降低了 3% ～ 20%，产量增加了 5% ～ 8%，氮肥农学效率提高了 10% ～ 20%，氮恢复效率提高了 6% ～ 10%[16]。而利用叶色（SPAD 仪）进行水稻推荐追肥，能在保证产量的基础上，减少农户氮肥用量 40% 左右，减少 TN 渗漏和径流损失 38% 和 26%[8, 10]。

针对集约化设施蔬菜，提出了根层养分实时调控技术[17]。该技术以根层养分为调控对象，根据蔬菜作物养分需求规律进行定量推荐施肥，使得蔬菜作物生产的养分供应处于“最佳状态”，以期达到在满足蔬菜作物高产优质的养分需求的同时，不带来环境污染压力的目的。该技术已在京郊日光温室番茄生产中得到了初步应用，确定了其氮素供应目标值[18]，有利于减少养分向环境的排放。

（3）平衡施肥技术 鉴于氮、磷、钾之间以及某些微量元素与氮、磷、钾之间的显著互作效应，为了最大限度地发挥肥料效应，在李比希最小因子定律的指导下，发展了平衡施肥技术。平衡施肥技术也称测土配方施肥技术，其在作物需肥规律、土壤供肥特性与肥料效应的基础上，统筹考虑了氮、磷、钾 3 种大量元素及微量元素的供应，从而使土壤养分的供应能够全面满足作物生产的需要，提高肥料利用率，减少肥料损失。南四湖沿岸麦玉轮作区玉米季采用平衡施用氮、磷、钾肥技术，可比农户习惯施肥模式减少化肥氮用量，玉米产量不减，而径流和淋溶无机氮损失降低 18%[19]。对于紫色土坡耕地，玉米平衡施肥在 3 种模拟人工降雨强度条件下均能减少氮、磷、钾的流失[20]，自然降雨条件下能显著降低总磷流失 52% ～ 61%[21]。山核桃平衡施肥可降低氮、磷流失 30% 以上[22]。南方典型红壤坡耕地的萝卜和花生采用平衡施肥技术，不仅减少了氮肥用量，提高了氮素利用率，还降低了径流中氮的浓度[23]。值得注意的是，平衡施肥技术的污染减排效果主要依赖于土壤的养分丰缺平衡状态。

（4）新型缓 / 控释肥技术 鉴于传统速效化肥释放速度快、需多次施肥等缺点，发展了新型缓 / 控释肥技术。新型缓 / 控释肥通过对传统肥料外层进行包膜处理来控制养分释放速度和释放量，使其与作物需求相一致，可显著提高肥料利用率。另外，包膜材料阻隔膜内尿素与土壤脲酶的直接接触，以及阻碍膜内尿素溶出过程所必需的水分运移，减少了参与氨挥发的底物尿素态氮，还抑制了土壤脲酶活性，从而明显降低氨挥发损失。王慎强等在宜兴大浦连续 3 年的田间试验结果表明，不论稻季还是麦季，与等氮量的普通尿素处理相比，缓 /

控释肥明显降低了径流 N 浓度，减少径流 N 损失约 50%，降低氨挥发损失 15% ～ 30%，减少基肥期淋洗氮损失 35% 左右（图 7-2）。薛利红等综合比较了国内现有商品缓 / 控释肥对太湖流域稻田污染控制的效果，研究发现，与等养分的普通化肥分次施用相比，缓 / 控释肥一次性基施条件下，南京土壤研究所缓 / 控释肥不仅增产 16%，还能减少径流氮损失约 40%；在缓 / 控释肥与化肥配施（5∶5）条件下，所有缓 / 控释肥处理均表现出了增产作用，6 种肥料中有 4 种均表现出了一定的减排效果（6% ～ 23%）（图 7-3）。在此基础上，综合成本效益，总结提出了太湖流域稻田基于新型缓 / 控释肥的“一基一追”技术，即稻田氮肥用量以 200 ～ 210kg（N）/hm^2 为宜，其中 60% ～ 70% 采用新型缓 / 控释肥，一次性基施，其余采用普通尿素，在穗分化期施用，既增产增效，又减氮减排[8, 10]。其他人的结果也表明，无论是在单季稻区还是双季稻区，稻田施用缓释肥，能比农户常规施肥减少氮肥用量 10% ～ 26%，产量不减少甚至增加，径流总氮损失降低 36% ～ 53%[24-26]。

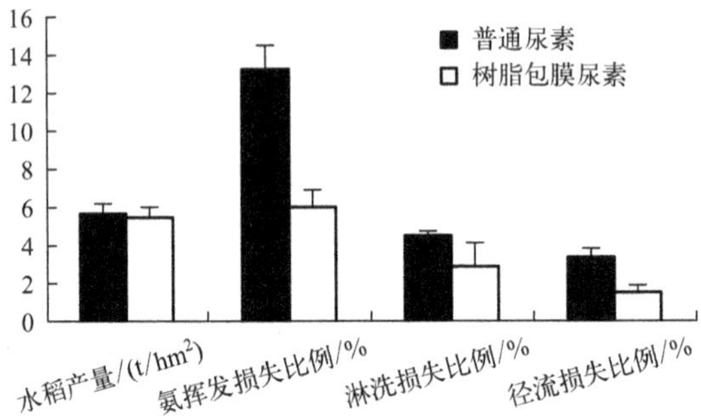

图 7-2　新型缓 / 控释肥的增产减排效果

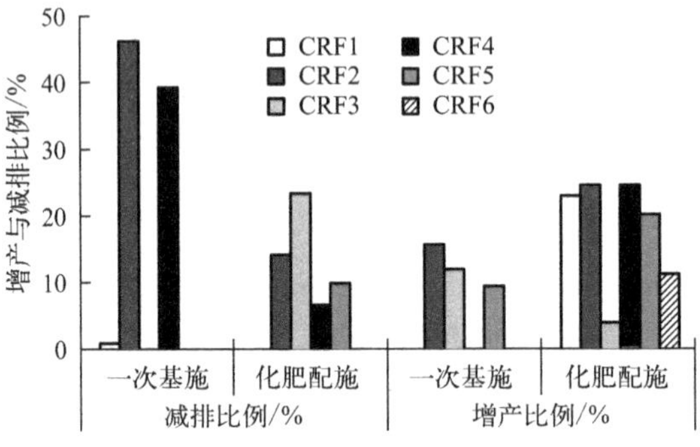

图 7-3　不同缓 / 控释肥对水稻的增产减排效果

缓 / 控释肥对旱地的节氮减排效果也比较显著。花生施用缓 / 控释肥，整个生长季径流总氮和总磷损失分别削减了 7% ～ 21% 和 16% ～ 36%[27]。麦玉轮作区玉米季施用缓/控释肥，可比农户习惯施肥模式减少化肥氮用量 201kg（N）/hm^2，比例高达 58%，玉米产量不减少，而径流和淋溶无机氮损失降低 27%[19]。值得注意的是，缓 / 控释肥对径流氮减排的效果存在着不确定性，因降雨发生的时间而异。在生长前期，缓 / 控释肥处理能显著减少地表径流中氮含量，但在生育后期，由于其养分缓慢释放特性，与常规速效化肥相比，地表径流中氮浓度可能会有所提高[10, 25]。在实际应用中，应结合作物类型等选择适宜的缓 / 控释肥品种。

7.1.2　有机肥部分替代化肥技术

这类技术多以农业废弃物如秸秆、处理过的畜禽粪便、沼液沼渣、菌渣、绿肥等富含一定 N、P 养分的有机物料来替代部分化肥，利用有机物料中养分缓慢释放的特点，达到减少化肥用量、减少面源污染排放的目的。稻麦轮作系统采用有机肥与无机化肥配施的措施，比传统农户施肥处理可减少氮用量 25% 左右，产量略有增加，氮肥利用效率增加，稻季径流氮损失减少 6% ～ 28%，麦季径流和渗漏损失减少 25% ～ 46%；与等氮量的纯化肥处理相比，径流减排效果因径流产生的时间而异，若径流发生在施肥后期，有机肥处理因其养分缓慢释放特性而导致径流损失略高于纯化肥处理，若径流发生在施肥后一周内，则低于纯化肥处理[9, 10]。秸秆还田处理使稻麦两熟制农田周年作物产量略有增加，减少稻麦周年的氮、磷径流损失量 7% ～ 8%[28]。双季稻采用绿肥还田，能减少化肥氮投入 115.5kg（N）/hm^2，径流氮损失减少 8.9kg（N）/hm^2[29]。南四湖沿岸麦玉轮作区玉米季采用麦秸还田处理和有机肥、无机肥配施处理，在减少化肥氮投入的同时，径流和淋溶无机氮损失减少了 23% 和 25%[30]。露地蔬菜有机肥和无机肥配施也可提高蔬菜产量，削减地表径流氮、磷损失[31]。若采用商品有机肥还田，有机肥的比例以占氮总量的 20% ～ 30% 为宜，基肥时施入，这样既能维持土壤肥力，保证产量，又不过多增加投入成本，是一项既经济简单又能减少面源污染的实用技术[19]。

7.1.3　生物炭应用增效减排技术

在面源污染治理过程中，源头减量技术至关重要。包括减少化肥投入量，施用肥料增效剂、土壤改良剂等增加土壤对养分的固持，从而从源头上减少养分流失[32]。近年来，低成本土壤改良剂的研究开发，尤其是将农林废弃物及其改性产品作为土壤改良剂，已经引起了许多科技工作者的广泛关注[33]。其中生物炭作为一种环境友好、成本低、具有优异表面特性的碳基材料，得到了广泛的研究[34]。李飞跃等[35]以稻壳生物质为原材料在 350℃和 500℃温度条件下制备生物炭，其对氨氮的最大吸附量分别为 5.82mg/g 和 6.51mg/g，表现出良好的吸附效果。另有研究表明，施用生物炭能够有效降低土壤中 TN 与 TP 的淋失风险，是控制菜地土壤中氮、磷养分淋溶损失的有效措施[36]。由此可见，将生物炭施用于高施氮的集约化农田土壤，可以利用其对不同形态氮、磷等养分的吸附性能，减少其面源污染发生风险，实现减排增效。

（1）技术原理　生物炭是生物有机物料（生物质）在缺氧或绝氧环境中，经高温热裂解后生成的固态产物。生物炭具有丰富的孔隙结构，比表面积大，吸附能力强，将生物炭施用于土壤后，能够改善土壤理化性质，为微生物提供良好的生存空间，从而吸附土壤中 N、P 等养分物质，减少其淋溶损失等，并能提高养分利用效率，增加作物产量。

（2）技术参数优化　试验生物炭以锯末为制备原料（sawdust biochar，SDB），设置不同热解温度（500℃和 700℃）和施用量（0.5% 和 3%，炭土比）作为处理，同时布置不施氮肥对照（CK）和施尿素氮肥对照处理（CKU）。共计 6 个处理，分别标记为：CK、CKU、SDB 500-0.5%，SDB 500-3%、SDB 700-0.5% 和 SDB 700-3%。每个处理设置 3 次重复。供试土壤为太湖地区典型水稻土，氮肥施用量为 240kg（N）/hm^2，分基肥（BF，40%）、蘖肥（SF1，40%）和穗肥（SF2，20%）3 次施用[37]。在氮肥施用后一周，采用改进的连续动力抽气-密闭室法开展 NH_3 挥发监测。同时，每天采集田面水，在每次施肥后一周和水稻收获期，采集表层（0 ～ 15cm）土壤样品，分析田面水与土壤样品的 NH_4^+ -N、NO_3^- -N 及 TN 浓度。土壤样品用 3mol/L KCl 溶液浸提后，与田面水样一起，用流动注射分析仪测定其 NH_4^+ -N、NO_3^- -N 及 TN 浓度。试验结果表明：与对照处理（不添加生物炭）相比，生物炭施用可以有效降低水稻生长季 3 次氮肥施用后田面水的 NH_4^+ -N 浓度及 TN 浓度。降低 NH_4^+ -N 浓度比例为 7.3% ～ 35.2%、16.3% ～ 32.4% 和 12.2% ～ 28.1%；降低 TN 浓度比例为 11.8% ～ 27.1%、14.3% ～ 36.5% 和 3.0% ～ 19.6%。同时，生物炭施用可以提高表层（0 ～ 15cm）土壤 NH_4^+ -N 和 NO_3^- -N 含量。考虑到生物炭施用在一定程度上增加了氨挥发，建议以较低比例（0.5%）施用低温（500℃）制备的生物炭，此为最优选择。

（3）技术效果　稻季基肥（BF）、蘖肥（SF1）和穗肥（SF2）施用后一周内，田面水平均 NH_4^+ -N、NO_3^- -N 及 TN 浓度如图 7-4 所示。显然，化肥 N 的施用显著提高了田面水不同形态的 N 浓度。在基肥和蘖肥施用后，CKU 处理的 NH_4^+ -N 浓度分别为 27.6mg/L 和 28.9mg/L，生物炭的施用可将其降至 20.1 ～ 24.4mg/L 和 17.8 ～ 24.7mg/L。这主要是因为生物炭具有对 NH_4^+ -N 的良好吸附效果。而且，3% 生物炭处理的平均 NH_4^+ -N 浓度要比 0.5% 生物炭处理的分别低 2.7 ～ 4.2mg/L 和 3.4 ～ 6.9mg/L。穗肥施用后，田面水 NH_4^+ -N 浓度为 7.6 ～ 9.4mg/L，低于基肥和蘖肥阶段。在穗肥阶段，生物炭施用处理依然能有效降低 3% ～ 19.7% 的 NH_4^+ -N 浓度。

与 CKU 处理相比，生物炭处理在基肥和蘖肥阶段的 TN 浓度分别降低 7.3% ～ 35.2% 和 16.4% ～ 32.4%（图 7-5）。在穗肥阶段，生物炭处理田面水的平均 TN 浓度比 CKU 处理依然降低 2.2 ～ 5.0mg/L。结果表明，生物炭处理能够显著降低稻季氮肥施用后随径流损失的风险，利于面源污染控制。

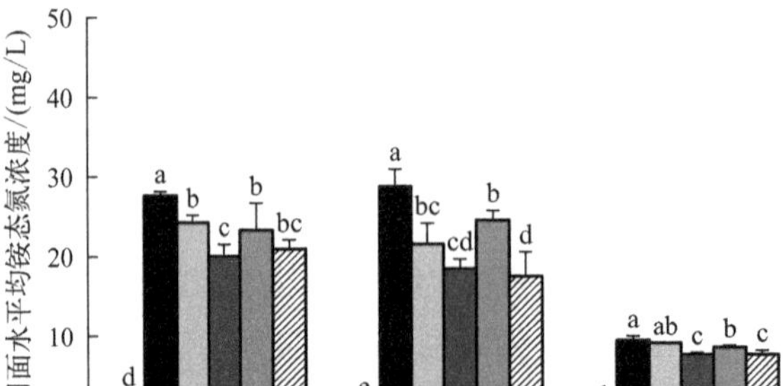

(a) NH_4^+-N

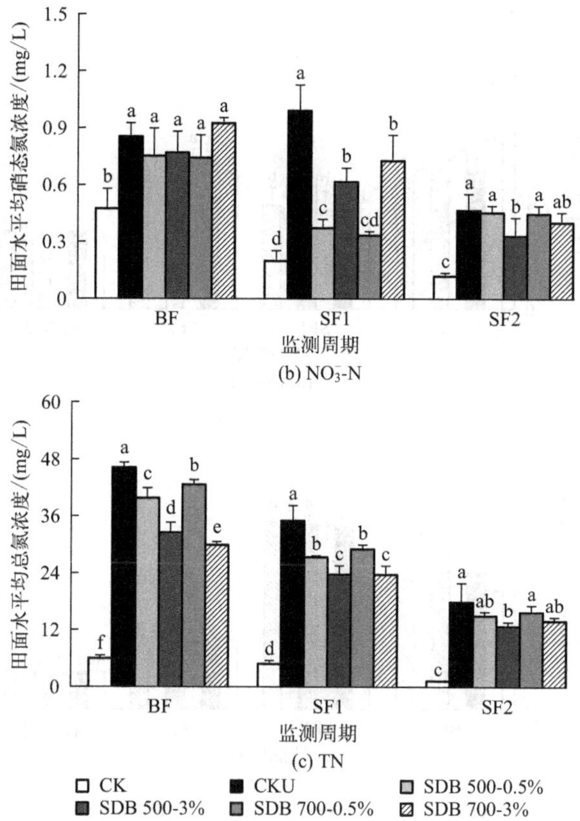

图 7-4 生物炭施用对稻季田面水 NH_4^+-N、NO_3^--N 及 TN 浓度的影响

图中同组数据标注小写字母不同，表示不同施肥观测期各处理之间差异达显著水平（$p < 0.05$）

三次施肥后一周及水稻收获期，表层土壤 NH_4^+-N 浓度分别为 4.2mg/g、5.2mg/g、1.2mg/g、0.72mg/g（图 7-5[38]）。生物炭处理的表层土壤 NH_4^+-N 浓度上升至 4.3 ～ 4.6mg/g、5.7 ～ 6.2mg/g、1.2 ～ 1.3mg/g、0.73 ～ 0.75mg/g。NO_3^--N 浓度较低，而且生物炭施用对其影响并不显著。表层土壤 TN 浓度相对稳定一致，生物炭处理有利于土壤 N 素的固持。

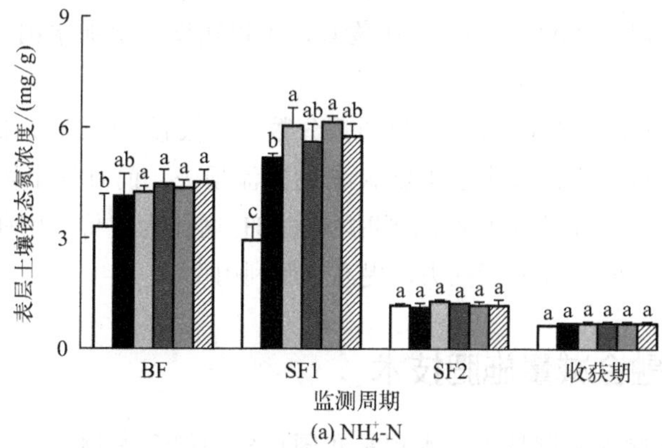

图 7-5

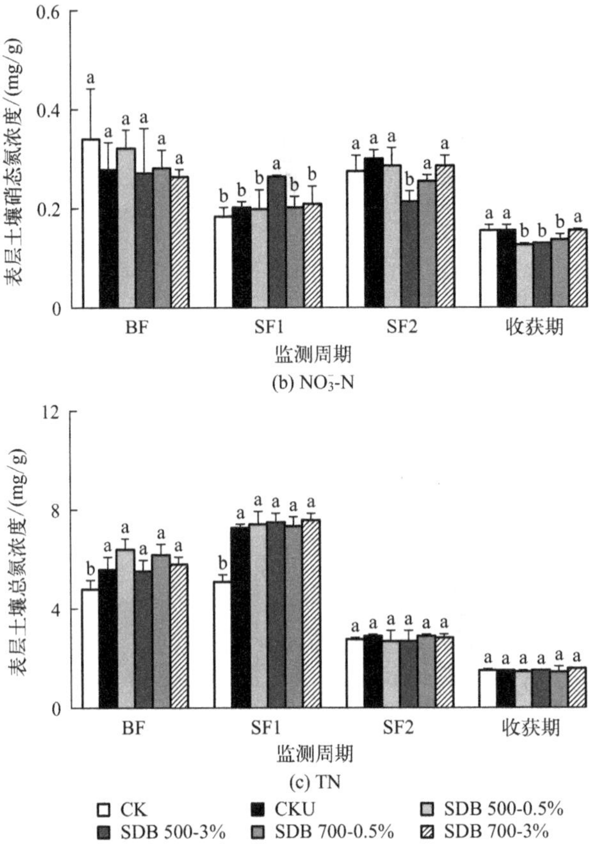

图 7-5 生物炭施用对稻季不同生育期表层（0 ~ 15cm）土壤中 NH_4^+-N、NO_3^--N 及 TN 浓度的影响[38]

稻季全生育期累积 NH_3 挥发损失为 14.9 ~ 21.6kg（N）/hm^2，占肥料 N 投入的 5.6% ~ 8.0%。其中，NH_3 挥发主要发生于基肥阶段［4.1 ~ 10.3kg（N）/hm^2］和蘖肥阶段［8.4 ~ 10.5kg（N）/hm^2］。不利的一方面是生物炭施用会导致 NH_3 挥发增大 26.7% ~ 43.2%。这主要是生物炭施加导致田面水和表层土壤 pH 增大。一般而言，合理的生物炭添加可以增加水稻产量，从粮食安全和环境保护双角度考虑，通过计算单位产量所付出的 NH_3 挥发代价。结果表明，以较低施用量（0.5%）添加低温（500℃）制备的生物炭，可以实现在增加水稻产量的同时不以 NH_3 挥发急剧增加为代价。

综上，在土壤中施用 0.5%（表层土壤质量分数）的低温（500℃）制备的生物炭是最优选择，该生物炭施用技术不但减少了土壤 N 素的径流损失，而且使土壤维持较高的 N 含量（相比单施尿素处理），保证水稻高产的同时不以 NH_3 增加为代价。因此，该研究证明适宜的生物炭添加可有效减少农田 N 素损失，提高氮肥利用率。

7.1.4 农艺农机融合减量施肥技术

（1）水稻机插秧侧深施肥技术　水稻是我国重要的粮食作物之一，水稻生产在保障国家粮食安全中具有重要作用。国内 65% 以上的人口以稻米为主食，自 20 世纪 70 年代以来，中国的水稻种植面积常年占粮食作物生产面积的25%～30%，稻谷产量常年占粮食总产量的32%～45%。改革开放以来中国农田化肥使用量迅速增长，尤其是氮肥的施用，为中国水稻产量的增加提供了有力支撑。但近年来对稻谷产量的盲目追求导致国内稻田氮肥不科学、不合理施用问题突出。据统计，中国稻田氮肥用量占全部农作物氮肥用量的25%以上，稻田氮肥的过量施用不仅削弱了氮肥对水稻增产的促进作用，降低了水稻对氮肥的利用效率，而且造成大量氮素损失，加剧了农业资源浪费与环境污染等问题，严重制约了中国农业绿色高质量发展。研究表明，中国稻田氮肥利用效率在30%～50%之间，稻田尿素氮素利用率为30%～40%，显著低于发达国家。

世界水稻机械化生产主要有两大栽培体系：一种是以澳大利亚、美国、意大利等国家为代表的水稻直播机械化栽培体系；另一种是以日本、韩国等国家为代表的水稻移栽机械化栽培体系。日本是世界上水稻机插秧同步侧深施肥技术发展水平较高的国家，水稻生产机械化程度达到98%，在全国基本形成了统一的水稻栽培模式，育秧、侧深施肥、机械插秧已实现了系列化、标准化。水稻机插秧侧深施肥技术是在水稻机插秧的同时通过机械将肥料一次集中施于水稻一侧5cm处，施肥深度为3～5cm的一种施肥方法，这种施肥方法的优点是将肥料呈条状集中，逐渐释放供给水稻生育需要的养分，从而减少了肥料养分的固定和流失，这种方法使得作物根际形成一个良好的供肥库，适应作物自身代谢的需要，提高了肥料利用率。

日本自1975年起在多地开展试验，明确了水稻机插秧同步侧深施肥技术具有明显的节肥增产作用。1981年水稻机插秧同步侧深施肥技术逐步得到推广应用。与传统施肥方法相比，机插秧同步侧深施肥技术可实现减少氮肥投入10%～30%，并有效提高氮肥利用效率。20世纪80年代以包膜尿素为代表的新型缓效性肥料的研制，有效推动了水稻机插秧同步侧深施肥技术的推广应用。1992年，日本水稻种植面积约$2.7\times10^6hm^2$，水稻机插秧同步侧深施肥技术的推广应用面积约$5.5\times10^5hm^2$，占水稻种植面积的20%左右。久保田、洋马、井关等日本大型农机公司先后研制出与插秧机联合作业的水稻机插秧同步侧深施肥装置。2010年日本超过40%的插秧机配备了施肥装置。

与20世纪70年代的日本类似，当前国内水稻的生产目标已经从量的追求向优质高效转变。同时，受资源与环境的双重制约，仅依靠大量资源投入与消耗的粗放式发展方式已经难以为继。此外，随着城镇化进程的加快，大量农村劳动力向非农业产业转移，农户兼业化、村庄空心化、农村人口老龄化趋势明显，水稻产业正逐渐向集约化、规模化方向转变。当年的日本正是在相似的社会背景下，通过推广水稻机插秧同步侧深施肥技术，有效地解决了水稻生产投入过高、环境污染、劳动力短缺等困境。以日本为鉴，在中国大面积推广水稻机插秧同步侧深施肥技术具有较强的可行性。水稻机插秧侧深施肥技术在2018年被我国农业农村部列为十项重大引领性农业技术之一，为促进我国农业绿色高质量发展提供了有力的科学技术支撑。

在某地水稻生产上，研究结果表明，与撒施相比，进行机械侧深施肥可减施氮肥25.9%而不影响产量；基肥侧深施＋穗肥处理下，掺混肥（27-10-12）、复合肥（22-8-16）和复合肥（26-11-11）有增产效果，增幅分别为2.6%、8.7%和2.5%；氮肥表观利用率从34.1%提高到了42.6%，平均提高了25.2%。常规撒施处理下，磷、钾肥表观利用率分别为21.3%和

14%。常规氮肥用量处理下，与撒施相比，进行机械侧深施肥可提高磷、钾肥表观利用率，分别提高 3.6 个和 14.4 个百分点；减施化肥氮处理下的基肥侧深施 + 穗肥，磷、钾肥表观利用率平均为 14% 和 59.4%。

研究结果也表明，常规撒施管理下氨挥发排放系数为 6.3%（即氨挥发排放量占施氮量的比例），与撒施相比，进行机械侧深施肥可减少 50.5% ～ 69.5% 的氨挥发排放，平均减排 61.7%。常规撒施管理下径流总氮平均浓度为 14.5mg/L，与撒施相比，进行机械侧深施肥径流总氮浓度可降低 36.7% ～ 60.1%，平均减排 44.8%。综上所述，与常规施肥相比，机械侧深施肥可使氨挥发减排 60% 以上，径流氮减排 40% 以上，环境减排效应显著。同时，通过计算化肥生产过程的能源消耗和施肥机械的油耗，得出机械侧深施肥技术在施肥环节的碳排放可以减少 21.5%[39]。

（2）机械起垄侧条施肥技术　蔬菜产业高投入、高产出的密集型生产特点，导致蔬菜生产过程中需要大量的肥料和劳动力投入。太湖地区菜地每季蔬菜作物氮肥施用量为 600 ～ 750kg（N）/hm^2[40]，周年施氮量高达 1800 ～ 2250kg（N）/hm^2，是该地区稻麦轮作体系 500 ～ 600kg（N）/hm^2 下的 3 ～ 4 倍 [41]。施入土壤中的化肥 N 仅 10% ～ 18% 被蔬菜作物吸收利用，45% ～ 50% 流失进入环境，对环境造成严重威胁 [42]。有研究表明，氮肥起垄条施可提高肥料利用率，增加水稻、小麦、夏玉米、油菜等大田作物产量，减少氨挥发，而且不同垄宽对作物产量也有显著影响 [43, 44]。氮肥起垄条施管理措施在露天菜地化肥减施增效上应用潜力巨大，但对劳动力需求增多，与农村劳动力日益匮乏的现状相冲突。在日本等农业发达国家，农业机械化高度发展，而国内适用于蔬菜作物的机械化技术相对短缺。为发展资源节约、环境友好的现代农业，我国农业农村部提出推广机械深施等技术。然而，该技术在我国蔬菜生产体系中应用的适地性、经济效应和环境效应如何尚不清楚。为此，以我国大面积栽培的蔬菜品种大白菜为供试蔬菜作物，通过连续两年的田间试验，研究机械起垄侧条施肥技术在太湖地区大白菜生产中合适的垄宽，以及该垄宽对大白菜产量、经济效益和氨挥发的影响 [45]。

① 技术原理。用侧条施肥机械将肥料一次集中施于作物根系一侧 5 ～ 8cm 深处，使肥料呈条状集中而不分散，形成一个贮肥库，逐渐释放供给作物，满足其生育需求。

② 技术参数优化 [45]。田间试验设置 4 个处理：习惯施氮量下，人工起宽垄撒施处理（N480+HW）；习惯施氮量下，机械起宽垄侧条施处理（N480+MW）；减氮处理下，机械起宽垄侧条施处理（N340+MW）；减氮处理下，机械起窄垄侧条施处理（N340+MN）。其中，习惯施氮量和减氮处理的施氮量分别为 340kg（N）/hm^2 和 480kg（N）/hm^2；宽垄和窄垄的垄宽设置分别为 55cm 和 35cm。2016 年田间试验设置了 4 个处理：不施化肥氮（N0+HW）；习惯施氮处理（N480+HW）；减氮处理（N340+HW）和机械起垄侧条施 + 减氮处理（N340+MW）。每个处理重复 3 次，随机区组排列。两年的基施氮肥均为复合肥（N-P_2O_5-K_2O，含量为 10%-10%-10%），各处理有机肥和磷钾肥用量相同，起垄前按腐熟鸡粪（含 N 2.2%）120kg（N）/hm^2、280kg（P_2O_5）/hm^2（钙镁磷肥）和 280kg（K_2O）/hm^2（硫酸钾）作基肥一次性施入，大白菜连作期各小区人工追施 1 次尿素，用量为 200kg（N）/hm^2。收获时大白菜每小区全部称重计产，采用 PVC 管双层海绵吸收-通气法测定土壤氨挥发。

③ 技术效果 [45]。3 组 55cm 宽垄处理（N480+HW、N480+MW 和 N340+MW）的产量

都显著高于 35cm 窄垄处理 N340+MN，同等施肥量条件下 55cm 宽垄种植模式可以显著提高大白菜产量 15.4%（图 7-6）。与农户传统习惯施肥处理 N480+HW 相比，机械起垄侧条施肥处理 N340+MN 可以在减少 30% 化肥氮的基础上保证大白菜产量。综合以上结果可以初步判定，机械起垄侧条施肥技术适用于太湖地区露天大白菜生产，55cm 垄宽为当地最适生产参数。

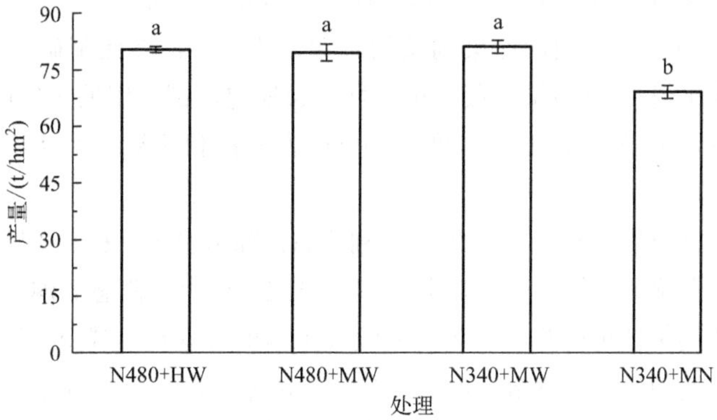

图 7-6　不同处理下大白菜的产量

图中不同小写字母代表各处理间差异达显著水平（$p < 0.05$）

与不施化肥氮对照处理相比，施用化肥氮处理的土壤氨挥发累积量显著增加 15.4 ～ 86.9kg（N）/hm^2，农民传统施肥方式 N480+HW 处理的氨挥发损失量为 101.5kg（N）/hm^2，占总施氮量的 16.9%。N340+HW 处理的氨挥发损失为 61.3kg（N）/hm^2，比农民传统施肥方式减少氨挥发损失 40.2kg/hm^2，表明减少施肥量可显著降低太湖地区蔬菜体系的氨挥发损失。N340+MW 处理氨挥发较 N480+HW 和 N340+HW 处理分别降低了 70.5% 和 51.1%，表明机械起垄侧条施技术可显著降低太湖地区蔬菜体系的氨挥发损失。

④ 经济效益。在大规模种植条件下，与传统人工种植方式相比，机械起垄侧条施肥可显著降低生产成本，与农户传统施肥处理 N480+HW 相比，N340+MW 处理减少 30% 化肥氮使用，每公顷减少肥料成本投入 3594 元，每公顷减少劳动力成本投入 1600 元。在降低生产成本的同时，N340+MW 处理获得最大商品产量，产值最高。与传统种植方式 N480+HW 相比，机械起垄侧条施肥 N340+MW 处理纯利润增加 58.3%，实现了太湖地区露天大白菜生产体系的氮肥减施减排增效。

7.1.5　轮作制度调整

轮作制度或者耕作制度不同，化肥的投入量及水分管理方式也会不同，从而导致面源污染产生情况也不尽相同。太湖流域连续 8 年的定位试验结果表明，与稻-麦轮作农户常规施肥模式相比，稻-紫云英、稻-黑麦草和稻-休闲轮作下水稻无氮区产量可达最高产量的 75% ～ 85%，稻季氮肥用量分别减至 150kg/hm^2 和 200kg/hm^2 时产量还略有增加，径流总氮损失可减少 18% ～ 45%；由于冬季不施氮肥，冬季径流总氮损失减少了 70% ～ 90%[46]。进一步对稻-紫云英、稻-蚕豆、稻-油菜、稻-休闲和稻-麦五种轮作方式的连续 3 年田间数据比较发现，稻-紫云英和稻-休闲的减排效果最佳，能减少径流总氮损失 35% ～ 40%，每亩经济效益减少 250 ～ 300 元；而稻-蚕豆轮作能在减少径流氮排放 25% ～ 30% 的条件下获得较高的经济效益[47]。洱海流域水稻 4 种不同轮作模式（水稻-蚕豆、水稻-油菜、水稻-大蒜、水稻-黑麦草）的调查也表明，水稻-蚕豆比水稻-大蒜模式减少氮素流失风险 38%[48]。利用豆科植物轮作还田，可提高土壤肥力，降低稻季施肥量[49]，减少稻季氮肥流失引起的环境风险[50]；另外，由于冬季不施氮肥有效降低了土壤中速效氮含量，从而使冬季径流氮损失显著减少，无疑是河网地区环境敏感区面源污染削减的有效方法之一。在此基础上，我们又进一步研究了水稻-紫云英轮作下氮肥减量的最大可能性，长期定位试验田的 3 年微区试验结果表明，紫云英还田条件下，稻季只补施 33% 即 81kg/hm^2 左右的化肥氮，就能获得与农户施肥模式相同的产量（数据略）。

60% 以上的设施菜地在夏季期间处于揭棚状态，而揭棚期（6 ～ 9 月）又恰逢降雨高峰期，加上设施菜地土壤硝态氮高残留现象普遍，导致该期土壤硝态氮淋失严重，为氮流失的高峰时期[51, 52]。该期种植填闲作物，可有效吸收土壤根层氮素，减少径流损失；同时植物的蒸腾作用减少了土壤剖面中的水分，减少了硝酸盐随水分的下移；深根系的填闲作物还可通过根系的下扎将土壤下层养分像泵一样抽上来，从而显著减少了土壤淋洗的风险。太湖地区设施蔬菜轮作体系的揭棚期种植填闲作物甜玉米，可显著降低土壤剖面中硝态氮的含量，减少淋洗液中总氮浓度 22% ～ 64%。填闲作物配合蔬菜的氮肥减量处理，其减排效果更为显著。

7.2 过程拦截技术

7.2.1 农田排水口促沉

暴雨径流时农田排水中颗粒态污染物较多，综合考虑氮、磷污染物迁移途径和特点，在农田排水口处设置原位促沉净化装置，内部填充能高效吸附、过滤的环保材料，实现对悬浮物的高效阻控以及氮、磷的初步净化。根据农田规模大小，研发了两种装置：适用于农田集中排水口的农田排水促沉池和适用于小田块排水口的生物强化反应器（图 7-7）。农田排水促沉池主要由外围过滤带和内部促沉净化系统两部分组成，工程部分主要包括渠体及生态拦截坝、节制闸等，生物部分主要包括渠底、渠两侧的植物。根据“兼顾农田排水管理与拦截净化功能，尽量少占土地，经济实用，生态安全”的原则，在农田原有排水系统的基础上，因地制宜地对现有的农田排水口进行工程改造，建设农田排水促沉池，对农田排水中的颗粒态污染物及部分溶解态污染物进行原位拦截和净化，达到削减农田氮、磷流失的功能。农田排水促沉池是借鉴潜流-垂直流人工湿地的技术思路，是一种原位拦截净化农田排水污染物的治理措施。在空间结构设计的基础上，利用水流速的改变和填料的合理配置，使颗粒、悬浮物、胶体等污染物被高效拦截、沉淀和去除。

(a) 农田排水促沉池　　(b) 生物强化反应器

图 7-7　农田排水促沉池和生物强化反应器

农田排水促沉池的作用机理是：针对农田排水以颗粒态污染物为主的特点，综合考虑污染物迁移途径和迁移特点，在靠近污染物产生区域内设置污染物促沉净化装置，通过空间结构设计，改变农田排水水流路径，带动污染物，尤其是颗粒态污染物在预设路径内流动，增加污水在迁移路径上的水力停留时间，并通过三角堰布水、集水管集水与布水管二次布水的方式，使水流在下行—上行—下行中流动，促进颗粒态污染物的沉降，同时，通过在装置空间布局条件下的填料布设，进一步实现对污染物的拦截、过滤和沉淀，最终通过填料表面和内部形成的微生物群落，部分降解去除污染物，延长填料的使用寿命和作用时间，因此，该装置是通过内部集水管串联外围过滤带和内部促沉净化系统，使污水经过外、内两次拦截、过滤和沉淀，最终实现污染物的部分去除。

研究结果表明，促沉池对悬浮物的去除效果可达 52% ～ 68%，对排水中 TN 的去除率可达 14% ～ 38%，去除率随排水中氮浓度的增加而提高。生物强化反应器对农田排水中氮的平均去除率为 16%。

7.2.2　生态沟渠拦截

径流排放是农田氮、磷排放的主要途径，它们离开农田后一般经沟渠等汇入周围水体。太湖流域稻-麦轮作农田多以水泥沟渠为主，部分为传统的土质沟渠。近年来生态拦截沟渠逐渐在太湖流域得到推广应用。生态拦截沟渠主要是通过对现有排水沟渠的生态改造和功能强化，或者额外建设生态工程，利用物理、化学和生物的联合作用对污染物主要是氮、磷进行强化净化和深度处理，不仅能有效拦截、净化农田污染物，还能汇集处理农村地表径流以及农村生活污水等，实现污染物中氮、磷等的减量化排放或最大化去除。该技术具有既不需额外占用耕地、资金投入少、农民易于接受，又能高效阻控农田氮、磷养分流失等特点。生态拦截型沟渠系统（图 7-8），主要由工程部分和植物部分组成，沟渠采用带孔的硬纸板材构建而成，沟内每隔一定距离设置一小型的拦截坝（高度 10 ～ 20cm），也可放置一些多孔的拦截箱，拦截箱内装有能高效吸附氮、磷的基质，沟底、沟壁以及拦截箱内均可种植能高效吸收氮、磷的植物。通过工程和植物的有效组合，农田排水中的氮、磷通过植物吸收、基质吸附、泥沙沉降以及流速减缓等被有效去除。

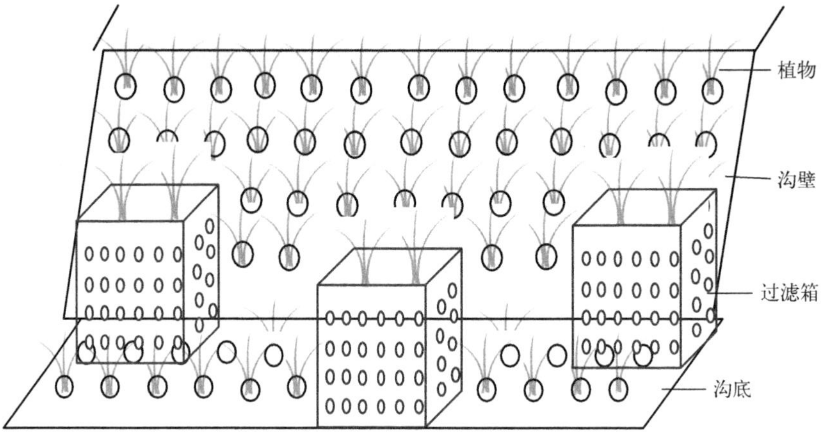

图 7-8 生态拦截型沟渠的示意图
图示为一个沟壁和沟底

为了明确不同类型沟渠对氮、磷拦截效果的差异，王岩等在野外构建了 3 种类型的农田排水沟渠，即生态沟渠、混凝土沟渠和土质沟渠，研究了不同进水 N、P 浓度，不同水力停留时间和不同进水流速条件下 3 种类型沟渠对排水中 N、P 的拦截效果，发现无论是静态试验（水力停留时间 24h 和 48h）还是动态流水试验（固定进水流速），生态沟渠对不同进水浓度的 N、P 的去除率明显高于土质沟渠和混凝土沟渠。

在太湖流域某地的连续 3 年的监测表明，生态拦截型沟渠对稻田径流排水中氮、磷的平均去除率可达 48.36% 和 40.53%。在珠江三角洲地区的应用实践表明，在原有排灌沟渠基础上改建的生态沟渠，能在满足原有排灌功能的前提下，对稻田排水径流中固体悬浮物、总磷、总氮、化学需氧量、铵态氮的去除效率分别达到 71.7%、63.4%、49.9%、26.6%、14.5%。这些均证实了生态沟渠对稻田排水中氮、磷有较好的拦截效果。

生态沟渠的构造类型会影响其对污染物的拦截效率，加之农田面源污染物浓度具有较大的变异性，为进一步明确生态拦截沟渠的适宜构造类型，分别比较了不同规格和不同构造生态沟渠对氮、磷拦截效果的影响。刘福兴等通过控制相同的表面水力负荷，比较研究了动态进水（TN 0.86 ～ 6.13mg/L、TP 0.11 ～ 0.28mg/L）条件下三种不同深度规格的生态沟渠（E0.80：深度 0.8m；E1.05：深度 1.05m；E1.30：深度 1.30m）对农业面源主要污染物的去除效果，发现三种不同深度规格的生态沟渠对 NH_4^+ -N、TN、TP 和悬浮物（SS）的去除率均达到 50% 以上，其中 E1.30 对污染物的去除效率较高，NH_4^+ -N、TN、TP 和 SS 的总平均去除率分别为 64.8%、63.1%、71.8% 和 60.8%，而且污染物出水浓度较稳定，耐冲击负荷能力相对较强。在此基础上，利用动态进水试验进一步比较了不同构造的 1.30m 深生态沟渠（沟壁种植狗牙根）对排水中氮、磷去除效果的影响：①植被生态沟渠，在沟底种植相同密度（45 株 /m^2）的常绿苦草；②填料生态沟渠，填料为粒径 4 ～ 6cm 的沸石，采用网带装填后置于沟底，装填厚度为 0.4m；③植被 + 填料生态沟渠，在沟底同时种植常绿苦草并铺设沸石填料。结果表明，在进水污染物 NH_4^+ -N 浓度为 0.17 ～ 1.23mg/L、TN 浓度为 0.86 ～ 6.13mg/L、TP 浓度为 0.11 ～ 0.24mg/L、SS 浓度为 24.0 ～ 70.0mg/L 的条件下，3 种构造生态沟渠对 NH_4^+ -N、TN、TP 和 SS 的去除效率均达到 50% 以上，其中生态沟渠 $E_{草+填}$对污染物的去除效率最高，对 NH_4^+ -N、TN、TP 和 SS 的总平均去除效率均超过 70%，稳定性也相对较强。沟渠中 TN 和 TP 浓度随迁移距离呈指数递减趋势。生态沟渠长度在 110m 时对污染物的处理效果较好。以上结果表明，生态沟渠是有效去除农业面源污染物的技术，在实际应用中可因地制宜地建设 E1.30 规格的生态沟渠，辅以高效吸附氮、磷的材料以及氮、磷高效吸收的植物，并结合小拦截坝等措施以及强化净化反应装置等，进一步提高对农业面源污染物的去除能力。每百亩农田至少建设 110m 长的生态沟渠。

7.2.3　生态塘净化

利用稻田周边的低洼地或断头浜等构建生态塘浜湿地对稻田排水进行净化，是当前常用的技术之一。王晓玲等实测了太湖流域生态塘对水稻生长期内的三场降雨径流氮、磷的拦截去除效果以及降雨径流结束后氮、磷在静水中的去除效应，发现在三场降雨过程中，生态塘对 TN 的平均去除率为 34.7%，对 TP 的平均去除率为 34.8%；生态塘对降雨径流中不同形态氮、磷的去除率大小排序为氨氮（NH_4^+ -N）＞颗粒态氮（PN）＞硝态氮（NO_3^- -N），颗粒态磷（PP）＞溶解态磷（DP），而且径流状态下水体垂向分层氮、磷浓度分布随降雨进行而变化，总体分布规律为底层氮、磷浓度大于表层氮、磷浓度；降雨径流结束后，TN 在生态塘中的去除率为 50.4%，TP 在生态塘中的去除率为 52.3%。生态塘的净化效率与污染负荷、植被类型等有关。刘方平等在江西稻田的研究发现，生态塘对排水中总氮和总磷的去除率达 25.19% 和 30.42%。郑建初等在 2012 ～ 2014 年以面积 5.2hm^2 的区域农田为基本单元，在农田排水沟末端设置生态塘，生态塘中配置以水葫芦为主的养分富集植物来拦截农田流失养分，监测结果发现水稻季农田生态塘水生植物 N、P、K 养分总富集量占整个稻季农田养分流失量的 65.1% ～ 86.2%，农田地表径流水体养分含量明显下降，基本实现达标排放。在此基础上推荐每百亩稻田配置 2 ～ 3 亩（1 亩 ≈667m^2）的生态塘。

7.3　循环利用技术

7.3.1　肥水安全回灌技术

近年来，我国集约化与规模化水产、畜禽养殖业迅速发展，在提高人民生活水平的同时，也带来了大量养殖肥水的排放，进而导致养分资源的浪费和水体环境的污染。而这些养殖肥水中含有大量的氮、磷养分以及有机物，而且以速效养分为主，经过无害化处理后用于农田灌溉，不仅可以补充作物生长的营养物质，提高作物产量，改善作物品质，改良土壤的理化性质，而且可以解决灌溉水资源紧张以及直接排放导致的水环境污染问题。因此，肥水和农村生活污水尾水的农田回灌已被广泛应用于大田作物、蔬菜和果树上。研究表明，牛场肥水氮浓度在 99 ～ 105mg/L 时，冬小麦生育期内进行 2 ～ 3 次肥水施用，与施用化肥相比，冬小麦籽粒中蛋白质质量分数提高 2.5% ～ 5.8%，冬小麦产量提升 4.6% ～ 6.5%。王卫平等研究证实，利用 3×10^6kg/hm^2 肥水代替化肥施用，可以使柑橘的产量增加 8.59%，同时柑橘果实中的可溶性固体含量增加。肥水施用于生菜可提高生菜的产量和干物质累积量。肥水喷施玉米，玉米茎秆粗壮，叶片厚实，叶片颜色浓绿，产量提升明显。牛场肥水用于冬小麦农田，显著增加冬小麦产量，当牛场肥水氮带入量为 240kg/hm^2 时，促进冬小麦籽粒和植株氮积累，氮表观利用率和农学效率相对较高；冬小麦越冬期肥水灌溉与拔节期追施化肥，与纯施用化肥处理相比，冬小麦产量差异不显著。此外，肥水农田利用，不仅可以增加土壤中氮、磷元素的含量，而且可以提高土壤有机质含量，增加土壤孔隙率，改善土壤性质。

肥水灌溉虽然可以替代化肥，提升作物产量和土壤肥力，但施用不当也能带来一些负面影响。如稻-麦轮作系统利用养殖肥水灌溉，在同等化肥用量下，稻、麦两季的氨挥发与 N_2O 排放量均随灌溉肥水氮浓度的提高而增加，与清水对照相比，稻季氨挥发增加 19.7% ～ 40.8%，高氮浓度肥水灌溉处理 N_2O 排放显著增加 68.8%；麦季，高氮浓度肥水灌溉处理氨挥发显著增加 20.2%，中高浓度肥水灌溉处理 N_2O 排放分别显著增加 64.9% 和 120.3%（孙海军等，2015）。而 Khin Thawda Win 等研究发现，牛场肥水施用下稻田的氨挥发排放量极显著低于常规氮肥施用下的稻田。杜会英等发现，冬小麦肥水氮表观利用率和农学效率均随肥水灌溉带入氮量的增加而降低，肥水灌溉带入氮量为 320kg/hm^2，80 ～ 100cm 土层有大量 NO_3^- -N 累积，而且有向下淋溶的趋势，并推荐该实验条件下牛场肥水灌溉冬小麦适宜氮带入量为 160 ～ 240kg/hm^2[53]。靳红梅等发现，由于肥水中含有大量的氮和有机物，施用农田后会为土壤微生物增加大量的碳源和氮源，导致 CH_4 和 N_2O 排放的增加；但孙国峰等的研究结果表明，肥水施用下可以明显减少麦田 N_2O 和 CH_4 的排放。这些结果表明，肥水灌溉应根据土壤类型及养分状况、作物类型及高产养分需求以及肥水本身的养分等状况，科学合理地确定施用时间和施用量，科学替代化肥氮，同时考虑重金属、盐分等有毒有害物质的累积效应，对肥水施用进行科学限量，从而在保证农作物安全高产的同时有效避免可能带来的负面影响。如在稻季基肥时期采取清灌方式，蘖肥施用时期采用中、低 N 浓度养殖肥水灌溉，穗肥时期采用低 N 浓度肥水灌溉；在麦季基肥施用时期采用中、低 N 浓度养殖肥水灌溉，在蘖肥时期采用低 N 浓度的养殖肥水灌溉。设施菜地适量养殖肥水灌溉（全量替代化肥氮且氮用量比传统施肥减量 20%）可显著提高白菜产量和氮、磷吸收量，减少土壤氨挥发，同时不增加土壤氮、磷养分的淋失风险。

为了实现肥水的农田安全回用，亟须加速研究肥水对不同作物的精准施肥技术和高效施肥技术，制定肥水还田相关技术规范，明确不同粪污处理方式下肥水营养成分的含量范围，有针对性地根据农作物的生理习性，评估不同的农田作物对肥水的消纳量，合理使用肥水。在此基础上，加强深入研究肥水长期使用的环境行为和环境效应，研究开发去除畜禽粪污、土壤等重金属的新工艺、新技术、新材料和新设备，保障肥水还田的科学性和系统性，防止对环境造成“二次污染”。

此外，还需出台扶持政策，打通还田“最后 1 公里”。政策指引是行业稳定发展的前提和关键，建议各级政府部门因地制宜出台畜禽粪肥还田利用政策，如鼓励在畜禽养殖密集区域建立粪污集中处理中心，在土地使用、企业贷款等方面给予优惠政策等；培育第三方粪污运输、还田服务公司，对铺设肥水输送管网、建设田间肥水贮存池、购买肥水运输车给予政策支持和资金补贴，持续支持建设肥水输送管网、水肥一体化设施；探索建立种养循环农产品品牌认证制度，实现农产品优质优价等，通过多层次、多角度、系统性的措施来打通肥水还田利用“最后 1 公里”。

7.3.2　湿地化稻田技术

湿地化稻田技术是通过灌溉系统将纳污水体转入人工构建的稻田湿地，利用土壤-微生物-水稻这个复合生态系统的物理、生物和化学的协调作用，通过水稻生长的吸收利用、土壤的吸附和土壤微生物的降解除去污水中氮、磷养分的一种水体污染修复技术[54]。众所周知，稻田是一种特殊的人工湿地，一方面，其作为农业生产系统，提供了我国 2/3 人口的主食，对于确保我国粮食安全举足轻重；另一方面，作为一种特殊的人工湿地系统，在净化污染、蓄滞洪水、补充地下水、保护环境、维护生态平衡中具有重要作用[55]。水稻是一种非常高效的水体净化植物，对水体养分的吸收能力仅次于芦苇和荻，明显高于牛筋草、香蒲、美人蕉等水生植物，而且是唯一可以淹水种植的粮食作物，其生育期内蓄水层的存在使其能够大量消纳净化污水，并利用污水中的氮、磷达到减少化肥投入的目的。我国稻田面积大，而且分布广阔，在消纳净化富营养水体方面有巨大潜力。与常规人工湿地相比，稻田湿地直接利用现有稻田资源，可大大降低湿地建设成本，而且修复工艺流程简单、运行管理方便。在实际应用中，往往借助于合理的布水灌溉方式和适当的施肥处理，使得水体净化效果和水稻生长状况达到最佳。稻田湿地对水体养分的修复效率受到灌水方式、养分管理、土壤性质、污水类型等因素的影响。

Li 等[56, 57]发现采用农村生活污水替代地表水灌溉稻田湿地可在保证产量的同时高效除磷，去除效率高达 75.2% ～ 98.2%，稻田湿地对三种生活污水中总磷的去除率依次为灰水＞生活污水＞黑水。袁俊吉等[58]研究了稻田生态系统在垄作、平作以及在不同施肥条件下对外源污水中氮的消纳效果，认为利用稻田生态系统在一周内就可以有效控制污水中的无机氮。Sun 等[59]采用工程规模的稻田-人工湿地耦联技术处理农村面源污水，该技术对总 N 的去除率达 57.3%，每年对总氮、总磷的平均去除量相当于 295kg/hm^2 和 25kg/hm^2，分别比人工湿地单独处理高 40% 和 25%。正常灌溉下，太湖流域每公顷稻田一季可消纳尾水 5000t 左右，可利用生活污水中的氮 100 ～ 130kg，减少化肥投入 40% ～ 50%，并保证水稻高产和环境安全[60]。通过在稻田内部设计沟渠将其改造成沟灌渗滤型稻田湿地，连续进水并保证水力停留时间在 5 ～ 7d，就能保证出水总氮浓度稳定在 2mg/L 以下，达到地表水（湖库）Ⅴ类水标准，而且对外源污水的消纳处理能力大幅加强，水稻旺盛生长期的日处理水量可达 160 ～ 200m^3/hm^2[61]。最新研究表明，生活污水或处理过的生活污水尾水由于富含有机物和有益微生物，碳氮比低，可以促进稻田还田秸秆的腐解，降低土壤中亚铁和有机酸含量，显著提高土壤脲酶、过氧化氢酶活性等，从而有效缓解秸秆还田初期对水稻幼苗生长的不利影响，改善水稻生长状况，提升氮、磷利用效率[62, 63]。在不减少化肥氮用量条件下，生活污水灌溉促进了氧化亚氮和甲烷的排放，但在考虑到污水灌溉带入的氮而减少化肥施用条件下，污水灌溉能显著减缓秸秆还田下稻田的甲烷排放，整体的全球增温潜势（GWP）有下降趋势。不同生活污水尾水氮替代化肥氮比例的试验表明，当替代比例为 30% ～ 45% 时，可保证稻田高产并有效减少氮损失[64]。而稻田在我国广泛分布，太湖流域耕地中近 80% 均为稻田，因此利用稻田来消纳净化面源污水的潜力巨大。

周元等[65]将养殖池塘周边充裕的土地作为稻田湿地来处理净化池塘养殖肥水，发现池塘养殖肥水在稻田中滞留 8h 以上，稻田对肥水中 TN、TP、NO_3^- -N、NH_4^+ -N 和 COD_{Mn} 的去除率分别为 65.23%、71.97%、87.28%、66.84% 和 51.06%，高于人工湿地；利用池塘养殖肥水灌溉，不施肥时也能获得较高产量（7950kg/hm^2），减少化肥用量 20% 可实现 9000kg/hm^2 以上高产。吴启侠等[66]研究了不同稻田灌溉模式对养殖尾水的净化效果，结果表明间歇灌溉排水和间歇灌溉连续排水方式下稻田湿地系统对污水中氮、磷养分的去除率要高于平衡灌溉方式。还有研究在滇池湖滨免耕种植水稻来处理净化滇池水，发现水稻对滇池水体中 TP、TN 的去除率分别达到 40.4% ～ 80.7%、43.9% ～ 88.0%，水稻湿地还可调节浮游植物的总量和多样性，浮游植物数量和微囊藻数量在水稻分蘖期、孕穗期和灌浆期均有不同程度的减少。浮游植物种类从 5 ～ 6 种增加到 10 ～ 11 种，微囊藻的优势度降低了 74.2% ～ 96.8%[67]。Zhou 等[68]选用饲料稻品种，在日本 Sannogawa 河旁构建了稻田湿地以修复富营养化河水，发现稻田湿地对河水中有机氮、氨态氮、硝态氮和亚硝态氮的去除量分别为 43mg/（m^2·d）、10mg/（m^2·d）、129mg/（m^2·d）和 4mg/（m^2·d），整个水稻生长季节对水体中氮的去除总量可达 30.6g/m^2[69-71]。

除了外源污水之外，稻田湿地还可通过循环灌排系统对自身排水进行净化。日本的实践应用表明，通过采用循环灌排系统，稻田尾水磷排放量仅为 0.27 ～ 0.63kg/hm^2，远低于常规管理排放量（2.62 ～ 3.13kg/hm^2），稻田每年最高可减少灌溉水体中的氮、磷达 5.46kg/hm^2 和 2.87kg/hm^2。

7.3.3 养分回收再利用技术

对于那些不能直接农田回用的生活污水工程尾水和养殖肥水等，可通过养分高效吸收型水生植物和高效吸附氮、磷的绿色环境材料等进行养分回收后再利用。目前利用水生植物净化生活污水尾水 / 养殖肥水的技术已比较成熟，并逐步走向工程化应用。因地制宜建设一些水生植物净化塘，利用水生植物的养分高效吸收功能对尾水 / 肥水中的氮、磷等养分进行吸收富集，水生植物收割处理后可直接回田，或者加工成有机肥后回用到农田，从而使得尾水中的氮、磷养分得到资源化再利用。研究表明，去除氮效果较好且在实践中应用较多的水生植物包括凤眼莲、狐尾藻、铜钱草、芦苇、再力花、美人蕉、灯芯草、睡莲、菖蒲、金鱼藻、马来眼子菜、菹草、菱、蕹菜、慈姑、茭白等。Sinha 将水葫芦与浮萍和蓝绿藻组合后处理生活污水，BOD、硝酸盐和磷酸盐的去除率均在 90% 以上。尾水中氮的去除除了水生植物的直接吸收外，微生物的硝化、反硝化起主要作用。为了保证对尾水的净化效果，确保出水水质，可以合理搭配沉水植物、挺水植物及漂浮植物，形成不同的水生植物系统；水生植物净化塘可采用多级串联形式，采用不同的水生植物塘组合；而且必须保证一定的面积规模，面积规模大小与采用的水生植物种类和污水中氮、磷浓度有关。利用凤眼莲净化生活污水工程尾水，尾水生产能力（t 或 m^3）与净化塘水面面积（m^2）以 1∶3 至 1∶5 为宜，而且凤眼莲种苗最佳初始投放量为 0.5 ～ 1.0kg/m^2。江苏省农业科学院采用凤眼莲对南京市高淳东坝污水处理厂的尾水进行净化，尾水经过三级串联净化塘净化后，平均总氮和氨氮浓度分别由进水的（9.86±3.51）mg/L 和（0.49±0.09）mg/L 降低至出水的（2.51±1.52）mg/L 和（0.20±0.08）mg/L，其中 7 月和 8 月出水总氮浓度平均为（1.47±0.27）mg/L，可以达到《地表水环境质量标准》（GB 3838—2002）Ⅳ类水标准。中国科学院亚热带农业生态研究所利用绿狐尾藻构建生态湿地消纳养殖废水中的氮、磷，对养殖废水中氨氮的去除率可达 90% 以上。

为了达到预期的净化效果，水生植物生长到一定时期后必须进行收割。如凤眼莲适宜多次采收，采收标准为生物量达 20 ～ 25kg/m^2，每次采收量为 2/3。水生植物可作为绿肥直接还田，如水葫芦晒干后直接还田，施用量 4500kg/hm^2 下能够显著提高水稻产量；麦田施用时以 10.8 ～ 13.5kg/m^2 为宜，施用后土壤N、P、K、有机质含量较高，而且对产量影响不大，当季还可节约施用化肥氮 141.75kg/hm^2、磷 36 ～ 45kg/hm^2，并可免施钾肥。有些水生植物如绿狐尾藻因含有较高的蛋白质、粗纤维等，还可加工成优质饲料用于养殖业。采收后的水生植物经机械挤压脱水后可与作物秸秆、清淤底泥、畜禽粪便、蓝藻藻泥等辅料混合后加工成有机肥。江苏省农业科学院还专门研发了一套用于水生植物采收、脱水和粉碎的小型化移动式装备，可实现水生植物的快速采收、粉碎脱水，并制定了水葫芦高温堆肥技术操作规程（DB32/T 1872—2011），生产的有机肥能达到国家相关标准。研究表明，水生植物有机肥的农田利用效果同商品有机肥，最佳化肥替代比例为 20% ～ 30%。

近年来，利用对水体中铵离子、磷酸根离子具有强选择吸附性的环境材料来去除面源污水中的氮、磷，也得到了大量的研究。目前应用较多的吸附剂有黏土类（沸石、硅藻土、高岭土、凹凸棒土、膨润土等）、废渣类（粉煤灰、煤矸石、花生壳、甘蔗渣）、炭类（活性炭、生物炭）等。其中利用农业废弃物如稻麦秸秆、花生壳、甘蔗渣等制成的吸附剂用于污水中氨氮的净化已取得了良好进展，而且成本低、环境友好；吸附氨氮后还可作为土壤添加剂施入农田，从而改善土壤结构，增加土壤肥力，提高养分利用效率，实现面源污水中氮从水体向农田的安全有效转移。研究发现，桉树废木屑制备的生物炭对氨氮的最大吸附量为 1.24mg/g，稻壳生物炭对氨氮的平均吸附量为 1.78mg/g，硝酸改性后的竹炭对氨氮的去除率由 20.1% 提高到了 82.2%；$KMnO_4$ 改性后的玉米芯生物炭是改性前的 5.64 倍，用铁、镁金属离子改性的生物炭分别是改性前的 1.6 倍和 3.2 倍，铁镁联合改性对氨氮的吸附提高了 3.5 倍。此外，利用微生物改性生物炭也能提高其对废水的处理效果，固定了硝化与反硝化微生物的生物炭对氨氮的去除率达到了 70% 以上，固定了光合细菌的生物炭对水中的 COD、氨氮和磷酸根都有明显的去除效果。

生物炭施入土壤后，能够提高土壤对氨氮和硝氮的固持作用，从而提高氮肥利用率。此外，研究发现生物炭吸附的氮可以再次释放，而且是植物可吸收利用的有效态。但目前将吸附氨氮的生物炭材料用于还田的研究还鲜有报道。江苏省农业科学院以生物炭及镁改性生物炭为材料，吸附氮素后施用于稻田，小区试验结果表明，施加吸附氮后的生物炭处理的氮素损失比对照处理降低了 10% 左右（数据尚未发表），说明利用生物炭作为载体吸附净化面源污水中的氮素并归还于土壤是可行的，但对作物增产及土壤培肥的效果等还有待进一步验证。

7.4 4R 防控技术体系

7.4.1 4R 防控技术体系组成

针对集约化稻田化肥施用量高以及河网区氮、磷迁移路径短引起的氮、磷流失负荷大等问题，杨林章研究团队以减少农田氮、磷投入为核心，以拦截农田径流排放为抓手，以实现排放氮、磷回用为途径，以水质改善和生态修复为目标，研发了高产环保的稻麦农田养分精投减投，流失氮、磷的多重生态拦截，环境源氮、磷养分的农田安全再利用以及污染水体的生态修复等关键技术，形成了可复制、可推广的“源头减量-过程拦截-养分循环利用-生态修复”的农田氮、磷流失综合治理 4R 集成技术（图 7-9），并在《农业环境科学学报》发表了专栏文章对 4R 技术及应用成效进行了系统的介绍。

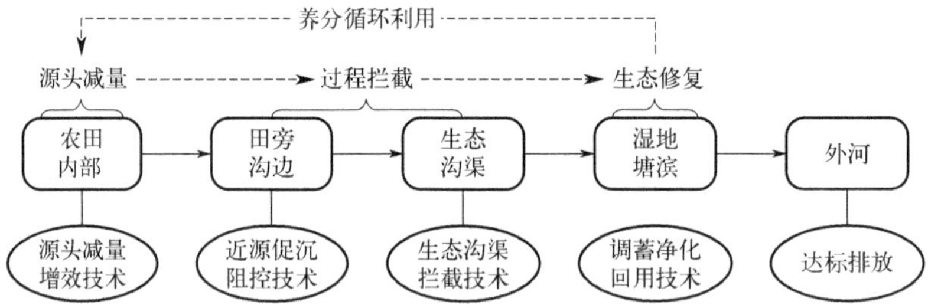

图 7-9 基于 4R 的农田氮、磷流失全程防控成套技术

四大关键技术：

（1）农田氮、磷投入源头减量技术 针对高度集约化稻麦农田，应根据作物高产养分需求规律以及土壤供肥特征等进行测土配方施肥，在此基础上，采用新型缓控释肥替代减量、有机肥部分替代、追肥采用叶色或光谱诊断按需施肥技术等来提高肥料利用率。通过农田氮、磷投入源头减量技术，在保证水稻高产的基础上，减少氮肥投入 10% ～ 20%，提高氮肥农学效率 10% ～ 20%，减少氮排放 30% 以上。

（2）农田径流排放的过程拦截技术 采用农田排水原位促沉技术与生态拦截沟渠技术。农田排水原位促沉技术是在农田排水口处建设促沉池（内填高效吸附氮、磷材料），促使农田排水中泥沙等悬浮物沉降并对氮、磷进行吸附拦截。生态拦截沟渠技术是将原有的土质沟渠进行生态强化或者对原有的水泥沟渠进行生态化改造，沟渠和沟壁种植高效吸收氮、磷的植物（可搭配经济植物），并间隔配置小拦截坝和拦截箱等延长水力停留时间（内装氮、磷吸附材料，并可种植水生植物），不需额外占用耕地、资金投入少、易于推广应用。通过农田径流排放的过程拦截技术，在保障农田排水的同时，对排水中的氮、磷进行高效去除，氮、磷的拦截率在 40% 以上。

（3）养分循环利用技术　环境源养分包括农田尾水、富营养化河水、生活污水尾水及沼液等低污染水，通过直接灌溉、汇流后灌溉等将环境源养分进行农田回用。此外，将作物秸秆直接还田或炭化后还田，水生植物制成有机肥还田，沼液直接还田等，均可实现养分的循环回用。通过养分循环利用技术，可实现氮、磷养分的回用，减少稻田氮肥投入 20% ～ 40%，减少氮、磷排放 40% 以上。

（4）富营养化水体的生态修复技术　采用生态湿地塘技术或者河道生态修复强化净化技术对水体进行生态修复，通过高效吸收氮、磷植物群落的合理搭配（经济型、景观型）、生态浮床 / 岛的组合应用、水位落差的设计以及高效脱氮除磷环境材料与微生物的应用等，形成了农田面源污染治理的最后一道屏障。同时，水生植物定期收获后进行资源化再利用，生产有机肥再回用到农田。

7.4.2　4R 防控技术体系的优势及理论突破

（1）系统控制的理念突破　农业面源污染防控的 4R 理论改变了以往污染治理“头疼医头、脚痛医脚”的末端治理思路，采用顶层设计和系统控制的理念，通过源头减量、过程拦截、循环利用和生态修复四个环节的综合管控，实现了面源污染从农田发生、沿沟渠迁移、湿地塘消纳到末端水体的全过程覆盖和无缝对接，大大提高了面源污染的防控效果。此外，4R 理论重点强调了污染的源头管控是关键，并提出了通过养分资源再利用来减少污染的技术途径，同时要把技术示范和工程应用相结合，把面源污染防控与生态文明建设相结合。这些理念上的突破引领了我国农业面源污染控制逐渐由单项技术走向集成技术，再到技术体系的发展，污染治理实践也从单点控制向系统控制转变。

（2）开放共享的技术框架　在 4R 理论指导下，每个“R”都是一个独立的技术模块，都有针对性的技术体系，而且技术可随着时代的进步不断更新迭代。4R 技术提出了一个面向未来、开放包容的技术框架体系，其他人研发的相关技术均可嵌套进来，从而使技术体系更加完善，适用范围更广，这也保证了 4R 理论具有长久旺盛的生命力，也是 4R 理论和技术体系能在全国推广应用的所在。如源头减量（reduce）方面，“十一五”期间研发的“水稻缓控氮肥部分替代技术”，“十二五”期间逐渐更新升级为“缓控释掺混肥一基一追技术”，“十三五”期间随着水稻插秧侧深施肥机械的发展、农业经营模式的转变等，技术升级迭代为“缓控释掺混肥一次性深施技术”。

（3）提出了基于氮肥产量响应曲线和氮流失曲线的作物高产环保的施氮量确定方法，为氮肥科学减量提供了理论依据　当前的化肥减量额度多凭经验，减量过多会造成产量损失风险，减量不足则减排效果不明显。通过 10 多年的长期定位观测试验，提出了基于氮肥产量响应曲线以及氮素径流损失曲线的稻田高产且氮素流失最小化的施氮量确定方法（图 7-10），为氮肥科学减量额度的计算提供了理论依据。根据这一发现，科学确定了稻田系统氮肥的减量空间为 15% ～ 30%，可减少稻田氮径流排放 30% ～ 40%，同时保证了作物的高产、稳产。

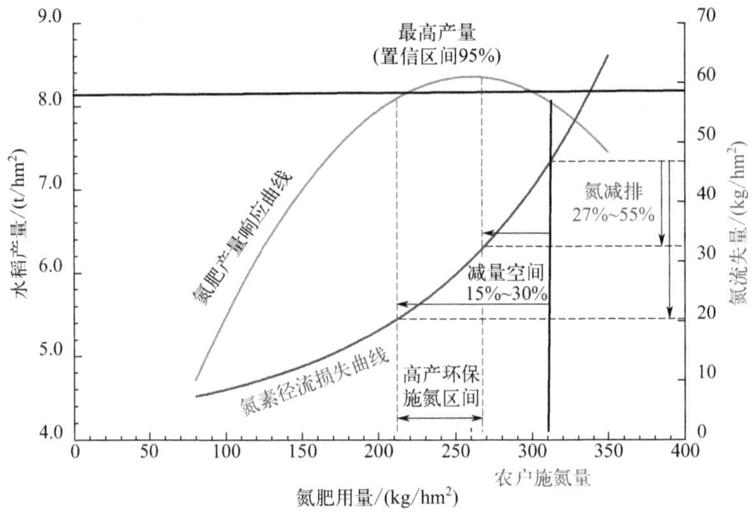

图 7-10　作物高产环保施氮量的确定方法（以水稻为例）

7.4.3　4R 技术体系的应用案例

在 4R 理论与技术的指导下，研究团队“十一五”到“十三五”期间在无锡胡埭直湖港流域、竺山湾区域、宜兴周铁、江苏镇江、南京六合等地建设了多个示范区。其中，2016 ～ 2018 年在镇江姚桥镇打造了万亩级别的稻麦农田面源污染综合防控基地，因地制宜地进行了稻麦周年化肥源头减量、过程拦截、养分再利用和生态修复技术的应用与工程示范。化肥源头减量方面，稻季主要应用示范的有基于水稻插秧侧深施肥一体化的新型缓控释肥技术及基于化肥总量削减-运筹优化-叶色诊断穗肥的精确施氮技术；麦季主要示范的是基于化肥总量削减的运筹优化技术、有机肥与无机肥配施技术和稻麦周年磷肥优化运筹技术。在过程拦截方面，主要应用示范了农田排水的促沉净化技术、生态拦截沟渠和湿地塘净化技术，在核心示范区的农田排水口安装了 2 处小型净化反应器和 3 处大型促沉池，建设了 3 条生态拦截沟渠（长度分别为 660m、330m 和 420m，合计 1410m），并利用废弃的垃圾堆放地建设了一处大型的净化湿地塘（48000m^2，约 72 亩），平常核心示范区所有的地表径流均汇集到该湿地塘进行净化，大暴雨时高浓度污染物的初期地表径流汇集在该湿地塘，后期的低浓度径流则经旁路系统直接排放至河道，基本实现了核心示范区农田排水的全部拦截与净化，正常降雨年份下可实现核心示范区农田排水不外排。此外，对核心示范区的农田汇水重污染河道上社河的水质也进行了强化净化，建立了 1km 长的河道水质修复工程，包括生态岸坡、强化净化生态浮岛、河道滨水生态系统构建以及漂浮水生植物净化带建设。每年 11 月份，对河道及湿地的水生植物进行收获，收获后的水生植物进行堆肥后重新回用到农田。

两年的运行监测效果表明，采用基于新型缓控释掺混肥的水稻插秧侧深施肥一体化技术，在化肥减量 27%（施氮量可由正常的 337.5kg/hm^2 降低到 240kg/hm^2）条件下，产量由对照的 8.16t/hm^2 增加到 8.92t/hm^2，氮肥利用率由 36.2% 提高到 48.5%，氨挥发损失率由 27.9% 降低到 13%，径流氮浓度也降低了近 50%（由 3.70mg/L 降低到 1.95mg/L），净收益增幅 17%。生态沟渠对农田排水中氮、磷的平均去除率分别为 40.7% 和 43.7%，农田排水中总氮浓度有 80% 的时间低于 2mg/L，达到国家地表水Ⅴ类水标准。示范区河道水质明显改善，TN、NH_4^+-N、TP 和 COD_{Cr} 浓度分别下降 28.9%、30.4%、21.9% 和 35.5%，达到地表Ⅴ类水标准。

"南方水网区农田氮、磷流失治理集成技术"入选农业农村部 2018 年度十大引领性技术和 2019 年度主推技术，已在江苏、浙江、江西、安徽、湖南、湖北等地进行了大面积应用，在保证产量的前提下可有效减少化肥氮、磷投入，降低农田氮、磷污染负荷 30% 以上，农田排水水质可达地表水Ⅴ类水标准，区域水体环境明显改善，为我国南方水网区集约化稻田的面源污染控制提供了示范样板。

参考文献

[1] 王海，席运官，陈瑞冰，等. 太湖地区肥料、农药过量施用调查研究. 农业环境与发展，2009, 26(3): 10-15.
[2] 薛峰，颜廷梅，乔俊，等. 太湖地区稻田减量施肥的环境效益和经济效益分析. 生态与农村环境学报，2009, 25(4): 26-31, 51.
[3] 赵冬，颜廷梅，乔俊，等. 稻季田面水不同形态氮素变化及氮肥减量研究. 生态环境学报，2011, 20(4): 743-749.
[4] 崔玉亭，程序，韩纯儒，等. 苏南太湖流域水稻经济生态适宜施氮量研究. 生态学报，2000, 20(4): 659-662.
[5] 黄进宝，范晓晖，张绍林，等. 太湖地区黄泥土壤水稻氮素利用与经济生态适宜施氮量. 生态学报，2007, 27(2): 588-595.
[6] 闫德智，王德建，林静慧. 太湖地区氮肥用量对土壤供氮，水稻吸氮和地下水的影响. 土壤学报，2005, 42(3): 440-446.
[7] 张刚，王德建，陈效民. 稻田化肥减量施用的环境效应. 中国生态农业学报，2008, 16(2): 327-330.
[8] 俞映倞，薛利红，杨林章. 太湖地区稻麦轮作系统不同氮肥管理模式对麦季氮素利用与流失的影响研究. 农业环境科学学报，2011, 30(12): 2475-2482.
[9] 俞映倞，薛利红，杨林章. 不同氮肥管理模式对太湖流域稻田土壤氮素渗漏的影响. 土壤学报，2011, 48(5):988-995.
[10] 薛利红，俞映倞，杨林章. 太湖流域稻田不同氮肥管理模式下的氮素平衡特征及环境效应评价. 环境科学，2011, 32(4): 222-227.
[11] 刘宏斌，李志宏，张维理，等. 露地栽培条件下大白菜氮肥利用率与硝态氮淋溶损失研究. 植物营养与肥料学报，2004, 10(3):286-291.
[12] 闵炬，施卫明. 不同施氮量对太湖地区大棚蔬菜产量、氮肥利用率及品质的影响. 植物营养与肥料学报，2009, 15(1): 151-157.
[13] 高佳佳，雷金繁，陈竹君，等. 施肥对新建日光温室番茄产量及土壤养分含量的影响. 干旱地区农业研究，2012, 30(1): 19-24.
[14] Min J, Zhao X, Shi W M, et al. Annual nitrogen balance and losses in greenhouse vegetable systems in south -eastern China. Pedosphere, 2011, 21(4):464-472.
[15] 陆扣萍，谢寅峰，闵炬，等. 不同施氮量对大棚莴苣根系形态及产量和品质的影响. 土壤，2011, 43(4):542-547.
[16] 覃夏，王绍华，薛利红. 江西鹰潭地区早稻氮素营养光谱诊断模型的构建与应用. 中国农业科学，2011, 44(4): 691-698.
[17] 陈清，张福锁. 蔬菜养分资源综合管理理论与实践. 北京：中国农业大学出版社，2005.
[18] He F F, Chen Q, Jiang R F, et al. Yield and nitrogenbalance of greenhouse tomato(Lycopersicum esculentum Mill.)with conventional and site-specific nitrogen management in northern China. Nutrient Cycling in Agroecosystem, 2007, 77:1-14.
[19] 谭德水，江丽华，张骞，等. 南四湖过水区不同施肥模式下农田养分径流特征初步研究. 植物营养与肥料学报，2011, 17(2): 464-471.
[20] 林超文，罗春燕，庞良玉，等. 不同耕作和覆盖方式对紫色丘陵区坡耕地水土及养分流失的影响. 生态学报，2010, 30(22): 6091-6101.
[21] 徐泰平，朱波，况福虹，等. 平衡施肥对紫色土坡耕地磷素径流流失的影响. 农业环境科学学报，2006, 25(4):1055- 1059.
[22] 黄程鹏，吴家森，许开平，等. 不同施肥山核桃林氮磷径流流失特征. 水土保持学报，2012, 26(1): 43-47.
[23] 王云，徐昌旭，汪怀建，等. 施肥与耕作对红壤坡地养分流失的影响. 农业环境科学学报，2011, 30(3): 500-507.
[24] 徐培智，郑惠典，张育灿，等. 水稻缓释控释肥的增产效应与环保效应. 生态环境，2004, 13(2): 227-229.
[25] 张丽娟，马中文，马友华，等. 优化施肥和缓释肥对水稻田面水氮磷动态变化的影响. 水土保持学报，2012, 26(1): 90-95.
[26] 鲁艳红，纪雄辉，郑圣先，等. 施用控释氮肥对减少稻田氮素径流损失和提高水稻氮素利用率的影响. 植物营养与肥料学报，2008.
[27] 王艳华，邱现奎，胡国庆，等. 控释肥对坡地农田地表径流氮磷流失的影响. 水土保持学报，2011, 25(2): 10-15.
[28] 刘红江，郑建初，陈留根，等. 秸秆还田对农田周年地表径流氮、磷、钾流失的影响. 生态环境学报，2012, 21(6): 1031-1036.
[29] 吴俊，樊剑波，何园球，等. 不同减量施肥条件下稻田田面水氮素动态变化及径流损失研究. 生态环境学报，2012, 21(9):1561-1566.
[30] 谭德水，江丽华，张骞，等. 不同施肥模式调控沿湖农田无机氮流失的原位研究：以南四湖过水区粮田为例. 生态学报，2011, 31(12):3488-3496.
[31] 黄东风，王果，李卫华，等. 不同施肥模式对小白菜生长、营养累积及菜地氮、磷流失的影响. 中国生态农业学报，2009, 17(4):619-624.
[32] 孙海军，闵炬，施卫明，等. 硝化抑制剂施用对水稻产量与氨挥发的影响. 土壤，2015, 47(6): 1027-1033.
[33] 冯彦房，薛利红，杨梖，等. 载镧生物炭的优化制备及其对水体中砷的吸附. 中国环境科学，2015, 35(8): 2433-2441.

[34] Lehmann J. A handful of carbon. Nature, 2007, 447(7141): 143-144.
[35] 李飞跃，谢越，石磊，等. 稻壳生物质炭对水中氨氮的吸附. 环境工程学报，2015, 9(3): 1221-1226.
[36] 李卓瑞，韦高玲. 不同生物炭添加量对土壤中氮磷淋溶损失的影响. 生态环境学报，2016, 25(2): 333-338.
[37] 陆扣萍，闵炬，施卫明，等. 不同轮作模式对太湖地区大棚菜地土壤氮淋失的影响. 植物营养与肥料学报，2013, 19(3): 689-697.
[38] 闵炬，孙海军，陈贵，等. 太湖地区集约化农田氮素减排增效技术实践. 农业环境科学学报，2018, 37(11):2418-2426.
[39] Min J , Sun H , Wang Y, et al. Mechanical side-deep fertilization mitigates ammonia volatilization and nitrogen runoff and increases profitability in rice production independent of fertilizer type and split ratio. Journal of Cleaner Production, 2021, 316:128370.
[40] Shi W M, Yao J, Yan F. Vegetable cultivation under greenhouse conditions leads to rapid accumulation of nutrients, acidification and salinity of soils and groundwater contamination in South-Eastern China. Nutrient Cycling in Agroecosystems, 2009, 83(1): 73-84.
[41] Xing G X, Shi S L, Shen G Y, et al. Nitrous oxide emissions from paddy soil in three rice-based cropping systems in China. Nutrient Cycling in Agroecosystems, 2002, 64(1/2): 135-143.
[42] Min J, Zhao X, Shi W M, et al. Nitrogen balance and loss in a greenhouse vegetable system in southeastern China. Pedosphere, 2011, 21(4): 464-472.
[43] 温樱，王东. 底肥分层条施提高冬小麦干物质积累及产量. 植物营养与肥料学报，2017, 23(5): 1387-1393.
[44] 张岳芳，周炜，王子臣，等. 氮肥施用方式对油菜生长季氧化亚氮排放的影响. 农业环境科学学报，2013, 32(8): 1690-1696.
[45] 姜振萃. 太湖地区菜地机械施肥和有机替代技术应用及环境效应评价. 北京：中国科学院大学，2018.
[46] 乔俊，颜廷梅，薛峰，等. 太湖地区稻田不同轮作制度下的氮肥减量研究. 中国生态农业学报，2011, 19(1): 24-31.
[47] 薛利红，杨林章，施卫明，等. 农村面源污染治理的“4R”理论与工程实践——源头减量技术. 农业环境科学学报，2013, 32(5):8.
[48] 汤秋香，任天志，雷宝坤，等. 洱海北部地区不同轮作农田氮、磷流失特性研究. 植物营养与肥料学报，2011, 17(3): 608-615.
[49] 诸海焘，余廷园，田吉林. 绿肥-水稻轮作体系中氮肥适宜用量研究. 上海农业学报，2008, 24(4): 60-64.
[50] 卢萍，单玉华，杨林章，等. 绿肥轮作还田对稻田土壤溶液氮素变化及水稻产量的影响. 土壤，2006, 38(3): 270-275.
[51] Min J, Zhang H L, Shi W M. Optimizing nitrogen input to reduce nitrate leaching loss in greenhouse vegetable production. Agricultural Water Management, 2012(111): 53-59.
[52] 陆扣萍，闵炬，李蒙，等. 施氮量对太湖地区设施菜地年氮素淋失的影响. 农业环境科学学报，2012, 31(4):706-771.
[53] 杜会英，冯洁，张克强，等. 牛场肥水灌溉对冬小麦产量与氮利用效率及土壤硝态氮的影响. 植物营养与肥料学报，2016, 22(2):536-541.
[54] 孙志萍，秦琳，刘耀斌，等. 水稻对富营养化水体生态修复效应及其研究进展. 中国水稻科学，2018, 32(5):509-518.
[55] 曹志洪，林先贵，杨林章，等. 论“稻田圈”在保护城乡生态环境中的功能Ⅱ. 稻田土壤氮素养分的累积、迁移及其生态环境意义. 土壤学报，2006, 43(2): 256-260.
[56] Li S, Li H, Liang X Q, et al. Phosphorus removal of rural wastewater by the paddy-rice-wetland system in Tai Lake Basin. Journal of Hazardous Materials, 2009: 171: 301-308.
[57] Li S, Li H, Liang X Q, et al. Rural wastewater irrigation and nitrogen removal by the paddy wetland system in the Tai Lake region of China. Journal of soils and sediments, 2009, 9(5): 433-442.
[58] 袁俊吉，马永玉，周鑫斌，等. 稻田生态系统对污水中无机态氮的消纳. 西南大学学报(自然科学版)，2009, 31(9): 7-15.
[59] Sun H J, Zhang H L, Yu Z M, et al. Combination system of full-scale constructed wetlands and wetland paddy fields to remove nitrogen and phosphorus from rural unregulated non-point sources. Environ Geochem Health, 2013, 35(6): 801-809.
[60] 马资厚，薛利红，潘复燕，等. 太湖流域稻田对3种低污染水氮的消纳利用及化肥减量效果. 生态与农村环境学报，2016, 32(4): 570-576.
[61] 薛利红，杨林章. 太湖流域稻田湿地对低污染水中氮磷的净化. 环境科学研究，2015, 28(1):117-124.
[62] 徐珊珊，侯朋福，范立慧，等. 生活污水灌溉对麦秸还田稻田氨挥发排放的影响. 环境科学，2016, 37(10): 3963-3970.
[63] 尹爱经，薛利红，杨林章，等. 生活污水氮磷浓度对水稻生长及氮磷利用的影响. 农业环境科学学报，2017, 36(4): 768-776.
[64] Yin A, Duan J, Xue L, et al. High yield and mitigation of N-loss from paddy fields obtained by irrigation using optimized application of sewage tail water. Agriculture, Ecosystems and Environment, 2020, 304: 107137.
[65] 周元，朱建强，李谷，等. 稻田对池塘养殖肥水的吸收利用效果研究. 灌溉排水学报，2011, 30(5):78-81.
[66] 吴启侠，朱建强，李谷，等. 不同水管理模式下稻田对养殖尾水的净化效果研究. 灌溉排水学报，2011, 30(4): 5-9.
[67] 郭艳英，潘珉，何锋，韩亚平. 一种湿地建设的替代模式——滇池湖滨无耕作水稻种植及初步研究. 中国环境科学学会学术年会论文集. 武汉：中国环境科学学会，2009: 486-491.
[68] Zhou S, Hosomi M. Nitrogen transformations and balance in a constructed wetland for nutrient-polluted river water treatment using forage rice in Japan. Ecol Eng, 2008, 32(2): 147-155.
[69] Takeda I, Fukushima A, Tanaka R. Non-point pollutant reduction in a paddy-field watershed using a circular irrigation system. Water Research, 1997, 31: 2685-2692.
[70] Feng Y W, Yoshinaga I, Shiratani E, et al. Characteristics and behavior of nutrients in a paddy field area equipped with a recycling irrigation system. Agricultural Water Management, 2004, 68(1): 47-60.
[71] Hama T, Aoki T, Osuga K, et al. Reducing the phosphorus effluent load from a paddy-field district through cyclic irrigation. Ecological Engineering, 2013, 54:107-115.

中国肥料研究与应用全书

Books of Fertilizer Research and Application in China

FERTILIZER

第8章

我国典型种植系统施肥与环境效应

8.1 粮食作物种植系统施肥与环境效应

8.1.1 我国主要粮食作物养分平衡

2005～2014年2000多个县860万条三大粮食作物农户调研数据表明，三大粮食作物均呈现氮盈余状态（表8-1），全国小麦、玉米和水稻氮盈余县域播种面积加权平均分别为122kg（N）/hm^2、134kg（N）/hm^{2}和140kg（N）/hm^2，三大粮食作物每年总氮盈余11.34Mt。三大粮食作物氮盈余存在很大的空间变异，小麦氮盈余的县域变异为−18～505kg（N）/hm^2，玉米为−134～538kg（N）/hm^2，水稻为−97～562kg（N）/hm^2。

表8-1 中国农业生产中小麦、玉米和水稻的氮收支 单位：Mt

氮收支	小麦	玉米	水稻	总量
化肥氮投入	4.70	6.43	5.22	16.4
有机肥氮投入	0.33	0.63	0.32	1.28
氮沉降	0.48	0.64	0.59	1.71
生物固氮	0.12	0.16	0.89	1.17
总氮投入	5.63	7.86	7.02	20.5
氮产出	2.71	3.57	2.89	9.16
氮盈余	2.92	4.29	4.13	11.34

三大粮食作物氮素总投入为20.5Mt，其中化肥氮投入占比74%～84%，有机肥氮投入占比5%～8%，氮沉降占比8%，生物固氮占比2%～13%。小麦、玉米和水稻的单位播种面积氮素投入分别为235（39～574）kg（N）/hm^2、246（29～632）kg（N）/hm^{2}和237（50～655）kg（N）/hm^2。化肥氮投入是最大的投入项，小麦、玉米和水稻的平均化肥氮投入分别为197kg（N）/hm^2、201kg（N）/hm^{2}和176kg（N）/hm^2。有机肥氮投入是氮素投入的另一主要投入项，但其对总氮投入的贡献仅为11～20kg（N）/hm^2。有机肥氮投入大于40kg（N）/hm^{2}的县仅占全部调研县的13%～26%，这些县主要分布于西南和西北地区。与有机肥氮投入和其他投入项相比，化肥氮投入对全国氮盈余的贡献最大。三大粮食作物大多数县（分别为93%、94%和97%的小麦县、玉米县和水稻县）的化肥氮投入超过氮产出。相比之下，仅在西北和西南的少数县（占全国调研县的5%）有机肥氮投入超过氮产出。

三大粮食作物总氮产出为9.16Mt，小麦、玉米和水稻单位播种面积氮产出分别为113（8～237）kg（N）/hm^2、112（7～241）kg（N）/hm^{2}和97（40～147）kg（N）/hm^2。氮产出大于120kg（N）/hm^{2}的县分别占全国小麦、玉米和水稻种植总县的32%、22%和7%。全国平均氮素利用效率为0.45（小麦、玉米和水稻分别为0.48、0.45和0.41）。氮素投入远大于氮产出导致三大粮食作物的氮素利用效率较低，三大粮食作物35%～46%的调研县的氮素利用效率低于 0.4。

同时，对于三大粮食作物的磷、钾收支，在投入只考虑化肥和有机肥投入，产出为地上部养分带走量的情况下，全国农户调研数据还表明，小麦、玉米和水稻的磷（P）收支分别为 25kg（P）/hm^2、17kg（P）/hm^2 和 −1.1kg（P）/hm^2，水稻表现出轻微的磷素亏缺，而三大粮食作物的钾（K）素均为亏缺状态，分别为 −50kg（K）/hm^2、−55kg（K）/hm^2 和 −67kg（K）/hm^2。化肥仍为主要投入项，有机肥投入中，小麦和玉米的磷、钾有机肥投入量较水稻高。

8.1.2　我国主要粮食作物氧化亚氮排放

基于全国粮食作物氧化亚氮（N_2O）排放的 260 篇文献，590 个点年试验及 1281 个观测值，全国三大粮食作物平均 N_2O 排放为 1.50kg（N）/hm^2［95% CIs: 1.41 ～ 1.59kg（N）/hm^2］，玉米、小麦、水稻分别为 2.03kg（N）/hm^2［95% CIs: 1.82 ～ 2.26kg（N）/hm^2］、1.88kg（N）/hm^2［95% CIs: 1.18 ～ 1.67kg（N）/hm^2］、1.13kg（N）/hm^2［95% CIs: 1.18 ～ 1.67kg（N）/hm^2］。结合氮肥用量，三大粮食作物平均 N_2O 排放为 0.67%（95% CIs: 0.62% ～ 0.71%），玉米、小麦、水稻分别为 0.81%（95% CIs: 0.73% ～ 0.89%）、0.76%（95% CIs: 0.66% ～ 0.85%）、0.58%（95% CIs：0.51% ～ 0.63%）。而且单一作物的 N_2O 排放以及排放因子均存在较大变异。玉米、小麦、水稻的 N_2O 排放的变异系数分别为 92.8%、76.2%、73.9%；相应地，其 N_2O 排放因子的变异系数分别为 114%、82.3%、74.3%。因此，根据作物生态区、气候条件、土壤性状进行进一步比较。

三种作物不同区域 N_2O 排放均存在较大差异。对于玉米体系，华北夏玉米 N_2O 排放因子最高，平均为 0.9%，显著高于东北春玉米（0.61%）和南方玉米（0.59%）。对于小麦体系，南方麦区的 N_2O 排放因子最高，平均为 1.1%，显著高于北方春小麦（0.56%）及华北冬小麦（0.36%）。对于水稻体系，长江流域、南方区域 N_2O 排放因子较高，分别为 0.59%、0.57%，北方区域较低（0.43%）。

在三种粮食作物生态区分别拟合 N_2O 排放与氮肥用量之间的关系，构建区域尺度农田 N_2O 排放经验模型。结果显示，三种作物各个生态区 N_2O 排放与施氮量均呈现显著的指数相关关系（R^2=0.14 ～ 0.39，$p < 0.01$），而且存在较大的差异，其排放规律与上述区域变异结果一致。玉米体系区域 N_2O 排放以华北夏玉米区最高，南方玉米区次之，北方春玉米区最低；小麦 N_2O 排放与玉米呈现相似的规律；对于水稻体系，长江流域稻区 N_2O 排放最高，南方双季稻区次之，北方单季稻最低。

分别在三个氮水平［低氮，100kg（N）/hm^2；中氮，200kg（N）/hm^2；高氮，300kg（N）/hm^2］上，比较了区域尺度经验模型及 IPCC 模型（1.0%EF）的 N_2O 排放量。结果显示，在三个氮水平下，玉米华北区域 N_2O 排放均高于 IPCC 模型估算，高了 5% ～ 12%；低氮水平下，南方、北方区域 N_2O 排放与 IPCC 模型相似，而在中、高氮水平下则低于 IPCC 模型估算，低了 28.1% ～ 31.3%。对于小麦，在三个氮水平下，南方区域 N_2O 排放均高于 IPCC 模型估算，高了 5.2% ～ 29.0%；而北方及华北均低于 IPCC 模型估算，低了 26.8% ～ 70.1%。对于水稻，北方水稻 N_2O 排放在三个氮水平下与 IPCC 模型估算相似；长江流域则均大幅高于 IPCC 模型估算；南方水稻在低氮水平下 N_2O 排放略低于 IPCC 估算，低了 14.7%，而在中、高氮条件下，N_2O 排放则大幅增加，比 IPPC 估算高了 9.2% ～ 86%。

根据上述三大粮食作物区域尺度 N_2O 排放经验模型，得到县域尺度玉米、小麦、水稻的 N_2O 排放量分别为 1.88kg（N）/hm^2、1.14kg（N）/hm^2、0.92kg（N）/hm^2。结果显示，玉米 NC、CC、SC 的县域尺度平均 N_2O 排放量分别为 1.45kg（N）/hm^2、2.78kg（N）/hm^2、1.59kg（N）/hm^2。小麦 NC、CC、SC 的 N_2O 排放量分别为 0.62kg（N）/hm^2、1.03kg（N）/hm^2、1.59kg（N）/hm^2。水稻 NC、YR、SC 的 N_2O 排放量分别为 0.56kg（N）/hm^2、1.43kg（N）/hm^2、0.56kg（N）/hm^2。结合县域尺度的播种面积，得到中国三大粮食作物的 N_2O 排放总量为 0.101Mt，其中玉米、小麦、水稻分别为 0.057Mt、0.023Mt、0.021Mt。

8.1.3 我国主要粮食作物氨挥发

基于全国 159 个研究，266 个氨（NH_3）挥发点年试验，915 个观测值，粮食作物平均 NH_3 挥发量为 26kg（N）/hm^2（95% CIs: 24.7 ～ 27.8kg/hm^2），其中，水稻平均 NH_3 挥发损失量最高，为 36.7kg（N）/hm^2（95% CIs: 33.7 ～ 39.8kg/hm^2），显著高于玉米［22.9kg（N）/hm^2; 95% CIs: 20.8 ～ 24.6kg/hm^2］和小麦［15.1kg（N）/hm^2; 95% CIs: 13.6 ～ 17.4kg/hm^2］。结合氮肥用量可知，三大粮食作物平均 NH_3 挥发排放因子为 11.9%（95% CIs: 11.2% ～ 12.6%），其中水稻、玉米、小麦分别为 16.0%（95% CIs: 15.0% ～ 17.1%）、12.3%（95% CIs: 9.4% ～ 11.4%）、7.6%（95% CIs: 6.5% ～ 8.6%）。而且三种作物的 NH_3 挥发量及排放因子均存在较大变异，玉米、小麦、水稻氨挥发排放量的变异系数分别为 77%、98% 和 82%；玉米、小麦、水稻氨挥发排放因子的变异系数分别为 79%、113% 和 65%。

三种作物不同区域 NH_3 挥发量及排放因子（EF）均存在较大差异。对于玉米体系，华北夏玉米区 NH_3 挥发量最高，平均为 26.3kg（N）/hm^2，其次为南方玉米区［22.6kg（N）/hm^2］，北方春玉米区最低［16.7kg（N）/hm^2］。EF 呈现同样的规律，华北夏玉米、南方玉米、北方春玉米分别为 13.0%、12.2%、6.5%。对于小麦体系，华北及南方小麦 NH_3 挥发量相似，分别为 15.8kg（N）/hm^2、15.7kg（N）/hm^2，均高于北方冬小麦［12.3kg（N）/hm^2］。华北冬小麦、南方小麦、北方冬小麦 NH_3 EF 分别为 7.4%、8.9%、6.9%。对于水稻体系，长江流域单季稻区 NH_3 挥发量最高，平均为 39.3kg（N）/hm^2，其次为南方双季稻区［28.3kg（N）/hm^2］，北方单季稻区最低［18.8kg（N）/hm^2］。然而，由于氮肥用量的差异，NH_3 挥发 EF 则以南方双季稻区最高（19.5%），长江流域单季稻区次之（16.3%），北方单季稻区最低（8.9%）。

研究发现，三种作物不同区域 NH_3 挥发与施氮量之间均呈现显著的线性相关关系（R^2=0.17 ～ 0.68，$p < 0.05$），其斜率在不同区域表现出较大差异。各个区域线性方程呈现的规律与上述区域的 NH_3 挥发损失量、排放因子分布相似。对于玉米体系，华北夏玉米区 NH_3 挥发排放最高（斜率为 0.099），南方玉米区次之（斜率为 0.071），北方春玉米区较低（斜率为 0.058）。小麦 NH_3 挥发则表现为南方最高（斜率为 0.13），华北（斜率为 0.069）与北方（斜率为 0.069）则没有表现出明显差异。水稻斜率明显高于玉米、小麦，而且长江流域最高（0.20），南方次之（0.17），北方最低（0.10）。

分别在三个氮水平［低氮，100kg（N）/hm^2；中氮，200kg（N）/hm^2；高氮，300kg

（N）/hm²］上，比较区域尺度经验模型与 IPCC 模型（10%EF）估算的 NH_3 挥发量。结果显示，在三个氮水平下，玉米华北区、南方区 NH_3 挥发量均高于 IPCC 模型估算，高了 2.6% ～ 68.2%；北方区域，低氮水平下，与 IPCC 模型估算相似，在中、高氮水平下则低于 IPCC 模型估算，低了 20.6% ～ 28.4%。对于小麦，南方小麦在三个氮水平下，区域经验模型均高于 IPCC 模型估算，高了 27.6% ～ 42.8%，华北、北方则略低于 IPCC 模型估算，低了 0 ～ 26.5%。对于水稻，三个区域三个氮水平下，区域经验模型均大幅高于 IPCC 模型估算，分别高了 38.4% ～ 103%、19.2% ～ 81.2%、12.8% ～ 80.8%。

基于农户县域尺度氮肥用量，根据上述三大粮食作物区域尺度 NH_3 挥发经验模型，得到县域尺度玉米、小麦、水稻的 NH_3 挥发分别为 21.8kg（N）/hm²、16.9kg（N）/hm²、31.1kg（N）/hm²。玉米 NC、CC、SC 的县域尺度平均 NH_3 挥发分别为 16.2kg（N）/hm²、26.9kg（N）/hm²、23.3kg（N）/hm²；小麦 NC、CC、SC 的 NH_3 挥发分别为 14.9kg（N）/hm²、17.0kg（N）/hm²、18.3kg（N）/hm²；水稻 NC、YR、SC 的 NH_3 挥发分别为 22.5kg（N）/hm²、34.0kg（N）/hm²、31.3kg（N）/hm²。结合县域尺度的播种面积，我们得到中国三大粮食作物的 NH_3 挥发总量为 1.68×10^6t，其中玉米、小麦、水稻分别为 0.63×10^6t、0.36×10^6t、0.69×10^6t。

8.1.4　我国主要粮食作物硝态氮淋洗

基于 84 篇论文，236 点年试验及 534 个实测值，中国粮食作物平均 NO_3^- 淋洗为 20.9kg/hm²（95% CIs: 26.1 ～ 40.6kg/hm²），其中玉米、小麦、水稻种植体系平均分别为 31.0kg/hm²（95% CIs: 25.2 ～ 38.8kg/hm²）、19.1kg/hm²（95% CIs: 16.2 ～ 26.7kg/hm²）、4.7kg/hm²（95% CIs: 4.1 ～ 5.2kg/hm²）。结合氮肥用量可得，中国粮食作物平均 NO_3^- 淋洗排放因子为 9.1%（95% CIs:8.0% ～ 10.2%），其中玉米、小麦、水稻的 NO_3^- 排放因子平均为 13.5%（95% CIs: 11.9% ～ 25.6%）、8.15%（95% CIs: 5.8% ～ 14.2%）、1.47%（95% CIs: 1.0% ～ 1.9%）。可以发现，玉米、小麦、水稻的 NO_3^- 淋洗同样存在较大的变异，其变异系数分别为 124%、148%、65%；NO_3^- 排放因子也存在较大的变异，其变异系数分别为 119%、133%、87%。因此，根据不同生态区、气候条件、土壤性状进行进一步比较。

结果表明，华北夏玉米区、南方玉米区的排放因子较大，分别为 18.8%、15.5%，均显著高于北方春玉米区（2.54%）。对于小麦体系，NO_3^- 排放因子由大到小排列为华北冬麦区（10.8%）＞北方春麦区（7.53%）＞南方麦区（2.76%）。NO_3^- 淋洗的空间分布在一定程度上取决于该区域的气候因素及土壤特性。结果显示，降雨量大的区组 NO_3^- 排放因子显著大于降雨量小的区组，如玉米在降雨量＞ 600mm 时，其排放因子为 16.1%，显著高于降雨量≤ 600mm 的区组（10.4%）；小麦亦是如此，在降雨量＞ 600mm 区组的排放因子为 12.0%，显著高于降雨量≤ 600mm 的区组（6.51%）。小麦在温度 ≤ 12℃下的 NO_3^- 排放因子大于温度＞ 12℃下的。而温度对水稻 NO_3^- 淋洗的影响则表现出与小麦相反的规律。通过田间实测数据来拟合区域尺度 NO_3^- 淋洗与氮肥用量之间的关系。总体而言，玉米和小麦三个区域，NO_3^- 淋洗和施氮量之间均呈显著指数关系（$p < 0.01$，$R^2 = 0.27 \sim 0.63$），而且在各个区域间存在较大的差异。可以发现，玉米华北区域 NO_3^- 淋洗量最大，南方区域次之，北方最低；

小麦的华北区域最高，北方次之，南方最低。水稻 NO_3^- 淋洗和施氮量之间的关系也呈现显著的指数关系（$p < 0.01$，$R^2 = 0.20$）。

在三个施氮水平［低氮、中氮、高氮分别为 100kg（N）/hm²、200kg（N）/hm²、300kg（N）/hm²］上比较了相关区域尺度模型与 IPCC 30%EF 模型的估算值差异。容易看出，基于区域尺度经验模型估算的 NO_3^- 淋洗量在各个氮水平下均明显低于 IPCC 30%EF 模型估算的淋洗量。对于玉米，三个区域在低氮、中氮、高氮水平下分别低了 40% ～ 77%、27% ～ 84%、12% ～ 86%；小麦分别低了 79% ～ 85%、69% ～ 81%、39% ～ 76%；水稻则低了 93% ～ 94%。

基于 860 万农户调研得到的氮肥用量，根据上述三大粮食作物区域尺度 NO_3^- 淋洗经验模型，得到县域尺度玉米、小麦、水稻的 NO_3^- 淋洗分别为 24.4kg（N）/hm²、14.9kg（N）/hm²、4.17kg（N）/hm²。其中，玉米 NC、CC、SC 的县域尺度平均 NO_3^- 淋洗分别为 5.8kg（N）/hm²、40.5kg（N）/hm²、30.6kg（N）/hm²；小麦 NC、CC、SC 的 NO_3^- 淋洗分别为 15.6kg（N）/hm²、24.3kg（N）/hm²、6.2kg（N）/hm²；水稻 NC、YR、SC 的 NO_3^- 淋洗分别为 4.3kg（N）/hm²、4.3kg（N）/hm²、4.0kg（N）/hm²。结合县域尺度的播种面积，我们得到中国三大粮食作物的 NO_3^- 淋洗总量为 1.161×10^6t，其中玉米、小麦、水稻分别为 0.68×10^6t、0.39×10^6t、0.091×10^6t。

8.2 蔬菜作物种植系统施肥与环境效应

我国蔬菜生产及消费量均居全球首位，2019 年全国蔬菜种植面积约 2087 万公顷。蔬菜栽培可分为露地栽培及设施栽培两种主要方式。设施栽培指在不同类型温室、塑料大棚等条件下进行的蔬菜生产，在一定程度上排除了季节影响和自然灾害的干扰，可以提高蔬菜作物生长产量和质量，满足市场需求，提高了集约化生产水平和效益。我国设施蔬菜种植面积约 387 万公顷，占蔬菜总产值的 1/2 以上 [1]，在保障全国特别是北方地区蔬菜供应方面发挥了重要作用。与粮食作物相比，蔬菜根系分布相对较浅，养分吸收强度高，对水肥管理要求高。我国蔬菜种植面积占农作物播种面积的 13%，而化肥总消费量占全国的 25%，蔬菜特别是设施蔬菜生产中过量施肥问题尤为突出，带来了突出的环境问题。

8.2.1 菜地施肥状况以及带来的问题

8.2.1.1 菜地施肥状况

与粮食作物相比，菜地过量施肥问题较为普遍。我国露地及设施菜地化肥养分（$N+P_2O_5+K_2O$）用量平均为 1092.0kg/hm²（n=1227 个），是全国农作物化肥养分用量（328.5kg/hm²）的 3.3 倍，其中设施蔬菜和露地蔬菜平均化肥养分用量分别为 1354.5kg/hm²

和 859.5kg/hm^2，分别是全国农作物化肥养分用量的 4.1 倍 和 2.6 倍 [2]。与露地相比，设施栽培特别是日光温室栽培过量施肥更为突出。如在日光温室栽培发展较早的山东寿光，每年蔬菜栽培的化肥投入中氮、磷和钾养分高达 2539kg/hm^2、2183kg/hm^2 和 2202kg/hm^2[3]；山东济南 N、P_2O_5、K_2O 的年均投入量为 2684kg/hm^2、1965kg/hm^2 和 2375kg/hm^2[4]。对黄土高原南部陕西杨凌 165 个农户日光温室养分投入情况的调查表明，每年 N、P_2O_5 及 K_2O 的平均投入量为 1776kg/hm^2、1507kg/hm^2 和 1614kg/hm^2[5]。全国 1200 余个露地及设施菜地调查表明，主要设施蔬菜 N、P_2O_5 和 K_2O 平均施用总量分别是其推荐量的 1.9 倍、5.4 倍和 1.6 倍，主要露地蔬菜 N、P_2O_5 和 K_2O 平均施用总量分别是其推荐量的 2.7 倍、5.9 倍和 1.5 倍 [2]。太湖地区设施菜地每季蔬菜作物 N 肥施用量为 600 ～ 750kg（N）/hm^2，周年施氮量高达 1800 ～ 2250kg（N）/hm^2[6]，是该地区稻-麦轮作体系 500 ～ 600kg（N）/hm^2 的 3 ～ 4 倍。施入土壤中的化肥 N 仅 10% ～ 18% 被蔬菜作物吸收利用，45% ～ 50% 流失进入环境，对环境造成严重威胁 [7]。

不同区域、不同类型栽培方式下菜地过量施肥状况存在差异。据对陕西杨凌新建日光温室蔬菜施肥状况的调查表明（n=170 个），化肥氮、磷及钾（以 N、P_2O_5、K_2O 计）平均投入量为 690kg/hm^2、720kg/hm^2 及 745kg/hm^2，较当地推荐用量分别高出 20%、118% 及 91%[8]。“十二五”以来，随着测土施肥及化肥零增长等项目的实施以及菜农环保意识的增强，一些地区蔬菜施肥渐趋合理，但过量施肥问题仍未得到根本扭转。

8.2.1.2　带来的问题

长期不合理施肥导致菜地养分大量累积，土壤酸化、盐渍化、养分比例失调等引起的土壤退化问题严重。大量研究均表明，由于长期过量施肥，菜地特别是设施菜地土壤养分大量累积，其中氮素主要以硝态氮形式在土壤剖面累积，而磷、钾主要累积在 0 ～ 20cm 土层 [9-12]。

前人对设施栽培土壤养分累积特性的研究多采用“空间代时间”的研究方法，即同一时间段采集不同棚龄土样，评价栽培年限对温室土壤养分累积的影响。由于不同温室管理措施及施肥状况等存在一定的差异，因此，研究结果难以准确反映随栽培年限增加土壤养分累积特性的动态变化。为此，以黄土高原南部的陕西杨凌示范区日光温室栽培基地 10 余个温室为定点研究对象，自温室建棚起连续 5 年调查其施肥状况，并采集土壤样品，定量评价了随日光温室种植年限的增加土壤养分累积特性及与养分平衡间的关系。结果显示，随着日光温室种植年限的增加，土壤有机质、全氮、速效磷和速效钾含量显著增加，其中以表层土壤速效磷含量增加幅度最大。以土壤速效磷为例，种植前表层土壤速效磷含量仅为 11.5mg/kg，1 年后土壤速效磷达 64.5mg/kg，第 5 年达 200mg/kg 左右，5 年年均增加量高达 39.5mg/kg，这与新建温室大量施用有机肥及化肥有关。

对太湖地区设施菜地土壤养分情况的调研表明，设施菜地耕层土壤速效氮含量为 279mg/kg，是露天菜地的 2.6 倍。设施菜地耕层土壤速效磷、钾含量分别为 188mg/kg 和 203mg/kg，与露天菜地无显著差异。设施菜地耕层土壤速效氮、磷、钾含量累积量高，而且氮、磷、钾养分表聚严重。调研结果也表明，设施菜地周边浅层地下水硝酸盐超标率为 35%[10]。

设施菜地长期过量施肥导致的土壤酸化加剧了土壤钙、镁、钾及铵等离子的流失。土培模拟试验表明，日光温室土壤施用不同氮肥种类（尿素、碳酸氢铵、硫酸铵）对土壤溶液 EC 的影响主要表现在培养的前一周左右，之后不同种类肥料间无明显差异。土壤溶液中 NO_3^- -N 含量随施氮量和培养时间呈明显的上升趋势，施用不同氮肥种类时土壤溶液 NO_3^- -N 含量无明显差异；不同氮肥种类处理时土壤溶液中 NH_4^+ -N 含量在培养的前 7 天有所不同，之后亦无差异；随着氮肥施用量的增加，日光温室土壤溶液的 EC 及 K^+、Na^+、Ca^{2+}、Mg^{2+} 的浓度升高；增施氮肥同时提高了土壤溶液中 Ca/K、Mg/K 的值，而对土壤溶液钾的活度比（AR_K）无显著影响 [13]。山东寿光的长期定位试验也表明，与传统施肥管理相比，优化减氮措施，提高土壤 pH 值，减少钙、镁的淋溶损失，提高土壤中碳酸钙、交换性钙含量，有利于土壤健康。

8.2.2 菜地养分去向

肥料施入土壤后的去向有三，即作物吸收、土壤残留及损失。肥料去向受气候、土壤、作物、施肥等多因素影响。与磷、钾相比，氮素在土壤中的转化过程复杂，损失途径多，其去向研究相对较多。

^{15}N 标记法是追踪定量施用的肥料氮在土壤中去向的有效方法，通过测定作物体内氮含量及 ^{15}N 丰度确定作物吸收肥料氮的数量，根据测定的作物收获后土壤全氮含量及 ^{15}N 丰度定量肥料氮的土壤残留量，氮肥施用量与作物吸收、土壤残留量的差值为损失的肥料氮。表 8-2 为汇总的国内采用 ^{15}N 法研究不同类型菜地肥料氮去向的结果，可以看出，氮肥当季利用率在 8.1% ～ 29.0% 之间，平均 16.8%；土壤残留在 21.5% ～ 77.3% 之间，平均 50.4%；损失在 12.9% ～ 65.6% 之间，平均 32.7%。土壤残留比例最高，蔬菜氮肥利用率显著低于粮食作物。一些学者采用氮素平衡的方法研究了全国设施菜地的氮素去向，结果显示，累积在土壤中的氮素占氮素投入量的 31%[14]。

表8-2 露地及设施菜地肥料氮去向（^{15}N法）

类型	地点	作物	施氮量 /[kg（N）/hm²]	吸收 /%	土壤残留 /%	损失 /%	测定土壤深度 /cm	参考文献
温室	辽宁沈阳	番茄	225	9.43	61.35	29.20	0 ～ 100	孙文涛等 [15]
	河北定兴	番茄	733	28.35	21.45	50.20	0 ～ 60	张怀志等 [16]
	山东寿光	辣椒	1200	10.50	37.67	51.83	0 ～ 90	Zhu 等 [17]
	山东寿光	番茄	750	13.40	66.29	20.31	0 ～ 100	姜慧敏等 [18]
	陕西杨凌	番茄	300	9.90	77.25	12.85	0 ～ 100	程于真 [19]
	江苏宜兴	番茄	240	8.08	72.68	19.25	0 ～ 60	许纪元等 [20]
	浙江嘉兴	莴苣	438	13.76	58.72	27.53	0 ～ 80	杜会英等 [21]
	浙江嘉兴	芹菜	525	17.86	58.95	23.2	0 ～ 80	杜会英等 [21]
	浙江嘉兴	生菜	263	22.45	64.56	12.99	0 ～ 80	杜会英等 [21]
	平均（*n*=9）		519	14.86	57.66	27.48		

续表

类型	地点	作物	施氮量 /[kg（N）/hm²]	吸收 /%	土壤残留 /%	损失 /%	测定土壤深度 /cm	参考文献
露地	山西太原	番茄	537	8.65	25.75	65.60	0 ～ 40	韩鹏远等
	江苏南京	番茄	250	22.60	37.25	40.15	0 ～ 100	曹兵等[22]
	江苏南京	番茄	250	29.02	41.75	29.23	0 ～ 100	曹兵等[23]
	浙江嘉兴	油菜	300	22.17	30.30	46.73	0 ～ 60	杜连凤等[24]
	海南瞻洲	辣椒	382	19.15	51.90	28.95	0 ～ 40	巨昇容等[25]
	平均（n=5）		344	20.32	42.99	36.53		
平均（n=14）			457	16.81	50.42	32.72		

与露地菜地相比，设施菜地肥料氮的当季利用率较低，而土壤残留比例高，这主要与设施栽培氮肥用量高有关。采用 ^{15}N 法研究菜地肥料氮去向，蔬菜吸收的数量及比例可定量确定，而土壤残留及损失，由于土壤氮库的稀释效应及不同研究者采样深度的不同存在一定的不确定性。若 ^{15}N 标记试验结束后采集土壤深度较浅，会高估氮素损失。如韩鹏远等的 ^{15}N 标记试验采土深度为 0 ～ 40cm，肥料氮损失高达 65.6%。

与氮素不同，磷、钾的去向除作物吸收外主要残留在土壤中，其损失比例相对较低。而且由于磷、钾的移动性差，残留在土壤中的磷、钾养分主要集中在上层土壤。

8.2.3　养分损失及效应

氮肥损失途径包括氨挥发、氮素淋溶、径流、硝化及反硝化损失。我国菜地肥料消费量占比仅次于粮食作物，因此，不同损失途径也是值得关注的问题。

8.2.3.1　氨挥发损失

氨挥发损失与气候条件、土壤性质、施肥种类及方法等有关系。全国不同区域由于气候、土壤、施肥及氨测定方法的不同，菜地氨挥发损失测定结果的差异较大。露地蔬菜的氮肥施用方式与粮田类似，追肥多采用撒施方式，肥料氨挥发损失比例相对较高。华北平原露地蔬菜氨挥发损失占肥料氮投入的 10.7% ～ 13.1%；北京市郊露地甘蓝氨挥发损失率为 5.6% ～ 6.8%；宁夏引黄灌区露地菜田氨挥发损失率为 2.5% ～ 10.6%；南京市郊露地大白菜栽培氨挥发损失率为 0.97% ～ 17.1%[22]。

与露地蔬菜栽培不同，设施栽培采取覆膜方式，氮肥一般也溶于水后施用，氨挥发损失量一般低于露地，汇总的设施菜地平均氨挥发损失量及挥发率分别为 11.1kg（N）/hm² 及 2.9%，明显低于露地（表 8-3）。不同区域温室氨挥发损失也存在一定差异。日光温室有机肥与无机肥配施氨挥发损失率为 1.2% ～ 2.2%；不同水、氮用量日光温室黄瓜-番茄轮作体系氨挥发占肥料氮投入的 1.23% ～ 1.44%；日光温室番茄栽培氨挥发损失率为 1.86% ～ 2.44%；太湖地区设施菜地连续三年氨挥发损失率为 0.16% ～ 0.42%[26]。黄土高原日光温室菜地研究表明，番茄季（秋冬茬）和西瓜季（夏季）施氮处理 NH_3 累积排放量分别在 2.82 ～ 4.97kg（N）/ hm^2 和 5.41 ～ 8.18kg（N）/ hm^2 之间，排放系数分别在 0.58% ～ 1.35% 和 2.55% ～ 3.45% 之间，西瓜季氨挥发量及排放系数高与温度高、土壤水分含量相对较低有关（表 8-4）。

表8-3 我国露地及设施菜地氮损失汇总

氮损失途径	项目	露地			温室			露地 + 温室			参考文献
		n	平均	范围	n	平均	范围	n	平均	范围	
氨挥发	施氮量 / [kg（N）/ hm^2]		337	113 ～ 611	14	380	183 ～ 1050	20	367	113 ～ 1050	[1-13]
	挥发量 / [kg（N）/ hm^2]		29.9	1.7 ～ 91.4		11.1	2.3 ～ 23.2		16.7	1.7 ～ 91.4	
	EF/%		4.9	0.3 ～ 11.0		2.9	0.2 ～ 9.4		3.5	0.2 ～ 11.0	
氧化亚氮	施氮量 / [kg（N）/ hm^2]	5	334	118 ～ 900	20	430	72 ～ 1225	35	389	72 ～ 1225	[10-24]
	排放量 / [kg（N）/ hm^2]		7.2	1.1 ～ 32.5		4.6	0.7 ～ 17.3		5.7	0.7 ～ 32.5	
	EF/%		1.5	0.3 ～ 4.9		0.8	0.2 ～ 3.7		1.1	0.2 ～ 4.9	
氮淋溶	施氮量 / [kg（N）/ hm^2]		569	200 ～ 987	13	608	216 ～ 1050	16	601	200 ～ 1050	[9, 12, 25-35]
	淋溶量 / [kg（N）/ hm^2]		138.9	93.5 ～ 214.7		119.9	10.8 ～ 349.5		123.5	10.8 ～ 349.5	
	占施氮量比例 /%		31.4	17.8 ～ 54.3		19.7	4.5 ～ 37.5		19.6	4.5 ～ 54.3	

注：n 为样本量，个。

表8-4 不同种植季 NH_3 累积排放量及排放系数

处理	NH_3 累积排放量 / [kg（N）/ hm^2]		NH_3 排放系数 /%	
	番茄季	西瓜季	番茄季	西瓜季
未施氮肥 + 常规灌水	1.38±0.18 b	1.58±0.24 b	—	—
常规氮肥 + 常规灌水	4.97±1.23 a	8.18±1.97 a	0.8	2.64
减量施氮 + 常规灌水	2.82±0.14 ab	5.41±1.24 ab	0.58	2.55
减量施氮 + 优化灌水	4.76±0.30 a	6.75±0.55 a	1.35	3.45

注：1．氨挥发测定方法为密闭式抽气法 [27]。

2．不同小写字母表示差异显著。

设施栽培处在一个半封闭的种植环境中，而目前对这一系统氨挥发排放的测定多以土面氨挥发为主。应看到，由土面挥发出的NH_3会被植物冠层吸收或溶解于棚膜水中回流于土壤，因此土面氨挥发难以准确反映日光温室排放到大气中氨的量，从而难以准确估计日光温室栽培系统NH_3的实际排放量。我们采用间歇式密闭室通气法连续测定了黄土高原南部日光温室连续三季作物（番茄、西瓜、番茄）生长期间不同施肥处理土面氨挥发损失量，结果表明（表8-5），温室施肥后当天土面氨挥发速率出现峰值，7d后施肥与未施肥对照无显著差异，三季种植期间各施氮处理氨挥发排放量分别为2.82～4.97kg(N)/hm^2、6.59～9.97kg(N)/hm^2和15.77～21.83kg(N)/hm^2，相应的氨挥发系数分别为0.64%～1.50%、3.11%～4.21%和2.59%～3.90%。同时，采用风量罩测定通风口处气体流量，采用抽气法对通风口处氨浓度进行连续监测，以估算监测整棚（通风口处）氨挥发损失速率及损失量。发现整棚氨挥发速率趋势与土面氨挥发基本一致，整棚氨挥发量第二季及第三季分别为2.22kg（N）/hm^2和2.92kg（N）/hm^2，仅占土面氨挥发的13.38%～33.69%，氨挥发系数仅为0.46%～1.48%，显著低于土面氨挥发量[28]。可见，若以土面氨挥发来估算日光温室氨挥发会显著高估我国日光温室系统氨挥发损失带来的生态环境问题。

表8-5　整棚氨挥发累积量、氨挥发系数及与土面氨挥发的比较

处理	整棚NH_3挥发累积量/[kg（N）/hm^2]	整棚氨挥发系数/%		整棚氨挥发/土面氨挥发/%		
		常规水、氮	优化水、氮	常规水、氮	优化施氮+常规灌水	优化水、氮
西瓜季（第二季）	2.22	0.89	1.48	22.26	33.69	26.94
番茄季（第三季）	2.92	0.39	0.65	13.38	18.52	15.82

注：数据来源于张兆北等[28]。

8.2.3.2　硝化及反硝化气态损失

氧化亚氮（N_2O）既是一种重要的温室气体，又可破坏平流层臭氧，农业生产是N_2O的主要贡献者。与粮食作物相比，菜地施氮量高，而且普遍施用的有机肥含有大量水溶性有机物（WSOM），加上灌溉频繁，这些因素使得菜地成为N_2O排放的重要关注系统。

土壤N_2O是硝化与反硝化作用的产物，与施肥用量、有效碳源及环境因素（温度、水分等）有密切的关系。我们采用室内培养试验研究了水溶性有机物浓度［WSOM，0、150mg（C）/kg和300mg（C）/kg］、土壤孔隙含水量（WFPS，50%、70%和90%）及土壤类型对土壤N_2O排放的影响，结果表明，WSOM、WFPS和土壤类型均显著影响N_2O累积排放量，粮田及设施土壤N_2O排放量均随WSOM、WFPS含量的增加而显著增加；设施菜地土壤和农田土壤N_2O累积排放量分别为83～689μg（N）/kg和53～196μg（N）/kg。不少学者采用静态箱法测定了菜地N_2O排放量及影响因素，由于气候、土壤、施肥及管理等因素的不同，结果存在一定的差异，从N_2O排放系数看，一般露地高于设施菜地[29]。荟萃分析表明，菜地N_2O排放量随氮肥用量的增加而增加，氮肥用量＜250kg（N）/hm^2、250～500kg（N）/

hm^2 及＞ 500kg（N）/hm^2 时露地菜地 N_2O 排放量分别为 1.48kg（N_2O-N）/hm^2、4.11kg（N_2O-N）/hm^2 及 7.36kg（N_2O-N）/hm^2，设施菜地分别为 2.35kg（N_2O-N）/hm^2、4.32kg（N_2O-N）/hm^2 及 7.87kg（N_2O-N）/hm^2，露地与设施菜地的 N_2O 排放系数无显著差异，平均为 0.69%[30]；N_2O 排放系数与 Wang 等 [31] 的研究结果类似。Liu 等 [29] 研究表明，施用氮肥时我国露地菜地 N_2O 排放系数平均为 1.60%（n=101 个），而设施菜地为 0.74%（n=74 个）。

土壤硝化和反硝化过程是 N_2O 产生的主要途径。Liu 和 Qiu[32] 采用 ^{15}N 方法研究黄土高原设施菜地夏季休闲期间 N_2O 排放，结果显示，施用 $^{15}NH_4^+$-N 排放的 $^{15}N_2O$ 量要高于施用 $^{15}NO_3^-$ -N 排放的 $^{15}N_2O$ 量，说明该系统硝化途径和反硝化途径的 N_2O 排放均存在。而作物生长期间硝化和反硝化过程对 N_2O 排放的贡献尚需进一步研究。

目前，已有的关于设施蔬菜 N_2O 排放的研究多集中在作物生长期间。设施栽培连作障碍问题突出，往往在夏季休闲期间采取高温闷棚的方式，闷棚前一次性大量施用有机肥并灌水，而对夏季休闲期间 N_2O 排放的研究较少。采用田间试验研究了设施菜地夏季休闲期间施用有机肥及灌水对土壤 N_2O 排放的影响。田间试验共设置 4 个处理，分别为不灌溉不施有机肥对照（CK）、灌水（W）、施有机肥（M）和施用有机肥同时灌水（WM）。结果显示，夏季休闲期间施用有机肥并灌溉，显著增加了 N_2O 排放。夏季休闲期间 N_2O 排放达 1.2kg（N）/hm^2，占设施菜地全年 N_2O 排放的 20% 以上。因此，夏季休闲期间的 N_2O 排放应纳入设施菜地 N_2O 排放清单。

针对常用的静态箱 / 气相色谱法监测设施菜地 N_2O 排放存在的实测面积较小，在较大区域且排放存在一定空间变异性的环境下进行观测时易产生较大的误差，以及设施栽培会形成对土壤排放气体有较强滞留作用的特殊小气候环境，会导致仅以箱式法监测土壤 N_2O 排放难以全面评估棚室内 N_2O 排放的全过程等问题，王琛等 [33] 采用微气象学方法连续高频监测了设施菜田种植区 N_2O 排放量，结果表明，静态箱 / 气相色谱法及反演式气体扩散模型法（微气象法）测得的平均 N_2O 排放通量分别为 252.51μg/（m^2・h）及 192.21μg/（m^2・h）；在设施番茄全生长季观测中，两种方法测定的 N_2O 排放通量特征曲线趋势一致，静态箱 / 气相色谱法及反演式气体扩散模型法确定的土壤净排放通量分别为 1817.5g/hm^2 及 1251.0g/hm^2，排放系数分别为 0.45% 及 0.32%。从区域 N_2O 排放估算看，采用微气象学方法可能更能客观反映设施栽培这一特殊栽培方式的 N_2O 排放量。

8.2.3.3 氮素淋溶及径流损失

菜地土壤硝化作用强，氮肥施用后很快转化为硝态氮；菜地普遍施用有机肥，有机肥中可溶性有机物含量高，菜地灌水次数及数量一般也高于粮田。因此，氮素淋溶及径流损失不可忽视。我们汇总的已有研究表明，露地及设施菜地氮损失量占施氮量的比例分别为 31.4% 及 19.7%，显著高于氨挥发及氧化亚氮损失量。

硝态氮在土壤中大量累积是菜地淋失氮素的主要途径。对不同区域露地及设施菜地硝态氮累积已有大量研究，结果均表明，菜地土壤剖面氮素累积量显著高于一般粮田。黄土高原陕西杨凌荒地、粮田及日光温室 0 ～ 500cm 土层硝态氮含量测定表明，荒地及粮田 0 ～ 500cm 土壤硝态氮平均累积量分别为 128kg（N）/hm^2 及 416kg（N）/hm^2（n 均为 3 个），而日光温室菜地平均达 5860kg（N）/hm^2［n=15 个，在 2311 ～ 12157kg（N）/hm^2 之间］，其中 1m 以下土层占比超过 70%[34]。汇总的全国 78 篇设施菜地硝态氮累积的文章（773 个数据）结果显示，全国设施菜地 0 ～ 100cm、100 ～ 200cm、200 ～ 300cm 和 300 ～ 400cm 土壤硝态氮累积量分别为 504kg（N）/hm^2、390kg（N）/hm^2、349kg（N）/hm^2 和 244kg（N）/hm^2（图 8-1[34]），其硝态氮年均增长率分别为 62kg（N）/hm^2、54kg（N）/hm^2、19kg（N）/hm^2 和 16kg（N）/hm^2。0 ～ 100cm、0 ～ 200cm 和 0 ～ 400cm 土壤硝态氮累积量占累积氮素投入量的 5%、11% 和 17%。对不同设施菜地硝态氮累积主控因素的分析表明，氮素投入量和土壤 pH 是决定 0 ～ 100cm 土壤硝态氮累积的正效应因素，而土壤有机碳含量和土壤 C/N 是决定 0 ～ 100cm 土壤硝态氮累积的负效应因素；水分投入量和氮素投入量是决定 100cm 以下土壤硝态氮累积的正效应因素，而土壤黏粒含量、土壤有机碳含量和土壤 C/N 是决定 100cm 以下土壤硝态氮累积的负效应因素。

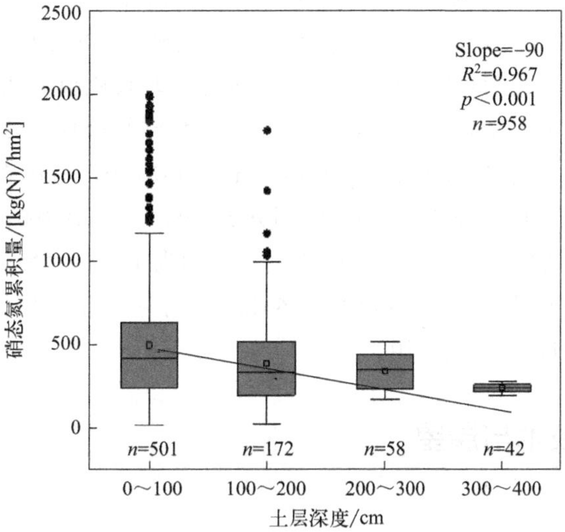

图 8-1 全国设施菜地土壤硝态氮累积量以及硝态氮累积量与土层深度的关系[34]（箱体中正方形和线段分别表示均值与中值，箱体边界表示 5% 和 95% 百位数，黑点表示异常值）

从植物营养角度看，一般将氮素离开根区定义为淋失。与粮食作物相比，蔬菜的根系分布较浅，因此，测定菜地氮素淋失的深度，浅的仅为 50cm，多数深度为 90cm。由于不同研究者考虑根层深度的差异，淋溶损失量存在一定的差异。常采用的监测土壤氮素淋失的方法为淋溶盘法及土壤剖面采样法，其中后者为常用的方法。

对于菜地氮素淋失量，不同研究者的结果存在较大差异，一般来说，南方高于北方，施肥量越高，氮素淋失量越大。如 Zhao 等[35] 研究表明，宁夏银川设施菜地硝态氮淋溶量为 58 ～ 75kg（N）/hm^2；江苏宜兴设施菜地硝态氮淋溶量为 90 ～ 123kg（N）/hm^2[26]；施肥量高的山东寿光，设施菜地硝态氮淋溶量高达 236 ～ 345kg（N）/hm^2[36]。Wang 等[30] 总结了全国菜地硝态氮淋溶结果，结果表明，全国露地菜地和设施菜地硝态氮淋溶量分别为 60kg（N）/hm^2 和 98kg（N）/hm^2，淋溶系数分别为 11% 和 18%。应该看到，淋溶损失氮形态主要为硝态氮，尚有一部分溶解性有机氮。

蔬菜集中产区氮素淋失对地下水水质影响的程度与地下水深度有关。在地下水位相对较浅的区域，淋失的氮素随水分会很快进入地下水，导致地下水硝酸盐超标问题突出。在江苏、山东等的研究说明了这一点。Shi 等[37]采集了设施菜地集中区 50 个地下水样品，结果显示地下水样品硝酸盐含量为 0.1 ～ 76mg（N）/L，其中 32% 的地下水样品硝酸盐含量大于 10mg（N）/L（世卫组织饮用水标准）。Ju 等[38]比较了 3 种种植体系的地下水样品，结果显示设施菜地地下水样品（< 15m）硝酸盐超标率为 99%，而小麦-玉米种植体系和果园种植体系地下水硝酸盐超标率仅为 1% 和 5%。山东潍坊市蔬菜集中产区地下水水质的大量测定（n=1398 个）表明，地下水硝酸盐含量最高达 223.6mg（N）/L，中位数为 15.8mg（N）/L，含量显著高于其他地区[39]。而在地下水位较深地区（如黄土高原地区），由于包气带较厚，淋出根区的硝酸盐对地下水的影响有一个滞后过程。

径流损失是南方降水量高的蔬菜产区及北方灌排蔬菜集中产区（如河套地区）不可忽视的损失途径。氮素径流损失以硝态氮为主，可溶性有机氮及铵态氮比例相对较低；磷素径流损失包括颗粒态磷及可溶性磷，当土壤有效磷含量超过磷环境阈值时，磷素淋溶及径流损失会明显增加。对太湖地区露地菜地的研究表明，菜地磷环境阈值为 78.9mg/kg，所有处理土壤表层有效磷（Olsen-P）含量均超过环境阈值[40]。对全国露地蔬菜氮磷径流损失文献的荟萃分析表明，氮径流损失平均为 16.5kg（N）/hm^2［n=76 个，范围在 0.11 ～ 90.1kg（N）/hm^2］，磷径流损失平均为 3.55kg（P）/hm^2［n=50 个，范围在 0.01 ～ 45.6kg（P）/hm^2］；按全国露地蔬菜面积估算的氮、磷年径流损失量分别为 1.52Tg（N）及 0.33Tg（P），占全国农田氮、磷径流损失的比例分别为 46% 及 66%[41]。可见，阻控菜地氮、磷养分径流损失，在我国农业面源污染方面有重要作用。

8.2.4 损失阻控技术与展望

8.2.4.1 减肥控水

我国当前不少地区菜地特别是设施菜地过量施肥及灌水问题突出，因此，减肥控水是阻控养分损失的有效措施。陕西杨凌日光温室连续两年的田间试验表明，与常规水肥处理相比，优化水肥处理 N、P_2O_5 及 K_2O 的施用量分别降低了 35% ～ 46%、40% ～ 54% 及 19% ～ 35%，灌溉量降低了 15% ～ 21%，对两季番茄产量和吸氮量均无显著影响，降低了土壤硝态氮、速效磷和速效钾的含量（其含量仍处于较高水平），说明日光温室特性养分过量投入问题突出，减量施肥潜力大[42]。太湖地区露地菜地研究表明，与农民习惯施磷处理相比，随施磷量的减少，磷径流损失削减效果变好，减磷 100% 的削减率达 41.5%；三季蔬菜种植中，减磷 20% 和减磷 30% 处理的蔬菜产量与对照无显著差异，减磷 20% 处理出现增产趋势[40]。黄绍文等[2]分析了我国菜地减肥潜力，提出按合理施肥条件下设施蔬菜有机肥替代化肥 45%、露地蔬菜有机肥替代化肥 35% 的比例估算，主要设施蔬菜化肥养分减施潜力在 34.8% ～ 67.1% 之间，主要露地蔬菜化肥养分减施潜力在 41.9% ～ 76.8% 之间。生产实践中减肥应综合考虑作物需肥、土壤供肥特性，确定适宜的施肥量。需要指出的是，菜地减肥必须与控水有效结合，若仅减肥不控水，可能会增加氮素淋失，导致养分供应不足，从而影响蔬菜产量。采用水肥一体化技术是协调蔬菜养分及水分供应的有效技术。

8.2.4.2　合理施用有机肥

菜地普遍施用有机肥，近年来我国实施的果菜茶有机肥替代化肥等项目也促进了有机肥在菜地的施用。设施菜地有机肥替代化肥（替代率小于70%时）显著增加蔬菜产量6%，显著降低硝态氮淋溶损失42%～48%[29]。实践中由于施用的有机肥的种类繁多，质量参差不齐，生产者常常仅考虑化肥供应的养分，忽略了有机肥提供的养分数量，导致过量施肥问题较为普遍，盲目地大量施用有机肥，造成养分损失增加，带来了一系列的环境问题[43]。因此，明确有机肥养分含量及释放特性，是减少化肥用量和实施有机肥、无机肥配施的关键，对减轻菜田养分损失有重要意义。养殖场不同种类的粪肥是主要的有机肥种类，其含有的重金属及抗生素是菜地施用有机肥面临的另一重要问题。

8.2.4.3　肥料机械化深施技术

蔬菜产业高投入、高产出的密集型生产特点，导致蔬菜生产过程中需要大量的肥料和劳动力投入。用侧条施肥机械将肥料一次集中施于作物根系一侧5～8cm深处，使肥料呈条状集中而不分散，形成一个贮肥库，逐渐释放供给作物，满足其生长需求。与不施化肥氮对照处理相比，施用化肥氮处理的土壤氨挥发累积量显著增加15.4～86.9kg（N）/hm^2，农民传统施肥方式下氨挥发损失量为101.5kg（N）/hm^2，占总施氮量的16.9%。肥料机械化深施下的氨挥发损失为61.3kg（N）/hm^2，比农民传统施肥方式减少氨挥发损失40.2kg（N）/hm^2，氨挥发减排39.6%。在大规模种植条件下，与传统人工种植方式相比，机械起垄侧条施肥可显著降低生产成本。与农户传统施肥相比，肥料机械化深施减少30%化肥氮使用，每公顷减少肥料成本投入3594元，每公顷减少劳动力成本投入1600元。与传统种植方式相比，肥料机械化深施纯利润增加58.3%，实现了太湖地区露天蔬菜生产体系的氮肥减施减排增效[44]。

8.2.4.4　蔬菜产区养分损失综合技术

菜地施肥量高，而且普遍施用有机肥，因此，种养结合，最大限度地促进养分在蔬菜产区的循环，是降低化肥用量、有效处置粪肥的双赢技术。粪肥厌氧发酵，产生的沼液及沼渣输送到菜地，是种养结合的成功范例之一。

目前关于菜地系统养分去向及主要损失途径等的研究多集中在田块水平的某一环节，以氮素损失为例，氨挥发损失多测定土表氨挥发数量，土表氨挥发难以客观反映离开温室的氨挥发损失数量；氮素淋溶损失多监测离开根层的氮素数量，淋出根区的氮素可能随水再利用，或进入地下水，较少考虑氮素在根区-包气带-地下水体系的迁移及转化；氧化亚氮的排放多监测作物生长期间的排放量，忽视了闷棚或休闲期间氧化亚氮的排放问题。应从区域或流域尺度研究菜地集中产区养分去向及损失带来的问题，以客观评价我国蔬菜产业发展带来的环境问题，采取源头减量、过程拦截及末端治理等综合措施解决这一问题。

8.3 果树茶园种植系统施肥与环境效应

8.3.1 果树种植系统施肥与环境效应

随着集约化程度的不断加强以及果农对高产和大果的片面追求，果园农业生产资料，尤其是化肥的过量施用现象普遍。高投入的生产方式带来了一系列的环境问题，如地表水和地下水富营养化、温室气体排放、土壤质量下降、农产品安全隐患等。针对高投入带来的肥料低效问题，国内学者开展了大量关于如何提高肥料等资源的利用效率、减少养分累积和污染、提升土壤质量等方面的研究，绿色发展是我国果树种植系统实现可持续发展的必由之路。

8.3.1.1 苹果种植系统施肥与环境效应

苹果产业是我国重要的农业产业之一，近年来中国苹果种植面积趋于稳定，产量稳步增加。据联合国粮农组织（FAO）统计，2016 年中国苹果种植面积和产量分别为 238 万公顷和 4444 万吨，分别比 2007 年增加了 21.48% 和 59.51%。作为世界第一大苹果生产国，2016 年中国苹果种植面积占世界苹果种植面积的 45.04%，比 2007 年提高了 4.47 个百分点，产量占世界苹果总产量的 49.76%，比 2007 年提高了 7.32 个百分点。经过几年的布局调整，我国形成了渤海湾和西北黄土高原两个苹果优势产业带，是世界优质苹果的最大产区，尤其是西北黄土高原产区海拔高、日温差大、光照强，苹果品质优良。

当前，我国苹果园土壤比较贫瘠，主要表现在土壤有机质含量较低，平均不到 1%，果农为了连续获得高产，持续高量施用氮肥，长此以往导致土壤质量下降，如土壤酸化、土壤碳氮比降低。农业部统计资料显示，2008 年我国苹果园的氮肥（折纯）用量为 360kg（N）/ hm^2，到 2014 年，氮肥用量已增加到 490kg（N）/ hm^2，其中山东胶东半岛产区（传统优势产区）施氮量已经接近 850kg（N）/ hm^2，陕西产区的氮肥用量也超过了全国平均水平，达到了 558kg（N）/ hm^2。而目前其他苹果生产国施氮量水平普遍较低，如澳大利亚苹果园纯氮投入量为 160kg（N）/ hm^2，意大利为 180kg（N）/ hm^2，美国为 220kg（N）/ hm^2，日本仅为 150kg（N）/ hm^2。目前澳大利亚苹果园氮肥偏生产力为 336kg/kg，意大利为 223kg/kg，美国为 141kg/kg，日本为 133kg/kg。而我国苹果园氮肥偏生产力为 34kg/kg，仅占到苹果生产发达国家的 1/10 ～ 1/4。

农田土壤长期过量且不平衡的化肥施用带来了严重的环境问题。研究发现，过量施肥会造成土壤酸化、氮磷累积、水体富营养化以及氨挥发和氧化亚氮等气体排放增加。葛顺峰在栖霞市开展的连续 28 年长期定位试验的结果表明，与 1984 年相比，2012 年苹果园土壤 pH 值下降了 1.03 个单位；进一步的研究证实土壤酸化的驱动因素主要是氮肥的过量施用。

氮、磷矿质养分的过量投入，不仅造成了资源的浪费，而且没有被作物吸收的部分会残留在表层土壤中以及随降雨和灌溉水而淋失到深层土壤和地表水中，对地下水和地表水安全造成严重威胁。陕西、山西和甘肃等苹果产区的调查结果发现，苹果园土壤氮以硝态氮为主，而且主要分布在 0 ～ 120cm 土层中，硝态氮含量最高可接近 120mg/kg，平均为

22.86mg/kg，硝态氮累积量高达 141.3 ～ 867.6mg/kg。葛顺峰对栖霞苹果园的长期监测结果发现，土壤全氮含量和碱解氮含量由 1984 年的 0.45g/kg 和 43.89mg/kg 增加到 2012 年的 1.14g/kg 和 115.75mg/kg。陕西 113 个平衡施肥示范果园的研究显示，土壤有效磷平均含量为 21.29mg/kg，最高达到 63.4mg/kg。另外，刘子龙等在陕西苹果主产区 27 个优质苹果基地县中的 15 个县的丰产果园进行的采样分析表明，土壤有效磷平均为 52.39mg/kg。姜远茂等近几年对山东省 1000 多个苹果园土壤养分的调查研究表明，土壤有效磷平均含量为 39.02mg/kg，其中高于 20mg/kg 的样本占总样本数的 64%。随着果园土壤有效磷积累，土体磷淋失及其对水体富营养化的影响，越来越引起人们的重视。

熊明彪等研究表明，长期施肥尤其是氮肥的施用，会显著增加 NO、NO_2、N_2O 等气体的排放。对陕西苹果园距离树干不同位置的测定结果表明，距离树干 0.5m 时氧化亚氮排放量最高，距离树干越远氧化亚氮排放量越低，可能与施肥位置有关，施肥位置处于距离树干 0.6m 处，因此氧化亚氮的排放量与施氮量显著相关；每年 N_2O 的排放总量处于较低水平，仅占施氮量的 0.85% ～ 1.28%，这可能与苹果园施肥采取的沟施法有关。葛顺峰等在幼龄苹果上的研究也发现，与不施氮肥空白对照处理相比，施氮后氧化亚氮排放量显著增加，但是不同施氮处理间差异不显著，同时 N_2O 排放量占施氮量的比例也处于较低水平。在苹果园的研究发现，不同有机肥和化肥配施显著影响了氨挥发速率和损失量。施肥后两周，各处理氨挥发速率峰值大小和出现时间存在差异，纯化肥处理峰值最高，达 2.07kg（N）/（hm^2·d），而纯有机肥处理峰值出现时间最早。氨挥发损失量以 100% N 处理为最大，达 13.46kg（N）/hm^2，占施氮量的 4.48%，显著高于其他处理；有机肥和化肥各半处理，氨挥发损失量和占施氮量的比例均为最低。

8.3.1.2　桃树种植系统施肥与环境效应

中国、西班牙、意大利、美国和法国等国均有大面积桃树栽培，2016 年这些国家栽培面积之和超过世界桃树栽培面积的 50%，其中，中国占比 34%，是世界上桃树栽培的第一大国。同时，全世界桃果年产量逐渐稳步增加，由 2000 年的 17.1×10^6t 增加到 2016 年的 39.4×10^6t。在我国，桃是继苹果、柑橘、梨之后的第四大栽培果树，而桃园生产管理中存在较重的肥料投入过量的问题。李贵美等对我国桃主产区之一的山东省中部 86 个桃园施肥情况的调研结果显示，该区域氮、磷、钾年投入量分别达 1044kg/hm^2、1240kg/hm^2 和 1162kg/hm^2。严正娟等在 2007 ～ 2009 年间在全国 4 个主要生产区 1199 个桃园开展农户调研的结果显示，全国桃园氮、磷、钾年投入量平均为 734kg/hm^2、492kg/hm^2、491kg/hm^2，其中，有机养分占比均少于化肥养分投入，分别占比 38.3%、45.1%、44.6%。基于土壤养分和目标产量，将桃树本身状况等因素考虑在内，各桃树生产大国都提出并制定了不同的养分管理策略。意大利科学家开发了根据土壤养分测定值和经验值确定施肥量的软件——Agrelan，对桃园进行推荐施肥，其推荐的桃园 N、P_2O_5、K_2O 周年施用量分别为 150kg/hm^2、75kg/hm^2 和 120kg/hm^2；法国根据目标产量和经验值进行田园推荐施肥，目标产量为 35t/hm^2 的桃园，周年养分投入量为 140kg（N）/hm^2、30kg（P_2O_5）/hm^2 和 180kg（K_2O）/hm^2；日本、美国部分地区及意大利则主要根据目标产量和土壤类型作为确定施肥量的主要因素，根据试验及经验值进行推荐施肥，氮推荐用量为 100 ～ 150kg（N）/hm^2，磷为 30 ～ 100kg（P_2O_5）/hm^2，钾为 120 ～ 180kg（K_2O）/hm^2；美国加利福尼亚则按照作物收获部分养分的 3 ～ 5 倍来确定施肥量。

我国主产区桃园生产环境效应潜值较高，降低化肥施用量尤其是氮肥的施用量可减小环境效应潜值。与高产高效桃园相比，各产区环境影响减排优化潜力以华北地区最高，西北次之，西南最低。华北产区桃园生产在单位面积上可优化空间为 40.0% ～ 43.3%，单位产量上可优化 56.4% ～ 57.4%；西北产区在单位面积上可优化 27.0% ～ 32.5%，单位产量上可优化 29.2% ～ 35.3%；西南产区在单位面积上可优化 14.9% ～ 17.9%，单位产量上可优化 44.3% ～ 47.0%；结合当前桃园专家推荐养分和前人研究结果，各产区节肥潜力从大到小依次为华北＞西北＞西南。三区域总氮、磷、钾养分节肥潜力分别为 34.9×10^4t、27.1×10^4t 和 4.37×10^4t，其中华北产区在施用推荐量后氮、磷、钾养分分别减少 25.4×10^4t、16.5×10^4t 和 4.13×10^4t。由此可见，氮肥投入优化是降低我国桃园产区环境效应的首要举措。

8.3.1.3 猕猴桃种植系统施肥与环境效应

中国是世界猕猴桃的起源中心，猕猴桃原产于中国中部和南部的山丘地带，目前秦岭北麓是中国猕猴桃资源最丰富的地区。猕猴桃果实具有很高的营养价值和药用功效，其维生素 C 含量较其他水果高出数十倍，因此被誉为“水果之王”和“维生素 C 之冠”。目前，我国猕猴桃栽培面积和产量分别占世界的 46.2% 和 35.7%。大量研究表明，果园过量施用化肥已成为猕猴桃生产中普遍存在的问题。Lu 等对我国秦岭北麓猕猴桃主产区周至县俞家河流域果园化肥用量进行调查分析，结果显示，当地猕猴桃果园纯氮平均用量达到 871kg/hm^2，而果园氮素携出量不足养分投入量的 10% ～ 15%。

与粮田相比，果园养分利用效率更低，养分损失量更大，对环境污染的贡献更显著。据报道，陕西猕猴桃果园养分总投入量分别为：N 1415kg/hm^2，P_2O_5 881kg/hm^2，K_2O 538kg/hm^2。路永莉等在 2012 ～ 2013 年连续 2 年对秦岭北麓猕猴桃主产区果园养分投入现状进行了调查，结果显示，果园化肥投入量普遍偏高，氮肥平均用量为 891kg（N）/hm^2，磷肥为 387kg(P_2O_5)/hm^2，钾肥为 559kg(K_2O)/hm^2。另外，2002 ～ 2014 年陕西果业公报统计显示，猕猴桃果园年肥料投入占总生产投入的比重在持续上升，已从 48% 增加至 55%。果农不科学地施肥不仅不利于果树的生长发育，而且带来了不容忽视的环境压力。

Lu 等研究表明，秦岭北麓猕猴桃果园通过各种途径输入的氮素养分量高达 1201kg/hm^2，盈余量高达 1081kg/hm^2。Lu 等对陕西省周至县俞家河流域猕猴桃果园硝态氮的累积量进行了监测，结果显示，0 ～ 2m 土壤剖面硝态氮的累积量高达 793kg/hm^2。范崇辉等对成龄秦美猕猴桃树体的根系进行了研究，结果表明，猕猴桃以肉质根为主，而且须根发达稠密，可占总根量的近 96%，根系主要分布于水平范围 100cm 以内，垂直分布于 0 ～ 60cm 土层范围内。王建等研究也表明，猕猴桃树体 78% 的根系垂直分布在 0 ～ 40cm 土层范围内，超过 90% 的根系分布在 90cm 土层范围内。因此，猕猴桃根系分布较浅导致大量累积在 100cm 土层以下的硝态氮很难再被猕猴桃根系吸收利用，加剧了硝态氮淋失的风险，对地下水安全造成了严重威胁。

8.3.2　茶园种植系统施肥与环境效应

我国是传统的茶叶种植大国。2014年，我国茶园种植面积为265万公顷，茶叶产量达209万吨。我国茶园种植面积和茶叶产量均居世界首位，2015年我国茶园总面积约占世界茶园面积的70.2%。茶叶是我国重要的经济作物，在调整产业结构、发展高效农业和增加农民收入方面起着举足轻重的作用，在南方很多山区成为支柱产业。由于茶园自身物质循环（即茶树凋落物和修剪叶还园）和茶树根系代谢，茶园土壤随着种植年限的增加，pH值下降显著，钙、镁等盐基离子和微量元素相对匮乏，而铝、氟和多酚类物质逐渐在茶园土中富集，形成了独特的茶园生态系统。茶树是典型的喜酸好铝作物，生长于pH值3.0～6.8的土壤中，其最适宜pH值为4.5～5.5。施肥作为茶树养分补给的重要手段，对茶叶产量和品质的提高有不可替代的作用。20世纪60年代，茶园化肥施用量不断增长，并且在茶园施肥过程中出现“重无机、轻有机和偏施氮肥的趋势”。化肥的大量施用，尤其是氮肥用量的不断增加，不仅造成茶园土壤退化，而且茶叶产量和品质出现不增反降的问题。

氮素是影响茶树生长的重要元素之一，茶树能同时吸收铵态氮和硝态氮，但茶树对铵态氮的吸收量高于对硝态氮的吸收量。许多研究也发现，茶树对铵态氮的吸收代谢速度明显高于硝态氮，供应铵比供应硝能合成更多的谷氨酰胺，茶树在铵态氮源下生长得更好[45]。各项研究表明，氮素吸收效率和运输能力在不同茶树品种间存在显著差异，茶树根系吸氮能力的差异是茶树品种间氮素利用效率存在差异的重要原因[46]。茶树为叶用植物，氮素营养对茶树生长和产量尤为重要，而且叶片中的氮含量与茶叶品质密切相关[47]。林郑和等对四个不同品种茶树的研究发现，缺氮胁迫下，黄观音、毛蟹品种叶片的CO_2同化速率、气孔导度都显著下降，胞间CO_2浓度显著增加，最大光化学效率（F_v/F_m）显著下降[48]。适宜的施氮量能提高茶叶中的游离氨基酸、咖啡碱、水浸出物和叶绿素的含量，增加茶叶香气物质种类，促进AM真菌的侵染和菌根发育，进而促进茶树对氮、磷、钾养分的吸收，增加茶叶中可溶性糖和可溶性蛋白质含量，降低酚氨比。而过量施用氮肥不仅可能造成减产，而且将影响茶叶品质[49, 50]。

茶园氮淋溶损失是一个受多种环境因素影响的动力学过程，也是茶园肥料氮损失的主要途径，我国热带和亚热带茶园中化肥氮的淋溶损失率高达21.5%～62.3%[51]。茶园土壤硝态氮的淋溶主要发生在20～40cm土层[52, 53]。在对印度南部丘陵茶园土壤渗漏水的研究中发现，硝态氮浓度随土层深度的增加而增加，在22.5cm和45cm处分别为18.06mg/L和20.98mg/L。基于同位素^{15}N示踪方法的田间观测发现，渗漏水中的氮绝大多数是土壤氮，肥料氮只占淋溶氮的1%～20%[54, 55]。茶园土壤氮素淋溶损失率与氮肥投入量密切相关，氮淋溶风险随着茶树树龄的增加和氮肥投入量的增加而增大[56]。对日本静冈县酸性茶园土壤的研究发现，年施氮量为300kg（N）/hm^2、500kg（N）/hm^2、1080kg（N）/hm^2的茶园的硝态氮淋溶损失率分别为9%、31%和50%，均远高于其他作物[57-60]。对韩国济州岛茶园的研究发现，年氮肥用量900kg（N）/hm^2时，硝态氮年淋洗损失量为457kg/hm^2，若化肥减施1/2，硝态氮年淋洗损失量则可降低到205kg/hm^2[61]。通过有机肥与无机肥配施能够减少氮素淋失的风险[62, 63]。因此，选择合适的施肥期，减少化肥用量，合理配施有机肥，在一定程度上能降低茶园氮素淋溶损失。茶园氮素淋溶对地下水质量有潜在威胁。对江、浙、沪16个县76个饮用井水质的测定表明，茶园长期施用化学氮肥可能导致附近水域的硝态氮浓度偏高[64]。此外，我国茶园附近的泉水中硝态氮的浓度通常在50mg/L左右，远远超过中国饮用水标准上限。对日本茶园周边环境的调查也发现类似的结果，20世纪日本茶园推行高氮施肥，导致茶园周边水域硝态氮含量严重超标，埼玉县茶园附近的井水中其平均浓度为23.8mg/L，显著高于稻田和旱地，茶叶主产区静冈县内的井水中硝态氮浓度逐年升高，2001年最高值达到80mg/L[61, 63]，严重威胁人类健康。

土壤氮素在降雨过程中的运移也是引起茶园氮损失的途径之一，地表径流会带走硝态氮、土壤黏粒表面的铵态氮和部分有机氮，从而造成地表水环境恶化、地下水硝酸盐污染等环境问题。监测结果显示，虽然茶园的地表径流量远低于农田，但径流损失的氮素仍可占施氮量的7%～35%[65-69]。氮素径流损失主要以硝态氮形式流失，对浙江省亚热带茶园的研究发现，硝态氮径流损失量可占径流氮损失总量的46.6%～64.6%，而 NH_4^+ -N的占比不足20%；在太湖流域的坡地茶园中，氮素流失也是以硝态氮为主，流失量占总氮的76.32%[70, 71]。氮肥过量施用是氮素径流损失的最主要因素，茶园施肥后，随着时间的延长，径流液中铵、硝浓度逐渐降低，大约在一个月后趋于稳定[72]。此外，降雨强度、耕作也会增加茶园地表径流量。减少径流的主要途径有降低耕作强度、增加地表覆盖等。研究表明，茶园免耕比传统耕作减少34.44%的氮径流损失量，同时茶树密植、增加土壤耕层厚度及提高茶树凋落物的地表覆盖率也可以降低茶园地表径流[73]。

氮素除以硝态氮形式随水流失外，氨挥发损失也可占总施肥量的19%～24%[74]。在有利于氨挥发的条件下，农田土壤中氨挥发损失率能达到施氮量的40%～50%，但在茶园氨挥发损失的氮量仅占施氮量的1%～9%[75]。茶园土壤氨挥发损失较低，与施肥方式及其酸性环境有关。一方面，沟施覆土方式增加了土壤氮素与土壤胶体和根系的接触；另一方面，茶园土壤的酸性特征能够减缓铵态氮向氨的转化，减少了氨挥发的气体来源。此外，茶树对铵态氮的偏性吸收特性也降低了铵态氮在土壤中的浓度；而且茶园通常是低矮茂密的灌木，气体交换性较差，也会降低氨挥发通量。也有研究表明，植物可以通过树干径流将大气中的氮素运回到土壤中[76, 77]。总而言之，氨挥发在茶园氮素损失中所占的比例较少，实际生产中，可通过合理选择施肥时间、增加施肥次数、少量多次施肥等措施，降低茶园氨挥发损失。

全球大气中约57%～65%的 N_2O 来自土壤，其全球增温潜势是 CO_2 的265倍[78, 79]。酸性茶园土壤中较高的氮肥施用量在一定程度上刺激了 N_2O 的排放[80]。酸性森林土壤中种植茶树后，土壤pH显著下降，但 N_2O 排放量高达3.8mg/（kg·d），是酸性针叶林土壤的50倍[81-83]。对日本茶叶主产区的 N_2O 排放的观测也发现，茶园氮肥的 N_2O 排放系数高达2.9%，远高于其他农作物[84]。中国南亚热带茶园的 N_2O 的排放系数，在传统施肥和覆盖稻草模式下分别为2.23%和1.91%[85]。另外，我国茶园 N_2O 排放观测资料还较少，亚热带丘陵茶园土壤 N_2O 的年排放量为7.1～16.7kg/hm²，高于印度阿萨姆茶园的年排放量（4.04～4.38kg/hm²），但远低于印度尼西亚茶园的年排放量（32.41kg/hm²）[86, 87]，也远低于日本茶园的 N_2O 年均排放量（32.3～96.6kg/hm²）[88]。氮肥大量施用是茶园土壤 N_2O 年排放量居高不下的主要原因。对日本茶园的早期观测发现，年氮肥用量为 510kg/hm^2 的茶园，N_2O 年排放量为 10.6 ～ 14.8kg/hm^2，当氮肥用量从每年 1200kg/hm^2 削减到 600kg/hm^2 后，茶园 N_2O 排放量可降低 85%[88-90]。此外，肥料种类也会影响茶园土壤 N_2O 排放。研究表明，施用硝酸钾的土壤 N_2O 排放量最高，其次是硝酸铵，尿素和硫酸铵的 N_2O 排放量最低[91]，这可能与土壤 pH 有关。研究发现，pH 是调节旱地酸性土壤 N_2O 产生途径的关键因素，当 pH ≤ 4.4 时，反硝化作用是土壤 N_2O 的主要来源，而当 pH ≥ 4.4 时，硝化作用是 N_2O 产生的主要途径。茶树冠层下方土壤 N_2O 排放也不容忽视，其排放总量约占整个茶园排放总量的 35%[92]。因此，合理选择施肥位置、肥料种类，能在一定程度上减少茶园 N_2O 的排放量。

8.4　种养结合型系统施肥与环境效应

8.4.1　种养结合型系统

8.4.1.1　种养结合型系统的定义与分类

（1）种养结合型系统的定义　种养结合（combination of planting and breeding，CPB）指种植业产生的秸秆为养殖业提供饲料来源，养殖业产生的畜禽粪便为种植业提供有机肥料来源，实现物质和能量在种植业与养殖业之间的转换循环，促进区域内农作物秸秆和畜禽粪便的资源化利用。种养结合通过将畜禽粪便堆肥还田，可减少农田化肥的施用量，能实现区域内畜禽粪便资源化利用，促进农业绿色发展[93]。种养加结合就是将传统农业产业中相对独立的种植业、养殖业作为一个整体与加工业高效对接的一体化发展模式。

农作物秸秆含有较多的粗纤维、粗蛋白和粗脂肪等，通过切短、粉碎、浸泡、微生物发酵等方法可制成优质粗纤维发酵饲料，可替代部分养殖饲料，可以降低养殖成本，实现区域秸秆的资源化利用。畜禽粪便中含有大量的氮、磷、钾等多种营养元素，这些营养元素是植物生长需要的关键元素之一，畜禽粪便经处理后制作成有机肥进行还田利用，可以改善土壤质量，提高作物品质和产量[94]。种植业和养殖业通过这两个过程实现部分物质循环，促成农业废弃物及时资源化利用，所组成的综合性系统称为种养结合型系统。而在种养结合型系统中，畜禽粪便在农田中的施用情况是判断该系统是否能够运转良好的关键环节。

循环良好的种养结合型系统能有效地缓解农业现在所面临的问题，养殖业所产生的畜禽粪便可以作为种植业所需要的养分，而种植业所产生的秸秆等可以直接做成饲料提供给养殖业，实现种植业与养殖业之间的物质循环利用，缓解生态问题，大大提高农业资源的利用率[95]。

目前，我国养殖业与种植业存在严重脱节现象，在种植业比较发达的地区，种植对有机肥的需求量大，而区域内的畜禽粪便供应量不足，农田施用大量化肥，容易造成土壤板结等问题；而在养殖业发达的地区，种植规模比较小，而养殖规模比较大，导致畜禽粪便过量、无序地施入农田，使得农田畜禽粪便的施入量严重超出农田的畜禽粪便消纳能力，会造成土壤养分过量问题，使土壤的贮存养分能力迅速减弱，过量养分随径流以及下渗进入河流、地下水中，造成水环境污染问题。为此，发展种养结合要注重区域种养的平衡，使种植与养殖协调发展。

（2）种养结合型系统的必要性和重要性

① 种养结合型系统的必要性　我国种植与养殖之间呈现严重的纽带断裂，现有的研究已经确认“种养结合到种养分离”的发生，同时由此引发了一系列相应的农业问题。一方面，农户层面的个体经营趋向单一化的种养分离；另一方面，区域层面的养殖过密造成的承载超量，导致了农业资源利用的错位[96]。

全国农村固定观察点的农户调查数据显示[97]，1986 ～ 2017 年，我国种植业和养殖业相结合的农户比例从 71.24% 大幅下降至 12.15%，仅耕种家庭从 25.60% 增加到 56.63%，饲养耕畜的家庭保持在 5.49% 左右，还有一大批农户已完全退出种养殖农业生产。这表明，牲畜与农田的距离越来越远了。同时，在种养结合农户中，有 1/3 左右农户的养殖量已经超过了其农田的粪污承载力。事实上，种养分离既直接导致了养殖粪污处置难，也间接导致了化肥过量施用。相比仅种田的农户，种养结合的农户少施用 12.77% 的化肥。

现代化商品经济强调专业化生产、规模化经营，通过市场价格引导种养殖结构调整。随着我国农业农村经济社会发展和新时期发展理念的转变，我国农业产业布局逐渐向种养循环的绿色发展方向转变，但种养布局脱节问题依然突出。我国东北与西北地区由于种植面积广，具备畜禽粪便消纳的潜力，再加上人口密度较低等得天独厚的条件，适宜发展规模化养殖。在政策与经济效益的引导下，一度形成了“南畜北养”的趋势。然而，养殖粪便的资源化利用是在种植单元和养殖单元层面实现的，其效果与运输距离高度相关。通过大量调研访谈了解到，目前较为合理的粪污原料收集半径是 30km 左右，因此，以省域土地承载力为依据落实种养布局，可能会出现局部养殖密度过大的问题。例如黑龙江省有 2 亿多亩耕地，如果不考虑区域密度的问题，全省最大载畜量可达 4000 多万个畜单位（奶牛）。而实际上，黑龙江 81.43% 的养殖量分布在绥化、哈尔滨、齐齐哈尔、佳木斯、大庆 5 个市，想要完全实现种养结合的难度非常高。据测算，这些城市的养殖承载力已经十分逼近临界值[98]。

2020 年公布的第二次全国污染源普查结果显示，农业源污染排放占全国总排放量的“半壁江山”。在农业源污染排放中，养殖业的污染排放情况略高于种植业，基本占据了农业源污染排放的 50% 以上[99]。据统计，我国当前每年可收集的畜禽粪便总量折合纯氮约 1400 万吨，相当于化学氮肥年生产量的 50%[100]。而种植业化肥施用强度仍远高于国际上限[101]，农业资源利用出现严重错位，造成养殖业和种植业的双重污染，如果能够有效替代，则能实现种植、养殖污染的同步减少。这些农业问题的加剧，充分反映出我国农牧业对良性种养结合型系统建立的迫切需求。

② 种养结合型系统的重要性

a．促进资源转化利用：一是养殖业可将农产品转化为价值量更高的畜产品；二是种植业生产的大量有机物质只有 25% 左右能被人类直接利用，其余 75% 可作为动物饲料，通过养殖业转化为畜产品；三是种植业加工后的副产品如糠麸、酒糟、粉渣等废弃物，可通过养殖业转化，提升其使用价值；四是家畜在将饲料有机物质的 15% ～ 30% 转化为畜产品的同时，其余70%有机质作为粪尿被排泄出去，这部分有机质可通过处理后还田，为种植业所利用，进而转化为农产品。

b. 减少环境污染：种植业与养殖业向对方提供能量、物质，并通过动、植物的不同生理机能将其转化利用，形成了循环的生物链，物质往复循环，减少废弃物，提高利用价值。

c. 有效改良土壤：种植业每年从土壤中摄取大量氮、磷、钾以及各种微量元素，如果不适时补充，土壤理化性能将会越来越差，土地会越种越贫瘠。养殖业提供以粪便为主要原料的有机肥，能有效改良土壤、提高地力，还能促进土壤团粒结构的生成，增强土壤调节水、肥、气、热的功能，同时对提高农田生态系统转化率有无机化肥无法替代的作用。

d. 满足社会需求：随着我国开启全面建设社会主义现代化国家新征程，我国对动植物产品的需求随着社会的发展会越来越高。种植业生产的农产品和养殖业生产的畜产品是满足人民美好生活的必需品。种植业和养殖业共同发展的局面将长期持续下去，并朝着高效循环模式发展进步。

8.4.1.2　国外种养结合型系统的施肥研究进展

（1）国外种养结合型系统粪肥施用的典型案例分析

① 国外种养结合型系统粪肥施用的典型管理模式　国外许多国家通过制定法案法规、征收环境税等政策治理环境的手段对种植业养分投入和养殖业粪肥处理之间的动态平衡进行刺激调控。也有国家通过倡导绿色的种养结合方式通过技术手段对禽畜养殖粪污的处理模式不断改进优化。

20世纪下半叶，集约化畜牧业快速发展，包括美国和部分欧盟国家在内的许多发达国家都经历了一段严重的污染时期。作为回应，政府和畜牧业实施了一系列政策、行动计划和指导，以减轻畜牧生产对环境的负担。牲畜粪便现在被认为是营养物质[102]和有机物的宝贵来源，它们必须储存在封闭的肥料库中，并且必须在生长季节根据作物养分需求施用于农田。通过提高动物生产力、动物育种以及改善动物饲养和养殖条件，也取得了重大进展。然而，专业化畜牧农场和作物生产系统的分离和集中仍然是这些国家改善粪便管理的瓶颈。

在美国，农民或其顾问必须制订全面的营养管理计划，以避免与动物饲养操作相关的潜在水质和公共卫生影响。当牲畜粪便提供的养分超过作物的养分需求时，农场不得不选择其他方法来处理和使用粪便。然而，在实践中只有一小部分粪便经过处理，例如通过堆肥或厌氧消化[103]。

根据符合硝酸盐指令的行动计划（European Commission，2020），欧盟的畜牧业者还必须制订养分管理计划，并且必须遵守粪肥施用限制以及与粪肥储存和粪肥施用时间、方法相关的附加规定。170kg（N）/（hm^2·a）的统一肥料施用限制已在整个欧盟范围内设定，尽管对于生长季节长的氮需求作物（永久作物）可能会减损。肥料和粪肥的施用仅限于生长季节。此外，鼓励农民使用低蛋白动物饲料，并通过低排放动物舍、粪便储存系统以及低排放粪便施用（通过注射、拖曳软管或快速掺入土壤）来减少氨排放。

美国Smithfield公司猪场采用厌氧发酵塘处理后贮存的方式，粪便等最终全部作为有机肥用于农田施用。美国农业部调研发现，养殖畜禽粪便主要是直接还田模式，粪便—沼气—沼液还田模式很难与其竞争；从市场角度看，粪便—沼气—沼液还田模式更适用于粪便供应充足、肥料价值最小的区域。美国的畜禽粪便能源技术已经商业化使用多年，如焚烧厂、厌氧发酵沼气燃料发电等[104]。美国畜禽养殖场废弃物还田利用基本情况如表 8-6 所示。

表8-6 美国畜禽养殖场废弃物还田利用基本情况

养殖场	养殖区分布	农田配套	粪便收集	施用作物	实施效果
奶牛	美国西部、加利福尼亚州、爱达荷州、新墨西哥州	16% 的奶牛场没有配套农田，需要长途运输到农田进行施用	水泡粪	玉米	***
猪	北卡罗来纳州、俄克拉何马州、犹他州、美国西部	22% 的猪场没有配套农田，需要长途运输到农田进行施用	水泡粪	玉米	***
肉鸡	美国南部	非常少的肉鸡场在周边配套农田	干清粪	花生、棉花	***

注：*** 代表还田实施效果非常好。

英国的畜禽粪便主要利用途径是肥料还田，其模式为粪便—储存—农田。液体粪便储存方式主要分为地上储罐、围墙式储存、氧化塘、地下储罐等。液体粪便主要施用方式为表层撒施、条施、浅层注射、深层注射、喷灌等[105, 106]。孟加拉国有 70% ～ 80% 的农户储存固体粪便，其中 50% 的固体粪便用于作物施肥。越南大部分的大中型养殖场有沼气工程设施，养殖场产生的 70% ～ 90% 的沼渣用于农田施肥或水产养殖。阿根廷液体粪便储存于氧化塘中，75% 的农场储存固体粪便，50% 的农场粪便进行还田施用。哥斯达黎加有 50% 的规模化奶牛场将粪肥施用于牧场草地；大部分养猪场会收集和储存粪便，其中 50% 的养猪场有沼气处理工程设备。部分国家畜禽养殖场废弃物还田利用情况如表 8-7 所示。

表8-7 部分国家畜禽养殖场废弃物还田利用情况

国家	畜禽种类	还田利用模式	粪便收集
英国	猪、牛、家禽	粪便—储存—农田	水泡粪、垫料收集
孟加拉国	鸡、鸭、牛	粪便—储存—农田	干清粪
越南	猪、牛、家禽	粪便—沼气—农田 / 水产养殖	干清粪
阿根廷	肉牛	粪便—储存—农田	干清粪
哥斯达黎加	奶牛、猪	粪便—牧草，粪便—储存 / 沼气—农田	水冲粪

许多发达国家为了防止种养不平衡，如德国、荷兰、丹麦和美国等，都对区域种植与养殖规模做出相应的规定。日本对生态环境的保护力度非常大，因此对养殖业的养殖模式、粪污处理方式等要求较高，以降低粪污污水对水体的污染，以及堆放形成的恶臭对空气质量的影响。因此，早在 20 世纪 70 年代，日本就意识到禽畜养殖对环境的破坏问题，并当即

通过了多项法规来治理这些养殖对环境污染的情况，其中包括《恶臭防止法》《防止水污染法》等重要的针对环境保护的法规，都包含着对禽畜养殖的环境污染预防法规。除这些法规的硬性要求外，还有一些补贴上的环境保护鼓励机制，对于农场环境保护设施的建设费用投资，农场仅需支付1/4，其余由政府进行补贴[107]。欧洲共同体规定单位农田的合理畜禽粪便施用量不能超过175kg（N）/hm^2。荷兰为了防止农田畜禽粪便施用量过多，引起磷的淋失，从而造成环境污染等问题，规定单位面积农田的畜禽粪便年施用量不能超过35kg（P）/hm^2[108]。德国为了保护水源区域的生态环境，规定在水源区域的单位公顷土地上的畜禽饲养量不得超过牛9头、马9匹、羊18只、猪15头、鸡3000只、鸭450只等[109]。

② 国外种养结合系统粪肥施用的有效机制　美国养殖废弃物污染防治国家战略和国家污染物排放削减（NPDES）许可证制度推动了畜禽粪便综合养分管理计划相关技术的研发和应用[110]。美国畜禽粪便综合养分管理计划，强制养殖大户必须实施，鼓励养殖小户自愿实施。欧盟国家的农业环境得到保护，养分管理政策起着非常重要的作用[111]。养分管理政策推动了英国养殖废弃物还田利用，同时减少硝酸盐淋洗和温室气体对环境的影响，英国按照粪便养分管理计划进行了养殖粪肥的施用[106]。德国没有针对畜禽养殖废弃物管理和利用开展过专门的立法，但将养殖废弃物污染防治的相关规定融入环保领域相关的法律法规中；在德国，80%的农场采取种养结合措施，还田利用模式为养殖粪便—沼气—农田，农场用肥需考虑养分平衡，依据是不超出作物氮、磷养分的需求上限[112]。美国的粪便综合养分管理计划和欧盟养分管理政策实质是相同的，目的都是提高粪肥养分的利用率，减少养分的环境损失。美国和欧盟都制定了相关的法律法规来实现养分管理，如硝酸盐法案和硝酸盐敏感区、水保护法案、“590”法案、水洁净法案等[113]。

粪便综合养分管理的核心是养分平衡，其主要考虑畜禽所产生、提供的养分量，作物目标产量氮、磷养分需求量以及土壤养分水平，以减少粪便养分的环境排放。欧美国家已经用养分平衡方法表征了种养结合系统生产的可持续性，同时指导养殖废弃物的还田利用[108, 114, 115]。欧美养分平衡应用以农场平衡法、养分利用率法、土壤表观平衡法使用最多[116]。为提高养分利用率，实施畜禽粪便养分综合管理计划，将环境保护与种植业、养殖业养分管理有机结合，在满足作物需求的同时，解决畜禽养殖污染问题，促进农业领域的可持续发展。

英国和美国都推荐采用粪肥定量施用原则。农田作为畜禽粪便的消纳场所，其容量既取决于土壤的质地肥力，又受作物收获时籽粒和秸秆吸收量的影响[117]。控制粪肥施用量对减少氮挥发损失尤为重要[118]。粪肥中氮、磷大约是作物生长所需氮、磷的2倍，在为满足作物对氮的需要而进行粪肥施用后，将会使土壤中磷的水平增加。建议根据作物磷需求量与土壤磷测定来确定施肥时磷的需求量，以达到施用适当粪肥量的目标[119]。欧盟的硝酸盐法案规定，在硝酸盐敏感区粪肥施用的最大量为170kg（N）/（$hm^2 \cdot a$），该限值迫使养殖场将多余的粪便运输到其他的农场并加以利用[110]。

粪肥在地表的时间越长，其被灌溉水或雨水径流导致的损失就越大，氨挥发造成的流失也就越大，因此将粪肥与表土混合可有效降低养分的流失，研究表明深施有利于减少氨的挥发和径流损失[120, 121]。撒施后翻耕和条施后覆土处理能有效抑制氨的挥发和氧化亚氮的排放损失[120]，液态粪肥喷施后翻耕比表土条施氨的损失量低55%[118, 122]。施用液体、固体粪肥时，深耕并立即覆盖是最有效的减排技术[123]。

氮素的流失与季节有关，应尽量避免在秋季及初冬时节施肥，推迟到冬末或初春施肥有利于减少养分流失而增加作物对养分的吸收。在作物生长旺盛的季节，根系的吸收能力强，所施加的粪肥中的速效养分可以被作物迅速吸收，从而有利于减少养分的损失[124]。

（2）我国种养结合系统粪肥施用的发展基础与现状　种养结合系统是一个多组分、多功能、多生物种群、多目标的综合性开放式巨型人工生态经济系统。我国地域辽阔，自然、社会经济、文化背景差异较大，在此背景下形成了不同的类型模式。

① 种养结合型施肥在“果、蔬、茶”作物上的施用　王智平、刘爱民针对太行山前平原豆科作物少，缺乏畜牧业发展必需的蛋白质饲料的现状，调整种植业结构，引进苜蓿、配饲玉米秸秆，从而形成以下三种种养结合系统：a.“1+2+3”系统，即 1 亩苜蓿 +20 亩玉米秸秆 + 3 头成年奶牛；b.“1+2+4”系统，即 1 亩苜蓿 +20 亩玉米秸秆 +4 头成年肉牛；c. 农牧果系统，即农田 9.33hm^2（小麦-玉米 6.67、西瓜-白菜 1.33、苜蓿 1.33）+ 奶牛 50 头 + 果树 3.33hm^2（葡萄、苹果、桃子）[125]。王刚、王占哲根据区域特点，研究并概述了我国中温带地区种养结合型农业科技园区的三种种养结合系统，分别为：饲草-杂粮-奶牛种养系统、粮-菜-猪种养系统、稻-菇-鹅种养系统[126]。柳谷春、高炎坤根据湖北省荆州市农区特点和实际，提出了“1321”生猪生产系统、家庭种草养羊系统、平原地区的“棉-粮-猪-沼”系统、丘陵地区的“粮（菜）-猪-沼-果”系统、城郊地区的“酒-猪-沼-鱼”系统以及水网湖区的“鱼-猪-鸭”系统[127]。

② 种养结合型施肥在“粮、饲”等大田作物上的应用　郭德宝等认识到宁夏农业可持续发展的潜在压力，引用国内外成功的经验，阐述了适合宁夏资源特点和民族特点的粮经饲三元种植结构模式、秸秆养畜过腹还田模式、粮草轮作改良国土模式、引草入田合理利用休闲田模式及肉牛肉羊易地育肥模式等 5 种农牧结合模式[128]。程为国、黄晓澜对淮北农区几种种养结合经营方式进行了研究，结果表明（小麦-大豆）-牛型系统的经济效益最高，生态效益也明显，(大麦-山芋）-猪型系统的能量产投比较高，经济效益也较好，而牧草-羊型在淮北农区不切实际[129]。

③ 种养结合型施肥在林、草地上的应用　梁业森、周旭英经过多方调查研究与科学试验，推出了 8 种种养结合系统，适宜在不同地区推广和应用，这些系统分别为：粮、经、饲三元种植结构，以农养牧、以牧促农的种养结合系统；利用冬闲田种草，发展草食畜的种养结合系统；草田轮作，以草养畜，治理盐碱沙荒地种养结合系统；复合式种养结合系统；肉牛异地育肥种养结合系统；农林牧多方位结合的种养结合系统；以沼气为纽带，养猪、养鸭、养鸡、种菜（果）四位一体庭院生产系统；低湿地种养结合立体开发系统[130]。张卫建、郑建初、江海东等在国家对农业生产结构，尤其是南方稻区劣质小麦、劣质早稻和冬季农业综合开发结构进行全面调整的形势下，构建了适宜南方稻区的稻 / 草-鹅种养结合系统，田间试验和生产调研表明，该种模式在南方稻区有较强的生态适应性和明显的经济效益[131]。刑廷铣在参阅了大量文献的基础上，总结出了一饲一粮、一饲一经、两饲一粮、一粮一经一饲四种种养结合种植系统[132]。谢剑斌根据低丘台地区自然条件特点、农业生产现状和所面临的矛盾，依据生态学食物链原理和互惠共生原理，把农业生态系统中的生产者（果）、消费者（牛）与还原者（菌）组成协调、平衡的关系，达到植物、动物、微生物间互生养、趋利避害，物质能量良性循环和高效转化的目的，形成了“果-草-牧-菌-沼-工”的系统[133]。

（3）我国各地区种养结合型施肥模式　种养结合是我国畜禽粪污处理的主要方式之一，

具体可理解为养殖场固体粪便通过自然堆放或堆肥处理后的农田利用，污水与部分固体粪便进行厌氧发酵或者经过氧化塘贮存，沼渣、沼液或粪污用作农作物肥料。粪肥还田利用途径主要分为三类：第一类是畜禽养殖—贮存—农田模式，该模式粪便和污水全部贮存，粪便和污水全部作为有机肥直接还田利用；第二类是畜禽养殖—沼气—农田模式，以沼气池技术为核心，将粪便污水作为沼气池的原料，在缺氧的条件下生成沼气、沼渣和沼液，沼气用于燃料或发电，沼渣和沼液用于种植农作物等；第三类是畜禽养殖—堆肥＋沼气—农田模式，该模式的粪污处理系统由预处理、厌氧处理、好氧处理、后处理、固液分离、沼渣沼液农田利用、沼气净化、沼气贮存与利用等部分组成。我国区域养殖废弃物还田利用模式如表8-8所示。

表8-8 我国区域养殖废弃物还田利用模式

地区	分区	农作物熟制	畜牧业	还田利用模式
东北地区	东三省及内蒙古东北部、大兴安岭地区	一年一熟	发达	养殖废弃物—沼气/贮存—农田
华北地区	河北平原、黄淮平原、京郊	一年两熟	城郊型畜牧业发达	养殖废弃物—堆肥＋沼气—农田利用
西北地区	西北内陆绿洲、黄土高原	一熟灌区	发展迅速	猪/牛—堆肥＋沼气—玉米；猪/牛—贮存—粮食（菜、果）；猪/牛—沼气—粮/菜/果/草
华东地区	长三角集约农区、江淮平原	一年两熟	集约化程度高	猪—沼气—稻田/粮/果/菜/茶/菌/藻；稻—鸭共生互作；猪—沼气—鱼—鸭—草；畜禽—沼气＋有机肥—饲草/果/菜
中南地区	洞庭湖和鄱阳湖农区	多熟种植	发达	养殖废弃物—沼气—稻/草
西南地区	四川盆地、成都平原、云贵高原河谷盆地、滇南谷地	一年两熟	畜禽废弃物产量大	稻田—鱼共生互作；牛—沼—田；饲草—奶牛

我国在农田粪肥的合理施用方面，缺乏对粪肥施用推荐、施肥方式、施肥季节等的研究，而养殖废物还田利用量主要是通过适宜的载畜量来进行判断。针对粮食、蔬菜和果树等农林作物不同的生产模式，大田作物、蔬菜的粪污氮、磷养分消纳量要大于果树[134, 135]；固液分离—液体厌氧发酵处理模式下，种植粮食作物、蔬菜、果树，每公顷农田每年分别可承载32～33头、56～69头、7～18头存栏猪所排放的废弃物[136]；粪污直接厌氧发酵处理模式下，种植粮食作物、蔬菜、果树，每公顷农田每年分别可承载35～37头、53～67头、8～17头存栏猪所排放的废弃物[136]。

8.4.1.3 我国种养结合型系统施肥面临的挑战

（1）小型农作物农场与大型畜牧场分离 20世纪50年代，我国产生的有机粪肥中的养分占中国农田总养分需求的90%以上，人口和人均消费量的增加使畜产品需求量大幅上涨，导致集约化、规模化养殖场的比例迅速增加[137]。这促成了农作物和畜牧养殖场在空间和规模上的分离[138]。载畜量500头以上的育肥猪的养殖场在生猪养殖业中所占的比重从1998年的8%

增加到2017年的47%。相比之下，农作物生产仍以经常在城市兼职的小农为主，并且这种情况仍会持续很长一段时间。2016年，大于50亩的农场种植面积约占总种植面积的18%。根据《土地接收畜粪能力计算技术导则》，50亩的土地可以消纳500头育肥猪产生的粪肥（以氮肥计）。500头以上育肥猪的养殖场比例与50亩以上的种植户比例之间的差距导致农田牲畜粪便利用率低。目前，在排出的全部有机粪肥中，只有30%的N和48%的P通过施肥返回了土地[139]。任守文、陈世凯、闫晓明等根据安徽省淮北平原的皖北砂姜黑土地区资源特点和农牧业现状，提出适宜该地区种养结合的方式有：a. 秸秆养牛，过腹还田；b. 秸秆养羊，过腹还田；c. 利用粮食和加工业副产品养猪，粪肥还田；d. 利用饲草养兔；e. 粮经饲三元种植结构[140]。

（2）种养系统的有机废弃物养分种类多、含量低　粪肥是包括N、P和K在内的主要植物养分的极好来源[102]，它提供植物所需的许多微量养分以及用于土壤改良的有机质，种养系统粪肥科学施用有助于提高作物产量和氮利用效率[141]。然而，粪便中的养分含量和可回收利用性通常是高度可变和不确定的。绝大部分有机肥料的标签可能只提供所有养分的总和[142]，这对于精确施肥来说，所获得的支持信息远远不足。此外，与矿物肥料相比，由于体积大、水分高、养分含量低，运输成本高，施肥成本高，约为矿物肥料的两倍[143]。部分液体肥料还需要进行无害化处理，然后才能用于农田，如果将粪便制成堆肥，这会增加成本并且还存在损失粪肥中养分（尤其是N）的风险。因此，目前粪肥的市场竞争力远低于矿物肥料。

（3）养殖粪污中重金属和抗生素的风险　粪便可能被微量金属和抗生素污染[144]。由于饲料中含有大量添加剂，部分猪粪和鸡粪中的重金属（主要是铜和锌）含量超过了国家《农用污泥污染物控制标准》的要求。频繁或大量地施肥会导致土壤和农作物中重金属和抗生素的积累，对人类健康具有潜在的不利影响[144]。

（4）种养结合型系统施肥相关企业和服务匮乏　在荷兰，由政府监管的运营公司在畜牧场和农作物农场之间重新分配粪便。畜牧业者必须向这些贸易公司支付10～25欧元/t的粪肥处理费用，而农户则需要支付1～14欧元/t的粪肥获取费用，具体取决于粪肥质量和农场之间的距离。这种类型的交易和管理方案在中国尚不可用。建立专业的粪污再分配系统面临诸多挑战，例如：a. 谁来支付长期的粪肥储存和应用基础设施费用；b. 谁来支付粪污运输费用；c. 谁应该获得政府补贴；d. 谁来监督和控制粪便与资金的流动。缺乏合适的施肥设备和粪肥储存设施，粪肥运输成本高是阻碍农民使用肥料的障碍[142, 145]。所有这些因素都导致了中国农田的肥料管理链断裂和肥料养分利用率低。

8.4.2 我国种养结合型系统粪水施用技术——以华北平原小麦-玉米轮作体系为例

近年来，我国华北平原规模化生猪养殖快速发展，猪场废水随意排放不断增加，导致地下水硝态氮累积、氨挥发、温室气体排放和空气恶臭等一系列环境问题，严重制约着规模化生猪养殖的可持续发展[146]。猪场废水含有丰富的有机质和作物生长所必需的氮、磷、钾等养分物质，因此，将猪场废水作为肥水就近施用于农田，可有效改善土壤肥力质量，已成为猪场废水经济有效的资源化利用途径之一[147-149]。陶晓婷等研究表明，小麦越冬期施用猪场肥水60～120m^3/hm^{2}替代穗期施氮30～60kg/hm^2，可满足小麦氮素营养需求[150]。也有研究表明，以猪场/牛场肥水替代化肥（以N计）50%～75%，可获得等氮化肥处理相当的作物产量[151]。然而，在传统的大水漫灌施用方式下，猪场肥水中大量氮素会以硝态氮（NO_3^--N）形式淋溶到深层土壤，或以氨（NH_3）形式排放于大气中，这将严重导致猪场肥水氮素利用效率的降低[152, 153]。猪场肥水注射施用能够降低NO_3^--N淋溶和NH_3排放等形态的氮损失，进而有望提升肥水施用的氮素利用效率及其增产效应[154]。国内外针对猪场肥水不同施用方式的对比研究已有很多，然而，这些研究主要集中于小麦、玉米（*Zea mays* L.）、水稻（*Oryza sativa* L.）或牧草等单作体系下的氨挥发、温室气体排放和土壤肥力质量变化[155]，而针对作物氮素利用效率的研究并不多[156]。当前，主导华北平原的玉米-小麦一年两熟高度集约化轮作生产体系在产量不断提高的同时，对耕地利用强度高，水肥资源投入量大，进而导致该体系肥料效益低，而且引发环境污染等问题[157, 158]。因此，如何在降低化肥投入的同时实现作物增产和养分高效利用已成为人们关注的热点。以往研究大多从合理施肥、优化作物栽培模式和养分管理等角度对作物生长和肥料利用率进行探讨，而该体系针对猪场肥水不同施用方式对作物产量、氮素利用和土壤氮素平衡的研究却鲜有报道[156]。基于此，本节以华北平原秸秆还田条件下玉米-小麦轮作体系为研究对象，探讨了猪场肥水不同施用方式（表施、注射）和氮素替代率（25%和50%）对作物产量、肥水中氮素利用和土壤氮素表观平衡的影响，以期为该地区合理进行猪场肥水施用，提高肥水中氮素利用效率，降低养殖肥水施用过程中氮素的损失提供理论依据[159-171]。

氮肥农学效率、氮肥偏生产力和氮肥表观利用率是衡量氮素效率的常用指标，从不同方面描述作物对氮素的吸收利用。Dobermann认为粮食作物氮肥农学效率为10～30kg/kg，氮肥偏生产力为40～70kg/kg，氮肥表观利用率为30%～50%较为适宜。在夏玉米的生长周期中，当施用氮肥量为180kg/hm^{2}时，采用猪场肥水替代25%和50%尿素氮的注射施用方法，可以获得更高的氮肥农学效率（高达14.72kg/kg）、氮肥偏生产力（最高41.95kg/kg）和氮肥表观利用率（高达48.57%）。对于小麦，尽管在240kg/hm^{2}的施氮量下，所有施肥方法的氮肥效率都低于理想值，但猪场肥水替代25%和50%尿素氮的注射施用方法仍然表现出更高的氮肥农学效率（最高6.37kg/kg）和氮肥表观利用率（最高22.36%）。总体来说，尽管各种施肥处理的氮肥偏生产力都低于51.6kg/kg（玉米）和43.0kg/kg（小麦）的标准值，猪场肥水注射施用方法的效率仍然高于单纯尿素施用。此外，与不施肥对照区相比，使用猪场肥水的处理在玉米和小麦生产中均能显著提高产量和氮素利用效率，这表明在适当降低氮素投入量的同时，采用猪场肥水替代尿素注射施用是一个提高氮素利用效率的有效策略。

分析农田土壤-作物系统氮素平衡状况，既能掌握作物对氮素施用的响应，又能了解土壤氮素盈余状况及肥料氮的去向，进而为指导农业生产提供理论依据。有研究表明，土壤矿质氮的作物有效性随着土壤深度的增加而逐渐降低，而且0～100cm土体中的矿质氮能够被玉米和小麦根系直接吸收利用，而100cm土层以下矿质氮难以被作物吸收利用，最终只能通过淋失进入地下水，或通过深层反硝化作用脱氮[172]。在玉米-小麦一年两熟轮作体系中，采用0～100cm土层作为计算基础进行的氮素平衡分析表明，25% WI（猪场肥水替代25%尿素氮的注射施用）处理在作物氮素吸收量上表现最优，达到最低的氮素盈余，同时保持了较高水平的0～100cm土体残留矿质氮量。与此相似，50% WI（猪场肥水替代50%尿素氮的注射施用）处理在作物籽粒产量、氮素吸收量和氮素盈余上与 25% WI 处理没有显著差异，显示出这两种处理方式对于作物生长和土壤氮素平衡的维持是有效的。此外，对照处理（CK）中氮素盈余最低，而且除氨挥发损失外，其他形式的氮损失量甚至低于零，可能归因于土壤有机氮的矿化。然而，这些结论是基于一年的田间试验数据，对于猪场肥水注射施用下的氮素替代比率及其对作物氮素吸收利用的影响还需要进一步的长期研究和验证。

在华北平原的玉米-小麦高度集约化轮作区，猪场肥水替代 25% 和 50% 尿素氮的注射施用方法被证明是最有效的。这种方法不仅能降低生产成本，提高经济效益，还能解决规模化生猪养殖场的废水问题，促进农牧协调发展。具体来说，与不施肥处理相比，施用尿素和猪场肥水显著提高了玉米和小麦的产量及其籽粒氮吸收量。在所有处理中，猪场肥水替代 25% 和 50% 尿素氮的注射施用增益最显著，特别是在降低土壤氨损失（在玉米和小麦基肥期中最高降幅为 50%）和提高氮肥农学利用效率、氮肥偏生产力、氮肥表观利用率方面。此外，在玉米-小麦轮作周期内，这种施用方式也显著降低了土壤（0 ～ 100cm）和作物系统中的氮损失和氮盈余。因此，猪场肥水替代 25% 和 50% 尿素氮的注射施用是在保持土壤质量的同时，增加作物产量和改善土壤-作物系统氮素平衡的理想方法。

8.4.3 我国种养结合型系统不同粪肥施用技术的对比分析——以华北平原“粮-饲”轮作系统为例

华北平原作为我国粮食和畜禽产品的主产区，其粮食和肉蛋奶产量分别占全国总产量的 34.4% 和 37.0%。集约化玉米-小麦轮作体系产量不断提高的同时，耕地利用强度高、水肥资源投入量大、耕地质量下降快、盈余养分和温室气体大量排放等严重危害生态环境安全 [173-175]。规模化畜禽生产快速发展导致饲料严重依赖外地引进，农牧分离问题凸显，畜禽粪尿循环利用率下降 [176]。近年来，在玉米-小麦轮作体系中采用的农田养分增产提效技术提高了作物产量和养分利用效率 [177, 178]，但未充分考虑养殖产生的固液粪肥的合理施用。因此，构建农牧（种养）结合的“粮-饲”轮作体系，筛选固液粪肥科学施用方法已经成为华北平原农牧业绿色发展的关键。

根据畜禽饲料养分需求设计轮作体系能缓解我国畜禽生产对进口饲料的过度依赖，亦能大幅降低农牧生产中的氮素损失及其对环境的危害 [179]。在华北平原进行集约化“粮-饲”轮作种植能够在有限水、热等资源条件下获取更多的优质饲草，有利于规模化畜禽养殖的可持续生产 [179]。随着我国“粮改饲”政策的实施，区域种植结构将大幅改变 [180]。黑麦草、甜高粱和高丹草具有较高的饲料营养价值，多用于规模化的“粮-饲”轮作高效生产 [181, 182]。目前，我国在饲草方面的研究，主要侧重于饲草光能利用效率的改善及其干物质和粗蛋白产量的提高 [183]，但是缺少不同“粮-饲”轮作系统氮素平衡的研究。

加强畜禽生产中的粪尿管理，促进粪尿养分高效利用，能够降低环境污染风险。研究发现，合理施用固液粪肥可提高土壤碳、氮储量，并减少养分环境流失 [184]；陶晓婷等发现，在小麦越冬期补灌 60 ～ 120m^3/hm^2 的猪场肥水即可满足穗期 30 ～ 60kg（N）/hm^2 化肥的氮素营养需求；也有研究表明，在常规施氮水平［225kg（N）/hm^2］下，固态猪粪、鸡粪单施均可获得与化肥处理相当的小麦、玉米产量，而且小麦产量随牛粪与化肥配施比例的提高而有所提升 [185]。Zhang 等人经 Meta 分析发现，旱作生产中粪肥替代部分化肥可增加 6.6% 的作物产量，同时减少农田 NH_3 和 N_2O 排放，有利于农业的可持续生产。有机肥、无机肥配施亦可提高水稻、大麦及其他经济作物产量[186-190]。目前针对固态 / 液态粪肥施用的研究主要侧重于单一作物的农业生产[185]，对“粮-饲”轮作方式下的施用增产及其环境效应的研究很少。

在中国科学院栾城农业生态试验站进行大田试验，探讨了不同“粮-饲”轮作方式（如籽粒玉米-小麦、青贮玉米 / 豇豆间作-黑麦草等）和不同施肥方式（包括化肥、固态粪肥和液态粪肥）对植物生物量、氮携出量、土壤硝态氮残留量和氮素平衡的影响。通过完全随机区组设计，研究比较了不同轮作和施肥处理对农牧可持续生产的影响，其研究结果将为合理利用畜禽粪肥、提高农田生态效率提供理论依据。结果表明：

① 在夏、秋季，高丹草-黑麦草轮作体系（T5）结合不施肥（C）处理的地上部氮携出量最高，达到 476.6kg/hm^2。与籽粒玉米-小麦轮作体系（T1）相比，T5 和甜高粱-黑麦草（T3）的地上部氮携出量分别增加了 141.2% 和 125.6%。相比化肥表施（C），固态粪肥表施（S）和液态粪肥注射（L）处理的地上部氮携出量分别降低了 12.6% 和 15.0%。

② 在冬、春季，籽粒玉米-小麦轮作体系（T1）结合化肥表施（C）处理的地上部氮携出量最高，为 225.1kg/hm^2。与 T1 相比，青贮玉米 / 豇豆间作-黑麦草（T2）的地上部氮携出量降低了 20.2%。施肥方式及其与轮作方式的交互作用对地上部氮携出量没有明显影响。

8.4.3.1　地上部氮携出量与偏生产力

在夏、秋季，高丹草-黑麦草轮作体系（T5）结合不施肥（C）处理的地上部氮携出量最高，达到 476.6kg/hm^2。与籽粒玉米-小麦（T1）相比，T5 和甜高粱-黑麦草（T3）的地上部氮携出量分别增加了 141.2% 和 125.6%。相比化肥表施（C），固态粪肥表施（S）和液态粪肥注射（L）处理的地上部氮携出量分别降低了 12.6% 和 15.0%。在冬、春季，籽粒玉米-小麦轮作体系（T1）结合化肥表施（C）处理的地上部氮携出量最高，为 225.1kg/hm^2。与 T1 相比，青贮玉米 / 豇豆间作-黑麦草（T2）的地上部氮携出量降低了 20.2%。施肥方式及其与轮作方式的交互作用对地上部氮携出量没有明显影响。总体来说，高丹草-黑麦草轮作体系结合不施肥处理在夏、秋季地上部氮携出量方面表现最佳，最高达到 476.6kg/hm^2，显著超过其他轮作体系和施肥处理。这一结果强调了非传统轮作体系结合适当施肥管理策略在提高氮利用效率和农田生产力方面的潜力。

8.4.3.2　不同轮作方式的农田土壤氮素表观平衡

高丹草-黑麦草轮作体系（T5）表现出显著的农业优势，其夏、秋季地上部生物量最高，达到 4.54×10^4kg/hm^2，显著超过其他轮作体系，尤其是比传统的籽粒玉米-小麦轮作体系（T1）增加 71.0%（图 8-2）。此外，甜高粱-黑麦草（T3）和高丹草-黑麦草轮作体系在夏、秋季地上部氮携出量方面分别比 T1 增加了 141.2% 和 125.6%，最高达到 476.6kg/hm^2。这一结果反映了甜高粱和高丹草高的干物质生产潜力和较强的氮素吸收能力，尤其是高丹草作为甜高粱和苏丹草的杂交品种，其强大的再生能力和耐瘠抗旱特性使得其生物产量和氮携出量均超过甜高粱。冬、春季节中，尽管黑麦草的干物质生产潜力低于小麦，但种植黑麦草的轮作体系（T3 ～ T5）在提供粗饲料方面与 T1 相当，证明了其作为冬季饲料作物的可行性。

从土壤氮素表观平衡的角度看，T5 和 T3 轮作体系的 0 ～ 200cm 土层 NO_3^--N 残留量显著低于 T1，这表明这两种轮作体系更利于作物吸收土壤无机氮，减少了土壤中氮素的累积和潜在的环境风险。此外，这两种轮作体系的作物氮携出量显著高于 T1，表明它们能够有效地将土壤中的氮素转化为作物生物量中的氮，提高了氮肥的利用效率。总之，高丹草-黑麦草和甜高粱-黑麦草轮作体系不仅能显著增加地上部生物量和氮携出量，还能有效降低土壤中无机氮的残留量，说明非传统轮作体系和施肥模式在提高农田生产力和氮利用效率方面具有高的潜力。

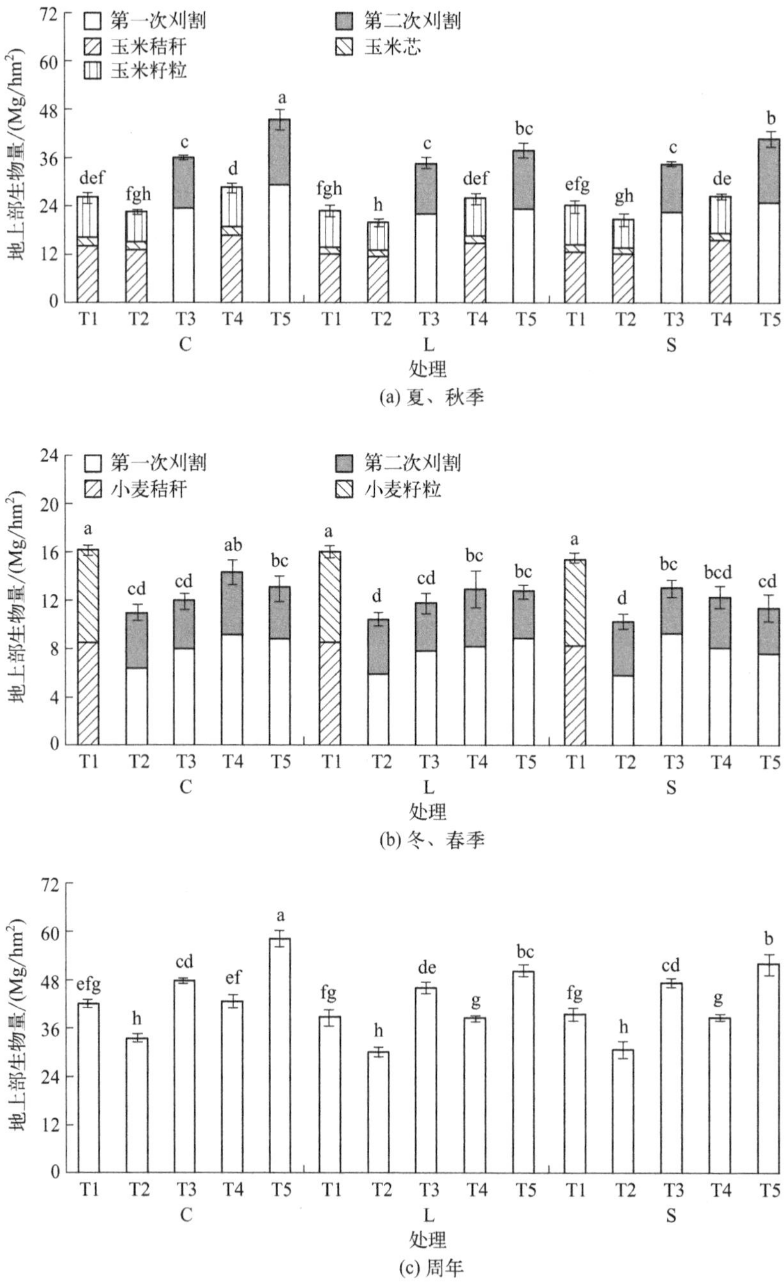

图 8-2　不同轮作和施肥方式下作物地上部生物量

8.4.3.3　不同有机肥施用方式的农田土壤氮素表观平衡

与化肥表施相比，固态粪肥表施和液态粪肥注射处理能显著降低夏、秋季地上部生物量，分别降低了 7.4% 和 9.6%，同时在 0 ～ 200cm 土层无机氮残留量显著减少，分别降低了 31.5% 和 20.6%。这一结果与李燕青等和林治安等的研究相符，他们发现早期化肥处理的作物产量高于粪肥处理，但随试验期延长，粪肥处理的生物量可达到或超过化肥处理[191]。Zhang 等人也发现，粪肥替代部分化肥能提高作物产量 6.6%，而完全替代时作物产量降低 9.6%，反映了肥料养分时效性的差异。固态粪肥的有机氮需经矿化缓慢释放，显示出较强的后效性，而液态粪肥注射施用可帮助 NH_4^+ -N 被土壤吸附固定，便于作物后期吸收利用[192]。

夏、秋季固态粪肥表施和液态粪肥注射处理地上部氮携出量相比化肥表施显著降低 12.6% 和 15.0%，而冬、春季施肥方式对地上部氮携出量无显著影响。综合一年来看，固态和液态粪肥处理的作物氮肥偏生产力和氮总输出量仅分别降低了 7.4% 和 9.6%，12.0% 和 9.9%，说明在长期应用中，固态和液态粪肥能在一定程度上替代部分化肥，同时降低土壤中 NO_3^- -N 的残留量和潜在的环境风险。

本研究的发现强调了固态和液态粪肥在农业生产中的应用潜力，尤其是液态粪肥注射施用，在短期内虽可能未能提高作物产量，但长期与化肥配施可提高作物产量，由于其对土壤有一定的培肥作用，含有氮、磷、钾及中微量元素，能更好地促进作物生长。此外，液态粪肥农田施用还能为作物提供急需的水分，节省水资源，降低生产成本，提高经济效益，同时解决规模化养殖场的废水问题，促进农牧业的可持续发展。因此，推荐在华北平原等地区加大固液粪肥农田施用力度，尤其是液态粪肥注射施用，以提高氮肥利用效率和农业生产的可持续性。

8.4.3.4　华北平原不同轮作系统和施肥方式的养分管理策略

华北平原农牧分离导致的养分循环问题通过采用非传统轮作方式和固液粪肥施用策略可得到有效缓解。本研究显示，高丹草-黑麦草（T5）和甜高粱-黑麦草（T3）轮作方式，结合固态粪肥表施和液态粪肥注射替代 50% 化肥氮施用，不仅显著提高了周年地上部生物量（T5 轮作最高增幅 71.0%，地上部氮携出量增加 141.2%），同时显著降低了 0 ～ 200cm 土层无机氮残留量（固态粪肥表施和液态粪肥注射处理分别降低了 31.5% 和 20.6%）和系统氮表观损失，有效减少了农业生产的潜在环境危害。这些轮作和施肥方式的结合，在 540kg（N）/hm^2 的施氮量下，能够显著消耗土壤无机氮，进而降低土壤 NO_3^- -N 的残留量，有助于解决“农牧分离”引发的“高投入、低效率、高污染”的生产问题。如 Li 等人的研究所示，固态粪肥替代 50% 化肥表施和液态粪肥替代 50% 化肥注射施用，能显著提高经济效益和生态效益，是华北平原农田生产体系中可持续发展的关键策略之一[193-195]。因此，发展甜高粱-黑麦草和高丹草-黑麦草轮作方式，结合固态粪肥和液态粪肥的适当施用，构建绿色种养结合型系统，对提高华北平原的生产力和环境质量具有重要意义。

8.4.4 我国种养结合型系统施肥的经济效益、环境效益和生态效益评估

近五年来，通过改良作物品种，大量投入水、杀虫剂和矿物肥料，以及在强化传统农业系统下与“绿色革命”相关的其他技术，全球农业产量大幅增加[196-201]。华北平原（NCP）是中国重要的农业中心之一，约占全国耕地的19%，分别占全国小麦和玉米粮食产量的约61%和45%[202]。然而，这种集约化生产导致地下水位迅速下降，地下水中硝酸盐含量增加，以及其他严重的环境后果，如水土流失、农药和矿物肥料污染以及全球变暖，所有这些都对未来的农业生产不利。此外，随着人口持续暴增和粮食安全危机的到来，预计中国和世界大部分地区的农业生产集约化将继续，这可能会导致进一步的环境危害。因此，采用可持续的清洁生产技术对实现农业生产系统的环境可持续性至关重要[203]。

集约化畜牧生产，尤其是牛的生产，在NCP上得到了提升。越来越多的废物来自粪便和尿液，它们以固体肥料（SM）或液体肥料（LM）的形式储存和成熟。由于处理效率低，SM和LM直接排放到环境中，在今天的NCP上没有任何限制。氨、吲哚、苯酚、粪臭素和含硫化合物等空气中的恶臭排放物，对当地居民造成了严重的滋扰，并通过地下水渗透污染水体或地表径流。研究表明，SM和LM可以作为肥料回收，为作物提供养分。因此，用SM和LM替代矿物肥料可能对作物和牲畜生产都有好处[204]。

事实上，大量研究表明，当用SM和LM替代矿物肥料时，谷物产量会增加[205]。通过利用粪便进行的“肥料零增长”行动也被推荐为一种有效的策略。然而，在Cui等人的研究中，也出现了用粪肥替代矿物肥料对粮食产量和环境影响的矛盾[206]。这些矛盾可能是由各种特定地点的变量，例如肥料类别、施用持续时间、施用量以及土壤和气候条件等引起的[207]。因此，对农艺和环境性能的分析，特别是基于粮食生产生命周期的分析，可以为用SM和LM替代矿物肥料是否可行以及如何应对在农业生产中实现高产的挑战提供科学证据。

最近，越来越多的研究集中在通过经济分析和生命周期评估（LCA）来评估农业管理实践[208, 209]。经济分析，根据市场价值确定所研究系统的成本和收益，是推进可持续农业生产系统不可忽视的重要因素[208]。LCA采用“用户侧”方法，全面计算与特定系统从摇篮到坟墓的输入和输出相关的潜在环境影响[209]。生命周期评价结果表明，保留残留物的免耕可以降低碳足迹并增强生态系统服务，例如玉米-小麦双系统中的气候调节。Xiao等[210]进一步提出，农业管理的整合（即平衡施氮、肥料部分替代矿物氮、节水灌溉和秸秆并入土壤）可以在华北地区实现环境友好的玉米-小麦双产。然而，以前的研究主要集中在农业生产的经济或环境方面，而没有充分考虑综合经济和环境影响。

基于经济分析和LCA，生态效率的概念被发展为经济绩效与改进管理实践的每种潜在环境影响的比率。该综合指标可用于评估可持续发展的替代农业管理做法[211]。由于过度使用灌溉水和氮肥，过度追求粮食产量，华北地区大部分耕地上玉米-小麦轮作系统的生态效率较低[212]。尽管许多研究都集中在田间施用SM和LM后的土壤肥料、作物生长和温室气体排放方面[213]，它们的经济和环境绩效以及生态效率尚未得到充分研究[212]。因此，需要对用SM和LM替代矿物肥料进行全面评估，以确定它们对NCP粮食和畜牧生产的可持续性。

由此，在河北省栾城进行的为期四年的田间试验中，比较了使用矿物肥料（NPK[213]）、新鲜牛粪固体物质（SM）和液体物质（LM）替代50%矿物氮肥的施肥策略，以评估这些

替代策略对玉米-小麦双产系统的经济利润、环境绩效和生态效率的影响。研究结合了经济分析和生命周期评估（LCA），设定 SM 和 LM 替代矿物肥料可在不降低产量的同时提高经济效益，减少环境危害，并提升系统的生态效率。

在河北省沧州市进行的实验中，对比了使用传统化肥、猪场废水注射施用和猪场废水自走式喷灌三种不同施肥策略对玉米和小麦生产的影响。实验目的是评估猪场废水替代等氮量化肥及其与不同灌溉方法结合使用时对作物生长和土壤性质的影响。

8.4.4.1 生命周期分析

（1）库存分析　与玉米和小麦生产相关的背景排放基于基础设施、燃料、种子、矿物肥料、杀虫剂和电力的各自投入，这些投入来自 Ecoinvent LCA 数据库（v.3）中的背景数据集。前景排放与玉米和小麦时期的农业管理活动密切相关。用于玉米和小麦生产的农业机械的运行所投入的柴油和电力被收集起来供拖拉机、收割机和灌溉泵使用。农业经营活动的潜在环境影响受到一系列参数的严重影响，包括田地形状、坡度、土壤结构、气候问题（即温度和降雨）等。然而，很难获得每个地块当地的环境参数。

施用化肥的污染物排放量根据使用量和相应的污染物排放量进行估算。施肥过程中最重要的排放为氨（NH_3）、硝酸盐（NO_3）、一氧化二氮（N_2O）、氮氧化物（NO_x）和磷损失（PO_4），采用的相对排放因子来自 Wang 等[214, 215]：NH_3 挥发估计占玉米氮输入量的 26%，小麦占 23%；氮肥的硝酸盐浸出率采用玉米 16% 和小麦 14% 的比率测定；近 1.25% 的施氮以 N_2O 的形式直接释放；间接 N_2O 排放来自 NH_3 挥发和硝酸盐浸出，NH_3-N 的系数分别为 1%，NO_3^- -N 的系数分别为 0.75%。与施用矿物肥不同，施用 SM 的 NH_3、N_2O、NO_x 和 PO_4 的排放因子其中分别有 20.0%、1.5%、0.1% 和 12.0%，其中分别有 4.0%、0.9%、0.1% 和 12.0% 应用于 LM[214]。磷的损失估计为总磷输入的 0.2%。农药残留在土壤、淡水和空气中的百分比分别为 43.0%、1.0% 和 10.0%。

（2）经济分析　在本研究中，结果表明，在集约化玉米-小麦双系统中，用 SM 和 LM 替代矿物-N 可以保持粮食产量。CK 下玉米和小麦的产量分别高达 10.08Mg/hm^2 和 7.46Mg/hm^2。SM+NK 和 LM+NP 下玉米和小麦的总产量仅比 CK 低 4.1% 和 4.8%。这些结果主要归因于 SM+NK 和 LM+NP 下 19.5% 和 21.0% 的总成本节约。在总成本中，SM+NK 和 LM+NP 下矿肥投入分别节省 73.0% 和 64.4%。根据 Zhou 等[216]的观察，这些储蓄弥补了粮食单产收入的减少，发现有机替代策略将蔬菜年产的 EP 提高了 2799 ～ 12151 元 /hm^2。

以前的研究表明，施用矿物肥料可以提高粮食产量和收入稳定性。然而，大部分施用的矿物肥料不能被作物利用，会释放到环境中，导致肥料效率和效益成本比低[217]。在本研究中，SM 和 LM 作为矿物肥料的替代品免费提供，降低了粮食生产成本，同时帮助养殖场解决了粪便和尿液过多的问题。此外，LM 为种子萌发、出苗和早期生长提供了水分，避免了播后第一次灌溉，从而降低了成本，提高了 EP 和 RIC。

（3）环境影响评估　环境影响评估包括环境绩效和过程对环境负担的贡献。

土壤质量的变化，尤其是土壤有机质（SOM）的变化，是潜在环境绩效和可持续农业生产维持的重要决定因素[218-220]。就此而言，以粪肥替代矿物肥料更有利于土壤质量的改善[221]。

此外，中国典型的家庭农场面积小于 0.5hm^2，进一步划分为小块，以公平地在家庭之间分配优质和劣质农场财产。适当扩大农场规模可提高资源利用效率，大幅减少潜在的环境影响，同时增加农民的经济利润[222]。在农村合作社和农地市场自由贸易的推动下，快速的工业化和城镇化导致剩余农户的农场规模增加。因此，在用矿物肥料代替 SM 和 LM，以及考虑到较大农场的土壤质量变化时，应确定更有意义的性能。

正如玉米和小麦生产所证明的那样，目前的结果表明，通过用 SM 和 LM 替代矿物肥料，NCP 中目前的农业实践具有维持和 / 或增加粮食产量、减少潜在环境危害和提高生态效率的巨大潜力。目前，全球粪肥中的氮含量高达 140Tg（N），大致相当于合成肥料中的氮含量[223]。然而，全球生产的粪氮只有不到 50% 用于农业生产，而粪源氮投入占中国农业生产氮投入的比例不到 10%[224]。这表明我国以粪肥替代矿物肥料的潜力巨大。

然而，由于中国畜牧业与农作物生产脱钩，特别是在华北地区，以粪肥替代矿物肥料并未完全 / 正常实施。未能在田间有效施肥的关键挑战之一是缺乏对特定地区作物需求的不同肥料的养分供应和可用性的足够了解[225]。考虑到自然因素和社会因素（即气候、作物种类、施肥比例），区域畜牧养殖量和耕地承载能力趋于孤立，尤其是集约型商业农场[226]。集约化商业农场限制当地农民使用其粪便，因为过量施用粪便可能会恶化生态环境，特别是 LM。解除限制需要农牧一体化生产的政策支持。产品开发也需要财政补贴，以无害地管理粪便和尿液，并循环利用牲畜粪便作为农田矿物肥料的替代品[227]。当农户容易采用 SM 和 LM 替代矿物肥料的指导、技术和激励措施时，可以实现农艺和环境效益。

8.4.4.2 结论

本研究调查了在 NCP 玉米-小麦轮作系统中用粪肥替代矿物肥料的经济和环境可持续性。它是通过将经济分析与基于归档实验数据的 LCA 相结合来进行的。目前的结果表明，通过用粪肥替代矿物肥料，在提高农业生产的经济和环境可持续性方面具有巨大潜力。

对华北玉米-小麦轮作系统的评估表明，当用 SM 和 LM 替代 50% 的矿物氮时，经济效益分别增加了 17.2% 和 19.1%，终点环境影响分别下降了约 24.6% 和 37.9%。当用 SM 和 LM 替代 50% 的矿物氮时，这些好处分别将端点生态效率提高了 55.4% 和 91.7%。显然，用粪肥尤其是液体粪肥代替矿物氮是一种很有前途的解决方案，可以满足作物生长的需求，同时提高 NCP 玉米-小麦轮作系统的生态效率。通过政策引导、政策扶持、技术更新以及对采用粪肥代矿的激励措施，农户可以广泛接受粪肥代氮。

8.4.5 基于运输距离的种养结合型系统不同粪水施用技术的效益分析

种植、养殖和加工的进步导致了大量的有机废物，而动物粪便在其中占有不可忽视的比例。2014 年全球牲畜总氮排泄量为每年 113 ～ 131Tg（N）。在中国，仅 2014 年就产生了超过 1300Mt 的农业废物流，其中包括 551Mt 的粪便（干重）基[228]。动物粪便中含有大量作物生长所需的养分，但在农牧系统中仅收集和利用了一小部分。在全球范围内，粪肥中 18.7% ～ 24.7% 的 N 被有效用于农田施肥[229]，但在中国，只有 11% 的氮被有效地用于农田和草地。

在中国，大多数农场采用猪、鸡、鸭养殖和蔬菜水果种植在一个农场相结合的模式[230, 231]。然而，随着生产规模的不断扩大和集约化程度的不断提高，这种平衡模式正在逐渐被破坏。猪粪厌氧消化产生大量沼液，是农业面源污染的主要来源之一。畜禽养殖场产生的废水中含有高浓度的有机物以及氮、磷和钾等营养物质，这些营养物质对作物生长至关重要。因此，利用养殖场肥水作为肥料施用于邻近农田，可以成功地提高土壤肥力和质量，已成为一种经济高效的猪场废水处理和资源再利用的方法。陶晓婷等研究表明，小麦（*Triticum aestivum* L.）越冬期施用猪场肥水 60 ～ 120m^3/hm^2 替代穗期施氮 30 ～ 60kg/hm^2，可满足小麦氮素营养需求。也有研究表明，以猪场 / 牛场肥水替代化肥（以 N 计）50% ～ 75%，可获得等氮化肥处理相当的作物产量。然而，在传统的大水漫灌施用方式下，肥料中大量氮素会以硝态氮（NO_3^--N）形式淋溶到深层土壤，或以氨（NH_3）形式排放于大气中，这将严重导致肥料氮素利用效率的降低。

同时，严格的法规和人们的环保意识正在推动先进养殖场肥水施用技术的逐步发展，以通过投资新的技术模式和设备创新来缓解这些关键问题。猪场肥水注射施用已被证实能够降低 NO_3^--N 淋溶和 NH_3 排放等形态的氮损失，进而有望提升肥水施用的氮素利用效率及其增产效应。自走式喷灌设备作为一种新兴的养殖场肥水灌溉技术，以其能耗低、节约人工和工作效率高等优势逐步被人们所认可。但关于其环境成本以及能源投入等经济效益尚未有具体研究数据。

最近的科学研究集中在通过经济分析和生命周期评估来评估农牧业废物处理系统。根据生命周期评估，用固体肥料和液体肥料代替 50% 矿物-N 的变化对全球变暖潜能值、酸化潜能、富营养化潜能和光化学氧化值有相当大的影响。由于过度使用灌溉水和氮肥，过度追求粮食产量，华北地区大部分耕地玉米-小麦轮作系统的生态效率较低。基于经济分析和 LCA，生态效率、经济效益和改进技术应用各潜在环境影响之比成为衡量经济和环境综合影响的重要指标[232]。然而，一些学者声称技术可能对环境产生“能量反弹效应”，进一步恶化环境效率。此外，当一项新技术开发出来时，业主会为了获得先发优势而扩大生产规模，这可能会导致更大的能源消耗和环境危害[233]。作为上述事实和研究的结果，评估技术创新对生态效率的影响是有用的。

8.4.6　我国种养结合型施肥的发展与展望

8.4.6.1　我国种养结合型施肥在国内已萌芽

近十年来，中国学者对种养结合产生了浓厚的兴趣，许多学者站在畜牧业绿色、可持续发展的角度，重新审视种养结合农业系统的价值，倡导种养结合综合农业生产系统能有效缓解畜禽粪污压力，是实现农业经济低碳发展的关键，是实现经济、生态和社会协调发展的必由之路[234-238]。在粮食种植过程中，将粪肥代替部分化学肥料，可以把粮食的平均产量提高 6.8%。按照“以养带种，以加促养”的发展理念，将种养的各个环节紧密连在一起，实现畜牧业循环可持续发展的同时提升产业竞争力，增加养殖效益[239]。为实现我国农业绿色低碳的现代化发展，必须大力推进以种养结合、能源平衡为核心的循环经济机制，并根据各地区实践经验，总结出以养猪和果树种植为核心的种养结合循环模式[240]。通过建立“以种定养，以养促种”的种养平衡结合模式，解决种养分离所带来的养分失衡问题，降低畜牧业污染，实现农业经济的可持续发展[241]。

我国种养结合型系统的研究主要集中于粪污处理，将综合农业生产系统视为处理生猪养殖废弃物最经济、有效的方式之一，发展农牧结合型生态养殖模式是构建农业循环产业链的重要途径，草畜结合对畜牧业生产和环境保护具有明显的优势，种草养畜是未来畜牧业的发展趋势[242]。以“猪-沼-菜”为核心的种养结合生态农业模式能较好地解决畜牧污染问题[243]。“果-鸡-草”种养结合模式能改善梨园的土壤理化性质，提高果实品质[244]。

根据我国土地、资本、技术等要素分析，判断我国实现畜牧业生产规模化应走种养结合型系统的家庭农场模式[245]。2016 年，我国从事畜牧业的家庭农场达到 8.7 万家，其中种养结合型类型的家庭农场 4.4 万个，比 2015 年增长 43.6%，家庭农场逐渐成为种养结合型系统的重要经营主体，种养结合型农业系统的趋势进一步加强。种养结合型系统家庭农场主要有三种具体结合模式：牧草-作物-奶牛、粮-猪-菜、稻-菇-鹅[246, 247]。以松江区的小型家庭农场种养结合型系统生态农场模式为例，具体剖析茹塘猪场和曙光猪场，小型种养结合型系统模式能够促进种养环节的资源利用，减少环境污染，降低外部生产成本投入，实现了农业经济的可持续发展[248]。

8.4.6.2 我国种养结合型施肥发展战略问题亟待解决

我国畜禽养殖废弃物没有做到充分还田利用，养殖废弃物还田利用技术模式没有大面积开展推广应用的主要原因包括：第一，我国与欧美国家在养殖业和土地、种植业情况等方面有很大差异，就我国国情而言，养殖业经过几十年的发展，养殖废弃物治理一直沿袭传统工业的达标排放管理办法，目前不少规模化养殖场周边缺乏开展种养结合的条件[249]。第二，我国畜牧养殖废弃物还田利用模式缺乏规划，与西方发达国家大型的养殖场不同，我国的畜牧养殖业的规模化、产业化和科学化水平还相对较低，导致我国畜牧养殖粪污处理模式相对落后。此外，种植业发展缺乏对本区域内畜禽粪便有效利用的考虑，为增加产量而盲目地大量使用化学肥料，加大了环境污染的风险。第三，我国缺少粪便养分管理政策及相关法律法规来保证养殖废弃物的还田利用。美国养殖废弃物治理没有处理概念，只有养分管理的概念，这与我国有很大差别。第四，资金缺乏是限制建设畜禽养殖废弃物处理与还田利用设施的主要阻碍因素。畜禽养殖业是微利行业，对于养殖场而言，废弃物处理与利用设施的建设和运行成本较高，不少养殖场无力承担废弃物处理与利用设施的建设费用，或出现建设得起但运行不起的尴尬局面。第五，畜禽粪便从产生到施入农田的每个环节都有损失，国内养殖场尺度废弃物还田利用缺少养分管理指导，较多研究是从区域尺度出发，进行畜禽废弃物还田利用，开展养分管理研究，为更好地利用养分资源，并减少 CO_2、CH_4、N_2O 等温室气体排放对环境的影响，需要针对养殖场采取相应的措施以减少养分损失[250]。

参考文献

[1] 喻景权，周杰．“十二五”我国设施蔬菜生产和科技进展及其展望．中国蔬菜，2016(9): 18-30.

[2] 黄绍文，唐继伟，李春花，等．我国蔬菜化肥减施潜力与科学施用对策．植物营养与肥料学报，2017, 23(6): 1480-1493.

[3] 余海英，李廷轩，张锡洲．温室栽培系统的养分平衡及土壤养分变化特征．中国农业科学，2010, 43(3):514-522.

[4] 曹齐卫，张卫华，李利斌．济南地区日光温室土壤养分的分布状况和累积规律．应用生态学报，2012, 23(1) : 115-124.
[5] Gao J J, Bai X L, Zhou B, et al. Soil nutrient content and nutrient balances in newly-built solar greenhouses in northern China. Nutrient Cycling in Agroecosystems, 2012, 94:63-72.
[6] Shi W M, Yao J, Yan F. Vegetable cultivation under greenhouse conditions leads to rapid accumulation of nutrients, acidification and salinity of soils and groundwater contamination in South-Eastern China. Nutrient Cycling in Agroecosystems, 2009, 83: 73-84.
[7] Min J, Zhao X, Shi W M, et al. Nitrogen balance and loss in a greenhouse vegetable system in Southeastern China. Pedosphere, 2011, 21(4): 464-472.
[8] 白新禄，高佳佳，雷金繁，等．杨凌新建日光温室番茄施肥现状调查与分析．西北农业学报，2013, 22(2):148-151.
[9] 周建斌，翟丙年，陈竹君，等．设施栽培菜地土壤养分的空间累积及其潜在的环境效应．农业环境保护学报，2004, 23(2):332-335.
[10] 闵炬，陆扣萍，陆玉芳，等．太湖地区大棚菜地土壤养分与地下水水质调查．土壤，2012, 44(2):213-217.
[11] 黄绍文，王玉军，金继运，等．我国主要菜区土壤盐分、酸碱性和肥力状况．植物营养与肥料学报，2011, 17(4): 906-918.
[12] 王敬国．设施菜田退化土壤修复与资源高效利用．北京：中国农业大学出版社，2011.
[13] 陈竹君，张俊鹏，周建斌，等．施用不同种类氮肥对日光温室土壤溶液离子组成的影响．植物营养与肥料学报，2008, 14(5):907-913.
[14] Ti C, Luo Y, Yan X. Characteristics of nitrogen balance in open-air and greenhouse vegetable cropping systems of China. Environmental Science and Pollution Research, 2015, 22: 18508-18518.
[15] 孙文涛，张玉龙，娄春荣，等．灌溉方法对温室番茄栽培尿素氮利用影响的研究．核农学报，2007(3): 295-298.
[16] 张怀志，唐继伟，袁硕，等．化肥减施对日光温室越冬长茬番茄氮肥利用率及去向的影响．植物营养与肥料学报，2020(7). 1295-1302.
[17] Zhu J H, Li X L, Christie P, et al. Environmental implications of low nitrogen use efficiency in excessively fertilized hot pepper(*Capsicum frutescens* L.)cropping systems. Agriculture, Ecosystems and Environment, 2005, 111:70-80.
[18] 姜慧敏，张建峰，李玲玲，等．优化施氮模式下设施菜地氮素的利用及去向．植物营养与肥料学报，2013(5). 1146-1154.
[19] 程于真．不同水氮条件下日光温室氮肥利用与去向研究．杨凌：西北农林科技大学，2019.
[20] 许纪元，闵炬，施卫明．应用 ^{15}N 标记尿素研究硝化抑制剂对设施番茄氮素去向的影响．核农学报，2020(12): 2793-2799.
[21] 杜会英，冀宏杰，徐爱国，等．应用 ^{15}N 示踪研究设施蔬菜对氮肥的当季利用．土壤通报，2011(6): 1446-1450.
[22] 曹兵，贺发云，徐秋明，等．南京郊区番茄地中氮肥的效应与去向．应用生态学报，2006(10): 1839-1844.
[23] 曹兵，贺发云，徐秋明，等．露地蔬菜的氮肥效应与氮素去向．核农学报，2008(3): 343-347.
[24] 杜连凤，冀宏杰，张怀志，等．不同肥力菜地氮肥去向研究．农业环境科学学报，2010, 29(增刊): 162-166.
[25] 巨昇容，王文斌，耿建梅．海南砖红壤上优化施肥对线椒产量及氮肥利用的影响．热带作物学报，2019(5): 864-868.
[26] Min J, Zhang H L, Shi W M. Optimizing nitrogen input to reduce nitrate leaching loss in greenhouse vegetable production. Agricultural Water Management, 2012, 111: 53-59.
[27] 罗伟，程于真，陈竹君，等．日光温室番茄-西瓜轮作系统不同水氮处理氨挥发特征．应用生态学报，2019, 30(4):1278-1286.
[28] 张兆北，罗伟，白新禄，等．日光温室栽培下土面及整棚氨挥发比较．土壤学报，2022. DOI: 10.11766/trxb202101280056.
[29] Liu J T, Gao Z J, Zhang Y Q, et al. Hydrochemical evaluation of groundwater quality and human health risk assessment of nitrate in the largest peninsula of China based on high-density sampling: A case study of Weifang. Journal of Cleaner Production, 2021, 322(2021): 129164.
[30] Wang X Z, Zou C Q, Gao X P, et al. Nitrate leaching from open-field and greenhouse vegetable systems in China: A meta-analysis. Environmental Science and Pollution Research, 2018, 25: 31007-31016.
[31] Wang J, Xiong Z Q, Yan X Y. Fertilizer-induced emission factors and background emissions of N_2O from vegetable fields in China. Atmospheric Environment, 2011, 45: 6923-6929.
[32] Liu J S, Qiu W H. Nitrous oxide emissions from solar greenhouses during summer fallow in the Loess Plateau of China. Greenhouse Gases: Science and Technology, 2016, 6:416-427.
[33] 王琛，尹兴，陈盟，等．基于不同监测与估算方法的设施菜田 N_2O 排放量比较．植物营养与肥料学报，2020, 26(8): 1375-1383.
[34] 白新禄．设施菜地土壤氮素累积及调控研究．杨凌：西北农林科技大学，2021.
[35] Zhao Y, Luo J H, Chen X J, et al. Greenhouse tomato-cucumber yield and soil N leaching as affected by reducing N rate and adding manure: A case study in the Yellow River Irrigation Region China. Nutrient Cycling in Agroecosystems, 2012, 94: 221-235.
[36] Fan Z B, Lin S, Zhang X M, et al. Conventional flooding irrigation causes an overuse of nitrogen fertilizer and low nitrogen use efficiency in intensively used solar greenhouse vegetable production. Agricultural Water Management, 2014, 144: 11-19.
[37] Shi W M, Yao J, Yan F. Vegetable cultivation under greenhouse conditions leads to rapid accumulation of nutrients, acidification and salinity of soils and groundwater contamination in South-Eastern China. Nutrient Cycling in Agroecosystems, 2009, 83: 73-84.
[38] Ju X T, Kou C L, Zhang F S, et al. Nitrogen balance and groundwater nitrate contamination comparison among three intensive cropping systems on the North China Plain. Environmental Pollution, 2006, 143: 117-125.
[39] Liu B, Wang X Z, Ma L, et al. Combined applications of organic and synthetic nitrogen fertilizers for improving crop yield and reducing reactive nitrogen losses from China’s vegetable systems: A meta-analysis. Environmental Pollution, 2021, 269: 116143.
[40] 姜振萃，闵炬，陆志新，等．机械起垄侧条施肥对大白菜产量和氨挥发的影响．土壤，2020, 52(1): 10-15.
[41] 王瑞，施卫明，李奕林．磷肥减施对集约化露天菜地周年磷损失削减效果评价．土壤学报，2022. DOI:10.11766/trxb202102050078.
[42] Wang Shichao, Bai Xinlu, Zhou Jianbin, et al. Reducing nutrient and irrigation rates in solar greenhouse without compromising tomato yield. Hortscience, 2019, 54(9): 1593-1599.
[43] 周博．日光温室栽培下有机肥氮素供应特性研究．咸阳：西北农林科技大学，2012.
[44] 万青，徐仁扣，黎星辉．氮素形态对茶树根系释放质子的影响．土壤学报，2013, 50(4):720-725.

[45] Yang Y Y, Li X H, Ratcliffe R G, et al. Characterization of ammonium and nitrate uptake and assimilation in roots of tea plants. Russian Journal of Plant Physiology, 2013, 60(1):91-99.
[46] 阮建云，王晓萍，崔思真，等. 茶树品种间氮素营养的差异及其机制研究. 中国茶叶，1993, 15(3):35-37.
[47] Okano K, Chutani K, Matsuo K. Suitable level of nitmgen fertilizer for tea(*Camellia sinensis* L.)plants in relalion to growth, photosynthesis, nitrogen uptake and accumulation of free amino acids. Japanese Journal of Crop Science, 1997, 66(2):279-287.
[48] 林郑和，钟秋生，陈常颂，等. 缺氮条件下不同品种茶树叶片光合特性的变化. 茶叶科学，2013, 33(6):500-504.
[49] 袁祖丽，李蕴贞，韩莹，等. 不同施氮量及定量氮、磷、钾配比对茶叶香气成分及其形成的影响. 河南农业大学学报，2012, 46(6):631-636.
[50] 赵青华，孙立涛，王玉，等. 丛枝菌根真菌和施氮量对茶树生长、矿质元素吸收与茶叶品质的影响. 植物生理学报，2014, 50(2):164-170.
[51] 吴洵，茹国敏. 缓效肥在茶园中施用效果. 中国茶叶，1981(1): 26-27.
[52] 王艳丹，杨常亮，薛慧，等. 茶园土壤的氮迁移特性. 生态学杂志，2016, 35(4):984-991.
[53] 范利超，韩文炎，李鑫，等. 茶园及相邻林地土壤 N_2O 排放的垂直分布特征. 应用生态学报，2015, 26(9): 2632-2638.
[54] Gburek W J, Sharpley A N. Hydrologic controls on phosphorus loss from upland agricultural watersheds. Journal of Environmental Quality, 1998, 27(2):267-276.
[55] 张福珠，熊先哲，戴同顺，等. 应用 ^{15}N 研究土壤-植物系统中氮素淋失动态. 环境科学，1984, 5(1):21-24.
[56] Yan P, Shen C, Fan L C, et al. Tea planting affects soil acidification and nitrogen and phosphorus distribution in soil. Agriculture, Ecosystems & Environment, 2018, 254(1):20-25.
[57] Morita A. Nitrification and denitrification in acidic soil of tea(*Camellia sinensis* L.)field estimated by ^{15}N values of leached nitrogen from the soil columns treated with ammonium nitrate in the presence or absence of a nitrification inhibitor and with slow-release fertilizers. Soil Science and Plant Nutrition, 2002, 48(4):585-593.
[58] Ikuo W, Shinichi T, Kunihiko N, et al. The leaching of fertilizer elements from the soil of tea field and the growth of tea plant, 1: On the leaching of inorganic nitrogen. Tea research report, 2002, 94(1):1-6.
[59] Nioh I, Isobe T, Ssada M. Microbial biomass and some biochemical characteristics of a strongly acid tea field soil. Soil Science and Plant Nutrition, 1993, 39(4):617-626.
[60] Toda H, Mochizuki Y, Kawanushi T. Estimation of reduction in nitrogen load by tea and paddy field land system in Makinohara area of Shizuoka. Soil Science and Plant Nutrition, 1997, 68(1):369-375.
[61] Kiml Y G, Ryul H S, Leel J H. Nitrogen leaching volume based on soil property and fertilization method in Jeju Island’ s tea gardens. Japan: compiled by the organizing committee, Shizuoka, 2002: 187-190.
[62] Miura N, Uchimura K, Nakamura T, et al. Short-term increase of nitrogen leaching in a tea field after heavy application of organic fertilizer. Chagyo Kenkyu Hokoku(Tea Research Journal)，2011, 1(106):63-70.
[63] Li W, Li L, Sun J, et al. Effects of intercropping and nitrogen application on nitrate present in the profile of an Orthic Anthrosol in Northwest China. Agriculture, Ecosystems and Environment, 2005, 105(1):483-491.
[64] 熊正琴，邢光熹，沈光裕，等. 太湖地区湖、河和井水中氮污染状况的研究. 农村生态环境，2002, 18(2):29-33.
[65] 王昌勇. 土壤学. 北京：中国农业出版社，2000:192-198.
[66] Stevenson F J. Cycles of soil carbon, nitrogen, phosphorous, sulfur, micronutrients. New York: Willey and Sons, 1986:106-154.
[67] 王新超，杨亚军，陈亮，等. 利用 ^{15}N 标记研究不同品种茶树氮肥利用率差异. 福建茶叶，2005(1): 4-5.
[68] 黄河仙，谢小立，王凯荣，等. 不同覆被下红壤坡地地表径流及其养分流失特征. 生态环境，2008, 17(4):1645-1649.
[69] 王京文，孙吉林，张奇春，等. 西湖名胜区茶园地表径流水的氮磷流失研究. 浙江农业学报，2012, 24(4):1004-1524.
[70] Liu Z A, Yang J, Yang Z, et al. Effects of rainfall and fertilizer types on nitrogen and phosphorus concentrations in surface runoff from subtropical tea fields in Zhejiang, China. Nutrient Cycling in Agroecosystems, 2012, 93(3):297-307.
[71] 席运官，陈瑞冰，李国平，等. 太湖流域坡地茶园径流流失规律. 生态与农村环境学报，2010, 1(4):381-385.
[72] Saraswathy R, Suganya S, Singaram P, et al. Environmental impact of nitrogen fertilization in tea eco-system. Journal of Environmental Biology, 2007, 28(4):779.
[73] 陈代顺，陈华. 茶园免耕法与传统耕作法对比试验. 福建茶叶，1995(3): 32-33.
[74] 王莉. 农田氮素流失的特点及对环境的影响. 辽宁农业科学，1998, 1(3): 48-50.
[75] 朱兆良. 农田中氮肥的损失与对策. 土壤与环境，2000, 9(1):1-6.
[76] 黄巧云. 土壤学. 北京：中国农业出版社，2006:185-188.
[77] 王静，由文辉，石珺，等. 天童常绿阔叶林树干径流中硝态氮特征. 内蒙古大学学报(自然科学版)，2008, 39(4): 440-445.
[78] Mosier A, Kroeze C. A new approach to estimate production of nitrous oxide from agriculture and its implication to the global N_2O budget. IGAC activities Newsletter, 1998, 12(1):17-25.
[79] Seitzinger S P, Kroeze C, Styles R V. Global distribution of N_2O emissions from aquatic systems: Natural emissions and anthropogenic effects. Chemosphere, 2000, 2(1): 267-279.
[80] Han W, Xu J, Wei K, et al. Estimation of N_2O emission from tea garden soils, their adjacent vegetable garden and forest soils in eastern China. Environmental Earth Sciences, 2013, 70(6): 2495-2500.
[81] Mu Z J, Kimura S D, Toma Y, et al. Nitrous oxide fluxes from upland soils in central Hokkaido, Japan. Journal of Environmental Sciences, 2008, 20(11):1312-1322.
[82] Martikainen P J, De B W. Nitrous oxide production and nitrification in acidic soil from a Dutch coniferous forest. Soil Biology and Biochemistry, 1993, 25(3):343-347.
[83] Bandibas J, Vermoesen A, De Groot C J, et al. The effect of different moisture regimes and soil characteristics on nitrous oxide emission and consumption by different soils. Soil Science, 1994, 158(2):106-114.

[84] Akiyama H, Yagi K, Yan X. Estimations of emission factors for fertilizer induced direct N_2O emissions and estimate of N_2O emission factors from agricultural soils in Japan: Summary of available data. Soil Science and Plant Nutrition, 2006, 52(6):774-787.
[85] Fu X Q, Li Y, Su W J, et al. Annual dynamics of N_2O emissions from a tea field in southern subtropical China. Plant Soil and Environment, 2011, 58(8):373-378.
[86] Jumadi O, Hala Y, Inubushi K. Production and emission of nitrous oxide and responsible microorganisms in upland acid soil in Indonesia. Soil Science and Plant Nutrition, 2005, 51(5): 693-696.
[87] Boby G. Nitrous oxide emission from tea[*Camellia sinensis*(L.)O. kuntze]planted soils of North East India and soil parameters associated with the emission. Current Science, 2011, 25(4):531-536.
[88] Kikou N, Yuita K. Vertical distribution of nitrate nitrogen in soil water under tea gardens and the adjacent forests. Soil Science and Plant Nutrition, 1991, 62(2):156.
[89] Tokuda S I, Hayatsu M. Nitrous oxide emission potential of 21 acidic tea field soils in Japan. Soil Science and Plant Nutrition, 2001, 47(3):637-642.
[90] Tokuda S, Hayatsu M. Nitrous oxide flux from a tea field amended with a large amount of nitrogen fertilizer and soil environmental factors controlling the flux. Soil Science and Plant Nutrition, 2004, 50(1): 365-374.
[91] 黄莹，李稚颖，姚槐应．强酸性茶园土壤中添加不同肥料氮后 N_2O 释放量变化．植物营养与肥料学报，2013, 19(6): 1533-1538.
[92] Hirono Y, Nonaka, Kunihiko. Nitrous oxide emissions from soil between rows and soil under the canopy of tea plants. Soil Science and Plant Nutrition, 2012, 58(3): 1-9.
[93] 孟祥海，周海川，周海文．区域种养平衡估算与养殖场种养结合意愿影响因素分析：基于江苏省的实证研究．生态与农村环境学报，2018, 34(2): 132-139.
[94] 崔艺凡．种养结合模式及影响因素分析．北京：中国农业科学院，2017.
[95] 郭庆海．“粮改饲”行动下的生态关照——基于东北粮食主产区耕地质量问题的讨论．农业经济问题，2019(10): 89-99.
[96] 武兰芳，欧阳竹，谢小立．不同种养结合区农田系统氮磷平衡分析．自然资源学报，2011, 26(6): 943-954.
[97] Jin S Q, Zhang B, Wu B, et al. Decoupling livestock and crop production at the household level in China. Nature Sustainability, 2021, 4(1): 48-U138.
[98] 胡钰，金书秦，吴娜伟，等．畜禽养殖业布局调整政策环境风险评估——以黑龙江省为例．环境保护，2019, 47(6): 61-64.
[99] 胡钰，林煜，金书秦．农业面源污染形势和“十四五”政策取向——基于两次全国污染源普查公报的比较分析．环境保护，2021, 49(1): 31-36.
[100] Gu B J, Ju X T, Chang J, et al. Integrated reactive nitrogen budgets and future trends in China. Proceedings of the National Academy of Sciences of the United States of America, 2015, 112(28): 8792-8797.
[101] 高祥照，马文奇，杜森，等．我国施肥中存在问题的分析．土壤通报，2001(6): 258-261.
[102] Nicholson F A, Bhogal A, Chadwick D, et al. An enhanced software tool to support better use of manure nutrients MANNER-NPKl. Soil Use and Management, 2013, 29(4): 473-484.
[103] Zhang B W, Tian H Q, Lu, C Q, et al. Global manure nitrogen production and application in cropland during 1860-2014: A 5 arcmin gridded global dataset for Earth system modeling. Earth System Science Data, 2017a, 9(2): 667-678.
[104] 江科，戴正浩．国内外畜牧业粪污无害化处理实践及青岛市的现状与对策．战略性新兴产业与科技支撑——青岛市第十届学术年会，中国山东青岛，2012: 151-154.
[105] Smith K A, Brewer A J, Crabb J, et al. A survey of the production and use of animal manures in England and Wales. Ⅱ. Poultry manure. Soil Use and Management, 2001, 17(1): 48-56.
[106] Smith K A, Williams A G. Production and management of cattle manure in the UK and implications for land application practice. Soil Use and Management, 2016, 32: 73-82.
[107] 杨福占．规模化奶牛场粪污处理与资源化利用方案设计．沈阳：沈阳农业大学，2018.
[108] Oenema O, Kros H, de Vries W. Approaches and uncertainties in nutrient budgets: Implications for nutrient management and environmental policies. European Journal of Agronomy, 2003, 20(1/2): 3-16.
[109] 嘉慧．发达国家养殖污染的防治对策．中国畜牧兽医文摘，2008(1): 85-86.
[110] 陶秀萍，董红敏．畜禽废弃物无害化处理与资源化利用技术研究进展．中国农业科技导报，2017, 19(1): 37-42.
[111] 曾韵婷，向玥皎，马林，等．欧盟养分管理政策法规对中国的启示．世界农业，2011(4): 39-43.
[112] 廖新俤．德国养殖废弃物处理技术及启示．中国家禽，2013, 35(3): 2-5.
[113] 王方浩，王雁峰，马文奇，等．欧美国家养分管理政策的经验与启示．中国家禽，2008, 30(4): 57-58.
[114] Gerber P J, Uwizeye A, Schulte R P O, et al. Nutrient use efficiency: A valuable approach to benchmark the sustainability of nutrient use in global livestock production? Current Opinion in Environmental Sustainability, 2014, 9-10: 122-130.
[115] Petersen S O, Sommer S G, Beline F, et al. Recycling of livestock manure in a whole-farm perspective. Livestock Science, 2007, 112(3): 180-191.
[116] 贾伟，臧建军，张强，等．畜禽养殖废弃物还田利用模式发展战略．中国工程科学，2017, 19(4): 130-137.
[117] 王方浩，马文奇，窦争霞，等．中国畜禽粪便产生量估算及环境效应．中国环境科学，2006(5): 614-617.
[118] 张慧敏，钱忠龙，章明奎．农地粪肥施用的环境风险评价及预防措施．安徽农学通报，2007(8): 68-69.
[119] Satter L D，胡伶，李琍．奶牛磷需要量及其对环境的影响．国外畜牧科技，2001(2): 5-8.
[120] 李鑫，巨晓棠，张丽娟，等．不同施肥方式对土壤氨挥发和氧化亚氮排放的影响．应用生态学报，2008(1): 99-104.
[121] 张玉铭，胡春胜，董文旭．华北太行山前平原农田氨挥发损失．植物营养与肥料学报，2005(3): 417-419.
[122] 王春丽，龙锦林，臧宏伟．关于草地施肥方式减少氨挥发的研究．水土保持科技情报，2004(4): 20-21.
[123] Webb J, Pain B, Bittman S, et al. The impacts of manure application methods on emissions of ammonia, nitrous oxide and on crop response-A review. Agriculture Ecosystems & Environment, 2010, 137(1/2): 39-46.

[124] 朱兆良．农田中氮肥的损失与对策．土壤与环境，2000(1): 1-6.
[125] 王智平，刘爱民．太行山前平原农牧结构模式评价与配套技术体系，自然资源学报，2001(2): 166-171.
[126] 王刚，王占哲．中国中温带农区种养结合型农业科技园区模式研究．中国农学通报，2004(1): 231-232.
[127] 柳谷春，高炎坤．对农区畜牧业发展模式的探讨．中国畜牧杂志，2004(1): 60-61.
[128] 郭德宝，王宁．农牧结合与 21 世纪宁夏农业的可持续发展．宁夏农学院学报，1999(3): 12-18.
[129] 程为国，黄晓澜．淮北农区几种农牧结合方式的研究．安徽农业科学，1992(1): 1-5.
[130] 梁业森，周旭英．我国的农牧结合模式．中国农业资源与区划，1995(2): 26-29.
[131] 张卫建，郑建初，江海东，等．稻 / 草-鹅农牧结合模式的综合效益及种养技术初探．草业科学，2001(5): 17-21.
[132] 刑廷铣．食物链理论在养殖业中的应用及其评价．生态经济，1998(6): 17-19, 23.
[133] 谢剑斌．长泰国家生态示范区低丘台地农牧复合开发．福建水土保持，2000(1): 32-34.
[134] 陈微，刘丹丽，刘继军，等．基于畜禽粪便养分含量的畜禽承载力研究．中国畜牧杂志，2009, 45(1): 46-50.
[135] 杨军香，王合亮，焦洪超，等．不同种植模式下的土地适宜载畜量．中国农业科学，2016, 49(2): 339-347.
[136] 盛婧，孙国峰，郑建初．典型粪污处理模式下规模养猪场农牧结合规模配置研究 Ⅱ．粪污直接厌氧发酵处理模式．中国生态农业学报，2015, 23(7): 886-891.
[137] Bai Z H, Ma W Q, Ma L, et al. China's livestock transition: Driving forces, impacts, and consequences. Science Advances, 2018, 4(7): eaar 8534.
[138] Bai Z H, Zhao H, Velthof G L, et al. Designing vulnerable zones of nitrogen and phosphorus transfers to control water pollution in China. Environmental Science & Technology, 2018b, 52(16): 8987-8988.
[139] Bai Z H, Ma L, Jin S Q, et al. Nitrogen, phosphorus, and potassium flows through the manure management Chain in China. Environmental Science & Technology, 2016, 50(24): 13409-13418.
[140] 任守文，陈世凯，闫晓明，等．皖北砂姜黑土地区农牧结合方式探讨．安徽农业科学，2000(6): 799-800.
[141] Zhang X Y, Fang Q C, Zhang T, et al. Benefits and trade-offs of replacing synthetic fertilizers by animal manures in crop production in China: A meta-analysis. Global Change Biology, 2020, 26(2): 888-900.
[142] Chadwick D, Jia W, Tong Y A, et al. Improving manure nutrient management towards sustainable agricultural intensification in China. Agriculture Ecosystems & Environment, 2015, 209: 34-46.
[143] 董红敏，左玲玲，魏莎，等．建立畜禽废弃物养分管理制度 促进种养结合绿色发展．中国科学院院刊，2019, 34(2): 180-189.
[144] Xie W Y, Shen Q, Zhao F J. Antibiotics and antibiotic resistance from animal manures to soil: A review. European Journal of Soil Science, 2018, 69(1): 181-195.
[145] Fangueiro D, Pereira J L S, Macedo S, et al. Surface application of acidified cattle slurry compared to slurry injection: Impact on NH_3, N_2O, CO_2 and CH_4 emissions and crop uptake. Geoderma, 2017, 306: 160-166.
[146] Wang X L, Chen Y Q, Sui P, et al. Preliminary analysis on economic and environmental consequences of grain production on different farm sizes in North China Plain. Agricultural Systems, 2017a, 153: 181-189.
[147] Schlegel A J, Assefa Y, Bond H D, et al. Changes in soil nutrients after 10 years of cattle manure and swine effluent application. Soil & Tillage Research, 2017, 172: 48-58.
[148] Vetsch J A, Scherder E F, Ruen D C. Does liquid swine manure application timing and nitrapyrin affect corn yield and inorganic soil nitrogen? Agronomy Journal, 2017, 109(5): 2358-2370.
[149] Hao X J, Zhang T Q, Wang Y T, et al. Soil test phosphorus and phosphorus availability of swine manures with long-term application. Agronomy Journal, 2018, 110(5): 1943-1950.
[150] 陶晓婷，朱正杰，高威，等．规模化猪场处理废水与化肥配施对小麦氮素吸收利用的影响．农业环境科学学报，2014, 33(3): 555-561.
[151] 杜会英，冯洁，郭海刚，等．麦季牛场肥水灌溉对冬小麦-夏玉米轮作土壤氮素平衡的影响．农业工程学报，2015, 31(3): 159-165.
[152] Aronsson H, Liu J, Ekre E, et al. Effects of pig and dairy slurry application on N and P leaching from crop rotations with spring cereals and forage leys. Nutrient Cycling in Agroecosystems, 2014, 98(3): 281-293.
[153] Girotto E, Ceretta C A, Lourenzi C R, et al. Nutrient transfers by leaching in a no-tillage system through soil treated with repeated pig slurry applications. Nutrient Cycling in Agroecosystems, 2013, 95(1): 115-131.
[154] Wang Y, Dong H M, Zhu Z P, et al. Mitigating greenhouse gas and ammonia emissions from swine manure management: A system analysis. Environmental Science & Technology, 2017, 51(8): 4503-4511.
[155] Jing Q, Jego G, Belanger, G, et al. Simulation of water and nitrogen balances in a perennial forage system using the STICS model. Field Crops Research, 2017, 201: 10-18.
[156] Hernandez D, Polo A, Plaza C. Long-term effects of pig slurry on barley yield and N use efficiency under semiarid Mediterranean conditions. European Journal of Agronomy, 2013, 44: 78-86.
[157] 刘学军，赵紫娟，巨晓棠，等．基施氮肥对冬小麦产量、氮肥利用率及氮平衡的影响．生态学报，2002(7): 1122-1128.
[158] 杨晓卡，米慧玲，高韩钰，等．不同栽培模式对冬小麦-夏玉米轮作系统产量、氮素累积和平衡的影响．应用生态学报，2016, 27(6): 1935-1941.
[159] 石鹏飞，郑媛媛，赵平，等．华北平原种养一体规模化农场氮素流动特征及利用效率——以河北津龙循环农业园区为例．应用生态学报，2017, 28(4): 1281-1288.
[160] 董文旭，吴电明，胡春胜，等．华北山前平原农田氨挥发速率与调控研究．中国生态农业学报，2011, 19(5): 1115-1121.
[161] 苏芳，丁新泉，高志岭，等．华北平原冬小麦-夏玉米轮作体系氮肥的氨挥发．中国环境科学，2007(3): 409-413.
[162] 郑凤霞，董树亭，刘鹏，等．长期有机无机肥配施对冬小麦籽粒产量及氨挥发损失的影响．植物营养与肥料学报，2017, 23(3): 567-577.

[163] Thompson R B, Pain B F, Lockyer D R. Ammonia volatilization from cattle slurry following surface application to grassland : 1. Influence of mechanical separation, changes in chemical composition during volatilization and the presence of the grass sward | Titel. Plant and Soil, 1990, 125(1): 109-117.
[164] 陈效民，吴华山，孙静红. 太湖地区农田土壤中铵态氮和硝态氮的时空变异. 环境科学，2006(6): 1217-1222.
[165] Martines A M, Nogueira M A, Santos C A, et al. Ammonia volatilization in soil treated with tannery sludge. Bioresource Technology, 2010, 101(12): 4690-4696.
[166] Subke J A, Hahn V, Battipaglia G, et al. Feedback interactions between needle litter decomposition and rhizosphere activity. Oecologia, 2004, 139(4): 551-559.
[167] Basso B, Ritchie J T. Impact of compost, manure and inorganic fertilizer on nitrate leaching and yield for a 6-year maize-alfalfa rotation in Michigan. Agriculture Ecosystems & Environment, 2005, 108(4): 329-341.
[168] 杨军，张蕾，张克强，等. 猪场废水灌溉对潮土硝态氮含量变化的影响. 农业工程学报，2009, 25(5): 35-39.
[169] 彭少兵，黄见良，钟旭华，等. 提高中国稻田氮肥利用率的研究策略. 中国农业科学，2002(9): 1095-1103.
[170] Martinez E, Maresma A, Biau A, et al. Long-term effects of pig slurry combined with mineral nitrogen on maize in a Mediterranean irrigated environment. Field Crops Research, 2017, 214: 341-349.
[171] 丛殿峰. 中国主要粮食作物肥料利用率现状与提高途径. 农民致富之友，2013(12): 88.
[172] 刘学军，巨晓棠，张福锁. 减量施氮对冬小麦-夏玉米种植体系中氮利用与平衡的影响 . 应用生态学报，2004(3): 458-462.
[173] 石德杨，张海艳，董树亭. 土壤高残留氮条件下施氮对夏玉米氮素平衡、利用及产量的影响. 植物营养与肥料学报，2013, 19(1), 37-44.
[174] Xia L L, Lam S K, Chen D L, et al. Can knowledge-based N management produce more staple grain with lower greenhouse gas emission and reactive nitrogen pollution？ A meta-analysis. Global Change Biology, 2017, 23(5): 1917-1925.
[175] Zhai L C, Xu P, Zhang Z B, et al. Improvements in grain yield and nitrogen use efficiency of summer maize by optimizing tillage practice and nitrogen application rate. Agronomy Journal, 2019, 111(2): 666-676.
[176] Bai Z H, Ma L, Oenema O, et al. Nitrogen and phosphorus use efficiencies in dairy production in China. Journal of Environmental Quality, 2013, 42(4): 990-1001.
[177] Chen X P, Cui Z L, Fan M S, et al. Producing more grain with lower environmental costs. Nature, 2014, 514(7523): 486-489.
[178] Cui Z L, Zhang H Y, Chen X P, et al. Pursuing sustainable productivity with millions of smallholder farmers. Nature, 2018b, 555(7696): 363.
[179] Zhao Y, Qiao J, Feng Y Z, et al. The optimal size of a Paulownia-crop agroforestry system for maximal economic return in North China Plain. Agricultural and Forest Meteorology, 2019, 269: 1-9.
[180] 杨羚，廖文华，高志岭，等. 不同饲粮轮作模式生物质、粗蛋白生产潜力和氨排放研究. 水土保持学报，2018, 32(2): 312-320.
[181] Lyons S E, Ketterings Q M, Godwin G S, et al. Double-cropping with forage sorghum and forage triticale in New York. Agronomy Journal, 2019, 111(6): 3374-3382.
[182] Samarappuli D, Berti M T. Intercropping forage sorghum with maize is a promising alternative to maize silage for biogas production. Journal of Cleaner Production, 2018, 194: 515-524.
[183] 李婧，李玲玲，张立健，等. 氮肥用量对粮饲兼用玉米产量和饲用品质形成的影响. 草业科学，2015, 32(3): 442-449.
[184] Owen J J, Parton W J, Silver W L. Long-term impacts of manure amendments on carbon andgreenhouse gas dynamics of rangelands. Global Change Biology, 2015, 21(12): 4533-4547.
[185] 李燕青，温延臣，林治安，等. 不同有机肥与化肥配施对作物产量及农田氮肥气态损失的影响. 植物营养与肥料学报，2019, 25(11): 1835-1846.
[186] Montemayor E, Bonmati A, Torrellas M, et al. Environmental accounting of closed-loop maize production scenarios: Manure as fertilizer and inclusion of catch crops. Resources Conservation and Recycling, 2019, 146: 395-404.
[187] 司东霞，崔振岭，陈新平，等. 不同控释氮肥对夏玉米同化物积累及氮平衡的影响. 应用生态学报，2014, 25(6): 1745-1751.
[188] 石鹏飞，杨东玉，郑媛媛，等. 华北平原粮饲复合种植模式. 草业科学，2015, 32(12): 2107-2113.
[189] Stone L R, Goodrum D E, Jaafar M N, et al. Rooting front and water depletion depths in grain sorghnm and sunflower. Agronomy Journal, 2001, 93(5): 1105-1110.
[190] Himmelbauer M L, Loiskandl W, Rousseva S. Spatial root distribution and water uptake of maize grown on field with subsoil compaction. Journal of Hydrology and Hydromechanics, 2010, 58(3): 163-174.
[191] Amaducci S, Colauzzi M, Battini F, et al. Effect of irrigation and nitrogen fertilization on the production of biogas from maize and sorghum in a water limited environment. European Journal of Agronomy, 2016, 76: 54-65.
[192] Hassan M U, Chattha M U, Barbanti L, et al. Combined cultivar and harvest time to enhance biomass and methane yield in sorghum under warm dry conditions in Pakistan. Industrial Crops and Products, 2019, 132: 84-91.
[193] Tang C C, Yang X L, Xie G H. Establishing sustainable sweet sorghum-based cropping systems for forage and bioenergy feedstock in North China Plain. Field Crops Research, 2018, 227: 144-154.
[194] 吕鑫，平俊爱，杜志宏，等. 不同施肥量和种植密度对高丹草“晋草 4 号”农艺性状和光合指数的影响. 农学学报，2019, 9(9): 55-60.
[195] 林治安，赵秉强，袁亮，等. 长期定位施肥对土壤养分与作物产量的影响. 中国农业科学，2009, 42(8): 2809-2819.
[196] 李硕，王选，张西群，等. 猪场肥水施用对玉米-小麦农田氨排放、氮素利用与表观平衡的影响. 中国生态农业学报（中英文），2019, 27(10): 1502-1514.
[197] 屈佳伟，高聚林，于晓芳，等. 不同氮效率玉米品种对土壤硝态氮时空分布及农田氮素平衡的影响. 作物学报，2018, 44(5): 737-749.
[198] 佟丙辛，张华芳，高肖贤，等. 华北平原典型区域农牧系统氮素流动及其环境效应——以河北省为例. 中国农业科学，2018, 51(3): 442-455.

[199] Li S, Wu J C, Wang X Q, et al. Economic and environmental sustainability of maize-wheat rotation production when substituting mineral fertilizers with manure in the North China Plain. Journal of Cleaner Production, 2020: 271.

[200] Wu Y Y, Xi X C, Tang X, et al. Policy distortions, farm size, and the overuse of agricultural chemicals in China. Proceedings of the National Academy of Sciences of the United States of America, 2018, 115(27): 7010-7015.

[201] Wu Z Y, Zou S Q, Zhang B, et al. Forward osmosis promoted in-situ formation of struvite with simultaneous water recovery from digested swine wastewater. Chemical Engineering Journal, 2018, 342: 274-280.

[202] Yang X L, Chen Y Q, Steenhuis T S, et al. Mitigating groundwater depletion in North china plain with cropping system that alternate deep and shallow rooted crops. Frontiers in Plant Science, 2017: 8.

[203] Zhang Y T, Wang H Y, Lei Q L, et al. Optimizing the nitrogen application rate for maize and wheat based on yield and environment on the Northern China Plain. Science of the Total Environment, 2018, 618: 1173-1183.

[204] Pittelkow C M, Liang X Q, Linquist B A, et al. Productivity limits and potentials of the principles of conservation agriculture. Nature, 2015, 517(7534): 365.

[205] Plaza-Bonilla D, Cantero-Martinez C, Bareche J, et al. Do no-till and pig slurry application improve barley yield and water and nitrogen use efficiencies in rainfed Mediterranean conditions? Field Crops Research, 2017, 203: 74-85.

[206] Cui P Y, Fan F L, Yin C, et al. Long-term organic and inorganic fertilization alters temperature sensitivity of potential N_2O emissions and associated microbes. Soil Biology & Biochemistry, 2016, 93: 131-141.

[207] Langevin B, Basset-Mens C, Lardon L. Inclusion of the variability of diffuse pollutions in LCA for agriculture: The case of slurry application techniques. Journal of Cleaner Production, 2010, 18(8): 747-755.

[208] Cui J X, Yan P, Wang X L, et al. Integrated assessment of economic and environmental consequences of shifting cropping system from wheat-maize to monocropped maize in the North China Plain. Journal of Cleaner Production, 2018a, 193: 524-532.

[209] Liu Z L, Wang X, Wang F H, et al. The progress of composting technologies from static heap to intelligent reactor: Benefits and limitations. Journal of Cleaner Production, 2020: 270.

[210] Xiao G M, Zhao Z C, Liang L, et al. Improving nitrogen and water use efficiency in a wheat-maize rotation system in the North China Plain using optimized farming practices. Agricultural Water Management, 2019, 212: 172-180.

[211] Todorovic M, Mehmeti A, Cantore V. Impact of different water and nitrogen inputs on the eco-efficiency of durum wheat cultivation in Mediterranean environments. Journal of Cleaner Production, 2018, 183: 1276-1288.

[212] Liang L, Ridoutt B G, Wu W L, et al. A multi-indicator assessment of peri-urban agricultural production in Beijing, China. Ecological Indicators, 2019, 97: 350-362.

[213] Suarez-Tapia A, Thomsen I K, Rasmussen J, et al. T. Residual N effect of long-term applications of cattle slurry using winter wheat as test crop. Field Crops Research, 2018, 221: 257-264.

[214] D' Imporzano G, Pilu R, Corno L, et al. Arundo donax L. can substitute traditional energy crops for more efficient, environmentally-friendly production of biogas: A life cycle Assessment approach. Bioresource Technology, 2018, 267: 249-256.

[215] Wang Y Q, Zhang Y H, Zhang R, et al. Reduced irrigation increases the water use efficiency and productivity of winter wheat-summer maize rotation on the North China Plain. Science of the Total Environment, 2018, 618: 112-120.

[216] Zhou J, Li B, Xia L L, et al. Organic-substitute strategies reduced carbon and reactive nitrogen footprints and gained net ecosystem economic benefit for intensive vegetable production. Journal of Cleaner Production, 2019, 225: 984-994.

[217] Ju X T, Xing G X, Chen X P, et al. Reducing environmental risk by improving N management in intensive Chinese agricultural systems. Proceedings of the National Academy of Sciences of the United States of America, 2009, 106(19）.

[218] Huang T, Hu X K, Gao B, et al. Improved nitrogen management as a key mitigation to net global warming potential and greenhouse gas intensity on the North China Plain. Soil Science Society of America Journal, 2018, 82(1): 136-146.

[219] Tauchnitz N, Bischoff J, Schrodter M, et al. Nitrogen efficiency of striptill combined with slurry band injection below the maize seeds. Soil & Tillage Research, 2018, 181: 11-18.

[220] Fathollahi H, Mousavi-Avval S H, Akram A, et al. Comparative energy, economic and environmental analyses of forage production systems for dairy farming. Journal of Cleaner Production, 2018, 182: 852-862.

[221] Qaswar M, Jing H, Ahmed W, et al. Yield sustainability, soil organic carbon sequestration and nutrients balance under long-term combined application of manure and inorganic fertilizers in acidic paddy soil. Soil & Tillage Research, 2020: 198.

[222] Ren C C, Liu S, van Grinsven H, et al. The impact of farm size on agricultural sustainability. Journal of Cleaner Production, 2019, 220: 357-367.

[223] Thangarajan R, Bolan N S, Tian G L, et al. Role of organic amendment application on greenhouse gas emission from soil. Science of the Total Environment, 2013, 465: 72-96.

[224] Chen Y S, Camps-Arbestain M, Shen Q H, et al. The long-term role of organic amendments in building soil nutrient fertility: A meta-analysis and review. Nutrient Cycling in Agroecosystems, 2018, 111(2/3): 103-125.

[225] Svanback A, McCrackin M L, Swaney D P, et al. Reducing agricultural nutrient surpluses in a large catchment - Links to livestock density. Science of the Total Environment, 2019, 648: 1549-1559.

[226] Zheng L, Zhang Q W, Zhang A P, et al. Spatiotemporal characteristics of the bearing capacity of cropland based on manure nitrogen and phosphorus load in mainland China. Journal of Cleaner Production, 2019, 233: 601-610.

[227] Zheng C H, Liu Y, Bluemling B, et al. Environmental potentials of policy instruments to mitigate nutrient emissions in Chinese livestock production. Science of the Total Environment, 2015, 502: 149-156.

[228] Jia W, Qin W, Zhang Q, et al. Evaluation of crop residues and manure production and their geographical distribution in China. Journal of Cleaner Production, 2018, 188: 954-965.

[229] Zhang K, Zhang Z Y, Liang Q M. An empirical analysis of the green paradox in China: From the perspective of fiscal decentralization.

Energy Policy, 2017, 103: 203-211.
[230] Gu Y R, Shen S Z, Han B J, et al. Family livestock waste: An ignored pollutant resource of antibiotic resistance genes. Ecotoxicology and Environmental Safety, 2020: 197.
[231] Zhi S L, Shen S Z, Zhou J, et al. Systematic analysis of occurrence, density and ecological risks of 45 veterinary antibiotics: Focused on family livestock farms in Erhai Lake basin, Yunnan, China. Environmental Pollution, 2020: 267.
[232] Gadanakis Y, Bennett R, Park J, et al. Evaluating the sustainable intensification of arable farms. Journal of Environmental Management, 2015, 150: 288-298.
[233] Luo Y S, Lu Z N, Muhammad S, et al. The heterogeneous effects of different technological innovations on eco-efficiency: Evidence from 30 China' s provinces. Ecological Indicators, 2021: 127.
[234] Frischknecht R, Jungbluth N, Althaus H J, et al. The ecoinvent database: Overview and methodological framework. International Journal of Life Cycle Assessment, 2005, 10(1): 3-9.
[235] Huijbregts M A J, Steinmann Z J N, Elshout P M F, et al. ReCiPe2016: A harmonised life cycle impact assessment method at midpoint and endpoint level（vol 22, pg 138, 2017）. International Journal of Life Cycle Assessment, 2020, 25(8): 1635.
[236] Lu X L, Liao Y C. Effect of tillage practices on net carbon flux and economic parameters from farmland on the Loess Plateau in China. Journal of Cleaner Production, 2017, 162: 1617-1624.
[237] Reap J, Roman F, Duncan S, et al. A survey of unresolved problems in life cycle assessment - Part 1: Goal and scope and inventory analysis. International Journal of Life Cycle Assessment, 2008, 13(4): 290-300.
[238] 亢春霞．实行种养结合推进畜牧业绿色发展的思考．畜禽业，2019, 30(6): 65.
[239] 王国刚，刘合光，刘静，等．种养加一体化的理论初探与政策建议．农业现代化研究，2016, 37(5): 871-876.
[240] 郭晓鸣，廖祖君，张鸣鸣．现代农业循环经济发展的基本态势及对策建议，农业经济问题，2011, 35(12): 10-14.
[241] 常维娜，周慧平，高燕．种养平衡——农业污染减排模式探讨．农业环境科学学报，2013, 32(11): 2118-2124.
[242] 王志敬，葛影影，谭伟军，等．种草养殖模式在我国畜牧业中的发展现状．畜牧与兽医，2019, 51(3): 129-132.
[243] 李文斌，胡涵，王昌梅，等．种养结合生态农业模式探析．现代农业科技，2019(13): 189-190.
[244] 田伟龙，黄文江，陶书田，等．种养结合梨园土壤有机质、酶活性及果实品质差异研究．中国农学通报，2011, 27(13): 165-168.
[245] 刘玉满．把培育家庭农场作为稳定畜产品市场的关键举措．中国畜牧杂志，2008(2): 21-24.
[246] 胡华山，吴晓平，谢克斌．家庭农场种养结合模式及发展意义．江西农业，2017(21): 60.
[247] 钱明，黄国桢．种养结合家庭农场的基本模式及发展意义．现代农业科技，2012(19): 294-295.
[248] 戴振发．小型种养结合生态家庭农场模式探究．中国农业信息，2015(11): 133.
[249] 廖新俤．欧美养殖废弃物管理对策比较及对我国养殖废弃物治理的启示．中国家禽，2017, 39(4): 1-3.
[250] 侯勇，高志岭，马文奇，等．京郊典型集约化“农田-畜牧”生产系统氮素流动特征．生态学报，2012, 32(4): 24-32.

中国肥料研究与应用全书

Books of Fertilizer Research and Application in China

FERTILIZER

第9章

未来肥料发展与农业生态环境效应

9.1 农业绿色发展对肥料种类和施用技术的需求

9.1.1 施肥种类和施肥技术与农业绿色发展的关系

施肥是农业生产中最普遍、最重要的增产措施，在作物生产中发挥着不可替代的支撑作用。传统农业生产具有高投入、高产出和高资源消耗等特点，造成了农业面源污染、大气污染和生态环境恶化等问题。发展环境友好型施肥技术，提高肥料利用效率，减少或防止化肥施用中对农业生态环境可能带来的污染是低碳绿色农业的核心，更是农业碳中和的重要途径。

施肥管理中，施肥量由于简单操作并直接关系到施肥成本，最容易被过分重视，而施肥种类常常被忽视。缓 / 控释肥、有机-无机复混肥和生物有机肥是当今世界肥料研究和开发的热点领域，代表着肥料发展的方向。缓 / 控释肥料可以缓慢释放养分来匹配作物的营养需求，因此有效避免了传统速溶肥料易流失的缺点，大大提高了化肥的利用率，有效地减少了过度施用化肥带来的环境污染。有机-无机复混肥既含有有机成分又含有无机成分，因此其综合了有机肥与无机肥的优点，肥料中来源于无机肥料的速效养分在有机肥的调节下，对植物供养呈现出快而不猛的特点，而来源于有机肥的缓效养分又能保证肥料养分持久供应，进而提高肥料利用率。微生物施入土壤后通过生命活动来促进植物对营养元素的吸收利用，或者使植物能抵抗某些病原微生物的致病作用，减轻病虫害，从而实现减肥增效的目标。

目前在国际范围内采用的高效施肥技术是围绕着粮食高效、生产高效、资源高效和环境高效来进行的，如最早进行的测土施肥技术是以平衡土壤养分、提高作物产量和品质为目的的高效施肥技术措施；20 世纪 90 年代开始的精准施肥技术是针对全球燃油价格上涨、农业化学品污染等问题采取的高效施肥措施；水肥一体化施肥也是在节约用水的基础上，大幅度减少施肥劳动力投入的高效施肥技术措施；一次性施肥是为了减少追肥所带来的施肥劳动力投入；叶面施肥技术是最大限度地利用养分，减少肥料浪费的高效施肥技术措施等。

9.1.2 施肥种类对农业绿色发展的影响

（1）缓 / 控释肥料　缓释肥是指肥料所含的养分是以化合或某种物理状态存在，以使肥料养分对作物的有效性延长。控释肥是指肥料中的一种或多种养分在土壤溶液中具有微溶性，以使它们在作物的整个生长期均有效，理想的这种肥料应当是肥料的养分释放速率与作物对养分的需求相一致。在农业中逐渐推广应用缓 / 控释化肥一般可以分为以下三类：一是物理障碍物控制释放的肥料，以包膜肥料为主；二是有机微溶性氮缓释肥料，以脲-醛缩合物为主；三是稳定性肥料，即通过脲酶抑制剂抑制尿素的水解，和（或）过硝化抑制剂抑制铵态氮的硝化，使肥效期得到延长的一类酰胺态氮 / 铵态氮的肥料。

从多年对包膜控释肥在多种作物上进行的盆栽试验、田间试验和示范结果来看，包膜控释肥可以提高肥料的养分利用率 50% ～ 100% 以上，按此计算，在肥料用量减施 1/3 ～ 1/2 的情况下还有明显的增产效果。如果控释肥价格能够控制在原肥料价格的 2 倍之内，农民在少施 1/3 ～ 1/2 肥料的情况下仍可获得相同或更多的经济产量，可给农民带来显著的经济效益。目前所开发的适用于大田作物大面积推广的硫包膜控释肥、硫加树脂包膜控释肥、回收热塑性树脂包膜控释肥等系列品种，其生产成本与包膜前相当或稍高，在不增加化肥使用成本的情况下，施用这种包膜肥料可获得更高的产量，而且省工省时，施用方便。

脲醛肥料属化学合成的缓释氮肥，是尿素与醛类反应制得，主要有脲甲醛（UF/MU）、丁烯叉二脲（CDU）、异丁烯叉二脲（IBDU）。近年来，由于脲醛缓释复混肥料生产成本低，与其他缓 / 控释肥料相比产品价格优势明显，而且养分缓释效果好，在解决了脲甲醛制备和复混肥造粒工艺衔接技术以及游离醛去除的产品安全环保难题后，作为缓释肥料中的一个重要的产品迅速发展，因此大力发展脲醛缓 / 控释肥料，有利于推动我国农业绿色发展。

应用脲酶、硝化抑制剂的稳定性氮肥可以用于多种农作物。由于氮素利用率的提高，它们的应用或者导致了更高、更持续的农作物产量，或者在产量不变的情况下减少了氮肥用量。在不降低产量水平的情况下，氮的用量可减少 15% ～ 20%。稳定性肥料由于改变了普通速溶肥料供应养分的特点，使肥料中营养成分的释放速率与作物的吸收规律趋于一致，因此使利用率得到提高。

目前包膜成本高、养分控释 / 抑制性能不稳定以及自动化、清洁化生产工艺技术落后等主要问题限制着缓 / 控释肥的大规模应用。此外，缓 / 控释肥在大规模产业化的同时，存在产品功能相对单一、提质增值技术缺失，难以克服农业生产中由低温、高温、干旱、盐碱等因素导致的肥料利用低下和作物生理性障碍等问题。针对以上问题，未来缓 / 控释肥有 3 个需要突破的问题：一是创制高性能包膜材料。研制生物基、水基、纳米复合、聚醚类、聚氨酯等包膜缓 / 控释肥新产品，研究功能性物质配伍技术，开发具备促生、保水、抗逆、减缓土壤酸化和次生盐化功能的缓 / 控释肥料，研制适用于不同区域、作物的系列缓 / 控释肥料。二是以缓 / 控释肥料作为载体，添加生物刺激素，如海藻提取物、微生物菌及衍生物、腐植酸、黄腐酸、氨基酸小肽、壳聚糖、海洋生物多糖等，提高作物抗性，调节作物生长。同时，也可以添加一些根际信号物质，增强根系的专性吸引诱导功能，提高缓 / 控释肥料的智能化。三是研究缓 / 控释肥的机械化、轻简化施肥技术，研发规模化、连续化、自动化工艺及装备。

（2）有机-无机复混肥　有机-无机复混肥是一种既含有机质又含适量化肥的复混肥。与同等含量的无机复混肥料相比，有机-无机复混肥料的有机物质含量在 20% 以上，同时含有一定量的无机养分，加之其他微量元素以及活性物质等营养成分的作用，从而提高了肥料利用率。由于其独特的供肥特点，一般有机-无机复混肥料较同养分氮、磷、钾复混肥的利用率都有显著提升。除此之外，有机-无机复混肥可以改善土壤环境，提高土壤有益微生物的活性和繁殖。这主要得益于两个方面：一方面，有机-无机复混肥因为含有一定量的土壤有机质，可在一定程度上调节土壤的 pH 值，使土壤 pH 值处于有利于大多数养分活化的范围；另一方面，由于有机质是微生物的粮食，所以增施有机-无机肥可增强土壤中微生物的活性，这样两者互补，效益增进，从而进一步促进有机质的分解和矿物态磷、钾的激活。

向有机-无机复混肥方向发展是肥料行业的主流发展趋势。现在我国提高肥料利用率有几条途径，如发展缓/控释肥，虽然有突破，但主要是成本太高，而低价的堆肥效果不显著，因此做成有机-无机复混肥是最好的一种利用方式。但对于有机肥和化肥应该用多大的比例来进行配合的问题，到目前为止没有明确的有机肥与无机肥的配比概念。因此，有机-无机合理配比有待深入研究，明确不同有机-无机配比对作物产量和品质、养分利用效率及环境效应的影响。

（3）生物有机肥　生物有机肥是指特定功能微生物与主要以动植物残体（如畜禽粪便、农作物秸秆等）为来源并经无害化处理、腐熟的有机物料复合而成的一类兼具微生物肥料和有机肥效应的肥料。生物有机肥是在堆肥的基础上，向腐熟物料中添加功能性微生物菌剂进行二次发酵，从而制成的含有大量功能性微生物的有机肥料，因此集有机肥料和生物肥料的优点于一体，既有助于提高作物产量，又能培肥土壤、调控土壤微生态平衡、减少无机肥料用量，符合农业绿色发展的方向。

很多研究表明，与施用等量的化肥相比，施用生物有机肥可以有效提高作物产量、改善作物产品质量和防治土传病害。但是，现阶段由于成本和产品质量问题，国内种植户施用生物有机肥的积极性不高，生物有机肥使用率相对较低，主要在蔬菜、水果、草药、烟草等附加值较高的经济作物上应用。但随着农业绿色发展理念的不断深入，生物有机肥将会成为农业生产的必然选择。

目前，生物有机肥产业虽然有了一定的发展，但由于多方面的原因，仍存在一些不足和亟待改进完善的地方，尤其是产品质量的问题。提高生物有机肥产品质量，主要从菌种选育、工艺优化和开发新产品 3 个方面入手。在菌种选育方面，应加大对促进根系生长、转化土壤养分、防控土传病害、消减与钝化根际有毒有害物质等特定功能的农业微生物菌种资源的挖掘与利用。另外，为保证产品在加工、运输、储存等过程中仍保持较高的生物活性，应加强对抗逆性强的芽孢杆菌属的应用。在工艺优化方面，研发与建立不同固体有机废弃物堆肥资源化利用技术与工艺，根据不同来源的废弃物，建立配套工艺与技术，以满足变化多端的有机废弃物资源化利用产业需求。同时，优化工艺参数，进而提高产品质量、缩短生产周期、降低生产成本。在开发新产品方面，结合生产实际，加大创新力度。例如，集有机肥、化肥（包括速效化肥、缓 / 控释化肥、稳定性化肥）、生物肥于一体的全元生物有机肥产品。

9.1.3　施肥技术对农业绿色发展的影响

（1）测土施肥技术　测土施肥技术是现代施肥技术的基础，也是最早研究的技术。现代植物营养学的奠基人李比希（Liebig）坚信通过分析和研究植物的元素组成，就可以建立一套肥料推荐系统，足见土壤和植物测试在科学施肥中的重要性。长期以来，通过化学分析的方法，从最开始的土壤养分的快速提取到建立土壤化学组成与植物生长的关系，再到构建植物最佳产量模型等，经过 100 多年的研究，目前可以认为，土壤测试与推荐施肥是现代施肥技术中最基础、最成熟的技术。测土施肥技术在推动科学施肥和环境保护方面发挥了巨大作用。土壤信号实时采集解析和大数据分析技术的发展有效地克服了实时测试和精准快速解析的瓶颈，进一步推动了测土施肥技术的发展和应用，推进农业绿色转型。

（2）精准施肥技术　精准施肥的理论是基于地块内的土壤养分变异，其核心技术是变量管理技术。精准施肥技术是在其他相关技术的支持下发展起来的。20 世纪 70 年代以后，微电子、机电一体化、监控技术智能化、农田信息采集智能化等技术的迅速发展和广泛应用，推动了农业机械装备的现代化。精准施肥的效益取决于该技术的应用能否有效节约成本、增加产出。精准施肥的效益应从两个方面考虑：一个是生态环境效益；另一个是经济效益。研究结果表明，精准施肥可以降低氮肥施用量 24% ～ 40%。传统的均量施肥导致某些区域施肥过量，某些区域施肥量不足，过量施肥区域的多余养分就会进入水体等环境中，精准施肥就能有效避免或减少此类问题的发生。随着农田信息采集智能化技术、施肥决策大模型技术以及无人机技术的发展，精准施肥技术在施肥精度和作业效益方面将进一步提升，助力农业绿色转型和发展。

（3）水肥一体化技术　把肥料直接注入灌溉水中进行施肥的方法称为水肥一体化或灌溉施肥。水肥一体化技术可满足植物不同生育时期的水分和养分需求以获得肥料的最大效率。综合起来，与传统施肥相比，水肥一体化技术有四方面的优点：一是水分和养分可直接供给到作物的根系活动区，使作物更容易吸收；二是水分和养分可均匀供给所有的植株，可获得更高的产量；三是通过这种方式可减少水分和肥料的用量，提高了肥料的利用率；四是灌溉与施肥同时进行，节约了时间和劳动力，还可节约能源投入。施肥决策大模型技术和社会老龄化的发展，将在正反两个方向推动水肥一体化技术的进一步发展和应用，在加快农业绿色转型中发挥重要作用。

（4）轻简施肥技术　随着农业劳动力成本的提高，减少农业生产中劳动力的投入以提高农业生产效益的方法是农业生产的重要方面。由于施肥的劳动力投入占作物生产管理过程劳动力投入的 1/2 左右，所以，减少施肥次数、节省劳动力的方法备受关注。“轻”是用机械代替人工，减轻劳动强度；“简”是减少不必要的作业环节和次数。所以，轻简施肥也可以理解为用现代化的施肥技术代替人工施肥操作，减轻施肥过程中的劳动强度，是简化施肥方式、减少施肥次数的施肥方法。在实际操作中，用一次性施肥替代多次施肥，种、肥同播替代种、肥分播的施肥方式都属于轻简施肥的范畴。随着社会老龄化和种植经营规模化的发展，对轻简施肥技术的需求将越来越多。同时，轻简施肥技术也将农民从繁重的农事作业中解放出来，助力农业生产过程的轻、简、高效和环保，推动农业绿色发展。

9.1.4　农业绿色发展对肥料种类的需求

未来满足农业绿色发展的肥料应根据作物营养特性和农业生产特点，设计并生产具有精准匹配土壤-作物系统养分需求，有效强化根际生命共同体过程的创新型肥料产品，兼顾肥料加工过程低消耗、低排放、资源全量利用、应用过程无有害物质、养分损失少、全元高效利用。与此同时，应具备以下特点：首先，要绿色低碳。其次，要智能高效。最后，还应注意把握四个匹配：一是工业生产过程与作物生产过程匹配；二是肥料产业特征与作物根系响应匹配；三是肥料产品与生物共同体系提升匹配；四是工农融合与全链条绿色发展匹配，实现农业全产业链的绿色发展。

（1）绿色低碳　化肥是能源消耗型产业，从原料开采到产品生产再到化肥施用都消耗大量能源。以中国为例，中国农业温室气体排放的 57% 来源于化肥生产与施用过程。新型肥料需在源头实现矿产资源全营养综合利用和有机碳资源循环利用，在加工过程中实现低养分损耗和工艺低能耗或零能耗，在施用中实现元素形态数量匹配、根际环境智能响应、抗逆增效根系调控和智能高效精准施肥，最终使得农业成为一个碳库。

（2）智能高效　利用养分信号调控地上、地下生长，利用养分信号促进根系生长、强化根际过程，利用激发碳，增强生物互作，创新智能磷肥。通过调控和优化化肥产品养分的释放与供应模式，使之与作物需肥规律相匹配，改善肥料效果。在理论层面，加强研究“水-肥-根”时空高效耦合与肥料利用的关系，建立化肥产品养分释放模式优化设计的理论体系。

有机物料与化学肥料科学复合，通过调节化学肥料养分转化、释放和供应模式，改善土壤的理化性状，调节土壤酶活性，减轻氨挥发损失，减缓磷、钾固定，优化化学肥料养分高效利用。加强有机物料与化学肥料科学配伍技术的研究，开发产能高、养分含量高、效果好、品相优的含有机质的复合肥料生产新技术，以适应机械化施肥发展的需要。

9.1.5　农业绿色发展对施肥技术的需求

随着人口的日益增长，人类对粮食的需求不断提高。同时，人们对环境的要求也越来越高。所以，高效施肥技术的重点还必须以提高肥料利用率、减少肥料对环境的影响为主要施肥目标。高效施肥技术也会随着全社会科学技术水平的提高而提高，在可预见的未来，高效施肥会向着信息化、自动化、智能化、轻简化方向发展。

（1）高效营养诊断技术　植物生长有其自身的规律与特性。多年来，科学家围绕着植物对养分种类与数量的需求以及土壤能够提供的养分种类与数量两方面的问题，开展了大量研究，但是迟迟未能建立高效准确的方法体系。近年来，高光谱无损探测技术、土壤养分原位监测技术、高效土壤养分测试技术等都有一定的进展。高效的营养诊断技术对推动高效施肥，实现农业绿色发展具有重要意义。

（2）数字化养分管理系统　随着模型技术的发展，作物的养分管理也正向着数字化的方向发展，目前精准施肥技术的发展就是在空间尺度上的数字管理，但是在时间尺度上的应用还不尽如人意。这主要是由于目前的作物养分管理大部分都是基于作物生育期尺度，以生育期为时间尺度的养分管理虽然能最大限度地吻合作物养分需求。但是，由于作物生育期长短不一，施入土壤中的养分在土壤中滞留时间过长，难免造成肥料养分的损失。因此，缩短养分管理周期，实现数字化“匙喂”式管理，对满足作物营养需求、提高养分利用率、减少养分损失都具有重大的意义。为了实现这一目标，一个最基本的依据就是精准化、数字化的作物营养需求模型。所以，加强短尺度的作物营养需求模型研究是实现作物数字化养分管理的关键。特别将数字化养分管理应用于灌溉施肥技术中，是提高灌溉施肥效率和实现农业绿色发展的关键技术之一。

（3）作物营养调控技术　植物对养分的吸收受多种因素的调控，特别是植物体内物质的调控，如吲哚乙酸可调控植物根系生长，从而影响植物对水肥的吸收。因此，通过影响作物生长和代谢从而影响作物养分吸收的方法也是提高植物养分高效利用的有效方法。目前欧洲肥料企业强力推进的植物生物刺激素就是通过改善植物代谢以提高植物养分利用、增强作物抗性、改善作物品质、提高作物产量。它们或单独使用，或与肥料共同使用，都有较好的效果。许多植物生长调节剂也有类似的功能。通过调节作物的代谢提高养分吸收能力，从而提高肥料养分高效利用的方法也是未来农业绿色发展研究的重要方面。

（4）生态环境保护的施肥技术　近年来，一些污染事件与肥料密切相关，人们开始逐渐注意到肥料对环境的影响，甚至有人开始抵制化学肥料的施用。目前一些研究表明，肥料的不合理施用，不仅对地表水、地下水等易造成污染，而且对大气质量也有一定的影响。所以，肥料在提高作物产量、保证粮食安全的同时，也必须保证生态环境的安全，减少肥料养分向环境转移是农业绿色发展施肥技术的重要研究方向之一。

（5）展望 长期以来，施肥的目的是提高作物产量，保证人类发展对粮食的需求，化学肥料的发明大大缓解了人口增长与粮食需求的矛盾。但是，随之而来的肥料施用与农产品安全、生态环境安全的问题引起人们的广泛关注。如何在提高肥料效益、保证粮食产量与农业绿色发展问题上找出一个平衡点，成了肥料和施肥技术研发必须面临的问题，这也是未来高效施肥研究的重要驱动力。

9.2 肥料与低碳农业

9.2.1 肥料与低碳农业的联系

低碳农业是由低碳发展引申而来的，是指在农业生产与经营中高效使用油、气、电、煤等能源，排放最少的二氧化碳等温室气体，同时获得最大收益的农业发展模式。低碳农业是以降低大气中温室气体浓度为目标，以减少碳排放、增加碳汇为手段，尽可能地使用太阳能、风能、水能、生物能等可再生能源，同时实现传统能源消费的高效率、低能耗、低排放、高碳汇的新型农业。

肥料作为重要的农业生产资料，对粮食安全发挥着巨大作用。当前，中国已成为世界上最大的化肥生产国和消费国，2014 年化肥施用量达到 5996 万吨，占世界化肥使用量的 1/3，是粮食主产国中单位面积耕地化肥使用量最高的国家。与此同时，化肥的生产、运输、施用等过程也是重要的碳排放源，研究表明化肥生产的碳排放量占农业物质投入（包括化肥、农药、农膜、柴油、灌溉等）碳排放总量的 60% 左右。化肥施用过程中产生的氧化亚氮占总氧化亚氮排放的 70% 左右。伴随我国粮食接连增产，农业化肥用量的持续高速增长，国家统计局（2019）统计数据显示，我国化肥用量从 1979 年的 1086 万吨增长到 2015 年峰值的 6022 万吨，增长了约 5 倍，过量施肥现象普遍。过量施用不仅造成资源浪费，而且极大地促进了农业生产温室气体排放。据统计，1980 ～ 2018 年我国农业投入品碳排放为 80 年代的 2.4 倍，种植业农田氧化亚氮排放中直接排放增加了 120%。除此之外，肥料的施用也是重要的土壤碳汇，长期施肥不仅能改善土壤的理化性质，而且对土壤养分的调节起关键作用。长期施肥有利于作物的生长，提高作物产量，从而增加作物根系和残茬在土壤中的归还量，导致碳投入量的增加，因此化肥合理施用成为低碳农业的重要组成部分。通过改进肥料管理（生产、施用）方式，改良化肥生产工艺，提高肥料利用率，增加土壤固碳是现代农业绿色低碳的重要环节。

（1）肥料生产运输碳排放　化肥在生产、处理、运输和施用过程中，会产生大量的温室气体。但是，由于化肥的生产技术类型、生产效率在不同国家和地区之间差异很大，因此其生产、运输和施用过程中产生的温室气体排放系数也有所差异。Adviento-Borbe 研究表明，美国内布拉斯加州每生产 1kg 氮肥产生 4.05kg CO_2；Snyder 等的研究结果表明，美国每生产和运输 1kg 液氨或尿素能产生 2.6 ～ 3.2kg CO_2。在我国氮肥的生产和运输中主要是通过化石燃料燃烧向大气释放 CO_2，由于氮肥生产效率较低，每生产 1kg 氮肥向大气中排放 8.21kg CO_2，若同时考虑氮肥的生产和运输，每生产、运输 1kg 氮肥平均产生 8.31kg CO_2。现代氮肥生产是利用能源将大气中的 N_2 转化成作物可以吸收的 NH_4^+，因此氮肥属于能源依赖型产品。与国际上主要使用天然气不同，中国氮肥生产 76% 以煤炭为原料，而且中国 60% 的企业是中小型企业，由此决定了中国氮肥生产的高能耗、高排放特性。整理历史资料发现，中国每吨合成氨的能耗从 20 世纪 80 年代的 2714kg 标准煤下降到了 2012 年的 1561kg 标准煤，但是与世界先进水平相比仍有很大差距，2012 年世界先进水平为 1364kg 标准煤，比中国少 197kg 标准煤，约 12.6%。2012 年中国氮肥产业耗能总量已经从 20 世纪 80 年代的 4064 万吨标准煤增加到 9399 万吨标准煤。合成氨工业是关系我国农业和国民经济发展的重要行业，其能源消耗量约占我国化学工业能源消费总量的 25%，为化工五大重点耗能行业之首，占全国能源消耗总量的 2.5%，其中无烟块煤约占 76%，天然气约占 21%，油约占 2%，焦炉气约占 1%。除氮肥外，磷肥和钾肥的生产与运输等过程中同样也会产生大量的 CO_2。研究表明，每生产、包装、储存和运输 1kg P_2O_5 和 K_2O 分别产生 0.696kg 和 0.23kg CO_2。

（2）肥料施用与碳排放　肥料施用过程中产生的排放主要是土壤氧化亚氮排放，土壤氧化亚氮当量温室效应相当于二氧化碳的 265 倍。土壤的 N_2O 排放包括直接排放和间接排放。土壤直接排放的 N_2O 的产生途径包括硝化和反硝化作用，及近年来新发现的硝化-反硝化途径。硝化作用是指土壤中还原态的 NH_3 和 NH_4^+ 被好氧微生物氧化成 NO_3^- 和 NO_2^- 的过程；反硝化作用是指土壤中的 NO_3^- 和 NO_2^- 由反硝化细菌在厌氧或者微好氧条件下还原为 N_2、NO 和 N_2O 的过程；硝化-反硝化作用是指土壤中的 NH_4^+ 被化能自养氨氧化细菌氧化生成 NO_2^-，继而 NO_2^- 被自养氨氧化细菌还原为 N_2 和 N_2O 的过程。IPCC 认为 N_2O 的间接排放包括氮肥施用后挥发到大气中的 NH_3 通过沉降又回到土壤中，或氮肥的渗漏及径流作用等使得部分氮肥以 NO_3^- 形式进入水体，这两种形态的 N 最终也能转化成 N_2O 排放。外源氮肥是农田 N_2O 排放的重要影响因素。施氮量影响 N_2O 的排放量。由于 N_2O 是各种形态的氮素在土壤硝化和反硝化作用下产生的，外源氮肥（氮肥和有机肥）的投入会直接影响土壤氮素的供应，进而影响土壤 N_2O 的产生。Bouwman 表明，N_2O 的排放量与氮肥施用量呈线性关系。当每公顷土壤施氮量为 100kg（N）时，会有 1% 的 N 以 N_2O 的形式排放。后来研究发现，氮肥投入对土壤 N_2O 的排放存在阈值，即当氮肥施用量在一定范围内时产生的 N_2O 排放量比较低，但当氮肥用量超过该值时，N_2O 的排放量会随施氮量的增加而迅速增加，而这个阈值就是作物的最大吸氮量。另外，施用有机肥会促进 N_2O 的排放，有机肥的施用使冬小麦-夏玉米轮作体系的 N_2O 排放增加 17.2%。肥料的不同产品类型如包膜肥料、尿素抑制剂、硝化抑制剂等增效氮肥，化肥深施，分次施肥都能影响 N_2O 的排放。

（3）肥料施用与碳固定　大量研究表明，长期施肥能促进土壤有机碳的增加，但是在长期试验中也有发现，长期单施化肥会导致土壤酸化，从而使土壤有机碳含量降低。同时，施肥对土壤微生物的活性及生物降解过程也有一定的影响，所以不同的施肥处理，其对碳投入及微生物活性的影响是不同的，从而直接导致不同施肥模式对土壤有机碳的影响不同。近年来，国内外对长期施肥下土壤有机碳的研究报道较多。大量研究表明，施用有机肥对土壤有机碳的积累具有重要的促进作用，单施有机肥及有机肥、无机肥配施能显著增加土壤有机碳含量。Tong 等在我国南方 17 年的长期施肥试验研究发现：单施有机肥及有机肥、无机肥配施下土壤有机碳中矿物结合有机碳、游离活性有机碳和物理保护有机碳的每年固持速率每年分别提高 323 ～ 515kg/hm^2、291 ～ 408kg/hm^2、162 ～ 179kg/hm^2。李辉信等研究 23 年长期施肥对红壤性水稻土团聚体活性有机碳的影响，结果表明不同剖面团聚体活性有机碳含量均随深度的增加而降低，有机肥与无机肥配施会提高土壤团聚体活性有机碳的含量，耕层土壤团聚体潜在可矿化碳、可溶性有机碳含量均与土壤团聚体有机碳含量呈极显著的相关关系。梁尧等（2011）对东北黑土进行 6 年的不同有机物料培肥研究发现：有机肥、无机肥配施显著提高了土壤总有机碳、微生物量碳、水溶性有机碳及轻组有机碳的含量。

9.2.2 施肥管理策略减排固碳

（1）调整肥料生产降低碳排放

① 大力发展使用可再生能源　由于我国以煤炭为主的能源结构短期内不会改变，而目前煤炭资源的利用必然伴随着大量 CO_2 的排放，因此，开发具有工业化应用前景的可再生能源技术问题一直是制约行业发展的关键因素。新能源包括：水力能、太阳能、风能、核能、现代生物质能、地热能、海洋能等。此外，还有两种比较有前途的新能源——人造太阳和太空发电厂，目前正在研究，值得重视。相对于传统的碳基能源的不可再生性和高污染性而言，新能源多数是可再生的清洁能源，是绿色能源。目前，世界各国新能源的替代非常有限，如新能源中的太阳能、风能等因受生产成本、供电稳定性、使用便利性等因素的影响，并没有成为能源消费的主体，在总能源中所占比重很低。迄今为止，新能源仍以水力能和核能为主。

② 开发新型肥料　新型肥料应满足高效、绿色、优质、低耗等前提，符合农业发展的未来要求。由于肥料和农业产业化关系密切，所以新型肥料在研发过程中也要满足农业产业化建设和绿色可持续的要求。比如通过改良生产技术提升化肥的生产效率和控制化肥生产能耗，保证农业生产的低耗能。例如在生产过程中引入智能化控制系统、设备密封技术，加强生产设备的控制单元研发，开发连续的自动化工艺设备，提升化肥生产的自动化和智能化，明确化肥功能的标准化和生产标准化要求，保证产业标准化技术水平。

（2）制定施肥管理策略减少碳排放　低碳施肥不是简单地减少化肥施用量，而是根据目前我国施肥的现状以及存在的问题，改变施肥结构，优化当前的肥料管理模式，使肥料管理模式和施肥结构与当地的土壤养分状况相结合，最大限度地减少不当施肥引起的温室气体排放，降低其他向环境转移活性氮的强度，走低碳农业发展的道路。低碳施肥是指合理的施肥量、施肥技术、肥料类型、养分配比和施肥时间，并与灌溉和耕作等其他农业措施密切配合，形成以低排放、低能耗、低污染为目标的新型肥料管理模式。低碳施肥通过优化施肥量、改进施肥技术、发展新型肥料、改进养分配比、调整施肥时间等措施，有效促进肥料及土壤中的养分被作物充分吸收利用，在达到优质高产的同时，最大限度地减少活性养分释放到环境中，降低农田温室气体排放，不仅能提高施肥的经济效益，还能减少施肥对环境的负面影响，为减缓气候变化做出贡献，达到高产、低碳的双赢效果。

① 采用合理的推荐施肥技术

a．“总量控制、分期调控”的氮肥推荐技术。氮肥施用不合理是限制作物增产的原因之一。氮肥施用不足，造成产量下降；而氮肥施用过量，则易造成群体郁闭贪青、感染病虫害、倒伏、抗逆性下降等，也造成减产，因此氮肥不合理施用在我国仍然是非常突出的问题。我国农业是典型的小农户经营，人均耕地不足一公顷。农户过量施用氮肥引起了一系列的生态环境问题，严重威胁区域农业绿色发展。我国长期致力于氮肥管理的研发投入，开发了许多先进的氮管理技术，例如土壤和植物诊断、遥感技术和手持叶片氮传感器等，这些技术可以显著降低氮肥投入，提高氮的利用效率。但是这些技术方法的测试成本较高，取样复杂，计算方法不易掌握，导致技术采用率不高，大面积应用面临挑战。因此，改进当前的氮管理方法，使其易于实施、价格便宜、灵活，并且省工省力，是农业可持续氮管理面临的重要任务。为此，陈新平等（2011）通过多年的研究，提出了氮肥分区域进行总量控制和分期调控的技术思路：根据特定区域的土壤状况和农民生产管理情况，确定区域性的氮肥总量控制指标，同时，根据作物生长发育规律和土壤供肥保肥性能确定分期调控的方式。崔振岭等利用大数据分析结合模型模拟将以上施肥理念进一步深化至县域尺度，发布了全国主要粮食作物县域氮肥施用定额，创新了一种氮素动态平衡优化管理新方法，突破了集约化小农户氮肥管理的难题；我国小麦、玉米和水稻主产区进行大面积示范的结果表明，应用县域氮肥定额可减少肥料使用 21% ～ 28%，实现粮食增产 6% ～ 7%，提高氮肥利用效率 26% ～ 33.2%，降低活性氮损失 23.2% ～ 28.9%。

b．基于养分平衡和磷钾肥恒量监控管理技术。结合作物高产和环境保护两个方面，目前基于土壤肥力变化的磷钾恒量监控技术已经建立，各作物主产区磷钾推荐施肥的技术指标也基本建立。磷钾恒量监控技术是基于养分平衡原理，根据土壤有效磷、速效钾的测试和种植作物对磷、钾的吸收量确定磷钾肥用量。每隔 3 ～ 5 年测定土壤有效磷和速效钾一次，对肥料用量做相应调整。

c．科学的施肥技术及方式。施肥方式是指将肥料施于土壤和植株的方法与途径。一般分为土壤施肥和植株施肥。常用的土壤施肥方式有撒施、条施、穴施、环施和放射状施、灌溉施肥（水肥一体化）、配套机械化施肥等。植株施肥包括叶面喷施、注射施肥、沾秧根和种子施肥等方式。为了科学合理地施肥，各种施肥方法既可以单独使用，也可以配合使用。目前土壤施肥中的水肥一体化、配套机械化施肥是最优的低碳施肥技术，而且也适应我国农业生产中劳动力短缺的现状，可提高水肥利用率，但是在维护方面还需要一定的投资。水肥一体化是将灌溉与施肥融为一体的农业技术，可直接使用肥水灌溉，也可在灌溉水中加肥料，实现灌溉与施肥同步进行。灌溉施肥、喷灌施肥和滴灌施肥是水肥一体化的主要方式。

20 世纪 90 年代，精准农业和遥感技术（RS）、地理信息系统（GIS）和全球定位系统（GPS）即“3S”技术被引入我国农业生产中，研究人员结合我国国情提出了土壤养分分区管理和分区平衡施肥技术。测土配方施肥项目在全国所有县应用 GPS 和 GIS 技术对土壤养分进行了空间变异特征的研究，并根据土壤养分分布规律，形成了县级和乡镇级的土壤养分分区管理及分区平衡施肥技术体系。

② 推广缓 / 控释肥　普通肥料的养分释放速率快，而作物是在其不断生长的过程中缓慢吸收土壤养分的，因而肥料养分释放期与作物养分吸收期不匹配，导致肥料养分释放速率与植物养分吸收速率不吻合的肥料现状。缓 / 控释肥是在肥料养分释放速率与植物养分吸收速率不吻合的问题亟待解决的大背景下诞生的。缓 / 控释肥是一种新型肥料，国际肥料协会对缓释肥和控释肥的定义为：缓释肥和控释肥是那些所含养分形式在施肥后能缓慢被作物吸收与利用、所含养分比速效肥更长效的肥料。通俗来讲，缓 / 控释肥是指通过各种调控机制使其养分缓慢释放，延长作物对其有效养分吸收利用的有效期，使其养分按照设定的释放率和释放期缓慢或控制释放的肥料。这种肥料具有提高化肥利用率、减少肥料施用量与施肥次数、降低生产成本、减少环境污染、提高农作物的产量和品质等优点，突出特点是其释放率和释放期与作物生长规律有机结合，从而使肥料养分的有效利用率提高 30% 以上，被誉为“21 世纪的新型环保肥料”。

不同类型的缓 / 控释肥料，其低碳原理的总思路基本一致，常规的速效性氮肥由于在施肥后短期内即全部释放，植物不能及时吸收而损失掉，还对大气和地下水造成污染，而缓 / 控释肥由于其中的氮素缓慢释放，逐步释放的速效养分被作物同步吸收，减少氮素的损失，提高氮素利用率，降低肥料施用导致的氧化亚氮排放。目前，缓 / 控释肥料的种类繁多，而且就缓 / 控释肥料的分类方法还没有统一的标准。按照缓 / 控释肥的材料和加工工艺进行分类的方法最为常见，缓 / 控释肥主要分为物理包膜型缓 / 控释肥料和化学合成型缓 / 控释肥料两类。物理包膜型缓 / 控释肥料以亲水聚合物包裹肥料颗粒，或把可溶性活性物质分散于基质中，从而限制肥料的溶解性。在肥料颗粒表层用可控制养分释放的包膜材料包膜，成膜后具有减少肥料与外界的直接接触、控制水溶性肥料粒子中养分的释放速率、改善肥料理化性能等作用。化学合成型缓 / 控释肥料是化学合成的缓 / 控释肥料，将肥料直接或间接地通过共价键或离子键连接到预先形成的聚合物上，形成一种新型的组合物。

③ 增施氮肥增效剂　我国氮肥存在肥效期短、利用率低以及污染环境等问题，除了发展和推广新型肥料外，增施氮肥增效剂是又一经济有效的途径。氮肥增效剂是指进入土壤后能影响土壤生化环境、调节土壤某些酶活性、影响土壤微生物对氮肥的作用、降低氮素损失的一类物质。氮肥增效剂为施用氮肥的一种助剂，可以抑制酰胺态氮的水解和铵态氮的亚硝化，主要有脲酶抑制剂和硝化抑制剂。

氮肥增效剂施入土壤后，脲酶抑制剂通过抑制尿素的水解，硝化抑制剂通过抑制铵态氮的硝化，从而抑制脲酶和硝化细菌等微生物的活性，使得尿素及铵态氮转化的速率减慢，延长肥效。脲酶抑制剂是指对土壤脲酶活性有抑制作用的化合物或元素，能够抑制土壤脲酶的活性，从而延缓尿素在土壤中的水解，减少由尿素水解产生的氨气挥发。硝化抑制剂具有抑制亚硝化细菌活性、控制土壤中 NH_4^+ 向 NO_2^-、NO_3^- 转化的作用，从而减少由此引起的硝态氮的淋溶和反硝化损失，适合与各种铵态氮肥或尿素配合施用。脲酶抑制剂专门与尿素配合施用，硝化抑制剂适合与各种铵态氮肥或尿素配用。

④ 增施炭基肥料　炭基肥料由生物炭与有机肥料结合制成，可以稳定土壤环境、改良土壤理化环境。它可用于无公害、绿色、有机种植，并能减少环境污染，增加土壤碳汇，减少农业温室气体排放，符合低碳农业发展方向。

生物质炭具有高度的稳定性和较强的养分吸附持留特性，具备作为缓释肥包膜材料的基本要求。生物炭可延缓肥料在土壤中的养分释放，降低养分损失，提高肥料养分利用率，生物炭是肥料的增效载体。同时，采用植物秸秆和农业有机废弃物作肥料载体，既促进了农业废弃物资源化利用，又避免了工业化学肥料合成的环境污染。

生物炭能提高土壤有机碳含量，改善土壤保水、保肥性能，减少养分损失，有益于土壤微生物栖息和活动，特别是菌根真菌，是良好的土壤改良剂。在果园里施用生物炭肥，可以形成比较大的土壤团粒。这些团粒空隙比较大，保肥保水，改善微生物系统，促进吸收根生长。单施生物炭就能促进作物生长或增产，但是生物炭与肥料混施，或复合后对作物生长及产量几乎都表现为正效应，这源于肥料消除了生物炭养分低的缺陷，而生物炭赋予肥料养分缓释性能的互补和协同作用。施用炭基肥料可以调节土壤 pH 值向中性靠近，提高疏松土壤的容重，从而改善其通气透水性能，而且这种调节作用均随炭粉施用量的增加而加大，可见生物炭质对土壤的改良作用十分明显。

（3）制定施肥管理策略增加碳固定

① 合理施用氮肥　合理提高氮肥施用量可以增加作物残留物的还田量，并且提高土壤表层有机碳的含量。提高有效态氮素含量可促进有机肥或作物残茬等有机物料的腐殖化比例。另外，施用氮肥对土壤质量和生产力的提升是促进土壤中有机碳含量增加的一个原因。与质地良好的土壤相比，氮肥对质地粗糙的土壤中有机碳含量的影响更明显。但是施用化肥对土壤 SOC 影响的结论不一，在有机质含量较低的土壤上，施用足量的化肥是有助于提高 SOC 含量的，如小麦连作 23 年的定位试验田中，施用化肥的土壤 SOC 比对照增加了 13.0%。但是在一些土壤有机质含量较高的土壤上，施用化肥反而会导致有机碳含量降低。如在美国 Sanbornfield 的小麦连作长期试验中，连续施用 99 年化肥后，土壤 SOC 含量比对照降低了 4.0%（Mitchell 等，1991）。

② 秸秆还田　我国作物秸秆资源非常丰富，每年约产生 6.2 亿吨秸秆，其中稻秸 1.8 亿吨，麦秸 1.1 亿吨，棉秸 1300 万吨，大豆秸 1500 万吨，共含氮 300 多万吨，含钾近 700 万吨，含磷 70 多万吨，约相当于目前我国化肥施用量的 1/4。秸秆还田不仅能归还大量营养元素，在提高土壤有机碳含量方面有重要作用，而且能使土壤物理结构得到改善。20 世纪 80 年代以来，秸秆还田越来越成为一种重要的碳投入方式（图 9-1）。秸秆还田显著提高了 12% 的

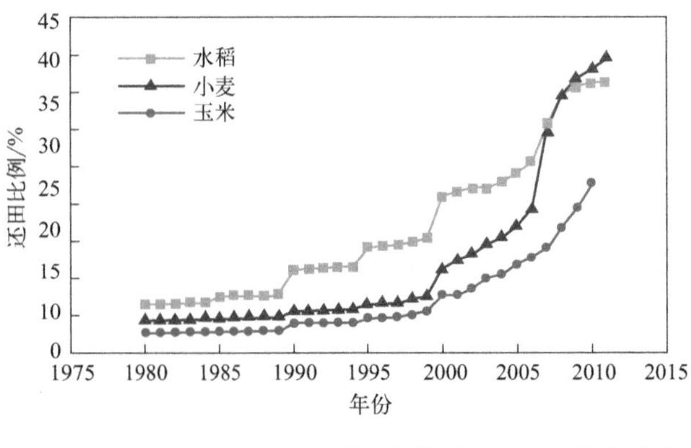

图 9-1　近 50 年来中国主要粮食作物的秸秆还田比例变化

我国表层土壤（0 ～ 20cm）有机碳储量。据估算，2000 年我国农田秸秆还田面积为 17 万公顷，每年由秸秆还田引起的表层土壤有机碳固定量为 9.76Tg。如果持续增加秸秆还田面积，未来土壤固碳量增加潜力将会达到 34.4Tg。

③ 提倡农田有机肥的施用　施用有机肥后一方面作物根系会更发达，在微生物的作用下能固定更多空气中的碳，而且土壤团聚体稳定性显著增强，可以减少碳的损失。另一方面，施用有机肥可以提高土壤有机质含量。有机农业生产系统土壤有机碳量比常规系统高 18% ～ 21%，尤其是不同长期施肥处理下有机肥与无机肥配合施用下有机碳积累效果更明显。

④ 生物炭施用　中国大力发展秸秆等生物质热裂解炭化产业，提出以农业废弃物治理为中心的农业生物质能源-肥料-增碳一体化固碳减排计划，将农业土壤增碳与农业废弃物治理相结合。生物质炭所含大部分有机碳可在土壤中储留几百年甚至上千年，而在中国多点田间试验也表明生物质炭施用减少土壤呼吸，而且增加土壤碳储量 20% 左右。此外，生物质炭施用可以显著减少 37% 的农田 N_2O 排放。同时，生物质炭在水稻施用后期可以抑制 CH_4 的排放。

9.3　土壤肥料与智慧农业

9.3.1　智慧农业的概念

智慧农业是利用大数据与云计算、智能传感系统、农业物联网与互联网、人工智能、3S［GPS（全球定位系统）、GIS（地理信息系统）、RS（遥感系统）］技术、自动控制和互联网等现代信息技术，在农业的生产、加工、经营、管理和服务等各个环节实现“精准化种植”“可视化管理”“互联网销售”“智能化决策”和“社会化服务”等全程智能化管理。智慧农业是把高效运用所有农业资源，最大限度地减少农业的成本及损耗，降低对农业环境的损害以及全面实现农业系统的最佳水平作为最终目标，把农业生产及整个流程智能化作为主要特点，把互相感知、真实传输及智能应对等诸多物联网技术作为主要支撑及措施，把全自动生产、智能化管控、电子化交易及系统化物流作为主要生产形式的高产量、高效率、低损耗、高质量及环保的一种当代农业发展形式。其自身所拥有的功能有很多，如无线收集、操控，远距离监测，全自动浇灌、施肥及喷药等。

智慧农业自身拥有两大特征，即高现代化及智能化，可以在很远的距离对农业操作进行掌控，经过全面应用无线网络技术，从而实现高效率的农业智能感知及预警，同时为农业操作过程中的决策提供数据支撑，实现高效率的智能解析，进而推动当代农业的精准化种植及综合管理。智慧农业未来的发展空间是非常宽广的，同时也是当代农业发展的一个全新机会。

9.3.2 基于大数据的智慧农业应用情况

大数据技术在各行各业发展迅速，可以解决海量数据的收集、存储、计算和挖掘等问题，发现数据中蕴含的线索和规律并加以利用，从而进行科学分析和决策。大数据技术在农业领域的专业化应用被称为农业大数据，不仅具有大数据的共同特点，也具有农业自身的特点，主要包括生产过程管理数据、农业资源和生态环境管理数据、农产品与食品安全管理数据以及农业装备与设施监控数据等。通过综合分析和利用各类数据，可以及时、科学和有效地解决农业生产过程中的实际问题，切实保护用户的利益。

近年来，农业数字化和信息化发展迅速，通过构建大数据平台，可以有效提高农业生产的产量和作业效率，帮助用户发现农业生产中存在的问题和规律，加速农业信息的传递，对建立完善的智慧农业体系和模式有重要作用，能不断推动智慧农业的发展。同时，随着物联网和图像识别技术的成熟与发展，近 10 年推出了智能采摘机器人、智能检测土壤和作物营养状况、果实分拣、气候灾难预警、检测病虫害等智能识别系统。

目前，智慧农业的研究与应用主要包括以下方面：

① 农业环境监测分析　在农业环境应用方面，重点是实时监测农作物生长的环境数据，并且对环境状况做出评价，当环境数据不利于农作物生长时，进行预警提示。卫星遥感技术可以收集作物生长环境指标数据，通过对比分析以往历史数据和实时监测到的数据，选择适宜的种植模式和防治措施，提前有效避免由气候等自然灾害带来的农作物产量损失。土壤环境是农业环境的重要方面，通过人工智能技术可对土壤传感器收集到的可溶性盐含量、地表水分蒸发量、土壤温湿度、pH 等数据进行预测分析，决策各类农作物所适宜的最佳土壤状况，为农作物的科学生产提供依据。

② 农作物选种　在农业生产过程中，农作物选种在很大程度上决定了其最终产量及品质，因此，农作物选种是农作物生产过程中非常重要的一个环节。大数据和人工智能技术可通过收集优良种子性状及其对应数据，构建分类模型，有效提升种子质量的鉴定速度，并通过后期种植结果不断丰富建模数据，修正模型误差，进一步保证鉴定效果。此外，还可以利用大数据对种植环境、种植需求等进行分析，帮助种植者选择最适合的种子类型，提升农业生产收益。

③ 农田灌溉用水分析　以往农民通常根据种植经验粗略把握灌溉用水量，不能根据多变的种植环境条件针对性地进行调整。通过大数据对农作物用水需求量进行分析，可以科学地指导农户灌溉，极大限度地减轻渍水或干旱对作物造成的不良影响。此外，智能灌溉系统与传感器、灌溉设备连接后，可对土壤含水量进行实时监控，据此选择最合适的灌溉模式。

④ 病虫害识别与杂草处理　农作物生长过程中经常会遇到一些病虫害，种类多、影响大，而且时常暴发成灾，影响农作物正常生长，严重者会降低农作物的品质和产量。人工智能技术可利用图像识别、红外传感器检测、声音特征检测、雷达检测等技术，采用特定的计算机算法和模型，对农业的光谱或图像信号进行挖掘，对农业病虫害进行识别、预警，并提供参考解决方案。农作物生长过程中，杂草会与农作物争夺土壤养分、生存空间及光照，此外，还会传播病虫害等。以往主要的除草方式是化学除草，通过大面积喷洒除草剂实现除草，但长时间使用除草剂会让杂草的抗药性增强，对环境也会造成污染，还会引起农产品农

药残留，导致食物中毒等情况。集成了车载传感器、车载摄像设备的农田除草机器人，能通过分析图像对杂草进行识别和筛选，实现物理除草或定点喷洒除草剂。

⑤ 农作物实时实地肥料管理　在传统的农业生产中，农户很难调控肥料的最佳施用量，导致肥料利用率低，而且易出现过量施肥导致的烧苗、倒伏等现象。通过大数据技术和人工智能技术对土壤养分和作物营养状况进行监测和分析，依据分析结果，借助农业机器人或无人机进行变量施肥，可以提高肥料的利用率，从而在保障或提高农作物产量的前提下减少肥料用量，实现农业种植的可持续发展。

⑥ 农产品产量预测和市场调控　通过大数据技术对农作物生长的气象因子、土壤因子、作物因子、管理因子等信息进行收集、建模和分析，可实现提前数月对农作物产量和品质的预测。同时，结合消费者需求、市场供应等信息，指导农产品生产企业根据需求进行生产，达到供需平衡，防止农产品短缺或过剩问题。

⑦ 农作物采收与全程溯源　当前，部分规模化种植的农作物可实现机械采收，采收过程可由具备机器视觉功能的采收机器人实现。采收机器人具备GPS定位、路径规划、果实挑选等功能，可大大提高作业效率，在农忙时节节省更多人力资源。通过集成物联网和互联网系统，可以实现农产品从种植、流通到销售的全流程监管，有效促进农产品溯源与质量安全控制。

9.3.3　智慧土肥的发展目标与建设内容

将传统的土壤肥料研究与智慧农业结合，是土壤肥料工作信息化发展的高级阶段，其首要发展目标是使土壤和水肥管理更为精准、农业生态环境有效改善、农业技术推广和服务模式发生根本性变革。综合来看，其智慧化主要表现在作物生长及需肥需水规律智慧管理、耕地质量智慧管理、作物-肥-水关系动态控制与管理、土肥投入品智能监管、智慧土肥决策以及土肥信息智慧服务等方面。

① 作物生长及需肥需水规律智慧管理　作物生长发育水平取决于包括来自空气、土壤、水肥的无机营养和作物自身通过光合作用所制造的有机营养，栽培管理措施可创造良好的条件，满足其生长发育的要求。因此，作物生长及需肥需水规律智慧管理是栽培管理的基础，主要包括作物生长信息智能监测、作物生长土肥水模型以及作物生长土肥水智慧管理等业务需求。

a．作物生长信息智能监测。主要包括作物长势监测、土壤水分含量和分布监测、作物水分亏缺监测、自然灾害信息、气候信息等。

b．作物生长土肥水模型。主要包括作物生长模拟模型、作物生长需肥模型和作物生长需水模型等。作物生长模拟模型着重利用系统分析方法和计算机模拟技术，对作物生长发育过程及其与环境的动态关系进行定量描述和预测。作物生长需肥需水模型就是根据不同的作物、作物不同的生长阶段，建立作物生长与肥料和水施用的关系，从而模拟不同阶段、不同作物施肥、灌溉的用量和方法。

c．作物生长土肥水智慧管理。作物生长土肥水智慧管理是一个动态的过程，要求及时摸清土肥资源的现状，了解农作物田间生产状况，监测其变化并预测其发展，依据作物生长土肥水模型对作物用肥、灌溉进行智慧决策。

② 耕地质量智慧管理　充分利用智慧技术，建立动态监测体系，开展耕地质量监测，及时了解耕地基础地力和土壤肥力状况，发现耕地质量存在的问题，开展耕地质量管理智慧决策。

a．建立耕地质量动态监测体系。建立国家、省、县 3 级耕地质量动态监测体系，满足不同决策者的需要。将智慧技术在现有的全国各级土壤质量监测点上应用，准确、及时地发现耕地质量方面存在的问题，通过设定阈值，建立预警机制。利用物联网技术和网络技术，实现数据采集的标准化、数据录入的准确性、存储格式的通用性，提高数据更新管理速度及开发应用潜能。

b．实现耕地质量长期动态监测。耕地质量具有动态变化性，通过智慧技术开展动态监测，掌握耕地质量变化规律和特征，发现耕地质量存在的问题，预测一定时期内耕地质量变化的方向与变化程度，结合作物生长发育要求进行调控，为制定耕地质量保护措施提供依据和参考。

c．建设土壤肥力培育体系。充分利用土肥技术，从农田生态系统出发，在综合利用所有来自土壤、大气沉降、灌溉、生物固氮、秸秆还田等养分资源的基础上，通过合理投入肥料，结合土壤管理、合理灌溉、植物品种改良及其他农业技术措施的综合运用，建立土壤肥力培育体系。

d．实现耕地质量管理智慧决策。利用耕地质量动态监测数据，建立耕地质量动态监测信息系统、土壤管理模型和分析系统、耕地质量智慧管理预警决策系统，发布主要农业区域耕地质量变化报告，为各级政府决策提供参考依据。

③ 作物-肥-水关系动态控制与管理　根据作物不同生长阶段需肥、需水规律和关系模型，确定施肥量、用水量，对其实现自动控制。

a．智慧施肥。根据不同地区、不同土壤类型及土壤中各养分的盈亏情况，参考作物种类和产量水平，在土壤测试的基础上对大、中、微量元素与有机肥进行科学配方，降低农业生产成本，减少因过量施肥对环境和农产品质量的影响。智慧施肥可以实现对土壤肥力的补充和对作物所需营养的精准调配，实现按作物生育规律的动态营养需求适量供给。它不仅要求肥料质量、品质精优，而且要求肥料养分配比合理，以及施肥量、施肥时间和施肥位置精准。

b．智能控制。智慧土肥需要农艺与农业机械技术的紧密结合，实现精准的自动控制。自动精准控制涵盖农田整理以及农作物播种、施肥、灌溉、收获等农业生产的各个环节，具体包括自动作业、自动播种、自动灌溉及自动收获等方面的业务需求。

④ 土肥投入品智能监管　肥料监督管理的核心业务是肥料产品的登记和肥料市场的执法监督。利用智慧土肥技术，建立肥料使用记录制度，实现肥料等农业投入品和农产品的质量溯源，开展肥料全程智能监管。在肥料产品上加封电子标签，将肥料零售机构联网，对肥料销售及使用进行监控，掌握肥料使用的品种和数量，掌握一个地区整体的用肥水平，控制肥料用量。

⑤ 智慧土肥决策以及土肥信息智慧服务　土肥管理决策是一个复杂的过程，主要包括作物布局、品种选择、播期确定、因苗施肥、合理密植、精量灌溉、适时收获等，不论哪一

个环节出现纰漏，都会影响作物产量和品质。因此，智慧土肥建设要整合来源于不同管理对象、传感设备以及来源于不同应用的片段的、多样的信息，为各级土肥工作者和管理者提供耕地土壤肥力情况、耕地质量情况、肥料生产情况、肥料使用情况等。定期向各级政府报告耕地土壤肥力状况和肥料使用情况，提出耕地质量建设、科学合理施肥和肥料管理的对策措施，为领导和各管理部门提供针对某个事件的全景信息，实现土肥管理决策的智慧化。

与传统的土肥信息服务相比，土肥信息智慧服务有以下特点：一是可以自动获取所需的信息。通过传感器将田间的温度、湿度、作物生长状况等数据精确、快速地收集起来，比传统的人工采集土肥信息的方式效率大大提高。二是可以对获取的土肥信息进行自动处理，直接生成简单明了的结果。三是迅速将土肥信息“智能”地推送给用户。过去农民很难获得大量的有效信息，如今可通过手机等各类终端随时查询和检索。土肥信息智慧服务包括网站服务模式、触摸屏查询模式、掌上电脑模式、智能手机模式等。土肥信息智慧服务的基础信息主要包括作物生长环境信息、预测预报信息、疑难问题的咨询和解答、智慧施肥信息、土肥技术培训信息和土肥投入品溯源信息等。

9.3.4 智慧农业在精准施肥上的研究与应用案例

（1）遥感数据支持下的变量施肥研究　变量施肥技术是精准农业的核心技术之一，是一种根据土壤肥力和作物需求，实现定时、定位、按需投入肥料的新型技术体系和生产模式。发展变量施肥技术是为了提高化肥利用率，减少不合理的施肥造成的生态环境破坏，实现农业生产的可持续发展。遥感技术是一种通过感测器从远距离收集信息的技术，这些感测器通常安装在卫星、飞机或地面工具上。遥感的基本原理是利用不同波长的电磁波（从可见光到微波）与地表物质的相互作用，通过分析与地表物质相互作用后的电磁波特征，推断出地表的各种信息。利用遥感数据进行土壤、作物监测和营养诊断，并以此进行变量施肥决策已成为智慧农业精准施肥技术的重要组成部分。

南京农业大学的智慧农业研究团队采用地面光谱仪、无人机以及卫星搭载的多光谱和高光谱成像技术，开展了一系列关于作物生长监测和氮素营养状态诊断的研究。通过这些研究，团队深入分析了不同生长条件下作物反射光谱特性与其生长信息之间的联系，识别了与作物生长指标（如氮素含量和积累、叶绿素含量和积累、叶面积指数及生物量等）相关的敏感光谱波段和光谱参数。基于这些发现，研究团队构建了作物生长指标监测模型，该模型利用反射光谱特征来监测作物生长指标的变化。进一步，研究团队开发了针对不同生育阶段作物生长指标的动态适宜性及实时诊断模型，从而构建了一套完整的基于光谱技术的作物生长监测和诊断技术体系。这一技术体系能实现对作物主要生长指标的快速准确监测，实时诊断作物的生长状况，为作物的中后期精确管理和调控提供科学依据，同时预测作物的产量和品质。

土壤不仅是作物生长的载体，也是作物吸收必需养分的关键来源。因此，进行土壤分析研究并获取详细的土壤信息对农业管理和环境政策的制定至关重要。在这一领域，中国科学院南京土壤研究所的科研人员采用了现代光谱学技术来获取土壤信息，这一方法的优势在于其简便性、无损性、快速性及其对环境的友好性。特别地，激光诱导击穿光谱（laser-induced breakdown spectroscopy，LIBS）技术已成为近年来的一个研究焦点。LIBS技术将高能激光脉冲聚焦于样本表面，当激光的能量超过样本的击穿阈值时，将对样本表面进行烧蚀，产生大量的等离子体并形成烧蚀坑。随着激光诱导的停止，等离子体能量衰减，并发出具有特定元素特异性的连续辐射离子体信号。这些信号被收集并用于产生光谱响应，通过分析这些光谱的波长和强度信息，可以对样本中的元素进行定性和定量分析。LIBS结合中红外衰减全反射光谱，可以提高土壤有机质含量测定的准确度。此外，与拉曼光谱结合使用，能实现对不同碳酸盐矿物的有效分类鉴别。这些技术的结合不仅促进了土壤分析的精确度，而且有助于开发便携式设备，实现在野外环境中的原位实时测定。通过与土壤光谱数据库及预测模型的整合，可以构建一个土壤光谱信息系统，从而为实施精准施肥和其他农业管理决策提供强有力的技术支持（图9-2）。

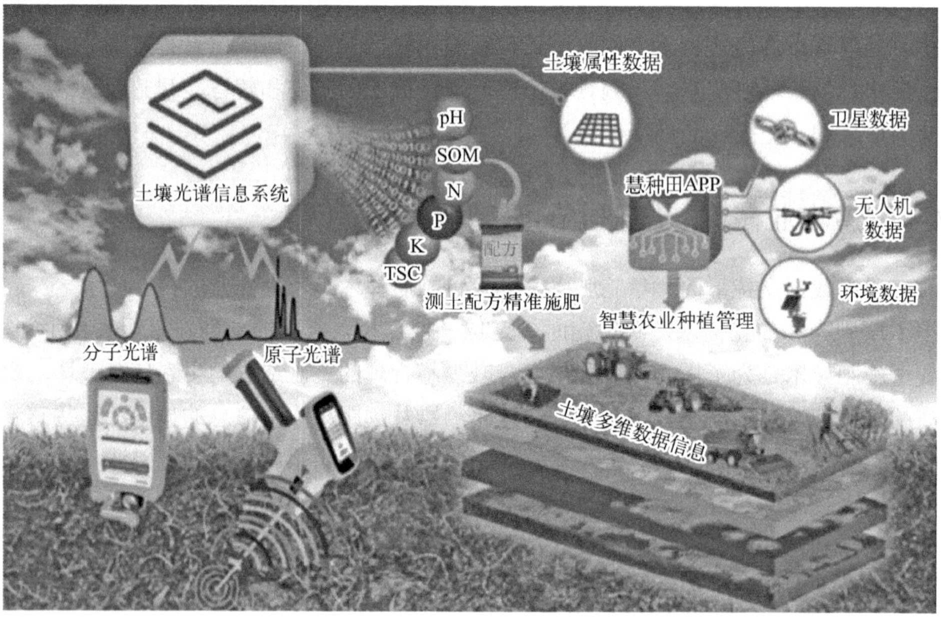

图9-2　农田土壤光谱信息系统及其应用

（2）变量施肥决策支持系统　决策支持系统（decision support system）是基于计算机技术设计的，旨在辅助决策者分析问题、构建决策模型以及模拟决策过程和其潜在效果的知识信息系统。此系统主要针对决策过程中的半结构化和非结构化问题提供解决方案。国家农业信息化工程技术研究中心依托模型库和知识库，融合管理决策与3S（RS、GIS、GPS）技术，开发了一套精准农业变量施肥决策支持系统（图9-3）。该系统集成了GIS的核心功能，并提供生成施肥处方图、空间插值、施肥模型库管理以及处方图报表管理等功能。通过基于WebGIS技术开发的网络平台，用户可以直观地获取关于地块肥力状况、土壤类型、气候条件等关键农业生产要素的信息。该平台支持通过浏览器进行地图查询、管理和空间分析，实现高效的人机交互，用户可轻松获取针对特定田块的施肥处方图。将处方图与变量施肥机械结合，可以实现肥料的精准、按需施用，提高肥料利用率，减少过量施肥对土壤和水源的污染。

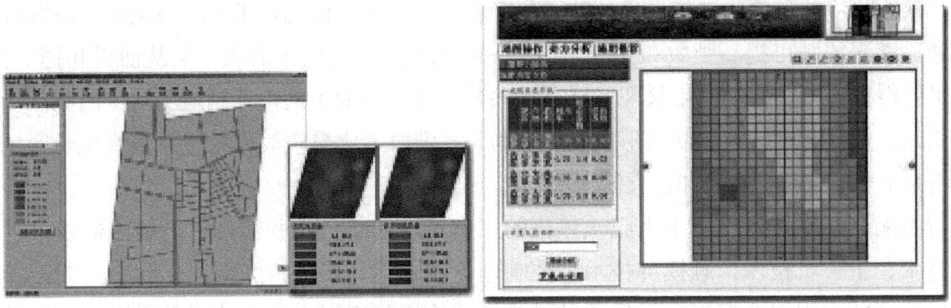

图 9-3 精准农业变量施肥决策支持系统界面

（3）精准农业变量施肥控制技术 施肥处方图必须与搭载变量施肥控制系统的机械相结合，才能完成肥料的高效、按需施用。中国科学技术大学研究团队针对我国变量施肥技术的发展需求，开发出了价格低廉、操作方便、基于处方图的变量施肥控制系统，构建了完整的变量施肥系统设计流程和技术框架（图 9-4）。

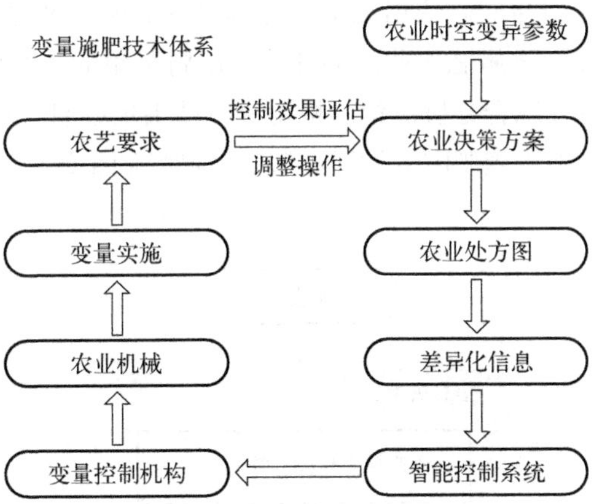

图 9-4 变量施肥技术体系

该系统基于外槽轮式排肥器，对排肥量和排肥器结构参数关系进行分析建模，研究变量施肥的相关控制参数，得到两种可用于外槽轮式排肥器的变量施肥控制策略：调节外槽轮有效工作长度的控制策略和调节外槽轮与施肥机地轮传动比的控制策略。并基于这两种控制策略分别进行变量施肥应用系统的构建。同时，基于 Android+ArcGIS 框架构建了嵌入式车载控制终端软件平台，设计了基于处方图的变量施肥软件，实现了施肥机实时网格的离线识别、目标施肥量的发送以及系统工作状态的可视化。并在实现空间网格离线识别时，给出两种空间网格离线识别方案——基于 Spatia Lite 空间数据库 + 栅格切片地图的方案和基于 ArcGIS Runtime SDK+ 矢量地图的方案，简化了空间网格的离线识别的运算。

（4）基于物联网架构的智能配肥控制系统 近年，我国的设施农业发展迅速，但是作物产量还远低于农业发达国家的平均水平。造成这一现象的主要原因是我国的灌溉施肥技术相对落后，缺乏相应的科学化、信息化、统一化管理。而水肥一体化技术可将施肥和灌溉融合为一体，通过灌溉施肥可提高肥效和养分利用率，避免肥料施在较干的表土层从而引起挥发损失。并且可以根据不同农作物的生长环境以及需水量和需肥量的不同，配制适当浓度的肥液输送到灌溉系统，然后通过管道和滴头形成滴灌，均匀、定时、定量浸润作物根系发育生长区域，使主要根系土壤始终保持疏松和适宜的含水量。

智能配肥控制技术是基于水肥一体化的工作原理，结合物联网技术、传感器技术、无线通信技术、上位机技术、触摸屏技术、控制理论技术等，将水、肥按照作物生长的需求配制成一定浓度的水肥混合溶液，然后通过灌溉设施输送到田间农作物的根系附近，直接吸收利用。采用智能配肥控制技术可以根据作物不同生长周期对肥料的需求实时配制出适宜浓度的水肥溶液，既满足作物的生长需求，又极大地降低了肥料浪费率，减少了劳动力，实现了农作物的增产增量。

山东大学研究团队基于智慧农业信息化管理技术和精准水肥配制技术，着力于目前我国灌溉施肥控制设备的智能化程度低、控制精度差、技术过于单一和农机农艺不配套等问题，研发了基于物联网架构的智能配肥控制系统。

研究团队采用分层设计思想，将系统平台分为 4 个层次：物理感知层、数据传输层、信息决策层和应用控制层（图 9-5）。依据此平台可解决智能配肥过程中的多维信息采集问题，智能决策、远程控制指导灌溉施肥作业。物理感知层将采集的多维信息上传至信息决策层，信息决策层对海量数据进行综合分析决策，根据决策结果生成灌溉施肥配方传送至水肥信息化综合管理平台，平台将灌溉施肥配方发送给智能配肥控制系统，当系统接收到配方后，水

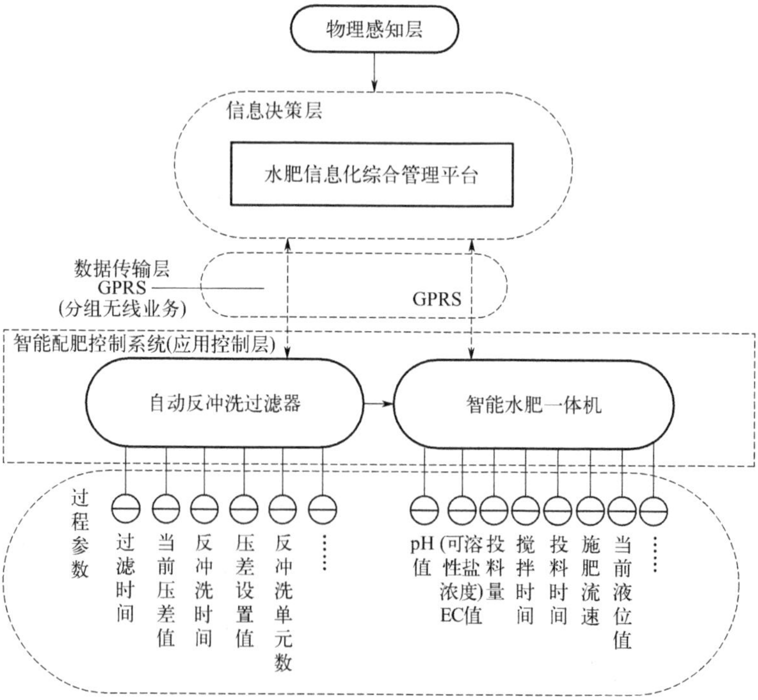

图 9-5　智能配肥控制系统拓扑结构图

源首先经过自动反冲洗过滤器，过滤掉杂质后的清水进入智能水肥一体机，配制适合当前作物生长的精准浓度的水肥耦合溶液，最后通过灌溉施肥管网送至田间作物。智能配肥控制系统也会将设备运行过程参数上传至水肥信息化综合管理平台，一方面进行过程监控，另一方面将这些过程参数记录并进行分析，为下一次的灌溉施肥任务提供重要参考依据。除此之外，农户也可以在现场手动输入灌溉施肥任务，自动配制适宜当前任务的水肥溶液。智能水肥调控装备是整个智能配肥控制系统的核心，是一套集水、肥、电、控于一体的智能化装备。它可以根据作物不同生长周期和生长阶段对水肥的需求，综合调控肥料量、灌水量、酸碱度等参数，获得适宜浓度的水肥耦合溶液，快速、精确、简便地帮助操作人员完成灌溉施肥作业的管理。

9.4　肥料与有机农业

国际有机运动联盟（IFOAM）在2008年提出了“有机农业”的定义，即一种能维护土壤、生态系统和人类健康的生产体系，它遵从当地的生态节律、生物多样性和自然循环，而不依赖会带来不利影响的物质投入。有机农业的发展源于常规农业，却优于常规农业，是常规农业、创新思维和科学技术的结合，它有利于保护我们所共享的生存环境，也有利于促进包括人类在内的自然界的公平与和谐共生。近年来，有机农业在全世界得到了普遍关注和发展。全世界约有0.3%的土地用于有机生产，主要集中在发达国家；全球最大的有机农业发展国家为美国，其有机农业面积约占农业土地的0.3%。与常规农业相比，有机农业最大的区别在于生产过程中完全或基本不使用化学肥料、农药和生长调节剂等化学产品，基本采用有机肥满足作物对养分的需求。有机农业涵盖有机种植业和有机畜牧业，其中有机种植业是有机农业的重要组成部分。

有机肥俗称农家肥，是指含有有机物质，既能提供农作物多种无机养分和有机养分，又能培肥改良土壤的一类肥料，其中大部分为农家就地取材，自行积造的肥料。有机肥料来源广泛，种类繁多，主要包括人畜粪尿、禽粪、堆肥、沤肥、厩肥、饼肥、草木灰、草炭、秸秆、绿肥、河塘泥和土杂肥等。目前，世界上有机肥制造与利用最早的历史遗迹可以追溯到6000年前的苏美尔文明。我国早在秦汉之前就有用有机肥养地的实践，历代有关农书详细记述了有机肥的种类、作用、积造与施用方法。到了清代，我国有机肥有10大类100多种。1990年，农业部开展全国有机肥料调查研究，将其分为10大类433个品种。我国从古代直至20世纪70年代，农业生产上所用的肥料主要为有机肥料，基本保持了水稻和小麦单位面积产量的稳定，并有缓慢的增加。20世纪中期，因为化肥的推广应用，有机肥的地位日益下降。我国1949年有机肥施用占肥料施用总量的比例为99.9%，1957年为91.0%，1965年为80.7%，1975年为66.4%，1980年降为47.1%，1985年为43.7%，1990年为36.7%，2000年为31.4%，2003年为25%。

由于化肥的大量使用，农业生产发生了巨大的变化，在带来巨大经济效益和满足人口急剧增长需求的同时，其负面影响也日臻显露，如土壤地力下降、环境质量恶化、食品质量安全事故时有发生等。因此，人们对有机肥又逐渐重视起来。但是有机肥的不合理使用也会在土壤质量、环境质量以及食品安全方面造成负面影响，如不引起足够重视，其副作用甚至超过化肥。土壤质量是指土壤维持作物生产能力、保持环境质量以及促进动植物健康的能力。因此，有机肥的使用从正、反两个方面强烈影响土壤质量。在现代农业生产中，有机肥料的施用不仅直接关系到土壤质量、农作物产量和品质、水体和大气环境质量，而且它还是种植业与养殖业之间的重要纽带，对促进农田生态系统和生物圈中的物质循环与能量转化也有重要作用。

9.4.1 作物产量

农作物产量是比较不同农业种植体系效益的最直观的指标，国内外研究者对有机种植体系下的农作物产量进行了大量研究。大部分研究结果表明，有机种植体系下作物产量显著低于常规种植体系。就单一作物而言，有机种植的作物产量约为常规种植的80%。Seufert 等利用元数据分析表明，有机种植体系与常规种植体系的产量之比平均为0.75。该比率因作物类型、株型、品种、生长年限而异。一般而言，果树类（1.0）＞油料类（0.9）＞谷类（0.75）＞蔬菜类（0.70）；豆类（0.92）＞非豆类（0.73）；多年生植物（0.92）＞一年生植物（0.74）；大豆（0.90）＞玉米（0.88）＞番茄（0.80）＞大麦（0.70）＞小麦（0.65）。Ponti 等研究表明，该比率在不同地区也存在差异。这与不同地区的气候条件、地力水平以及田间管理措施等有关。有机体系与常规体系的产量比率为亚洲（0.89）＞中欧（0.88）＞中东、北美（0.85）＞南欧（0.81）＞东欧（0.80）＞北欧（0.70）；而且发展中国家（0.84）＞发达地区（0.79）；热带地区（0.86）＞非热带地区（0.80）。

国内多数研究结果也表明，有机种植体系的产量虽然低于常规种植体系，但不同作物的减产幅度略有不同。与常规栽培相比，有机栽培西蓝花、萝卜、菜豆减产较为明显，平均减产幅度达到 50%；番茄、黄瓜、芹菜平均减产幅度达 20%；毛豆、生菜减产幅度较小，约为 15% [1]。有机栽培水稻的研究结果表明，不同品种减产幅度也略有不同，吉粳 81 减产 25.2%，吉粳 88 减产 41.5% [2]。这与不同作物及品种对养分的需求量和作物生长周期长短等因素有关。

在短期内有机种植体系产量低于常规种植体系且具有变异性的主要原因可归纳为以下几个方面：

① 有机种植体系下农作物产量降低的重要原因是土壤 N 的有效性限制。Palmer 等的研究结果表明，有机种植体系下土豆块茎 N 含量比常规种植体系低 30%，N 有效性的限制是产量及收获物 N 含量降低的主要原因。不同的天气状况、土壤温度、水分条件均会影响有机种植体系下土壤 N 素矿化，进而影响作物产量水平。有机肥的 N 素矿化率显著低于无机肥，土壤 N 素有效性下降。

② 有机种植体系实施前期养分释放的缓慢性。Russo 和 Taylor 的研究结果表明，在施用腐殖质物质，将常规蔬菜种植模式转化为有机种植模式的三年中，转化前期灯笼椒、黄瓜和甜玉米的产量均显著低于常规种植模式，但后期有机种植模式的产量与常规种植模式的差异逐渐缩小，最终高于常规种植模式。说明有机种植体系实施前期虽养分供应不足导致农作物产量下降，但其产量提高潜力较大。此外，Liebardt 等 [3-12] 在 1981 年开始的常规种植模式向有机种植模式转化的实验中发现，1981 ～ 1984 年间，有机种植体系中玉米产量为常规种

植体系的75%左右，但第五年差异不显著。两种种植模式相比，有机种植模式下，大豆五年总产量等于或略高于常规种植。

③ 有机种植体系中未使用各种杀菌剂、杀虫剂和农药，导致体系中害虫和杂草迅速繁殖，干扰了作物的生长。欧洲有机种植体系中土豆产量一般为常规种植体系的70%左右，造成该差异的原因主要是有机种植体系中害虫和疾病（特别是晚疫病）的发病率显著高于常规种植体系[13]。

综上所述，在有机种植体系实施前期，由于N素有效性限制、速效养分供应不及时以及害虫杂草的影响，农作物产量较常规体系往往有所下降。但随着种植年限的增加，土壤肥力不断增强，土壤生态环境不断改善，农作物产量持续增长。

9.4.2 作物品质

有机种植体系的发展初衷是提高农产品品质，为人们创造一种健康绿色的生活方式。有机种植体系通过对土壤养分含量、土壤酶体系、微生物群落的影响，改变作物的生长条件及代谢途径，改善农产品的营养及其他品质。

大量研究结果表明，和常规农产品相比，有机农产品含有更少的硝酸盐、亚硝酸盐和农药残留，富含更多的维生素C、P素和K素营养[14, 15]。蔡莉莉[16]对比了不同的栽培方式对蔬菜品质的影响，结果发现较常规栽培，有机栽培下黄瓜硝酸盐含量降低了54.4%，维生素C含量提高了44.6%，可溶性糖含量提高了6.7倍。部分研究结果有所差异，Gravel等在为期三年的栽培方式对温室番茄品质的影响实验中发现，有机栽培与常规栽培下番茄品质并无明显差别，品种对番茄品质的影响大于栽培方式的影响。造成该结果的原因可能是试验周期较短，有机种植体系和土壤之间的平衡尚未建立。不同种植体系对作物的次生代谢产物也有影响，Mitchell等通过10年的田间定位实验研究表明，有机种植体系下的番茄品质较常规种植体系有明显改善，黄酮类次生代谢物含量显著提高，其中槲皮素增加78.8%，柚皮素增加31.1%，山萘酚增加97.4%。

除营养品质外，有机种植体系对农作物的其他品质也有影响。有机种植体系主要施用有机肥，土壤的总施N量低于常规种植体系[17]。研究表明，有机种植体系下，水稻籽粒N含量下降，因蛋白质含量和碳水化合物含量成反比，籽粒碳水化合物含量提高，稻米口感变好[18, 19]。与常规种植体系相比，有机种植体系中水稻的稻米整精米率提高7.3%，垩白米率和垩白度分别降低31.3%和9.3%[20]。此外，较常规种植体系，有机种植体系降低了土豆的外观品质，土豆块茎有整体偏小的趋势，这与Maggio等的研究结果相似。其原因可能是有机种植体系下土壤有效养分释放较慢，作物前期需求的养分供应不足。

9.4.3 土壤的肥力效应

9.4.3.1 土壤肥力

乔玉辉等[21]调查研究表明，有机种植体系对土壤肥力的改善效果显著优于常规种植体系。就土壤 N、P 养分盈缺率而言，有机水稻生产体系的 N 素和 P 素盈余量分别比常规体系高 60% 和 80% 左右。与常规蔬菜种植体系相比，种植三茬蔬菜后，有机种植体系 0 ～ 20cm 土壤的有机质、全 N、全 P、速效 K 含量分别提高了 48.5%、25.4%、−14.3%、130.1%，20 ～ 40cm 土壤的有机质、全 N、全 P、速效 K 含量分别提高了 35.2%、5.7%、−2.9%、94.9%。该结果表明，有机种植体系下土壤肥力的增加效果主要表现在 0 ～ 20cm 的耕层土壤，而且有机种植对土壤肥力的改善需要一定的过程。但有机种植对土壤 P 素肥力的提高不如其他养分元素明显 [22]。此外，Padole 等 [23] 在变性土上的实验结果也表明，和常规种植体系相比，有机种植体系可显著改善土壤 pH 和容重，同时逐渐提高土壤全 P 和速效 P、速效 K 的含量。

9.4.3.2 土壤生物多样性

Mader 等 [24] 研究发现，有机种植体系可提高土壤微生物功能多样性，从而提高土壤 C 素利用率。Fließbach 等 [25] 通过 18 年的长期定位研究发现，连续的有机物投入可维持土壤较高的微生物活性。Tu 等在美国 Goldsboro 进行的常规种植模式向有机种植模式转化的长期定位实验中发现，转化第三年后，土壤总 C、总 N 含量分别比常规种植高 32% 和 33%，土壤 MBC（微生物量 C）、MBN（微生物量 N）含量分别比常规种植高 45% 和 52%，土壤微生物呼吸率分别比常规种植高 83% 和 66%。有机种植体系下，土壤 MBC 含量变化率显著高于总 C，表明有机种植可迅速改变土壤微生物特性，从而逐渐改变土壤的有机 C 利用状况。叶俊（2012）对有机蔬菜种植体系和常规蔬菜种植体系下的土壤微生物状况进行了比较，研究表明，有机种植体系可显著提高土壤酶活性，土壤蛋白酶、脲酶、脱氢酶、β-葡糖苷酶的活性均显著高于常规种植体系，同时有机种植方式可影响细菌的 16SrDNA 和 rRNA，显著增加土壤细菌群落多样性。研究表明，有机种植体系和常规种植体系下细菌生物量差异显著，分别为 12.6nmol/g 和 7.3nmol/g[26]。

有机种植体系可提高多数物种的丰富度 [27-29]。研究表明，有机种植体系下，蚯蚓、大黄蜂、蝴蝶、地栖节肢动物的物种丰富度和种群密度均高于常规种植体系，但食蚁蚜和农田鸟类的物种丰富度低于常规种植体系 [30]。

9.4.4 环境效应

9.4.4.1 温室气体排放

有机肥强烈影响农田土壤的碳氮转化。由于有机肥、土壤的类型不同，性质各异，而有机肥的施用方式、施用量也不相同，加之研究的环境条件不一样，有机肥施用对土壤温室气体排放的影响的研究结果差异较大。大量研究表明，有机种植可减轻全球变暖趋势。Robertson 等 [31] 比较了 8 年期间美国中西部有机种植和常规种植下玉米-大豆-小麦轮作体系的 GWP（全球变暖潜能值），结果表明常规种植体系的 GWP 为 114，而有机种植体系的 GWP 仅为 41。但种植体系对不同温室气体（CO_2、N_2O、CH_4）的排放量的影响有所不同。

（1）CO_2 排放量　CO_2 排放量主要受土壤 C 库和微生物活动的影响。有机种植体系比常规种植体系固定的土壤C素高28%，土壤C库的增加减少了CO_2的释放（Working Group iii，2007）。Küstermann等[32]研究表明，冬小麦种植条件下，有机体系单位面积CO_2排放量为1669kg（CO_2 eq）/hm^2，常规体系为2333kg（CO_2 eq）/hm^2，同比减少28%；但有机体系单位产量CO_2排放量为496kg（CO_2 eq）/t，常规体系为355kg（CO_2 eq）/t，同比增加40%。虽然有机种植体系下单位面积CO_2排放量较少，但因有机种植产量显著低于常规种植，单位产量的CO_2释放量显著高于常规种植体系。Tuomisto等利用元数据分析研究欧洲有机种植体系下温室气体排放时，也得到了类似结果。大量关于有机种植体系和常规种植体系下土壤CO_2排放量的研究结果表明，在不同轮作方式和不同作物中，较常规体系而言，有机种植体系可较大限度地减少单位面积CO_2排放量，但单位产量的CO_2排放量有所上升（表9-1）。

表9-1　有机种植体系和常规种植体系下CO_2排放（Gomiero等）

项目		单位面积CO_2排放量 /[kg（CO_2）/hm^2]			单位产量CO_2排放量 /[kg（CO_2）/t]		
		CA	OA	OA *vs* CA	CA	OA	OA *vs* CA
冬小麦	Rogasik等，1996	826	443	−46	190	230	+21
	Haas & Köpke，1994	928	339	−57	149	110	−21
	Reitmayr，1995	1001*	429	−57	145*	100	−21
土豆	Rogasik等，1996	1661	1452	−13	46	62	+35
	Haas & Köpke，1994	1437	965	−33	46	48	0
	Reitmayr，1995	1153	958	−17	30	45	+50
轮作方式	Haas & Köpke，1994	1250	500	−40			
	SRU，1996	1750	600	−34			
	Rogasik等，1996	730	380	−52			

注：CA为常规种植体系；OA为有机种植体系；OA *vs* CA为OA较CA增加（+）/降低（−）的比率；加*号数据来自综合农作。

（2）N_2O排放　N_2O主要产生于土壤的硝化和反硝化作用，由于N_2O的GWP为CO_2的298倍，土壤N_2O排放受到普遍关注。Kramer等[33]研究发现，经过9年有机种植，和常规种植相比，有机种植果园土壤N_2O排放量变化不大，但N_2排放量较高，土壤反硝化效率显著提高。Petersen等[34]研究表明，与常规种植体系相比，有机种植的N_2O排放量显著降低，降低幅度达4.0～8.0kg/hm^2，同时植物N吸收总量从100kg/hm^2增加到300kg/hm^2。有机种植体系下N_2O排放量显著降低的原因主要有以下几个方面：a．矿质氮肥的使用减少，土壤中易矿化N总量降低；b．单位面积土地上的动植物数量减少；c．绿肥的使用改善了土壤结构；d．有机管理措施显著减小土壤N素移动性。

（3）CH_4 排放　一般而言，在有机种植体系下，土壤固 C 能力增强，氧化 CH_4 能力提高，CH_4 排放量减少[35]。但不同土地利用方式下的土壤 CH_4 排放量略有差别。Astier 等在莫斯科鳄梨园中的研究结果表明，有机果园的 CH_4 排放量（0.59kg/hm^2）略低于常规果园（0.62kg/hm^2），但差异不显著。但在水稻田中，随着有机物料投入的增加，土壤 CH_4 排放量呈增加趋势。秦艳梅[36]的研究结果也表明，在不同的稻田水分管理模式下，有机处理的 CH_4 排放量显著高于常规处理。不同的水分条件下，有机生产方式下 CH_4 排放量分别比常规高 20%、23%、25%。

9.4.4.2　对水环境的影响

有机种植体系可提高土壤有机质含量，因有机质的蓄水保水作用，土壤水的渗透性显著提高，土壤抗侵蚀的能力增强，水土流失风险减小[37]。研究表明，有机种植体系下土壤硝态氮淋溶风险减小[38]，其原因主要是较常规种植体系，有机种植体系下土壤 N 素总投入显著减少，利用率提高，因而淋溶负荷显著减小。Hansen 等研究表明，与常规种植体系相比，有机种植下的土壤 N 素淋溶损失量显著减少，年达到 8 ～ 34kg（N）hm^2，其原因主要是有机种植体系作物密度较低，土壤总 N 投入量显著减少，同时秋、冬季填闲植物起到了较好的 N 素拦截作用。席运官等[39]通过定点观测有机水稻种植体系和常规水稻种植体系的径流水发现，常规稻田排水中的总 N 为有机稻田的 80 倍，而且有机稻田中总 P 和 COD（化学需氧量）浓度较常规稻田均有降低趋势。这些结果表明有机种植方式对防控农田面源污染、减轻水体富营养化具有重要作用。但是，也有研究表明，长期过量施用有机肥会直接导致 NO_3^- -N 和 P 在土壤中的积累，并且随着施肥年限的增加而积累加剧，增加向水体的淋失。英国洛桑试验站长期定位试验的监测结果表明，有机肥的施用会导致土壤中硝态 N 的积累，增加向水体淋失的风险。

综上所述，从土壤和肥料的角度来看，有机种植体系下，有机肥的合理施用将改善土壤质量，培育地力，改善农产品品质，对作物产量具有可持续性，合理施用有机肥可减轻对大气环境和水环境的负面影响。但有机种植体系也存在一些问题，如：有机种植前期土壤养分供应不平衡，与作物需求不匹配，导致常规种植体系向有机种植体系转变，前期作物产量显著低于常规种植。因此，在有机种植中要根据植物的营养需求特征，平衡土壤养分供应，同时适时补足养分，尤其是一些有特殊效应的营养元素，以实现养分供应与植物生长需求相协调。农业农村部已提出化肥、农药零增长的战略目标，而要满足我国人口高峰对食物的需求，不断增加作物单产是不二的选择，因此，有机肥的作用将日益突出。一些发达国家的有机肥氮与化肥氮的施用比例维持在 1∶1 左右，在保育地力的同时，使得作物生产能力稳步提升。在新形势下，我国对有机肥的需求将迅速增大，有机肥的施用也将步入新的高潮。

参考文献

[1] 程慧林．有机、SEQ、特别与常规栽培对 8 种蔬菜产量、品质及土壤肥力影响的研究．南京：南京农业大学，2009.

[2] 侯立刚，马巍，孙洪娇．有机栽培对水稻产量和品质影响的研究．吉林农业科学，2012, 37(1):1-3.

[3] 许秀成，苗俊艳．未来农业展望：1. 智慧农业．磷肥与复肥，2017, 32(2): 1-4.

[4] 陈宇光．智慧农业及应用技术对肥料创新的研讨．磷肥与复肥，2017, 32(7): 4-7.

[5] 胡轶楠，陈晓美．基于智能农业的测土配方施肥决策支持系统研究．长春：吉林大学，2016.

[6] 刘双印，黄建德，黄子涛，等．农业人工智能的现状与应用综述．现代农业装备，2019, 40(6): 7-13.

[7] 朱林军. 基于大数据的智慧农业发展现状与应用. 农业工程，2021, 11(4): 50-53.
[8] 王维瑞. 智慧土肥的发展目标与建设内容探讨. 中国农技推广，2014, 30(10): 41-43.
[9] 宿宁，宋良图. 精准农业变量施肥控制技术研究. 合肥：中国科学技术大学，2016.
[10] 姚瑞，李沛刚，冯显英. 基于物联网架构的智能配肥控制系统研究与开发. 济南：山东大学，2018.
[11] 马菲，周健民，杜昌文. 激光诱导击穿原子光谱在土壤分析中的应用. 土壤学报，2022, 59(3): 642-653.
[12] Liebhardt W C, Andrews R W, Culik M N, et al. Crop production during conversion from conventional to low-input methods. Agronomy, 1989, 81:150-159.
[13] Finckh, M R, Schulte-Geldermann E, Bruns C. Challenges to organic potato farming disease and nutrient management. Potato Research, 2006, 49: 27-42.
[14] Bourn D, Prescott. A comparison of nutritional value, sensory qualities, and food safety of organically and conventionally produced foods. Crit Rev Food Sci Nutr, 2002, 42: 1-34.
[15] Rembialkowska E. Wholesomeness and sensory quality of the potatoes and selected vegetables from the organic farms, Habilitation Thesis, Warsaw Agricultural University. Contributions of individual gases to the radiative forcing of the atmosphere. Science, 2000, 289: 1922-1925.
[16] 蔡莉莉. 有机、特别和常规栽培方式下几种蔬菜产量、品质及土壤理化性质的研究. 南京：南京农业大学，2005.
[17] Wang L, Butterly C, Yang X, et al. Use of crop residues with alkaline slag to ameliorate soil acidity in an ultisol. Soil Use and Management, 2012, 28(2):148-156.
[18] 王磊，汪玉，田伟，等. 有机与常规农产品营养品质差异研究进展. 安徽农业大学学报，2014, 41(4): 569-574.
[19] 席运官，钦佩，丁公辉. 有机与常规种植稻米品质及安全性的分析与评价，植物营养与肥料学报，2006, 12(3):454-458.
[20] 黄涛. 有机栽培条件下生物有机肥对稻田肥力和稻米品质的影响. 海口：海南大学，2010.
[21] 乔玉辉，何菀婷，吴文良. 有机与常规水稻生产中土壤养分平衡比较. 生态与农村环境学报，2014, 30(3):341-345.
[22] 刘畅. 有机、无公害与常规蔬菜生产模式的比较研究. 北京：中国农业大学，2004.
[23] Padole V R, Deshmukh P W, Nikesar R J, et al. Effect of organics and inorganics on yield and quality of cotton grown on vertiso. PKV Research Journal, 1998, 22: 6-8.
[24] Mader P, Fleisbach A, Dubois D, et al. Soil fertility and biodiversity in organicfarming. Science, 2002, 296: 1694-1697.
[25] Fließbach A, Oberholzer H-R, et al. Soil organic matter and biological soil quality indicators after 21 years of organic and conventional farming.Agriculture, Ecosystems & Environment, 2007, 118(1/4): 273-284.
[26] 汪润池. 有机、常规种植方式下土壤有机碳和微生物特性研究. 南京：南京农业大学，2011.
[27] Birkhofer K, Bezemer T M, Bloem J, et al. Long-term organic farming fosters below and aboveground biota: Implications for soil quality, biological control and productivity. Soil Biol Biochem, 2008, 40: 2297-2308.
[28] Bengtsson J, Ahnstrom J, Weibull A C. The effects of organic agriculture on biodiversity and abundance: A meta-analysis. Journal of Applied Ecology, 2005, 42: 261-269.
[29] Hole D G, Perkins A J, Wilson J D, et al. Does organic farming benefit biodiversity？ Biol Cons, 2005, 122: 113-130.
[30] Gabriel D, Sait S M, et al. Food production vs. biodiversity: Comparing organic and conventional agriculture.Journal of Applied Ecology, 2013, 50(2): 355-364.
[31] Robertson G P, Paul E A, Harwood R R. Greenhouse gases in intensive agriculture: T Gomiero, M GPaoletti, D Pimentel.2008. Energy and Environmental Issues in Organic and Conventional Agriculture. Critical Reviews in Plant Sciences, 2000: 27:239-254.
[32] Küstermann B, Kainz M, Hülsbergen K. Modeling carboncycles and estimation of greenhouse gas emissions from organic and conventional farming systems. Renewable Agriculture and Food Systems, 2008, 23: 38-52.
[33] Kramer S B, Reganold J P, Gloverf J D, et al. Reduced nitrate leaching and enhanced denitrifier activity and efficiency in organically fertilized soils. PNAS, 2006, 103: 4522-4527.
[34] Petersen S O, Regina K, Pollinger A, et al. Nitrous oxide emissions from organic and conventional crop rotations in five European countries. Agric Ecosyst Environ, 2006, 112: 200-206.
[35] 刘月仙，吴从良，蔡新颜. 有机农业发展的低碳机理分析. 中国生态农业学报，2011, 19(2): 441-446.
[36] 秦艳梅. 常规与有机生产方式下稻田和菜地温室气体 (CH_4 和 N_2O) 排放研究. 南京：南京农业大学，2012.
[37] Buerkert A, Bationo A, Dossa K. Mechanisms of residue mulch-induced cereal growth increases in West Africa. Soil Sci Soc Am J, 2000, 64:346-358.
[38] Aronsson H, Torstensson G, Bergstrom L. Leaching and crop uptake of N, P and K from organic and conventional cropping systems on a clay soil. Soil Use and Management, 2007, 23: 71-81.
[39] 席运官，陈瑞冰，徐欣，等. 有机与常规稻田排水污染比较研究. 安徽农业科学，2010, 39(29): 16412-16414.